"十三五"国家重点出版物出版规划项目
国家科技基础性工作专项重点项目
国家社会公益研究专项项目
中国农业科学院科技创新工程

中国土壤剖面数据集

· 浙江卷

主　编　张维理

本卷主编　徐爱国　张认连　冀宏杰　刘　峰

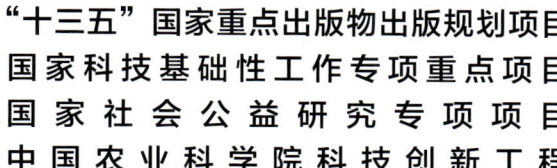 浙江科学技术出版社·杭州

版权所有　侵权必究

图书在版编目（CIP）数据

中国土壤剖面数据集. 浙江卷 / 张维理主编；徐爱国等本卷主编. -- 杭州：浙江科学技术出版社, 2021.12
ISBN 978-7-5341-9212-8

Ⅰ. ①中… Ⅱ. ①张… ②徐… Ⅲ. ①土壤剖面－统计数据－浙江 Ⅳ. ①S152.2

中国版本图书馆CIP数据核字(2020)第268348号

书　　名	中国土壤剖面数据集·浙江卷
主　　编	张维理
本卷主编	徐爱国　张认连　冀宏杰　刘　峰
出版发行	浙江科学技术出版社 杭州市体育场路347号　邮政编码：310006 办公室电话：0571-85152719 销售部电话：0571-85176040
排　　版	杭州大漠照排印刷有限公司
印　　刷	浙江新华数码印务有限公司
经　　销	全国各地新华书店
开　　本	787 mm×1092 mm　1/8　　印　张　46.5
字　　数	813千字
版　　次	2021年12月第1版　　印　次　2021年12月第1次印刷
书　　号	ISBN 978-7-5341-9212-8　　定　价　360.00元
地图审核号	浙S（2020）14号

策划组稿	詹　喜　章建林	责任编辑	詹　喜		
责任校对	赵　艳	责任美编	金　晖	责任印务	叶文炀

如发现印、装问题，请与承印厂联系。电话：0571-85155604

《中国土壤剖面数据集》
编委会

主　　任　赵其国

副 主 任　张维理

委　　员（按姓氏笔画排序）

　　　　毛达如　　史学正　　刘　旭　　刘先林　　刘更另
　　　　孙　睿　　孙九林　　孙铁珩　　杨　鹏　　张洪江
　　　　张维理　　周健民　　赵其国　　陶　澍　　黄鸿翔
　　　　黄德明　　傅伯杰

《中国土壤剖面数据集·浙江卷》
编写人员

主　　编　张维理

本卷主编　徐爱国　　张认连　　冀宏杰　　刘　峰

本卷编委（按姓氏笔画排序）

　　　　龙怀玉　　田有国　　史　舟　　史学正　　刘　峰
　　　　张认连　　张怀志　　张维理　　周健民　　徐爱国
　　　　黄鸿翔　　章永松　　章明奎　　雷秋良　　冀宏杰

土壤大数据整合与数字制图

设　　计　张维理

制　　作　徐爱国　　张认连　　冀宏杰

程序编制　贾　萌　　吴章生　　严　豪

地图编辑　中国地图出版社

内容提要

本数据集以分县主要土壤类型与土壤剖面点分布图、土壤剖面理化性状表的形式，提供了我国各地详尽的土壤资源与质量的科学数据。全集共 25 卷，收录了全国 2200 多个县（市、区）的分县土壤图和 6 万多个土壤剖面的分层理化性状数据。根据各省级行政区土壤剖面数量和地域关联特征，既有一个省（自治区）的单卷，也有多个省（自治区、直辖市、特别行政区）的合订卷。各卷内容包含分县主要土类说明、主要土壤类型与土壤剖面点分布图、中心区气候特征图表，还含有全国和各卷所涉省级行政区的土壤图、土壤有机质含量图与地势图，以便读者在全国、省级和县级不同视角和尺度上，了解土壤资源与质量状况及其空间分布特征，以及土壤类型、土壤肥力与气候条件、地势、地貌之间的相互关联。

浙江省地处我国东南沿海长江三角洲南翼，属于亚热带湿润季风气候，年平均气温 14.4—18.1℃，年平均降水量 1100—1900mm。其自西南向东北呈阶梯状倾斜，西南以山地为主，中部以丘陵为主，东北为低平冲积平原。"七山一水两分田"是浙江省的地貌特征。受气候、地形、母质、水文条件和人类生产活动的影响，主要土壤类型依次为红壤、水稻土、粗骨土和黄壤等 10 个土类。本卷收录了浙江省 73 个县（市、区）1502 个典型土壤剖面的分层理化性状数据，便于读者了解浙江省主要土壤类型的分布特征及剖面特征，可作为农业、林业、环境、气象、国土、水利、经济等领域的科研、管理、技术人员的工具书和参考书，也适合高等院校研究生参考使用。

序

万物土中生，有土斯有粮。土为万物之本，土壤的重要性是怎么强调都不为过的。现在，土壤相关数据已成为农业、林业、环境、气象、国土、水利等各部门、各行业的基础数据。土壤研究最基础、最重要的表现形式是土壤剖面数据，其反映了不同层次的土壤理化性状。然而，长期以来，我国一直缺乏一套完整的系统性表现全国各区域土壤性状的剖面数据。

中华人民共和国成立以来，我国曾开展了两次全国性土壤普查，其中20世纪70年代末开始的全国第二次土壤普查是迄今为止最完整的。当时全国挖掘了550余万个剖面，各地分县完成了大比例尺土壤图，数据完整且可靠性高；然而，限于种种因素，当时仅完成了全国范围小比例尺土壤类型图和养分图的汇总，未及时完成全国土壤剖面库的整理。这些纸质资料散落于各地，并且年代久远，面临丢失、损毁的风险。这些宝贵数据具有时空尺度的唯一性，一旦出现问题，将对国家和社会各层面造成无法挽回的损失。

自2001年起，在国家社会公益研究专项项目资助下，张维理研究员带领团队，在全国范围开始对分散存留各地的土壤调查资料进行抢救性收集和整理。2006年，科技部启动了国家科技基础性工作专项项目，"我国1∶5万土壤图籍编撰及高精度数字土壤构建"项目被列入首批重点项目并连续获得两期资助。该项目由中国农业科学院农业资源与农业区划研究所牵头，全国近20个科研单位（两期）共同承担任务，极大地加快了土壤数据抢救的进程，为编制本数据集奠定了基础。在参与本数据集编制的土壤科技工作者20年的持续努力下，在2019年度国家出版基金的资助下，在中国农业科学院科技创新工程的持续支持下，本数据集终于得以面世。

本数据集以涵盖全国2200多个县的土壤剖面分层数据为主体，首次同时展示了分县土壤图与典型土壤剖面分布图，描述了影响土壤发生的气候特征、主要土类的性状等，内容丰富，兼具专业性和科普性。全集共25卷，既有一个省、自治区的单卷，也有多个省、自治区、直辖市、特别行政区的合订卷。鉴于其数据的完整性、系统性、科学性，本数据集可成为我国资源环境领域的必备工具书之一。

本数据集至少可以应用于以下几个方面：

第一，直接服务于农业生产，保障粮食安全和食品安全。全国分县的不同土壤类型分层养分数据、土壤质地信息，可为科学施肥、土壤培肥与耕作措施的制定提供决策依据。

第二，为水利、环境、建筑、旅游等行业提供便捷、直观的土壤分层次基础信息。信息后标有剖面点经纬度，便于查询获取。

第三，对于土壤质量演变、耕地地力演变、碳储量、面源污染、气候变化等多学科研究具有土壤科学起始点数据意义。

我国疆域辽阔，编制本数据集需要对各地分县完成的大比例尺土壤图和土壤调查资料进行数字化整合，创建覆盖我国全域的高精度数字土壤，再进行分县土壤剖面表的提取与分县土壤图的缩编。本数据集的总数据处理量达到 TB 级且数据来源多而复杂、专业性强、处理难度大，按常规方法，需数万人历时多年方能处理完成。张维理研究员创造性地将数据科学、人工智能与人机交互设计原理引入土壤学范畴，首创土壤大数据方法，以土壤科学需求设计统领其他各层级设计，以智能化、自动化、人机交互式的数据分析流程替代人工流程，高效、精准地完成了土壤大数据的时空整合和表达，这一巨著才得以面世。作为两期项目的专家组组长，我亲历了整个项目的全过程，对张维理研究员勇于创新、踏实、勤奋、务实、敬业、有担当的优秀品质印象深刻，也深感钦佩！

本数据集的完成前后历时 20 年之久，直接参与数据收集、编撰人数近百人，涉及我国各省（自治区、直辖市）的土壤肥料相关单位。正是他们的付出和努力，才使得本数据集得以面世。衷心希望本数据集能在农业、林业、环境、气象、国土、水利以及肥料工业等领域发挥积极作用，更好地服务于我国经济和社会发展。

中国科学院院士 赵其国

2021 年 12 月

前 言

土壤是农业的基础，是陆地生态系统生命过程的基础，也是维持地球上能量与水的交换、生命元素循环的重要基础。《中国土壤剖面数据集》首次以分县土壤图和土壤剖面理化性状表的形式，提供了我国陆域全覆盖的土壤资源与质量的科学数据，为农业、林业、环境、气象、国土、水利等部门和相关行业精准了解各地土壤资源分布与质量状况，科学利用土壤资源，发展绿色农业、特色农业和节水农业，进行耕地保育、科学施肥、面源污染防治和基本农田保护等提供了科学依据；也为农业科学、环境科学及地学、气象、测绘、水利等多个学科领域的科研工作者研究陆地生态系统生产力演变、地球物质循环、气候与环境变化提供了基础数据。

编入本数据集的分县土壤图和土壤剖面理化性状表主要源于对全国第二次土壤普查（以下简称"二普"）调查资料的收集、整理、提取与汇总。二普是我国现代规模最大的以查清土壤资源和土壤肥力为主要目标的土壤资源综合调查，既完成了我国迄今为止最详尽的土壤分类调查，也首次在全国范围进行了较高密度的土壤采样化验，开启了我国用土壤理化性状量化指标描述土壤资源与土壤质量状况的时代。二普地面调查采样实施于1979—1987年，通过550万个土壤剖面观测和采样，分县完成了1∶5万比例尺土壤图绘制和10万余个土壤剖面的分层采样、化验、记录，其中的土壤质量稳定性要素，如土体构造、质地、母质、成土条件、土壤类型等时效性长，CRT值（土壤特性响应时间，characteristic response time）达上千年，可长久使用；土壤有机质含量，氮、磷、钾含量，酸碱度，耕层厚度等土壤质量变化性要素为了解土壤与环境质量演变提供了重要信息。无论从数量还是质量上看，二普获取的土壤科学数据至今都是我国最详尽、最有价值的土壤资源基础数据，其精度与质量超过许多发达国家的土壤资源基础数据。

20世纪末期以来，全球性人口和经济快速增长导致的人均土地资源与水资源紧缺、环境污染、气候变化、粮食安全危机，使科学界对土壤及其形成过程的关注度不断提高，关注重点也从了解土壤与环境质量现状转变为弄清演变趋势、引致变化的内在机理和驱动因素。土壤圈处于地球大气圈、水圈、生物圈和岩石圈的交会处。土壤层中的生物过程和物质循环过程既活跃，又具有一定的稳定性，能较好地反映地球水圈、土壤圈、大气圈、生物圈及岩石圈五大圈层动态交互作用的结果。只要对近年来国际上关于碳足迹、气候变化的研究进展稍加关注，就可知晓具有时空维度的土壤科学数据对于阐明土壤与环境过程并弄清其驱动因素、预测未来土壤与环境质量变化具有无可替代的作用。本数据集编入的土壤质量数据既是我国在全国范围内首次完成的土壤理化性状的科学记载，也是40多年前对我国土壤质量变化性要素的客观记录，能帮助我们了解改革开放以来经济、农业高速发展以及农用化学品投入量高速增长对土壤与环境质量的影响，对了解我国土壤与环境质量时空演变亦具有起始点土壤科学数据的意义。本数据集编入的起始点数据使我们对全国土壤及相关过程的认识延伸了40多年。历史上的土壤调查结果不能被新的调查结果替代，这一不可替代性使得本数据集将成为我国农业与环境领域最具影响力的工具书和参考书之一。

本数据集既是我国老一辈土壤与农业科研工作者在全国土壤普查工作中取得的成果，也是数据集编制人员长期以来默默耕耘的结晶。二普完成的大比例尺土壤图件和土壤剖面理化性状主要为手绘纸质图件和非正式出版的铅印或油印资料，份数少且由各地自行保存。二普结束后，随着各地机构调整与人员变动，土壤调查资料被损毁或丢失严重，难以发挥作用。在我国多位知名科学家的倡议和推动下，"十一五"期间，"我国1∶5万土壤图籍编撰及高精度数字土壤构建"项目（2006—2017）被列为国家科技基础性工作专项重点项目。其目的是对各地宝贵的土壤科学数据进行抢救性收集、数字化和整合，提升我国科学研究与管理基础数据的条件。为实现这一目标，项目组研究人员首先对各地分散存留的纸质分县土壤调查资料进行了全面的收集、修复和整理。针对国际范围内缺少对异源、异质、异构、异形土壤大数据的提取、整合方法的难题，项目组研究人员积极探索、勇于创新，融合应用土壤学、地理信息系统技术、数据科学、人工智能、人机交互设计方法，创建了土壤大数据方法，以层级化的流程设计实现土壤科学层面的需求设计统领体系架构、数据流程及模块设计，以独立于数据流程的监控设计实现土壤科学家对全流程的掌控和人工干预，以智能化、人机交互式数据流程替代人工流程，优质、高效地完成了对各地异源土壤资料的审核、提取、过滤、分类、整合与表达，完成了覆盖我国全陆域的1∶5万比例尺土壤图绘制与土壤剖面点空间数据库建设工作。为满足各行各业准确了解我国各地土壤资源与质量状况的广泛需求，编者通过对1∶5万比例尺土壤图数据的缩编表达与10万余个土壤剖面理化性状数据的进一步提取，最终完成了本数据集的编制。

本数据集共25卷，收录了全国2200多个县（市、区）的分县土壤图和6万多个土壤剖面的理化性状数据。根据各省级行政区土壤剖面数量的多寡和地域关联特征，既有一个省（自治区）的单卷，也有多个省（自治区、直辖市、特别行政区）的合订卷。为便于读者了解全国及各省级行政区土壤资源与质量的分布特征，特别编制了全国及各省级行政区土壤图、土壤有机质含量图与地势图三个序图，读者可以方便地查询全国及各省级行政区任何地区拥有的主要土壤类型，了解其土壤有机质含量及地势、地貌特征。在各分卷中，分县土壤资源与土壤质量性状由主要土类说明、中心区气候特征图表、分县主要土壤类型与土壤剖面点分布图以及土壤剖面理化性状表共同呈现。

本数据集既可作为工具书、参考书，供农业、林业、环境、气象、国土、水利、经济等领域的管理人员和技术人员使用，也适合高等院校相关专业研究生参考使用。

我国幅员辽阔，从收集、整理全国分县土壤调查资料，到完成覆盖我国全境的1∶5万比例尺土壤图籍，再到完成本数据集的编制，来自全国近20家研究机构的科研人员组成项目组，辛苦工作了20多年。其间，本项工作得到了国家社会公益研究专项项目、国家科技基础性工作专项重点项目的长期、连续资助和在项目实施年限上给予的充分理解，同时得到了中国农业科学院科技创新工程的资助，全国50多家国家级及省级土壤、测绘、农业科研与管理机构的大力支持以及我国老一辈土壤科学家自始至终的关心和鼓励。在整个项目实施期间，有9位院士和7位长期从事土壤科学、农业资源环境研究的专家给予了直接和全程的指导。近20年间，项目组研究人员一方面要承担艰难而繁重的科研任务，另一方面要顶着多年没有科研产出的压力，没有他们的坚持和付出，就没有本数据集的面世。在此，谨向所有参加数据集编制的科研人员及对本项工作给予支持的部门和人员一并表示衷心的感谢！

由于本数据集包含的数据量庞大，且不限于土壤学本身，尽管我们在编撰过程中极尽斟酌，仍难免存在不足之处，敬请读者批评指正，以便今后修订完善。

中国农业科学院研究员 张维理

2021年12月

目 录

第一编　编制说明与序图

编制说明

编制目的 …………………………………………………………………… 002
土壤数据基础知识 ………………………………………………………… 002
数据集内容 ………………………………………………………………… 005
土壤数据来源 ……………………………………………………………… 005
编制方法——土壤大数据方法 …………………………………………… 006
中国土壤图、中国土壤有机质含量图与中国地势图编制 ……………… 007
分省土壤图、分省土壤有机质含量图与分省地势图编制 ……………… 009
县域中心区气候特征图表编制 …………………………………………… 011
分县主要土壤类型与土壤剖面点分布图编制 …………………………… 012
分县土壤剖面理化性状表编制 …………………………………………… 012
土壤专题图与土壤剖面数据可靠性检验 ………………………………… 017
参编单位 …………………………………………………………………… 019

序　　图

中国土壤图 ………………………………………………………………… 020
中国土壤有机质含量图 …………………………………………………… 022
中国地势图 ………………………………………………………………… 024
浙江省土壤图 ……………………………………………………………… 026
浙江省土壤有机质含量图 ………………………………………………… 028
浙江省地势图 ……………………………………………………………… 030

第二编　分县土壤图与土壤剖面数据

杭　州　市

西湖区……………………034　　临安区……………………051
萧山区……………………037　　桐庐县……………………057
余杭区……………………041　　淳安县……………………062
富阳区……………………046　　建德市……………………068

宁　波　市

江北区……………………071　　象山县……………………090
北仑区……………………074　　宁海县……………………093
镇海区……………………077　　余姚市……………………097
鄞州区……………………080　　慈溪市……………………102
奉化区……………………085

温　州　市

瓯海区……………………107　　泰顺县……………………122
永嘉县……………………110　　瑞安市……………………128
苍南县……………………115　　乐清市……………………132
文成县……………………119

嘉　兴　市

南湖区……………………136　　海宁市……………………150
秀洲区……………………139　　平湖市……………………155
嘉善县……………………142　　桐乡市……………………158
海盐县……………………146

湖　州　市

市辖区……………………162　　长兴县……………………170
德清县……………………165　　安吉县……………………173

绍 兴 市

柯桥区	178	诸暨市	191
上虞区	182	嵊州市	197
新昌县	187		

金 华 市

婺城区	201	磐安县	218
金东区	207	兰溪市	222
武义县	211	义乌市	225
浦江县	215	永康市	231

衢 州 市

衢江区	235	龙游县	245
常山县	238	江山市	248
开化县	241		

舟 山 市

定海区	251	岱山县	257
普陀区	254		

台 州 市

椒江区	260	仙居县	278
黄岩区	263	温岭市	283
三门县	268	临海市	287
天台县	273	玉环市	293

丽 水 市

莲都区	297	云和县	321
青田县	303	庆元县	324
缙云县	306	景宁畲族自治县	329
遂昌县	311	龙泉市	334
松阳县	316		

附　录

附录1　浙江省县级行政区及县级主要土壤类型与土壤剖面点分布图
　　　　地域名对照表 ·· 340

附录2　专题图基础地理要素图例 ··· 342

附录3　土壤图土类图例 ··· 343

附录4　中国主要土壤类型简表 ··· 345

附录5　浙江省主要土壤类型表 ··· 350

附录6　分省土壤有机质含量图有机质含量分级图例 ································· 351

附录7　浙江省典型剖面0—20cm土层土壤理化性状中位数与平均数
　　　　·· 352

附录8　浙江省主要土地利用类型0—30cm土层土壤有机质含量 ··············· 353

附录9　浙江省耕地、园地、林地和草地中主要土壤类型占比 ·············· 354

附录10　《中国土壤剖面数据集》参编单位 ·· 355

参考文献 ··· 357

第一编 | 编制说明与序图

编 制 说 明

编制目的

土壤是农业的基础，也是维持地球碳、氮、硫、磷等重要生命元素正常循环的基础。肥沃的土壤促进了人类文明的诞生和繁荣。科学研究表明，地球上种类繁多、形态各异的土壤是在气候、生物、地形、时间、成土母质五大成土因素共同作用下形成的。北京社稷坛铺设的青、白、红、黑、黄五种不同颜色的土壤（五色土），分别代表我国东、西、南、北、中五大区域的典型土壤。不同类型的土壤性状差别很大。例如，南方红壤呈酸性，易缺乏钾离子、钙离子、镁离子等阳离子，农业生产上要注意调酸和补充富含钾、钙、镁的肥料；而西部土壤有机质含量低，施用有机肥料和秸秆还田对提高地力至关重要。我国人均土地资源紧缺，要实现粮食安全、环境安全和可持续发展，需要精准掌握各地土壤资源与质量状况，做到因土制宜，科学管理。

《中国土壤剖面数据集》是国家自然资源基本资料之一，其首次以分县土壤图和土壤剖面理化性状表的形式，提供了我国各地详尽的土壤资源与质量科学数据，为农业、林业、环境、气象、国土、水利等部门了解各地土壤质量状况，科学利用土壤资源，发展绿色农业、特色农业和节水农业，进行耕地保育、科学施肥、面源污染防治和基本农田保护提供了基础数据，也为农业科学、环境科学及地学、气象、测绘、水利多个学科领域的科研工作者研究陆地生态系统生产力及其演变、地球物质循环、气候与环境变化提供了科学依据。

本数据集编入的土壤质量数据亦是我国在全国范围内首次完成的土壤理化性状的科学记载，对了解我国土壤与环境质量时空演变具有起始点数据的意义。通过这些数据，科研工作者可以追溯我国全国范围土壤与环境相关过程至20世纪80年代，分析和了解导致土壤质量变化的环境和人为因素，并对土壤与环境质量演变趋势进行预报与预警。历史上的土壤调查结果不能被新的调查结果替代，这一不可替代性使得本数据集将成为我国农业与环境领域最具影响力的工具书和参考书之一。

土壤数据基础知识

本数据集收录的土壤数据源于土壤调查。为便于读者了解和应用这些数据，本节对土壤调查的目标、内容与主要方法，土壤数据的时空维度特征，土壤数据的应用领域与时效性做一简要介绍。

（一）土壤调查的目标、内容与主要方法

土壤调查的主要目标是查清一个区域内土壤资源与质量状况及其空间分布特征。19世纪末期至20世纪中后期，各国土壤调查的主要目标是查清土壤类型及分布特征[1]。由于不同土壤类型最典型的区别是成土过程中形成的土壤剖面特征，因而在传统的土壤调查中，需要在调查区域内进行多点采样，并在每个采样点对0—1—2m深土体的土壤剖面进行分层采样、观测、理化性状分析，记录剖面各分层土壤理化性状，据此进行土壤分

类、命名，并最终依据多点调查结果完成土壤图的绘制。

20世纪末期以来，全球人口及经济快速增长导致人均土地资源和水资源紧缺、环境污染、气候变化与粮食安全危机，不同行业及学科领域对土壤生产功能和环境功能的关注度不断提高，土壤调查的核心内容也逐步从查清土壤类型分布特征转为土壤功能调查。土壤功能调查的目标是了解土壤生产力、土壤环境质量和土壤健康质量等。例如，为了耕地保育和科学施肥，需要进行土壤有效养分含量状况、土壤障碍因素调查；为了了解环境质量，需要进行土壤污染状况、土壤环境容量调查；为了发展节水农业，需要进行土壤保水性状调查；为了控制水污染，需要进行流域农田土壤氮、磷流失特征与风险调查。土壤功能调查的内容主要为可量化的，或含义单一且明确、易于被其他学科和行业认知的土壤功能性指标，如土壤有机碳含量、土壤重金属含量、土壤质地类型、耕层厚度等。在土壤功能调查中，也需要在调查区进行多点采样，并根据调查目标的不同，选择适宜的采样深度。例如，当调查目标是了解土壤有效养分供应量或农田土壤污染物含量时，通常仅对耕层土壤进行采样；当调查目标是了解土壤保水性能、土壤水土流失与养分流失性状时，则需要对较深的土壤剖面进行分层采样和观测。

较早的土壤调查主要通过地面多点采样来了解一个区域土壤资源与质量性状的空间分布特征。近年来，随着遥感技术、地理信息系统（GIS）技术、模拟技术与大数据技术的发展，土壤质量相关数据（如数字高程、土地覆盖、植被数据等）产生量急剧增长，这使得在大区域尺度内通过多类型相关信息精确地捕捉和表达土壤质量性状以及相关过程成为可能。在国际上，地面采样调查与辅助信息结合的方法——数字土壤制图方法（digital soil mapping）已成为土壤调查的重要方法[2]。该方法能利用采样设计、辅助信息、推理模型与地统计检验，大幅度减少地面采样和土壤理化性状测试分析的工作量。与传统方法相比，采用数字土壤制图方法进行土壤调查，可缩短调查周期，降低调查成本，提高用土壤专题地图表征土壤资源与土壤质量性状空间分布特征的可靠性和精度，从而提高土壤调查的效率与质量。

（二）土壤数据的时空维度特征

在现代社会，农业、环境等领域的专业工作者要了解最新的土壤调查结果，更需要掌握未来土壤质量变化趋势，以便根据变化趋势、自然与人为要素对土壤质量的影响，制定具有针对性的政策与技术措施，实现高产、稳产和环境安全。要精确进行土壤与环境质量预测和预警，就需要对重要的土壤质量性状进行周期性的采样、调查、记录，构建具有时空维度的土壤质量数据。这意味着历史上完成的土壤调查不能被新的调查所替代，所以其结果十分宝贵。

土壤数据最重要的特征之一是时空维度特征。通过历史上的土壤调查结果记录，构建具有时间序列的土壤质量科学数据，能将土壤质量现状与土壤质量演变过程相关联，并以此对土壤质量演变趋势和导致其变化的因素进行分析、预测。而土壤数据标有空间坐标，便于科研工作者将土壤调查结果与其他类别的要素和过程，如与气候、地形、土地利用情况有关的变化信息，以及随施肥投入农田的碳、氮、硫、磷数据等相关联，从而进一步提高分析的精度和预测、预报的可靠性。

土壤圈处于地球大气圈、水圈、生物圈和岩石圈的交会处。土壤层中的生物过程和物质循环过程既活跃，又具有一定的稳定性，能较好地反映地球水圈、土壤圈、大气圈、生物圈及岩石圈五大圈层动态交互作用的结果。具有时空维度的土壤科学数据对于阐明土壤与环境过程并弄清其驱动因素、预测未来土壤与环境质量变化具有不可替代的作用。

近年来，具有地理坐标的土壤剖面点数据受到科学界的广泛关注。剖面数据记载了土体构造、剖面分层土壤理化性状，是了解成土过程的基础，也是构建推理模型，量化表征区域尺度土壤过程、流域水土流失与氮磷流失特征、碳氮循环与环境质量演变的基础。在过去的半个世纪中，尽管完成了大量的土壤剖面调查，但由于在较早的土壤调查中尚未使用全球定位系统（GPS）设备，各国在构建地理坐标的土壤剖面点数据库上差别较大。目前，美国完成了约2万个有地理位点标识的土壤剖面数据[3]，澳大利亚已完成约16万个有地理坐标的土壤剖面数据[4]，欧盟各成员国共享使用的土壤剖面数据库含4000个剖面的分层土壤理化性状数据[5]。本数据集则汇集了我国总计6万多个有地理坐标的土壤剖面数据。

（三）土壤数据的应用领域与时效性

表1汇总了本数据集编入的土壤理化性状及其主要影响因素与过程、时间变化特征、所关联的土壤质量性状和应用领域。

表1　土壤理化性状及其主要影响因素与过程、时间变化特征、所关联的土壤质量性状和应用领域

土壤理化性状	主要影响因素与过程	时间变化特征	所关联的土壤质量性状	应用领域
土壤类型	成土过程	变化慢	土壤肥力与环境质量	农业、水利、环境、建筑、肥料工业等
剖面深度（指剖面各土层厚度的总和）	成土过程	变化慢	土壤肥力、土壤环境容量、土壤保水和保肥性能、土壤持水性能	农业、环境等
土体构造（指土壤剖面各发生层有规律的组合，是土壤剖面最重要的特征）	成土过程	变化慢	土壤肥力、土壤环境容量、土壤保水和保肥性能、土壤持水性能、土壤透水性能	农业、水利、环境等
母质	成土因素	变化慢	土壤肥力、土壤矿物组成、矿质养分含量、土壤质地	农业、水利、环境、肥料工业等
质地	成土过程、母质	变化慢	土壤肥力、土壤环境容量、土壤持水性能、土壤耕性、土壤有机碳与养分含量、土壤重金属吸附性能等	农业、水利、环境、建筑等
颜色	土壤氧化还原、淋溶等成土过程，土壤有机质累积过程	变化较慢	土壤肥力、土壤有机碳与养分含量	农业
土壤结构	成土过程、耕作措施	耕层：变化快；深层：变化慢	土壤水分、通气与养分供应状况，土壤持水性能、土壤透水性能、土壤阳离子交换量、土壤孔隙度、土壤松紧度、土壤耕性等多个土壤肥力相关性状	农业
有机质含量	成土过程、质地、土地利用、施肥、轮作等	变化较慢	与多项土壤肥力与环境指标密切相关，是土壤肥力最重要的指标	农业、环境、肥料工业等
全氮含量	成土过程、土地利用、施肥、轮作等	变化较慢	土壤肥力、土壤供氮性能	农业、环境等
全磷含量	成土过程、母质等	变化较慢	土壤肥力、土壤供磷性能	农业、环境等
全钾含量	成土过程、母质等	变化较慢	土壤肥力、土壤供钾性能	农业、环境等
pH	成土过程、酸雨、土壤调理剂施用等	变化快	土壤肥力、土壤养分有效性、土壤结构及重金属吸附性能	农业、环境、肥料工业等
碱解氮含量	土地利用、施肥等	变化快	土壤供氮性能、土壤氮素流失特征	农业、环境、肥料工业等
有效磷含量	土地利用、施肥等	变化快	土壤供磷性能、土壤磷素流失特征	农业、环境、肥料工业等
速效钾含量	土地利用、施肥等	变化快	土壤供钾性能、土壤钾素流失特征	农业、环境、肥料工业等
阳离子交换量	成土过程、黏粒、有机质含量、盐分含量	变化较慢	土壤供肥和保肥性能、土壤重金属吸附性能	农业、环境等

在表1中，主要影响因素与过程指对某项理化性状起主要作用的过程和因素。例如，土壤类型、土壤剖面深度、土体构造、母质、土壤质地类型主要由成土过程或成土条件决定；土壤有机质含量和土壤全氮含量则受成土过程、施肥及轮作等农业技术措施的共同影响；在耕地土壤上，施肥等农业技术措施对土壤碱解氮、有效磷、速效钾等土壤有效养分含量的影响很大。

土壤理化性状的现势性主要取决于其影响因素与过程的时间尺度。自然条件下，成土过程通常需要数万年。受成土过程影响的土壤类型、土层厚度、土体构造、土壤质地类型、母质等土壤理化性状变化很慢，CRT值（土壤特性响应时间，characteristic response time）达上千年，可称为土壤稳定性要素或慢变化性状，其相关数据时效性很长，可长久使用。而农田土壤有效养分含量、酸碱度、耕层厚度等土壤质量性状受施肥和耕作等农业措施影响大，变化较快。例如，农田土壤有效磷、速效钾养分含量在大量施用磷、钾肥条件下，10 余年后可成倍提升。这些土壤理化性状亦可称为土壤变化性要素或快变化性状。

不同土壤理化性状的应用范围既取决于其现势性、时空维度特征，又取决于其所关联的土壤质量性状。土壤剖面深度、土体构造、质地、有机质含量等与土壤持水、保肥、通气和透水性能密切相关，可供农业、水利、环境、金融等行业用于农田稳产、高产性能，农田排灌设施规划与灌溉定额编制，农田水土流失风险分级，流域农田蓄水容量与降雨后流失水量分级，农田水、旱灾害风险分级，农田环境容量测算等各方面的地力评价。土壤有效养分含量、pH 与土壤需肥性状和调酸性状密切相关，可供农业、肥料生产和销售部门用于科学施肥和土壤改良。土体构造和质地、土壤结构、土壤有效养分含量还影响流域农田土壤养分流失特征，农业和环境部门在进行农业面源污染防控时，可利用这些土壤性状与其他要素共同编制流域污染源解析与控制类型区分布图，以便对农业面源污染采取分类型、分区段的源头控制措施。土壤有机质含量变化也是了解气候变化和碳减排措施效果的基础，对于环境管控和环境外交具有重要意义。

数据集内容

本数据集全集共 25 卷，收录了我国 2200 多个县（市、区）的分县土壤图和 6 万多个土壤剖面的理化性状数据。根据各省级行政区土壤剖面数量的多寡和地域关联特征，既有一个省（自治区）的单卷，也有多个省（自治区、直辖市、特别行政区）的合订卷。

为便于读者了解各地土壤资源与质量分布概况及其主要特征，编者为各分卷编制了省级行政区的土壤图、土壤有机质含量图与地势图三图。读者可通过分省三图查询各省级行政区任何地区拥有的主要土壤类型，了解其土壤有机质含量及其地势、地貌特征。此外，编者还编制了全国土壤图、土壤有机质含量图与地势图三图附于各分卷，供读者比较和了解各省级行政区土壤资源及质量特征同全国其他地区的区别和关联。

各分卷的第二部分为分县土壤图与土壤剖面数据。在每个省级行政区内，各分县按四部分展示土壤及其相关信息，即分县主要土类说明、本区域中心区气候特征、主要土壤类型与土壤剖面点分布图以及土壤剖面理化性状表。在本卷目录中，分县按民政部于 2019 年 3 月发布的《2018 年中华人民共和国行政区划代码》中的地级、县级行政区顺序排序。各分卷目录中仅收录了县域内有土壤剖面数据的县级行政区，无土壤剖面数据的县级行政区未纳入分卷目录中，并在附录 1 中对其进行了标注。

土壤数据来源

编入数据集的分县土壤图与土壤剖面理化性状数据主要源于全国第二次土壤普查（以下简称"二普"）。二普是我国现代规模最大的、以查清土壤类型和土壤肥力为主要目标的土壤资源综合调查。二普之前，我国土壤调查以观测性调查和定性评价为主，很少有采样化验。在总结之前国内外土壤调查经验的基础上，二普不仅完成了我国迄今为止最为详尽的土壤分类调查，也首次在全国范围进行了高密度土壤采样化验，开启了我国用土壤理化性状量化指标描述土壤资源与土壤质量状况的时代。

二普地面采样调查实施于 1979—1987 年，调查区域基本覆盖我国全陆域。二普不仅地面采样密度高，科学性和系统性也比较突出。全国百余名长期从事土壤研究的科研工作者共同制定了全国土壤分类系统和统一的土壤调查技术规程[6]。在地面调查中，各地以 1∶1 万比例尺地形图作为工作底图，以乡为调查单元进行野外采样作业，全国共挖取土壤观察剖面 550 余万个，记录了 1—2m 深土体各发生层形态和特征，并根据土壤分类标准对土壤进行了分类和命名。对边远区、高寒区和无人区应用遥感解译方法，填补了之前土壤调查及成图中上述地区土壤数据的空白。在大量剖面土体观测和采样调查的基础上，完成了全国绝大部分分县 1∶5 万比例尺土壤图的绘制，牧区和边疆地区完成了 1∶20 万—1∶10 万比例尺土壤图的绘制。二普还完成了 10 余万个典型剖面的分层采样，化验分析了剖面分层质地，有机质含量，大量、中量和微量元素含量，pH，阳离子交换量，土壤矿物组成等多项土壤理化性状，编制了分县土壤志。二普通过野外实地调查、采样和测试获取的土壤科学数据，至今仍是我国最详尽、最有实用价值的土壤资源基础数据，其精度与质量超过许多发达国家的土壤资源基础数据[7]。

如图 1 所示，收录于本数据集的土壤质量数据是对我国 40 多年前土壤质量状况的客观记录，亦是我国在全国范围内首次完成的土壤理化性状的科学记载，其中的土壤稳定性要素现势性较长，可在今后若干年间长期使用；而土壤变化性要素对了解我国土壤与环境过程的作用亦不可替代。这些数据使我们用现代科学手段研究各地土壤及相关过程的历史可上溯至 20 世纪 80 年代。

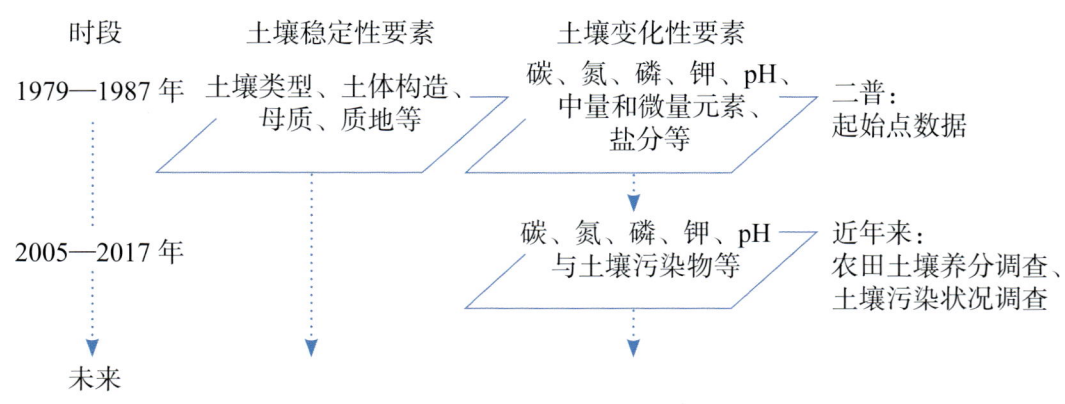

图 1　全国性土壤调查所覆盖的时段

受历史条件限制，二普完成的大比例尺土壤图和土壤剖面理化性状主要为手绘纸质图件、非正式出版的铅印或油印资料，份数少且由各地自行保存。二普结束后，随着各地机构调整与人员变动，土壤调查资料被损毁或丢失严重。2000 年以来，编者开始对各地分散存留的纸质分县土壤调查资料进行系统性收集、修复与整理，通过对宝贵的土壤科学数据的提取、整合和表达，我国科学研究与管理基础数据的水平得到了提升。本数据集收录的分县土壤图和剖面数据主要源于对全国分县土壤图、分县土种志和分省土种志的整理、提取、汇总与表达（表 2）。

表 2　数据集主要土壤资料与数据来源

资料类型	资料名称及数量
土壤图（纸质）	1∶5 万分县土壤图，总计约 1600 个县
	1∶100 万—1∶50 万省级土壤图，总计 570 个县
土壤剖面资料（纸质）	分县土种志：约 2200 册，计约 2200 个县；分省土种志：28 册
土壤有机质含量图（纸质）	全国、分省土壤有机质含量图
农区土壤耕层采样数据（电子）	2005—2017 年在全国农区采集的、含 GPS 坐标定位的 1000 万个采样点耕层有机质含量数据

为编制全国与分省土壤有机质含量分布图，本数据集还使用了我国于二普期间完成的全国、分省土壤有机质含量图纸质图件和于 2005—2017 年在全国采集的 1000 万个具有 GPS 坐标定位的采样点耕层有机质含量数据。

编制方法——土壤大数据方法

我国幅员辽阔，不同地区土壤的土壤类型及其质量状况和分布特征差别较大，各地土壤调查技术条件和水平差别也较大，因此各地分县完成的图件和剖面资料在形式和内容上有较大差异。在用异源土壤数据生成新数据时，新数据的科学性既取决于各异源数据本身的科学性和可靠性，也取决于数据整合采用方法的科学性和可靠性。例如，对分县剖面资料进行整合时，对国标上未出现过的土壤类型名进行归并需要有土壤分类学上的依据；用新的土壤调查数据对原有土壤有机质含量图进行更新，也需要有进行合并表达的科学依据。编制本数据集需要对海量异源数据进行提取、分析、整合、缩编与表达，数据分析流程复杂。同时，在数据分析过程中，土壤专业问题，非标准化数据问题，计算机硬、软件平台系统问题和数据分析员、程序员疏漏问题等可能引致多类别数据分析错误。若既要准确无误地完成各项数据分析技术任务，又要在繁复的数据分析流程中有效贯彻科学原则、实现数据分析科学目标，这就需要一套科学的方法体系。为此，本数据集编者通过研究异源非标准土壤数据特征，融合应用土壤学、数据科学、人工智能、人机交互设计方法与地理信息系统技术，创建了土壤大数据方法[8-9]。

土壤大数据方法是专门供土壤科研工作者使用的一种设计方法，是对经典土壤学研究方法的补充，主要适用于对海量异源土壤数据信息的提取、筛选、分析与表达。通过土壤大数据方法的使用，科研工作者能够分析、认识和阐明土壤性状及相关过程和规律。土壤大数据方法的主要设计规则为以层级化的流程设计实现土壤科学层面的需求设计统领体系架构设计，界定各分段流程目标和关联，部署低层级分段流程、模型和功能模块；以独立于数据流程的监控设计实现土壤科学家对全流程的掌控和人工干预。土壤大数据方法的设计内容包括数据科学分析目标与科学基础界定，数据流程体系架构，流程及软件工具设计，数据流程监控设计。设计中，所有节点均采用双命名制命名，对流程中各节点数据同时进行土壤科学内涵命名和函数代码命名。应用以上设计方法编制设计文档，能在庞杂的异源、异质、异形、异构大数据分析中，实现以科学目标引领数据分析流程，以自动化、人工智能、人机交互式的数据流程替代人工流程，提高大数据分析效率。

在本数据集编制过程中，编者需要完成图件与资料数字化、矢量化，元数据构建，信息提取、过滤、分类、赋码，土壤空间数据逻辑结构、存储结构归一化，统计检验，数据整合、缩编表达、输出等多项数据分析任务，分段流程达1500余个，需要存储的重要节点数据超过2000个，数据量超过20TB。采用土壤大数据方法，编者自主设计和完成了6个土壤大数据分析工具软件包，其中包含157个功能模块（表3），设计文档的科学和工程目标实现率超过99%，为准确、高效完成数据集编制提供了保障，也为土壤学研究提供了新的方法。

表3 系列化土壤大数据分析软件包及其主要功能与模块数

软件包	主要功能	模块数/个
IMAT2.0（intelligent mapping tools）智能化制图工具	异源土壤空间数据的要素提取、过滤、分类、赋码、坐标转换，空间库要素与字段的编辑，图幅与图层的编辑，土壤要素空间库外挂属性表编辑与管理等	35
IMAT-big（intelligent mapping tools for big data）智能化大数据制图工具	超大土壤及相关要素空间数据的要素筛选、图层拆分、数据整合、节点监控、逻辑结构重组等分析	37
IMAP（intelligent map presentation）智能化地图表达工具	土壤大数据地图制图表达与输出	30
ISPA（intelligent soil profile data analysis）智能化土壤剖面数据分析	异源土壤剖面数据的信息提取、过滤、赋码、坐标匹配、检验、整合与统计等	22
ISPP（intelligent soil profile presentation）智能化土壤剖面表达	土壤剖面图表及辅助信息的表达	12
IMAT-SOM（intelligent mapping tools-SOM）土壤有机质制图工具	异源土壤有机质数据整合与表达	21

中国土壤图、中国土壤有机质含量图与中国地势图编制

编制全国三图的目的是便于读者在全国视角和尺度上了解我国各地区土壤资源与质量状况空间分布特征，土壤类型和土壤肥力与地势、地貌之间的相互关联。其中，土壤图用于展示土壤资源分布状况及与成土过程相关的土壤质量状况；土壤有机质含量图用于直观反映土壤肥力情况；地势图便于读者了解不同类型和肥力水平土壤的地势、地貌特征。全国三图的制图比例尺为1∶1300万。

全国三图中采用的境界、城市等基础地理信息要素源于中国地图出版社出版的《第一次全国地理国情普查地图集》[10]和《中国地图集》[11]。全国三图中，境界、水系、居民地、地级以上城市等基础地理信息要素的图示与图例表达见附录2。

（一）中国土壤图

由于制图比例尺小，中国土壤图是在二普完成的1∶400万比例尺全国土壤图的基础上进行矢量化和缩编表达获得的。在缩编表达过程中，土壤类型仅保留了我国土壤分类系统中的第三层级——土类。

在土壤图中，土类颜色主要根据不同土类在其成土因素、发育程度下形成的典型颜色进行设计（附录3）。红色系供土壤富铝化程度高的土壤选用，如红壤、砖红壤、赤红壤等；黄色系、棕色系供干旱区发育程度低的土壤选用，如黄绵土、灰漠土、灰棕漠土等。受灌水、耕作和地下水影响大的土壤采用绿色系，如水稻土、灌淤土、潮土、草甸土等，表示土壤肥力较高，绿色植物生长茂盛；黑土、黑钙土、栗钙土、棕壤、褐土、黄棕壤、紫色土等分别选用深棕色系、褐色系、紫色系；盐土、碱土、沼泽土等植物生长有障碍的土类采用暗色系，如暗紫色系、灰褐色系、青灰色系等，表示土壤生产力低下，植物生长较差。这一颜色设计与国标相关规定一致[12]。

在图例中，按照我国主要土壤类型从南到北、从东向西的地带性分布规律对土类进行排序，附录4所列中国主要土壤类型的排序也按此规则编排。

（二）中国土壤有机质含量图

土壤有机质含量是指土壤中各种含碳有机物质的总和。土壤有机质主要包括土壤腐殖质、半分解的动植物残体、与土壤黏粒和细粉粒紧密结合的有机物质、土壤微生物体所含的有机物质等。以动植物残体形式进入土壤的有机物质成为土壤生物的食物，供养土壤生物的生命活动；在土壤生物，特别是土壤微生物作用下生成的土壤腐殖质，能够促进土壤团聚体形成，提高土壤保水、保肥、供水、供肥性能，提高土壤肥力，并大幅度提高耕地土壤高产、稳产性能。因此，土壤有机质含量是最重要的土壤质量指标之一。土壤有机质碳量是大气总碳量的2倍，是地球植被总碳量的3倍，参与地球陆域碳循环总碳量中80%的碳以土壤有机质碳的形式存在。研究显示，土壤有机质含量实质上是土壤有机碳投入和分解之间动态平衡的表现，影响这一平衡的主要因素为气候、土壤质地与土地利用方式，施肥和耕作等农业技术措施对其影响则相对较小。当影响平衡的主要因素未发生变化时，土壤有机质含量也比较稳定[13]。

中国土壤有机质含量图由各分省土壤有机质含量图（0—30cm土层）合并编制生成。制图用源数据和编制方法在分省土壤有机质含量图编制说明中加以叙述。

为展示全国范围的土壤有机质含量空间分布特征，编者在中国土壤有机质含量图的图示和图例表达中采用了有机质含量范围的非等距划分分级方式，将我国土壤有机质含量分为7个等级（表4），各分级所占我国陆域面积的比例也列于表中。其中，占我国陆域面积29%的"很低"和"低"两个分级的土壤（有机质含量小于10g/kg）主要分布于西北干旱地区，而"较高""高""很高"三个分级的土壤（有机质含量大于25g/kg）主要分布于东北、西南地区，这些地区森林覆盖率较高，雨量充沛，温度适宜，有利于土壤有机质的累积。

表4 中国土壤有机质含量（0—30cm土层）分级

分级	分级释义	有机质含量/（g/kg）	换算系数	有机碳含量/（g/kg）	占陆域面积/%
1	很低	≤5	1.724	≤2.9	5
2	低	5—10（含）	1.724	2.9—5.8（含）	24
3	较低	10—15（含）	1.724	5.8—8.7（含）	18
4	中	15—25（含）	1.724	8.7—14.5（含）	19
5	较高	25—35（含）	1.724	14.5—20.3（含）	9
6	高	35—45（含）	1.724	20.3—26.1（含）	16
7	很高	>45	1.724	>26.1	6

（三）中国地势图

地势图是表示制图区域地貌特征的专题地图，强调表现地面的高低起伏、倾斜程度及其区域对比关系，以及与地形密切相关的河流、湖泊等水系要素分布特征，显示出制图区域山河分布的脉络体系、结构形式、各种地貌类型的形态特征。地势是影响土壤类型的重要因素，地势图也是编制土壤图、气候图、植被图等的基础。

中国地势图的地貌晕渲图采用SRTM3 DEM（shuttle radar topography mission, digital elevation model, 2003）数据，考虑我国地势呈三级阶梯状分布的特点，按0—50—100—200—500—800—1000—1200—1500—2000—2500—3000—3500—5000m及以上设计高度表，以深绿色—黄绿色—棕色—紫色色调的象征色表示海拔由低向高过渡。其他矢量数据来源于中国地图出版社编制的1∶400万《中国地形图》[14]。河流参照中国地图出版社编制的《中国河流、水运资料图》进行选取、表达，三级及以上河流全部选取，二级及以上河流标注名称，低级别河流适当选取以反映区域水系特点；成图面积4mm²以上湖泊和水库全部表示，但仅标注大型湖泊名称，小面积湖泊适当选取以反映区域特点，如青藏高原湖泊群分布；山脉、山峰参照中国地图出版社编制的《中国山脉资料图》选取，三级及以上山脉全部选取、表达，二级山脉主峰及知名山峰标注名称和高程，我国主要高原、平原、盆地和沙漠均选取、表达；自然地理要素分级参考中国地图出版社采用的地图编制分级系统；根据版面载负量情况选取省会、部分地级市和少量县级居民点（主要位于西部地区），居民地主要用于定位参照。

分省土壤图、分省土壤有机质含量图与分省地势图编制

编制分省土壤图、分省土壤有机质含量图与分省地势图三图的主要目的是使读者了解各省级行政区内不同地区土壤类型、土壤肥力与地貌的主要分布特征及其相互关联。其中，土壤图用于展示土壤资源分布状况及与成土过程相关的土壤质量状况；土壤有机质含量图用于直观反映土壤肥力情况；地势图便于读者了解不同类型和肥力水平土壤的地势、地貌特征。为便于比较，每个省级行政区的分省三图采用的比例尺相同，制图则采用幅面固定、各省级行政区制图比例尺自适应方法。

分省三图中采用的境界、城市等基础地理信息要素源于中国地图出版社出版的《第一次全国地理国情普查地图集》[10]和《中国地图集》[11]。分省三图中，境界、水系、居民地、地级以上城市等基础地理信息要素的图示与图例表达见附录2。

（一）分省土壤图

为编制数据集用分省土壤图，编者对二普完成的纸质分省土壤图（原图比例尺主要为1∶50万）进行了地理校正、空间要素提取、图层与分级码标准化、土壤学专业校正、属性表制作、挂接和专题图缩编表达。在缩编表达过程中，制图比例尺一般为1∶200万—1∶100万。由于制图比例尺较小，土壤类型仅保留了我国土壤分类系统中的第三层级——土类。各土类颜色与中国土壤图中采用的土类颜色相同（附录3）。在分省土壤图中，按照我国主要土壤类型从南到北、自东向西的分布规律对图例中的土壤类型进行排序。附录4所列中国主要土壤类型的排序也按此规则编排。附录5列出了浙江省主要土壤类型及其占省级行政区域面积百分比。

（二）分省土壤有机质含量图

1. 数据源说明

本数据集中，土壤剖面理化性状表给出了有确切时间和空间坐标的剖面信息。分省土壤有机质含量图的主要作用是便于读者直观了解各省级行政区最重要的土壤肥力指标——土壤有机质含量的空间分布特征。

二普中，受当时技术条件限制，全国仅完成了比例尺为1∶400万的纸质土壤有机质含量分布图的绘制，

19个省、自治区、直辖市完成了比例尺为1:250万—1:50万的纸质分省土壤有机质含量分布图的绘制。直接采用小比例尺纸质图矢量化生成的土壤有机质含量等级划线图作为分省土壤有机质含量图，存在有机质含量分级的级差大、信息均化、图斑大、制图精度不够等问题，难以精细表现一个省级行政区域内土壤有机质含量的空间分布特征。

2005—2017年，我国在农区进行了测土施肥，农田耕层采样点达到1000万个。这批数据的主要优点是采样密度大且有空间坐标，通过对这批数据进行空间插值分析，可较精细地展示各地农田土壤有机质含量分布特征；其缺点是采样点主要集中于占陆域面积不到20%的农田，仅采用这批数据难以绘制覆盖全域的土壤有机质含量分布图。考虑到土壤，尤其是林地、草地土壤的有机质含量变化较慢，在制图中采用了混合时段数据合并表达的方式。对无测土数据的林地、草地等，仍然采用从小比例尺土壤有机质含量等级划线图中提取的数据；对有测土数据的农田，则采用2005—2017年间耕层采样数据，对原有数据进行了更新。通过对两源数据的提取、土层转换、合并、插值，最终生成各省级行政区土壤有机质含量分布图（土层厚度0—30cm），这样既可较精细展示出各省级行政区土壤有机质含量的空间分布特征，也能保证所做专题图有很强的现势性。

三个数据源制图表达结果比较显示，采用异源数据合并表达的方式制图，各分省图展示的有机质含量空间分布特征与二普小比例尺图相近，但制图精度有较大改进，一个省级行政区域内土壤有机质含量的空间分布特征更为清晰（表5）。

表5　三个数据源制图表达结果比较

数据源	土壤有机质含量图制图表达效果	
	优点	存在问题
采用二普完成的手绘图	小比例尺手绘图中，土壤有机质含量地带性分布特征十分明显；基本无数据空区	局部地区图斑大，制图精度不够
采用新的测土数据插值生成	有数据的区域制图精度高	占陆域面积约80%的林地、草地和一些县域无新的测土数据，难以通过采样点插值生成覆盖全域的有机质含量图
异源数据合并表达	基本无数据空区；制图精度有较大改进；小比例尺图中土壤有机质含量的地带性分布特征被保留	用混合时段数据表达全陆域土壤有机质含量分布状况，其中林地、草地数据主要源于20世纪80年代采样数据，农田数据更新至2017年

表6汇总了分省土壤有机质含量图的主要制图信息。制图采用异源数据合并表达的方式，生成的分省土壤有机质含量图所代表的时间段为1979—2017年，图中核算土壤有机质含量的土层厚度为0—30cm。

表6　分省土壤有机质含量图制图信息

制图数据	异源数据合并表达
采样时间	草地、林地及其他非农田土壤采样时间段为1979—1987年，农田土壤采样时间段为2005—2017年
土层厚度	0—30cm（对采样深度不足0—30cm的耕层采样数据，用剖面数据进行了土层厚度转换，统一转换为0—30cm）
制图方法	普通克利金插值（ordinary Kriging）
网格尺寸	200m

2. 制图表达说明

我国地域辽阔，各地土壤有机质含量差异极大。西北部地区降水量少，土壤粗砂粒含量高，风沙土、漠土大量分布，占我国陆域总面积的12.6%，其0—30cm土层内有机质平均含量不到10g/kg；东北部地区雨量充沛，气候、植被有利于土壤有机碳累积，其0—30cm土层有机质平均含量在40g/kg以上。另外，一些省级行政区的土壤有机质含量变化范围很宽，如内蒙古土壤有机质含量主要为4—70g/kg；而北京、山东等地土壤有机质含量变化范围很窄，为7—17g/kg。

为使各省级行政区域内土壤有机质含量空间分布特征均能得到充分展示，编者在分省土壤有机质含量图的图示和图例表达中对有机质含量范围进行等距划分分级，根据各省级行政区土壤有机质含量分布特征，将有机质含量分为 7—14 个等级。各分级的颜色设计及其 RGB 与 CMYK 色码见附录 6。

（三）分省地势图

根据各省级行政区的成图比例尺和地形特点，选取合适精度的数字高程模型（DEM）栅格数据，确定设色原则和色层表进行分层设色，编制彩色晕渲的分省地势图。图中的河流水系及山峰、山脉等地理要素基于中国地图出版社研制的多尺度中国地图数据库选取，按各省级行政区地图设定的投影参数和比例尺投影转换后进行数据融合处理，再进行图形化编辑和地图整饰，最后输出成图。各省级行政区的彩色地貌晕渲图，按 0—50—200—500—1000—1500—2000—3000—4000—5000—6000m 及以上设计统一的高度表，但对一些低海拔平原地区，如天津、山东、上海等省、直辖市，则增添了 20m 等高距。确定统一的设色原则，建立色层表，以深绿色—黄绿色—棕色—紫色色调的象征色过渡方式表示海拔由低向高过渡，低海拔地区以绿色为主，中海拔地区以棕色为主，高海拔地区的高寒地带则用冷色调紫色。地势图中的其他地理要素，地级市及以上级别居民地全部选取，县级居民地根据图面载负量情况酌情选取；河流按等级选取以反映地域水系结构特点，主要河流加注名称；成图面积 4mm² 以上的湖泊和水库全部选取，大型湖泊、水库加注名称，适当选取小面积湖泊以反映区域分布特点；山脉按等级选取，仅标注主要山脉主峰和知名山峰。

县域中心区气候特征图表编制

气候是五大成土因素之一，也是土壤质量的重要影响因素。为便于读者了解各地土壤资源与质量状况及其与气候特征的关联，编者编制了各县域中心区（位于各县域中心点、代表面积约为 400km² 的区域）气候特征值表、月平均气温与月平均降水量分布图。各县域中心区气候特征值是通过对 160 个中国地面国际交换站的气象年值、月值以及日值数据的计算和空间分析获得的。气象数据的相关用语也采用中国地面国际交换站所用的表达方式。鉴于各地气候特征值需要依据多年气象观测数据分析和提取，而二普采样时段为 1979—1987 年，因此采用了 1971—2000 年共计 30 年的年值、月值和日值气象数据，气象数据时段覆盖二普采样时段。

在分县气候特征值编制过程中，先从相应的各数据源中提取出各站点年值、月值以及日值数据，再按照表 7 所示计算方法，计算 160 个站点的各项气候特征值并对其分别进行插值计算，获得覆盖我国全域、网格尺寸约为 20km 的网格化气候特征年值与月值数据，最后再与县域中心点图层叠加，提取出各县中心区气候特征值。各县所处气候带则是通过县域中心点图层与中国气候区划图叠加后提取获得的[15]。

表 7 县域中心区气候特征值的计算方法与数据来源

县域中心区气候特征	计算方法	气象数据来源
年平均气温 /℃	30 年的年值平均	中国地面国际交换站气候标准值年值数据集（160 个站点，1971—2000 年）
年平均最高气温 /℃		
年平均最低气温 /℃		
年降水量 /mm		
年平均相对湿度 /%		
年日照时数 /h		
月平均气温 /℃	30 年的月值平均	中国地面国际交换站气候标准值月值数据集（160 个站点，1971—2000 年）
月平均降水量 /mm		
≥10℃的积温 /℃	一年中日平均气温≥10℃的温度值加和	中国地面国际交换站气候资料日值数据集（160 个站点，1971—2000 年）
干燥度	修正的谢良尼诺夫公式：$$\text{干燥度} = 0.16 \times \frac{\text{全年} \geq 10℃ \text{的积温}}{\text{全年} \geq 10℃ \text{期间的降水量}}$$	
气候带	提取	1∶3200 万中国气候区划图

分县主要土壤类型与土壤剖面点分布图编制

编制分县主要土壤类型与土壤剖面点分布图的主要目的是使读者在一个较小的图幅上也能大致了解一个县域内主要土壤类型概况。编者通过对全国1∶5万土壤图的缩编表达，为有土壤剖面数据的县级行政区编制了分县主要土壤类型图。受地图幅面限制，在分县土壤图中，仅保留了我国土壤分类系统中的第三层级——土类，通过缩编滤掉了亚类、土属、土种信息。

各分县主要土壤类型与土壤剖面点分布图的制图采用幅面固定、制图比例尺自适应的方法，制图比例尺一般为1∶35万—1∶20万，自适应制图由编制者自行设计的软件模块自动完成。

在分县主要土壤类型与土壤剖面点分布图中，各土类颜色与中国土壤图中采用的土类颜色相同（附录3）。图中各土类在图例中的排序则按各土类占本县县域面积比例从大到小的顺序排列，便于读者了解本县内主要土壤类型的分布。

在分县主要土壤类型与土壤剖面点分布图中，为便于读者查找，剖面点按照其在图面的位置，先左后右、先上后下顺序编码，编码过程也由ISPP软件包（表3）中的模块自动完成。

分县主要土壤类型与土壤剖面点分布图中的基础地理底图来源于国家基础地理信息中心提供的1∶25万DLG（公众版）数据（使用许可协议编号：非2011-1011），基础地理信息要素的图示与图例表达主要参照相关国标（详见附录2）。为保证本数据集中主要土壤类型与土壤剖面点分布图的内容和土壤剖面数据表对应，分县主要土壤类型与土壤剖面点分布图中的市级界线、县级界线均采用二普时的普查界线，并以此作为分县主要土壤类型与土壤剖面点分布图的分幅标准。为兼顾地名位置定位准确性和图书实用性，地图中乡镇级及以上居民地分别根据新版《中华人民共和国行政区划简册》和《中国分省系列地图册 浙江》进行了更新，现势性截至2018年12月。为更好地表现全书的系统性与协调性，在地图下方加注说明县级行政区划变更情况，部分市辖区图幅的图名根据图上县级居民点进行了更新。

二普后，随着城市化的加快，城市周边土地利用情况变化很大，居民地面积大幅增加，导致一些分县土壤图中的土壤面积占县域面积比例和分县主要土类说明中的一些土类面积占县域面积比例较二普时均有下降。在一些大城市周边县（市、区），土地利用情况的变化使各类土壤总面积不到县域面积的60%。

二普时，分县完成了1∶5万比例尺土壤图编绘后，还通过省级汇总和缩编制图，完成了1∶50万比例尺省级土壤图。在省级汇总中，对一些分县土壤图中原有土壤类型名进行了修订。例如，浙江在进行省级汇总时，将分县土壤图中原命名为侵蚀型红壤亚类的大部分土属划归粗骨土类；安徽、湖北等省在省级汇总时将黏盘黄棕壤亚类改为黄褐土类。在对二普调查成果的数字整合中，编者仅收集到约1600个县的大比例尺土壤图（表2）。对大比例尺图数据缺失的县，则以省级土壤图裁切方式进行了补全。这种补全虽有利于完成覆盖我国全域的高、中精度土壤图，但也引起了在一个省级行政区里源于分县和分省的两类土壤图中土壤分类命名不统一的问题，编者在尽量保持调查资料原始记载的前提下，对这类问题进行了力所能及的修订。

分县土壤剖面理化性状表编制

分县土壤剖面理化性状表是本数据集的主体内容。前文已对各项土壤理化性状应用范围以及从分县纸质土种志中进行信息提取、表达和制作的方法做了说明，本节仅对土壤理化性状测试方法、剖面点坐标匹配方法与土壤剖面分类名的修订加以说明。

（一）土壤理化性状测定方法

本数据集所列土壤理化性状的测定方法见表8。其中，土壤有机质含量，土壤氮、磷、钾全量与有效态含量，pH，土壤阳离子交换量的测定方法以及土壤分类方法均为国标方法。剖面理化性状表中的土壤全氮、全磷、全钾、碱解氮、有效磷、速效钾含量均以N、P、K纯养分量计。

在二普中，我国大多数地区土壤质地分级采用了卡庆斯基制，仅极少数地区采用了国际制。其中，卡庆斯基制采用了简制,将土壤质地分为 3 组 9 种类型;国际制将土壤质地分为 12 种类型(表 9)。由于两种分级制中的质地分级名并无重复,因此在分县土壤剖面理化性状表中未对两种分级制的分级名进行合并。

表 8 土壤理化性状的测定方法

土壤理化性状	测定方法
有机质	湿灰化或干灰化消化后,重铬酸钾滴定法测定(丘林法)
全氮	凯氏定氮法测定
全磷	酸溶或碱熔消化后,钼锑抗比色法测定
全钾	碱熔或酸溶消化后,火焰光度法或四苯硼钠比浊法测定
pH	水浸提法,水土比为 5:1 或 2:1
碱解氮	扩散吸收法(康惠法)测定
有效磷	中性及石灰性土壤:Olsen 法测定;酸性土壤:Bray 法测定
速效钾	醋酸铵浸提后,火焰光度法或四苯硼钠比浊法测定
阳离子交换量	醋酸铵法测定

表 9 卡庆斯基制与国际制土壤质地分级名

等级序号	卡庆斯基制[1] 土壤质地分级名	等级序号	国际制[2] 土壤质地分级名
1	松砂土	1	砂土
2	紧砂土	2	壤质砂土
		3	砂质壤土
3	砂壤土	4	壤土
4	轻壤土	5	粉砂质壤土
5	中壤土	6	砂质黏壤土
		7	黏壤土
6	重壤土	8	粉砂质黏壤土
7	轻黏土	9	砂质黏土
		10	壤质黏土
8	中黏土	11	粉砂质黏土
9	重黏土	12	黏土

注:1)卡庆斯基制指按卡庆斯基粒径分级的质地分类。该分类制有简制和详制两种。简制有 3 组 9 种质地,其主要特点是将土粒分为物理性黏粒和物理性砂粒两级;按物理性黏粒或物理性砂粒的数量进行质地分类,而不是按照砂粒、粉粒、黏粒三个粒级的质量比分组。详制是在简制的基础上,把 9 种质地进一步细分为 39 种质地类别,把含量最多和次多的粒组作为冠词,顺序放在简制名称前面,主要用于土壤基层分类及大比例尺制图。卡庆斯基还提出根据石砾含量而定的附加分类,也可作为质地分类的冠词,主要应用于山地土壤的质地分类。
2)国际制土壤质地分类在第二届国际土壤学会上通过,根据砂粒(粒径 0.02—2mm)、粉粒(粒径 0.002—0.02mm)、黏粒(粒径小于 0.002mm)三粒组含量的比例,通过国际制土壤质地分类三角图,以黏粒含量为主要标准,小于 15% 者为砂土质地组和壤土质地组,15%—25% 者为黏壤组,黏粒含量大于 25% 者为黏土组,划定 12 种质地类别。

(二)土壤剖面点的坐标匹配

含地理坐标的剖面数据可直观展示该土壤剖面点所代表土壤的土层厚度、土体构造及理化性状等特征,也是构建推理模型,进行土壤及其理化性状数字制图的基础。

二普完成的分县土种志中虽无典型剖面地理坐标记载,却有关于剖面采样地点、景观和土壤剖面分类命名的详细记录,如乡镇名、村名、高程和土类、亚类、土属、土种名等。从 1:5 万土壤类型图与 1:5 万基础地理信息数据库中也能提取出上述信息。在1∶5万比例尺空间数据库中，空间对象分辨率可达到100m×100m精度，折合为1hm²。在全国性土壤调查中，对于选择、确定典型剖面采样点点位，通常要求其所代表的土壤类型在面积上能代表采样点周围100亩（1亩≈666.7m²）以上的土壤，通过这种匹配方法获得的点位对实际采样点点位有较高的代表性。

为了使分县土种志中记载的剖面数据获得坐标，编者构建了多要素土壤剖面点坐标匹配模型，无空间坐标的土壤剖面从1∶5万土壤类型图和基础地理信息数据库中获得空间坐标。坐标匹配模型工作机制如图2所示。首先，从分县土种志中提取出A源数据，即每个剖面隶属的土类、亚类、土属、土种名及剖面采样点地名、采样点高程等多要素信息；然后，用分县1∶5万土壤图与多要素基础地理信息数据库叠加，生成含土类、亚类、土属、土种名和村名、乡镇名、高程等要素信息的空间数据，即B源数据；最后，利用多要素匹配模型，逐县对A、B两源数据进行匹配。当A源数据中某剖面点土类、亚类、土属、土种名和采样点地名、高程与B源数据中某土壤要素空间对象的四个土壤分类名、地名、高程等多要素信息一致时，该剖面点获得B源数据中土壤要素空间对象中心点坐标。若一个县域内，某剖面点与B源数据中多个空间对象存在配对关系，则取其中面积最大的空间对象的中心点坐标。

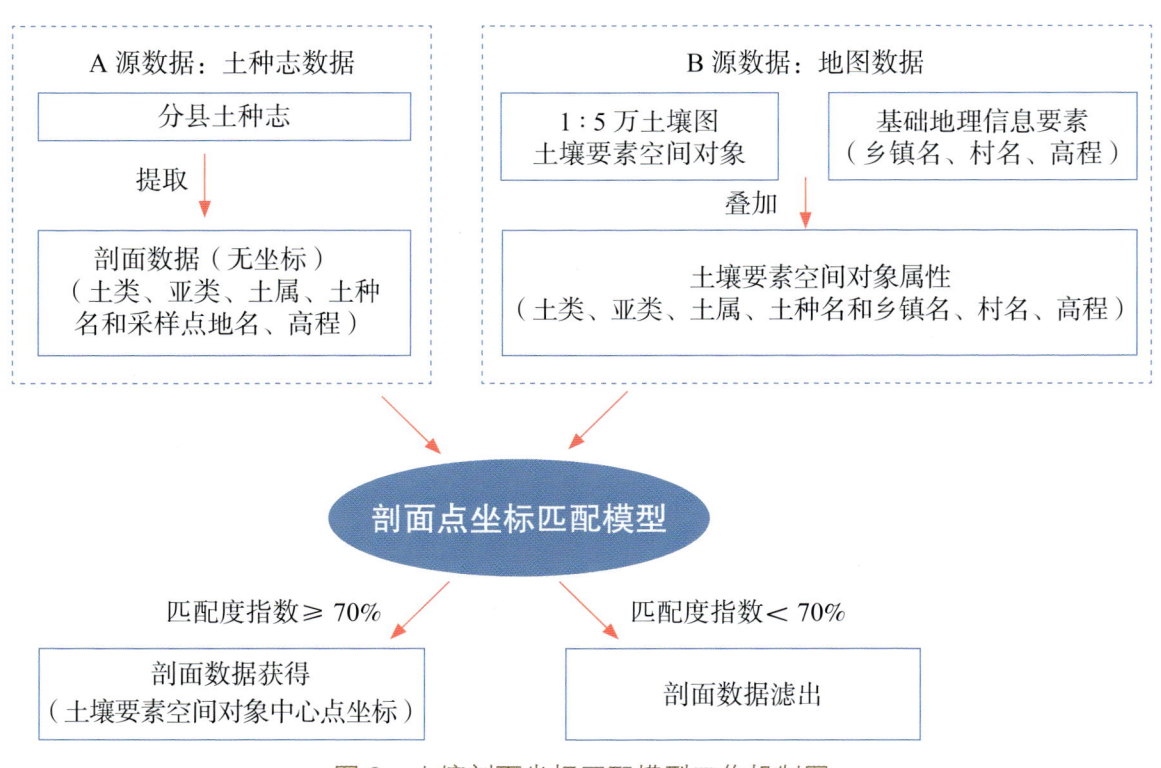

图2　土壤剖面坐标匹配模型工作机制图

为衡量每个土壤剖面坐标匹配的质量，在匹配模型中植入了匹配度评价模型，分析和提取每个土壤剖面点坐标匹配中多要素信息的吻合度。匹配度指数较高，代表两源数据中的土类、亚类、土属、土种名和地名、高程等多要素信息一致性高；匹配度指数较低，代表A、B两源多要素信息存在一些不一致性；匹配度指数小于70%的剖面数据会被滤出，该剖面也会从分县土壤剖面理化性状表中删除（表10）。利用坐标匹配模型，从分县土种志中提取出的10万余个剖面数据中，有6万多个获得了地理坐标并被收录于本数据集的分县土壤剖面理化性状表中，有约3万个由于匹配度指数较低被滤出。

表10　坐标匹配的匹配度指数及释义

匹配度指数 / %	释义
90—100	匹配度高：A（分县土种志）、B（地图）两源数据中乡镇名、村名和三个以上土壤分类名（土类、亚类、土属、土种）、高程均一致
80—90	匹配度较高：A、B两源数据中乡镇名、村名和两个土壤分类名（土类、亚类）、高程一致
70—80	具有一定匹配度：A、B两源数据中乡镇名、村名、土类名、高程一致
<70	匹配度较低：A、B两源数据中地名和土类名不能全匹配

为检验通过匹配模型获得地理坐标的剖面对当地土壤类型是否具有代表性，编者自2008年以来，在河北、

山东、黑龙江、宁夏、海南等地挖取了 300 余个校验剖面，进行了比对研究。比对研究结果显示，校验剖面与二普完成的剖面记载在土壤类型、土体构造、母质、质地等土壤质量慢变化性状上都有很好的一致性。

（三）土壤剖面分类名的修订

分县土壤剖面理化性状表列出了每个土壤剖面的分类名。土壤分类名是对某一类土壤资源的抽象概括和表达，表述了各类土壤的主要成土过程以及各类土壤综合性的典型特征。如黑土是指在温带半湿润地区草甸草原植被条件下形成的具有深厚均匀腐殖质层的土壤，呈黑色，富含有机质和各种养分；褐土是指在暖温带半湿润地区形成的具有弱腐殖质表层和黏化层的土壤，盐基饱和度较高，呈棕褐色。土壤分类名既具有典型性，又具有综合性，是土壤最基本的属性。

二普中，我国基于全国第一次土壤普查经验制定了六等级土壤分类系统，这也是目前的国标系统。该系统中的六等级分别为土纲、亚纲、土类、亚类、土属和土种，从高级到低级，不同层级之间为隶属关系。其中，土纲用于界定水、温等主要的土壤成土条件，亚纲用来进一步区分土纲内成土条件与过程的差异，土类反映成土条件引致的最典型土壤特征，亚类反映土类内成土条件引致剖面特征的进一步分异，土属反映母质等成土条件引致亚类剖面的分异，土种反映同一土属中土壤的分异或当地群众对该土壤的命名。

在对各地土壤调查数据进行全国汇总时，编者发现，从全国 2200 多个分县土壤剖面资料中提取出的土壤分类名与我国在 1998—2009 年发布的三版《中国土壤分类与代码》国标差异较大[16-18]。国标发布的土类、亚类、土属、土种名数量分别为 60 个、229 个、663 个和 3246 个，而从 2200 多个分县土壤图件与剖面资料中提取出的土类、亚类、土属、土种名数量分别为 312 个、1520 个、12150 个和 43200 个。对国标上从未出现的土壤类型名进行审核和归并需要有土壤分类学上的依据。通过对俄罗斯、美国、加拿大、澳大利亚、德国、英国等各国土壤分类研究及发展状况的研究，编者总结了我国和其他世界各国过去半个世纪中在土壤分类方面的经验，确定了土壤剖面分类名的修订原则[1]。

研究显示，我国国标分类系统中的第三层级——土类（附录 4），能很好地反映我国主要土壤类型形态上的典型特征。通过土类及其隶属的 12 大土纲可清晰展现出我国 60 个土类受温度、海拔、降雨、土壤发育度、地下水盐运动、耕种垦殖等主要成土条件影响而形成的地带性分布特征。另外，土类本身属于高层级分类，数目有限，命名符合汉语语言特征，易于专业及非专业人员掌握。通过土类名，读者能够辨识各种土壤类型，了解其成土过程、土壤质量与肥力特征。因此，在土壤剖面分类名的修订中，应重视维护土类名的稳定性。根据这一原则，在对分县资料中土壤分类名的编审中，编者将国标发布的 60 个土类名进行了归并，对亚类及以下的中、低级分类名称则在尽量保留现场获取的一手土壤调查信息的前提下进行适度归并与整合。

为便于读者了解我国目前采用的土壤分类名与国际土壤学会推荐的土壤分类名（world reference base for soil resources，WRB）[19]之间的关联，附录 4 中还给出了由史学正研究员通过剖面比对建立的 WRB 土组名与我国 60 个土类名的关联及 WRB 土组名对我国土类名的最大可参比性[20]。

（四）剖面土层代码

在形成过程中，由于物质迁移和转化，土壤会分化成一系列组成、性质和形态各不相同的层次，称为发生层或土层。土壤剖面各土层的顺序和变化情况，反映了土壤形成过程及土壤性质。

目前各国尚无统一的土层命名。1967 年国际土壤学会提出将土壤剖面划分成 O 层（有机层）、A 层（腐殖质层）、E 层（淋溶层）、B 层（淀积层）、C 层（母质层）和 R 层（基岩）等 6 个主要土层。全国土壤普查办公室编制出版的《中国土种志》（6 卷）[21-26]、《中国土壤》[27]则将自然土壤剖面划分成 O 层（凋落物有机质层）、A 层（表层）、B 层（淀积层）、C 层（母质层）、D 层（岩石碎屑层）和 R 层（坚硬岩石层）等 6 个主要土层；将旱地农田土壤划分成 A（耕层）、C_1（心土层）和 C_2（底土层）等几个主要土层；将水田土壤划分成 Aa（耕作层）、Ap（犁底层）、P（渗育层）、W（潴育层）和 G（潜育层）等 5 个主要土层。

由于分县土种志中，土层代码和释义与以上文献给出的土层码不尽相同，因此在数据集编制中，编者主要保留了 2200 多个分县土种志中实际采用的土层代码和释义（表 11）。为便于读者参考，编者在附录 4 中列出了引自《中国土壤》部分土类典型剖面的土体构造及其关联的土层代码[27]。

表 11　土壤剖面土层代码和释义[1]

代码		释义
自然土壤与旱地土壤	Ao	位于土表的枯枝落叶层
	A	自然土壤指表土层，耕地土壤指耕作层
	B	心土层，受成土作用形成的淋溶淀积层
	C	底土层，受成土作用少的母质层，较紧实，通常不受耕作、施肥影响
	D	未风化的母岩层，岩石碎屑层
水田土壤	A	耕作层，亦称淹育层和作物栽培层
	P	犁底层，位于耕作层下，经机械耕作和黏粒淀积，结构较为紧实
	W[2]	潴育层，位于犁底层下，水田在干湿交替作用下，铁、锰淋溶淀积形成斑纹层，使水稻土有较好的通透性，渗水而不漏水，渍水而不滞水
	G	潜育层，存在于水稻土、沼泽土和泥炭土中。土体长期积水，通透性不良，在还原状态下形成青灰色土层又叫青泥层，作物受还原性物质危害。若在其他土层出现，可用 g 表示，如 Pg、Wg
	E	漂洗层，侧渗作用下黏粒、有机质被淋洗，铁质溶脱，形成灰白色或白色漂洗层

注：1）表中土层代码和释义主要根据全国各分县土种志中实际采用代码和释义进行综合与汇总。土体构造中，两个字母并列表示过渡层土壤，例如 AB 层、BC 层等。

2）一些地区将潴育层细分为 W_1（渗育层）和 W_2（淀积层）两层。渗育层指有明显水化铁层，多见黄色锈斑；淀积层指明显有铁锰淀斑或铁锰结核的土层。

（五）其他

分县土壤剖面理化性状表中，空格代表本项无数据。

若土壤剖面的土层码为数字，则表示调查中未对该剖面的各分层进行土层代码赋码。对这类剖面，编者按从地表至底土顺序赋土层序号 1、2、3……。土层序号不具有土壤发生学上的含义，仅表达每一土层的顺序。

分县土壤剖面理化性状表中土层厚度的上、下边界表示该土层采样范围。例如：土层厚度为 0—17cm，表示土层采自剖面 0—17cm 部位；土层厚度为 50—100cm 表示采自剖面 50—100cm 部位。一些剖面底土的土层厚度仅有上界而无下界。例如：85—，表示该土层采自剖面 85cm 至更深部位。

个别剖面上、下土层的上、下边界相互不衔接，例如：两个土层厚度分别为 0—10cm、30—35cm，表示该剖面的采样为不连贯采样，每个土层只选取了该土层的代表性层段。

一些剖面分层样本上、下土层的上、下边界相互不衔接，例如：按从地表至底土顺序，6 个土层采样范围分别为 0—13cm、13—18cm、18—40cm、18—32cm、32—100cm、50—100cm，其中第三个土层 18—40cm 为额外增加的采样层。在土壤调查中，当调查者认为需要对某些区域或土类的特定土层进行单独采样和分析时，往往会出现这一情形。为了最大限度保持第一手调查资料的完整性，编者将这类土层也编入了分县土壤剖面理化性状表中。

本卷收录的浙江省典型土壤剖面共计 1502 个。通过对剖面数据的土层厚度转换，附录 7 给出了这些典型剖面 0—20cm 土层土壤理化性状中位数与平均数。二普剖面采样为典型土类采样，而非网格化采样，因此 0—20cm 土层土壤理化性状中位数与平均数不代表浙江省土壤理化性状平均状况。但二普是我国最早的大样本量调查，附录 7 所示的 0—20cm 土层土壤理化性状中位数与平均数对了解浙江省 20 世纪 80 年代土壤肥力性状量化状况提供了宝贵的参考信息。

附录 8 列出了浙江省耕地、园地、林地、草地和湿地 0—30cm 土层土壤有机质含量的平均值。该值由浙江省土壤有机质含量图和自然资源部土地科学数据中心编制的 2019 年 1∶100 万比例尺全国土地利用缩编图通过叠加、计算生成。其中，耕地包括水田、水浇地、旱地三种土地利用类型；园地包括果园、茶园和其他园地三种土地利用类型；林地包括有林地、灌木林地和其他林地三种土地利用类型；草地包括天然牧草地、人工牧草地和其他草地三种土地利用类型；湿地包括沼泽地、沿海滩涂和内陆滩涂三种土地利用类型。鉴于浙江省土壤有机质含量图源于大样本量地面采样，土壤有机质含量亦为变化较慢的土壤质量性状[13]，附录 8 对了解浙江省耕地、园地、林地、草地和湿地的土壤有机质含量状况及演变具有较高的参考价值。为便于读者了解浙江省耕地、园地、林地和草地四种土地利用类型中受成土过程影响而形成的各主要土壤类型及其在各土地利用类型中的占比情况，附录 9 给出了主要土壤类型在这四种土地利用类型中的占比。

土壤专题图与土壤剖面数据可靠性检验

该检验目的是对数据集中的土壤专题图和土壤剖面数据能否真实反映土壤资源与土壤理化性状及其空间分布特征给出科学、客观的评价。另外，数据集中的土壤专题图和土壤剖面数据主要源于 1979—1987 年的二普和 2005—2017 年在全国测土配方施肥项目中的土壤养分调查，因此，该检验也是对我国两次全国性土壤调查所获成果的质量评估。

对土壤专题图及含地理坐标的剖面数据的检验涉及地图制图学、测绘科学、土壤学、地统计学等多学科内容，而对于不同的学科，数据检验的目标和内容也不同。对于地图制图，精度检验十分重要；而在土壤学范畴，可靠性检验更为重要。精度检验方面，本数据集剖面坐标是通过 1∶5 万比例尺地图数据匹配获得，匹配用地图精度直接影响剖面数据坐标精度。可靠性检验方面，土壤专题图和土壤剖面数据均属于土壤学范畴，还需要从土壤学角度给出科学评价。借助目前仍在发展中的地统计方法，编者最终给出了合理的可靠性检验方法。为便于读者理解，本节将重点说明两点：一是地图精度与土壤专题图制图的关联；二是土壤专题图和剖面数据的地统计检验结果。

在地图制图中，地图精度用于衡量某一地物点或地物轮廓点的平面位置和高程位置偏离其真实位置的平均误差。这里的地物点或地物轮廓点可以是测量控制点、水准点、道路交叉点、境界线方向变化点、山脚点、山顶等。地图精度与地图投影、比例尺、制作方法和工艺有关。地图比例尺不同，误差控制要求也不同。一般来说，地图比例尺越大，误差越小，精度越高。换言之，地图精度或比例尺主要反映对地图中基础地理信息要素，如测量控制点、河流、道路、等高线、境界的误差控制要求。

在土壤专题图制图中，需要用基础地理信息要素标识土壤要素空间位置。在较早的土壤调查中，没有 GPS 设备，通常用纸质地形图为底图标识采样点位置。地面土壤采样调查完成后，根据底图标记的采样点位置和实测获得的土壤要素值，由经验丰富的土壤科学家依据土壤及相关要素的空间分布、空间相关性和空间依赖性规律进行人工综合判图，在底图上手工完成土壤专题图的勾绘和制图。我国的二普与欧美各国在 20 世纪 80 年代之前进行的全国性土壤调查基本均采用这一方法进行土壤专题图编绘。二普为大样本量土壤调查，采样密度高，采用 1∶1 万大比例尺地形图为工作底图，全国共采取土壤观察剖面 550 余万个，采集 0—20cm 土壤表层样本 200 余万个，通过综合判图和人工勾绘，最终完成分县 1∶5 万比例尺土壤图和各类土壤养分含量图的编制。土壤专题图比例尺不代表地图中对土壤要素的误差控制要求，客观上，地面采样中应用大比例尺的工作底图，采样密度高，土壤采样点均衡分布于调查区域中，以此为依据编制的土壤专题图能精细地表达调查区域内土壤要素的空间变化特征。采样密度低的土壤调查结果则不适合编制大比例尺土壤专题图。

近年来，随着 GPS 和 GIS 技术的发展，地统计方法已较多用于反映和研究土壤要素的空间变化规律。地统计方法不仅提供了利用含地理坐标的土壤采样点数据制作土壤专题图的地统计模型，还提供了对模拟结果进行不确定性检验的方法。地统计检验的主要目的是了解模拟结果对真实情况反演的客观性和可靠性，而不是评价地图中土壤要素的精度或误差控制。检验结果既受地面采样原则、采样量的影响，也受所选模型类型、建模过程中是否引入协变量等因素的影响。

由于二普完成的土壤图和养分含量图中没有采样点标注，难以对其进行地统计检验。为此，编者同时对我国在全国测土配方施肥项目中完成的有 GPS 定位坐标的农田耕层土壤有机质含量数据进行了地统计分析和检验。与二普相似，全国测土配方施肥项目也按网格化均匀分布原则进行大样本量、高密度土壤采样，全国总计完成 1000 万个农田土壤耕层样本的采集。

检验方法为：首先，在我国东、南、西、北、中不同地域选取 7 个代表性片区，每片区包含地域相连、域内无大面积剖面点缺失的多个行政县，且含土壤剖面点 500 个以上。其次，提取 7 个片区源于二普剖面 0—20cm 土层和源于 2005—2017 年 0—20cm 农田耕层采样的土壤有机质含量数据。二普剖面数据的采样特征为在优先选取典型土壤类型的前提下，尽量均衡分布；样本量较小，全国有6万多个具有匹配坐标的剖面。2005—2017年农田养分调查数据为网格化均衡分布的大样本量，全国完成了1000万个有GPS定位坐标的耕层样本。最后，用普通克利金插值（ordinary Kriging）方法进行地统计分析和检验。在每片区剖面点和耕层采样点的数据中分别随机选取80%作为训练样本集，20%作为验证样本集，同时进行建模；将验证样本预测值与实测值进行线性回归，计算R^2（决定系数）和RMSE（均方根误差），以此评价两组数据表达土壤要素空间分布特征的可靠性和误差。选择土壤有机质含量作为检验指标的原因为该指标是最重要的土壤质量性状之一，且可量化表达，便于进行地统计检验。

二普剖面数据的检验结果显示，在7个代表性片区，剖面点数据表达的有机质含量分布状况可靠性均达极显著水平（表12）。这表明，尽管二普典型剖面数据为非网格化采样，含地理坐标样本量较少，需采用匹配坐标替代原点坐标，但在一个由多县组成的片区内，当剖面样本量达到一定数量后，即使未引入可极大改进R^2的地形、土地利用类型等辅助变量，用普通克利金插值仍然能比较真实、可靠地反演土壤要素空间分布特征。2005—2017年耕层采样点数据的检验结果显示，与二普剖面点数据相比，大部分片区的有机质含量分布数据R^2更大（达到中等相关至强相关），RMSE更小，可靠性和预测精度明显更优，这说明就表征土壤要素空间分布特征而言，网格化均衡分布的大样本量采样得到的数据可靠性和精度相对较高。这为二普大比例尺土壤专题图数据（土壤图和土壤pH、有机质、氮、磷、钾养分含量图）的地统计检验特征提供了佐证。二普大比例尺土壤专题图数据均源于网格化均衡分布的大样本量地面调查，其可靠性和精度应优于二普剖面点数据。

两组数据地统计检验结果还显示，尽管相隔近30年，两时段调查的土壤有机质含量也有一定变化，但各片区土壤有机质含量的空间分布规律总体相近。图3展示了东北片区两组数据通过克里格插值获得的土壤有机质含量分布图。可以看出，尽管二普土壤剖面样本数（546）远少于农田耕层土壤样本数（45182），20%校验集所获R^2较低，预测值与实测值偏差较大，但两组数据展示的土壤有机质含量空间分布格局相近，均为东北角最高，西南角最低。另外，该片区2005—2017年的农田耕层有机质含量均值为36.41g/kg，低于1979—1987年间的二普采样结果（40.53g/kg），这一结果与东北地区所做长期定位试验结论一致。这表明，本数据集剖面数据可为了解土壤质量时空演变规律提供可靠的数据支持。

表12 二普典型土壤剖面数据和2005—2017年耕层采样点数据的地统计检验结果

编号	片区名	县数	面积/km²	二普剖面土壤有机质含量[1]			耕层土壤有机质含量[2]		
				样本量	R^2 [3]	RMSE[3]	样本量	R^2 [3]	RMSE[3]
1	东北片区	19	72353	546	0.329**	14.77	45182	0.689**	6.32
2	冀鲁豫片区	64	50071	881	0.363**	5.65	256341	0.429**	3.47
3	江浙片区	53	63003	1312	0.334**	8.83	51759	0.666**	4.05
4	湖北片区	10	21044	515	0.286**	20.21	60545	0.281**	11.09
5	四川片区	39	98052	1283	0.380**	9.20	206682	0.344**	7.08
6	粤闽赣片区	27	58745	801	0.223**	13.33	51759	0.285**	6.42
7	陕甘片区	47	109010	990	0.296**	7.20	256341	0.558**	2.48

注：1）数据源于二普土壤剖面（1979—1987年采样，0—20cm土层）数据库，土壤有机质含量单位为g/kg。
2）数据源于2005—2017年农田耕层（0—20cm）土壤养分调查数据库，土壤有机质含量单位为g/kg。
3）20%验样本所获预测值与实测值的线性回归R^2（决定系数，其中**表示1%水平显著）和RMSE（均方根误差）。

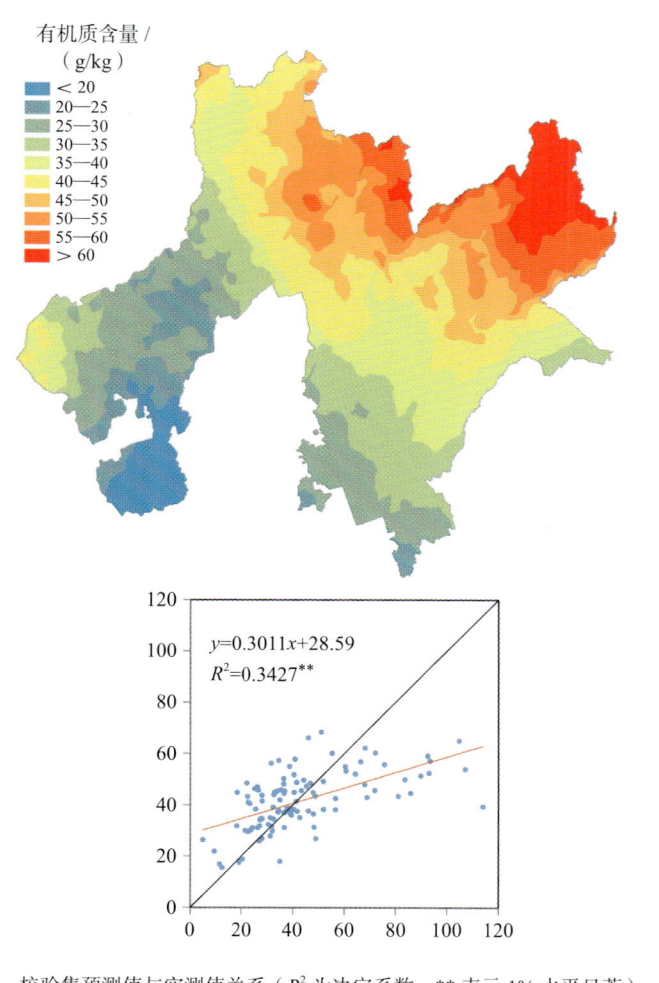
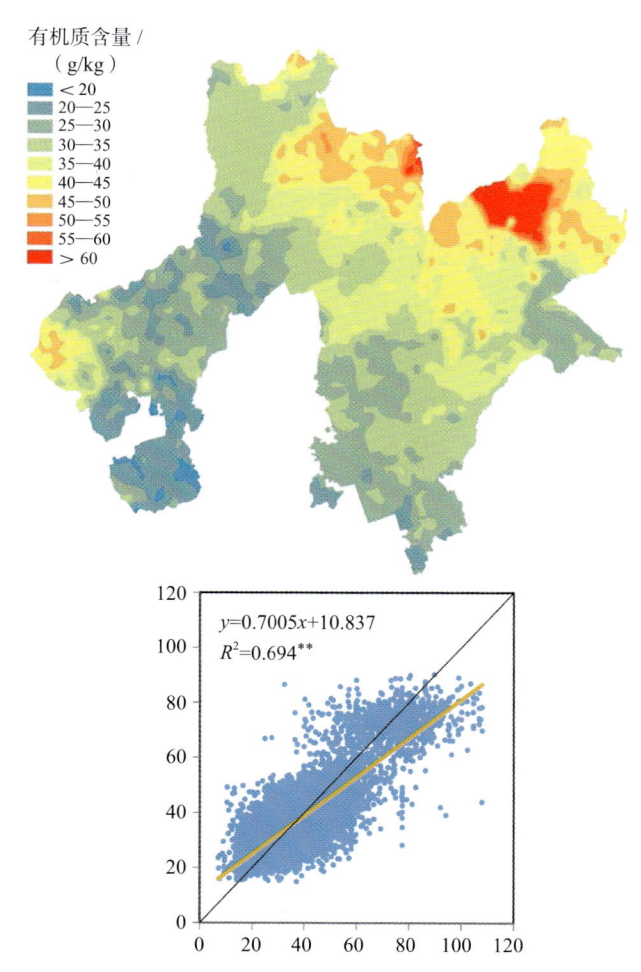

校验集预测值与实测值关系（R^2为决定系数，** 表示1%水平显著）
1979—1987年二普典型剖面采样，土层厚度0—20cm

校验集预测值与实测值关系（R^2为决定系数，** 表示1%水平显著）
2005—2017年农田耕层土壤采样，土层厚度0—20cm

图3　东北片区土壤有机质含量分布图及地统计检验结果

参编单位

《中国土壤剖面数据集》的编制工作始于1998年。其编制过程主要分为以下两个阶段：

第一阶段为全国1∶5万土壤图编制和中国剖面数据库构建阶段。20世纪末，随着现代科学研究与管理对土壤时空信息的迫切需要和大数据技术的发展，利用土壤调查结果构建我国土壤资源与质量时空数据库日益显现出可行性和必要性。1998年，我国土壤科技工作者开始对二普分县土壤图件和资料进行系统收集和整理，这项工作曾得到国家社会公益性研究专项的资助。"十一五"期间，"我国1∶5万土壤图籍编撰及高精度数字土壤构建"被列为国家科技基础性工作专项重点项目。在全国各地农业、国土、档案等多家单位的大力配合和各地土壤科技工作者的支持下，项目组汇聚全国土壤科学、农业、测绘与环境领域多家专业科研院所的科研力量，深入31个省、自治区、直辖市以及数百个县的原始图件与资料存放部门，完成了2200多个县的分县大比例尺纸质土壤图与土种志的收集。同时，项目组还收集了全国31个省、自治区、直辖市的分省土壤图、土壤有机质含量图等多类别土壤专题图和分省土壤调查资料，并在此基础上，项目组研究人员通过融合多学科方法创建土壤大数据方法，以方法创新带动异源非标准海量土壤信息的时空整合与表达，至2017年，完成了我国1∶5万土壤图的整合表达和中国土壤剖面数据库的构建，为编制《中国土壤剖面数据集》奠定了科学基础、方法基础和数据基础。

第二阶段为《中国土壤剖面数据集》编制阶段。为满足我国农业、林业、环境、气象、国土、水利等各部门对公众版土壤资源与质量信息的迫切需求，项目组于2017年启动了数据集编制工作。在数据集编制过程中，项目组一方面利用土壤大数据方法进行数据的审核、土壤专题图的缩编与剖面数据表的表达等多项工作，另一方面组织了各省级土壤专业科研院所参与各分卷内容的审核和修订工作。数据集的编制还得到了中国农业科学院科技创新工程的资助。

本数据集的最终面世离不开多家科研单位在过去20多年时间里的共同付出。这些单位包括国家科技基础性工作专项重点项目"我国1∶5万土壤图籍编撰及高精度数字土壤构建""我国1∶5万土壤图籍编撰及高精度数字土壤构建二期工程"主持与参加单位、参加数据集各分卷审核和修订工作的土壤专业科研单位以及参与分县大比例尺纸质土壤图与土种志收集的各地相关管理与科研部门（附录10）。

（张维理、徐爱国、张认连、冀宏杰）

序图

中国土壤图
1:13 000 000

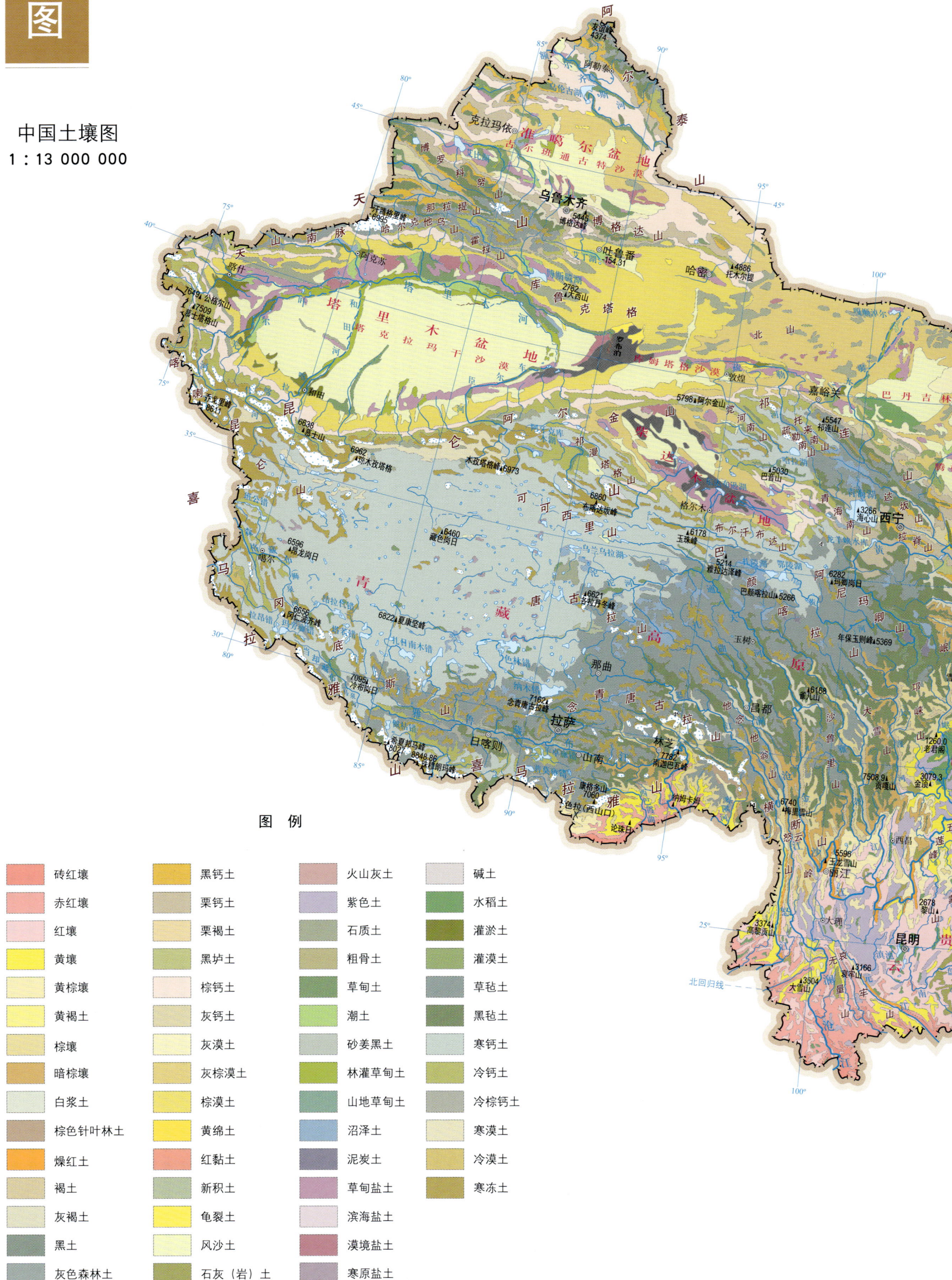

图 例

砖红壤	黑钙土	火山灰土	碱土
赤红壤	栗钙土	紫色土	水稻土
红壤	栗褐土	石质土	灌淤土
黄壤	黑垆土	粗骨土	灌漠土
黄棕壤	棕钙土	草甸土	草毡土
黄褐土	灰钙土	潮土	黑毡土
棕壤	灰漠土	砂姜黑土	寒钙土
暗棕壤	灰棕漠土	林灌草甸土	冷钙土
白浆土	棕漠土	山地草甸土	冷棕钙土
棕色针叶林土	黄绵土	沼泽土	寒漠土
燥红土	红黏土	泥炭土	冷漠土
褐土	新积土	草甸盐土	寒冻土
灰褐土	龟裂土	滨海盐土	
黑土	风沙土	漠境盐土	
灰色森林土	石灰(岩)土	寒原盐土	

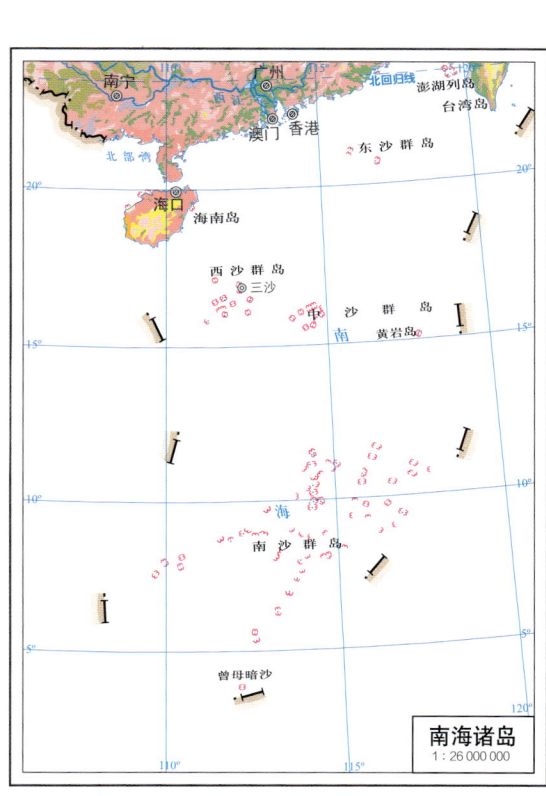

中国土壤有机质含量图
1 : 13 000 000

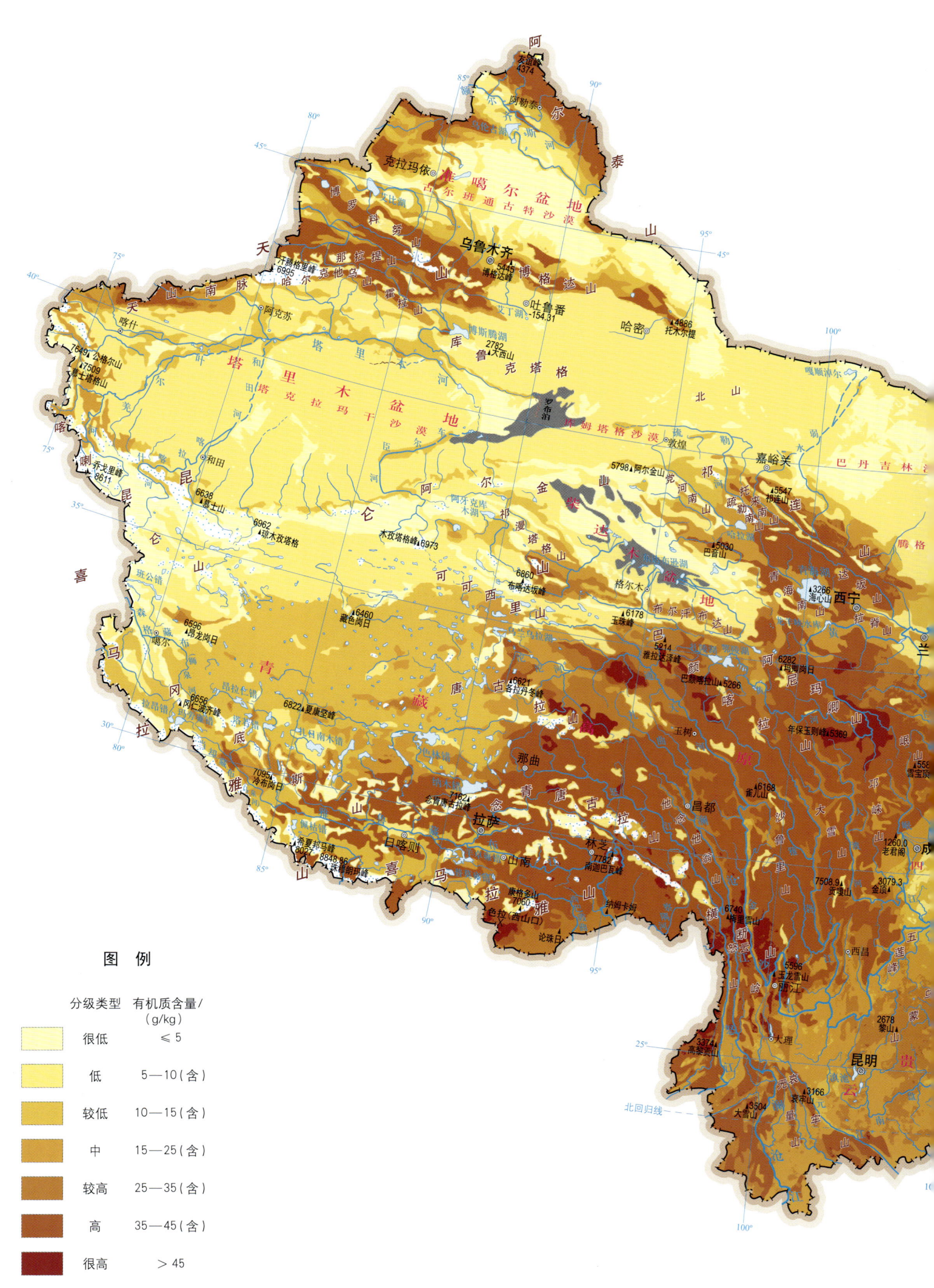

图　例

分级类型	有机质含量/(g/kg)
很低	≤ 5
低	5—10（含）
较低	10—15（含）
中	15—25（含）
较高	25—35（含）
高	35—45（含）
很高	> 45

注：土层厚度为 0—30cm。

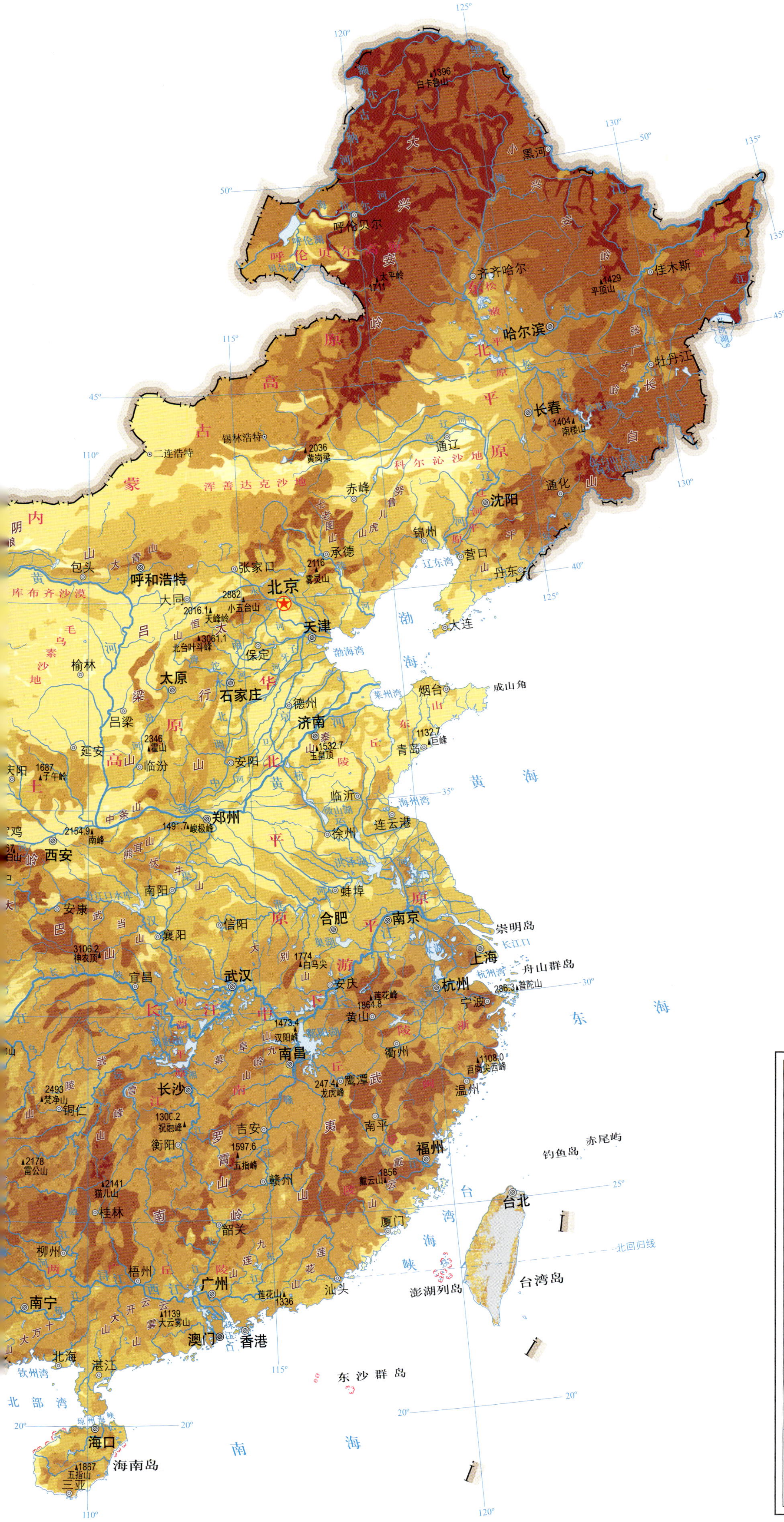

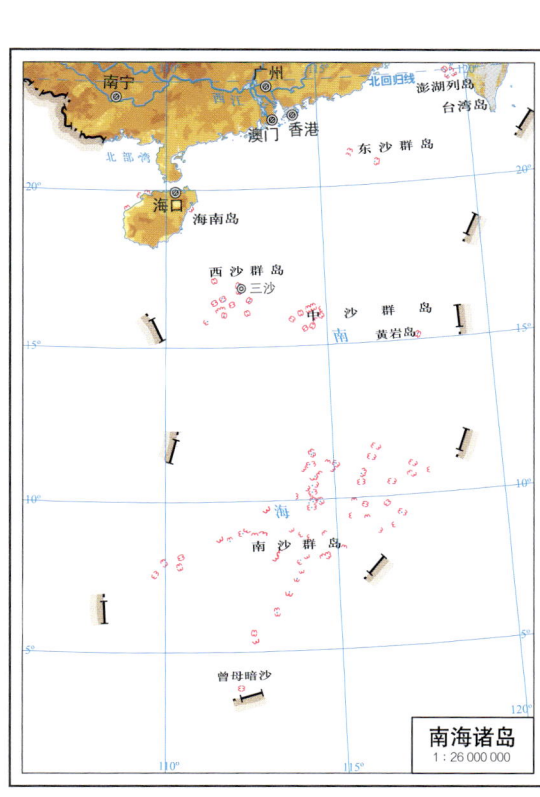

中国地势图

1 : 13 000 000

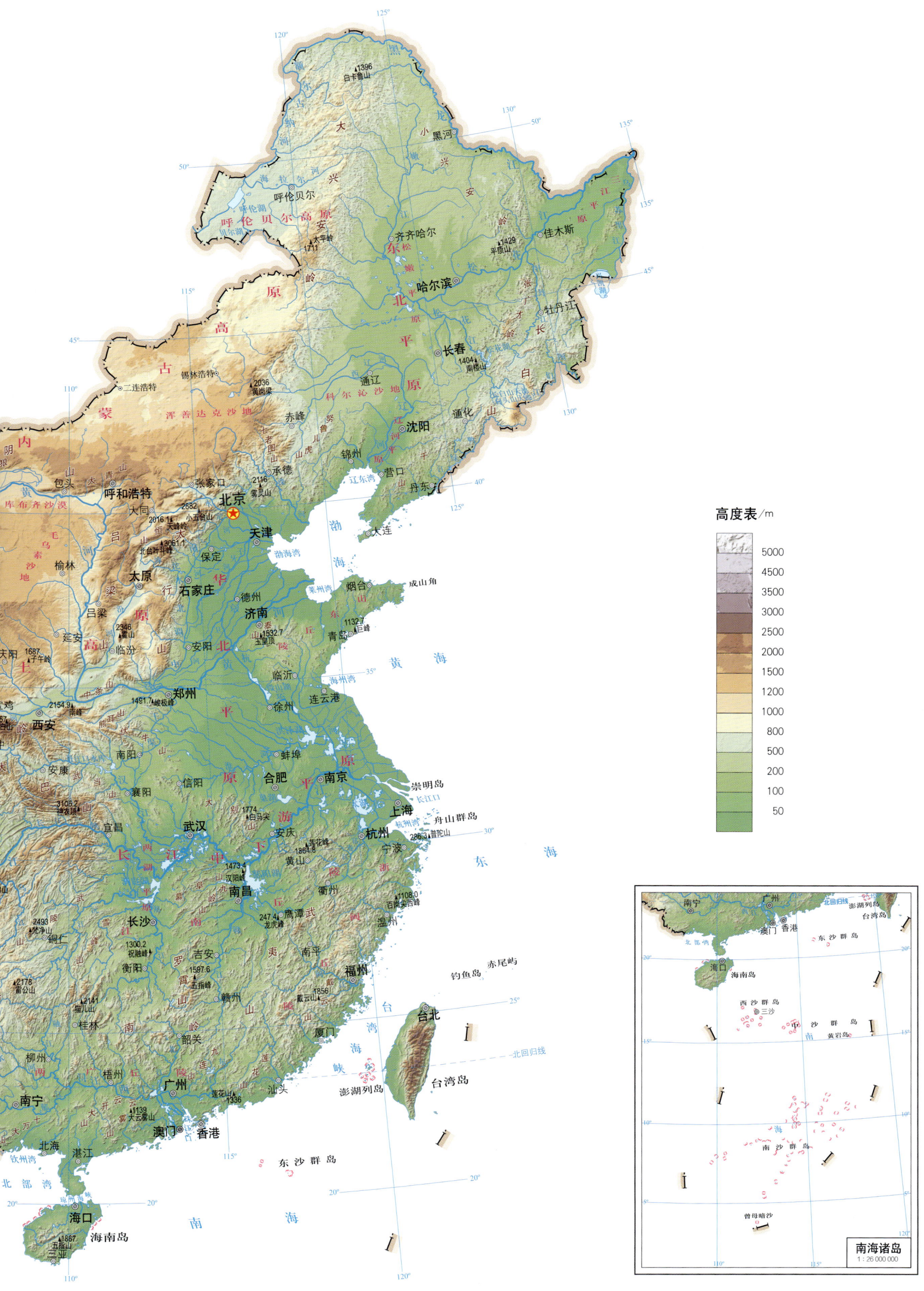

浙江省土壤图
1∶1 500 000

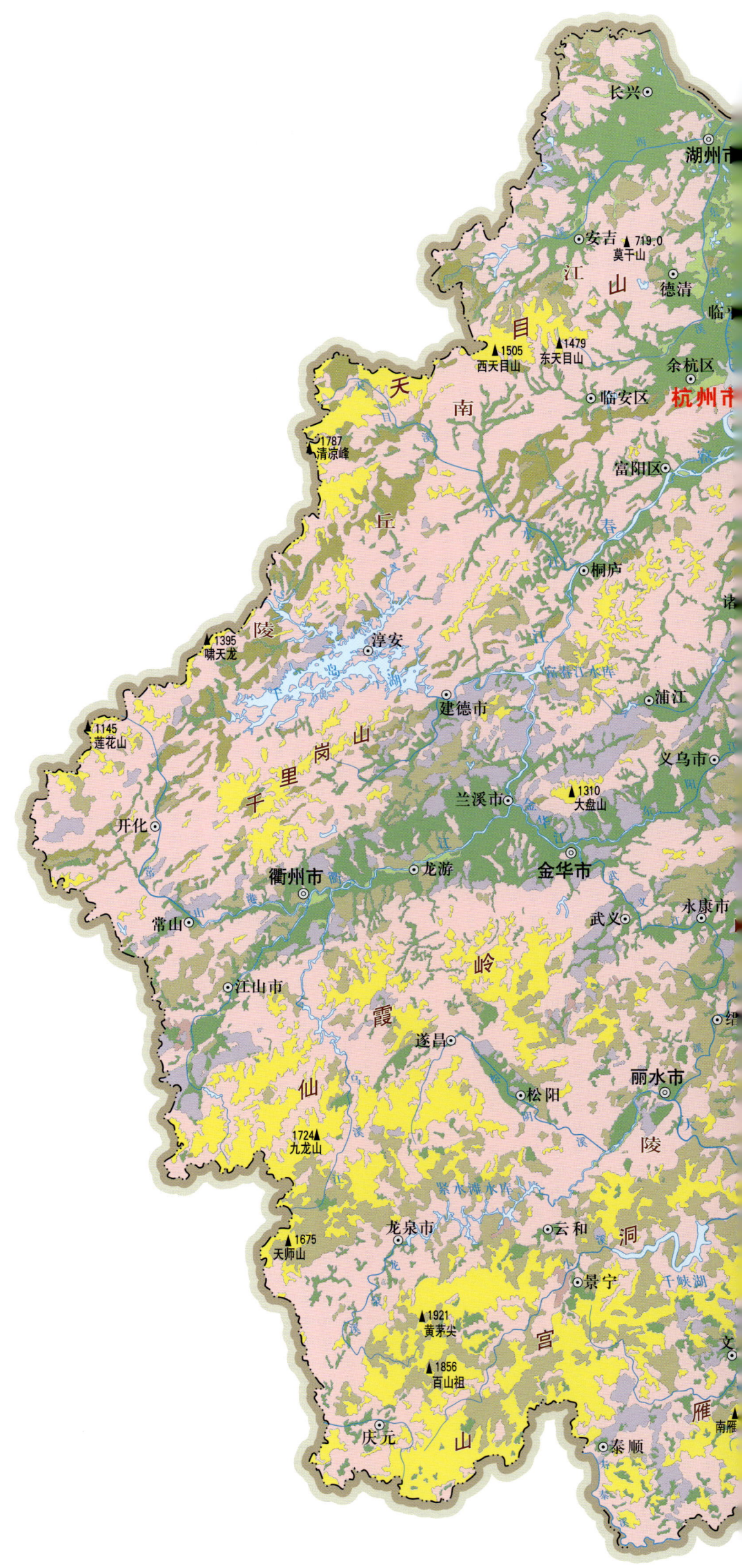

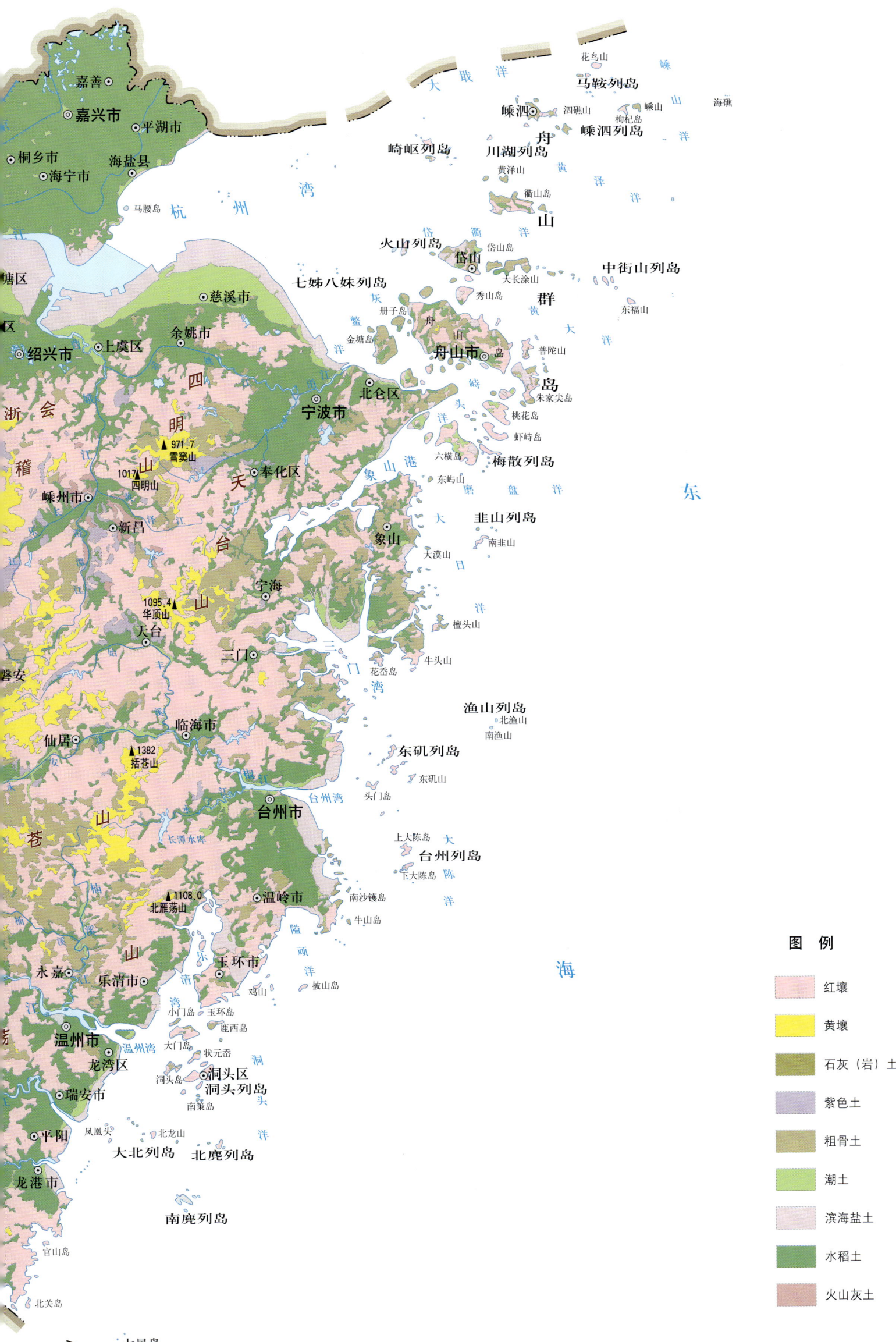

浙江省土壤有机质含量图
1∶1 500 000

注：土层厚度为0—30cm。

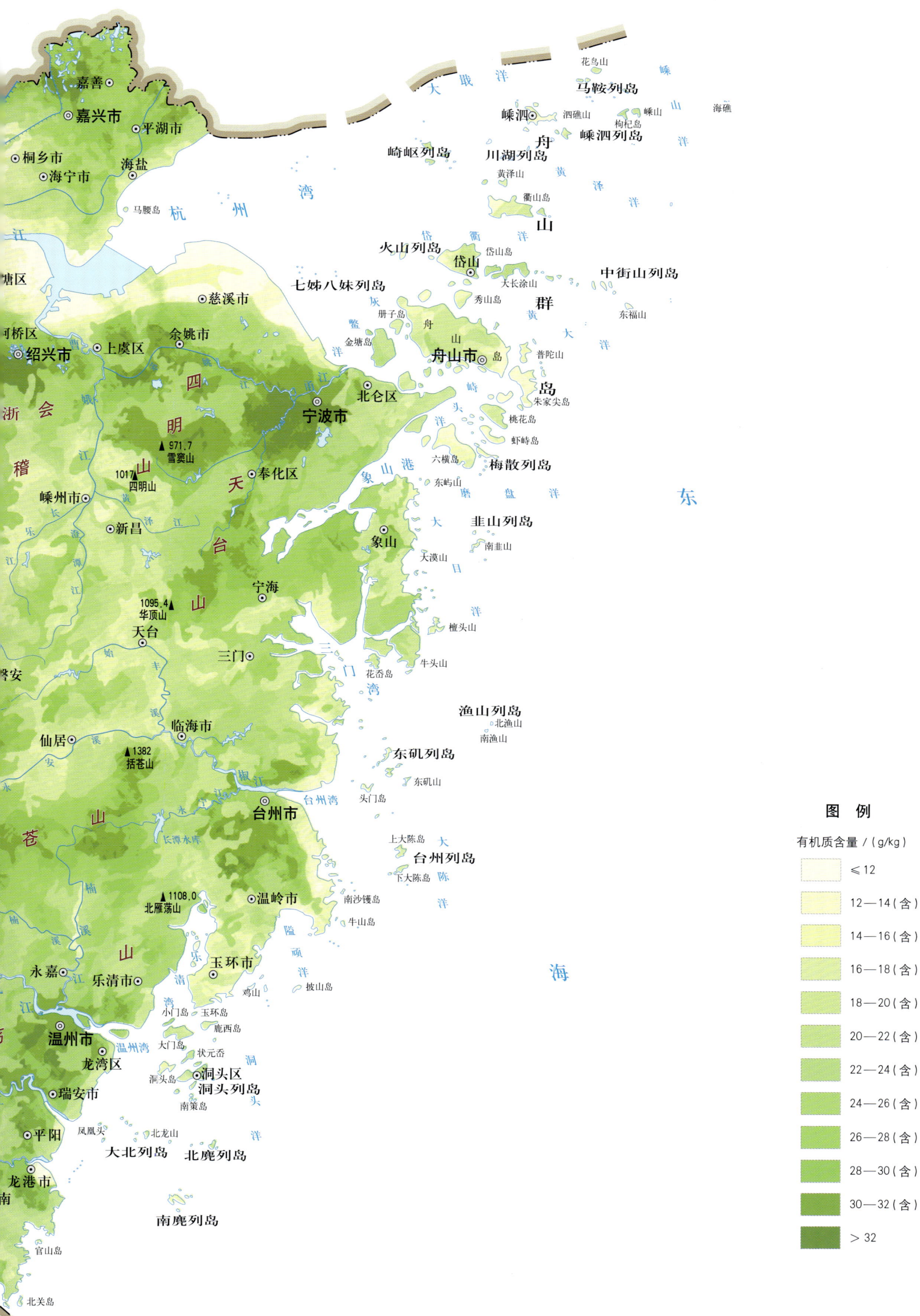

浙江省地势图

1 : 1 500 000

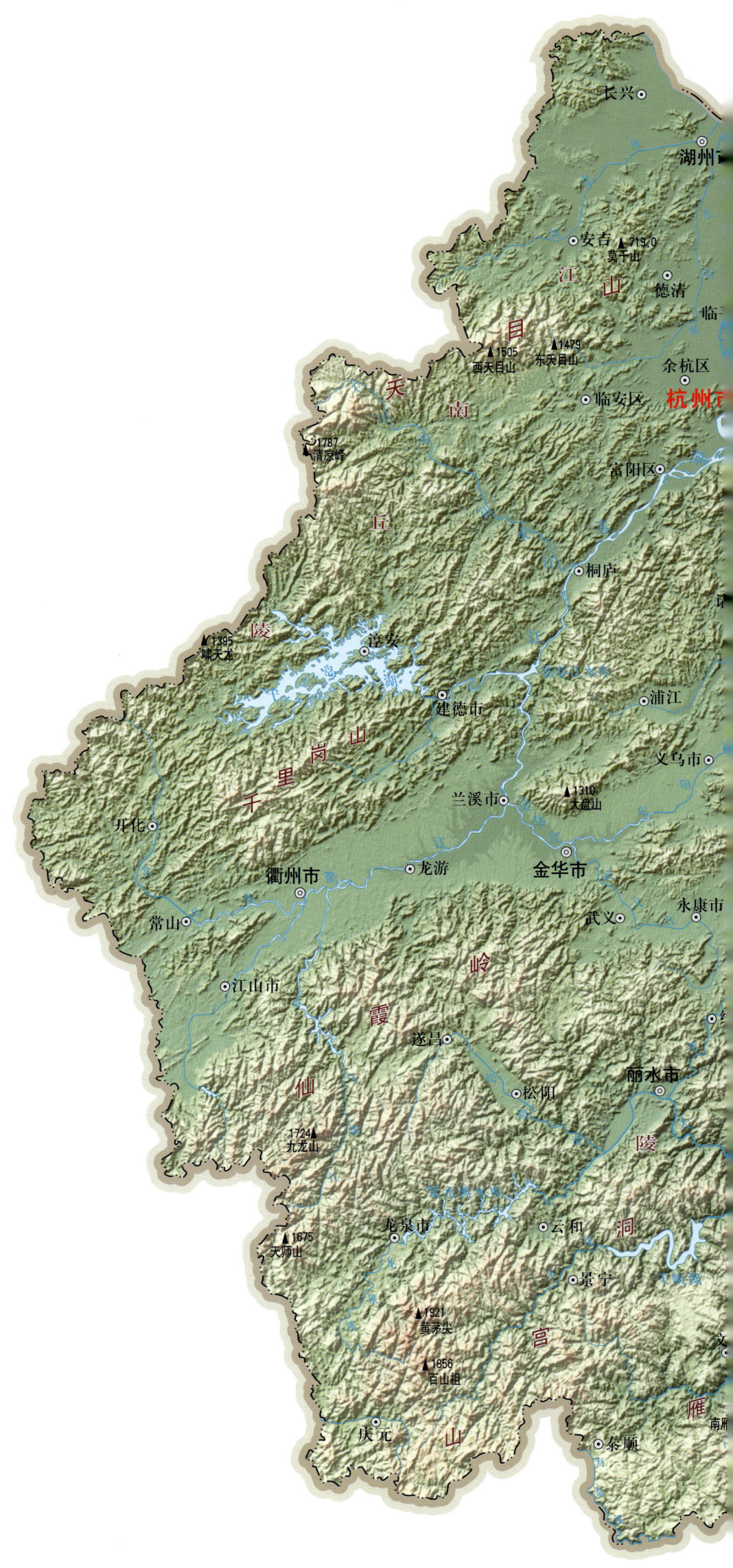

中国土壤剖面数据集·浙江卷

第二编 | 分县土壤图与土壤剖面数据

杭 州 市

西 湖 区

主要土类说明

红壤是西湖区主要土壤类型，占本区地域面积的42%。红壤主要发生于亚热带常绿阔叶林地区，呈中度脱硅富铝化，土壤黏粒中的游离铁占全铁50%—60%。为深厚红色土层，底层可见深厚红、黄、白相间网纹的红色黏土。土壤中的黏土矿物以高岭石、赤铁矿为主，黏粒硅铝率为1.8—2.4，风化淋溶系数<0.2，盐基饱和度<35%，pH为4.5—5.5。

水稻土是西湖区第二大土壤类型，占本区地域面积的35%。本类土壤是在长期季节性淹灌、水下翻耕、季节性脱水等水耕活动的影响下，土壤内部物质发生氧化还原交替作用，原来的成土母质或母土特性发生重大改变，从而形成的新土壤类型。由于干湿交替等作用的影响，糊状淹育层、较坚实板结的犁底层、渗育层、潴育层与潜育层多种发生层分异。这些不同发生层是在人为耕作、水浆管理的作用下形成的。

石灰（岩）土是西湖区第三大土壤类型，占本区地域面积的3%。石灰（岩）土发生于热带、亚热带石灰岩山区，是经溶蚀风化而形成的厚薄不同的钙质饱和或含游离钙质的土壤，多见于石隙、溶洞或峰丛底部。土壤中碳酸钙淋溶程度不一，多黏质，常为铁、钙质胶结物，风化程度不一，盐基饱和度高，土壤有机质含量及胶结状态有较大差异。

小于本区地域面积3%的土壤类型为潮土、粗骨土。

本区域中心区气候特征

本区域中心区气候特征值
Regional climate characteristics in central area of the region

气候带：北亚热带湿润气候 Climate region: North subtropical humid climate	
年平均气温 /℃ Annual average temperature /℃	16.5
年平均最高气温 /℃ Annual average maximum temperature /℃	20.8
年平均最低气温 /℃ Annual average minimum temperature /℃	13.2
年降水量 /mm Annual precipitation /mm	1455
≥10℃的积温 /℃ Daily temperature accumulated in a year (≥10℃) /℃	6056
年日照时数 /h Annual sunshine /h	1757
年平均相对湿度 /% Annual average relative humidity /%	77
干燥度 Dryness	0.67

西湖区主要土壤类型与土壤剖面点分布图

1 : 110 000

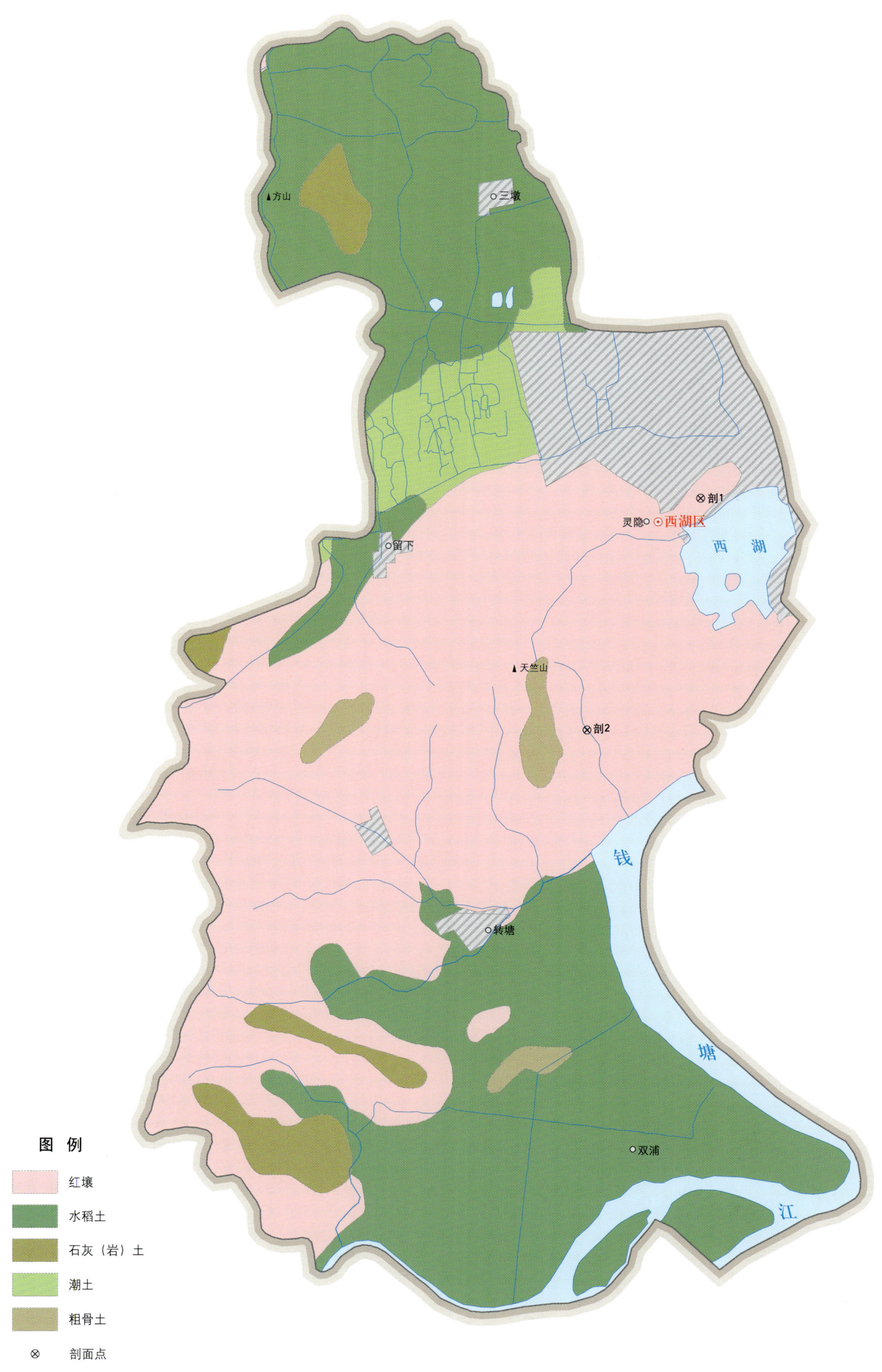

西湖区土壤剖面理化性状表

剖面号 Soil profile	土纲 Soil order	土类 Soil great group	亚类 Soil subgroup	土属 Soil genus	土种 Soil species	土层码 Layer code	土层厚度 Depth/cm	颜色 Soil color	质地 Soil texture	土壤结构 Soil structure	pH	有机质 OM/(g/kg)	全氮 TN/(g/kg)	全磷 TP/(g/kg)	全钾 TK/(g/kg)	土壤母质 Parent material	剖面点坐标 Profile coordinate	匹配指数 Matching index/%
剖1	铁铝土	红壤	黄红壤	黏黄红泥	潮红土	A₁₁	0—30	浊棕色	黏壤土	屑粒状	4.7	14.1	0.80	0.70	11.2	第四纪红色黏土	E 120°07′51.6″ N 30°15′32.9″	95
						Bu	30—76	浊棕色	砂质黏壤土	块状	4.6	7.7						
						B	76—110	浊棕色	砂质黏壤土	块状	4.6	5.8						
剖2	铁铝土	红壤	黄红壤	潮红土	潮红土	A	0—30	浊棕色	黏壤土	屑粒状	5.4	14.1	0.82	0.69	11.2	第四纪红土及其再积物	E 120°06′13.6″ N 30°12′27.8″	81
						(B₁)	30—76	浊棕色	砂质黏壤土	块状	5.4	7.7						
						(B₂)	76—110	浊棕色	砂质黏壤土	块状	5.8	5.8						

萧山区

主要土类说明

滨海盐土是萧山区主要土壤类型，占本区地域面积的29%。滨海盐土集中分布于本区南沙大堤外侧的新滨海平原，母质为滨海沉积物。因受海潮浸淹，土壤处于盐渍化或脱钙过程中，整个土体和潜水含有较高的盐分，会危害农作物，因此，需经不断引淡洗盐、压盐、排盐等改良措施才能为农业利用。全土层厚几米以上，呈强石灰反应，剖面构型为 Asa-Csa（sa：盐化层）。

水稻土是萧山区第二大土壤类型，占本区地域面积的23%。水稻土是在各种类型母质或土壤上长期水耕熟化发育形成的土壤。在人为灌溉、排水、施肥、轮作等耕作管理措施，特别是调节灌排措施的影响下，土壤水分状况和土体的通气性发生改变，引起了土壤有机质的分解、转化和合成，促进了土壤物质的变化和更新，产生了还原淋溶和氧化淀积作用，因此，剖面形态上表现出土层分化，从而形成各种剖面构型。一定时期的田面储水层所产生的静水压力或地下水、侧渗水的移动对剖面的发育也产生深刻影响。水稻土剖面复杂，主要发生层有耕作层、犁底层、渗育层和潴育层、漂洗层、潜育层、母质层。本区水稻土主要分布于水网平原、河谷平原。各种水稻土性状、肥力状况、生产性能差异较大，可分为渗育型、潴育型、脱潜型、潜育型、盐渍型五个亚类。

潮土是萧山区第三大土壤类型，占本区地域面积的19%。潮土是在地表土壤水升降的影响下发育的旱作熟化土壤，母质包括河相、湖相、海相冲积物和沉积物。土体深厚，多在100cm以上。剖面中常保留母质的不同质地层次，滨海区的潮土还有不同程度的积盐现象。潮土剖面各发生层的质地和色泽较均一，受地下水及地表渗漏水的影响，中下部土壤有明显的锈纹和锈斑，耕作年代久远的，甚至形成黄黑色的铁锰结核，土壤反应微碱或微酸性、中性均有，变化幅度较大，质地为砂壤至重壤，多作为水旱轮作地或旱作地，剖面构型为 A-Bw-C 或 A-Bca-Cca（ca：碳酸盐积累层）。

红壤是萧山区第四大土壤类型，占本区地域面积的18%。红壤是在温暖湿润、四季分明的亚热带生物气候条件下，遭受深度风化作用而形成的低丘矿质土壤，是本区最主要的山地土壤资源。土体中铝硅酸盐的原生矿物发生连续和较彻底的水解作用，其水解产物中的盐基和硅酸成分部分被强烈淋溶，而高岭化黏粒与其他次生矿物不断形成，铁铝氧化物相对积聚，因此，形成了 A-(B)-C 剖面构型。本区大部分红壤具有酸、瘦、黏的特征，呈红色或黄红色，pH 为 5.0—5.5。

小于本区地域面积3%的土壤类型为黄壤和石灰（岩）土。

本区域中心区气候特征

本区域中心区气候特征值
Regional climate characteristics in central area of the region

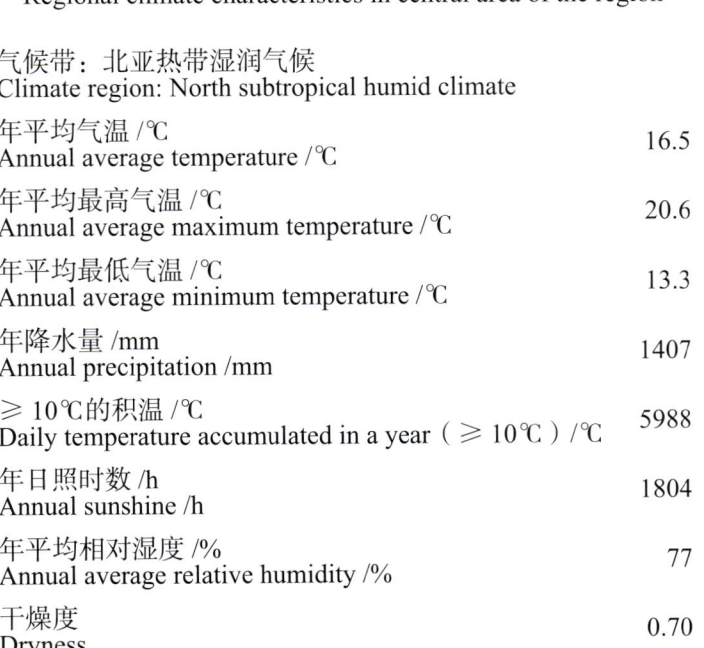

气候带：北亚热带湿润气候 Climate region: North subtropical humid climate	
年平均气温 /℃ Annual average temperature /℃	16.5
年平均最高气温 /℃ Annual average maximum temperature /℃	20.6
年平均最低气温 /℃ Annual average minimum temperature /℃	13.3
年降水量 /mm Annual precipitation /mm	1407
≥10℃的积温 /℃ Daily temperature accumulated in a year (≥10℃) /℃	5988
年日照时数 /h Annual sunshine /h	1804
年平均相对湿度 /% Annual average relative humidity /%	77
干燥度 Dryness	0.70

本区域中心区月平均气温与月平均降水量
Monthly temperature and precipitation in central area of the region

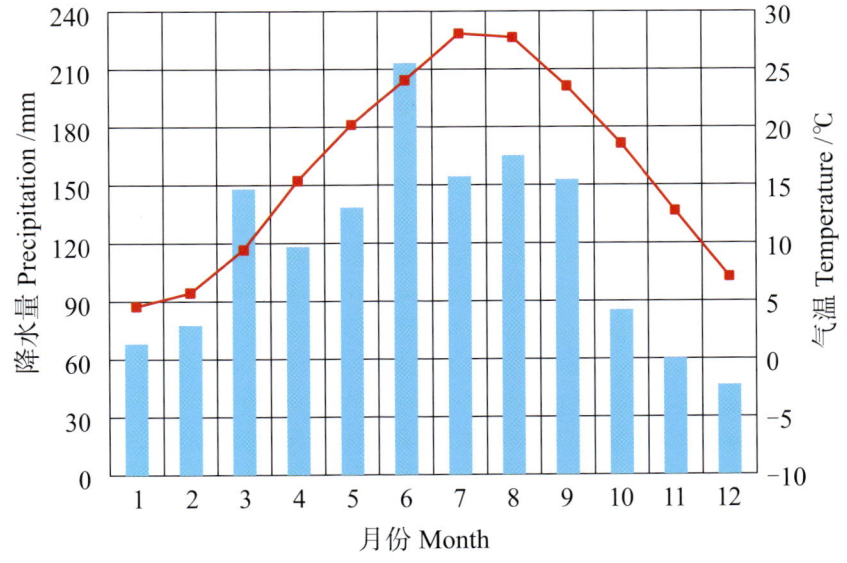

萧山市主要土壤类型与土壤剖面点分布图

1∶270 000

图 例

- 滨海盐土
- 水稻土
- 潮土
- 红壤
- 黄壤
- 石灰（岩）土
- ⊗ 剖面点

注：国务院2001年3月批准，撤销萧山市，设立萧山区。

萧山区土壤剖面理化性状表

剖面号 Soil profile	土纲 Soil order	土类 Soil great group	亚类 Soil subgroup	土属 Soil genus	土种 Soil species	土层码 Layer code	土层厚度 Depth/cm	颜色 Soil color	质地 Soil texture	土壤结构 Soil structure	pH	有机质 OM/(g/kg)	全氮 TN/(g/kg)	全磷 TP/(g/kg)	有效磷 AP/(mg/kg)	速效钾 AK/(mg/kg)	土壤母质 Parent material	剖面点坐标 Profile coordinate	匹配指数 Matching index/%
剖1	人为土	水稻土	潴育水稻土	培泥砂田	培泥砂田	A	0—14				6.5	28.4	1.76		9.0	44	新河流冲积物	E 120°14′20.7″ N 30°10′10.6″	75
剖2	铁铝土	红壤	黄红壤	黄泥土	黄泥土	A	0—25		重壤土		6.0	21.6	1.18	0.26	2.0	110	凝灰岩、流纹质凝灰岩及砂岩等的风化物	E 120°13′59.2″ N 30°07′52.0″	95
						(B)	25—53		中壤土		5.4	10.0	0.63	0.14					
						C	53—100		重壤土		4.8	4.7	0.30	0.13					
剖3	人为土	水稻土	渗育水稻土	小粉田	小粉泥田	A	0—13	暗灰黄色	壤质黏土	团块状	5.8	35.6	2.03	0.41			河海相沉积物	E 120°14′01.2″ N 30°06′51.8″	98
						Ap	13—24	暗灰黄色	黏土	块状	6.0	32.8	1.92	0.36					
						P	24—58	黄棕色	粉砂质黏壤土	棱块状	6.9	5.1	0.38	0.13					
						C	58—100	灰色	粉砂质黏壤土	块状	6.8	4.4	0.37	0.17					
剖4	人为土	水稻土	潴育水稻土	小粉田	黄化小粉泥田	A	0—15		中壤土		5.5	21.3	1.53		6.0	48	河海相、河湖相沉积物	E 120°09′23.1″ N 30°04′55.3″	81
剖5	人为土	水稻土	潴育水稻土	黄泥砂田	黄粉泥田	A	0—13		轻壤土		6.3	45.4	2.04		44.0	81	河流相、河湖相沉积物	E 120°13′30.2″ N 30°04′13.2″	95
剖6	人为土	水稻土	潴育水稻土	小粉田	青塥小粉田	A	0—15		重壤土		6.7	48.5			12.0	93	河流相、河湖相沉积物	E 120°12′08.8″ N 30°00′15.6″	95
剖7	人为土	水稻土	潴育水稻土	泥质田	泥质田	A	0—15		重石质土		6.0	37.3	2.15		6.0	54	河流老冲积物	E 120°13′32.0″ N 30°01′25.7″	95
剖8	人为土	水稻土	潴育水稻土	洪积泥砂田	洪积泥砂田	A	0—11	棕灰色	中壤土	粒状	5.4	27.3	1.63	0.56			红壤类坡积物或经流水作用短距离搬运的再积物	E 120°11′45.6″ N 29°58′53.1″	95
						P	11—15	棕灰色	中壤土	无结构	5.8	25.2	1.48	0.56					
						Wg	15—26	棕灰色	轻壤土	无结构	6.2	17.5	1.05	0.67					
剖9	人为土	水稻土	潴育水稻土	黄泥砂田	黄粉泥田	A	0—12		重壤土	粒状	5.4	31.7	1.84	0.39			浅海沉积物	E 120°13′57.7″ N 29°57′33.6″	95
						P	12—23		重壤土		5.3	30.4	1.82	0.39					
						W	23—100		重壤土		5.7	15.1	0.88	0.38					
剖10	人为土	水稻土	淹育水稻土	涂泥田	涂砂田	A	0—12		砂壤土	粒状	7.5	10.6	0.56	0.59			河海相、河湖相沉积物	E 120°12′01.9″ N 29°57′29.5″	81
						Ap	12—19		砂壤土	无结构	7.6	5.6	0.31	0.60					
						Csa	19—100		砂壤土	无结构	7.9	3.4		0.57					
剖11	人为土	水稻土	潴育水稻土	小粉田	小粉泥田	A	0—14		砂壤土		6.3	34.5	2.09		36.0		浅海沉积物	E 120°16′08.4″ N 30°15′40.4″	75
剖12	盐碱土	滨海盐土	潮化盐土	咸砂土	轻咸砂土	Asa	0—18		砂壤土		7.4	9.8	0.67	0.67			河海相、河湖相沉积物	E 120°19′51.5″ N 30°13′58.9″	85
						Csa	18—108		轻壤土		7.6	4.0		0.60					
剖13	铁铝土	红壤	红壤	油红泥	厚层耕作油红泥	A	0—26	淡红色	轻黏土	粒状	5.7						泥质石灰岩或白云岩风化物	E 120°19′00.9″ N 30°11′16.2″	75
						(B)	26—60	淡棕红色	中黏土	核状	5.5								
						C	60—	棕灰色	中黏土	核状	5.5								
剖14	人为土	水稻土	渗育水稻土	淡涂泥田	淡涂砂田	A	0—15	棕灰色	砂壤土	团块状	7.3	25.2	1.44		7.6	27	江海沉积物	E 120°20′16.3″ N 30°10′45.8″	97
						Ap	15—25	浊黄橙色	砂壤土	块状	7.5	22.4	1.32		5.0	25			
						P	25—41	浊黄橙色	砂壤土	棱块状	8.2	6.7							
						C	41—100		壤砂土		8.5								

续表 Continued

剖面号 Soil profile	土纲 Soil order	土类 Soil great group	亚类 Soil subgroup	土属 Soil genus	土种 Soil species	土层码 Layer code	土层厚度 Depth/cm	颜色 Soil color	质地 Soil texture	土壤结构 Soil structure	pH	有机质 OM/(g/kg)	全氮 TN/(g/kg)	全磷 TP/(g/kg)	有效磷 AP/(mg/kg)	速效钾 AK/(mg/kg)	土壤母质 Parent material	剖面点坐标 Profile coordinate	匹配指数 Matching index/%
剖15	人为土	水稻土	潴育水稻土	小粉田	小粉田	A	0—13		中壤土		5.7	35.6	2.13	0.57			河海相、河湖相沉积物	E 120°20′32.9″ N 30°10′14.5″	95
						P	13—27		中壤土		5.9	24.6	1.47	0.53					
						W	27—100		中壤土		6.3	6.9	0.54	0.54					
剖16	人为土	水稻土	潴育水稻土	黄松田	黄松田	A	0—15				6.5	35.9			16.0	78	浅海或河海相沉积物	E 120°15′00.7″ N 30°10′00.3″	75
剖17	人为土	水稻土	脱潜水稻土	青紫泥田	青紫泥田	A	0—14		重黏土		6.4	44.6	2.49	0.44			湖沼相、湖海相沉积物	E 120°18′23.1″ N 30°10′16.4″	75
						P	14—31		轻黏土		6.6	26.9	1.50	0.23					
						Gw	31—78		轻黏土		6.5	17.3	0.88	0.09					
剖18	半水成土	潮土	灰潮土	培泥砂土	培泥土	A	0—12		重壤土		5.7	22.4	1.43	0.43			河相、湖相冲积物、沉积物	E 120°26′15.0″ N 30°14′32.6″	95
						Bw	12—23		重壤土		6.2	20.1	1.23	0.43					
						Cw	23—100		重壤土		6.3	9.3	0.63	0.45					
剖19	铁铝土	红壤	黄红壤	黄泥土	黄泥砂土	A	0—7		重壤土		5.1	44.5	2.06	0.25	3.0	147	凝灰岩及砂岩等的风化物	E 120°25′31.7″ N 30°10′40.6″	98
						(B)	7—45		重壤土		5.0	32.0	1.47	0.21					
						C	45—50		砂壤土		4.9	4.4	0.19	0.11					
剖20	铁铝土	红壤	黄红壤	黄泥土	黄砾泥	A	0—16		轻黏土		5.6	14.1	0.87	0.25	1.0	70	凝灰岩、流纹岩及砂岩等的风化物	E 120°17′14.8″ N 30°01′10.8″	95
						(B)	16—90		轻黏土		4.8	8.7	0.59	0.22					
						C	90—100		中壤土		4.5	1.8	0.27	0.08					
剖21	人为土	水稻土	潴育水稻土	泥质田	死泥田	A	0—13		轻黏土		5.2	34.9	2.38	0.36			河流老冲积物	E 120°18′36.2″ N 30°01′00.1″	95
						P	13—25		轻黏土		5.6	29.0	1.97	0.25					
						W	25—100				6.3	10.5	0.82	0.19					
剖22	人为土	水稻土	潴育水稻土	黄泥砂田	黄泥砂田	A	0—13		紧砂土		6.0	30.0	1.95		33.0	180		E 120°15′34.8″ N 29°57′56.4″	95
剖23	盐碱土	滨海盐土	潮化盐土	咸砂土	重咸砂土	Asa	0—19		砂壤土		7.4	9.4	0.59	0.74				E 120°33′20.3″ N 30°21′11.9″	85
						Csa	19—100		砂壤土		7.5	5.0	0.30	0.61					
剖24	盐碱土	滨海盐土	潮化盐土	咸砂土	中咸砂土	Asa	0—19		砂壤土		7.9	10.9	0.60	0.59				E 120°35′18.9″ N 30°15′50.6″	85
						Csa	19—100		砂壤土		7.9	5.4	0.37	0.60					
剖25	半水成土	潮土	灰潮土	淡涂泥	淡涂砂	1	0—11		砂壤土		7.7	7.8	0.72	0.72			海相沉积物	E 120°31′48.1″ N 30°13′13.5″	95
						2	11—29		壤砂土		8.3	4.2							
						3	29—100		壤砂土		8.4								

余 杭 区

主要土类说明

水稻土是余杭区主要土壤类型，占本区地域面积的52%。水稻土是经过长期的水田耕作以后发育起来的土壤类型。在人为灌溉、排水、施肥、轮作等耕作管理措施特别是调节灌排措施的影响下，土体内氧化还原作用频繁更替，剖面上表现出土层分化，因此形成了各种特定的剖面构型。另外，一定时期的田面储水层产生的静水压力或地下水、侧渗水的移动等对水稻土剖面的分化也产生影响。水稻土的主要发生层包括耕作层、犁底层、潴育层、漂洗层、腐泥层、泥炭层、潜育层和母质层。本区水稻土分为渗育型、潴育型、脱潜型和潜育型四个亚类。

红壤是余杭区第二大土壤类型，占本区地域面积的35%，是本区分布最广的一个山地土壤。红壤是在亚热带温热（湿热）生物气候条件下遭受深度风化作用而形成的矿质土壤。成土过程中，母质中占绝对优势的铝硅酸盐的原生矿物经过连续和较彻底的水解作用，其水解产物中的盐基（K^+、Na^+、Ca^{2+}、Mg^{2+}）成分和硅酸成分大部分发生淋溶损失，而铁铝氧化物及其水化物则相对积累，形成了A-（B）-C剖面构型。土体呈红色、黄红色，土壤反应呈酸性，腐殖酸以富啡酸为主，黏粒中的铝硅比小（SiO_2/R_2O_3的比率低）。

潮土是余杭区第三大土壤类型，占本区地域面积的5%。潮土是在地表、地下水升降影响下发育的土壤，母质为河相、湖相、海相冲积物和沉积物。土层深厚，多数厚度超过1m，剖面中常保留母质的不同质地层次，在滨海地区还常有不同程度的积盐返盐现象。潮土剖面各发生层质地和色泽较为均一，中下部受地下水及地表渗漏水的影响，有较密集的锈纹、锈斑或铁锰、铁、钙结核，土壤反应呈微酸性和微碱性。目前多用于桑、蔬菜、麦类、果树等旱作，也有间隔2—3年种一季水稻的。土壤剖面构型主要为A-Bw-C和A-Bw-Csa。潮土在本区滨海、水网、河谷平原广为分布。潮土分为潮土和钙质潮土两个亚类。

石灰（岩）土是余杭区第四大土壤类型，占本区地域面积的4%。母岩为石灰岩和泥质灰岩等，土壤质地黏重、闭结，土层较薄，土色呈灰黑、棕褐（紫色）、棕黄，剖面层次分化不明显，pH近中性。目前多用于种植茶叶和稀疏的薪炭林。由于土薄、多岩石露头，易受剥蚀，故宜封山育林（种松、柏等），保持水土。

小于本区地域面积3%的土壤类型为黄壤和紫色土。

本区域中心区气候特征

本区域中心区气候特征值
Regional climate characteristics in central area of the region

气候带：北亚热带湿润气候 Climate region: North subtropical humid climate	
年平均气温/℃ Annual average temperature /℃	16.4
年平均最高气温/℃ Annual average maximum temperature /℃	20.8
年平均最低气温/℃ Annual average minimum temperature /℃	13.1
年降水量/mm Annual precipitation /mm	1416
≥10℃的积温/℃ Daily temperature accumulated in a year (≥10℃) /℃	6044
年日照时数/h Annual sunshine /h	1788
年平均相对湿度/% Annual average relative humidity /%	77
干燥度 Dryness	0.69

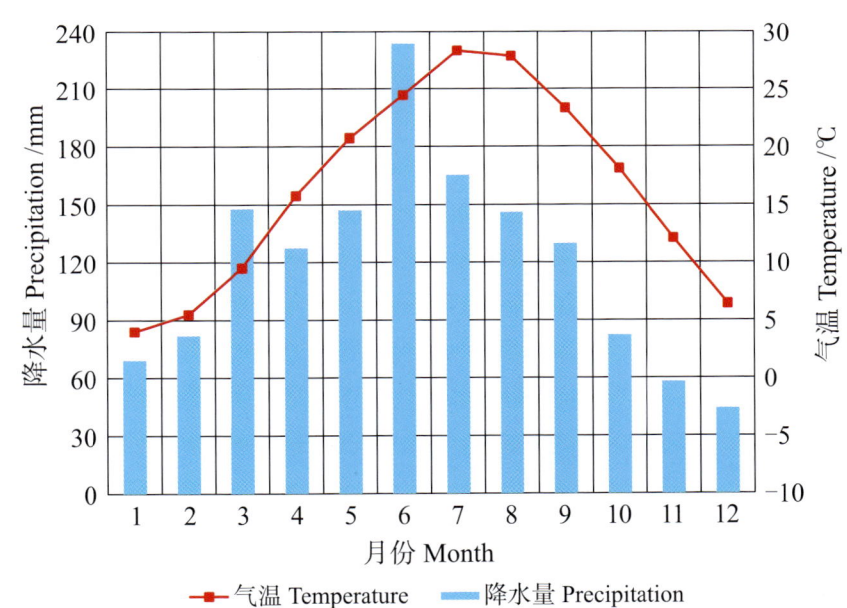

本区域中心区月平均气温与月平均降水量
Monthly temperature and precipitation in central area of the region

余杭县主要土壤类型与土壤剖面点分布图

1∶210 000

图 例

- 水稻土
- 红壤
- 潮土
- 石灰（岩）土
- 黄壤
- 紫色土
- ⊗ 剖面点

注：国务院1994年4月批准，撤销余杭县，设立余杭市。国务院2001年2月批准，撤销余杭市，设立余杭区。

余杭区土壤剖面理化性状表

剖面号 Soil profile	土纲 Soil order	土类 Soil great group	亚类 Soil subgroup	土属 Soil genus	土种 Soil species	土层码 Layer code	土层厚度 Depth/cm	颜色 Soil color	质地 Soil texture	土壤结构 Soil structure	pH	有机质 OM/(g/kg)	全氮 TN/(g/kg)	全磷 TP/(g/kg)	全钾 TK/(g/kg)	碱解氮 AN/(mg/kg)	有效磷 AP/(mg/kg)	速效钾 AK/(mg/kg)	阳离子交换量 CEC/(cmol/kg)	土壤母质 Parent material	剖面点坐标 Profile coordinate	匹配指数 Matching index/%
剖1	铁铝土	红壤	红壤	红泥土	红泥土	A	0—12		重壤土		5.5	33.0	1.76	0.38							E 119°43′42.1″ N 30°32′06.8″	75
						(B)	12—72		重壤土		5.8	7.9	0.71	0.14								
						C	72—110		重壤土		5.9											
剖2	人为土	水稻土	渗育水稻土	渗潮泥田	黄松田	Aa	0—15	油黄色	黏壤土	碎块状	6.0	15.6	1.10	0.60	15.2		15.0	62		江海沉积物	E 119°43′50.5″ N 30°31′06.8″	95
						Ap	15—23	油黄色	壤土	块状	6.8	13.9	0.90	0.50	19.8		13.0	52				
						P	23—60	油黄色	黏壤土	核柱状	7.7	6.4	0.50									
						C	60—100	油黄色	壤砂土	核粒状	8.0	1.7	0.20	0.30								
剖3	初育土	石灰（岩）土	黑色石灰土	黑灰泥土	黑油泥	A	0—18	棕黑色	黏土		6.3	37.4	3.00						42.3	石灰岩风化物	E 119°43′49.7″ N 30°26′17.6″	95
						(B)	18—30	棕黑色	黏土		6.3								13.5			
						C	30—50	棕黑色	黏土		6.5								10.4			
剖4	人为土	水稻土	潴育水稻土	洪积泥砂田	黄砺泥田	A	0—13	暗黄黄色	中壤土		7.1	34.8	1.83	0.32				25		洪积物	E 119°46′24.0″ N 30°28′13.2″	95
						P	13—26	暗黄黄色	中壤土		6.9	33.9	1.79	0.29								
						W	26—52	灰黄色	轻壤土		6.9	14.9	0.72									
						G	52—80	淡灰色	中壤土		6.9											
剖5	初育土	石灰（岩）土	棕色石灰土	黑油泥土	黑油泥	A	0—20	黑色	重黏土		7.1	37.7		2.03				25			E 119°48′20.9″ N 30°28′13.1″	76
						C	20—35	黑色	重黏土		7.1	39.6		2.01								
剖6	铁铝土	红壤	黄红壤	黄泥土	黄砺泥	A	0—10	褐色	中壤土		5.8	62.4									E 119°54′06.8″ N 30°23′34.0″	96
						(B)	10—40	灰黄色	重壤土		5.9	29.6										
						C	40—75	灰黄色	重壤土		6.1											
剖7	人为土	水稻土	渗育水稻土	黄泥田	黄泥田	A	0—12	灰黄色	轻黏土		5.8	40.7		0.40				75			E 119°56′35.2″ N 30°24′03.7″	95
						PW	12—31	淡黄色	重黏土		5.8	33.7		0.39								
						C	31—55	淡黄棕色														
剖8	半水成土	潮土	灰潮土	泥砂土	泥质土	A	0—24	褐色	轻黏土	碎块状	6.4	16.3		0.67				87			E 119°57′25.2″ N 30°22′22.8″	95
						B₁	24—70	灰黄色	轻黏土	块状	6.7	14.5		0.32								
						B₂	70—115	暗黄黄色	轻黏土	梭柱状	6.6											
剖9	人为土	水稻土	脱潜水稻土	黄斑黏田	吴山青紫泥田	Aa	0—15	灰黄色	黏土	碎块状	6.1	35.5	2.00	0.20	18.5	123	4.0	90		湖相或湖海相沉积物	E 119°52′44.2″ N 30°21′54.5″	95
						Ap	15—30	灰黄色	黏土	块状	6.6	25.5										
						Gw	30—60	橄榄灰色	黏土	梭柱状	6.9	22.3										
						G	60—80	橄榄灰色	黏土	无结构糊状	7.0	42.1										
剖10	人为土	水稻土	脱潜水稻土	青紫泥田	青紫泥田	A	0—15	黄灰色	黏土	团块状	6.1	35.5	2.05	0.24	18.5	123	4.0	90		湖相或湖海相沉积物	E 119°54′38.5″ N 30°15′22.9″	81
						Ap	15—30	灰黄色	黏土	块状	6.6	25.5										
						Gw	30—60	橄榄灰色	黏土	梭柱状	6.9	22.3										
						G	60—80	橄榄灰色	黏土	无结构糊状	7.0	42.1										
剖11	初育土	石灰（岩）土	黑色石灰土	黑油泥	黑油泥	A	0—18	黑棕色	壤黏土	团块状	6.3	37.4	3.00	0.60	15.1			25		灰岩风化物	E 119°53′04.6″ N 30°12′34.9″	81
						B	18—30	黑棕色	黏土	梭柱状	6.3											
						C	30—50	黑棕色	黏土		6.5											
剖12	人为土	水稻土	潴育水稻土	泥质田	钙质泥筋田	A	0—14	褐色	轻黏土		7.4	49.0	3.01	0.91						河流老冲积物	E 119°55′02.0″ N 30°13′52.9″	95
						P	14—20	褐色	轻黏土		7.5	40.9	2.64	0.98								
						W₁	20—50	暗黄色	轻黏土		7.6	32.5	2.14	1.02								
						W₂	50—110	灰黄色	中壤土		8.0											

续表 Continued

剖面号 Soil profile	土纲 Soil order	土类 Soil great group	亚类 Soil subgroup	土属 Soil genus	土种 Soil species	土层码 Layer code	土层厚度 Depth/cm	颜色 Soil color	质地 Soil texture	土壤结构 Soil structure	pH	有机质 OM/(g/kg)	全氮 TN/(g/kg)	全磷 TP/(g/kg)	全钾 TK/(g/kg)	碱解氮 AN/(mg/kg)	有效磷 AP/(mg/kg)	速效钾 AK/(mg/kg)	阳离子交换量CEC/(cmol/kg)	土壤母质 Parent material	剖面点坐标 Profile coordinate	匹配指数 Matching index/%
剖13	人为土	水稻土	脱潜水稻土	青紫泥田	青紫泥田	A	0—16	暗灰色	中黏土		6.3	60.2	2.81	0.50				25	26.9	古湖沼相、湖海相沉积物	E 120° 05′ 29.4″ N 30° 28′ 04.0″	95
						P	16—32	暗灰色	中黏土		6.3	59.2	2.81	0.41					28.1			
						GW	32—73	暗灰黄色	重黏土		6.6	12.5		0.30								
						G	73—114	暗灰黄色	重黏土		7.4											
剖14	人为土	水稻土	潜育水稻土	烂滃田	烂滃田	A	0—13	中灰黄色	中壤土		6.5	41.3	2.52	0.72				25			E 120° 05′ 16.0″ N 30° 25′ 41.0″	75
						P	13—19	暗灰色	重黏土		6.1	40.1	2.41	0.73								
						W	19—30	暗灰色	重黏土		6.0	37.3	1.49	0.13								
						G	30—120	暗灰黄色	重黏土		5.4	10.6	0.46	0.14								
剖15	人为土	水稻土	脱潜水稻土	青紫泥田		A	0—17	暗灰色	重黏土		6.3	24.2	1.37	0.44				25			E 120° 13′ 17.5″ N 30° 28′ 22.3″	75
						P	17—43	淡灰黄色	重黏土		6.6	20.5	1.26	0.37								
						Ap	43—72	淡灰黄色	轻黏土		6.9											
						GW	72—120	淡灰黄色	重黏土		7.0											
剖16	人为土	水稻土	脱潜水稻土	青紫泥田	腐潴骊青紫泥田	A	0—16	暗灰色	轻黏土		6.4	45.2	2.48	0.64				25		湖相、海相沉积物	E 120° 14′ 21.2″ N 30° 29′ 29.8″	75
						Ap	16—28	暗灰色	中黏土		6.5	46.2	2.32	0.60								
						W₁	28—50	黑色	轻黏土		7.1	13.8	0.83	0.46								
						W₂	50—84	淡灰黄色	轻黏土		7.1											
						G	84—115	淡灰黄色	中黏土		7.0											
剖17	半水成土	潮土	灰潮土	培泥砂田	钙质黄粉泥田	A	0—20	褐色	中壤土		5.2	16.0						25		山谷堆积物或洪积物	E 120° 12′ 15.7″ N 30° 26′ 54.0″	75
						B₁	20—40	暗灰色	中壤土		5.2											
						B₂	40—60	暗黄棕色	轻壤土		5.2											
剖18	人为土	水稻土	潴育水稻土	黄泥砂田	堆叠	P	11—18	淡棕色	重黏土		8.0							25		河流冲积物	E 120° 13′ 37.0″ N 30° 25′ 20.7″	95
						M	18—68	淡棕色	重黏土		8.0											
剖19	半水成土	潮土	灰潮土	堆叠土	堆叠土	B	27—68	淡灰黄色	中壤土		7.0	19.3	1.24	1.08				120		人工堆垫物	E 120° 07′ 42.0″ N 30° 26′ 51.0″	75
						C	68—120	暗灰色	中壤土		6.4	7.2	0.49	0.56								
剖20	人为土	水稻土	潴育水稻土	小粉田	粉泥头小粉田	A	0—15	灰黄色	重黏土		6.5	35.2	2.14	0.57						河相、海相沉积物	E 120° 09′ 32.5″ N 30° 27′ 26.1″	75
						P	15—25	暗黄色	重黏土		6.2	31.6	1.82	0.49								
						W₁	25—39	暗灰色	中黏土		7.3	26.6	5.58	0.47								
						W₂	39—54	灰白色	中壤土		7.4											
						W₃	54—120	灰黄色	中壤土		7.5											
剖21	人为土	水稻土	潴育水稻土	粉泥田	黄松土	A	0—12	淡灰色	中壤土		6.4	13.0	0.87	0.70				33			E 120° 07′ 45.5″ N 30° 25′ 09.5″	75
						P	12—27	淡黄色	中壤土		6.4	11.7	0.78	0.69								
						W	27—37	褐色	重黏土		7.2	7.0	0.15	0.59								
						C	37—120	淡黄色	轻壤土		7.2											
剖22	人为土	水稻土	潴育水稻土	白粉泥田	白粉泥田	A	0—17	淡黄色	重黏土		6.7	32.6	2.04	0.28							E 120° 10′ 23.3″ N 30° 26′ 04.9″	75
						P	17—29	灰白色	重黏土		6.5	14.3	0.98	0.18								
						W₁	29—69	灰白色	轻黏土		6.8	8.7	0.69	0.18								
						W₂	69—120	灰黄色	轻壤土		6.9											
剖23	人为土	水稻土	潴育水稻土	培泥砂田	培泥砂田	A	0—12	褐色	轻壤土		6.4	34.3	2.34	0.35						河湖相沉积物	E 120° 00′ 50.3″ N 30° 24′ 57.1″	75
						P	12—20	灰灰黄色	中壤土		6.2	27.9	1.72	0.60								
						W₁	20—46	灰灰色	重黏土		7.1	4.8	0.35	0.23								
						W₂	46—110	暗灰黄色	中壤土		6.9											

续表 Continued

剖面号 Soil profile	土纲 Soil order	土类 Soil great group	亚类 Soil subgroup	土属 Soil genus	土种 Soil species	土层码 Layer code	土层厚度 Depth/cm	颜色 Soil color	质地 Soil texture	土壤结构 Soil structure	pH	有机质 OM/(g/kg)	全氮 TN/(g/kg)	全磷 TP/(g/kg)	全钾 TK/(g/kg)	碱解氮 AN/(mg/kg)	有效磷 AP/(mg/kg)	速效钾 AK/(mg/kg)	阳离子交换量CEC/(cmol/kg)	土壤母质 Parent material	剖面点坐标 Profile coordinate	匹配指数 Matching index/%
剖24	人为土	水稻土	脱潜水稻土	黄化青紫泥田	腐泥心黄化青紫泥田	A	0—20	暗灰黄色	重壤土		6.6	38.3		0.43				25			E 120°00′23.0″ N 30°23′07.0″	81
						P	20—28	淡灰黄色	重壤土		6.8	28.9		0.20								
						W₁	28—50	褐色	轻黏土		7.3	9.1		0.27								
						Ap	50—90	黑色	中黏土		7.1											
						G	90—115	褐色	中壤土		6.4											
剖25	人为土	水稻土	脱潜水稻土	青紫泥田	腐泥搞小粉心青紫泥田	A	0—17	暗灰黄色	轻黏土		5.9	35.0		0.41				63		古湖沼相、湖相沉积物	E 120°01′48.3″ N 30°23′59.5″	81
						P	17—35	淡灰黄色	轻黏土		6.6	31.2		0.45								
						Ap	35—51	暗灰黄色	轻黏土		7.2	12.6		0.16								
						WE	51—100	灰黄色	中壤土		7.4											
剖26	人为土	水稻土	脱潜水稻土	青紫泥田	腐泥心青紫泥田	A	0—20	褐色	重黏土		6.3	30.6	1.72	0.47				25		古湖沼相湖相沉积物	E 120°05′08.2″ N 30°24′29.0″	95
						P	20—40	暗黄黄色	轻黏土		6.6	25.7	1.49	0.66								
						Ap	40—60	黑黄色	轻黏土		6.7	92.6	3.27	0.26								
						W	60—85	淡灰色	重壤土		6.8											
						G	85—	灰白色	中壤土		6.5											
剖27	人为土	水稻土	脱潜水稻土	青紫泥田	小粉搞青紫泥田	A	0—14	暗黄色	重黏土		5.9	31.1	0.36					25		湖相、海相沉积物	E 120°04′30.6″ N 30°23′19.2″	93
						P	14—31	暗灰黄色	重黏土		6.5	27.8	0.37									
						W	31—67	淡灰色	中黏土		7.2	39.7		0.17								
						EW	67—110	淡黄色	轻黏土		7.3											
剖28	人为土	水稻土	潴育水稻土	泥质田	腐泥心泥质田	A	0—12	灰黄色	轻黏土		5.9	36.7						25		河流老冲积物	E 120°06′04.3″ N 30°22′11.5″	75
						P	12—22	淡黄色	重黏土		6.3	31.4										
						W₁	22—70	褐色	轻黏土		7.0	7.7										
						W₂	70—117	淡黄色	轻黏土		7.1											
剖29	人为土	水稻土	脱潜水稻土	青粉泥田	堆叠泥田	A	0—16	暗黄色	重黏土		6.7	31.2	1.83	1.05				125		湖相、海相沉积物	E 120°06′17.7″ N 30°21′32.1″	75
						P	16—38	暗黄色	重黏土		6.3	30.7	1.86	1.01								
						Ap	38—75	黑色	重黏土		7.3	69.2	2.44	0.60								
						W	75—100	青灰色	轻黏土		6.7											
剖30	铁铝土	红壤	黄红壤	黏黄红泥	舟枕黄筋泥	A	0—35	橙色	壤质黏土	屑粒状	4.6	5.1	0.40	0.30	18.7			25		第四纪红土	E 120°01′04.2″ N 30°22′07.0″	95
						AB	35—65	淡黄橙色	粉砂质黏土	块状	5.0	2.5										
						B	65—103	橙色	壤质黏土	块状	5.2	4.3										
						Bv	103—200	浊红棕色	壤质黏土	块状	5.3	3.2										
剖31	铁铝土	红壤	黄红壤	黄泥土	黄泥土	A	0—17	淡黄棕色	轻黏土		6.7	20.2	0.94	0.44					26.4		E 120°14′40.2″ N 30°24′30.0″	95
						(B₁)	17—40	淡黄棕色	轻黏土		6.8	12.3	0.76	0.38					24.8			
						(B₂)	40—85	淡红黄色	轻黏土		6.1											
						C	85—120	红黄色	轻黏土													
剖32	人为土	水稻土	潴育水稻土	堆叠泥田	堆叠泥田	A	0—14	暗灰黄色	重黏土		7.6	18.8	1.29	1.47				25		堆叠泥田	E 120°19′02.7″ N 30°26′47.5″	95
						P	14—30	暗灰黄色	重黏土		7.5	13.4	0.56	1.67								
						W₁	30—75	暗黄色	重黏土		7.3											
							75—120															
剖33	人为土	水稻土	潴育水稻土	小粉田	小粉田	A	0—16	灰黄色	中壤土		6.0	11.0	0.79	0.66				25		9.2	河相、湖相、海相沉积物	E 120°15′51.4″ N 30°25′49.9″	95
						P	16—36	灰黄色	中壤土		6.7	6.2	0.45	0.39					9.7			
						W	36—115	淡黄色	中壤土		7.0											

富 阳 区

主要土类说明

红壤是富阳区主要土壤类型，占本区地域面积的59%。红壤是在高温、高湿的亚热带生物气候条件下，铝硅酸盐类矿物强烈分解，硅和盐基遭到淋失，高岭化黏粒与其他次生矿物不断形成，铁铝氧化物明显积聚，而形成的具有A-（B）-C剖面构型的富铝化土壤。

水稻土是富阳区第二大土壤类型，占本区地域面积的20%。人为长期耕作、施肥和灌溉，促进了土体内部物质转化或淋溶和淀积。在水稻土形成过程中发生复杂的变化，如氧化还原交替、有机质合成分解、复盐基和盐基淋溶以及黏粒的积累和淋失等，其中主要是氧化还原过程，它影响其他过程的发生。在水耕条件下，氧化还原反应一方面促进物质积累，即人为施肥和其他耕作措施，引起有机质积累、土壤复盐基、黏粒增加等；另一方面促进还原淋溶，即黏粒淋失、有机质矿化、盐基及铁锰在还原条件下淋溶等，这些促使水稻土形成特有的剖面结构。

石灰（岩）土是富阳区第三大土壤类型，占本区地域面积的9%。母质为石灰岩或泥质灰岩。石灰（岩）土质地黏细，有时其心土、底土部分呈不均质石灰反应，中性至微碱性反应，但表层常呈微酸性，土体呈核粒状结构发育。土壤中除碳酸盐类矿物遭到化学溶蚀外，其余矿物并未受到强烈的化学风化，云母类矿物脱钾不深，土壤肥力较高，土壤剖面构型为A-Cca。

黄壤是富阳区第四大土壤类型，占本区地域面积的6%。黄壤发生在湿润亚热带森林下，土壤富铝化作用较红壤土类减弱，硅铁铝率略高于红壤。土壤中的游离氧化铁受水化作用的影响，主要以针铁矿、褐铁矿和多水氧化铁的形式存在，因此土体发黄。黄壤在成土过程中有明显的络合淋溶作用，有的还伴有表潜作用，表层有机质积累较多。土壤剖面构型为$AooAoA_1$-（B）-C或AoA_1-（B）-C。

小于本区地域面积3%的土壤类型为粗骨土、潮土和紫色土。

本区域中心区气候特征

本区域中心区气候特征值
Regional climate characteristics in central area of the region

气候带：北亚热带湿润气候 Climate region: North subtropical humid climate	
年平均气温 /℃ Annual average temperature /℃	16.7
年平均最高气温 /℃ Annual average maximum temperature /℃	21.0
年平均最低气温 /℃ Annual average minimum temperature /℃	13.4
年降水量 /mm Annual precipitation /mm	1508
≥10℃的积温 /℃ Daily temperature accumulated in a year（≥10℃）/℃	6171
年日照时数 /h Annual sunshine /h	1765
年平均相对湿度 /% Annual average relative humidity /%	77
干燥度 Dryness	0.66

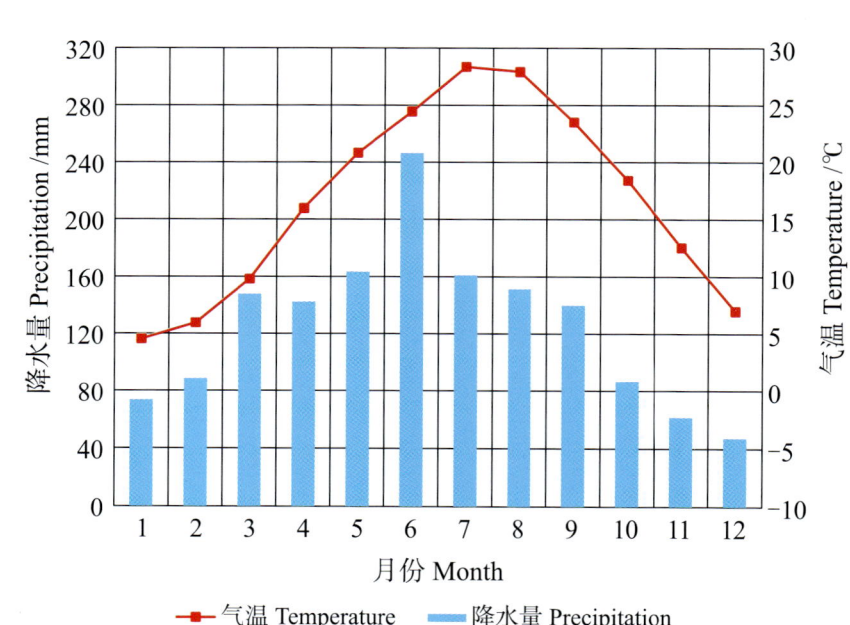

本区域中心区月平均气温与月平均降水量
Monthly temperature and precipitation in central area of the region

富阳县主要土壤类型与土壤剖面点分布图

1∶230 000

图例

- 红壤
- 水稻土
- 石灰(岩)土
- 黄壤
- 粗骨土
- 潮土
- 紫色土
- ⊗ 剖面点

注：国务院1994年1月批准，撤销富阳县，设立富阳市。国务院2014年12月批准，撤销富阳市，设立富阳区。

第二编　分县土壤图与土壤剖面数据 ｜ 047

富阳区土壤剖面理化性状表

剖面号 Soil profile	土纲 Soil order	土类 Soil great group	亚类 Soil subgroup	土属 Soil genus	土种 Soil species	土层码 Layer code	土层厚度 Depth/cm	质地 Soil texture	pH	有机质 OM/(g/kg)	全氮 TN/(g/kg)	全磷 TP/(g/kg)	碱解氮 AN/(mg/kg)	有效磷 AP/(mg/kg)	阳离子交换量CEC/(cmol/kg)	土壤母质 Parent material	剖面点坐标 Profile coordinate	匹配指数 Matching index/%
剖1	铁铝土	红壤	红壤	红泥土	红泥土	A	0—14	壤质黏土	4.8	12.4	0.78	0.18	90	<1.0	7.5	凝灰岩、流纹岩及砂页岩等的风化物	E 119°28′28.2″ N 30°07′39.9″	95
						(B)	14—110	壤质黏土	5.1	2.7	0.30	0.19	38	1.0				
						C	110—		5.1	2.3	0.25	0.16			11.3			
剖2	人为土	水稻土	渗育水稻土	黄泥田	黄泥田	A	0—10	黏土	5.5	23.1	1.65	0.29	334	<1.0		黄红壤的残积物或再积物	E 119°42′50.2″ N 29°58′29.6″	95
						P	10—26	黏壤土	5.4	15.9	1.07	0.28	155	<1.0				
						W	26—65	砂黏土	6.4	9.4	0.71	0.32						
剖3	人为土	水稻土	渗育水稻土	黄筋泥田	黄筋泥田	A	0—13	粉砂质黏土	5.3	21.6	1.30	0.56	158	2.3	7.2	第四纪红色黏土	E 119°45′15.5″ N 30°00′26.6″	95
						P	13—18	粉砂质黏土	5.5	17.8	1.23	0.44	139	3.0				
						W(B)	18—23	粉砂质黏土	6.6	11.3	0.76	0.36						
						W	23—80	粉砂质黏土	4.5	6.0	0.58	0.32						
						C	80—	粉砂质黏土	4.7	3.1	0.48	0.23						
剖4	铁铝土	红壤	红壤	黄筋泥	黄筋泥	A	0—12	粉砂质黏土	5.7	13.9	0.94	0.36	106	2.3	6.8	第四纪红色黏土	E 119°53′01.5″ N 30°04′55.9″	95
						(B)	12—33	壤质黏土	5.1	4.5	0.41	0.28	57	<1.0				
						C₁	33—65	粉砂质黏土	4.9	3.6	0.38	0.20						
						C₂	65—100	粉砂质黏土	5.0	4.3	0.47	0.23						
剖5	人为土	水稻土	潜育水稻土	青泥田	青丝泥田	A	0—17	壤质黏土	5.9	24.0	1.60	0.51	133	2.3	14.8	河湖相沉积物	E 119°54′27.7″ N 30°04′46.0″	95
						P	17—25	壤质黏土	6.4	16.6	1.00	0.42	85	2.5				
						G₁	25—65	粉砂质黏土	6.5	13.8	0.85	0.44						
						G₂	65—88	粉砂质黏土	6.9	6.7	0.60	0.32						
						G₃	88—110	粉砂质壤	6.4	2.7	0.50	0.54						
剖6	人为土	水稻土	潜育水稻土	泥质田	泥质田	A	0—12	粉砂质黏壤土	7.3	31.9	2.00	0.75	200	27.3	13.5	河流老冲积物	E 119°54′51.1″ N 30°03′48.5″	95
						P	12—21	粉砂质黏壤土	7.1	16.4	1.29	0.56	110	11.9				
						W₁	21—40	粉砂质黏壤土	6.9	9.3	0.70	0.72						
						W₂	40—66	粉砂质黏壤土	6.6	5.2	0.44	0.44						
						W₃	66—80	壤质黏土	6.7	5.5	0.56	0.61						
剖7	半成土	潮土	灰潮土	培泥砂土	培泥土	A	0—10	黏壤土	6.8	15.2	1.07	0.65	103	55.0	4.6	河流冲积物	E 119°59′19.4″ N 30°02′39.2″	75
						B	10—44	粉砂质黏壤土	6.7	11.1	0.65	0.49	64	14.0				
剖8	铁铝土	红壤	黄红壤	黄泥土	黄泥砂土	A	0—12	粉砂质黏壤土	4.9	22.3	0.82	0.18	111	1.3	8.0	河流冲积物	E 119°46′11.0″ N 29°59′50.5″	75
						(B)	12—100	粉砂质壤土	4.8	5.3	0.34	0.17	50	<1.0				
剖9	人为土	水稻土	潜育水稻土	培泥砂田	砂田	A	0—9	壤质砂土	4.9	7.2	0.58	0.29	67	3.0	4.2	河流冲积物	E 119°46′59.2″ N 29°59′18.9″	75
						P	9—18	壤质砂土	4.7	5.0	0.36	0.34	65	2.0				
						WFe	18—26	壤质砂土	6.2	3.8	0.32	0.31						
						W(Mn)	26—52	砂壤土	5.8	3.9	0.50	0.32						
剖10	铁铝土	红壤	红壤	油红泥	油红泥	A	0—20	黏土	5.7	19.6	1.50	0.45	149	3.1	10.3	石灰岩、泥质灰岩风化物	E 119°47′42.5″ N 29°59′18.4″	95
						(B)	20—45	重黏土	6.1	8.3	0.91	0.33	62	1.0				
						C	45—	重黏土	5.5	6.7	0.79	0.32						
剖11	铁铝土	红壤	幼红壤	扁石砂土	扁石砂土	A₁	0—4	壤土	5.8	38.9	2.15	0.17	169	6.8	13.2	页岩、板岩半风化物	E 119°53′29.8″ N 29°59′52.6″	75
						A₂	4—22	壤土	5.9	24.7	1.87	0.14	128	1.8				
						C	22—		5.2	12.9	0.98	0.48						
剖12	人为土	水稻土	潜育水稻土	青泥砂田	青泥砂田	A	0—18	粉砂质黏壤土	7.3	36.7	2.29	0.72	158	6.5	12.6	小溪冲积物、山坡径流冲刷再积物	E 119°53′32.9″ N 29°59′06.0″	75
						P(g)	18—36	粉砂质黏壤土	6.8	8.7	0.75	0.39	45	5.5				
						W(g)	36—59	粉砂质黏壤土	7.5	36.9	2.29	0.69						
						G	59—105	粉砂质黏壤土	7.1	6.3	0.40	0.20						

续表 Continued

剖面号 Soil profile	土纲 Soil order	土类 Soil great group	亚类 Soil subgroup	土属 Soil genus	土种 Soil species	土层码 Layer code	土层厚度 Depth/cm	质地 Soil texture	pH	有机质 OM (g/kg)	全氮 TN (g/kg)	全磷 TP (g/kg)	碱解氮 AN (mg/kg)	有效磷 AP (mg/kg)	阳离子交换量 CEC (cmol/kg)	土壤母质 Parent material	剖面点坐标 Profile coordinate	匹配指数 Matching index/%
剖13	铁铝土	红壤	红壤	砂质红土	粗砂红土	A	0—19	砂质壤土	4.5	19.6	0.84	0.35	103	3.1	14.5	花岗岩或含石英较多的凝灰岩、砂岩风化物	E 119°52′53.5″ N 29°57′56.8″	95
剖14	铁铝土	红壤	红壤	红砂土	砾石红砂土	(B)	19—70	粉砂质黏土	4.6	3.3	0.43	0.21	38	<1.0	8.4	红色砂岩及红色砂页岩风化物	E 119°59′02.4″ N 29°59′36.0″	95
						C	70—	砂质壤土	5.3	2.3	0.43	0.22						
剖15	人为土	水稻土	潴育水稻土	洪积泥砂土	狭谷泥砂土	A	0—15		5.5	24.9	1.34	0.52	160	<1.0	11.7	洪积物	E 119°59′41.8″ N 29°57′24.4″	75
						(B)	15—		5.4	18.8	1.10	0.30	123	6.3				
剖16	人为土	水稻土	沼泽水稻土	烂滃田	烂滃田	A	0—10	黏壤土	6.5	30.8	2.02	0.49	175	<1.0	11.2	山谷堆积物	E 119°52′34.3″ N 29°55′54.7″	95
						P	10—16	黏壤土	6.4	29.4	1.84	0.46	154	3.0				
						W₁	16—22	壤质黏土	7.0	11.3	0.69	0.31						
						W₂	22—34	黏壤土	6.9	9.2	0.46	0.30						
						C	34—100	壤质黏土	6.6	11.6	0.66	0.38						
剖17	人为土	水稻土	沼泽水稻土	烂灰田	烂灰田	A	0—16	黏壤土	7.1	34.2	2.10	0.78	167	22.0	14.0	黄壤或黄红壤再积物	E 119°54′34.3″ N 29°55′38.1″	75
						G	16—100	黏壤土	6.9	29.8	1.77	0.70	144	21.0				
						G	0—10	壤质黏土	7.1	35.1	2.08	0.37	204	5.0				
						G	10—26	黏壤土	4.9	21.6	1.10	0.34	119	7.0				
剖18	人为土	水稻土	潴育水稻土	洪积泥砂土	合口泥砂田	A	0—16	壤质黏土	7.2	42.0	1.84	0.63	110	5.0	6.0	洪积物	E 119°59′34.6″ N 29°55′12.6″	75
						P	16—19	砂质壤土	7.2	33.0	1.28	0.61	74	4.5				
						WFe	19—49	砂质黏壤土	7.2	21.3	1.07	0.65						
						W(Mn)	49—82	砂质黏壤土	7.1	12.6	0.57	0.47						
						C	82—100	黏壤土	7.2	16.4	0.68	0.44						
剖19	铁铝土	红壤	红壤	红砂土	红砂土	A	0—33	壤质黏土	5.3	19.1	1.43	0.42	157	13.8	8.3	红色砂岩及红色砂页岩风化物	E 119°48′39.6″ N 29°54′49.9″	95
						(B)	33—56	黏壤土	4.9	8.9	0.57	0.36	120	1.3				
						C	56—	壤质黏土	4.6	1.2	0.38	0.45						
剖20	人为土	水稻土	沼泽水稻土	塔泥砂田	塔泥砂田	A	0—15	壤质黏土	5.8	15.0	1.05	0.37	127	1.3	11.0	河流冲积物	E 119°51′59.3″ N 29°54′14.2″	95
						P	15—26	粉砂质黏壤土	6.9	11.6	0.72	0.42	77	11.0				
						W₁	26—44	砂质黏壤土	6.5	9.4	0.61	0.40						
						W₂	44—100	壤质黏土	6.8	7.4	0.52	0.44						
剖21	人为土	水稻土	沼泽水稻土	烂青紫泥田	草渣田	A	0—18	黏土	6.7	143.6	8.22	0.75	566	18.0	29.9	湖泊淤积物	E 119°53′17.6″ N 29°53′27.3″	75
						G₁	18—100	黏土	5.6	81.0	4.33	0.45	277	3.4				
						G₂	100—120	壤质黏土	5.2	2.3	0.50	0.15						
剖22	人为土	水稻土	沼泽水稻土	烂泥田	烂泥田	A	0—12	粉砂质黏壤土	6.9	28.7	2.05	0.44	179	13.3	9.8	河流冲积物或冲积物、坡积物	E 119°52′34.5″ N 29°52′41.1″	75
						P	12—77	砂质黏壤土	6.9	25.7	1.57	0.43	143	13.5				
						G	77—100	砂质黏壤土	6.5	3.4	0.50	0.38						
剖23	铁铝土	红壤	幼红壤	石砂土	石砂土	A	0—10	黏土	4.5	70.2	3.50	0.38	347	4.8	22.0	基岩风化残积物	E 119°53′34.4″ N 29°53′21.6″	95
						C	10—25	轻石质土	4.7	38.4	2.06	0.35	206	<1.0				
剖24	人为土	水稻土	潜育水稻土	青泥田	青泥田	A	0—21	粉砂质黏壤土	5.7	30.5	1.85	0.38	158	3.3	17.8	河湖相沉积物	E 119°59′59.7″ N 29°53′40.3″	75
						P	21—32	壤质黏土	5.7	33.9	2.01	0.37	163	3.5				
						G₁	32—55	重黏土	5.5	59.7	3.44	0.40						
						G₂	55—100	黏土	5.5	8.6	0.61	0.24	80	<1.0				
剖25	铁铝土	红壤	红壤	红黏土	红黏土	A	1—12	壤质黏土	4.6	20.7	1.03	0.33	68	<1.0	10.3	中性或基性岩浆岩风化物	E 119°54′56.5″ N 29°51′31.7″	95
						(B)	12—75	重黏土	4.6	7.5	0.62	0.27						
						C	75—180	黏土	4.6	6.8	0.59	0.41						
剖26	人为土	水稻土	渗育水稻土	油泥田	油泥田	A	0—14	砂质黏壤土	7.2	55.1	2.28	2.40	117	8.5		石灰岩风化物	E 120°05′35.3″ N 30°03′39.8″	95
						P	14—26	壤质黏土	7.3	45.6	1.87	1.00	99	7.5				
						W	26—46	砂黏土	7.3	24.2	0.99	0.51						
						C	46—100	重黏土	7.5	19.9	1.16	0.69						

续表 Continued

剖面号 Soil profile	土纲 Soil order	土类 Soil great group	亚类 Soil subgroup	土属 Soil genus	土种 Soil species	土层码 Layer code	土层厚度 Depth/cm	质地 Soil texture	pH	有机质 OM/(g/kg)	全氮 TN/(g/kg)	全磷 TP/(g/kg)	碱解氮 AN/(mg/kg)	有效磷 AP/(mg/kg)	阳离子交换量 CEC/(cmol/kg)	土壤母质 Parent material	剖面点坐标 Profile coordinate	匹配指数 Matching index/%
剖27	半水成土	潮土	灰潮土	培泥砂土	培砂土	A	0—13	壤砂土	6.3	7.4	0.59	0.37	59	9.8	5.4	河流冲积物	E 120°00′10.6″ N 30°02′29.4″	75
						B	13—84	壤砂土	5.8	5.0	0.41	0.35	43	4.0				
						C	84—100	砂壤土	5.8	5.1	0.39	0.36						
剖28	人为土	水稻土	潴育水稻土	泥质田	白心泥质田	A	0—20	粉砂质黏土	7.1	33.2	2.17	0.98	186	50.0	13.5	河流老冲积物	E 120°01′34.4″ N 30°01′14.6″	95
						P	20—29	粉砂质黏壤土	7.3	29.6	1.79	0.90	147	78.0				
						W	29—50	砂质黏壤土	7.2	5.2	0.40	0.43						
						W(Mn)	50—90	黏壤土	6.7	4.8	0.50	0.35						

临安区

主要土类说明

红壤是临安区主要土壤类型，占本区地域面积的58%。红壤是本区分布最广的一个土类，是在亚热带生物气候条件下形成的土壤类型。本区高温多雨，生物茂盛，土壤风化作用强烈，使得土体中的矿物除石英外，几乎全被彻底分解成简单的氧化物。大量的降水，使得风化产物中钾、钠、钙、镁等盐基和硅都遭到强烈淋失，氧化铁和氧化铝相对富积。土壤的次生黏粒矿物中以高磷石为主，并伴有三水铝石，这种成土过程，称为脱硅富铝化过程。红壤是经脱硅富铝化作用形成的土类，因而具有A-（B）-C剖面构型。大量的氧化铁把土体染成红色、黄红色。富铝化程度越强，土体风化淋溶作用越盛，土壤阳离子交换量越低，质地较黏重，湿时膨胀，透水通气性差，呈强酸性反应。

黄壤是临安区第二大土壤类型，占本区地域面积的19%。黄壤主要分布在本区西部和北部海拔650m以上的中低山区。它形成于湿润亚热带森林下，富铝化作用较红壤弱。由于山高湿度大，又无明显的旱季，土壤中铁的氢氧化物受水化作用的影响，主要以针铁矿、褐铁矿和多水化铁的形式存在，因此土体发黄。表土层有机质积累较多，182个剖面数据显示，腐殖质层平均厚度为20.97cm，且常保持较好的枯枝落叶层。土壤剖面构型为$A_{oo}A_oA_1$-（B）-C或A_oA_1-（B）-C。

石灰（岩）土是临安区第三大土壤类型，占本区地域面积的11%。母质为寒武纪的石灰岩、泥质灰岩、钙质页岩，质地黏细，有的剖面心底土有不均质的石灰反应。土壤呈中性至微碱性反应，但表层常呈微酸性反应。核粒状结构明显并较稳固。土体中碳酸盐类矿物遭到化学溶蚀。由于碳酸盐的影响，红壤化作用延缓。土质肥力较高，土壤剖面构型为A-（B）-C。

水稻土是临安区第四大土壤类型，占本区地域面积的10%。它是由各种母质类型的土壤经人类长期种植水稻而形成的。长期季节性淹灌，水下翻耕，灌水排水，轮作、施肥、氧化还原交替，使成土母质或母土的特性发生重大改变而形成特定的剖面构型。此外，田面储水所产生的静水压力或地下水、侧渗水对水稻土剖面的发育产生深刻影响。水稻土剖面的分化相当复杂，主要有耕作层、犁底层、潴育层和潜育层。由于土壤剖面水分状况不同，本区水稻土类可分为渗育水稻土、淹育水稻土、潴育水稻土和潜育水稻土等亚类。

小于本区地域面积3%的土壤类型为紫色土和粗骨土。

本区域中心区气候特征

本区域中心区气候特征值
Regional climate characteristics in central area of the region

气候带：北亚热带湿润气候 Climate region: North subtropical humid climate	
年平均气温 /℃ Annual average temperature /℃	16.6
年平均最高气温 /℃ Annual average maximum temperature /℃	21.0
年平均最低气温 /℃ Annual average minimum temperature /℃	13.2
年降水量 /mm Annual precipitation /mm	1472
≥10℃的积温 /℃ Daily temperature accumulated in a year（≥10℃）/℃	6314
年日照时数 /h Annual sunshine /h	1797
年平均相对湿度 /% Annual average relative humidity /%	77
干燥度 Dryness	0.68

本区域中心区月平均气温与月平均降水量
Monthly temperature and precipitation in central area of the region

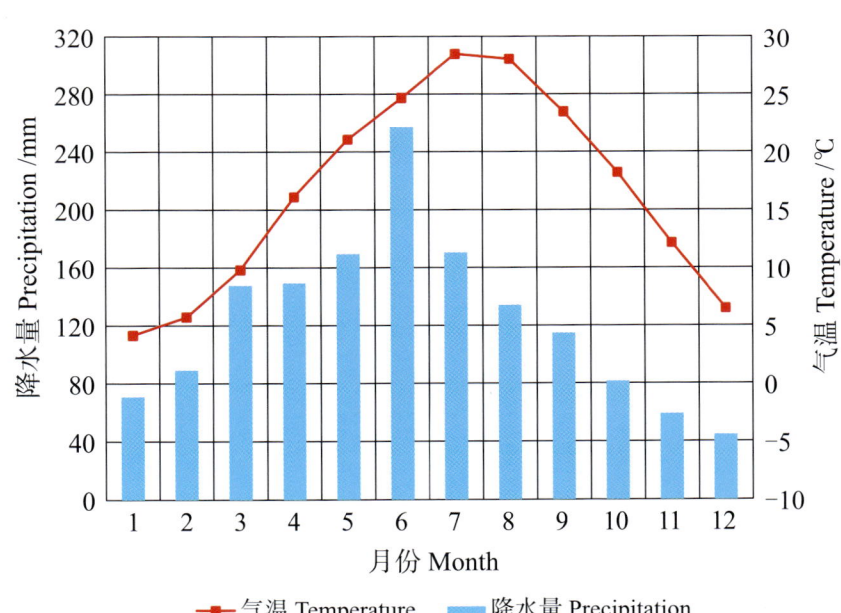

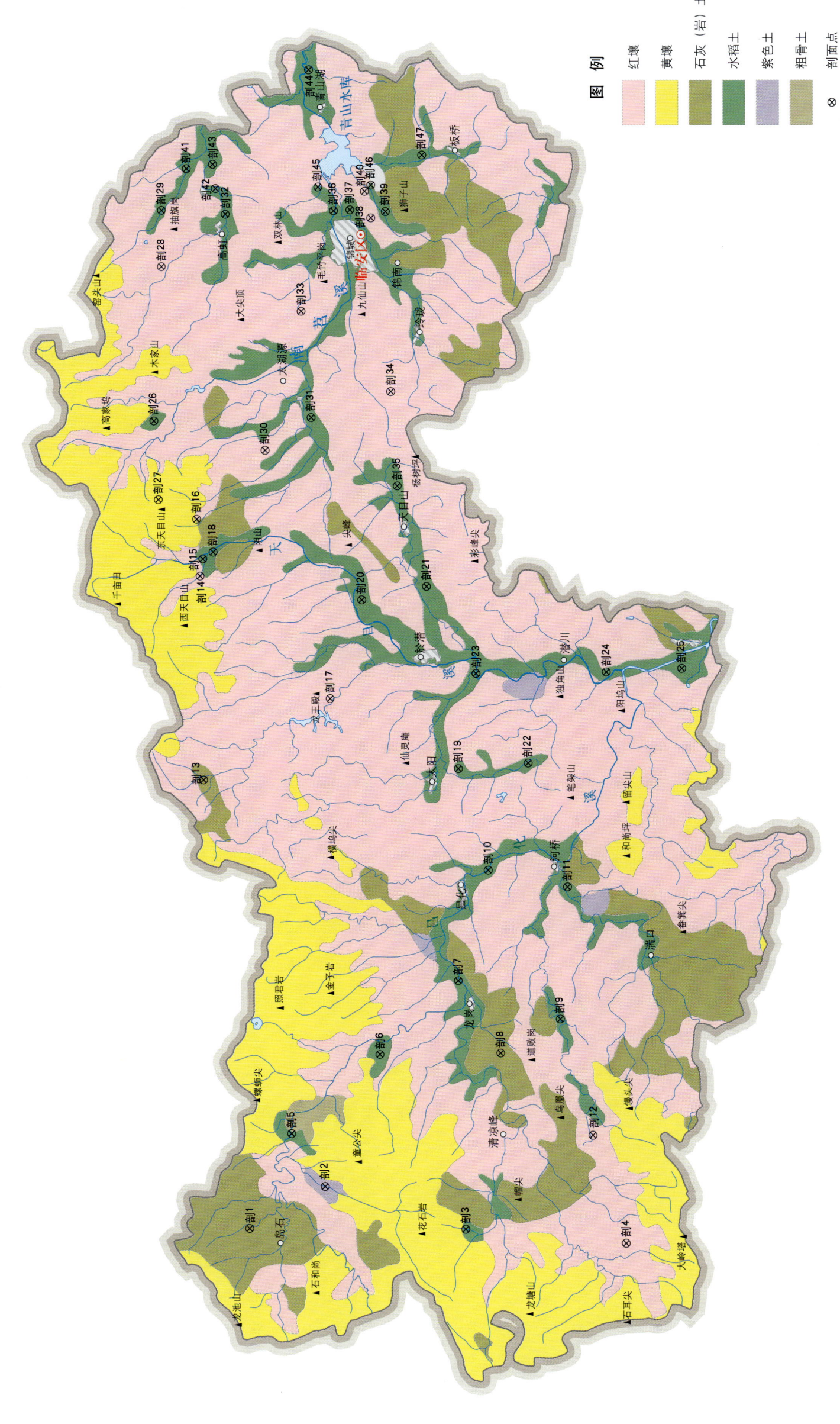

临安县主要土壤类型与土壤剖面点分布图
1 : 330 000

临安区土壤剖面理化性状表

剖面号 Soil profile	土纲 Soil order	土类 Soil great group	亚类 Soil subgroup	土属 Soil genus	土种 Soil species	土层码 Layer code	土层厚度 Depth/cm	颜色 Soil color	质地 Soil texture	土壤结构 Soil structure	pH	有机质 OM/(g/kg)	全氮 TN/(g/kg)	全磷 TP/(g/kg)	全钾 TK/(g/kg)	阳离子交换量CEC/(cmol/kg)	土壤母质 Parent material	剖面点坐标 Profile coordinate	匹配指数 Matching index/%
剖1	初育土	石灰(岩)土	黑色石灰土	碳质黑泥土	碳质黑泥土	A	0—25	黄灰色	粉砂质壤土	团粒状	6.3	52.8	2.13	0.40	17.5		碳质灰岩风化物	E 118°57′26.4″ N 30°18′43.1″	95
剖2	初育土	紫色土	石灰性紫色土	红紫泥土		C	25—80	棕黑色	壤质黏土	核粒状	6.4						石灰性紫色岩和砂页岩风化物	E 118°59′17.7″ N 30°15′41.1″	74
						A	0—29	紫红色	轻壤土	块状	6.0	17.4	0.93	0.11					
						B	29—61	紫红色	中壤土	块状	6.1	7.7	0.49	0.10					
剖3	人为土	水稻土	潴育水稻土	洪积泥砂田	洪积泥砂田	C	61—95	灰色	重壤土	块状	5.5	39.0	1.99	0.37			近代洪冲积物	E 118°57′16.5″ N 30°10′05.4″	75
						A	0—12	青灰色	重壤土	块状	6.2	21.3	1.17	0.35					
						P	12—17	棕褐色	重壤土	块状	5.4	10.9	0.63	0.36					
						W₁	17—61	棕褐色	重壤土	块状	5.4	10.9	0.63	0.36					
剖4	铁铝土	红壤	黄红壤	砾黏质红壤	焦砾瓀	W₂	61—75	棕黄色	轻壤土	粒状	5.2	45.9	1.73	0.20			湖积物	E 118°56′33.1″ N 30°03′40.9″	95
						BC	10—50	棕黄色	轻壤土	粒状	5.5	11.7	0.51	0.13					
剖5	人为土	水稻土	潴育水稻土	黄砂泥田		Aa	0—12	油黄橙色	黏壤土	碎块状	5.5	35.8	2.00	0.60				E 119°01′43.3″ N 30°16′59.6″	95
						Ap	12—23	油黄橙色	黏壤土	块状	5.5	25.2	1.50	0.50					
						Wc	23—40	油黄棕色	黏壤土	块状	6.0	9.0	0.70	0.60					
剖6	人为土	水稻土	潴育水稻土	山地黄泥砂田	山地	A	0—14	灰黄色	中壤土	粒状、块状	5.3	39.0	1.92	0.40			坡积物或再积物	E 119°05′18.0″ N 30°13′25.3″	95
						P	14—25	灰褐色	中壤土	粒状、块状	5.8	14.2	0.78	0.28					
						W	25—54	淡黄棕色	中壤土	粒状、块状	5.8	19.6	1.10	0.28					
剖7	人为土	水稻土	潴育水稻土	洪积泥砂田	砂砾瓀黄泥砂田	C	54—65	褐棕色	中壤土	块状							近代洪冲积物	E 119°08′38.4″ N 30°10′15.1″	75
						A	0—13	淡棕色	重壤土	块状	5.9	46.6	2.56	0.67					
						P	13—20	棕黄色	重壤土	块状	5.9	36.8	2.25	0.60					
						W	20—31	棕黄色	中壤土	块状	6.5	18.6	1.09	0.54					
剖8	初育土	石灰(岩)土	棕色石灰土	油黄泥	焦砾瓀黄泥砂田	C	31—47	灰棕色	轻黏土	核粒状	6.2	48.7	2.65	0.45			石灰岩或泥灰岩风化物	E 119°05′16.6″ N 30°08′35.9″	85
						A	0—12	棕黄色	轻黏土	核粒状	6.2	31.6	1.75	0.40					
						B	12—35	油黄橙色	黏壤土	团块状	5.5	35.8	2.02	0.58					
剖9	人为土	水稻土	潴育水稻土	黄砂泥田		Ap	0—12	黄棕色	黏壤土	块状	5.5	25.2	1.51	0.50			红壤类坡积物或再积物	E 119°06′47.3″ N 30°06′11.8″	81
						W	12—23	油黄棕色	黏壤土	块状	6.0	9.0	0.66	0.60					
						C	23—40												
							40—												
剖10	人为土	水稻土	潴育水稻土	紫红泥砂田	紫红泥砂田	A	0—11	橙棕色	重壤土	块状	7.5	41.7	2.07	0.53			紫(红)色砂页岩、紫(红)色砂岩风化物	E 119°13′40.6″ N 30°08′59.3″	95
						P	11—18	橙棕色	重壤土	块状	7.4	37.2	1.83	0.48					
						W	18—26	橙棕色	重壤土	块状	7.6	24.9	1.20	0.43					
剖11	人为土	水稻土	潴育水稻土	烂泥田	钙质烂泥田	C	26—64	橙棕色	重壤土	块状	7.5	30.3	1.55	0.59			河流冲积物或冲积物、坡积物	E 119°12′50.5″ N 30°05′50.2″	95
						A	0—18	灰棕色	重壤土	碎块状	5.1	22.1	1.21	1.11	18.9				
剖12	铁铝土	红壤	黄红壤	黄红泥土	黄红泥土	G	18—80	青灰色	黏质黏土	大块状	5.0							E 119°01′27.5″ N 30°04′57.5″	81
						A	0—12	油棕色	壤质黏土	大块状	5.0								
剖13	初育土	石灰(岩)土	棕色石灰土	钙质页岩土		(B)	12—50	橙色	重壤土	团块状	7.1	32.5	2.54	0.99			石灰岩或泥质灰岩风化物	E 119°18′02.4″ N 30°20′17.5″	73
						C	50—100	橙色	重壤土	团块状	6.9	8.5	1.50	0.88					
						A	0—19	棕色色	重壤土	团块状									
						B	19—27	淡棕黄色	轻壤土	粒状									
						BC	70—	淡棕黄色	轻壤土	粒状									
剖14	铁铝土	红壤	侵蚀型红壤	石砂土		A	0—8	暗灰色	轻壤土	粒状							花岗岩风化物	E 119°27′22.7″ N 30°20′17.0″	75
						BC	8—20	淡棕黄色	轻壤土	粒状									

续表 Continued

剖面号 Soil profile	土纲 Soil order	土类 Soil great group	亚类 Soil subgroup	土属 Soil genus	土种 Soil species	土层码 Layer code	土层厚度 Depth/cm	颜色 Soil color	质地 Soil texture	土壤结构 Soil structure	pH	有机质 OM/(g/kg)	全氮 TN/(g/kg)	全磷 TP/(g/kg)	全钾 TK/(g/kg)	阳离子交换量CEC/(cmol/kg)	土壤母质 Parent material	剖面点坐标 Profile coordinate	匹配指数 Matching index/%
剖15	人为土	水稻土	潴育水稻土	紫红泥砂田	红泥砂田	A	0—11	紫灰色	重壤土	团块状	5.6	29.1	1.69	0.26		10.8	紫(红)色砂页岩紫(红)色砂砾岩风化物	E 119°28′10.0″ N 30°20′09.3″	75
						P	11—22	淡紫灰色	重壤土	块状	5.9	25.0	1.41	0.23		9.5			
						W	22—100	紫红色	重壤土	棱柱状	6.7	6.7	0.52	0.38					
剖16	铁铝土	红壤	侵蚀型红壤	片石砂土		C	0—10	淡棕黄色	重壤土	粒状	6.2						页岩坡积物	E 119°29′59.4″ N 30°20′22.3″	75
						C	10—20												
剖17	铁铝土	红壤	黄红壤	黄红泥土		A	0—12	棕色	轻黏土	块状	5.7	35.2	1.74	0.28			页岩、泥岩风化物	E 119°21′39.4″ N 30°15′11.1″	95
						BC	12—37	棕褐色	轻黏土	棱柱状	5.4	17.0	0.93	0.25					
						C	37—												
剖18	人为土	水稻土	潴育水稻土	黄油油田		A	0—11	灰棕色	重壤土	块状	7.8	48.8	2.81	0.63			石灰岩、泥质灰岩风化坡积物、再积物	E 119°28′28.4″ N 30°19′44.9″	95
						P	11—20	青黄色	重壤土	块状	7.8	38.4	2.11	0.55					
						W	20—50	黄褐色	轻黏土	棱柱状	7.9	13.1	0.83	0.56					
						C	50—												
剖19	人为土	水稻土	潴育水稻土	烂油田	冷水田	A	0—17	灰棕色	轻壤土	块状	6.1	39.6	2.38	0.41			山谷坡积物洪积物	E 119°18′20.9″ N 30°10′06.6″	75
						G	17—90	青黄橙色	轻黏土	碎块状	6.2	26.2	1.45	0.19					
剖20	人为土	水稻土	潴育水稻土	黄砂泥田	黄粉泥田	Aa	0—12	油黄橙色	粉砂质黏壤土	块状	6.5	47.0	2.30	0.50			长江老洪冲积物	E 119°26′08.6″ N 30°13′50.7″	95
						Ap	12—20	油黄橙色	粉砂质黏壤土	棱柱状	6.5	43.8	2.70	0.50					
						W	20—50	灰黄色	中壤土	块状	6.9	16.1	1.10	0.50					
剖21	人为土	水稻土	潴育水稻土	烂油田	烂灰田	A	0—16	灰色	重壤土	棱柱状	5.9	32.9	1.70	0.29			母土为山地黄壤	E 119°26′41.3″ N 30°11′14.8″	95
						Pg	16—26	青灰色	重壤土	块状	5.6	31.7	1.67	0.31					
						G	26—65	青灰色	重壤土	块状	6.2	19.4	0.86	0.21		6.6			
剖22	人为土	水稻土	潴育水稻土	培油砂田	砂田	A	0—11	黄棕色	砂壤土	粒状、块状	5.8	15.5	0.93	0.51		6.8	近代洪冲积物	E 119°18′32.4″ N 30°07′19.3″	95
						P	11—16	黄棕色	轻壤土	粒状、块状	6.0	12.5	0.77	0.46		6.4			
						W	16—31	灰棕色	轻壤土	粒状、块状	6.4	9.2	0.57	0.41					
						C	31—125	灰棕色	轻壤土	块状	6.1	29.4	1.74	0.62					
剖23	人为土	水稻土	潴育水稻土	烂油田	烂黄砂田	A	0—16	淡棕黄色	重壤土	块状	6.2	27.2	1.61	0.63			河流冲积物或冲积物、坡积物	E 119°22′40.3″ N 30°09′20.5″	95
						Pg	16—43	青灰色	中壤土	块状	6.2	29.8	1.56	0.43					
						GW	43—120	褐灰色	轻黏土	块状	5.6	47.6	2.71	0.38					
剖24	人为土	水稻土	潴育水稻土	烂油田	烂黄砂田	A	0—13	灰棕色	轻黏土	块状	5.6	39.6	2.24	0.31			山谷坡积物或洪积物	E 119°22′38.0″ N 30°04′08.4″	81
						P	13—25	棕色	轻黏土	块状	6.3	10.5	0.62	0.16					
						G	25—90	青灰色	中壤土	棱柱状	5.9	23.7	1.42	0.40		10.5			
剖25	人为土	水稻土	潴育水稻土	培泥砂田	培泥砂田	A	0—14	棕灰色	中壤土	块状	6.4	10.6	0.68	0.51		10.5	近代洪冲积物	E 119°22′43.2″ N 30°01′07.4″	95
						P	14—26	黄棕色	中壤土	块状	6.0	17.1	1.02	0.41					
						W	26—52	棕色	中壤土	块状									
						C	52—115												
剖26	人为土	水稻土	潴育水稻土	黄粉泥田	黄粉泥田	A	0—13	灰棕色	重壤土	块状	5.7	30.9	1.89	0.38		10.2	红壤类坡积物或再积物	E 119°34′32.5″ N 30°21′59.7″	75
						P	13—23	棕黄色	重壤土	块状	5.9	27.5	1.64	0.36		10.0			
						W_1	23—39	黄棕色	重壤土	块状	6.6	4.1	0.49	0.22		14.2			
						W_2	39—88	黄棕色											
剖27	铁铝土	黄壤		山地黄泥土		Aoo	0—3											流纹质岩风化原积物	E 119°30′55.8″ N 30°21′53.2″	95
						Ao	3—8	黑色	中壤土	团粒状	4.5	177.4	8.52	1.14					
						A	8—37	棕黄色	重壤土	团粒状	5.3	125.3	5.32	1.19					
						B	37—78	灰黄色	重壤土	粒状	5.0	35.6	1.68	0.17					
剖28	铁铝土	红壤	黄红壤	黄泥土		A	0—15	黄棕色	重壤土	粒状	4.9	8.9	0.53	0.15			凝灰岩、流纹岩、砂岩等的风化物	E 119°41′36.4″ N 30°21′33.9″	95
						(B)	15—65												
						C	65—												

续表 Continued

剖面号 Soil profile	土纲 Soil order	土类 Soil great group	亚类 Soil subgroup	土属 Soil genus	土种 Soil species	土层码 Layer code	土层厚度 Depth/cm	颜色 Soil color	质地 Soil texture	土壤结构 Soil structure	pH	有机质 OM/(g/kg)	全氮 TN/(g/kg)	全磷 TP/(g/kg)	全钾 TK/(g/kg)	阴离子交换量 CEC/(cmol/kg)	土壤母质 Parent material	剖面点坐标 Profile coordinate	匹配指数 Matching index/%
剖29	人为土	水稻土	潴育水稻土	黄泥砂田	黄大泥田	A	0—13	黄灰色	中黏土	块状	7.3	50.8	2.94	0.70			红壤类坡积物或再积物	E 119°44′10.9″ N 30°21′30.7″	75
						P	13—30	灰黄色	轻壤土	块状	7.5	37.5	2.08	0.25					
						W	30—69	黄色	轻壤土	棱柱状	7.5	7.1	0.54	0.62					
剖30	铁铝土	红壤		黄筋泥	黄筋泥	A	0—24	灰黄色	重壤土	粒状、块状	4.9	30.8	1.45	0.16			第四纪红土	E 119°33′04.2″ N 30°17′35.0″	95
						B	24—68	橙黄色	重壤土	粒状、块状	4.8	10.2	0.57	0.12					
						B₂	68—106	橙黄棕色	重壤土	块状									
剖31	人为土	水稻土	淹育水稻土	浅灰泥田	黄油泥田	Aa	0—12	灰黄棕色	粉砂质黏土	核粒状	6.0	39.4	1.90	1.80			黄红壤再积物	E 119°34′31.9″ N 30°15′43.4″	95
						Ap	12—20	灰黄棕色	粉砂质黏壤土	块状	6.4	29.7	1.50	1.70					
						C	20—60	灰黄色	粉砂质黏壤土	核柱状	6.5	17.2	0.80	1.60					
剖32	铁铝土	红壤	黄红壤	黄砂泥田	黄大泥田	Aa	0—11	浊黄棕色	粉砂质黏土	块状	6.1	43.3	2.50	0.60	14.8		黄红壤再积物	E 119°43′55.8″ N 30°18′57.9″	95
						Ap	11—21	灰黄棕色	粉砂质黏土	棱柱状	7.4	38.3	2.40	0.70	16.2				
						W	21—66	浊黄棕色	壤质黏土	块状	7.5	8.6	0.70	0.40	13.8				
						C	66—100	黄黄棕色	壤质黏土	块状									
剖33	铁铝土	红壤	黄红壤	粉红泥田		A	0—20	暗黄棕色	中壤土	粒状	5.3	15.0	0.77	0.35			浅色凝灰岩（火山灰）风化物	E 119°39′24.2″ N 30°16′01.4″	95
						B	20—80	淡灰棕色	中壤土	粒状	5.3	6.1	0.35	0.23					
						C	80—110	黄红棕色	中壤土	粒状									
剖34	铁铝土	红壤		红砂土		A	0—9	紫红色	中壤土	粒状	5.3	18.0	0.83	0.14			紫色砂砾岩和红(紫)色砂岩及砂页岩风化物	E 119°35′38.2″ N 30°12′31.2″	95
						B	9—14	紫红色	中壤土	粒状	5.3	5.0	0.29	0.08					
						BC	14—32	紫红色	中壤土	粒状									
剖35	人为土	水稻土	潴育水稻土	黄泥田	黄粉泥田	A	0—12	浊黄橙色	黏壤土	团块状	7.1	47.0	2.28	0.49			泥页岩风化发育的黄红壤再积物	E 119°31′19.7″ N 30°12′20.4″	81
						Ap	12—20	浊黄橙色	壤质黏土	块状	7.4	43.8	2.67	0.48					
						W	20—50	灰黄棕色	壤质黏土	棱柱状	6.9	16.3	1.10	0.49					
						C	50—100	亮黄棕色	粉砂质黏土	块状	6.5								
剖36	人为土	水稻土	潴育水稻土	黄泥田	黄泥田	A	1—10	黄灰色	中黏土	块状	6.3	24.1	1.92	1.42			坡积物	E 119°43′58.0″ N 30°14′38.0″	95
						P	10—15	青灰色	轻黏土	块状	6.5	17.7	1.51	1.24					
						W	15—25	淡灰黄色	轻黏土	块状	6.9	9.5	1.19	0.94					
						C	25—85												
剖37	人为土	水稻土	潴育水稻土	青糊泥质田	青糊泥质田	A	0—14	淡灰色	重壤土	块状	6.8	40.2	2.49	0.81			河流老冲积物	E 119°43′59.6″ N 30°13′59.2″	95
						P	14—19	淡灰色	重壤土	棱柱状	7.7	37.0	2.30	0.78					
						Wg	19—58	灰白色	重壤土	块状	6.6	5.5	0.48	0.22					
						C	58—76	灰白色											
剖38	铁铝土	红壤	黄红壤	砂泥黄红土	黄红泥土	A	0—12	浊黄橙色	黏壤土	碎块状	4.8	22.1	1.20	1.10	18.9		泥页岩风化残积物	E 119°43′36.1″ N 30°13′09.8″	95
						P	12—50	橙色	中壤土	大块状	4.9								
						BC	50—100	橙色	中壤土	大块状	5.2								
剖39	人为土	水稻土	潴育水稻土	洪积泥砂田	洪积油泥田	A	0—13	棕色	重壤土	块状	7.1	48.4	2.93	0.98			近代洪冲积物	E 119°43′52.8″ N 30°12′34.6″	95
						B	13—24	棕色	重壤土	块状	7.2	42.3	2.66	0.94					
						C	24—80	暗棕色	轻壤土	块状	7.6	15.5	1.21	0.88					
剖40	铁铝土	红壤	红壤	红泥土		A	0—17	暗红棕色	轻黏土	团块状	4.9	22.1	1.09	0.39			酸性岩浆岩风化物	E 119°43′49.5″ N 30°13′23.3″	95
						B	17—88	红棕色	轻黏土	块状	5.1	11.3	0.72	0.32					
						BC	88—	红棕色	重壤土	块状									
剖41	人为土	水稻土	潴育水稻土	洪积砂田	洪积泥砂田	A	0—14	淡灰色	中壤土	块状	5.4	35.7	2.10	0.33			近代洪冲积物	E 119°46′02.9″ N 30°20′28.4″	75
						P	14—21	灰棕色	中壤土	块状	5.5	23.6	1.37	0.28					
						W	21—45	灰棕色	中壤土	块状	5.6	7.8	0.48	0.26					
						C	45—80	棕色											

续表 Continued

剖面号 Soil profile	土纲 Soil order	土类 Soil great group	亚类 Soil subgroup	土属 Soil genus	土种 Soil species	土层码 Layer code	土层厚度 Depth/cm	颜色 Soil color	质地 Soil texture	土壤结构 Soil structure	pH	有机质 OM/(g/kg)	全氮 TN/(g/kg)	全磷 TP/(g/kg)	全钾 TK/(g/kg)	阳离子交换量 CEC/(cmol/kg)	土壤母质 Parent material	剖面点坐标 Profile coordinate	匹配指数 Matching index/%
剖42	人为土	水稻土	潴育水稻土	黄泥砂田	黄泥砂田	A	0—13	黄灰色	中壤土	块状	4.7	23.9	1.46	0.21			红壤类坡积物或再积物	E 119°45′07.4″ N 30°19′20.4″	95
						P	13—30	青灰色	中壤土	块状	4.8	16.0	0.97	0.15					
						W	30—60	灰黄色	中壤土	块状	5.6	6.5	0.46	0.16					
						C	60—85												
剖43	人为土	水稻土	潜育水稻土	烂潴田	钙质烂潴田	A	0—12	灰黄色	重壤土	块状	7.3	45.1	2.62	0.70			山谷坡积物或洪积物	E 119°46′13.5″ N 30°19′25.2″	75
						G	12—54	青灰色	轻黏土	块状	7.3	22.4	1.25	0.64					
						C	54—65	灰黄色											
剖44	人为土	水稻土	潴育水稻土	泥质田	泥质田	A	0—14	棕灰色	重壤土	块状	7.3	47.3	2.75	0.76			河流老冲积物	E 119°50′26.2″ N 30°15′30.1″	95
						P	14—30	灰黄色	重壤土	块状	7.5	43.4	2.43	0.74					
						W	30—110	灰黄色	轻壤土	块状	7.1	10.9	0.69	0.81					
						C	110—												
剖45	人为土	水稻土	潴育水稻土	黄油泥田		A	0—10	棕灰色	重壤土	块状	7.5	41.1	1.94	0.67			石灰岩、泥质灰岩风化坡积物、再积物	E 119°45′04.2″ N 30°15′14.8″	75
						P	10—20	暗棕灰色	重壤土	块状	7.5	31.9	1.37	0.67					
						W	20—44	黄灰色	重壤土	块状	7.0	16.3	0.58	1.30					
						C	44—												
剖46	人为土	水稻土	潴育水稻土	黄油泥田		A	0—12	暗棕色	重壤土	块状	6.0	39.4	1.90	1.78			石灰岩、泥质灰岩风化坡积物、再积物	E 119°45′06.1″ N 30°13′07.6″	75
						P	12—20	棕灰色	重壤土	块状	6.3	29.7	1.46	1.75					
						W	20—49	棕灰色	重壤土	块状	6.5	17.2	0.79	1.62					
						C	49—	棕灰色											
剖47	人为土	水稻土	潜育水稻土	烂泥田	白心烂泥田	A	0—11	棕灰色	中壤土	块状	5.7	43.5	2.32	0.33			河流冲积物或冲积物、坡积物	E 119°46′24.2″ N 30°11′03.7″	95
						G	11—65	青灰色	中壤土	块状	6.2	38.7	2.03	0.27					
						Ce	65—80	灰白色			块状	7.5	38.1	2.13	0.49					

桐 庐 县

主要土类说明

红壤是桐庐县主要土壤类型，占本县地域面积的64%。红壤是本县重要的山地资源。红壤是在高温、高湿的亚热带气候条件下，发生深度风化作用而形成的矿质土壤，土体中的矿物（除石英外），几乎全部被分解成简单的氧化物。降水后，风化产物中的钾、钠、钙、镁等盐基成分和硅酸部分，大部分发生淋溶损失，而铁铝氧化物及水化物显示相对积累，形成了A-(B)-C剖面构型，具有富铝化和高岭化的普遍特征。大量的氧化铁把土壤染成均匀的红色或黄红色。红壤呈强酸性反应，土壤阳离子交换量低，土壤有机质和氮、磷、钾含量以及土壤质地依不同亚类而有差异。

水稻土是桐庐县第二大土壤类型，占本县地域面积的18%。水稻土是经长期水耕熟化发育起来的土壤类型。经过长期季节性淹灌、水下翻耕、季节性脱水、氧化还原交替等作用后，原来成土母质或母土的特性发生重大改变，形成了水稻土特有的剖面结构。剖面分化复杂，主要发生层有耕作层、犁底层、潴育层、潜育层、漂洗层、母质层。本县水稻土主要分布于河（溪）谷平原和低丘缓坡。由于水分状况的不同，各种水稻土不仅性状差异大，而且土壤肥力和生产性能也各不相同。根据地形部位、水分状况和人为耕作方式以及剖面形态特征，可将其分为渗育型、潴育型和潜育型三个亚类。

黄壤是桐庐县第三大土壤类型，占本县地域面积的9%。黄壤分布于本县西部和西北部海拔600m以上、东南部海拔650m以上的山地上。黄壤自然植被多为薪炭林，山顶、岗背为灌木和茅草，母质为凝灰岩、砂岩以及流纹斑岩风化坡（残）积体，富铝化过程明显。由于山高，大气及土壤湿度大，又无明显的旱季，土体中铁的氢氧化物脱水程度低，故土壤呈黄色或棕黄色，表土有机质积累较多，尚有厚达5—10cm的腐殖质层，且常保存较好的枯枝落叶层。土壤剖面构型为AoA-(B)-C或AooA-(B)-C。

石灰（岩）土是桐庐县第四大土壤类型，占本县地域面积的5%。石灰（岩）土是在石灰岩、白云质灰岩、紫色钙质砂岩、页岩上发育的土壤，大多分布在分水地区的低山丘陵地带，海拔一般不超过400m。土层浅薄，质地黏细，有时心土、底土呈不均质的石灰反应，核（粒）状结构明显。这类土壤受重碳酸盐母质的影响很深，在成土过程中虽遭到不同程度淋溶，但因母质的碳酸盐含量较高，风化液中含重碳酸盐，天晴时，重碳酸盐就因蒸发而从风化液进入土层，使土壤呈碱性反应，pH为7.0—8.0，矿物脱硅不深。

小于本县地域面积3%的土壤类型为粗骨土和紫色土。

本区域中心区气候特征

本区域中心区气候特征值
Regional climate characteristics in central area of the region

气候带：北亚热带湿润气候 Climate region: North subtropical humid climate	
年平均气温 /℃ Annual average temperature /℃	16.9
年平均最高气温 /℃ Annual average maximum temperature /℃	21.2
年平均最低气温 /℃ Annual average minimum temperature /℃	13.5
年降水量 /mm Annual precipitation /mm	1563
≥10℃的积温 /℃ Daily temperature accumulated in a year (≥10℃) /℃	6421
年日照时数 /h Annual sunshine /h	1778
年平均相对湿度 /% Annual average relative humidity /%	78
干燥度 Dryness	0.65

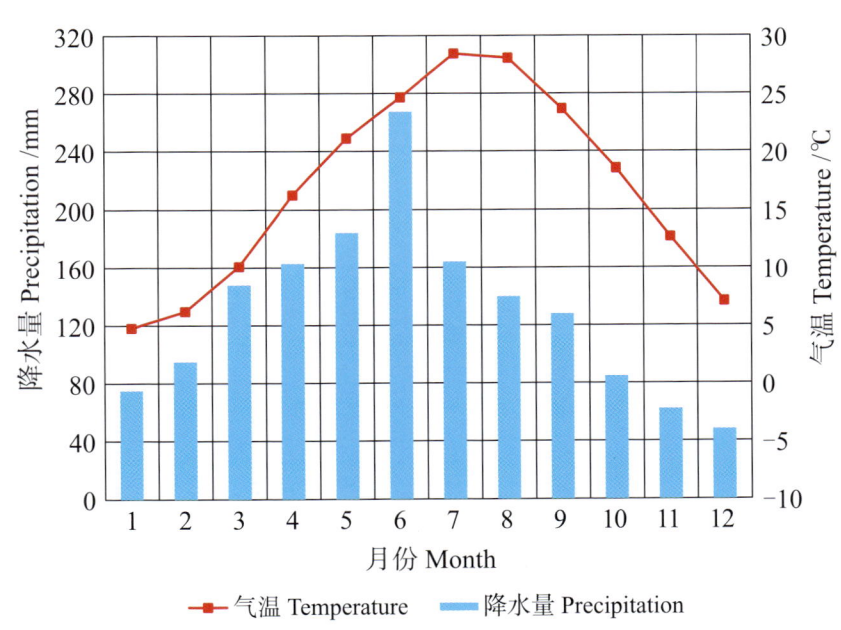

本区域中心区月平均气温与月平均降水量
Monthly temperature and precipitation in central area of the region

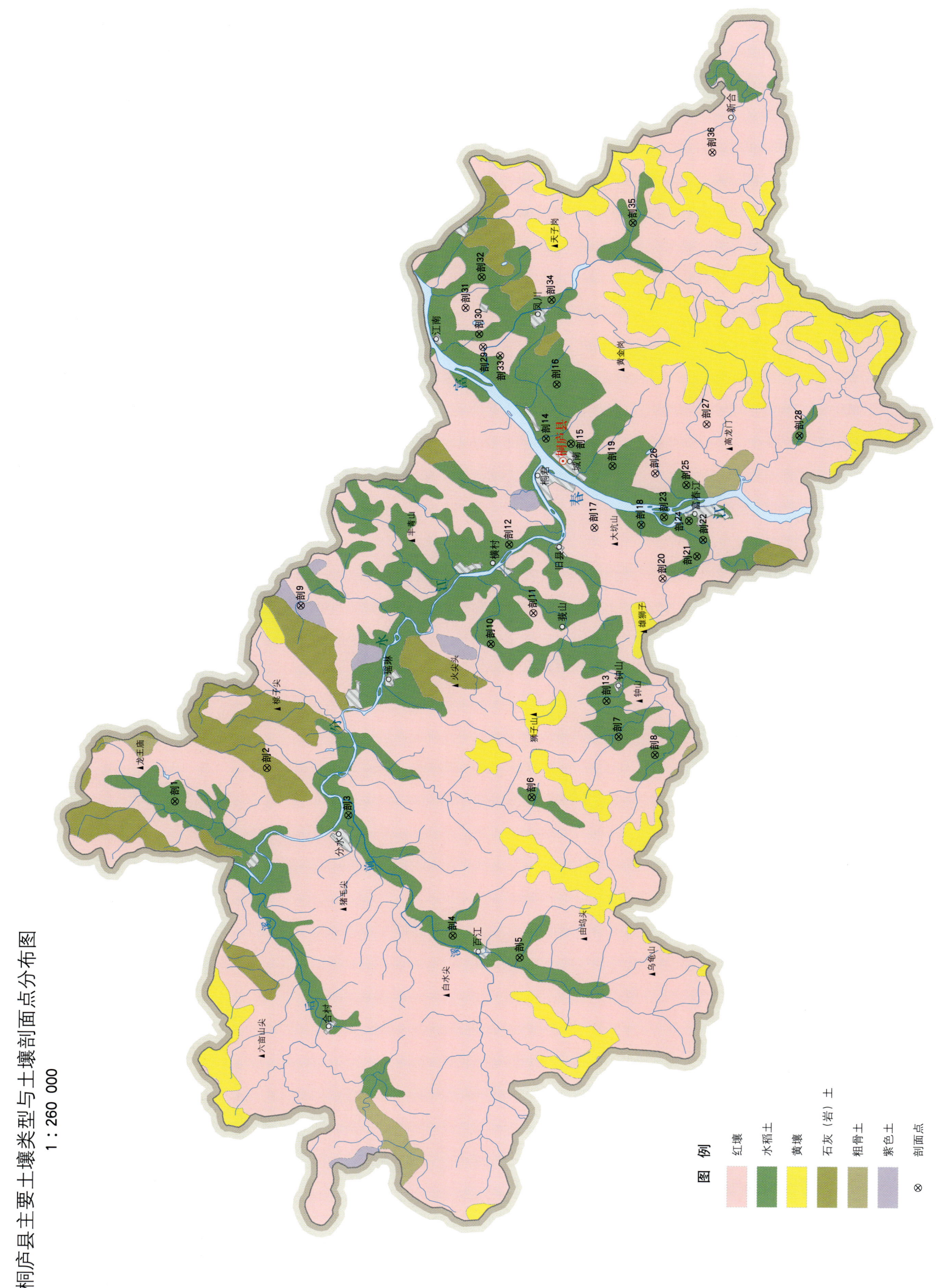

桐庐县主要土壤类型与土壤剖面点分布图
1:260 000

桐庐县土壤剖面理化性状表

剖面号 Soil profile	土纲 Soil order	土类 Soil great group	亚类 Soil subgroup	土属 Soil genus	土种 Soil species	土层码 Layer code	土层厚度 Depth/cm	颜色 Soil color	质地 Soil texture	土壤结构 Soil structure	pH	有机质 OM/(g/kg)	全氮 TN/(g/kg)	全磷 TP/(g/kg)	速效钾 AK/(mg/kg)	阳离子交换量CEC/(cmol/kg)	土壤母质 Parent material	剖面点坐标 Profile coordinate	匹配指数 Matching index/%
剖1	人为土	水稻土	潴育水稻土	黄泥砂田	青心黄泥砂田	A	0—16	灰棕色	重壤土	块状	6.0	30.1	1.78	0.21	84	13.7	红壤坡积物或经流水的作用短距离搬运的再积物	E 119°27′26.7″ N 30°01′39.1″	95
						Pg	16—31	暗灰色	重壤土	块状	7.2	22.0	1.27	0.21	92	16.4			
						We	31—52	白灰棕色	重壤土	柱状	7.2	5.7	0.35	0.06	166	8.8			
剖2	初育土	石灰(岩)土	棕色石灰土	棕灰泥土	油红泥	G	52—96	白灰色									石灰岩的风化残积物、坡积物	E 119°28′42.8″ N 29°58′24.6″	95
						A	0—20	淡黄橙色	壤质黏土	核粒状	6.7	14.9	0.94	0.99					
						(B₁)	20—70	橙色	粉砂质黏土	块状	6.9	10.6	0.80	16.2					
						(B₂)	70—	橙色	黏土	块状	6.9	5.4	0.69						
剖3	人为土	水稻土	潴育水稻土	培泥田田	培泥田	A	0—12	灰棕色	重壤土	块状	5.8	23.7	1.54	0.29	64	14.2	新河流冲积物	E 119°26′45.4″ N 29°55′35.7″	95
						P	12—20	棕褐色	重壤土	块状	5.7	15.4	1.08	0.35	32				
						W₁	20—50	棕褐色	重壤土	柱状	6.5	8.1	0.70	0.38	43				
						W₂	50—100	棕褐色											
剖4	人为土	水稻土	潴育水稻土	黄泥砂田	白心黄泥大田	A	0—15	灰棕色	中黏土	块状	6.4	37.3	2.38	0.38	48	16.1	红壤风化坡积物或经流水的作用短距离搬运的再积物	E 119°21′51.8″ N 29°52′01.4″	95
						P	15—32	青灰色	中黏土	块状	8.0	16.9	1.26	0.41	39				
						E	32—80	灰白色	中黏土	棱柱状	7.0	7.2	0.72	0.19	39				
剖5	人为土	水稻土	渗育水稻土	黄泥田	黄泥田	A	0—12	棕色	轻壤土	块状	5.9	25.3	1.51	0.44	64	10.1	红壤风化坡积物或残积物	E 119°20′56.2″ N 29°49′41.7″	95
						(P)	12—19	棕色	轻壤土	块状	6.5	13.9	1.03	0.33	41	15.1			
						Cw	19—53	黄棕色	轻壤土	块状	6.9	4.4	0.47	0.47	44	12.1			
剖6	人为土	水稻土	潴育水稻土	泥质田	人造褐泥砂田(溪滩造田)	A	0—9	灰棕色	轻壤土	粒状	6.0	21.8	1.34	0.70	75	6.2	溪流冲积物为主，夹杂岩洪积物	E 119°27′21.2″ N 29°49′11.1″	75
						(P)	9—12			粒状									
						(W)	12—18		重壤土	块状									
剖7	人为土	水稻土	潴育水稻土	泥质田	泥筋田	A	0—13	棕灰色	重壤土	块状	8.0	26.9	1.73	0.59	49	15.9	河流老冲积物	E 119°29′41.9″ N 29°46′07.2″	75
						P	13—23	棕灰色	重壤土	块状	8.1	28.1	1.61	0.60	43				
						Wg	23—72	青灰色	重壤土	棱柱状	8.2	20.1	1.19	0.30	71				
						C	72—100	黄棕色											
剖8	人为土	水稻土	潴育水稻土	泥质田	青褐泥质田	A	0—14	棕色	轻壤土	块状	6.1	36.0	2.22	0.42	61	15.3	河流冲积物	E 119°28′57.2″ N 29°44′51.8″	95
						Pg	14—27	青灰色	轻壤土	柱状	6.9	19.8	1.35	0.37	44				
						Wg	27—57	棕灰色	轻壤土	大块状	6.9	10.0	0.77	0.04	52				
						C	57—100	灰黄色		块状									
剖9	初育土	紫色土	石灰性紫色土	红紫砂土		A	0—17	灰红棕色	重石质重壤土	粒状	7.5	23.0	1.53	0.34	130	10.8	石灰性紫色砂、页岩风化坡积物或残积物	E 119°35′10.8″ N 29°57′07.9″	92
						(B)	17—45	红棕色	重石质重壤土	粒状	7.0	6.2	0.64	0.27	84				
						C	45—75	棕红色											
剖10	人为土	水稻土	潴育水稻土	泥砂田	泥砂田	A	0—14	暗灰棕色	中壤土	块状	5.9	18.2	1.37	0.34	64	6.7	溪流冲积物为主，夹杂岩洪积物	E 119°33′29.7″ N 29°50′31.2″	95
						P	14—19	暗棕色	中壤土	块状	6.0	18.6	1.27	0.34	45	6.1			
						W	19—92	灰黄色	中壤土	块状	6.4	8.3	0.75	0.48	36				
剖11	铁铝土	红壤	黄红壤	黄泥松	红心黄泥砂田	A	0—14	红棕色	中壤土	块状	5.2	21.8	1.11	0.24	141	8.3	石英闪长岩风化坡积物或残积物	E 119°34′41.4″ N 29°49′01.3″	95
						(B)	14—38	棕红色	重壤土	块状	5.3	12.0	0.67	0.34	120	12.3			
						C	38—108	棕红色											
剖12	人为土	水稻土	潴育水稻土	烂滥田	烂黄泥田	A	0—14	黄棕色	重壤土	块状	6.2	33.0	1.96	0.24	69	18.6	山谷积积物或洪积物	E 119°37′27.2″ N 29°49′49.2″	75
						(P)	14—47	青灰色	重壤土	块状	6.4	19.5	1.13	0.19	57	16.9			
						G	47—87	青灰色		柱状									

续表 Continued

剖面号 Soil profile	土纲 Soil order	土类 Soil great group	亚类 Soil subgroup	土属 Soil genus	土种 Soil species	土层码 Layer code	土层厚度 Depth/cm	颜色 Soil color	质地 Soil texture	土壤结构 Soil structure	pH	有机质 OM/(g/kg)	全氮 TN/(g/kg)	全磷 TP/(g/kg)	速效钾 AK/(mg/kg)	阳离子交换量CEC/(cmol/kg)	土壤母质 Parent material	剖面点坐标 Profile coordinate	匹配指数 Matching index/%
剖13	人为土	水稻土	潴育水稻土	洪积泥砂田	青心泥砂田	A	0—15	黄棕色	中壤土	块状	5.7	28.8	1.80	0.63	56	11.1	近代洪积物	E 119°31′08.1″ N 29°46′31.3″	95
						P	15—28	棕棕色	中壤土	块状	6.7	12.5	0.77	0.43	37	12.0			
						W	28—47	青棕色	中壤土	块状	6.7	8.5	0.49	0.36	35	11.0			
						Cg	47—83	青黄色	重壤土	粒状									
剖14	人为土	水稻土	潴育水稻土	黄泥砂田	淤头黄泥砂田	A	0—11	灰棕色	重黏土	块状	6.0	35.1	2.10	0.49	70		红壤坡积物或经流水的作用距离搬运的再积物	E 119°41′38.5″ N 29°48′27.4″	95
						Pw	11—26	灰棕色	重壤土	块状	6.6	21.3	1.40	0.44	40				
						W	26—74	棕黄色											
剖15	人为土	水稻土	潴育水稻土	洪积泥砂田	洪积泥砂田	A	0—9	棕色	中黏土	块状	8.0	41.4	2.79	0.59	43	17.5	洪积物	E 119°41′24.9″ N 29°47′35.3″	95
						Pg	9—24	棕黄色	重黏土	块状	8.2	30.8	2.16	0.45	38	16.3			
						We	24—86	白灰色	轻黏土	棱柱状	7.3	3.0	0.47	0.11	38	12.1			
						C	86—93	褐棕色	块状										
剖16	人为土	水稻土	潴育水稻土	黄泥砂田	黄大泥田	A	0—14	棕色	轻黏土	块状	6.6	40.9	2.54	4.90	46	18.9	红壤坡积物或经流水的作用距离搬运的再积物	E 119°43′47.7″ N 29°48′02.2″	95
						P	14—25	棕灰色	轻黏土	柱状	7.0	18.6	1.41	0.50	35				
						W	25—62	棕灰色	轻黏土	棱柱状	6.8	7.1	0.66	0.30	46				
						Ce	62—100	灰带白条		棱柱状									
剖17	铁铝土	红壤	红壤性土	油红泥	油红泥	A	0—20	淡黄橙色	壤质黏土	核粒状	6.7	14.9	0.94	0.99			石灰岩的风化残积物、坡积物	E 119°38′03.0″ N 29°46′50.3″	93
						(B₁)	20—70	橙色		块状	6.9	10.6	0.80	16.20					
						(B₂)	70—	橙色	黏土	块状	6.9	5.4							
剖18	人为土	水稻土	潴育水稻土	烂泥田	烂泥砂田	A	0—16	棕色	轻壤土	小块状	4.8	33.4	2.47	0.30	64	6.5	河流冲积物、洪积物	E 119°38′07.8″ N 29°45′11.7″	95
						(P)	16—24	棕灰色	轻壤土	小块状	5.5	8.9	0.85	0.29	49	4.4			
						G	24—100	青灰色	轻壤土	块状	5.5	10.2	0.83	0.23	36	3.6			
剖19	人为土	水稻土	潴育水稻土	老黄筋泥田	老黄筋泥田	A	0—14	棕黄色	重壤土	块状	6.2	27.2	1.64	0.37	61	11.5	第四纪红土坡积物、残积物	E 119°40′29.8″ N 29°46′09.6″	95
						P	14—26	暗棕色	重壤土	柱状	6.7	15.4	1.03	0.37	43	11.2			
						W	26—38	淡灰棕色	重壤土	棱柱状	7.1	6.9	0.65	0.33	55	12.0			
						G	38—90	棕黄色		棱柱状									
剖20	铁铝土	红壤	黄红壤	黄泥土	黄泥土	A	0—29	棕灰色	重石质重壤土	团粒状	5.4	27.5	1.50	0.36	59	10.1		E 119°35′58.7″ N 29°44′28.8″	95
						(B)	29—48	黄棕色	重石质重壤土	小块状	5.4	10.5	1.05	0.43	43	8.2			
						C	48—62	黄棕色	重石质重壤土	小块状	5.5	9.4	0.40	0.38	42	9.1			
剖21	人为土	水稻土	潴育水稻土	洪积泥砂田	粗谷泥砂田	A	0—10	黄褐色	中壤土	块状	5.9	23.0	1.44	0.30	37	11.5	近代洪积物	E 119°38′07.8″ N 29°45′11.7″	95
						P	10—23	棕黄色	中壤土	块状	6.0	14.5	1.11	0.29	33				
						W	23—40	暗棕色	轻壤土	块状	6.7	9.8	0.84	0.32	37				
剖22	人为土	水稻土	潴育水稻土	泥质田	泥质田	A	0—11	黄棕色	轻黏土	块状	6.4	17.9	1.31	0.41	48	16.2	河流老冲积物	E 119°36′50.1″ N 29°43′16.1″	95
						P	11—22	淡灰棕色	中黏土	块状	6.7	16.2	1.25	0.45	43	14.9			
						W	22—43	青灰色	中黏土	柱状	7.1	4.2	0.56	0.36	52				
						C	43—100	黄棕色		棱柱状									
剖23	人为土	水稻土	潴育水稻土	泥质田	青心泥质田	A	0—14	灰棕色	轻黏土	块状	8.2	38.0	2.51	0.51	185	15.8	河流老冲积物	E 119°37′28.5″ N 29°43′02.4″	95
						Pg	14—40	棕灰色	中黏土	块状	8.0	17.2	1.25	0.39	182	12.7			
						Wg	40—90	青灰色	中黏土	柱状	8.0	11.5	0.92	0.39	85	13.3			
						C	90—110												
剖24	人为土	水稻土		泥质田	白心泥质田	A	0—17	棕色	重壤土	块状	5.9	43.4	2.52	0.45	55	14.7	河流老冲积物	E 119°38′24.8″ N 29°44′23.3″	75
						Pg	17—34	灰棕色	重壤土	块状	6.7	40.2	2.36	0.39	48	14.7			
						E	34—62	灰白色	中黏土	棱柱状	6.9	18.9	1.37	0.37	58	11.8			
剖25	人为土	水稻土	潴育水稻土	培泥砂田	砂田	A	0—15	灰棕色	砂壤土	无结构	5.8	21.6	1.23	0.32	34	5.4	河流冲积物	E 119°39′40.3″ N 29°43′31.4″	75
						(P)	15—24	黄棕色	砂壤土	无结构	6.0	7.7	0.57	0.31	40			E 119°38′14.7″ N 29°43′35.4″	95
						(W)	24—112	褐色	轻壤土	无结构	6.6	3.7	0.39	0.28	33				

续表 Continued

剖面号 Soil profile	土纲 Soil order	土类 Soil great group	亚类 Soil subgroup	土属 Soil genus	土种 Soil species	土层码 Layer code	土层厚度 Depth/cm	颜色 Soil color	质地 Soil texture	土壤结构 Soil structure	pH	有机质 OM/(g/kg)	全氮 TN/(g/kg)	全磷 TP/(g/kg)	速效钾 AK/(mg/kg)	阳离子交换量CEC/(cmol/kg)	土壤母质 Parent material	剖面点坐标 Profile point coordinate	匹配指数 Matching index/%
剖26	铁铝土	红壤	红壤	黄筋泥		A	0—15	棕色	轻石质重壤土	粒状	6.1	18.2	1.24	0.37	155	10.2	第四纪红色黏土	E 119°40′09.6″ N 29°14′40.1″	95
剖27	铁铝土	红壤	黄红壤	亚黄筋泥		B	15—30	黄棕色	轻石质重壤土	粒状	5.6	6.3	0.73	0.17	40	10.3	第四纪红土	E 119°42′04.3″ N 29°42′50.1″	95
						C	30—85	红棕色	轻石质重壤土	粒状	5.7	5.6	0.71	0.17	40	11.2			
剖28	人为土	水稻土	潴育水稻土	洪积泥砂田	焦屑 洪积泥砂田	A	0—24	棕黄色	轻石质重壤土	块状	6.0	13.9	0.90	0.33	61	8.9	近代洪积物	E 119°41′32.2″ N 29°39′36.3″	95
						(B)	24—129	棕黄色	轻石质重壤土	块状	5.7	10.0	0.69	0.25	42	9.6			
						C	129—150	褐棕色											
剖29	铁铝土	红壤	黄红壤	黄红泥土		A	0—11	棕灰色	中壤土	块状	5.8	42.2	2.42	0.41	51	8.5	近代洪积物	E 119°45′21.1″ N 29°50′35.2″	75
						(P)	11—16	褐棕色	中壤土	块状	6.0	37.8	2.13	0.38	48				
						W₁	16—35	褐色		粒状	6.8	9.0	0.70	0.23	57				
						W₂	35—42												
剖30	人为土	水稻土	潴育水稻土	洪积泥砂田	洪积泥砂田	A	0—25	棕灰色	重石质轻黏土	粒状	5.2	9.8	0.85	0.25	90	10.5	泥岩风化坡积物、残积物	E 119°45′52.4″ N 29°50′42.9″	75
						(B)	25—85	黄色	重石质轻黏土	粒状、块状	5.4	4.1	0.58	0.22	62	10.1			
剖31	铁铝土	红壤	红壤	油红泥		A	0—16	棕色	重壤土	块状	5.6	43.7	2.58	0.36	48	10.8	近代洪积物	E 119°46′56.0″ N 29°51′10.1″	75
						P	16—26	黄棕色	重壤土	块状	5.6	16.9	1.15	0.43	34				
						W	26—34	黄棕色	重壤土	块状	6.8	8.1	0.66	1.12	30				
						A	0—31	红棕色	轻石质重黏土	团粒状	5.5	15.1	1.23	0.35	98	16.5	石灰岩风化坡积物		
剖32	人为土	水稻土	潴育水稻土	黄油泥田	黄油泥田	B	31—125	黄棕色	轻石质重黏土	核状	6.0	15.8	1.23	0.23	80	15.1	石灰岩、泥质灰岩风化坡积物	E 119°48′08.5″ N 29°50′34.7″	75
						C	125—200	棕红色								17.4			
剖33	人为土	水稻土	潴育水稻土	黄油泥田		A	0—19	棕灰色	中壤土	块状	7.5	27.0	1.76	5.30	102		河流洪积物、冲积物	E 119°45′00.0″ N 29°49′59.8″	95
						P	19—32	青灰色	中壤土	棱柱状	7.5	16.4	1.29	4.30	91				
						W	32—56	青灰色	轻黏土	块状	7.4	9.7	1.03	0.29	81				
						C	56—120	棕黄色											
剖34	人为土	水稻土	潴育水稻土	黄油砂田	黄油砂田	A	0—12	棕黄色	重壤土	块状	8.0	36.9	2.19	0.43	48	22.0	红壤坡积物或经流水的作用短距离搬运后的再积物	E 119°47′09.8″ N 29°48′09.5″	95
						P	12—25	黄棕色	重壤土	块状	8.0	27.1	1.64	0.39	45				
						W	25—61	棕黄色	重壤土	块状	6.5	25.6	1.70	0.39	60				
						C	61—98	棕黄色	砂壤土	块状	5.6	23.7	1.51	0.41	68	14.6			
剖35	人为土	水稻土	潴育水稻土	洪积泥砂田		A	0—12	灰棕色	重壤土	块状	6.0	15.5	1.00	0.43	46		近代洪积物	E 119°50′09.3″ N 29°45′15.6″	95
						P	12—19	棕黄色	重壤土	块状	6.8	6.7	0.41	0.43	45				
						W	19—40	棕黄色	中壤土	块状	5.7	30.1	1.73	0.42	31	6.8			
						Cw	0—2	棕色		粒状	5.9	12.6	0.77	0.21	34				
剖36	铁铝土	红壤	侵蚀型红壤	石砂土		Ao	2—20	灰色	重石质重壤土	粒状	5.4	101.8	4.15	0.39	69	8.6		E 119°52′52.5″ N 29°42′26.0″	93

淳 安 县

主要土类说明

红壤是淳安县主要土壤类型，占本县地域面积的57%。红壤土类分布于本县海拔700m以下的低山丘陵，是本县分布最广的山地土壤。由于母质起源不同，各土属的剖面性状有明显差异。

石灰（岩）土是淳安县第二大土壤类型，占本县地域面积的14%。母质为石灰岩和泥质灰岩的风化残积物。在亚热带生物气候条件下，发生盐基淋失和富铝化作用，但由于在母岩中，富含碳酸钙的地表水源源流入土体中，延缓了土壤盐基淋失和富铝化过程，从而形成较为年幼的石灰（岩）土。本县山地坡度较陡，降雨较多，侵蚀和淋溶作用较为强烈，淋溶脱钙过程较快，而石灰岩风化成土过程缓慢，复钙过程较弱，因此，土体中除母质层外，基本上无碳酸钙淀积。石灰岩颗粒匀细，物理风化较弱，化学风化较强，土壤原生矿物风化度高，土体中碳酸钙淋溶作用较强烈。土壤剖面的上部已没有石灰反应，仅在与母岩交接处呈石灰反应。在高温多雨和干湿交替的气候条件下，石灰（岩）土已开始有一定程度的脱硅富铝化作用。由于气候的垂直分异，石灰岩形成的土壤也具有垂直分布的规律。

黄壤是淳安县第三大土壤类型，占本县地域面积的10%。本土类主要分布在本县海拔650m以上的中低山区。由于大气和土壤中的相对湿度高，土体中的游离氧化铁遭受水化，致使土色呈黄色或棕黄色。植被类型为针叶阔叶混交林，灌木和草类生长茂盛，加上气温低，湿度大，有机质分解缓慢，常保存较好的枯枝落叶层和腐殖质层。

紫色土占淳安县地域面积的4%。紫色土是由紫红色岩层直接风化形成的A-C剖面构型土壤。其理化性质与母岩组成直接相关，土层浅薄，剖面层次发育不明显，仍为初育土。由于母岩富含矿质养分，且风化迅速，为良好的肥沃土壤。但其他较干旱地区的此类母岩风化物不具有此肥沃特性。

水稻土占淳安县地域面积的4%。水稻土是在各种类型的自然土壤上，经过人为灌溉、排水、施肥、轮作等管理措施影响下发育起来的土壤类型。它在调节和改变土壤水分状况和土体通气条件的过程中，引起了有机质的分解和合成，促进了土体氧化还原作用的频繁更替，促使土壤物质产生还原淋溶和氧化淀积作用。此外，季节性的田面蓄水层所产生的静水压力或地下水、侧渗水的移动作用都会对水稻土剖面形态的分化产生深远的影响，从而形成各种特定剖面构型。根据水分运动的特点，可将其划分为渗育型、潴育型和潜育型三个亚类。

小于本县地域面积3%的土壤类型为粗骨土。

本区域中心区气候特征

本区域中心区气候特征值
Regional climate characteristics in central area of the region

气候带：中亚热带湿润气候 Climate region: Subtropical humid climate	
年平均气温 /℃ Annual average temperature /℃	17.1
年平均最高气温 /℃ Annual average maximum temperature /℃	21.5
年平均最低气温 /℃ Annual average minimum temperature /℃	13.6
年降水量 /mm Annual precipitation /mm	1631
≥10℃的积温 /℃ Daily temperature accumulated in a year (≥10℃) /℃	6987
年日照时数 /h Annual sunshine /h	1806
年平均相对湿度 /% Annual average relative humidity /%	78
干燥度 Dryness	0.62

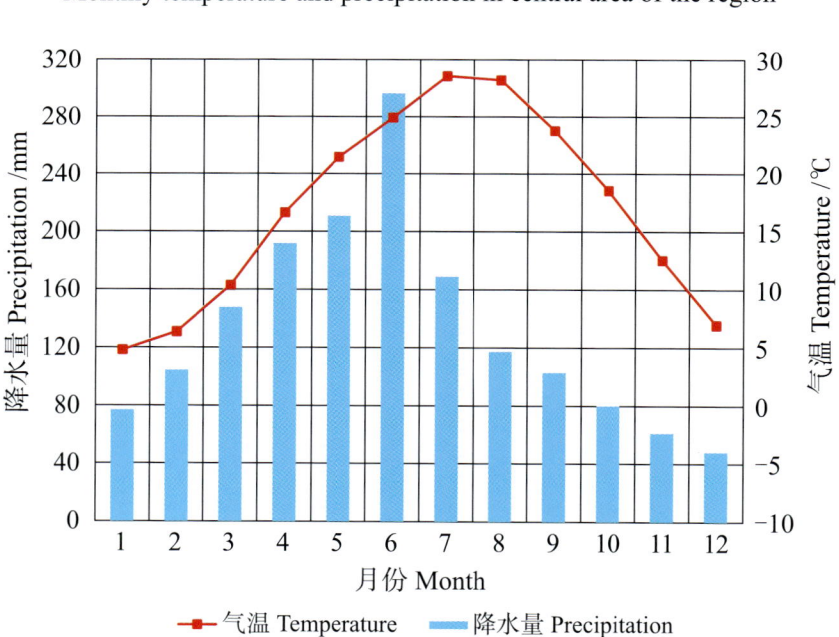

本区域中心区月平均气温与月平均降水量
Monthly temperature and precipitation in central area of the region

淳安县主要土壤类型与土壤剖面点分布图

1 : 420 000

图 例
- 红壤
- 石灰（岩）土
- 黄壤
- 紫色土
- 水稻土
- 粗骨土
- ⊗ 剖面点

淳安县土壤剖面理化性状表

剖面号 Soil profile	土纲 Soil order	土类 Soil great group	亚类 Soil subgroup	土属 Soil genus	土种 Soil species	土层码 Layer code	土层厚度 Depth/cm	颜色 Soil color	质地 Soil texture	土壤结构 Soil structure	pH	有机质 OM/(g/kg)	全氮 TN/(g/kg)	全磷 TP/(g/kg)	阳离子交换量 CEC/(cmol/kg)	土壤母质 Parent material	剖面点坐标 Profile coordinate	匹配指数 Matching index/%
剖1	人为土	水稻土	潴育水稻土	泥砂田	砾糊泥砂田	A	0—12	灰色	壤土	粒状	5.7	31.2	1.83	0.49		冲积物为主，夹有洪积物	E 118°28′09.0″ N 29°23′29.6″	95
						P	12—22	淡灰色	粉砂质壤土	块状	5.9	20.5	1.30	0.45				
						WFeMn	22—34	棕黄色	砂壤土	粒状	6.7	10.3	0.81	0.57				
						C	34—45	灰色	砂壤土									
剖2	铁铝土	红壤	黄红壤	红砂土	红砂土	A	0—18	紫色	砂壤土	粒状	6.3	14.8	0.97	0.20		非石灰性红(紫)色砂岩洪积物	E 118°42′14.5″ N 29°41′35.9″	95
						(B)	18—120	紫红色	砂壤土	粒状	6.2	6.0	0.53	0.18				
剖3	铁铝土	红壤	红壤	黄筋泥	黄筋泥	A	0—18	黄灰色			6.4	15.9	1.30	0.25		第四纪红土	E 118°43′03.7″ N 29°40′54.4″	95
						B	18—60				6.7	11.5	0.80	0.26				
剖4	人为土	水稻土	潴育水稻土	泥砂田	泥砂田	A	0—18	淡灰色	壤土	团粒状	6.3	18.4	0.98	0.61	4.6	冲积物为主，夹有洪积物	E 118°44′09.0″ N 29°36′44.0″	95
						P	18—28	黄灰色	壤土	块状	6.3	13.0	0.81	0.41	4.0			
						WFe₁	28—44	褐黄色	壤土	粒状	6.6	4.5	0.41	0.40	4.7			
						WMn	44—65	灰黄色	砂壤土	粒状	6.6	4.5	0.41	0.40	4.7			
						WFe₂	65—100	灰黄色	砂壤土	粒状	6.6	4.5	0.41	0.40	4.7			
						C	100—120											
剖5	人为土	水稻土	潴育水稻土	烂泥田	烂泥砂田	A	0—14	黄灰色	粉砂质壤土	粒状	7.7	48.3	2.65	0.58	15.1		E 118°35′21.5″ N 29°30′48.0″	75
						P	14—24	淡灰色	黏质壤土	块状	7.7	35.1	2.15	0.35	11.8			
						Wg	24—50	灰黑色	黏质壤土	块状	6.9	13.9	1.03	0.33	7.9			
						Cg	50—120		泥炭									
剖6	铁铝土	红壤	黄红壤	砂黏质红土		A	0—6	淡棕色	砂壤土	粒状						花岗岩风化物	E 118°31′33.8″ N 29°30′26.0″	95
						(B)	6—15	淡黄色	砂壤土	块状								
						C	15—87	淡黄色	壤土	粒状								
剖7	铁铝土	红壤	黄红壤	黄泥土		A	0—20	棕黄色	壤土	粒状						凝灰岩、流纹岩及石灰性砂岩等的风化物	E 118°33′34.2″ N 29°31′10.9″	95
						(B)	20—45	棕黄色	黏壤土	块状								
						C	45—54	暗黄色	中壤土	粒状								
剖8	人为土	水稻土	潴育水稻土	紫红泥砂田	红泥砂田	A	0—17	紫红色	中壤土	粒状	7.6	26.4	1.34	0.34	19.2	石灰性或非石灰性紫红砂页岩坡积物、再积物	E 118°37′31.1″ N 29°33′52.4″	95
						P	17—30	紫红色	中壤土	块状	7.5	7.1	0.46	0.25	19.4			
						WFeMn	30—54	暗紫色	黏壤土	块状	7.6	6.1	0.26	0.18				
剖9	人为土	水稻土	潴育水稻土	黄油泥田	黄油泥田	A	0—13	暗棕色	黏壤土	粒状	7.6	38.1	2.30	0.80		石灰岩或泥灰岩风化坡积物、再积物	E 118°38′41.8″ N 29°34′10.9″	95
						P	13—23	淡棕色	黏壤土	粒状	7.6	31.5	2.10	0.76				
						WFe	23—55	棕黄色	壤质黏土	块状	7.2	9.2	0.79	0.31	13.2			
						WMn	55—99	棕黄色	壤质黏土	块状	7.2	9.2	0.79	0.31	13.2			
						C	99—108	红棕色										
剖10	铁铝土	红壤	侵蚀型红壤	石砂土		A	0—23	暗棕色	砾质壤土	粒状	5.4	45.8	2.00	0.83		火山岩和沉积岩风化残积物	E 118°41′34.2″ N 29°33′06.7″	93
						C	23—56	黄棕色	砾质壤土	块状	5.7	19.4	1.17	1.07				
剖11	人为土	水稻土	潴育水稻土	烂滃田	烂黄泥田	A	0—19	棕灰色	壤土	块状	7.7	39.6	2.35	0.64		山谷堆积物、洪积物	E 118°38′51.2″ N 29°30′58.7″	95
						P	19—34	淡灰色	壤土	块状	7.6	27.9	1.68	0.64				
						G	34—72	青灰色	黏土	块状	7.6	22.3	1.52	0.44				
						C	72—80	青灰色	砂土									

续表 Continued

剖面号 Soil profile	土纲 Soil order	土类 Soil great group	亚类 Soil subgroup	土属 Soil genus	土种 Soil species	土层码 Layer code	土层厚度 Depth/cm	颜色 Soil color	质地 Soil texture	土壤结构 Soil structure	pH	有机质 OM/(g/kg)	全氮 TN/(g/kg)	全磷 TP/(g/kg)	阳离子交换量 CEC/(cmol/kg)	土壤母质 Parent material	剖面点坐标 Profile coordinate	匹配指数 Matching index/%
剖12	人为土	水稻土	潴育水稻土	黄泥砂田	黄粉泥田	A	0—13	暗灰色	黏壤土	粒状	7.5	39.4	2.34	0.88	9.1	红壤类坡积物、再积物	E 118° 35′ 58.7″ N 29° 28′ 46.0″	96
						P	13—25	灰色	黏壤土	块状	7.7	10.3	0.83	0.47	9.8			
						WFeMn	25—49	淡灰色	壤质黏土	块状	7.5	5.1	0.54	0.13	6.2			
						WMn	49—76	黄黄色	壤质黏土	块状	7.5	5.1	0.54	0.13	6.2			
						C	76—100	灰黄色	壤质黏土	块状								
剖13	初育土	石灰(岩)土	棕色石灰土	油红黄泥	油红黄泥	A	0—30	浊黄棕色	黏壤土		7.0	60.3	3.40	1.30		泥质灰岩、页岩风化物	E 118° 37′ 08.0″ N 29° 25′ 52.8″	81
						BC	30—100	浊黄棕色	粉砂质黏壤土		7.7							
剖14	人为土	水稻土	潴育水稻土	黄泥田	黄泥田	A	0—12	淡黄色	黏壤土	粒状	6.5	23.3	1.87	1.13		红壤类残积物、再积物	E 118° 33′ 37.5″ N 29° 25′ 52.0″	95
						P	12—25	灰黄色	黏壤土	块状	6.9	14.9	1.48	1.04				
						W	25—75	黄色	黏土	块状	6.6	5.0	1.04	1.62				
剖15	铁铝土	红壤	黄红壤	黄泥土	黄泥土	A	0—20	黄色	黏土		5.5	31.4	1.56	0.35		凝灰岩、流纹岩及石英砂岩等的风化物	E 118° 48′ 20.9″ N 29° 49′ 07.4″	95
						(B)	20—45				5.5	10.6	0.69	0.30				
						C	45—54											
剖16	人为土	水稻土	潴育水稻土	黄泥砂田	黄大泥田	A	0—15	淡黄色	黏壤土	块状	6.2	29.7	2.12	0.51	8.8	红壤类坡积物、再积物	E 118° 50′ 40.1″ N 29° 46′ 58.7″	95
						P	15—31	黄黄色	壤质黏土	块状	7.1	10.3	1.05	0.47	6.7			
						WFeMn	31—61	栗黄色	壤质黏土	块状	7.1	10.2	0.89	0.37				
						WMn	61—92	褐黄色	壤质黏土	块状	7.1	10.2	0.89	0.37				
						C	92—113	棕黄色	壤质黏土									
剖17	人为土	水稻土	潴育水稻土	白砂田	白砂田	A	0—14	棕灰色	砂壤土	粒状	5.9	17.5	1.00	0.52		花岗岩风化物	E 118° 45′ 27.4″ N 29° 47′ 01.2″	95
						P	14—19	棕灰色	砂壤土	粒状	6.0	16.5	0.85	0.49				
						W	19—32	暗棕色	砂壤土	粒状	6.3	11.2	0.60	0.62				
						C	32—86	灰白色	砂土	粒状								
剖18	人为土	水稻土	潴育水稻土	油泥田	油泥田	A	0—11	暗灰色	壤土	块状	7.6	48.1	2.75	0.70		石灰岩风化物	E 118° 46′ 47.0″ N 29° 46′ 38.5″	95
						P	11—18	暗黄色	黏壤土	块状	7.5	34.2	2.06	0.66				
						W	18—36	棕黄色	黏壤土	块状	7.5	7.5	0.61	0.37				
						C	36—55	栗黄色	砂壤土	块状								
剖19	人为土	水稻土	潴育水稻土	洪积泥砂田	砾质洪积泥砂田	A	0—12	暗棕色	壤土	粒状	6.0	32.9	2.10	0.72		近代溪坑洪积物	E 118° 48′ 26.8″ N 29° 46′ 17.5″	75
						P	12—21	淡灰色	砂壤土	块状	6.0	29.8	1.98	0.70				
						WFe	21—28	黄棕色	黏壤土	粒状	6.4	27.2	1.11	0.74				
						WMn	28—36	暗栗色	黏壤土	粒状	6.4	27.2	1.11	0.74				
						C	36—54	暗栗色	砂砾质壤土	无结构散状								
剖20	铁铝土	红壤		黄筋泥		A	0—18	棕色	黏壤土	大块状						第四纪红土	E 118° 46′ 55.6″ N 29° 40′ 17.6″	75
						(B)	18—60	黄色	黏壤土	大块状	6.4	19.0	1.54	0.30				
						C	60—110	棕黄色	黏质黏壤土	粒状	6.3	14.4	1.07	0.37				
剖21	铁铝土	红壤	侵蚀型红壤	片石砂土	片石砂土	A	0—15	棕黄色	砾质黏壤土	粒状						泥页岩、片板岩风化残积物	E 118° 52′ 36.9″ N 29° 42′ 37.2″	93
						(B)	15—20	淡灰色	砾质黏壤土	粒状								
						C	20—34											

续表 Continued

剖面号 Soil profile	土纲 Soil order	土类 Soil great group	亚类 Soil subgroup	土属 Soil genus	土种 Soil species	土层码 Layer code	土层厚度 Depth/cm	颜色 Soil color	质地 Soil texture	土壤结构 Soil structure	pH	有机质 OM/(g/kg)	全氮 TN/(g/kg)	全磷 TP/(g/kg)	阳离子交换量CEC/(cmol/kg)	土壤母质 Parent material	剖面点坐标 Profile coordinate	匹配指数 Matching index/%
剖22	人为土	水稻土	潴育水稻土	老黄筋泥田	老黄筋泥田	A	0—15	灰色	砂壤土	粒状	7.7	34.9	2.04	0.77		第四纪红土	E 118°54′33.1″ N 29°43′15.1″	75
						P	15—23	灰色	砂壤土	块状	7.5	15.7	0.91	0.50				
						W₁	23—55	淡黄色	壤质黏土	块状	7.7	7.8	0.49	0.20				
						W₂	55—80	淡黄色	壤质黏土	块状	7.7	7.8	0.49	0.20				
						C	80—120	黄色	黏质黏土	块状								
剖23	铁铝土	红壤	黄红壤	砂黏质红土	砂黏质红土	A	0—6				5.6	24.6	0.84	0.21		花岗岩风化物	E 118°52′59.0″ N 29°41′12.7″	95
						(B)	6—15				5.6	21.5	0.73	0.20				
						C	15—87											
剖24	人为土	水稻土	潴育水稻土	洪积泥砂田	焦灏洪积泥砂田	A	0—13	灰色	砂壤土	粒状	6.4	30.4	1.88	0.51		近代溪坑洪积物	E 118°55′28.4″ N 29°41′24.4″	75
						P	13—18	淡黄色	砂壤土	块状	6.6	1.5	1.53	0.48				
						WFe	18—28	黄灰色	砂壤土	块状	6.9	6.4	0.57	0.51				
						WFeMn	28—36	棕黄色	砂壤土	块状	6.9	6.4	0.57	0.51				
						WMn	36—62	棕色	砂壤土	块状	6.9	6.4	0.57	0.51				
						C	62—94	淡黄色										
剖25	铁铝土	红壤		油红泥	油红泥	A	0—15	淡棕色	黏壤土	粒状	5.7	32.1	1.69	0.34		灰岩或白云灰岩残积物	E 118°45′27.5″ N 29°32′41.8″	95
						(B)	15—42	棕红色	黏壤土	核粒状	5.9	13.7	1.04	0.30				
						C	42—63	棕红色	黏壤土	核粒状								
剖26	人为土	水稻土	潴育水稻土	泥砂田	溪滩造田	A	0—12	灰色	壤土	粒状	6.1	30.4	1.69	0.62		冲积物为主，夹有洪积物	E 119°03′31.9″ N 29°58′18.1″	95
						P	12—20	淡灰色	壤土	块状	6.2	26.0	1.46	0.65				
						W	20—36	淡灰色	黏土	块状	6.8	6.2	0.57	0.37				
						C	36—46	灰色	砂壤土	粒状								
剖27	人为土	水稻土	潴育水稻土	泥顶田	泥顶田	A	0—15	灰棕色	壤土	块状	6.6	32.3	2.06	0.65		河流老冲积物	E 119°07′22.9″ N 29°52′46.1″	95
						P	15—20	灰棕色	壤土	块状	6.7	27.4	1.77	0.70				
						W₁	20—34	黄棕色	黏壤土	块状	7.5	16.8	1.03	0.61				
						W₂	34—120	黄棕色	黏壤土	块状	7.5	16.8	1.03	0.61				
						C	120—	黄棕色	黏壤土	块状								
剖28	人为土	水稻土	潴育水稻土	黄泥砂田	砾心黄泥砂田	A	0—14	灰棕色	砂壤土	块状	6.2	30.8	1.88	0.51		红壤类坡积物，再积物	E 119°09′26.0″ N 29°50′24.5″	95
						P	14—27	棕色	砂壤土	块状	6.4	22.8	1.45	0.51				
						WFeMn	27—77	棕色	砂壤土	粒状	6.6	11.3	0.74	0.52				
						C	77—96	棕色	砂砾	块状					4.9			
剖29	人为土	水稻土	潴育水稻土	泥砂田	砾心泥砂田	A	0—13	淡黄色	壤土	块状	6.3	17.0	0.97	0.39	4.1	冲积物为主，夹有洪积物	E 119°09′05.4″ N 29°49′45.0″	75
						P	13—21	黄棕色	壤土	块状	6.5	6.2	0.78	0.45	5.3			
						WFe	21—46	棕黄色	粉砂质壤土	块状	6.7	12.9	0.48	0.37	5.3			
						WFeMn	46—60	黄灰色	砂土	粒状	6.7	12.9	0.48	0.37	5.3			
						C	60—96	淡灰色	砂土	块状	6.7	12.9	0.48	0.37				
							96—110	暗黄色	砂土	粒状								
剖30	人为土	水稻土	潴育水稻土	泥砂田	砾底泥砂田	A	0—12	灰黄色	砂壤土	块状	5.9	31.3	1.95	0.58		冲积物为主，夹有洪积物	E 119°11′52.5″ N 29°46′08.9″	75
						P	12—20	黄棕色	砂壤土	块状	6.4	17.8	1.22	0.56				
						WFe	20—54	灰色	壤土	块状	6.7	11.2	0.79	0.56				
						WMn	54—80	灰色	壤土	块状	6.7	11.2	0.79	0.56				
						C	80—90	淡灰色	砂土	粒状								

续表 Continued

剖面号 Soil profile	土纲 Soil order	土类 Soil great group	亚类 Soil subgroup	土属 Soil genus	土种 Soil species	土层码 Layer code	土层厚度 Depth/cm	颜色 Soil color	质地 Soil texture	土壤结构 Soil structure	pH	有机质 OM/(g/kg)	全氮 TN/(g/kg)	全磷 TP/(g/kg)	阳离子交换量CEC/(cmol/kg)	土壤母质 Parent material	剖面点坐标 Profile coordinate	匹配指数 Matching index/%
剖31	铁铝土	红壤	黄红壤	黄红泥土		A	0—16	黄色	黏壤土	粒状、块状						泥页岩、片板岩风化物	E 119°10′50.0″ N 29°46′42.5″	95
						(B)	16—53	黄红色	黏壤土	块状								
						C	53—76	黄红色	黏壤土	块状								
剖32	人为土	水稻土	渗育水稻土	新黄筋泥田	新黄筋泥田	A	0—18	黄灰色	壤质黏土	块状	7.1	17.9	1.24	0.40		第四纪红色黏土	E 119°02′24.4″ N 29°43′59.6″	95
						P	18—22	棕红色	壤质黏土	块状	7.0	10.7	0.73	0.31				
						W	22—68	黄色	壤质黏土	块状	7.0	6.6	0.58	0.24				
						C	68—120											
剖33	人为土	水稻土	潴育水稻土	培泥砂田	培泥砂田	A	0—12	淡紫色	壤土	粒状	5.9	23.7	1.39	0.41	9.6	新冲积物	E 119°12′35.3″ N 29°43′46.9″	75
						P	12—20	淡灰色	壤土	块状	6.4	20.2	1.25	0.41	9.1			
						WFe	20—33	淡黄色	壤土	块状	6.7	4.8	0.37	0.23	9.4			
						WFeMn	33—63	灰色	砂壤土	粒状	6.7	4.8	0.37	0.23	9.4			
						C	63—120	黄色	粉砂质壤土	粒状								
剖34	初育土	紫色土	石灰性紫色土	红紫砂土		A	0—21	淡紫色	壤土	核粒状						石灰性紫砂岩、砂页岩风化物	E 119°14′34.5″ N 29°43′51.6″	74
						(B)	21—53	紫色	黏壤土	核粒状								
						C	53—66	紫色	壤土	粒状								
剖35	初育土	紫色土	石灰性紫色土	紫砂土		A	0—13	紫色	粉砂质壤土	粒状	7.6	37.3	2.06	0.37		石灰性紫色砂页岩风化物	E 119°02′57.2″ N 29°37′46.8″	92
						(B)	13—29	暗紫色	粉砂质壤土	粒状	7.8	18.1	1.30	0.32				
						C	29—51		黏壤土	块状								
剖36	铁铝土	红壤	黄红壤	黄红泥土	黄红泥土	A	0—16	灰色	壤土	粒状	5.6	14.3	0.82	0.21	8.9	泥页岩、片板岩风化物	E 119°15′53.6″ N 29°41′41.5″	95
						(B)	16—53	淡灰色	壤土	块状	5.6	7.5	0.53	0.22	7.5			
						C	53—76											
剖37	人为土	水稻土	潴育水稻土	黄泥砂田	黄泥砂田	A	0—13	黄灰色	壤土	粒状	7.7	38.8	2.08	1.08	11.0	红壤类坡积、再积物	E 119°16′40.8″ N 29°40′34.1″	95
						P	13—22	淡灰色	壤土	块状	7.7	21.4	1.28	0.88	7.2			
						WFe	22—38	黄灰色	黏壤土	块状	7.6	8.5	0.30	0.24	4.8			
						WMn	38—72	淡灰色	壤土	粒状	7.6	8.5	0.30	0.24	4.8			
						W	72—100	淡灰色	砂土	粒状	7.6	8.5	0.30	0.24	4.8			
						C	100—114	淡黄色	砂土	粒状								

建 德 市

主要土类说明

红壤是建德市主要土壤类型，占本市地域面积的41%。红壤主要发生于亚热带常绿阔叶林地区，呈中度富铝化特征，土壤黏粒中的游离铁占全铁50%—60%。红壤有深厚红色土层，底层可见深厚红、黄、白相间网纹的红色黏土。土壤中的黏土矿物以高岭石、赤铁矿为主，黏粒硅铝率为1.8—2.4，风化淋溶系数<0.2，盐基饱和度<35%，pH为4.5—5.5。

粗骨土是建德市第二大土壤类型，占本市地域面积的17%。粗骨土属于A–C剖面构型，甚至（A）–C剖面构型土壤。A层发育不明显，与母质层性状相似，略显有机质累积。有时母质层富含砾石，甚少剖面分异与发育特征。粗骨土广泛分布在河谷阶地、丘陵、低山和中山等多种地貌单元和地形部位。

紫色土是建德市第三大土壤类型，占本市地域面积的17%。紫色土是由紫红色岩层直接风化形成的A–C剖面构型土壤。其理化性质特征与母岩基本相同，土层浅薄，剖面层次发育不明显，仍为初育土。由于母岩富含矿质养分，且风化迅速，为良好的肥沃土壤。但其他较干旱地区的此类母岩风化物不具有此肥沃特性。

水稻土是建德市第四大土壤类型，占本市地域面积的13%。水稻土是在长期季节性淹灌、水下翻耕、季节性脱水等水耕活动的影响下，土壤内部物质发生氧化还原交替作用，原来的成土母质或母土特性发生重大改变，从而形成的新土壤类型。由于干湿交替等作用的影响，糊状淹育层、较坚实板结的犁底层、渗育层、潴育层与潜育层多种发生层分异。这些不同的发生层是在人为耕作、水浆管理下形成的。

黄壤是建德市第五大土壤类型，占本市地域面积的7%。黄壤发生于亚热带湿润环境中，多见于海拔700—1200m的山区，具O–A–AB–B–C剖面构型。土壤富含水合氧化物（针铁矿），呈黄色，具中度富铝化特征，有时多含三水铝石。土壤有机质积累较高，可达100g/kg，pH为4.5—5.5。多用作林地，间亦耕种。

石灰（岩）土是建德市第六大土壤类型，占本市地域面积的3%。石灰（岩）土主要发生于热带、亚热带石灰岩山区，经溶蚀风化作用而形成的厚薄不同的钙质饱和或含游离钙质的土壤，多见于石隙、溶洞或峰丛底部。石灰（岩）土受碳酸钙淋溶程度不一，多黏质，常为铁钙质胶结物，风化程度不一，盐基饱和度高，土壤有机质含量及胶结状态有较大差异。

小于本市地域面积3%的土壤类型为潮土。

本区域中心区气候特征

本区域中心区气候特征值
Regional climate characteristics in central area of the region

气候带：中亚热带湿润气候 Climate region: Subtropical humid climate	
年平均气温 /℃ Annual average temperature /℃	17.0
年平均最高气温 /℃ Annual average maximum temperature /℃	21.3
年平均最低气温 /℃ Annual average minimum temperature /℃	13.6
年降水量 /mm Annual precipitation /mm	1588
≥10℃的积温 /℃ Daily temperature accumulated in a year (≥10℃) /℃	6267
年日照时数 /h Annual sunshine /h	1775
年平均相对湿度 /% Annual average relative humidity /%	78
干燥度 Dryness	0.64

本区域中心区月平均气温与月平均降水量
Monthly temperature and precipitation in central area of the region

建德市主要土壤类型与土壤剖面点分布图

1∶280 000

图 例
- 红壤
- 粗骨土
- 紫色土
- 水稻土
- 黄壤
- 石灰（岩）土
- 潮土
- ⊗ 剖面点

第二编　分县土壤图与土壤剖面数据 ｜ 069

建德市土壤剖面理化性状表

剖面号 Soil profile	土纲 Soil order	土类 Soil great group	亚类 Soil subgroup	土属 Soil genus	土种 Soil species	土层码 Layer code	土层厚度 Depth/cm	颜色 Soil color	质地 Soil texture	土壤结构 Soil structure	pH	有机质 OM/(g/kg)	全氮 TN/(g/kg)	全磷 TP/(g/kg)	全钾 TK/(g/kg)	碱解氮 AN/(mg/kg)	土壤母质 Parent material	剖面点坐标 Profile coordinate	匹配指数 Matching index/%
剖1	人为土	水稻土	淹育水稻土	浅黄砂泥田	建德黄泥田	Aa	0—11	棕灰色	粉砂质黏壤土	块状	6.2	26.3	1.70	0.50	10.1	178	凝灰岩或流纹岩风化发育的黄红壤	E 119°29′32.3″ N 29°31′24.1″	95
						Ap	11—19	棕灰色	粉砂质黏壤土	块状	6.6	21.6	1.40	0.40	9.6	122			
						C	19—100	橙色	黏壤土	块状	6.8	6.9	0.60	0.30	11.1	63			

宁 波 市

江 北 区

主要土类说明

水稻土是江北区主要土壤类型，占本区地域面积的63%。各种母质的自然土壤长期在人为灌溉、排水、施肥、轮作等水稻种植活动的影响下，经过长期水耕熟化及稻、麦、油菜三熟种植，季节性的淹水，周期性交替进行的水耕和旱作，其土体内不断经历干湿交替、氧化还原作用而发育成独特的剖面构型，即A-P-W。此外，剖面中物质淋溶淀积形成了特殊层次——水稻土渗育层。本区耕作土壤以水稻土为主，分布于各乡镇，是宁波市商品粮基地。由于各种土壤受地形、母质、水分运动、轮作制度、培肥措施和耕作年代长短等不同因素的影响，剖面中各层次的发育有明显的差异，种类繁多。因此，水稻土剖面各层次的形成，是剖面中水分运动和其他不同因素的综合反映。根据水稻土发生、发育特征和利用性状，可将其分为三个亚类，即潴育水稻土、脱潜水稻土和潜育水稻土。

红壤是江北区第二大土壤类型，占本区地域面积的24%。红壤是在高温多湿的生物气候条件下，各种岩石经过高度风化形成的脱硅、富铁铝土。因土壤中矿物质部分深遭风化，所以硅酸盐类淋失殆尽，铁铝氧化物相对积聚，酸性重、质地黏、土壤红化，分布在区域内海拔400m以下的丘陵地带，具有A-（B）-C剖面构型。

小于本区地域面积3%的土壤类型为粗骨土和潮土。

本区域中心区气候特征

本区域中心区气候特征值
Regional climate characteristics in central area of the region

气候带：北亚热带湿润气候 Climate region: North subtropical humid climate	
年平均气温 /℃ Annual average temperature /℃	16.6
年平均最高气温 /℃ Annual average maximum temperature /℃	20.5
年平均最低气温 /℃ Annual average minimum temperature /℃	13.6
年降水量 /mm Annual precipitation /mm	1466
≥10℃的积温 /℃ Daily temperature accumulated in a year (≥10℃) /℃	6014
年日照时数 /h Annual sunshine /h	1860
年平均相对湿度 /% Annual average relative humidity /%	78
干燥度 Dryness	0.68

本区域中心区月平均气温与月平均降水量
Monthly temperature and precipitation in central area of the region

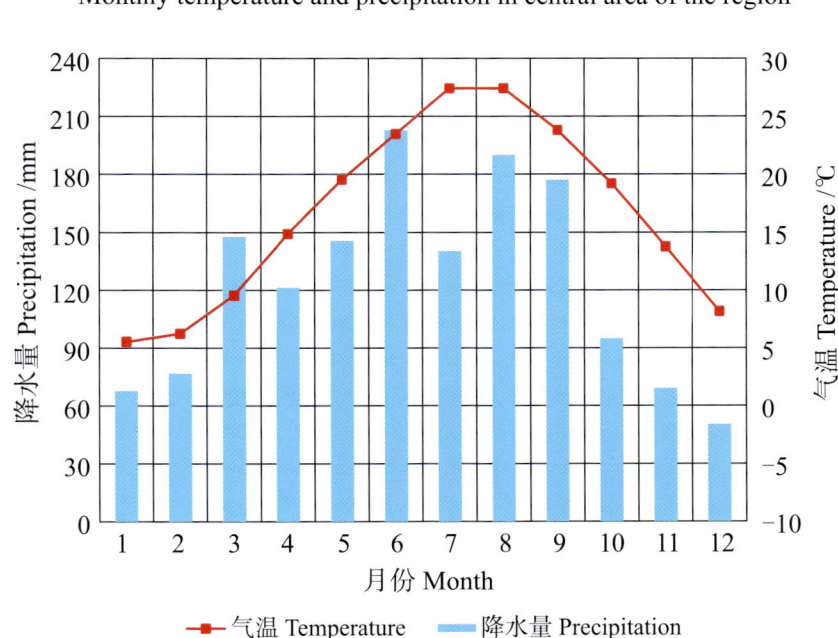

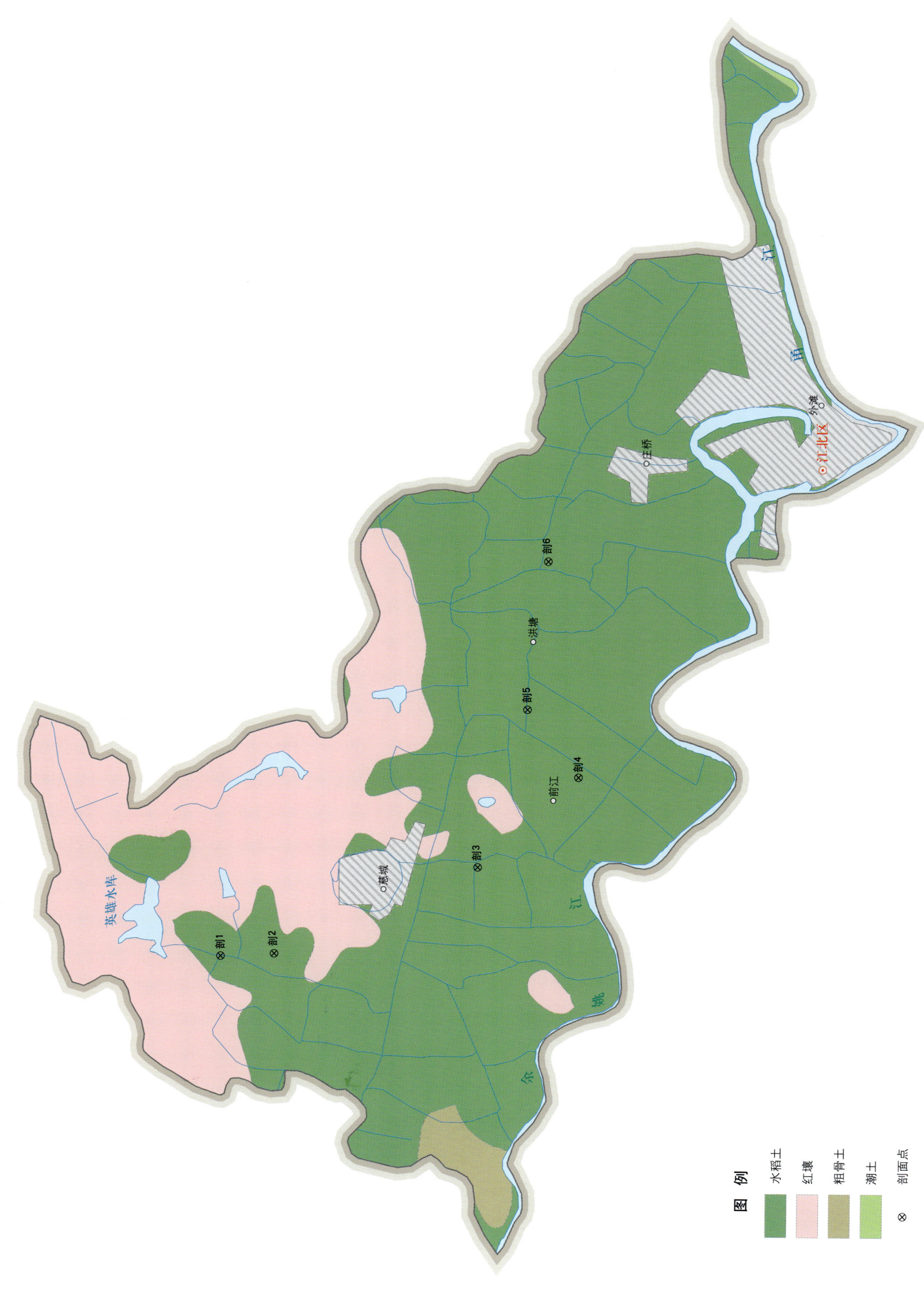

江北区主要土壤类型与土壤剖面点分布图

江北区土壤剖面理化性状表

剖面号 Soil profile	土纲 Soil order	土类 Soil great group	亚类 Soil subgroup	土属 Soil genus	土种 Soil species	土层码 Layer code	土层厚度 Depth/cm	颜色 Soil color	质地 Soil texture	土壤结构 Soil structure	pH	有机质 OM/(g/kg)	全氮 TN/(g/kg)	全磷 TP/(g/kg)	速效钾 AK/(mg/kg)	阴离子交换量 CEC/(cmol/kg)	土壤母质 Parent material	剖面点坐标 Profile coordinate	匹配指数 Matching index/%
剖1	人为土	水稻土	潴育水稻土	黄泥砂田	黄泥砂田	A	0—10	灰棕色	轻壤土	团块状	5.9	26.4	1.33	0.66		15.4		E 121°25′29.2″ N 30°01′01.2″	75
						P	10—23	灰黄棕色	轻壤土	块状	6.0	20.6	0.96	1.13		15.8			
						W₁	23—35	黄色	轻壤土	块状	5.9	20.6	1.17	1.08		13.5			
						W₂	35—65	灰白色	中壤土	无结构散状	6.6								
						C	65—100	淡黄棕色	中壤土		7.0								
剖2	人为土	水稻土	潴育水稻土	小粉田	小粉田	A	0—13	棕色	重黏土	团粒状	5.3	53.5	3.01	0.68	72	14.3	河相、海相沉积物，以海相沉积物为主	E 121°25′32.1″ N 30°00′20.4″	95
						P	13—23	暗黄色	重黏土	片状	6.1	39.4	1.89	0.57	68	12.6			
						W₁	23—53	灰黄色	中黏土	块状	7.0	9.7	0.65	0.65	58	13.3			
						W₂	53—100	棕黄色	轻壤土	块状									
						W₃	100—	淡黄棕色	轻壤土	块状									
剖3	人为土	水稻土	潴育水稻土	黄斑田	黄斑田	A	0—14	棕灰色	轻黏土	粒状、块状	5.8	60.4	3.46	0.38	110	17.2	河海相沉积物	E 121°26′51.3″ N 29°57′46.8″	95
						P	14—24	淡黄色	轻黏土	大块状	6.4	55.2	2.87	0.36	145	16.5			
						W₁	24—45	棕黄色	中黏土	柱状	7.0	18.2	0.89	0.27	160	17.5			
						W₂	45—70	黄棕色	重壤土	柱状	7.1								
						Wg	70—100	黄灰色	轻壤土	柱状	7.2								
剖4	人为土	水稻土	潴育水稻土	黄斑田	小粉底黄斑田	A	0—12	棕灰色	重壤土	粒状、块状	5.9	54.9	3.29	0.42	132	16.4	河海相沉积物	E 121°28′11.2″ N 29°56′31.1″	95
						P	12—22	褐色	重壤土	大块状	6.2	53.8	2.74	0.39	91	16.8			
						W₁	22—50	黄棕色	重壤土	柱状	7.0	7.5	0.51	0.46	126	14.3			
						W₂	50—100	灰黄色	重壤土	片状									
剖5	人为土	水稻土	脱潜水稻土	青粉泥田	黄化青粉泥田	A	0—15	棕灰色	重壤土	粒状、块状	5.4	31.5	1.57	0.41		12.4	湖海相沉积物	E 121°29′09.6″ N 29°57′11.0″	75
						Pg	15—28	淡黄色	重壤土	块状	6.4	30.5	1.59	0.24		11.3			
						W₁	28—49	淡黄色	重壤土	柱状	7.0	4.7	0.48			11.7			
						Wg	49—80	淡黄色	重壤土	块状									
						G	80—100	青灰色	重壤土	块状									
剖6	人为土	水稻土	脱潜水稻土	青粉泥田	青粉泥田	A	0—13	棕灰色	重黏土	团块状	5.7	36.5	1.86	0.31		9.0	湖海相沉积物	E 121°31′19.2″ N 29°56′57.3″	93
						P	13—23	淡黄色	中壤土	小块状	6.3	10.7	0.68	0.19		7.0			
						Wg	23—85	青灰色	轻黏土	大块状	7.0	5.1	0.96	0.14		17.1			
						G	85—100	青灰色		无结构糊状									

北 仑 区

主要土类说明

水稻土是北仑区主要土壤类型,占本区地域面积的38%。水稻土是在长期季节性淹灌、水下翻耕、季节性脱水等水耕活动的影响下,土壤内部物质发生氧化还原交替作用,原来的成土母质或母土特性发生重大改变,从而形成的新土壤类型。由于干湿交替等作用的影响,糊状淹育层、较坚实板结的犁底层、渗育层、潴育层与潜育层多种发生层分异。这些不同发生层是在人为耕作、水浆管理的作用下形成的。

红壤是北仑区第二大土壤类型,占本区地域面积的30%。红壤主要发生于亚热带常绿阔叶林地区,呈中度富铝化特征,土壤黏粒中的游离铁占全铁50%—60%。红壤有深厚的红色土层,底层可见深厚红色、黄色、白色相间网纹的红色黏土。土壤中的黏土矿物以高岭石、赤铁矿为主,黏粒硅铝率为1.8—2.4,风化淋溶系数<0.2,盐基饱和度<35%,pH为4.5—5.5。

粗骨土是北仑区第三大土壤类型,占本区地域面积的17%。粗骨土属于A-C剖面构型,甚至(A)-C剖面构型土壤。A层发育不明显,与母质层性状相似,略显有机质累积。有时母质层富含砾石,甚少剖面分异与发育特征。粗骨土广泛分布于河谷阶地、丘陵、低山和中山等多种地貌单元和地形部位。

潮土是北仑区第四大土壤类型,占本区地域面积的6%。潮土见于近代河流冲积平原或低平阶地,地下水位浅,潜水参与成土过程。在潮土形成过程中,底土氧化还原作用交替,形成锈色斑纹和小型铁子。长期耕作条件下,表层有机质含量为10—15g/kg。潮土广泛分布于河谷平原、滨湖低地与山间谷地等。

滨海盐土是北仑区第五大土壤类型,占本区地域面积的5%。滨海盐土主要分布于沿海一带,母质为滨海沉积物,全土体含有以氯化物为主的可溶盐。滨海盐土的土壤和地下水的盐分组成与海水基本一致,氯盐占绝对优势,次为硫酸盐和重碳酸盐;盐分中以钠、钾离子为主,钙、镁离子次之。土壤积盐强度随距海由近至远逐渐减弱。

本区域中心区气候特征

本区域中心区气候特征值
Regional climate characteristics in central area of the region

气候带:北亚热带湿润气候 Climate region: North subtropical humid climate	
年平均气温 /℃ Annual average temperature /℃	16.6
年平均最高气温 /℃ Annual average maximum temperature /℃	20.4
年平均最低气温 /℃ Annual average minimum temperature /℃	13.7
年降水量 /mm Annual precipitation /mm	1469
≥10℃的积温 /℃ Daily temperature accumulated in a year (≥10℃) /℃	6018
年日照时数 /h Annual sunshine /h	1891
年平均相对湿度 /% Annual average relative humidity /%	79
干燥度 Dryness	0.68

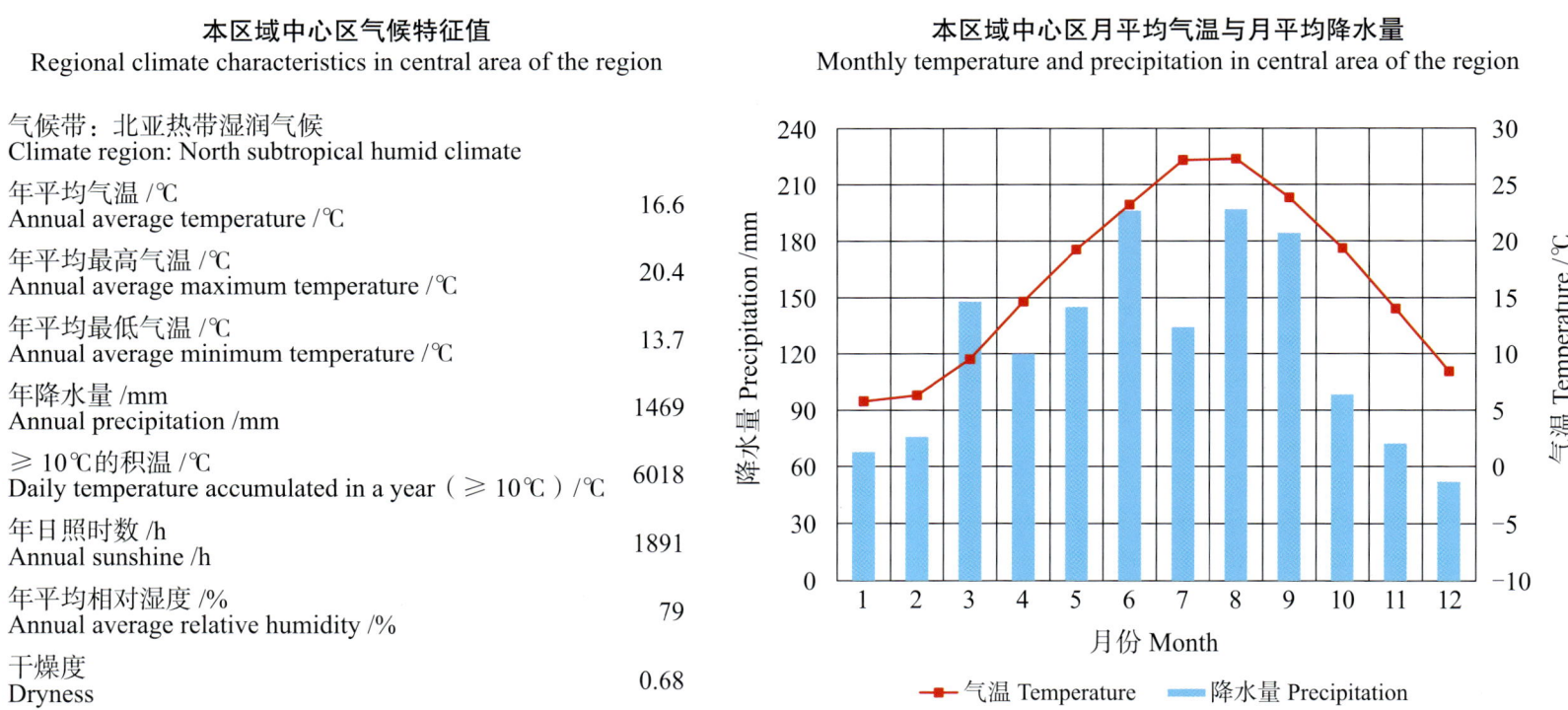

本区域中心区月平均气温与月平均降水量
Monthly temperature and precipitation in central area of the region

北仑区主要土壤类型与土壤剖面点分布图

1∶170 000

图 例
- 水稻土
- 红壤
- 粗骨土
- 潮土
- 滨海盐土
- ⊗ 剖面点

北仑区土壤剖面理化性状表

剖面号 Soil profile	土纲 Soil order	土类 Soil great group	亚类 Soil subgroup	土属 Soil genus	土种 Soil species	土层码 Layer code	土层厚度 Depth/cm	颜色 Soil color	质地 Soil texture	土壤结构 Soil structure	pH	有机质 OM/(g/kg)	全氮 TN/(g/kg)	全磷 TP/(g/kg)	全钾 TK/(g/kg)	速效钾 AK/(mg/kg)	剖面点坐标 Profile coordinate	匹配指数 Matching index/%
剖1	人为土	水稻土	淹育水稻土	涂泥田	涂泥田	A	0—10	浊黄橙色	粉砂质黏土	团块状	8.5	18.3	1.17	0.61	18.2	190	E 121°57′18.0″ N 29°59′35.5″	78
						Ap	10—19	灰棕色	粉砂质黏土	块状	8.7	11.1	0.87	0.63	30.0	353		
						Csa	19—100	灰棕色	粉砂质黏土	柱状	8.9	12.3	0.87	0.02	32.6			

镇 海 区

主要土类说明

水稻土是镇海区主要土壤类型，占本区地域面积的57%。水稻土是经人为种植水稻、长期水耕熟化发育成的独特土类，是本区主要耕作土壤。水稻土广泛分布在水网、滨海两平原以及沿山坡田上。土壤剖面构型有A-P-Bw-C、A-P-W-C、A-P-Wg-G、Asa-Csa等。本区水稻土分为渗育型、潴育型、脱潜型、潜育型和盐渍型五个亚类。其中，潴育型亚类面积最大，广泛分布在河流两岸或高凸的地段上，其下面积最大的土属为黄斑田。该土属的母质为河相沉积物，部分为浅海沉积物；土层深厚，剖面分化明显，有耕作层、犁底层、渗育层、黄斑层、脱潜潴育层与潜育层等；土质黏重，肥力中上，呈酸性反应。

红壤是镇海区第二大土壤类型，占本区地域面积的20%。红壤是在湿润亚热带生物气候下，经过红化作用而形成的地带性土类，反映了低纬度土壤的特点。本区红壤包括红壤、黄红壤、侵蚀性红壤三个亚类，分布在450m以下的低山丘陵区。其中，黄红壤亚类面积最大，其下面积最大的土属为黄泥土。黄泥土的母质为凝灰岩、流纹岩的风化物，以山坡坡积物为主。受地形、人为等因素的限制，该土属厚度剖面间差异悬殊：山坡下部，坡度较缓，泥肉厚度在1m以上；山坡上部全土层不足40cm。据第二次土壤普查时统计，黄泥土表土厚度平均为21.6cm，心土厚度为57.6cm，底土厚度为35.9cm，为母岩半风化粉末，显母岩原色。与红泥土相比，黄泥土的色泽、黏性明显减弱，（B）层发育差，结构体不明显；肥力中等偏下，表土有机质含量平均为1.7%，全氮含量为0.08%。

潮土是镇海区第三大土壤类型，占本区地域面积的8%。潮土是低平的海相、河湖相沉积物在地下水的复盐基作用下形成的非地带性土类，表现了低地形的特点。潮土分布在溪谷两侧和江溪、海滨的狭长地段，由于土壤母质、成土环境的差别，土壤剖面构型有A-Bw-C和A-Bw-Csa两种。

滨海盐土是镇海区第四大土壤类型，占本区地域面积的6%。主要分布在20世纪70年代新围塘地之内，有的属潮间带土壤。母质为滨海沉积物，由于人为作用的影响和土壤含盐量的区别，土壤剖面构型有Asa-Csa和Asa-Bsa-Csa两种。

本区域中心区气候特征

本区域中心区气候特征值
Regional climate characteristics in central area of the region

气候带：北亚热带湿润气候 Climate region: North subtropical humid climate	
年平均气温 /℃ Annual average temperature /℃	16.6
年平均最高气温 /℃ Annual average maximum temperature /℃	20.5
年平均最低气温 /℃ Annual average minimum temperature /℃	13.7
年降水量 /mm Annual precipitation /mm	1468
≥10℃的积温 /℃ Daily temperature accumulated in a year (≥10℃) /℃	6016
年日照时数 /h Annual sunshine /h	1876
年平均相对湿度 /% Annual average relative humidity /%	79
干燥度 Dryness	0.68

本区域中心区月平均气温与月平均降水量
Monthly temperature and precipitation in central area of the region

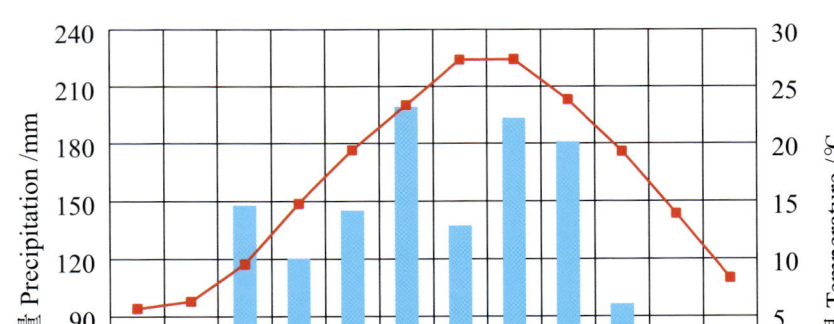

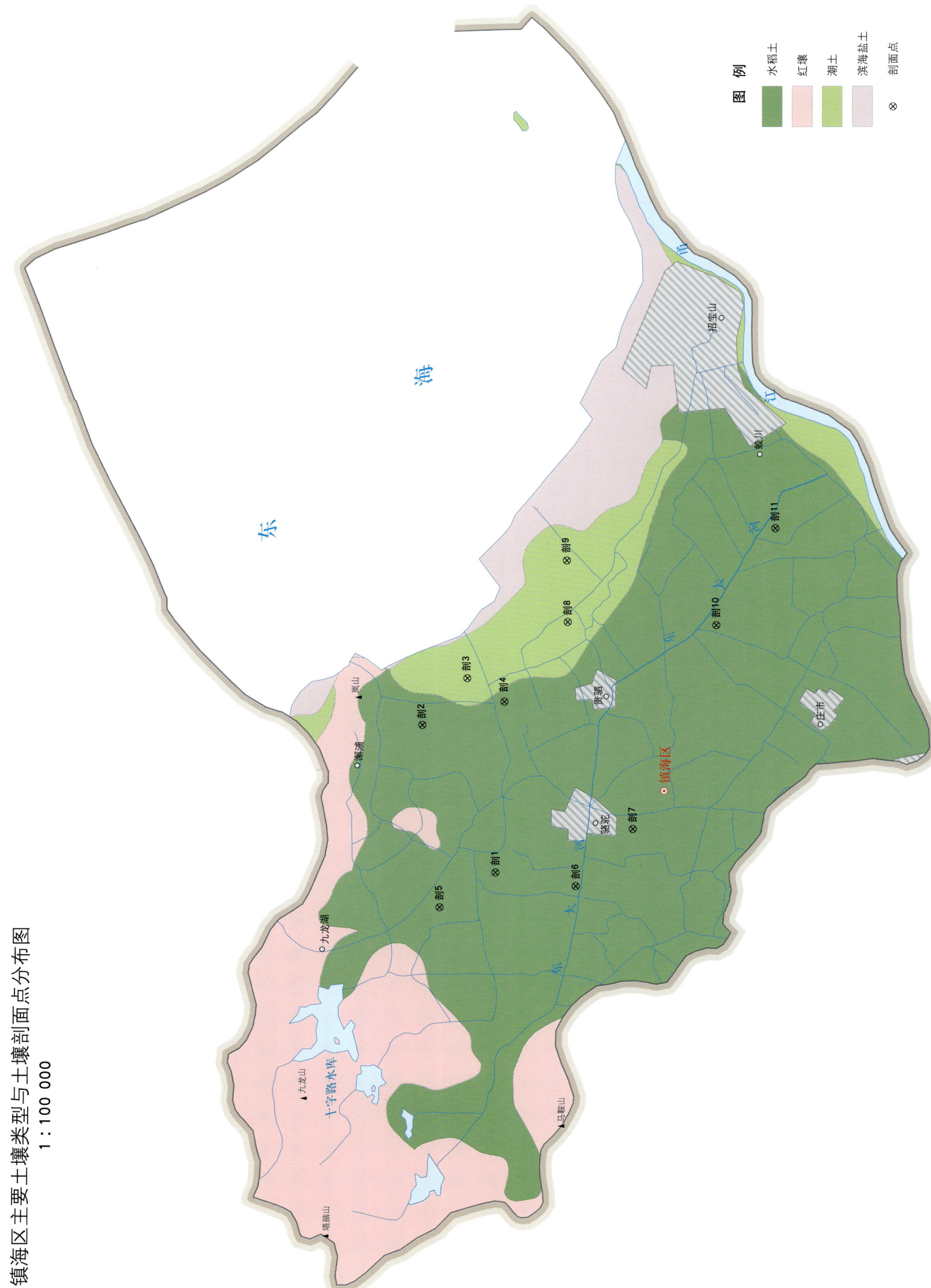

镇海区主要土壤类型与土壤剖面点分布图
1:100 000

镇海区土壤剖面理化性状表

剖面号 Soil profile	土纲 Soil order	土类 Soil great group	亚类 Soil subgroup	土属 Soil genus	土种 Soil species	土层码 Layer code	土层厚度 Depth/cm	颜色 Soil color	质地 Soil texture	土壤结构 Soil structure	pH	有机质 OM/(g/kg)	全氮 TN/(g/kg)	全磷 TP/(g/kg)	阴离子交换量CEC/(cmol/kg)	土壤母质 Parent material	剖面点坐标 Profile coordinate	匹配指数 Matching index/%
剖1	人为土	水稻土	潴育水稻土	黄斑田	黄斑田	A	0—15	棕灰色	轻黏土	块状						河相沉积物为主，部分为浅海沉积物	E 121°33′58.1″ N 30°00′11.7″	75
						P	15—25	青灰色	中壤土	块状								
						W₁	25—50	棕黄色	重壤土	棱柱状								
						W₂	50—100	黄棕色	轻黏土	棱柱状								
剖2	人为土	水稻土	渗育水稻土	白砂田	白砂田	A	0—9	棕灰色	中壤土	粒状	5.5	20.4	1.13	0.20		粗晶花岗岩风化物	E 121°36′13.7″ N 30°01′12.4″	95
						P	9—18	棕灰色	粗砂土	粒状	5.6	19.4	0.95	0.12				
						W	18—36	黄色	粗砂土	粒状	5.0	3.1	0.18	0.06				
						C	36—100											
剖3	半水成土	潮土	灰潮土	洪积泥砂土	洪积泥砂土	A	0—12	棕灰色	中壤土	碎块状	5.8	25.9	1.53	0.75		溪流洪积物	E 121°36′57.1″ N 30°00′36.8″	75
						Bw	12—60	灰棕色	中壤土	碎块状	6.1	12.0	0.83	0.44				
						C	60—											
剖4	人为土	水稻土	潴育水稻土	新黄筋泥田	新黄筋泥田	A	0—12	灰黄色	重壤土	块状	5.7	31.3	0.97	0.33		第四红色黏土	E 121°36′36.1″ N 30°00′06.4″	75
						P	12—17	灰黄色	中壤土	块状	5.9	20.3	1.38	0.24				
						W₁	17—35	棕黄色	中壤土	大块状	6.0	7.7	0.56	0.22				
						W₂	35—63	红棕色	中壤土	大块状	6.3	2.6	0.28	0.13				
						C	63—100	红白相间	中壤土	大块状	6.3	2.9	0.27	0.13				
剖5	人为土	水稻土	潴育水稻土	黄泥土	砂质黄泥田	A	0—13	灰色	轻石质轻黏土	碎块状	5.9	36.3	2.24	0.46		凝灰岩的风化坡积物	E 121°33′25.2″ N 30°00′56.2″	95
						P	13—16	灰棕色	轻石质轻黏土	块状	5.8	34.2	1.99	0.46				
						W₁	16—34	灰黄色	轻石质轻黏土	块状	6.4	13.4	0.87	0.24				
						WFe	34—86	棕黄色	轻石质轻黏土	大块状	6.2	7.6	0.46	0.44				
						C	86—100	棕色	轻黏土	大块状								
剖6	人为土	水稻土	潴育水稻土	洪积泥砂田	洪积泥砂田	A	0—11	棕灰色	轻壤土	碎块状	5.9	25.3	1.36	0.23		洪积物	E 121°33′46.7″ N 29°59′06.6″	95
						P	11—20	灰黄色	轻壤土	块状	6.1	14.1	0.86	0.34				
						W₁	20—70	白灰色	砂壤土	块状	6.1	2.7	0.16	0.09				
						W₂	70—100	黄棕色	中壤土	块状	6.2	8.3	0.44	0.26				
剖7	人为土	水稻土	潴育水稻土	小粉泥	小粉田	A	0—14	棕灰色	重壤土	碎块状	6.0	55.0	3.36	0.43		河流冲积物	E 121°34′40.5″ N 29°58′21.5″	95
						R	14—23	棕灰色	重壤土	块状	6.8	45.1	2.88	0.36				
						W₁	23—48	黄棕色	中壤土	块状	7.2	5.5	0.43	0.48				
						W₂	48—76	棕灰色	轻壤土	块状	7.5	4.3	0.37	0.51				
						W₃	76—100	淡黄色	轻壤土	块状	7.8	5.5	0.36	0.50				
剖8	半水成土	潮土	灰潮土	淡涂泥	直插夜阴田	A	0—13		轻壤土	块状	5.9	16.0	1.11	0.70	14.4	近代浅海沉积物	E 121°33′50.5″ N 29°59′16.5″	95
						Bw₁	13—63		重壤土	块状	8.1	8.5	0.63	0.59	14.4			
						Bw₂	63—100			柱状	8.5	9.2	0.66	0.63	13.6			
剖9	半水成土	潮土	灰潮土	淡涂泥	直插夜阴田	Bw	13—63	灰褐色	重壤土	块状						近代河流冲积物	E 121°38′47.2″ N 29°59′17.8″	95
						Cca	63—100	棕褐色	轻黏土									
剖10	人为土	水稻土	潴育水稻土	粉泥田	粉泥田	A	0—10	青灰色	轻壤土	碎块状	6.4	48.9	2.94	0.47	14.0	浅海沉积物、江潮淤积物	E 121°37′49.3″ N 29°57′16.6″	95
						P	10—19	灰棕色	重壤土	块状	6.9	36.4	2.24	0.42	12.6			
						W	19—100	灰褐色	轻黏土	块状	7.3	6.1	0.48	0.47	17.9			
剖11	人为土	水稻土	潴育水稻土	粉泥田	粉泥田	A	0—15		重壤土	碎块状						浅海沉积物、江潮淤积物	E 121°39′19.2″ N 29°56′30.0″	95
						P	15—31		轻黏土	块状								
						W	31—100	淡棕黄色	轻黏土	块状								

鄞 州 区

主要土类说明

水稻土是鄞州区主要土壤类型，占本区地域面积的45%。水稻土是本区分布最广、面积最大的一个土类。水稻土是在各种母质或各种土壤类别上，经人类长期水田耕作以后发育起来的土壤。人为的灌溉、施肥、轮作等活动改变了土壤水分、养分状况，使土体内氧化还原过程频繁，并产生了还原淋溶和氧化淀积作用，最终在剖面形态上出现了发育层（W层），形成了特定的剖面构型，如耕作层、犁底层、潴育层、漂洗层、潜育层、母质层、腐泥层、泥炭层、淋淀层、潴育层轻度潜育等，因而有别于其他土壤类型（包括原始土壤类型）。由于水分因素分异，水稻土土类可分为渗育型、潴育型、脱潜型和潜育型水稻土等亚类。

红壤是鄞州区第二大土壤类型，占本区地域面积的29%。红壤是本区山岳丘陵地区广为分布的一种土壤。高温、高湿的亚热带季风气候及其生物条件共同作用，极宜于红壤的发育。然而丘陵山地的红壤性质仍表现出硅酸盐类矿物强烈淋溶，高岭石、氧化铁铝占多数并积聚于剖面中，被覆于土粒的表面，土壤剖面构型为A–（B）–C。土壤盐基阳离子交换量低，土质黏重，有机质贫乏，保肥、供肥能力弱，酸性反应强，是一种低硅铝率土壤。

粗骨土是鄞州区第三大土壤类型，占本区地域面积的19%。粗骨土属于A–C剖面构型，甚至（A）–C剖面构型土壤。A层发育不明显，与母质层性状相似，略显有机质累积。有时母质层富含砾石，甚少剖面分异与发育特征。粗骨土广泛分布在河谷阶地、丘陵、低山和中山等多种地貌单元和地形部位。

小于本区地域面积3%的土壤类型为黄壤、潮土、滨海盐土和紫色土。

本区域中心区气候特征

本区域中心区气候特征值
Regional climate characteristics in central area of the region

气候带：北亚热带湿润气候 Climate region: North subtropical humid climate	
年平均气温 /℃ Annual average temperature /℃	16.7
年平均最高气温 /℃ Annual average maximum temperature /℃	20.6
年平均最低气温 /℃ Annual average minimum temperature /℃	13.8
年降水量 /mm Annual precipitation /mm	1491
≥10℃的积温 /℃ Daily temperature accumulated in a year (≥10℃) /℃	6035
年日照时数 /h Annual sunshine /h	1865
年平均相对湿度 /% Annual average relative humidity /%	79
干燥度 Dryness	0.67

本区域中心区月平均气温与月平均降水量
Monthly temperature and precipitation in central area of the region

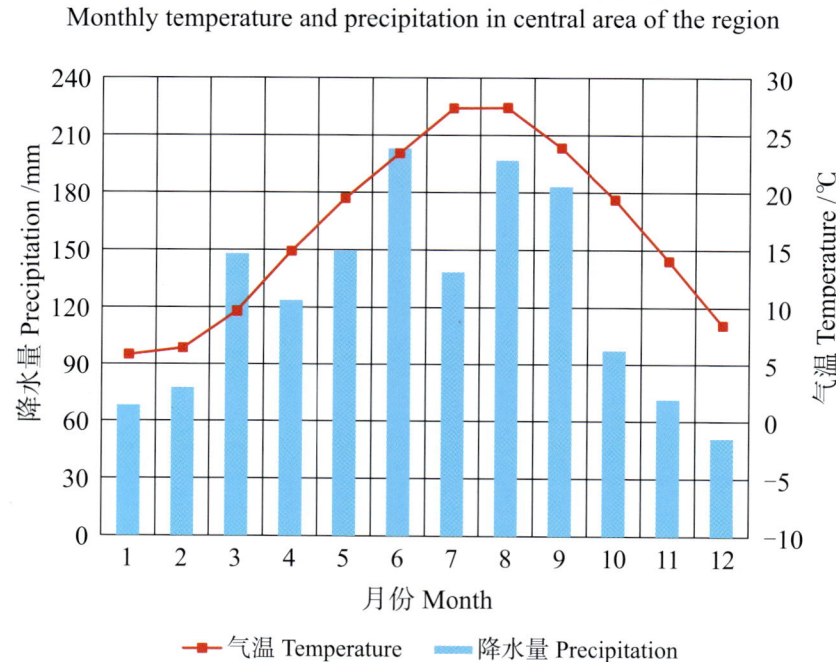

鄞县主要土壤类型与土壤剖面点分布图

1:240 000

图 例

水稻土	红壤	粗骨土	黄壤
潮土	滨海盐土	紫色土	⊗ 剖面点

注：国务院2002年2月批准，撤销鄞县，设立鄞州区。

第二编　分县土壤图与土壤剖面数据 | 081

鄞州区土壤剖面理化性状表

剖面号 Soil profile	土纲 Soil order	土类 Soil great group	亚类 Soil subgroup	土属 Soil genus	土种 Soil species	土层码 Layer code	土层厚度 Depth/cm	颜色 Soil color	质地 Soil texture	土壤结构 Soil structure	pH	有机质 OM/(g/kg)	全氮 TN/(g/kg)	全磷 TP/(g/kg)	全钾 TK/(g/kg)	碱解氮 AN/(mg/kg)	有效磷 AP/(mg/kg)	速效钾 AK/(mg/kg)	阳离子交换量CEC/(cmol/kg)	土壤母质 Parent material	剖面点坐标 Profile coordinate	匹配指数 Matching index/%
剖1	铁铝土	红壤	黄红壤	粉红泥土		A	0—20	灰紫色	轻黏土	粒状	5.2	17.6	1.12	0.37	15.8				16.4	浅色或紫色凝灰岩风化物	E 121°11′46.2″ N 29°48′45.8″	95
						(B₁)	20—45	紫棕色	重石质轻黏土	块状	5.3	9.3	0.69	0.30	16.0				16.1			
						(B₂)	45—75	紫棕色	重石质轻黏土	块状	5.5	8.5	0.63	0.30	16.8				12.4			
						C	75—110	紫棕色	重石质重壤土	块状	5.7											
剖2	人为土	水稻土	脱潜水稻土	黄斑黏土田	黄斑青紫泥田	Aa	0—15	淡黄色	粉砂质黏土	碎块状	5.5	58.6	3.50	0.20	19.2	208	6.0	115		湖沼相、湖海相沉积物	E 121°19′10.5″ N 29°51′37.6″	81
						Ap	15—22	灰黄色	粉砂质黏土	块状	6.0	54.3	3.10	0.50	20.2	266						
						Gw	22—58	淡黄色	壤质黏土	棱柱状	7.3	10.6	0.70									
						ⅡM	58—90	橄榄灰色	黏土	无结构糊状	7.0	43.2	1.50									
						ⅡG	90—100	灰色	黏土	无结构糊状	6.5	24.6	1.14									
剖3	人为土	水稻土	潜育水稻土	黄斑田	青心黄斑田	A	2—9	灰褐色	中壤土	块状、粒状	5.6			0.94						洪冲积物	E 121°23′38.4″ N 29°53′17.2″	75
						P	9—18	黄棕色	中壤土	块状	6.3			0.48								
						W₁	18—41	灰棕色	重壤土	柱状	5.9			0.43								
						G	41—68	灰黄色	重壤土	柱状												
						W₂	68—100	青灰色														
剖4	人为土	水稻土	脱潜水稻土	青紫泥田		A	0—15		中壤土	块状	6.3	57.0	3.23	0.42						湖沼相、湖海相沉积物	E 121°24′31.7″ N 29°53′01.3″	75
						Pg	15—22		中壤土	块状	6.3	37.6	2.41									
						Ap	22—45		中壤土	棱柱状	5.9	55.2	3.22									
剖5	人为土	水稻土	潜育水稻土	黄斑田		A	0—16	黑灰色	轻黏土	块状	6.3	66.9	4.15	0.35						湖海相沉积物	E 121°26′46.9″ N 29°53′33.6″	81
						P	16—21	灰黄色	轻黏土	棱柱状	6.8	55.5	3.48	0.36								
						M₁	21—35	棕黄色	轻黏土	柱状	6.9	4.7	0.57									
						M₂	35—62	橙黄色	轻黏土	棱柱状	6.9											
						G	62—100	青灰色														
剖6	人为土	水稻土	潜育水稻土	黄斑田	青糊	A	0—12	灰黄棕色	轻黏土	团块状	5.6	61.6	3.91	0.58						湖海相沉积物	E 121°28′38.1″ N 29°53′40.0″	95
						Gw	12—17	青黄色	中黏土	大块状	5.7	60.1	2.60	0.58								
						W	17—43	棕黄色	重黏土	棱柱状	7.5	43.6	3.64	0.51								
							43—70	黄棕色	重黏土	棱柱状												
							70—100	青灰色														
剖7	人为土	水稻土	潜育水稻土	黄斑田	泥质头黄斑田	A	0—16	棕灰色	中壤土	粒状、块状	6.4	63.7	4.10	0.49						湖沼相、湖海相沉积物	E 121°27′52.7″ N 29°51′59.0″	95
						P	16—22	青灰色	中壤土	块状	6.6	60.9	3.86	0.48								
						W	22—80	青灰棕色	重黏土	棱柱状	7.1	17.1	1.02	0.27								
						G	80—160	深褐色	中壤土	无结构糊状												
剖8	人为土	水稻土	脱潜水稻土	青紫泥田	青紫泥田	A	0—15	灰棕色	中壤土	大团粒状	6.4	42.1	5.50	0.49						湖沼相、湖海相沉积物	E 121°28′43.0″ N 29°50′25.4″	75
						P	15—24	淡灰色	重黏土	块状	6.4	42.8	3.03	0.49								
						W	24—75	棕黄色	中壤土	棱柱状	6.4	13.0	1.24	0.35								
剖9	人为土	水稻土	潜育水稻土	泥质田	泥质田	A	0—15	棕褐色												河流老冲积物	E 121°23′18.6″ N 29°51′04.7″	75
						P	15—24	棕黄色														
						W	24—37	棕褐色														
						G	37—60															
						C	60—100	灰棕色		柱状												

续表 Continued

剖面号 Soil profile	土纲 Soil order	土类 Soil great group	亚类 Soil subgroup	土属 Soil genus	土种 Soil species	土层代码 Layer code	土层厚度 Depth/cm	颜色 Soil color	质地 Soil texture	土壤结构 Soil structure	pH	有机质 OM/(g/kg)	全氮 TN/(g/kg)	全磷 TP/(g/kg)	全钾 TK/(g/kg)	碱解氮 AN/(mg/kg)	有效磷 AP/(mg/kg)	速效钾 AK/(mg/kg)	阳离子交换量CEC/(cmol/kg)	土壤母质 Parent material	剖面点坐标 Profile coordinate	匹配指数 Matching index/%
剖10	人为土	水稻土	脱潜水稻土	黄化青紫泥田	黄化青紫泥田	A	0—9	灰色	轻黏土	块状	6.2	64.3	4.15	0.39						湖沼相、湖海相沉积物	E 121° 24′ 14.5″ N 29° 50′ 30.7″	75
						P	9—15	淡灰色	轻黏土	块状	6.6	39.5	2.45	2.45								
						Wg	15—26	青棕色	轻黏土	柱状	7.0	43.3	2.55	2.55								
						G₁	26—40	灰棕色	轻黏土	柱状	7.2	58.5	3.56	3.56								
						G₂	40—100	青灰色	中黏土	块状	7.4	12.1	0.92	0.92								
剖11	人为土	水稻土	淹育水稻土	浅潮黏田	江涂泥田	Aa	0—12	灰黄色	壤质黏土	碎块状	5.9	52.8	2.90	0.60		243	21.0	143		河海沉积物发育的江涂泥	E 121° 25′ 24.4″ N 29° 51′ 02.8″	95
						Ap	12—20	淡灰色	壤质黏土	块状	6.2	44.5	2.60	0.60		217	10.0	143				
						C	20—100	黄棕色	壤质黏土	块状	8.2	7.5	0.50	0.92								
剖12	半水成土	潮土	灰潮土	泥砂土		A	0—12	灰棕色	轻石质中壤土	核粒	5.3	19.5	1.33	1.38	27.2				11.3	新河流冲积物	E 121° 18′ 16.0″ N 29° 48′ 59.3″	95
						Bw	12—42	棕色	轻石质重壤土	碎块状	6.3	9.9	0.68	0.71	31.2				14.2			
						C	42—	棕色	中壤土	碎块状	6.3	5.5	0.62	0.70	33.2				13.3			
剖13	人为土	水稻土	潴育水稻土	培泥砂田	黄化培泥砂田	A	0—11	棕色	中壤土	粒状	6.4	29.1	1.83	0.50						新河流冲积物	E 121° 20′ 44.5″ N 29° 45′ 08.2″	95
						P	11—25	棕色	中壤土	块状	6.4	28.4	1.80	0.46								
						WFe	25—65	黄棕色	中壤土	碎块状	6.4	21.4	1.47	0.42								
						WMn	65—85															
						C	85—	灰黄色		粒状												
剖14	人为土	水稻土	潴育水稻土	培泥砂田	培泥砂田	A	0—14	淡黄色	中壤土	粒状	5.5	24.7	1.55	0.39	33.1				8.8	洪冲积物	E 121° 18′ 36.5″ N 29° 45′ 44.3″	95
						P	14—24	棕色	中壤土	块状	5.5	18.7	1.09	0.47	32.4				7.1			
						W₁	24—35	黄棕色	重壤土	碎块状	5.8	14.3	0.59	0.35	32.0				9.7			
						W₂	35—50	灰棕色	砂壤土	碎块状	5.7											
						C	50—	灰棕色	重壤土	粒状	5.5											
剖15	人为土	水稻土	潴育水稻土	黄斑田		A	0—15	棕灰色	重壤土	块状	6.4	55.0	3.70	0.41						湖沼相、湖海相沉积物	E 121° 26′ 16.1″ N 29° 48′ 16.3″	95
						P	15—24	棕灰色	重壤土	柱状	7.0	52.6	3.46	0.39								
						W	24—49	黄棕色	轻黏土	块状	6.4	9.9	0.48	0.15								
						Ap	49—61	蓝色	轻黏土	柱状	9.4	126.9	4.04	0.57								
						G	61—180	青灰色	轻黏土													
剖16	人为土	水稻土	脱潜水稻土	黄斑青紫泥田	黄斑青紫泥田	A	0—15	淡黄色	粉砂质黏壤土	团块状	6.0	58.6	3.52	0.17	19.2	208	5.8	115		湖相或湖海相沉积物	E 121° 38′ 52.9″ N 29° 50′ 14.7″	81
						Ap	15—22	灰黄色	粉砂质黏壤土	块状	7.3	54.3	3.12	0.52	20.2	266						
						Gw	22—58	淡黄色	粉砂质黏土	棱柱状	7.0	10.6	0.66									
						IIM	58—90	橄榄黑色	黏土	无结构糊状	6.5	43.2	1.47									
						IIG	90—100	灰色	黏土	无结构糊状		24.6	1.14									
剖17	人为土	水稻土	脱潜水稻土	青紫泥田	泥炭心青紫泥田	A	0—15	棕色	轻黏土	块状	7.0	52.6	3.46							湖沼相、湖海相沉积物	E 121° 39′ 47.1″ N 29° 50′ 15.1″	95
						P	15—22	棕色	轻黏土	块状	6.4	9.9	0.48									
						W (g)	22—34	暗棕色	重壤土	柱状	9.4	126.9	4.04									
剖18	人为土	水稻土	潴育水稻土	淡涂田	淡扩泥田	Ap	0—13	棕色	轻黏土	块状	7.4	18.2	1.84	0.57							E 121° 35′ 03.3″ N 29° 45′ 52.6″	95
						P	13—20	棕色	轻黏土	柱状	7.4	8.7	1.22	0.51								
						C	20—75	暗棕色	轻黏土	块状	7.5	4.3	0.64	0.46								
剖19	人为土	水稻土	脱潜水稻土	青紫泥田		A	0—15	棕色	轻黏土	块状	6.2	52.8	3.03	0.56						湖沼相、湖海相沉积物	E 121° 39′ 45.6″ N 29° 48′ 54.1″	95
						P	15—27		轻黏土	块状	6.7	48.1	2.90	0.50								
						Wg	27—45		中黏土	块状	6.8	23.6	1.59	0.44								
						Ap	45—85		中黏土													
						G	85—100															

续表 Continued

剖面号 Soil profile	土纲 Soil order	土类 Soil great group	亚类 Soil subgroup	土属 Soil genus	土种 Soil species	土层码 Layer code	土层厚度 Depth/cm	颜色 Soil color	质地 Soil texture	土壤结构 Soil structure	pH	有机质 OM/(g/kg)	全氮 TN/(g/kg)	全磷 TP/(g/kg)	全钾 TK/(g/kg)	碱解氮 AN/(mg/kg)	有效磷 AP/(mg/kg)	速效钾 AK/(mg/kg)	阳离子交换量CEC/(cmol/kg)	土壤母质 Parent material	剖面点坐标 Profile coordinate	匹配指数 Matching index/%
剖20	人为土	水稻土	潴育水稻土	黄泥砂田	黄大泥田	A	0—13	淡灰色	轻黏土	碎块状	5.4	68.5	4.48	0.36						洪冲积物	E 121°44′05.7″ N 29°48′41.1″	95
						P	13—24	深灰色	轻黏土	块状	6.0	49.9	3.00	0.32								
						W	24—73	灰黄色	轻黏土	块状	6.8	8.5	0.54	0.13								
						C	73—100	红黄色	轻黏土	块状		4.3	0.43	0.18								
剖21	人为土	水稻土	渗育水稻土	黄泥田	黄泥田	A	0—15	灰色	重壤土	碎粒状	5.8	40.1	2.58	0.34					10.8	凝灰岩风化物	E 121°41′35.9″ N 29°41′10.7″	95
						P	15—35	淡灰色	重壤土	块状	5.8	10.5	0.89	0.16					8.8			
						W	35—65	褐黄色	重壤土	块状	5.6	6.2	0.68	0.15					9.7			
						C	65—100	黄色	重壤土	块状	5.6											

奉 化 区

主要土类说明

红壤是奉化区主要土壤类型，占本区地域面积的53%。红壤分布于低丘陵，一般在海拔680m以下。母质是铝硅酸盐占绝对优势的原生矿物，这种原生矿物在亚热带湿润气候条件下进行脱硅富铝化作用而形成地带性土壤。

水稻土是奉化区第二大土壤类型，占本区地域面积的28%。水稻土是在人们进行长期的水耕熟化过程中发育起来的。由于人为排灌、施肥、轮作等管理措施，特别是调节排灌、改变土壤水分和通气状况过程中，引起了土体内氧化还原作用频繁更替，促进了土壤电化学转化，产生了还原淋溶和氧化淀积作用，因此剖面形态上表现出土层分化形成了各种特定的剖面构型，一定时期内储水层产生静水压力，或地下水、侧渗水移动等，对水稻土剖面分化也产生了深刻影响。水稻土剖面分化复杂，主要发生层有耕作层、犁底层、渗育层和潴育层、潜育层、母质层、腐泥层等。本区水稻土分为渗育型、潴育型、脱潜型、潜育型和盐渍型五个亚类。

粗骨土是奉化区第三大土壤类型，占本区地域面积的7%。粗骨土属于A-C剖面构型，甚至（A）-C剖面构型土壤。A层发育不明显，与母质层性状相似，略显有机质累积。有时母质层富含砾石，甚少剖面分异与发育特征。粗骨土广泛分布在河谷阶地、丘陵、低山和中山等多种地貌单元和地形部位。

紫色土是奉化区第四大土壤类型，占本区地域面积的6%。紫色土是由紫红色岩层直接风化形成的A-C剖面构型土壤。其理化性质与母岩组成直接相关，土层浅薄，剖面层次发育不明显，仍为初育阶段。由于母岩富含矿质养分，且风化迅速，为良好的肥沃土壤。

黄壤是奉化区第五大土壤类型，占本区地域面积的4%。黄壤分布在海拔680m以上的山地上，形成于凉爽湿润的生物气候环境中，脱硅富铝化程度比红壤低，氧化铁水化度高，土体呈黄色。黄壤仅划为黄壤亚类。黄壤亚类的母质为花岗岩、凝灰岩风化残积体，剖面发育完整，剖面构型为A-B-C。A层可达10—20cm，有机质含量高，有良好的团粒或粒状结构。B层较发育，呈黄色、棕黄色等，较紧实。土层下部为半风化母岩，土层厚50—60cm。

小于本区地域面积3%的土壤类型为潮土和滨海盐土。

本区域中心区气候特征

本区域中心区气候特征值
Regional climate characteristics in central area of the region

气候带：北亚热带湿润气候 Climate region: North subtropical humid climate	
年平均气温 /℃ Annual average temperature /℃	16.8
年平均最高气温 /℃ Annual average maximum temperature /℃	20.7
年平均最低气温 /℃ Annual average minimum temperature /℃	13.8
年降水量 /mm Annual precipitation /mm	1515
≥10℃的积温 /℃ Daily temperature accumulated in a year（≥10℃）/℃	6083
年日照时数 /h Annual sunshine /h	1840
年平均相对湿度 /% Annual average relative humidity /%	79
干燥度 Dryness	0.67

本区域中心区月平均气温与月平均降水量
Monthly temperature and precipitation in central area of the region

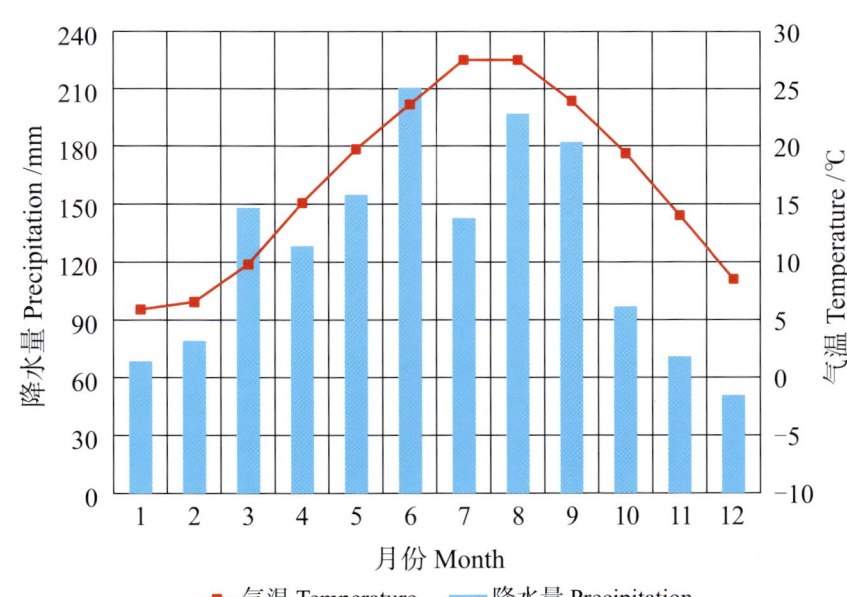

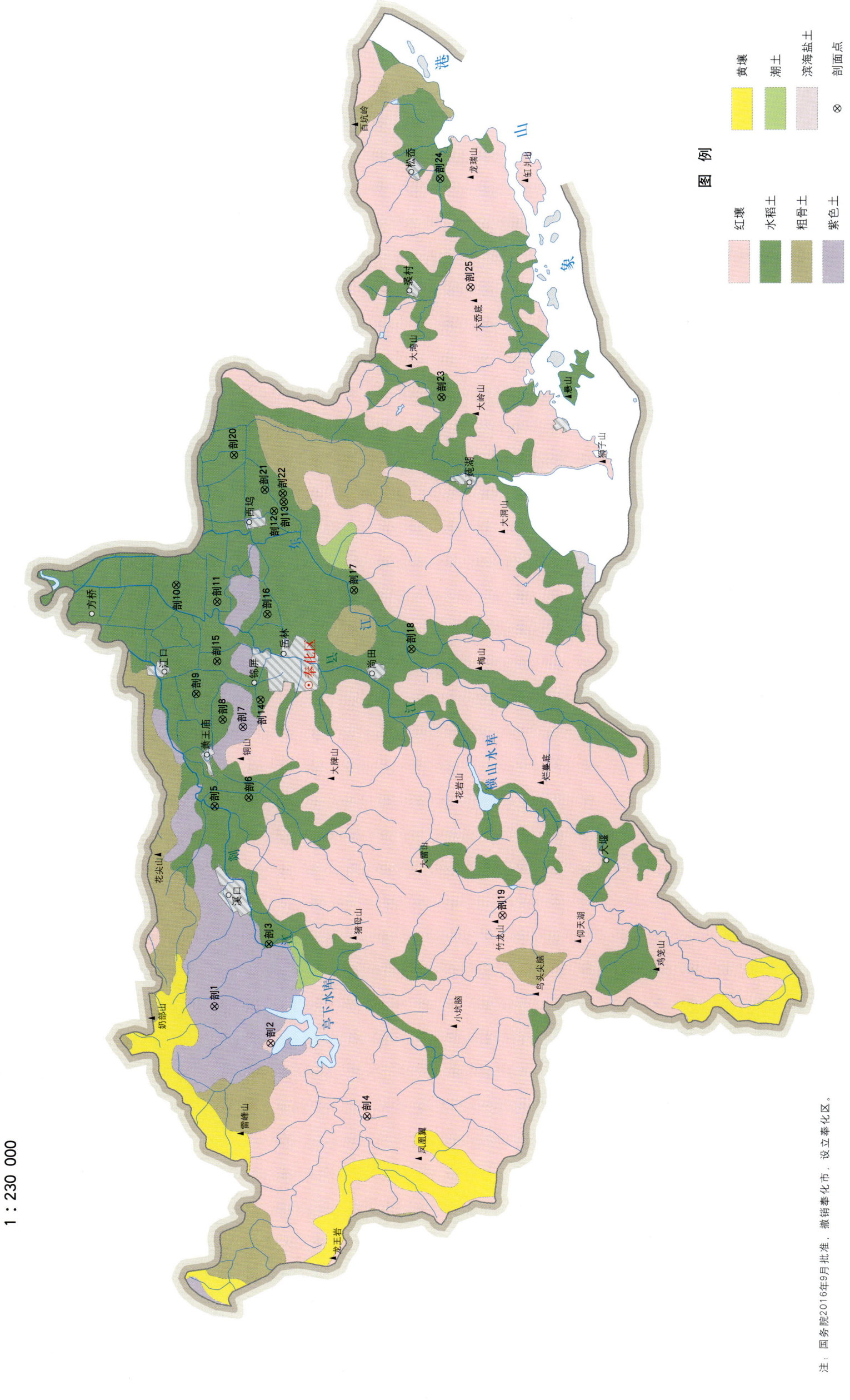

奉化区土壤剖面理化性状表

剖面号 Soil profile	土纲 Soil order	土类 Soil great group	亚类 Soil subgroup	土属 Soil genus	土种 Soil species	土层码 Layer code	土层厚度 Depth/cm	颜色 Soil color	质地 Soil texture	土壤结构 Soil structure	pH	有机质 OM/(g/kg)	全氮 TN/(g/kg)	全磷 TP/(g/kg)	阳离子交换量 CEC/(cmol/kg)	土壤母质 Parent material	剖面点坐标 Profile coordinate	匹配指数 Matching index/%
剖1	初育土	紫色土	酸性紫色土	酸紫砾土	酸紫砾土	A	0—20	灰紫色	壤质黏土	屑粒状	5.2	26.9	1.40	0.30		紫红色砂页岩风化物	E 121°12′44.8″ N 29°41′52.4″	95
						AC	20—50	暗紫色	黏壤土	块状	5.3	20.3						
						C	50—80	红紫色	黏壤土	粒状	5.8	8.1						
剖2	铁铝土	红壤	黄红壤	红砂土	红砂土	A	0—13	暗红色	中壤土	粒状	6.2	9.0	0.68	1.15	12.8	非石灰性紫（红）色砂岩、砂页岩、砂砾岩风化物	E 121°11′32.0″ N 29°40′11.7″	75
						B	13—42	暗红色	中壤土	碎块状	6.2	21.1	1.21	1.16	16.5			
						C	42—	暗红色		碎块状								
剖3	人为土	水稻土	渗育水稻土	白砂田	白砂田	A	0—16	暗棕灰色	轻壤土	粒状	5.4	56.7	3.11	0.78	7.0	花岗岩风化物	E 121°14′54.1″ N 29°40′18.1″	75
						P	16—26	暗棕灰色	轻壤土	粒状	5.5	49.9	2.78	0.46	5.7			
						WFe	26—34	黄棕色	砂壤土	粒状	5.7	11.1	0.76	0.20	3.8			
						WMn	34—56	黄棕色		粒状								
						C	56—100	白色		无结构								
剖4	铁铝土	红壤	侵蚀型红壤	白岩砂土	白岩砂土	A	0—12	棕灰色	石质土	无结构	5.4	36.7	2.13	0.48		粗晶钾长花岗岩风化残积物	E 121°09′07.8″ N 29°37′16.9″	93
						B	12—53	淡棕色	石质土	无结构	5.5	33.0	1.96	0.46				
						C	53—100	黄棕色	石质土	碎块状								
剖5	人为土	水稻土	渗育水稻土	红砂田	红砂田	A	0—11	紫灰色	重壤土	块状						黄红壤原积物、坡积物	E 121°19′32.0″ N 29°41′58.8″	95
						W_1	11—16	紫灰色	重壤土	块状								
						W_2	16—21	紫灰色	中壤土	粒状								
						W_3	21—33	紫色		粒状	5.5	19.2	1.15	0.39	6.8			
						C	33—100	紫色		块状								
剖6	人为土	水稻土	潴育水稻土	培泥砂田	培泥砂田	A	0—18	暗棕灰色	重壤土	粒状	5.6	45.7	2.67	0.52	5.6	新河流冲积物	E 121°19′51.2″ N 29°40′58.8″	95
						P	18—31	暗棕灰色	中壤土	碎块状	5.4	20.9	2.26	0.49	5.6			
						W_1	31—42	灰黄色	轻壤土	粒状	5.4	13.6	0.83	0.35				
						W_2	42—55	灰黄色	轻壤土	粒状	5.7							
						W_3	55—100	灰黄色		块状	5.7							
剖7	初育土	紫色土	酸性紫色土	酸性紫砂土	黄心酸性紫砂土	A	0—20	灰棕色	壤质黏土	屑粒状	5.2	26.9	1.43	0.31		红紫色砂页岩风化残积物、坡积物	E 121°22′14.3″ N 29°41′11.3″	81
						AC	20—50	暗紫色	黏壤土	块状	5.3	20.3						
						C	50—80	红紫色	黏壤土	棱柱状	5.8	8.1						
剖8	人为土	水稻土	脱潜水稻土	青紫泥田	腐泥心黄化青紫泥田	A	0—12	暗棕灰色	中壤土	棱柱状						古湖沼相、湖海相沉积物	E 121°22′28.4″ N 29°41′47.7″	75
						P	12—21	棕灰色	中壤土	棱柱状								
						Wg	21—45	红棕夹暗黄色	轻壤土	无结构								
						W	45—72	暗灰或暗青灰色		无结构								
						G	72—100			团粒状								
剖9	人为土	水稻土	脱潜水稻土	黄化青紫泥田	黄化青紫泥田	A	0—13	暗棕色		块状						湖海相沉积物为主，少数为湖沼相沉积物	E 121°23′19.8″ N 29°42′35.6″	75
						P	13—19	暗紫色		棱柱状								
						W	19—30	灰黄色		无结构								
						M	30—60	黑色		无结构								
						Gw	60—100	暗灰夹黄棕色		无结构	5.6							

续表 Continued

剖面号 Soil profile	土纲 Soil order	土类 Soil great group	亚类 Soil subgroup	土属 Soil genus	土种 Soil species	土层码 Layer code	土层厚度 Depth/cm	颜色 Soil color	质地 Soil texture	土壤结构 Soil structure	pH	有机质 OM/(g/kg)	全氮 TN/(g/kg)	全磷 TP/(g/kg)	阳离子交换量 CEC/(cmol/kg)	土壤母质 Parent material	剖面点坐标 Profile coordinate	匹配指数 Matching index/%
剖10	人为土	水稻土	潴育水稻土	黄泥砂田	黄泥砂田	A	0—12	棕灰色	中壤土	碎块状	5.6	35.5	1.89	0.55	7.2	黄红壤坡积物、再积物	E 121°27′00.8″ N 29°43′14.6″	95
						P	12—21	棕灰色	中壤土	块状	5.8	25.8	1.50	0.43	6.9			
						WFe	21—31	淡黄棕色	中壤土	块状	5.7	12.4	0.67	0.34	6.4			
						WFeMn	31—42	棕灰色	中壤土	块状	5.7							
						W	42—100	褐色	中壤土	块状	6.0							
剖11	人为土	水稻土	潴育水稻土	泥质田	泥质田	A	0—15	棕灰色	重壤土	团粒状	5.2	48.5	3.28	0.61	11.4	河流老冲积物	E 121°26′27.6″ N 29°42′01.1″	95
						P	15—20	棕灰色	重壤土	块状	5.2	45.0	3.06	0.51	10.9			
						W₁	20—35	淡黄棕色	重壤土	碎块状	5.8	7.2	0.47	0.29	8.8			
						W₂	35—80	灰黄色	重壤土	碎块状	5.6							
						W₃	80—100	淡黄黄色	重壤土	碎块状	6.0							
剖12	人为土	水稻土	潴育水稻土	紫红泥砂田	紫红泥砂田	A	0—16	紫灰色	重壤土	块状	6.8	39.8	2.33	0.94	18.5	紫(红)色砂质岩风化物	E 121°29′33.2″ N 29°40′22.4″	75
						P	16—22	紫色	重壤土	块状	6.8	28.0	1.65	1.01	17.6			
						W₁	22—32	紫色	重壤土	块状	6.8	18.4	1.05	0.91	19.3			
						W₂	32—65	紫色	中壤土	块状								
						W₃	65—100	紫色	重壤土	块状								
剖13	人为土	水稻土	潴育水稻土	烂塘田	汤田	A	0—12	棕灰色	轻黏土	块状	5.3	47.9	2.98	0.42	12.7	浅海沉积物	E 121°29′51.9″ N 29°40′05.5″	75
						P	12—20	暗灰色	轻黏土	块状	6.2	13.8	0.81	0.28	12.0			
						G	20—100			无结构								
剖14	人为土	水稻土	潴育水稻土	江涂泥田	江涂泥田	A	0—14	灰白色	重黏土	块状	6.4	8.7	0.64	0.32	15.6	洪积物	E 121°23′09.9″ N 29°40′41.1″	75
						P	14—22	灰棕色	重黏土	核块状	5.2	43.0	2.58	0.55	8.9			
						W	22—100	淡黄色	中石质壤土	碎块状	5.2	28.7	2.26	0.43	7.2			
剖15	人为土	水稻土	潴育水稻土	洪积泥砂田	洪积泥砂田	A	0—17	淡黄色	重壤土	块状	5.3	19.8	1.03	0.45	9.9	第四纪红土	E 121°24′26.1″ N 29°41′59.4″	95
						P	17—25	淡黄棕色	重壤土	块状	5.6	40.9	2.72	0.33	8.2			
						W₁	25—32	棕灰色	重壤土	块状	5.6	31.5	2.13	0.23	7.8			
						W₂	32—100	褐黄色	中壤土	块状	6.4	10.3	0.72	0.09	7.8			
剖16	人为土	水稻土	潴育水稻土	老黄筋泥田	老黄筋泥	A	0—14	棕灰色	重壤土	块状	6.4					黄红壤原积物、坡积物	E 121°26′04.0″ N 29°40′31.4″	95
						P	14—23	淡黄黄色	重壤土	块柱状	5.6	16.6	0.98	0.43	5.8			
						W₁	23—42	淡棕黄色	轻石质中壤土	块柱状	5.6	14.5	0.83	0.41	5.6			
						W₂	42—61	淡黄黄色	中石质中壤土	块柱状	6.1	7.9	0.55	0.32	6.4			
						W₃	61—100	淡棕黄色	中石质重壤土	碎块状	7.0	26.7	1.59	1.28	20.3			
剖17	人为土	水稻土	潴育水稻土	新黄筋泥田	江涂泥田	A	0—12	暗红色	重壤土	块状	6.9	21.3	1.27	1.57	23.6	黄红壤原积物、坡积物	E 121°26′55.3″ N 29°37′57.9″	95
						W	15—100	暗红色	重壤土	块状	6.9	17.5	1.01	1.40	23.6			
剖18	人为土	水稻土	渗育水稻土	紫泥田	紫泥田	A	0—17		重壤土	碎块状							E 121°24′58.1″ N 29°36′14.4″	95
						W₁	17—25		重壤土	核块状								
						W₂			重壤土	块状								
						C	25—53			无结构								
剖19	铁铝土	红壤	红壤	红泥砂土	红泥砂土	A	0—17	淡棕色	重壤土	碎块状	5.1	20.8	1.44	0.34	7.4	古湖沼相、湖海相沉积物	E 121°16′01.2″ N 29°33′23.7″	95
						B	17—100	红棕色	轻黏土	核块状	5.2	15.9	1.10	0.32	7.4			
剖20	人为土	水稻土	脱潜水稻土	青紫泥田	青紫泥田	A	0—12	淡黄色	轻黏土	块状	5.5	62.2	4.40	0.42	13.6		E 121°31′25.3″ N 29°41′35.0″	96
						P	12—18	淡灰色	轻黏土	块状	5.5	50.3	2.50	0.19	12.5			
						Gw	18—45	青灰色	轻黏土	核柱状	5.6			0.13	13.7			
						G	45—100	青灰色		无结构								

续表 Continued

剖面号 Soil profile	土纲 Soil order	土类 Soil great group	亚类 Soil subgroup	土属 Soil genus	土种 Soil species	土层码 Layer code	土层厚度 Depth/cm	颜色 Soil color	质地 Soil texture	土壤结构 Soil structure	pH	有机质 OM/(g/kg)	全氮 TN/(g/kg)	全磷 TP/(g/kg)	阴离子交换量 CEC/(cmol/kg)	土壤母质 Parent material	剖面点坐标 Profile coordinate	匹配指数 Matching index/%
剖21	人为土	水稻土	潜育水稻土	烂漕田	烂漕田	A	0—16	棕灰色		无结构	5.5	39.4	2.32	0.27	12.8	山谷洪积物或堆积物	E 121°30′16.2″ N 29°40′39.6″	75
						Pg	16—25	淡灰色		无结构	5.5	35.5	1.77	0.20	12.5			
						G						29.0	1.58	0.23	13.1			
剖22	人为土	水稻土	潜育水稻土	烂泥田	烂泥砂田	A	0—16	青灰色	中壤土	无结构	5.2	44.6	2.64	0.49	7.9	冲积物、洪积物	E 121°30′09.5″ N 29°40′07.4″	75
						P	16—27	青灰色	重壤土	无结构	5.2	42.3	2.60	0.44	8.5			
						G	27—100	青灰色	中壤土	无结构	5.0	26.3	1.79	0.32	6.7			
剖23	人为土	水稻土		泥砂田	泥砂田	A	0—15	棕灰色	轻壤土	碎块状	5.4	24.3	1.43	0.55	4.7	冲积物	E 121°33′28.7″ N 29°35′27.6″	95
						P	15—30	棕灰色	轻壤土	块状	5.2	21.8	1.35	0.44	4.4			
						W₁	30—55	淡棕黄色	砂壤土	块状	5.6	6.5	0.46	0.50	3.5			
						W₂	55—100	淡棕黄色	砂壤土	块状	6.1							
						W₃	100—	淡棕黄色	轻壤土	块状	5.8							
剖24	人为土	水稻土	盐渍水稻土	涂黏田	涂黏田	Asa	0—13	栗色	轻黏土	块状	7.4	27.0	1.64	0.81	17.8	浅海沉积物	E 121°40′51.3″ N 29°35′35.6″	95
						Wsa	13—60	棕灰色	轻黏土	无结构	7.8	16.4	1.26	0.66	16.5			
						Csa	60—100	灰棕色	轻黏土	无结构	7.9	15.3	1.04	0.69	17.9			
剖25	铁铝土	红壤	黄红壤	粉红泥土		A	0—8	紫灰色		碎块状						紫色凝灰岩风化物	E 121°37′12.5″ N 29°34′39.0″	95
						B	8—22	紫灰色		碎块状								
						C	22—											

象 山 县

主要土类说明

粗骨土是象山县主要土壤类型，占本县地域面积的 31%。粗骨土属于 A-C 剖面构型，甚至（A）-C 剖面构型土壤。A 层发育不明显，与母质层性状相似，略显有机质累积。有时母质层富含砾石，甚少剖面分异与发育特征。粗骨土广泛分布在河谷阶地、丘陵、低山和中山等多种地貌单元和地形部位。

红壤是象山县第二大土壤类型，占本县地域面积的 29%。红壤分布在海拔 500m 以下的低山丘陵区，主要发生于亚热带常绿阔叶林地区，呈中度脱硅富铝化特征，土壤黏粒中的游离铁占全铁 50%—60%。红壤有深厚红色土层，底层可见深厚红色、黄色、白色相间网纹的红色黏土。土壤中的黏土矿物以高岭石、赤铁矿为主，黏粒硅铝率为 1.8—2.4，风化淋溶系数 < 0.2，盐基饱和度 < 35%，pH 为 4.5—5.5。

水稻土是象山县第二大土壤类型，占象山县地域面积的 29%。本县水稻土广泛分布于沿海平原、山弄溪边。由于水成因素的分异，土壤剖面构型有 A-P-W-C、A-P-W-G、A-Pg-W-G、A-P-G 及 Asa-Csa 等。因母质、地形等成土因素各异，水稻土可分为渗育型、潴育型、潜育型和盐渍型四个亚类。其中产量水平较高的潴育水稻土面积最大，占本土类面积近 90%。

滨海盐土是象山县第四大土壤类型，占本县地域面积的 4%。土壤处在盐渍化或脱盐过程中，1m 土层内含盐量较高。本土类可分为滨海盐土和潮土化盐土两个亚类。滨海盐土亚类除盐白地外，基本上未被围垦利用。潮土化盐土为本土类主要亚类，大多是 20 世纪 70 年代新围垦塘地，处在脱盐和脱蚀阶段，虽已耕作利用，但对作物盐害影响较大。

小于本县地域面积 3% 的土壤类型为潮土、红黏土。

本区域中心区气候特征

本区域中心区气候特征值
Regional climate characteristics in central area of the region

气候带：中亚热带湿润气候 Climate region: Subtropical humid climate	
年平均气温 /℃ Annual average temperature /℃	16.9
年平均最高气温 /℃ Annual average maximum temperature /℃	20.7
年平均最低气温 /℃ Annual average minimum temperature /℃	14.0
年降水量 /mm Annual precipitation /mm	1526
≥ 10℃的积温 /℃ Daily temperature accumulated in a year（≥ 10℃）/℃	6099
年日照时数 /h Annual sunshine /h	1860
年平均相对湿度 /% Annual average relative humidity /%	79
干燥度 Dryness	0.67

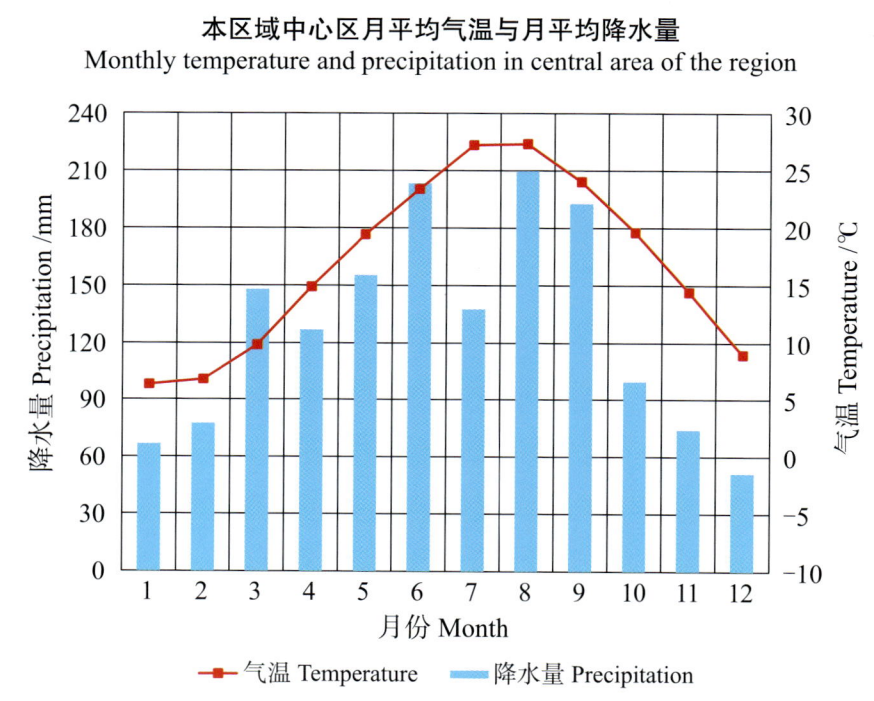

本区域中心区月平均气温与月平均降水量
Monthly temperature and precipitation in central area of the region

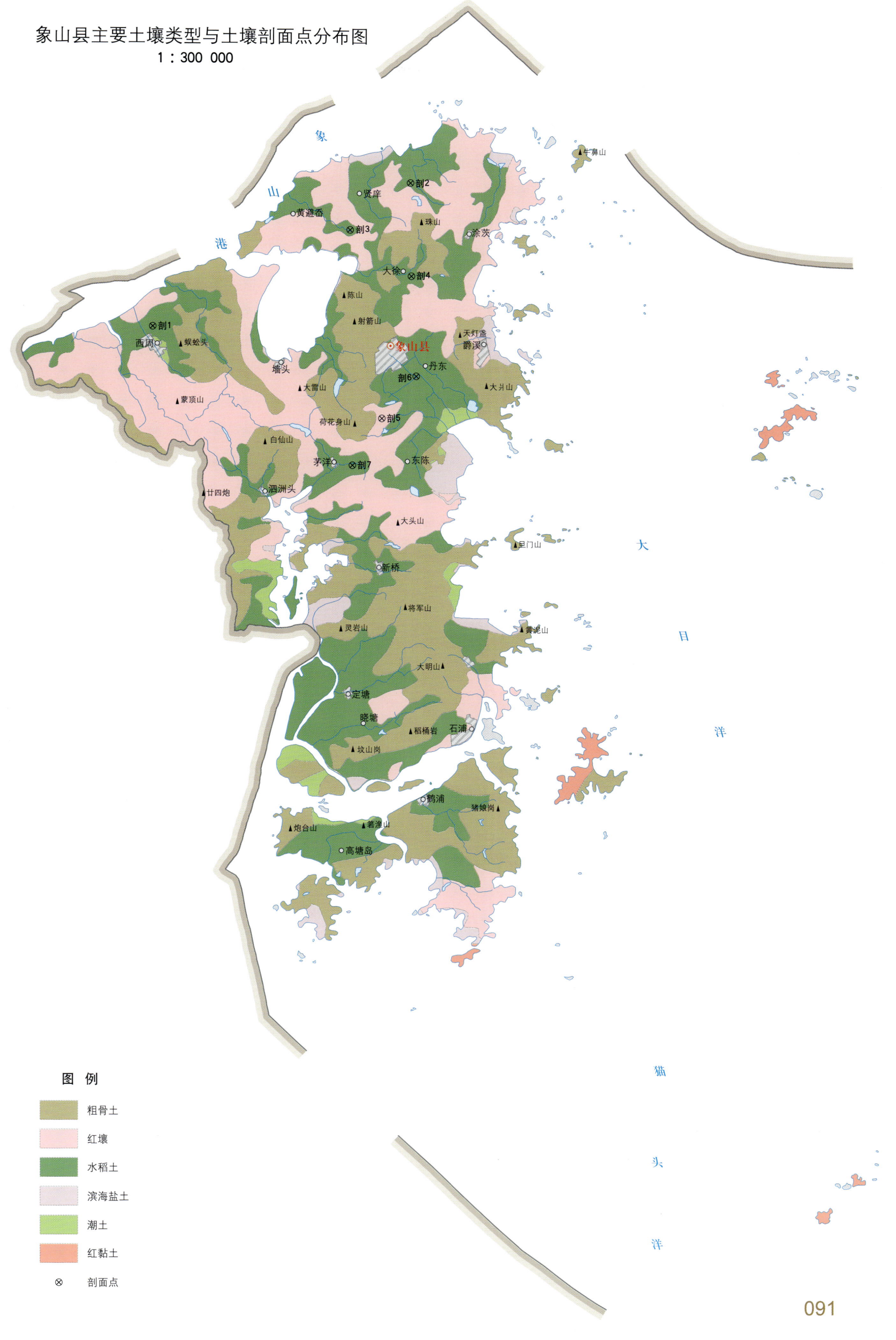

象山县土壤剖面理化性状表

剖面号 Soil profile	土纲 Soil order	土类 Soil great group	亚类 Soil subgroup	土属 Soil genus	土种 Soil species	土层码 Layer code	土层厚度 Depth/cm	颜色 Soil color	质地 Soil texture	土壤结构 Soil structure	pH	有机质 OM/(g/kg)	全氮 TN/(g/kg)	全磷 TP/(g/kg)	阳离子交换量CEC/(cmol/kg)	土壤母质 Parent material	剖面点坐标 Profile coordinate	匹配指数 Matching index/%
剖1	人为土	水稻土	潴育水稻土	烂塘田	汤田	A	0–13	淡棕色	中黏土	粒状	6.7	35.2	2.12	0.69		近代浅海沉积物	E 121°40′25.1″ N 29°29′30.5″	95
						Pg	13–35	青灰棕色	中黏土	块状	6.1	27.7	1.62	0.65				
						Gw	35–70	青灰棕色	重黏土		8.0	12.6	7.90	1.10				
剖2	人为土	水稻土	潴育水稻土	淡涂田	黄泥翘田	A	0–13	灰棕色	中壤土	块状	7.0	12.2	1.04	0.84		新浅海沉积物	E 121°53′03.1″ N 29°35′48.9″	75
						P	13–22	棕灰色	中黏土	块状	7.4	4.0	0.46	0.82				
						W	22–85	棕色		柱状								
						C	85–100	棕色										
剖3	人为土	水稻土	潴育水稻土	灰泥田	青隔灰泥田	A	0–14	棕灰色	重黏土	粒状	6.2	59.2	3.69	0.98		浅海沉积物	E 121°50′06.5″ N 29°33′45.9″	75
						Pg	14–23	青灰色	轻黏土	块状	6.7	22.1	1.60	0.57				
						W₁	23–65	淡黄灰色	轻黏土	棱柱状	6.9	6.8	0.62	0.37				
						W₂	65–100	黄棕色		棱柱状								
剖4	人为土	水稻土	潴育水稻土	洪积泥砂田	合口泥砂田	A	0–14	淡灰色		粒状	5.3	41.7	2.34	1.33		洪积物	E 121°53′09.5″ N 29°31′48.6″	75
						P	14–21	淡棕色		块状	5.7	37.5	2.11	1.21				
						W	21–60	黄棕色		块状	5.8	6.7	0.41	0.82				
						C	60–100											
剖5	铁铝土	红壤	黄红壤	砂黏质红土	砂黏质红土	A	0–13		中壤土		6.2	17.4	1.15	0.64		粗晶、中晶花岗岩风化物	E 121°51′47.4″ N 29°25′40.4″	95
						(B₁)	13–35		中壤土		6.1	17.0	1.14	0.53				
						(B₂)	35–100		重壤土		6.1	7.5	0.65	0.46	14.6			
剖6	人为土	水稻土	潴育水稻土	灰泥田	灰泥田	A	0–12	棕灰色	重黏土	粒状	6.4	60.9	3.60	1.16		浅海沉积物	E 121°53′27.6″ N 29°27′30.3″	95
						P	12–20	灰色	轻黏土	块状	6.8	34.6	2.52	0.87	21.9			
						W₁	20–30	淡棕黄色	轻黏土	柱状	6.9	11.3	0.80	0.55	13.4			
						Wg	30–48	黄棕色		棱柱状								
						W₂	48–100	灰黄色		棱柱状								
剖7	人为土	水稻土	潴育水稻土	泥砂田	泥砂田	A	0–16	淡灰色	中壤土	粒状	6.5	35.1	1.58	1.03		冲积物	E 121°50′22.1″ N 29°23′39.0″	95
						P	16–26	棕灰色	中壤土	块状	6.5	21.7	0.74	0.74				
						W₁	26–47	棕黄色	中壤土	柱状	6.5	7.7	0.57	0.57				
						W₂	47–82	褐棕色		柱状								
						C	82–100	黄棕色	中壤土	粒状	7.0	19.1	1.37	0.92				

宁 海 县

主要土类说明

红壤是宁海县主要土壤类型，占本县地域面积的 32%。红壤主要分布在海拔 500m 以下的低山丘陵，是本县山地土壤的主要类型，种多面广。它是在高温、高湿气候条件下遭受深度风化形成的矿质土壤，盐基淋溶、富铝化现象明显。土壤呈酸性或强酸性反应。

粗骨土是宁海县主要土壤类型，占本县地域面积的 32%。粗骨土属于 A-C 剖面构型，甚至（A）-C 剖面构型土壤。A 层发育不明显，与母质层性状相似，略显有机质累积。有时母质层富含砾石，甚少剖面分异与发育特征。粗骨土广泛分布于河谷阶地、丘陵、低山和中山等多种地貌单元和地形部位。

水稻土是宁海县第三大土壤类型，占本县地域面积的 23%。本类土壤是宁海县耕地土壤的主要类型，在农业生产上占有重要地位。水稻土是在特殊条件下形成的水成土，除受气候、母质、地形、时间、生物等因素影响外，还在很大程度上受人为因素的影响，即人为的水耕熟化过程，从而形成了特定的剖面构型。

潮土是宁海县第四大土壤类型，占本县地域面积的 5%。潮土分布在溪谷两侧及沿海地带，成土母质为河相、海相冲积物、洪积物和沉积物，其剖面常保留母质的不同质地层次，各发生层的质地和色泽均一。沿海平原区的潮土还有不同的积盐现象。土壤反应呈酸性、中性、碱性均有。目前多为旱地，土壤剖面构型有 A-B-Wc 和 A-B-W-Csa 两种。

黄壤是宁海县第五大土壤类型，占本县地域面积的 4%。黄壤为本县高山地带的土壤，其分布区域大致高度划定在海拔 500m 以上。母质为基岩的残积风化物，富铝化过程明显，但黏粒部分的硅铝铁率略高于红壤。由于大气及土壤湿度高，又无明显旱季，土体中铁的氧化物脱水程度低，因此，土体呈黄色或棕黄色。此外，在此条件下，土壤淋溶作用较强，盐基饱和度较低，有机质积累量大，且常保存较好的枯枝落叶层。但典型的黄壤在本县分布不多。

小于本县地域面积 3% 的土壤类型为滨海盐土、紫色土。

本区域中心区气候特征

本区域中心区气候特征值
Regional climate characteristics in central area of the region

气候带：中亚热带湿润气候 Climate region: Subtropical humid climate	
年平均气温 /℃ Annual average temperature /℃	17.1
年平均最高气温 /℃ Annual average maximum temperature /℃	21.1
年平均最低气温 /℃ Annual average minimum temperature /℃	14.1
年降水量 /mm Annual precipitation /mm	1578
≥10℃的积温 /℃ Daily temperature accumulated in a year（≥10℃）/℃	6154
年日照时数 /h Annual sunshine /h	1809
年平均相对湿度 /% Annual average relative humidity /%	79
干燥度 Dryness	0.67

本区域中心区月平均气温与月平均降水量
Monthly temperature and precipitation in central area of the region

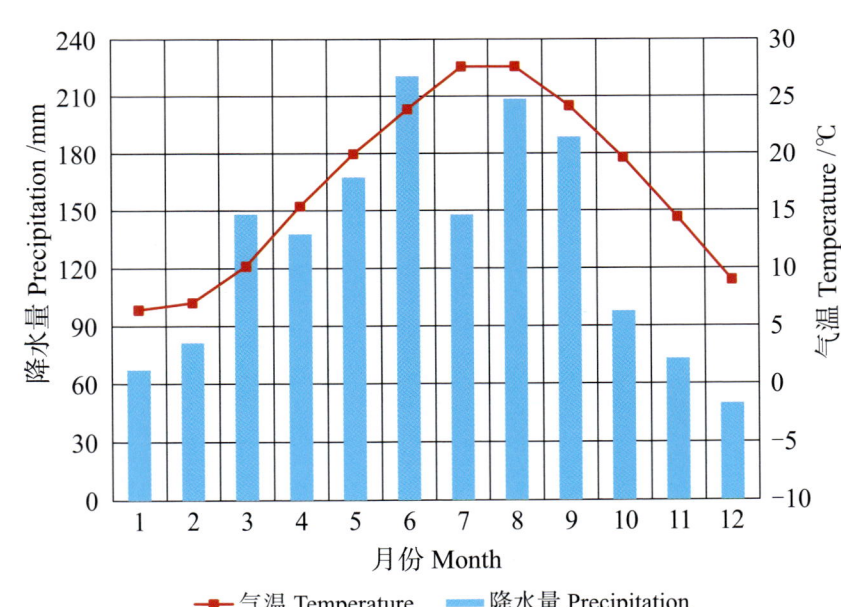

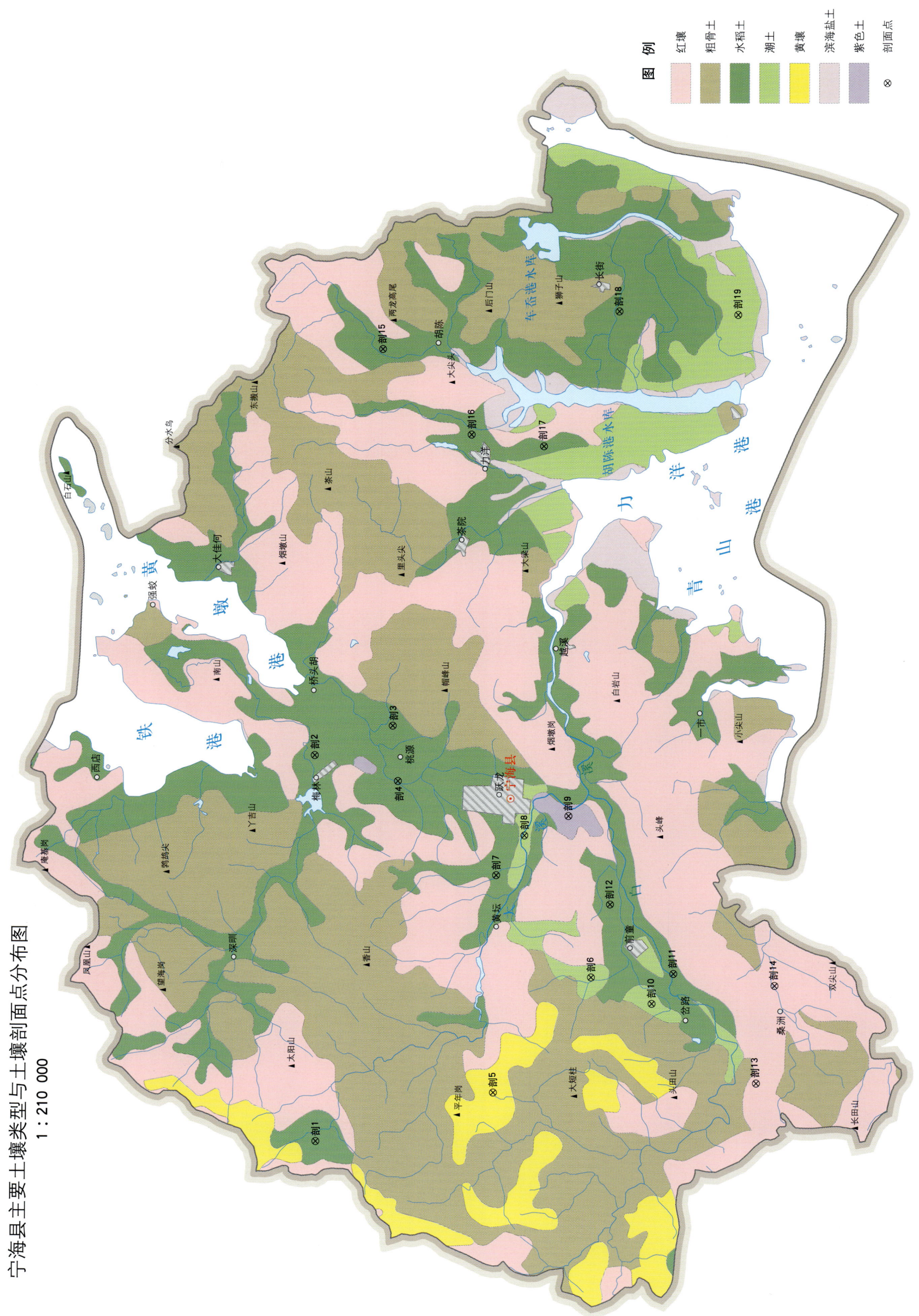

宁海县主要土壤类型与土壤剖面点分布图
1:210 000

宁海县土壤剖面理化性状表

剖面号 Soil profile	土纲 Soil order	土类 Soil great group	亚类 Soil subgroup	土属 Soil genus	土种 Soil species	土层码 Layer code	土层厚度 Depth/cm	颜色 Soil color	质地 Soil texture	土壤结构 Soil structure	pH	有机质 OM/(g/kg)	全氮 TN/(g/kg)	全磷 TP/(g/kg)	阳离子交换量CEC/(cmol/kg)	土壤母质 Parent material	剖面点坐标 Profile coordinate	匹配指数 Matching index/%
剖1	人为土	水稻土	渗育水稻土	红泥田	红泥砂田	A	0~13	暗棕灰色	重壤土	粒状	6.0	34.8	2.30	0.44	8.5	含石英砂较多的凝灰岩风化物	E 121°14′18.9″ N 29°22′48.7″	95
						P	13~24	暗棕灰色	重壤土	块状	6.0	26.3	1.71	0.31	7.2			
						W₁	24~40	红黄色	轻黏土	块状	6.4	8.7	0.74	0.24	10.7			
						W₂	40~55	红黄色	轻黏土	块状	6.4							
剖2	人为土	水稻土	潴育水稻土	泥砂田	泥砂田	A	0~13	棕灰色	中壤土	小粒状	5.8	34.5	2.50	0.47	7.2	冲积物、洪积物	E 121°26′53.2″ N 29°23′03.0″	95
						P	13~21	棕灰色	中壤土	块状	6.0	21.4	1.28	0.36	6.7			
						W₁	21~36	灰黄色	中壤土	块状	6.2	11.8	0.80	0.30	5.5			
						W₂	36~50	灰棕色	砂壤土	块状	6.2							
						C	50~100	棕色	砂砾	无结构								
剖3	人为土	水稻土	渗育水稻土	黄泥田	砂性黄泥田	A	0~12	暗灰黄色	重壤土	粒状	5.8	22.3	1.37	0.28		红壤类原积物、再积物	E 121°27′53.6″ N 29°20′50.1″	95
						P	12~19	暗灰黄色	重壤土	块状	5.8	17.2	1.05	0.21				
						W₁	19~35	褐色	重壤土	块状	6.1	10.7	0.72	0.20				
						W₂	35~100	褐灰色	重壤土	块状								
剖4	人为土	水稻土	淹育水稻土	浅黄砂泥田	砂性黄泥田	A	0~12	暗灰黄色	黏壤土	屑粒状	5.8	22.3	1.40	0.30			E 121°26′05.8″ N 29°20′39.5″	95
						Aa	12~19	棕灰色	粉砂质黏壤土	块状	5.8	10.7	1.00	0.20				
						Ap	19~100	灰棕色	黏壤土	大块状	6.1		0.70	0.20				
剖5	铁铝土	黄壤	黄壤	山地黄黏土	山地黄黏土	A	0~25	棕色	轻黏土	粒状	5.8	43.0	2.02	1.82	19.8	凝灰岩、流纹岩风化物	E 121°15′59.6″ N 29°17′45.2″	95
						(B)	25~52	棕色	轻黏土	块状	5.9	31.7	1.53	2.15	19.7			
剖6	半水成土	潮土	灰潮土	清水砂	井砂土	A	0~30	棕灰色	砂壤土	无结构	5.8	7.7	2.04	0.37	4.2	河流冲积物	E 121°19′47.2″ N 29°15′01.2″	75
						B	30~56	棕灰色	砂壤土	无结构	6.2	5.6	1.34	0.28	5.3			
						C	56~100	棕灰色	中壤土	无结构	6.2							
剖7	人为土	水稻土	潜育水稻土	烂塘田	砾心汤田	A	0~12	暗棕灰色	中黏土	无结构						新浅海沉积物	E 121°23′04.4″ N 29°17′47.5″	81
						Pg	12~24	暗棕灰色	重黏土	无结构								
						G₁	24~37	暗棕灰色	重黏土	无结构								
						G₂	37~60	暗棕灰色	中黏土	无结构								
						C	60~100	暗棕灰色	中黏土	无结构								
剖8	半水成土	潮土	灰潮土	培泥砂土		A	0~16	棕灰色	砂壤土	散粒状	6.4	8.6	0.59	0.26	6.0	河流冲积物	E 121°24′23.3″ N 29°17′00.2″	75
						B	16~62	褐色	中壤土	散粒状	6.4	10.7	0.72	0.32	9.2			
						C	62~100	褐色	紧砂土	无结构	6.6							
剖9	初育土	紫色土	石灰性紫色土	红紫砂土	红紫砂田	A	0~20	紫灰色	中壤土	小粒状	5.2	27.3	1.50	0.25	7.7	石灰性紫色砂岩风化物	E 121°25′02.6″ N 29°15′45.1″	93
						A	20~43	紫色	中壤土	块状	5.4	15.9	0.96	0.22	7.1			
						(B)	43~90	紫灰色	中壤土	散粒状	5.6							
剖10	半水成土	潮土	灰潮土	洪积泥砂土		A	0~16	棕灰色	轻壤土	散粒状	6.0	21.1	1.06	0.33	6.5	近代洪积物	E 121°18′57.7″ N 29°13′15.6″	95
						B	16~45	棕灰色	中壤土	无结构	6.2	8.6	0.56	0.21	7.5			
						C	45~100	棕色	中黏土	无结构	6.2							
剖11	人为土	水稻土	潴育水稻土	泥质田	泥质田	A	0~15	暗棕灰色	重壤土	粒状	6.4	34.2	2.04	0.30		河流老冲积物	E 121°19′56.9″ N 29°12′39.3″	95
						P	15~23	暗棕灰色	重壤土	块状	7.0	22.4	1.32	0.27				
						W₁	23~50	暗灰黄色	重壤土	棱柱状	7.2	6.1	0.42	0.27				
						W₂	50~70	暗灰黄色	重壤土	棱柱状								
						W₃	70~100	淡黄棕色	重壤土	棱柱状								

续表 Continued

剖面号 Soil profile	土纲 Soil order	土类 Soil great group	亚类 Soil subgroup	土属 Soil genus	土种 Soil species	土层码 Layer code	土层厚度 Depth/cm	颜色 Soil color	质地 Soil texture	土壤结构 Soil structure	pH	有机质 OM/(g/kg)	全氮 TN/(g/kg)	全磷 TP/(g/kg)	阳离子交换量 CEC/(cmol/kg)	土壤母质 Parent material	剖面点坐标 Profile coordinate	匹配指数 Matching index/%
剖12	人为土	水稻土	潴育水稻土	塔泥砂田	塔泥砂田	A	0–15	暗棕灰色	中壤土	散粒状	5.7	21.0	1.79	0.43	6.2	新河流冲积物	E 121°22′10.4″ N 29°14′30.5″	96
						P	15–20	灰黄棕色	中壤土	块状	5.8	18.0	1.49	0.50	6.4			
						W₁	20–31	淡黄棕色	中壤土	小棱柱状	6.0	6.8	0.64	0.32	8.3			
						W₂	31–100	棕色	重壤土	小棱柱状	6.4							
剖13	铁铝土	红壤	红壤	红黏土	红黏土	A	0–18	暗红棕色	中黏土	粒状	5.6	24.2	1.52	0.61	13.5	玄武岩及少部分安山岩风化物	E 121°16′27.4″ N 29°10′13.2″	95
						(B)	18–100	暗红棕色	中黏土	粒状	5.2	9.8	0.81	0.61	13.2			
剖14	铁铝土	红壤	黄红壤	红砂土	酸性紫色土	A	0–16	紫灰色	中壤土	粒状	5.8	20.9	1.24	0.91	19.0	非石灰性紫色砂页岩风化物	E 121°19′37.6″ N 29°09′44.7″	95
						(B)	16–45	紫灰棕色	中壤土	无结构	5.6	6.8	0.48	0.83	18.8			
剖15	人为土	水稻土	潴育水稻土	烂泥田	烂泥砂田	A	0–14	暗棕灰色	中壤土	无结构	6.0	40.6	2.24	0.47	8.2	洪冲积物	E 121°40′10.3″ N 29°21′16.8″	95
						Pg	14–24	暗灰色	中壤土	无结构	6.1	36.0	1.68	0.34	7.0			
						G	24–68	青灰色	中壤土	无结构	5.9	89.2	2.21	0.14				
						E	68–100	灰白色	砂壤土		6.2							
剖16	人为土	水稻土	渗育水稻土	红泥田	红黏田	A	0–17	灰棕色	轻黏土	小粒状	6.0	29.8	1.85	0.73	15.2	玄武岩、闪长岩等岩浆岩的风化物	E 121°37′24.7″ N 29°18′42.2″	95
						P	17–28	紫棕色	轻黏土	块状	6.2	29.8	1.68	0.76	14.6			
						W₁	28–38	暗棕色	轻黏土	块状	6.6	20.0	1.32	0.70	14.4			
						W₂	38–55	暗棕色	轻黏土	块状	6.6							
						W₃	55–100	暗棕色	轻黏土	块状	6.6							
剖17	人为土	水稻土	潴育水稻土	老黄筋泥田	老黄筋泥田	A	0–15	暗黄棕色	重壤土	块状	5.8	29.1	1.93	0.28	8.6	古洪冲积物	E 121°37′03.5″ N 29°16′37.5″	95
						P	15–24	暗黄棕色	中壤土	块状	7.1	14.8	1.09	0.24	7.6			
						W₁	24–31	暗黄棕色	轻黏土	小棱柱状	7.1	6.3	0.53	0.21	9.8			
						W₂	31–38	暗黄棕色	轻黏土	小棱柱状	7.2							
						W₃	38–47	灰黄棕色	中壤土	小棱柱状	7.2							
						W₄	47–100	暗棕色	中壤土	块状	7.0							
剖18	人为土	水稻土	潴育水稻土	淡潮泥田	淡塘泥田	A	0–11	暗棕灰色	轻黏土	块状	7.8	43.1	2.57	0.67	18.2	新浅海沉积物	E 121°41′28.6″ N 29°14′30.8″	95
						P	11–21	暗棕灰色	轻黏土	弱发育棱柱状	8.0	28.1	1.73	0.63	16.1			
						W₁	21–37	灰棕色	中壤土	弱发育棱柱状	8.4	6.8	0.63	0.61	16.6			
						Wc	37–100	灰棕色	轻黏土	块状	8.6							
剖19	半水成土	潮土	灰潮土	淡涂黏	浆粉泥土	A	0–15	灰棕色	轻黏土	块状	7.5	17.1	1.29	0.58		新浅海沉积物	E 121°41′24.8″ N 29°11′06.8″	95
						Bw	15–60	灰棕色	轻黏土	弱发育棱柱状	7.8	11.7	0.91	0.54				
						Csa	60–100	灰棕色	轻黏土	大块状	7.8							

余 姚 市

主要土类说明

水稻土是余姚市主要土壤类型，占本市地域面积的 38%。水稻土是在长期季节性淹灌、水下翻耕、季节性脱水等水耕活动的影响下，土壤内部物质发生氧化还原交替作用，原来的成土母质或母土特性发生重大改变，从而形成的新的土壤类型。由于干湿交替等作用的影响，糊状淹育层、较坚实板结的犁底层、渗育层、潴育层与潜育层多种发生层分异。这些不同发生层是在人为耕作、水浆管理作用下形成的。

红壤是余姚市第二大土壤类型，占本市地域面积的 35%。红壤是在高温多湿这样一个特殊的生物气候条件下所形成的土壤类型，土壤矿物深遭风化，盐基离子淋失殆尽，铁铝氧化物相对积聚，酸性重，质地黏，土壤红化。

黄壤是余姚市第三大土壤类型，占本市地域面积的 8%。黄壤是在凉爽多湿的气候条件下形成的一种富含有机质的地带性土壤，广泛分布于本市海拔 500m 以上的山地，其母质为各类基岩的风化残积体和坡积体。土体上草类、灌木等自然植被生长良好，有机质积累量大，富铝化过程明显，土壤反应呈酸性。土壤湿度大，土体中铁铝氧化物水化度高，脱水率低，使土体呈黄色或棕黄色；表土为枯枝落叶层和腐殖质层，常厚达 10—20cm，但这种类型在本市已较少见，而大多数腐殖质层已很薄或缺失。根据本市土壤剖面风化发育情况，可将其分为黄壤和侵蚀型黄壤两个亚类。

潮土是余姚市第四大土壤类型，占本市地域面积的 7%。潮土是在地下水和地表水双重作用下发育的土壤，母质为河湖海冲积物、沉积物，分为潮土和灰潮土两个亚类。潮土亚类分布在丘陵山区，灰潮土分布在滨海平原。

粗骨土是余姚市第五大土壤类型，占本市地域面积的 5%。粗骨土属于 A-C 剖面构型，甚至（A）-C 剖面构型土壤。A 层发育不明显，与母质层性状相似，略显有机质累积。有时母质层富含砾石，甚少剖面分异与发育特征。粗骨土广泛分布于河谷阶地、丘陵、低山和中山等多种地貌单元和地形部位。

小于本市地域面积 3% 的土壤类型为滨海盐土、紫色土和火山灰土。

本区域中心区气候特征

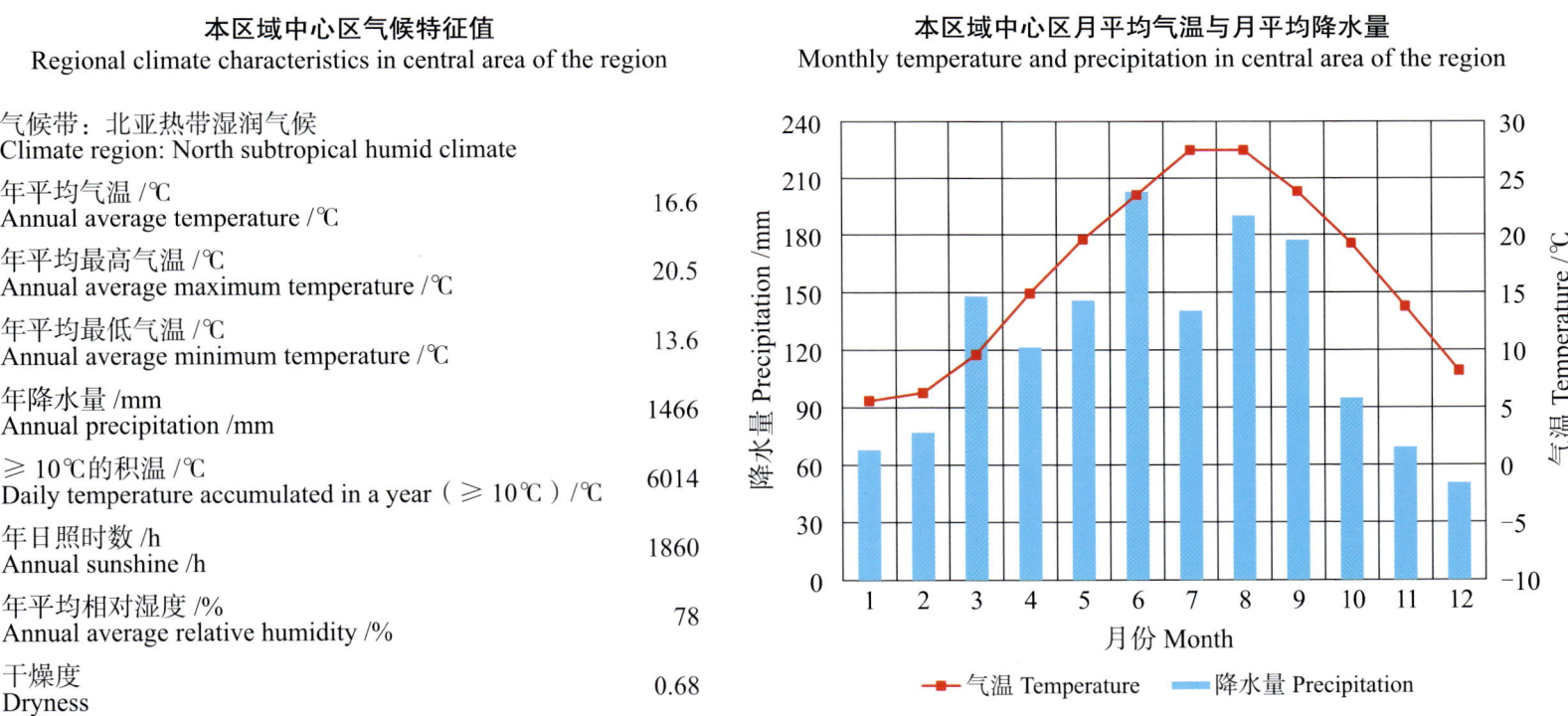

本区域中心区气候特征值
Regional climate characteristics in central area of the region

气候带：北亚热带湿润气候 Climate region: North subtropical humid climate	
年平均气温 /℃ Annual average temperature /℃	16.6
年平均最高气温 /℃ Annual average maximum temperature /℃	20.5
年平均最低气温 /℃ Annual average minimum temperature /℃	13.6
年降水量 /mm Annual precipitation /mm	1466
≥10℃的积温 /℃ Daily temperature accumulated in a year (≥10℃) /℃	6014
年日照时数 /h Annual sunshine /h	1860
年平均相对湿度 /% Annual average relative humidity /%	78
干燥度 Dryness	0.68

本区域中心区月平均气温与月平均降水量
Monthly temperature and precipitation in central area of the region

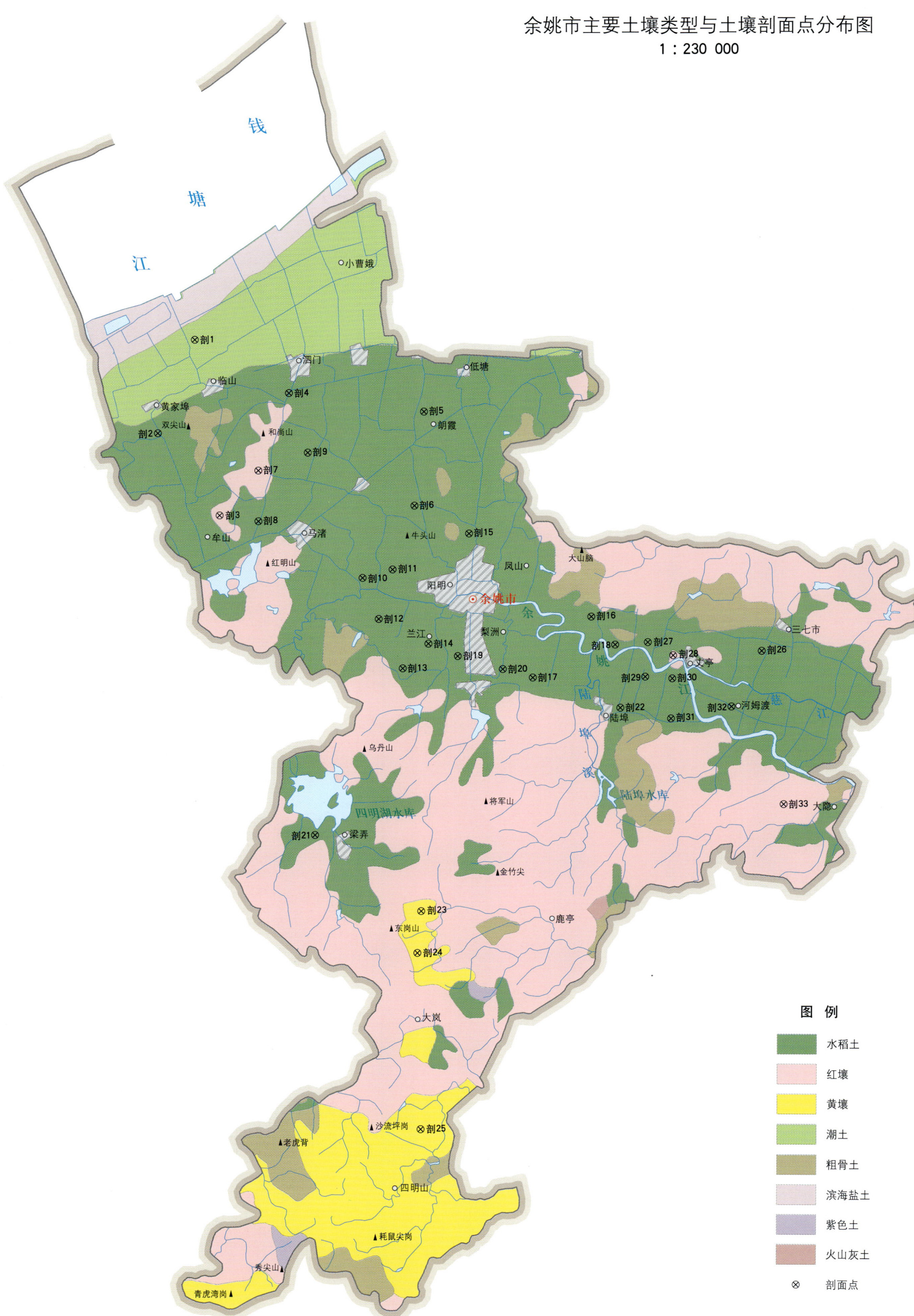

余姚市土壤剖面理化性状表

剖面号 Soil profile	土纲 Soil order	土类 Soil great group	亚类 Soil subgroup	土属 Soil genus	土种 Soil species	土层码 Layer code	土层厚度 Depth/cm	颜色 Soil color	质地 Soil texture	土壤结构 Soil structure	pH	有机质 OM/(g/kg)	全氮 TN/(g/kg)	全磷 TP/(g/kg)	全钾 TK/(g/kg)	土壤母质 Parent material	剖面点坐标 Profile coordinate	匹配指数 Matching index/%
剖1	半水成土	潮土	灰潮土	淡涂泥	夜阴土	A	0—18	暗灰色	中壤土	粒状	7.1	15.8	1.14	0.80		河湖相沉积物	E 120°58′47.3″ N 30°10′40.3″	93
						B	18—56	淡黄棕色	中壤土	粒状	7.1	11.9	0.84	0.72				
						C	56—100	淡黄棕色	中壤土	粒状	7.5	6.0	0.55	0.58				
剖2	人为土	水稻土	渗育水稻土	白粉泥田	白粉泥田	A	0—13	淡黄色	黏壤土	块状	6.0	57.2	3.67			河湖相沉积物	E 120°57′30.6″ N 30°07′43.0″	81
						Ap	13—19	棕灰色	黏壤土	块状	6.5	48.5	3.16					
						P	19—35	浊黄橙色	黏壤土	棱柱状	7.0	6.4	0.47					
						C	35—100	浊黄橙色	黏壤土	块状								
剖3	铁铝土	红壤	黄红壤	黄泥土	黄泥砂土	A	0—22	淡棕黄色	中壤土	粒状	5.5	16.3	0.73	0.24		酸性岩浆岩风化物	E 120°59′48.0″ N 30°05′10.7″	97
						B	22—57	淡棕黄色	重壤土	粒状	5.5	9.1	0.56	0.26				
						C	57—100	淡棕黄色	重壤土	粒状	5.6	6.5	0.46	0.34				
剖4	人为土	水稻土	潴育水稻土	粉泥田	粉泥田	A	0—12	暗灰色	中壤土	块状	6.0	28.8	1.75	0.46		海相或海湖相沉积物	E 121°02′13.9″ N 30°09′02.9″	95
						P	12—22	暗灰色	重壤土	核粒状	6.3	18.4	1.21	0.41				
						W	22—100	暗黄棕色	重壤土	核粒状	6.6	7.5	0.60	0.31				
剖5	人为土	水稻土	潴育水稻土	黄斑田	青心黄斑田	A	0—16	暗灰色	中壤土	核粒状	6.0	36.0	2.23	0.32		湖海相沉积物	E 121°07′08.8″ N 30°08′32.5″	95
						P	16—25	淡棕黄色	重壤土	核状	6.5	32.1	2.02	0.24				
						W	25—51	淡棕黄色	重壤土	核状	6.8	11.2	0.82	0.19				
剖6	人为土	水稻土	渗育水稻土	山地黄泥田	山地黄泥田	A	0—14	暗灰色	轻壤土	核状	5.6	27.0	1.70	0.83		凝灰岩风化物	E 121°06′51.3″ N 30°05′35.5″	75
						P	14—19	暗黄棕色	轻壤土	核状	6.3	13.5	1.00	0.54				
						W	19—42	暗黄棕色	轻壤土	块状	6.3	10.0	0.34	0.41				
剖7	铁铝土	红壤	黄红壤	粉红泥土	紫粉泥田	A	0—9	紫灰色	中壤土	粒状	6.0	15.1	0.67	0.06		浅色或紫色凝灰岩风化物	E 121°01′10.9″ N 30°06′36.1″	95
						B	9—32	紫灰色	中壤土	核状	5.7	8.8	0.50	0.06				
						C	32—100	紫灰色	重壤土	核状	5.9	4.0	0.45	0.14				
剖8	人为土	水稻土	脱潜水稻土	青粉泥田	青粉泥田	A	0—16	暗灰色	重壤土	块状	6.0	39.9	2.41	0.45		古湖沼相、湖海相沉积物	E 121°01′13.1″ N 30°05′01.0″	95
						P	16—24	暗灰色	重壤土	核块状	6.4	27.8	1.86	0.35				
						W	24—55	黄灰色	重壤土	棱柱状	6.8	8.8	0.66	0.25				
剖9	人为土	水稻土	潴育水稻土	洪积泥砂田	洪积泥砂田	A	0—16	暗灰色	中壤土	块状	5.7	46.0	2.48	0.34		近代洪冲积物	E 121°02′57.4″ N 30°07′11.7″	75
						P	16—23	淡灰色	重壤土	核块状	5.9	43.5	2.46	0.30				
						W	23—47	淡黄灰色	重壤土	核块状	6.5	8.5	0.50	0.10				
剖10	人为土	水稻土	潴育水稻土	山地黄泥田	山地黄泥田	Aa	0—18	棕灰色	砂质黏壤土	碎块状	5.5	25.0	1.50	0.40	19.5	黄壤再积物	E 121°05′01.7″ N 30°03′17.6″	95
						Ap	18—22	棕灰色	黏壤土	块状	5.5	26.1	1.50					
						W	22—56	暗黄棕色	黏壤土	棱柱状	5.5	27.7						
						C	56—100	灰黄色	砂质黏壤土	块状	6.4	3.6						
剖11	人为土	水稻土	渗育水稻土	白砂田	白粉田	A	0—16	淡黄色	中壤土	块状	5.6	21.7	1.25	0.26		花岗岩风化物	E 121°06′06.7″ N 30°03′34.7″	75
						P	16—20	淡黄色	中壤土	核块状	6.5	18.5	1.13	0.25				
						W	20—70	淡黄色	中壤土	核粒状	6.5	10.7	0.71	0.19				
剖12	人为土	水稻土	潴育水稻土	黄泥砂田	黄泥砂田	A	0—15	暗黄色	中壤土	核块状	5.9	34.6	2.00	0.34		红壤坡积物、再积物	E 121°05′38.5″ N 30°02′00.6″	95
						P	15—23	暗黄色	中壤土	核块状	5.9	19.5	1.20	0.24				
						W	23—54	淡棕黄色	中壤土	块状	6.2	7.5	0.48	0.20				
剖13	人为土	水稻土	脱潜水稻土	青紫泥田	泥炭心青紫泥田	A	0—15	暗灰色	轻黏土	块状	5.5	48.5	2.89	0.34		古湖沼相、湖海相沉积物	E 121°06′32.7″ N 30°00′28.9″	75
						P	15—22	暗黄色	轻黏土	块状	6.0	40.1	2.17	0.31				
						W	22—56	淡黄色	轻黏土	核块状	6.6	13.8	0.76	0.23				

续表 Continued

剖面号 Soil profile	土纲 Soil order	土类 Soil great group	亚类 Soil subgroup	土属 Soil genus	土种 Soil species	土层码 Layer code	土层厚度 Depth/cm	颜色 Soil color	质地 Soil texture	土壤结构 Soil structure	pH	有机质 OM/(g/kg)	全氮 TN/(g/kg)	全磷 TP/(g/kg)	全钾 TK/(g/kg)	土壤母质 Parent material	剖面点坐标 Profile coordinate	匹配指数 Matching index/%
剖14	人为土	水稻土	脱潜水稻土	黄化青紫泥田	泥炭心黄化青紫泥田	A	0—14	暗棕色	轻黏土	核状	6.2	54.9	3.20	0.46		古湖沼相、湖海相沉积物	E 121°07′27.4″ N 30°01′16.0″	95
						P	14—20	暗棕色	轻黏土	核状	6.5	25.7	1.62	0.29				
						W	20—32	淡棕黄色	轻黏土	核块状	6.8	8.6	0.65	0.21				
剖15	人为土	水稻土	潴育水稻土	泥砂田	半砂田	A	0—15	暗棕色	中壤土	粒状	5.7	40.0	2.60	0.35		冲积物	E 121°08′51.3″ N 30°04′45.0″	75
						P	15—23	暗棕色	中壤土	粒状	5.8	34.9	2.21	0.32				
						W	23—45	淡棕黄色	中壤土	粒状	6.3	8.0	0.56	0.22				
剖16	人为土	水稻土	脱潜水稻土	青紫泥田	腐泥心青紫泥田	A	0—13	暗棕色	轻黏土	块状	6.1	34.1	2.18	0.44		古湖沼相、湖海相沉积物	E 121°13′20.0″ N 30°02′11.6″	95
						P	13—20	暗棕色	轻黏土	块状	6.7	22.8	1.54	0.33				
						W	20—45	淡黄棕色	中黏土	核块状	6.9	11.2	0.86	0.24				
剖17	人为土	水稻土	渗育水稻土	红泥田	红泥砂田	A	0—13	暗棕色	重黏土	核块状	6.0	40.6	2.23	0.73		近代洪冲积物	E 121°11′15.7″ N 30°00′15.7″	75
						P	13—21	棕红色	重壤土	核粒状	6.0	36.0	2.06	0.73				
						W	21—44	暗黄棕色	重壤土	核粒状	6.4	9.3	0.70	0.49				
剖18	人为土	水稻土	潴育水稻土	洪积泥砂田	狭谷泥砂田	A	0—16	暗棕色	中壤土	粒状	6.1	33.3	9.60	0.41		河相沉积物	E 121°14′13.3″ N 30°01′20.0″	75
						P	16—23	暗棕色	中壤土	核粒状	6.1	21.4	1.31	0.34				
						W	23—39	暗棕色	中壤土	核粒状	6.3	9.9	0.64	0.24				
剖19	人为土	水稻土	潴育水稻土	小粉田	小粉田	A	0—16	暗棕色	轻壤土	核粒状	5.8	33.1	2.03	0.37		近代洪冲积物	E 121°08′31.2″ N 30°00′53.8″	95
						P	16—27	暗棕色	中壤土	核粒状	6.0	19.6	1.26	0.29				
						W₁	27—48	淡棕黄色	中壤土	核粒状	6.6	5.4	0.54	0.28				
剖20	人为土	水稻土	潴育水稻土	洪积泥砂田	合口泥砂田	A	0—18	暗棕色	中壤土	粒状	6.1	47.0	2.69	0.51		山谷堆积物或洪积物	E 121°10′09.9″ N 30°00′30.4″	75
						P	18—27	暗棕色	中壤土	粒状	6.2	33.1	2.06	0.41				
						G	27—87	暗棕色	中壤土	核状	6.4	8.2	0.58	0.40				
剖21	人为土	水稻土	潜育水稻土	烂滃田	冷水田	A	0—16	灰黄色	中壤土	核状	5.2	40.6	2.21	0.35		古湖沼相、湖海相沉积物	E 121°03′29.6″ N 29°55′11.4″	95
						P	16—26	灰黄色	中壤土	核块状	5.5	36.0	1.92	0.23				
						G	26—100	暗棕色	中壤土	核块状	5.7	29.9	1.32	0.12				
剖22	人为土	水稻土	脱潜水稻土	黄化青紫泥田	黄青紫泥田	A	0—15	暗棕色	轻黏土	核块状	6.2	44.4	2.73	0.42		古湖沼相、湖海相沉积物	E 121°14′26.9″ N 29°59′21.6″	81
						P	15—22	暗棕色	轻黏土	团粒状	6.4	35.5	2.27	0.37				
						W	22—37	淡棕黄色	轻黏土	团粒状	6.8	10.6	0.75	0.26				
剖23	铁铝土	黄壤		山地黄泥土	山地青灰土	A	0—10	黑灰色	重壤土	团粒状	5.6	102.0	4.21	0.62		流纹岩、凝灰岩风化物	E 121°07′23.1″ N 29°52′52.1″	95
						A₂	10—75	黑灰色	重壤土	团粒状	5.9	85.0	3.17	0.51				
						B	75—100	黄棕色	轻壤土	核状	5.7	40.7	2.08	0.36				
剖24	铁铝土	黄壤		山地黄黏土	山地黄黏土	A	0—20	暗棕色	轻壤土	核块状	5.8	29.7	1.68	13.80		流纹岩、凝灰岩风化物	E 121°07′16.8″ N 29°51′32.3″	75
						B	20—59	黄棕色	轻壤土	核状	6.1	19.7	1.10	11.50				
						C	59—100	黄棕色	轻壤土	核块状	6.1							
剖25	铁铝土	黄壤		山地黄黏土	山地帐石黄泥土	A	0—15	黑灰色	重壤土	团粒状	5.6	66.0	2.63	0.23		流纹岩、凝灰岩风化物	E 121°07′31.5″ N 29°46′01.5″	95
						B	15—45	淡黄黄色	重壤土	核状	6.0	20.3	1.09	0.18				
						C	45—100	暗黄棕色	中壤土	核状	6.0							
剖26	人为土	水稻土	渗育水稻土	黄泥田	黄泥田	A	0—15	暗棕色	重壤土	粒状	5.5	34.6	2.09	0.39			E 121°19′31.8″ N 30°01′12.6″	95
						P	15—23	暗棕色	中壤土	核状	5.7	20.2	1.03	0.29				
						W	23—36	淡棕黄色	中壤土	核状	6.1	8.2	0.83	0.48				
剖27	人为土	水稻土	潜育水稻土	烂泥田	烂泥砂田	A	0—18	暗棕色	砂壤土	粒状	6.2	51.2	3.02	0.43			E 121°15′23.9″ N 30°01′25.8″	75
						P	18—32	暗棕色	中壤土	粒状	6.2	34.3	2.11	0.25				
						G₁	32—57	淡棕黄色	重壤土	核状	6.3	11.3	0.56	0.15				
剖28	铁铝土	红壤	黄红壤	粉红泥土	粉红泥土	A	0—17	粉红色	重石质土	核状	5.6	20.6	0.92	0.12		浅色或紫色凝灰岩风化物	E 121°16′19.7″ N 30°01′01.8″	95
						B	17—45	粉红色	重石质土	核状	5.6	9.2	0.50	0.10				
						C	45—100	粉红色	重石质土	核状								

续表 Continued

剖面号 Soil profile	土纲 Soil order	土类 Soil great group	亚类 Soil subgroup	土属 Soil genus	土种 Soil species	土层码 Layer code	土层厚度 Depth/cm	颜色 Soil color	质地 Soil texture	土壤结构 Soil structure	pH	有机质 OM/(g/kg)	全氮 TN/(g/kg)	全磷 TP/(g/kg)	全钾 TK/(g/kg)	土壤母质 Parent material	剖面点坐标 Profile coordinate	匹配指数 Matching index/%
剖29	人为土	水稻土	潴育水稻土	泥质田	泥质田	A	0—15	淡灰色	中壤土	核粒状	5.6	38.6	2.29	0.35		河流老冲积物	E 121°15′19.5″ N 30°00′20.9″	75
						P	15—23	淡灰色	中壤土	核块状	6.2	37.6	1.83	0.30				
						W	23—45	黄棕色	中壤土	核块状	6.5	9.3	0.63	0.35				
剖30	人为土	水稻土	潴育水稻土	培泥砂田	培泥砂田	A	0—12	淡棕黄色	轻壤土	核粒状	6.0	20.7	1.23	0.44		新河流冲积物	E 121°16′18.5″ N 30°00′18.3″	75
						P	12—18	淡棕黄色	中壤土	粒状	5.7	14.7	0.75	0.67				
						W	18—23	淡棕黄色	中壤土	粒状	5.7	6.2	0.44	0.63				
剖31	人为土	水稻土	脱潜水稻土	青粉泥田	黄化青粉泥田	A	0—14	暗灰色	重壤土	核状	6.0	39.8	2.39	0.33		古湖沼相、湖海相沉积物	E 121°16′17.0″ N 29°59′03.2″	95
						P	14—24	暗灰色	重壤土	核状	6.4	28.6	1.82	0.22				
						W	24—49	淡棕黄色	重壤土	核块状	6.8	7.7	0.57	0.16				
剖32	人为土	水稻土	渗育水稻土	山地黄泥田	山地黄泥田	A	0—20	暗灰色	重壤土	核粒状	5.6	46.3	2.62	0.44		凝灰岩风化物	E 121°18′38.0″ N 29°59′27.8″	95
						P	20—31	暗灰色	重壤土		5.8	30.3	1.62	0.29				
						W	31—100	黄棕色	重壤土		6.8	4.9	0.30	0.30				
剖33	铁铝土	红壤	黄红壤	黄黏泥	黄黏泥	A	0—15	亮黄棕色	黏土	核粒状	5.2	17.0				玄武岩、安山玢岩等的残积物、坡积物	E 121°20′25.1″ N 29°56′25.5″	82
						A(B)	15—50	橙色	黏土	小块状	5.2	9.0		0.12	8.8			
						(B)	50—100	黄棕色	黏土	块状	5.1	8.8						

慈 溪 市

主要土类说明

潮土是慈溪市主要土壤类型，占本市地域面积的49%。潮土见于近代河流冲积平原或低平阶地，地下水位浅，潜水参与成土过程。在潮土成土过程中，底土氧化还原作用交替，从而形成锈色斑纹和小型铁子。在长期耕作条件下，表层有机质含量为10—15g/kg。主要分布于河谷平原、滨湖低地与山间谷地等。

水稻土是慈溪市第二大土壤类型，占本市地域面积的18%。水稻土是在长期季节性淹灌、水下翻耕、季节性脱水等水耕活动的影响下，土壤内部物质发生氧化还原交替作用，原来的成土母质或母土特性发生重大改变，从而形成的新的土壤类型。由于干湿交替等作用的影响，糊状淹育层、较坚实板结的犁底层、渗育层、潴育层与潜育层多种发生层分异。这些不同发生层是在人为耕作、水浆管理作用下形成的。

红壤是慈溪市第三大土壤类型，占本市地域面积的15%。红壤主要发生于亚热带常绿阔叶林地区，呈中度富铝化特征，土壤黏粒中的游离铁占全铁50%—60%。红壤有深厚红色土层，底层可见深厚红、黄、白相间网纹的红色黏土。土壤中的黏土矿物以高岭石、赤铁矿为主，黏粒硅铝率为1.8—2.4，风化淋溶系数<0.2，盐基饱和度<35%，pH为4.5—5.5。

滨海盐土是慈溪市第四大土壤类型，占本市地域面积的11%。滨海盐土主要分布于沿海一带，母质为滨海沉积物，全土体含有以氯化物为主的可溶盐。滨海盐土的土壤和地下水的盐分组成与海水基本一致，氯盐占绝对优势，次之为硫酸盐和重碳酸盐；盐分中以钠、钾离子为主，钙、镁离子次之。土壤积盐强度随距海由近至远逐渐减弱。

小于本市地域面积3%的土壤类型为粗骨土。

本区域中心区气候特征

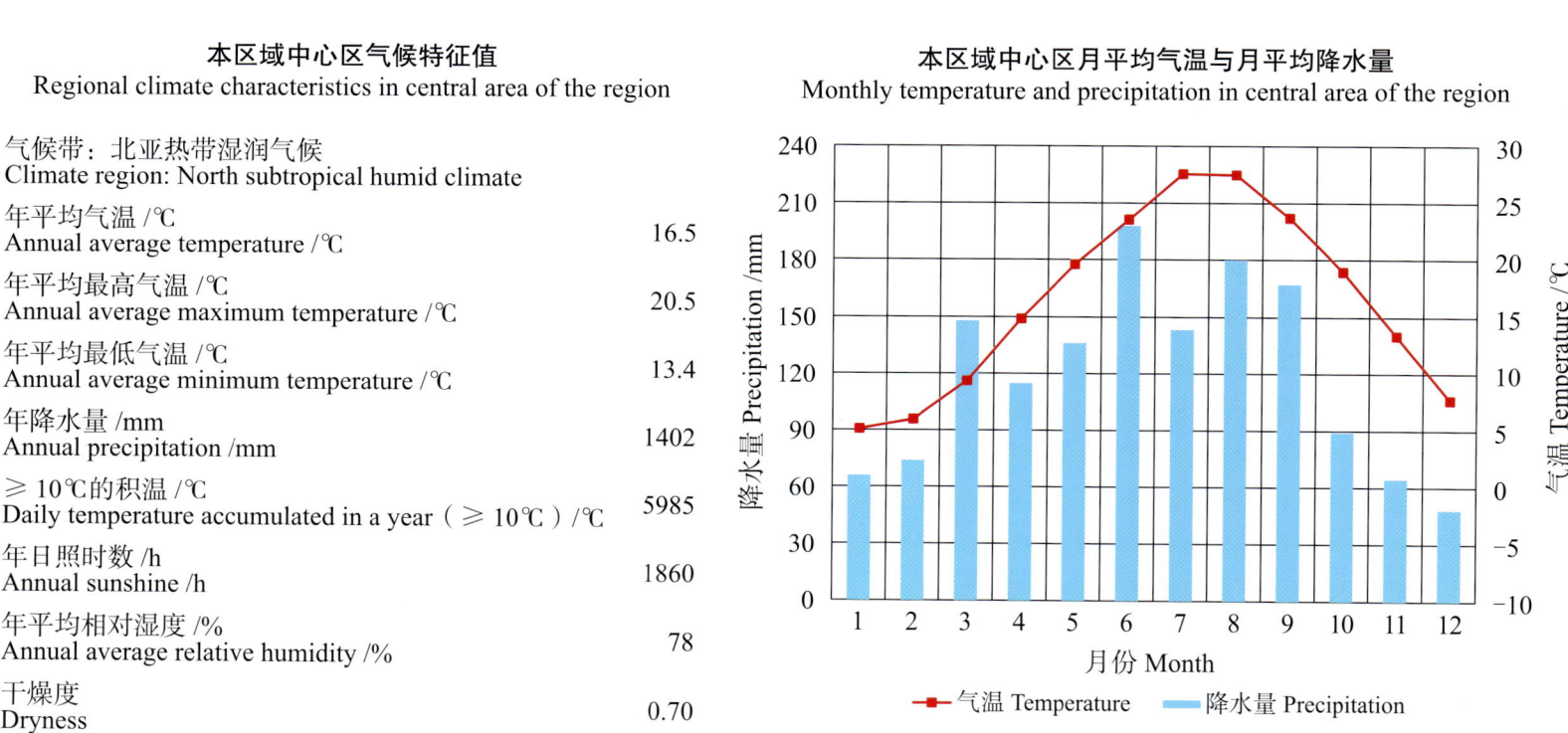

本区域中心区气候特征值
Regional climate characteristics in central area of the region

气候带：北亚热带湿润气候 Climate region: North subtropical humid climate	
年平均气温 /℃ Annual average temperature /℃	16.5
年平均最高气温 /℃ Annual average maximum temperature /℃	20.5
年平均最低气温 /℃ Annual average minimum temperature /℃	13.4
年降水量 /mm Annual precipitation /mm	1402
≥10℃的积温 /℃ Daily temperature accumulated in a year (≥10℃) /℃	5985
年日照时数 /h Annual sunshine /h	1860
年平均相对湿度 /% Annual average relative humidity /%	78
干燥度 Dryness	0.70

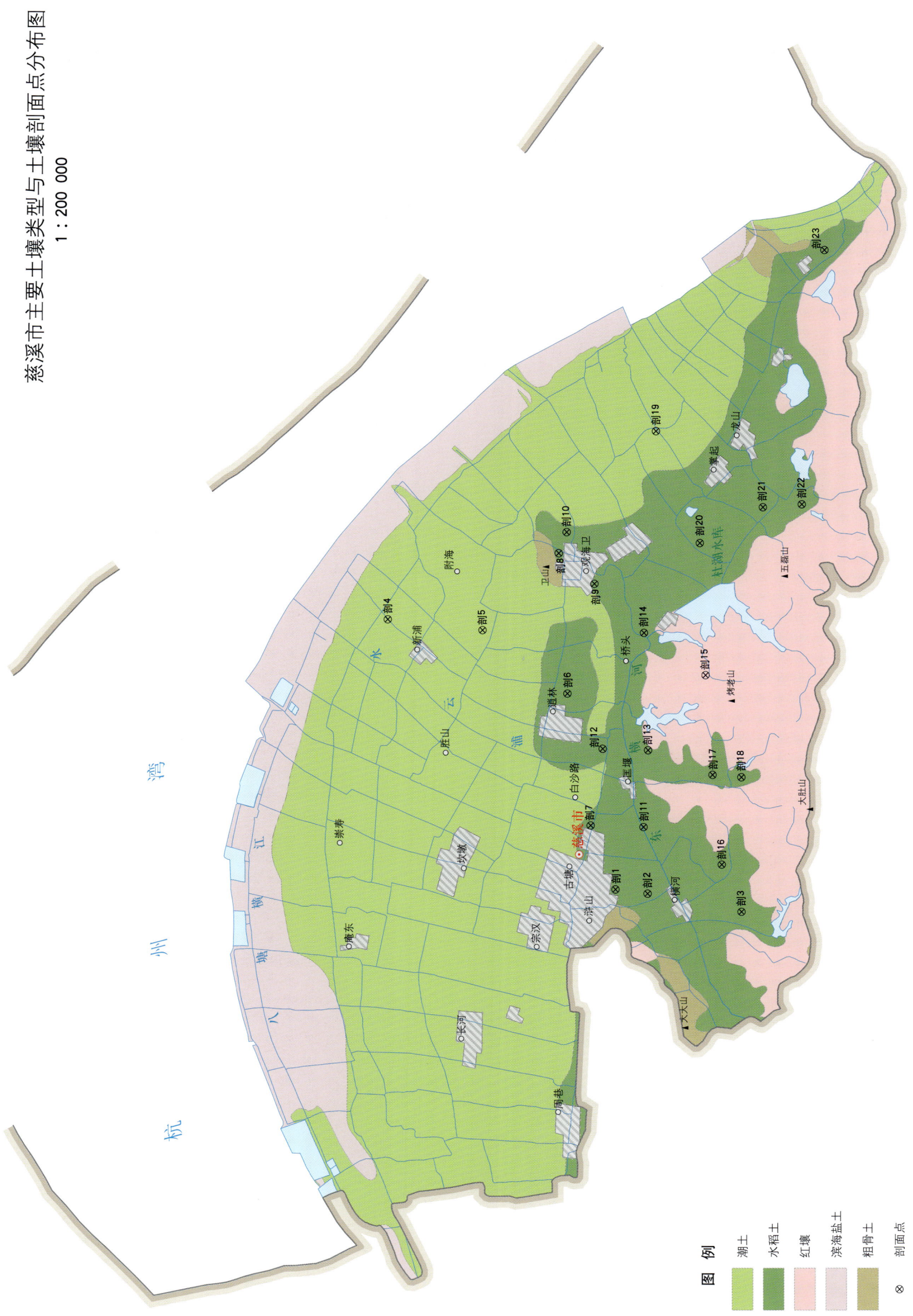

慈溪市土壤剖面理化性状表

剖面号 Soil profile	土纲 Soil order	土类 Soil great group	亚类 Soil subgroup	土属 Soil genus	土种 Soil species	土层码 Layer code	土层厚度 Depth/cm	颜色 Soil color	质地 Soil texture	土壤结构 Soil structure	pH	有机质 OM/(g/kg)	全氮 TN/(g/kg)	全磷 TP/(g/kg)	全钾 TK/(g/kg)	有效磷 AP/(mg/kg)	速效钾 AK/(mg/kg)	阳离子交换量CEC/(cmol/kg)	土壤母质 Parent material	剖面点坐标 Profile coordinate	匹配指数 Matching index/%
剖1	人为土	水稻土	潴育水稻土	粉泥田	青心粉泥田	A	0—10	褐色	中壤土	粒状										E 121°14′37.4″ N 30°09′24.1″	75
						P	10—22	褐色	中壤土	块状											
						W	22—75	淡褐色	中壤土	块状											
						Wg	75—100	暗灰色		棱柱状											
剖2	人为土	水稻土	脱潜水稻土	青粉泥田		A	0—14	褐色	重壤土	粒状	6.5	24.7	1.75	0.36	19.9			13.1	湖海相沉积物	E 121°14′31.0″ N 30°08′34.2″	95
						P	14—23	褐色	重壤土	块状	6.5	26.6	1.54	0.39	19.9			24.2			
						Wg	23—30	暗黄褐色	轻黏土	棱柱状	7.0	19.8	1.22	0.37	18.3			25.4			
						M	30—100	暗灰色	重壤土	大块状											
剖3	人为土	水稻土	渗育水稻土	黄泥田	砂性黄泥田	A	0—16	淡灰色	重壤土	碎块状	5.1	42.5	2.67	0.39					红壤类原积物、再积物	E 121°14′01.5″ N 30°06′08.1″	95
						P	16—23	灰白色	重壤土	片状	6.3	24.0	1.51	0.24							
						W₁	23—37	淡黄棕色	重壤土		6.4	7.8	0.58	0.22							
						W₂	37—54	淡棕黄色													
						C	54—100	黄色		无结构											
剖4	半水成土	潮土	灰潮土	淡涂泥	直糯黄泥翘	Aca	0—10	棕灰色	重壤土	粒状	7.2	15.2	1.05	0.85	19.6	14.0	360		山区近代洪积物	E 121°22′30.0″ N 30°15′24.0″	95
						Bca	10—50	褐色	轻壤土	块状	7.2	11.6	0.94	0.64	20.6						
						Cca	50—100	褐色	重壤土		7.2	4.3	0.50	0.61	18.7						
剖5	半水成土	潮土	灰潮土	淡涂泥	黄泥翘	A	0—14	棕褐色	中壤土	粒状	7.1	14.7	1.09	0.71	19.9	6.0	167		山区近代洪积物	E 121°22′13.9″ N 30°12′56.6″	95
						Bca	14—41	褐色	中壤土	块状	7.2	6.9	0.65	0.53	19.7						
						Cca	41—100	褐色	中壤土		7.4	6.9	0.59	0.45	20.4						
剖6	人为土	水稻土	潴育水稻土	洪积泥砂田	合口砾心泥砂田	A	0—13	褐色	中壤土	小块状	6.3	17.8	1.15	0.50				7.0		E 121°20′23.9″ N 30°10′43.4″	95
						P	13—24	棕灰色	中壤土	粒状	6.5	18.2	1.21	0.50							
						W₁	24—36	褐色	中壤土	块状											
						W₂	36—69	淡棕黄色	中壤土	块状											
						C	69—100	灰黄色		散粒状											
剖7	人为土	水稻土	潴育水稻土	小粉田	小粉田	A	0—19	灰黄色	重壤土	无结构碎块状	7.0	20.7	1.31	0.48		14.0	177	10.3	河相、湖相、海相冲积物、沉积物	E 121°16′30.6″ N 30°10′10.0″	75
						P	19—29	暗黄色	重壤土	碎块状	6.6	15.1	1.15	0.53				8.9			
						W	29—100	褐色	中壤土	大块状	7.1	3.4	0.33	0.60				6.5			
剖8	人为土	水稻土	潴育水稻土	黄泥砂田	黄泥砂田	A	0—8	灰黄色	中壤土	大块状	6.4	26.8	1.82	0.41						E 121°24′33.3″ N 30°11′00.1″	75
						P	8—18	褐色	中壤土	大块状	6.5	52.5	1.39	0.37					河相、湖相、海相冲积物、沉积物		
						We	18—30	淡棕黄色	中壤土	散粒状	6.6	8.6		0.28							
						C	30—58	淡棕黄色													
							58—100														
剖9	人为土	水稻土	潴育水稻土	粉泥田	粉泥田	A	0—9	褐色	重壤土	粒状	6.7	30.4	1.93	0.72	20.4	5.0	94	6.8	河相、湖相、海相冲积物、沉积物	E 121°23′40.1″ N 30°10′04.3″	75
						P	9—21	褐色	中壤土	大块状	7.1	25.3	1.47	0.69	19.8			41.6			
						W	21—55	淡灰黄色	稍黏	棱柱状	7.4	3.4	0.60	0.44	21.9			10.6			
						Wg	55—77	灰灰色	重壤土	块状											
						C	77—100	暗黄黄色													
剖10	人为土	水稻土	潴育水稻土	泥砂田	泥砂田	A	0—12	褐色	中壤土	团粒状	6.5	37.6	1.12	0.33				11.7	河相、湖相、海相冲积物、沉积物	E 121°25′11.0″ N 30°10′48.9″	75
						P	12—18	褐色	中壤土	块状	6.4	31.2	1.03	0.36				11.7			
						W₂	18—36	淡灰黄色	重壤土	棱柱状	6.5	13.8	0.71	0.27				13.8			
						C	36—76	暗黄黄色	重壤土												

续表 Continued

剖面号 Soil profile	土纲 Soil order	土类 Soil great group	亚类 Soil subgroup	土属 Soil genus	土种 Soil species	土层码 Layer code	土层厚度 Depth/cm	颜色 Soil color	质地 Soil texture	土壤结构 Soil structure	pH	有机质 OM/(g/kg)	全氮 TN/(g/kg)	全磷 TP/(g/kg)	全钾 TK/(g/kg)	有效磷 AP/(mg/kg)	速效钾 AK/(mg/kg)	阳离子交换量CEC/(cmol/kg)	土壤母质 Parent material	剖面点坐标 Profile coordinate	匹配指数 Matching index/%
剖11	人为土	水稻土	脱潜水稻土	青粉泥田		A	0—14	暗灰黄色	中壤土	团粒状	6.4	48.0	3.32	0.50	18.3	10.0	58	16.1	湖海相沉积物	E 121°16′29.8″ N 30°08′42.0″	95
						P	14—28	暗灰黄色	重壤土	棱柱状	6.5	38.2	2.29	0.42	18.3			14.7			
						W	28—36	褐色	中壤土	大块状	6.6	10.2	0.81	0.40	19.3			15.2			
						G	36—100	淡灰黄色			7.0										
剖12	人为土	水稻土	脱潜水稻土	青紫泥田	青紫泥田	A	0—12	暗灰黄色	较黏	块状	6.4	25.8	1.66	0.25	16.1	1.0	192	13.8	湖海相沉积物	E 121°18′47.3″ N 30°09′47.6″	75
						P	12—19	暗灰黄色	较黏	片状	6.6	19.8	1.30	0.19	16.3			12.7			
						Gw₁	19—44	暗灰色	黏重	棱柱状	6.8	6.1	0.52	0.18	22.1			12.7			
						Gw₂	44—83	暗灰色		棱柱状											
						C	83—100	暗灰色		棱柱状											
剖13	人为土	水稻土	脱潜水稻土	青粉泥田	黄心青粉泥田	A	0—10	褐灰黄色	重壤土	散粒状	6.5	32.5	1.85	0.32		3.0	80	13.8	凝灰岩风化物	E 121°18′46.0″ N 30°08′36.9″	75
						P	10—16	暗灰黄色	重壤土	棱柱状	6.6	27.0	1.63	0.26				14.6			
						W₁	16—31	暗灰黄色	轻壤土	棱柱状	6.3	14.8	0.73	0.26				13.9			
						W₂	31—82	棕色		棱柱状											
						C	82—100	淡灰黄色		大块状											
剖14	人为土	水稻土	脱潜水稻土	青紫泥田		A	0—12	褐色	轻壤土	块状	6.2	31.8	2.54	0.34		3.0	293	25.2	湖海相沉积物	E 121°22′14.6″ N 30°08′46.3″	75
						P	12—21	褐色	轻壤土	块状	6.5		2.27	0.28		2.0	310	15.0			
						Wg	21—37	褐棕灰色	轻壤土	柱状	7.0		0.71	0.20							
						G	37—65	淡灰黄色		柱状											
						C	65—100	黄棕色													
剖15	铁铝土	红壤	黄红壤	黄泥土		A	0—4	暗灰色	重壤土	小块状	5.8	34.0	2.42	0.18	22.6	1.0	130	13.3	湖海相沉积物	E 121°21′01.5″ N 30°07′09.5″	95
						(B)	4—69	灰黄色	重壤土		5.9	13.4	1.48	0.18	21.2			7.0			
						C															
剖16	人为土	水稻土	脱潜水稻土	青紫泥田		A	0—10	灰黄色	稍重	小块状	6.4	26.9	1.98	0.30	19.0			15.0	湖海相沉积物	E 121°15′24.5″ N 30°06′39.7″	75
						P	10—17	暗灰黄色	稍重	棱柱状	6.5	22.0	1.43	0.25	17.6						
						Gw	17—27	暗灰黄色	较黏重	棱柱状	6.7	12.9	0.50	0.16	21.2						
						M	27—69	暗灰黄色	较黏重	无结构											
							69—100														
剖17	人为土	水稻土	潜育水稻土	黄斑田		A	0—14	黑色	轻黏土	团粒状	6.4	50.3	3.52	0.36		3.0		24.2	河相、湖相、海相冲积物、沉积物	E 121°18′04.6″ N 30°06′56.1″	95
						P	14—19	淡灰黄色	重黏土	大块状	6.5	39.9	1.46	0.30				22.5			
						W	19—29	淡灰白色	重黏土	棱柱状	6.9	9.6	0.77	0.16				10.7			
						C	29—68	黄棕黄色	轻黏土	块状											
							68—100														
剖18	人为土	水稻土	潜育水稻土	黄泥砂田	黄斑泥田	A	0—15	褐色	中壤土	团粒状	6.4	35.3	1.21	0.35					河相、湖相、海相冲积物、沉积物	E 121°18′01.6″ N 30°06′11.5″	95
						P	15—19	褐色	轻壤土	块状	6.4	32.8	1.89	0.18							
						W	19—46	褐色	轻壤土	大块状	6.4	22.2	1.36	0.10							
						E	46—100	灰白色													
剖19	半水成土	潮土	灰潮土	淡涂砂	流砂板	Aca	0—15	褐色	轻壤土	无结构	7.3	7.3	0.55	0.59	17.2	3.0	224	12.7	山区近代洪积物	E 121°28′12.9″ N 30°08′33.0″	95
						Bca	15—35	褐色	砂壤土	片状	7.9	6.3	0.43	0.56	17.9			10.1			
						Cca	35—100	褐色	砂壤土	片状	8.3	5.4	0.21	0.53	16.5			12.7			
剖20	人为土	水稻土	潜育水稻土	洪积泥砂田	峡谷泥砂田	A	0—13	淡灰色	中壤土	碎块状	5.5	37.1	2.42	0.56					河相、湖相、海相冲积物、沉积物	E 121°24′56.0″ N 30°07′22.0″	95
						P	13—23	淡灰色	中壤土	大块状	6.3	30.3	1.65	0.50							
						W	23—40	红棕色	重壤土	大块状	6.5	11.5	0.93	0.65							
						C	40—100	棕灰色													

续表 Continued

剖面号 Soil profile	土纲 Soil order	土类 Soil great group	亚类 Soil subgroup	土属 Soil genus	土种 Soil species	土层码 Layer code	土层厚度 Depth/cm	颜色 Soil color	质地 Soil texture	土壤结构 Soil structure	pH	有机质 OM/(g/kg)	全氮 TN/(g/kg)	全磷 TP/(g/kg)	全钾 TK/(g/kg)	有效磷 AP/(mg/kg)	速效钾 AK/(mg/kg)	阳离子交换量CEC/(cmol/kg)	土壤母质 Parent material	剖面点坐标 Profile coordinate	匹配指数 Matching index/%
剖21	人为土	水稻土	脱潜水稻土	青粉泥田	腐泥心青粉泥田	A	0—17	暗灰黄色	重壤土	团粒状	6.7	31.6	2.19	0.63	18.7	16.0	132		湖海相沉积物	E 121°26′01.4″ N 30°05′45.2″	75
						P	17—23	褐色	重壤土	棱柱状	6.8	28.2	1.70	0.57							
						Wg	23—37	褐色	重壤土	棱柱状	6.8	8.6	0.57	0.42							
						G	37—80	暗灰色	重壤土	棱柱状											
						C	80—100	淡棕黄色	黏土	棱柱状											
剖22	人为土	水稻土	脱潜水稻土	黄化青紫泥田	黄化青紫泥田	A	0—15	褐色	重壤土	团粒状	6.5	37.7	2.01	0.32	17.6			12.4	湖海相沉积物	E 121°26′07.7″ N 30°04′44.7″	75
						P	15—23	褐色	轻黏土	块状	6.5	31.6	1.82	0.29	16.9			10.1			
						W	23—47	黄棕色	重壤土	棱柱状	6.7	12.3	0.67	0.30	17.4			12.1			
						Gw	47—100	暗灰色	重壤土	大块状											
剖23	人为土	水稻土	渗育水稻土	黄泥田	黄泥田	A	0—12	淡灰色	中壤土	碎块状	6.3	35.6	2.30	0.38					红壤类原积物、再积物	E 121°33′40.0″ N 30°04′16.2″	95
						P	12—20	淡灰色	中壤土	大块状	6.2	34.8	1.93	0.37							
						W₁	20—35	黄色	中壤土		6.3	7.5	0.47	0.35							
						W₂		灰黄色													
						W₃		灰黄色													

温 州 市

瓯 海 区

主要土类说明

红壤是瓯海区主要土壤类型，占本区地域面积的56%。红壤主要发生于亚热带常绿阔叶林地区，呈中度富铝化特征，土壤黏粒中的游离铁占全铁50%—60%。红壤有深厚红色土层，底层可见深厚红、黄、白相间网纹的红色黏土。土壤中的黏土矿物以高岭石、赤铁矿为主，黏粒硅铝率为1.8—2.4，风化淋溶系数<0.2，盐基饱和度<35%，pH为4.5—5.5。

水稻土是瓯海区第二大土壤类型，占本区地域面积的34%。水稻土是在长期季节性淹灌、水下翻耕、季节性脱水等水耕活动的影响下，土壤内部物质发生氧化还原交替作用，原来的成土母质或母土特性发生重大改变，从而形成的新土壤类型。由于干湿交替等作用的影响，糊状淹育层、较坚实板结的犁底层、渗育层、潴育层与潜育层多种发生层分异。这些不同发生层是在人为耕作、水浆管理作用下形成的。

黄壤是瓯海区第三大土壤类型，占本区地域面积的4%。黄壤发生于亚热带湿润条件下，多见于海拔700—1200m的山区，具O-A-AB-B-C剖面构型，富含水合氧化物（针铁矿），土体呈黄色，中度富铝化，有时含三水铝石。土壤有机质累积较高，可达100g/kg，pH为4.5—5.5。多用于发展林地，间亦耕种。

小于本区地域面积3%的土壤类型为粗骨土。

本区域中心区气候特征

本区域中心区气候特征值
Regional climate characteristics in central area of the region

气候带：中亚热带湿润气候 Climate region: Subtropical humid climate	
年平均气温 /℃ Annual average temperature /℃	18.2
年平均最高气温 /℃ Annual average maximum temperature /℃	22.4
年平均最低气温 /℃ Annual average minimum temperature /℃	15.1
年降水量 /mm Annual precipitation /mm	1721
≥10℃的积温 /℃ Daily temperature accumulated in a year（≥10℃）/℃	6395
年日照时数 /h Annual sunshine /h	1702
年平均相对湿度 /% Annual average relative humidity /%	80
干燥度 Dryness	0.70

本区域中心区月平均气温与月平均降水量
Monthly temperature and precipitation in central area of the region

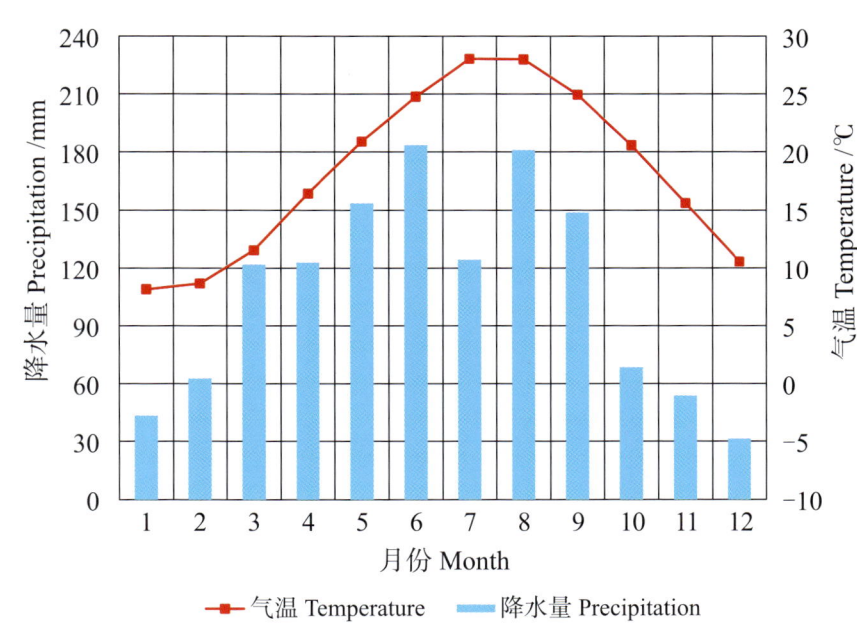

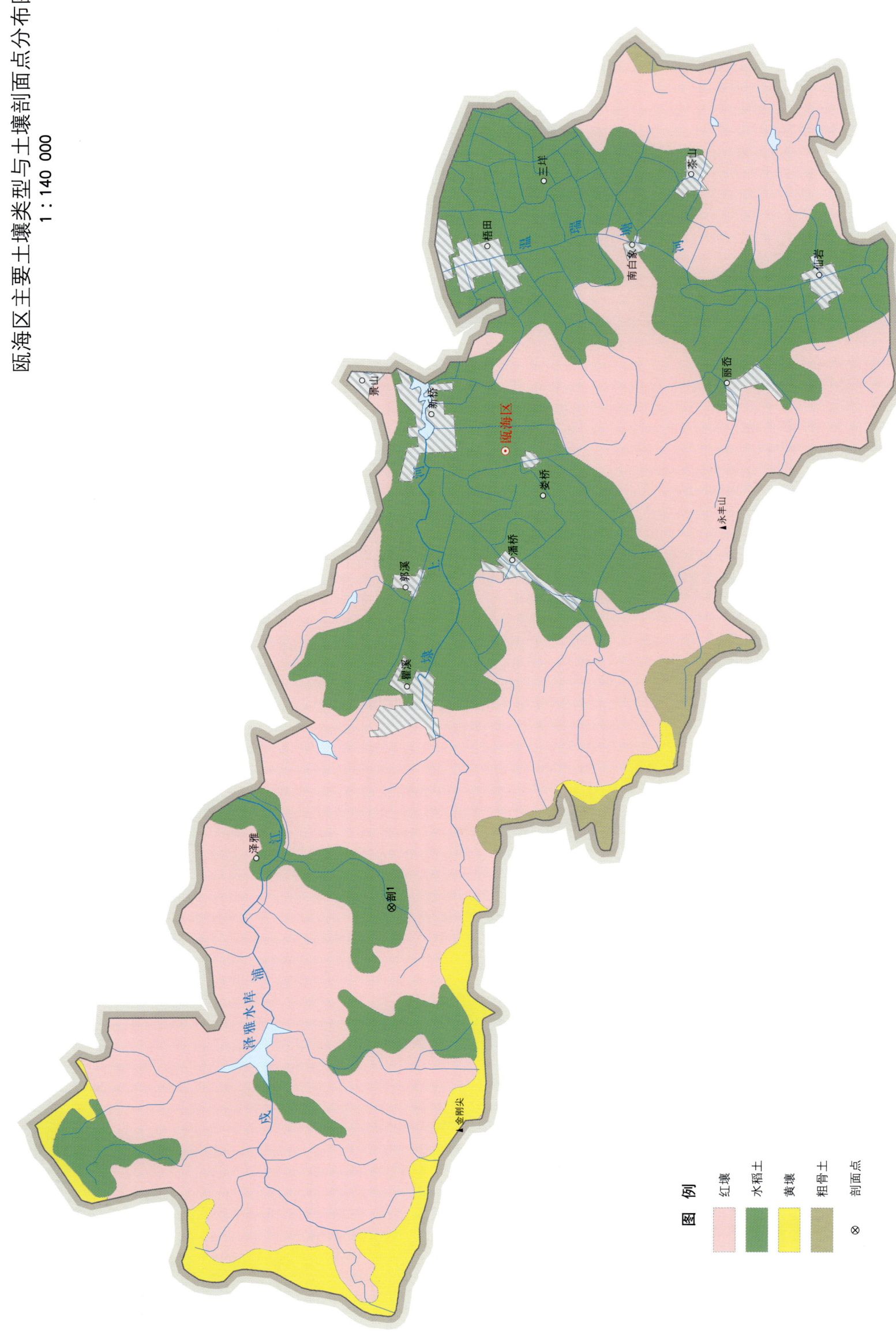

瓯海区主要土壤类型与土壤剖面点分布图
1:140 000

瓯海区土壤剖面理化性状表

剖面号 Soil profile	土纲 Soil order	土类 Soil great group	亚类 Soil subgroup	土属 Soil genus	土种 Soil species	土层码 Layer code	土层厚度 Depth/cm	颜色 Soil color	质地 Soil texture	土壤结构 Soil structure	pH	有机质 OM/(g/kg)	全氮 TN/(g/kg)	全磷 TP/(g/kg)	全钾 TK/(g/kg)	碱解氮 AN/(mg/kg)	速效钾 AK/(mg/kg)	土壤母质 Parent material	剖面点坐标 Profile coordinate	匹配指数 Matching index/%
剖1	人为土	水稻土	脱潜水稻土	黄斑黏田	青紫硬黏田	Aa	0—12	灰黄棕色	粉砂质黏土	碎块状	5.5	37.8	2.30	0.50	21.9	191	125	湖沼相、湖海相沉积物	E 120°27′42.2″ N 27°59′45.8″	75
						Ap	12—17	灰黄棕色	粉砂质黏土	块状	5.7	24.7	1.20	0.30	28.0	138	95			
						Gw	17—53	灰黄棕色	黏土	棱柱状	6.8	9.5	0.40	0.30	32.1					
						G	53—100	淡灰色	黏土	块状	7.0	19.7								

永 嘉 县

主要土类说明

红壤是永嘉县主要土壤类型，占本县地域面积的42%。红壤是在湿润的亚热带生物气候条件下，经过脱硅富铝化过程形成的具有A-B-C剖面构型的富铝化土壤，是本县分布面积最广的一个土类。红壤以红色、黄红色为基本色，呈酸性反应，腐殖质以富啡酸为主。

粗骨土是永嘉县第二大土壤类型，占本县地域面积的36%。粗骨土属于A-C剖面构型，甚至（A）-C剖面构型土壤。A层发育不明显，与母质层性状相似，略显有机质累积。有时母质层富含砾石，甚少剖面分异与发育特征。粗骨土广泛分布在河谷阶地、丘陵、低山和中山等多种地貌单元和地形部位。

水稻土是永嘉县第三大土壤类型，占本县地域面积的11%。水稻土是在各种母质或土壤类型上进行长期人为水耕熟化而发育起来的土壤类型。水稻土可划分为渗育型、潴育型、脱潜型、潜育型和盐渍型五个亚类。

黄壤是永嘉县第四大土壤类型，占本县地域面积的8%。黄壤分布于海拔800m以上植被茂盛的中高山地区。这种地区气候凉爽，多云雾，土体的红壤化作用弱，铁的水化度高，心土为黄色；表土层有机质含量丰富，颜色呈黑棕色或暗灰色，风化度较低，粉黏比值为1.38。由于地形和植被覆盖情况不同而引起土体构型、土层厚度和性状特征的差异明显，因而将黄壤划分为黄壤与侵蚀型黄壤两个亚类。

小于本县地域面积3%的土壤类型为潮土。

本区域中心区气候特征

本区域中心区气候特征值
Regional climate characteristics in central area of the region

气候带：北亚热带湿润气候 Climate region: North subtropical humid climate	
年平均气温 /℃ Annual average temperature /℃	17.9
年平均最高气温 /℃ Annual average maximum temperature /℃	22.0
年平均最低气温 /℃ Annual average minimum temperature /℃	14.8
年降水量 /mm Annual precipitation /mm	1720
≥10℃的积温 /℃ Daily temperature accumulated in a year（≥10℃）/℃	6294
年日照时数 /h Annual sunshine /h	1726
年平均相对湿度 /% Annual average relative humidity /%	80
干燥度 Dryness	0.68

本区域中心区月平均气温与月平均降水量
Monthly temperature and precipitation in central area of the region

永嘉县主要土壤类型与土壤剖面点分布图
1 : 290 000

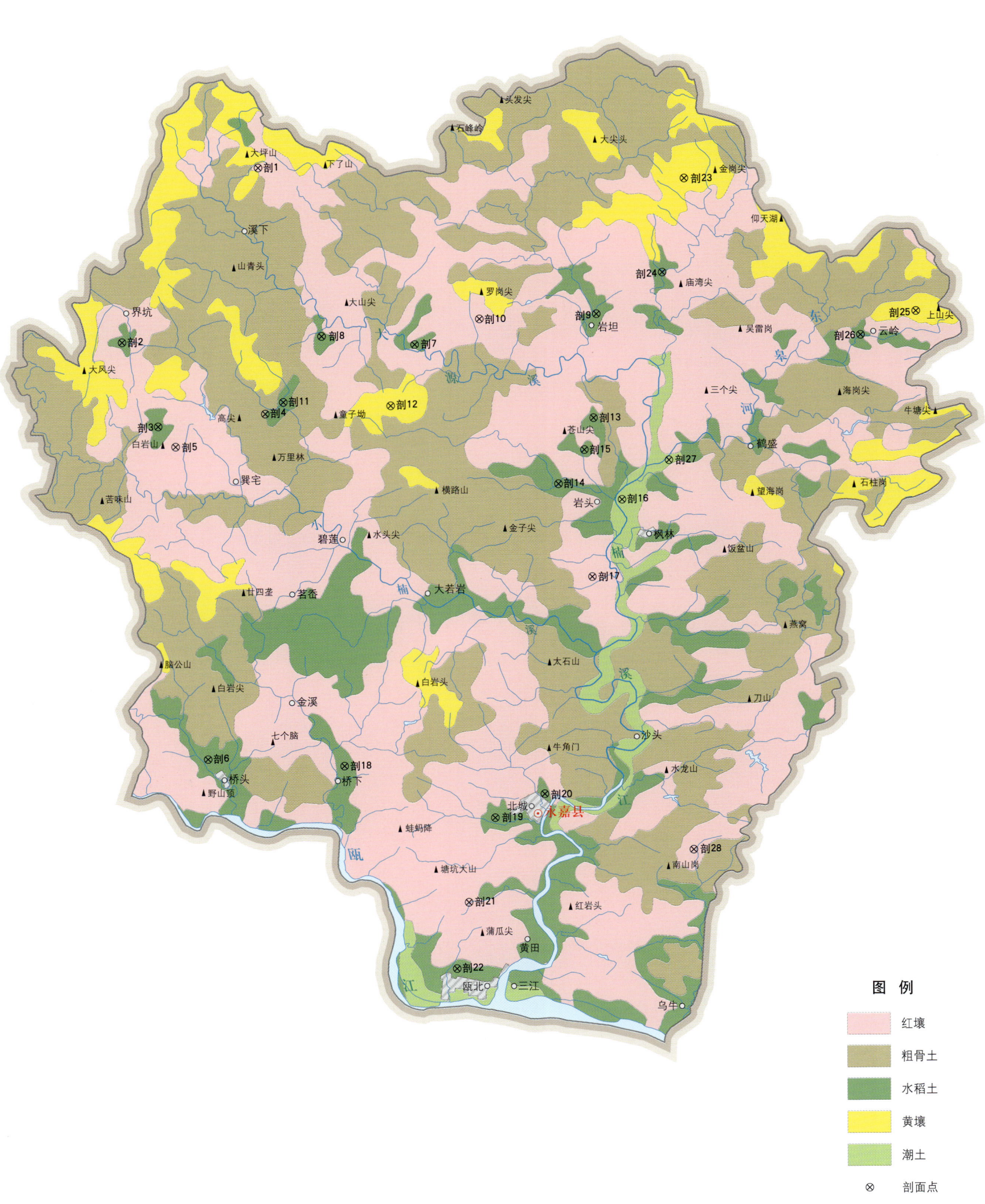

图例
- 红壤
- 粗骨土
- 水稻土
- 黄壤
- 潮土
- ⊗ 剖面点

永嘉县土壤剖面理化性状表

剖面号 Soil profile	土纲 Soil order	土类 Soil great group	亚类 Soil subgroup	土属 Soil genus	土种 Soil species	土层码 Layer code	土层厚度 Depth/cm	颜色 Soil color	质地 Soil texture	土壤结构 Soil structure	pH	有机质 OM/(g/kg)	全氮 TN/(g/kg)	全磷 TP/(g/kg)	全钾 TK/(g/kg)	碱解氮 AN/(mg/kg)	有效磷 AP/(mg/kg)	速效钾 AK/(mg/kg)	阳离子交换量 CEC/(cmol/kg)	土壤母质 Parent material	剖面点坐标 Profile coordinate	匹配指数 Matching index/%
剖1	铁铝土	红壤	黄红壤	紫粉泥土	紫粉泥土	A	0–17	褐紫色	轻壤土	粒状											E 120°29′30.2″ N 28°32′13.1″	75
						B	17–55	紫色	中壤土	块状												
						C	55–100	紫色	砾石	粒状												
剖2	人为土	水稻土	潴育水稻土	培泥砂田	黄化培泥砂田	A	0–15	淡灰色	中壤土	块状、粒状	5.0	27.5	1.75	0.45	31.5				10.3	新河流冲积物	E 120°24′02.6″ N 28°25′48.9″	75
						P	15–20	暗灰色	中壤土	块状、粒状	6.4	25.6	1.54	0.38	34.0				11.0			
						W	20–42	白灰色	中壤土	柱状	6.4	16.6	1.10	0.40	34.6				9.0			
						C	42–100	棕黄色	中壤土	柱状	6.4	10.5	0.62	0.42	33.1				9.6			
剖3	人为土	水稻土	潴育水稻土	江涂泥田	江涂泥田	A	0–11	棕灰色	轻黏土	块状	5.8	33.5	2.11	0.38	29.0				16.1	近代江海回流沉积物	E 120°25′35.0″ N 28°22′48.4″	75
						P	11–17	棕灰色	轻黏土	块状	6.4	24.5	1.58	0.38	29.8				17.9			
						W	17–66	棕灰色	轻黏土	块状	6.9	10.7	0.73	0.47	25.6				19.1			
						Cw	66–100	棕灰色	重壤土	块状	7.2	10.6	0.58	0.43	25.7				20.1			
剖4	人为土	水稻土	潴育水稻土	培泥砂田	培泥砂田	A			轻壤土	粒状	5.9	15.1	0.93	0.30	32.8				6.0	新河流冲积物	E 120°29′59.0″ N 28°23′20.3″	75
						P			轻壤土	块状	6.5	13.9	0.87	0.28	34.3				6.8			
						W			轻壤土	块状	6.5	7.8	0.52	0.23	26.2				7.3			
						C			轻壤土	块状	7.2	5.6	0.38	0.20	34.3				6.9			
剖5	铁铝土	红壤		红泥土	红泥土	A	0–13	浊红棕色	壤质黏土	屑粒状	4.7	40.7	1.70	0.38	17.3					第四纪红土砾石层和凝灰岩	E 120°26′19.0″ N 28°22′05.0″	95
						(B_r)	13–36	亮红棕色	壤质黏土	块状	4.7	20.6	1.05	0.43	20.7				17.4			
						(B_r)	36–84	亮红棕色	壤质黏土	块状	4.8	15.6	0.88	0.45	21.2							
剖6	人为土	水稻土	潴育水稻土	洪积泥砂田	峡谷洪积泥砂田	A	0–18	黄色	中壤土	粒状	6.3	33.7	1.89	0.51	43.6					红壤类再积物或坡积物	E 120°27′52.6″ N 28°10′48.5″	95
						P	18–23	黄''''灰色	中壤土	块状、粒状	6.4	3.3	0.46	0.13	47.4				6.9			
						W	23–40	棕黄色	中壤土	块状、粒状	6.3	26.7	1.69	0.40	40.9				8.4			
						C	40–100															
剖7	人为土	水稻土	潴育水稻土	江粉泥田	江粉泥田	A	0–15	黄灰色	轻壤土	块状	6.4	30.4	1.93	0.42	15.8				10.9	海相沉积物	E 120°36′05.5″ N 28°25′56.9″	75
						P	15–21	黄灰色	中壤土	块状	6.4	24.8	1.49	0.39	16.9				10.0			
						W	21–31	白灰色	中壤土	块状	6.8	13.9	0.84	0.19	14.7				15.0			
						Wg	31–100	白灰色	中壤土	块状、粒状	6.8	5.6	0.39	0.11	19.2				9.7			
剖8	人为土	水稻土	脱潜水稻土	青紫泥黏田	黄斑青紫泥黏田	A	0–14	银灰色	重壤土	大团粒状	5.7	53.1	3.41	0.31	34.0				15.4	海相沉积物	E 120°32′15.0″ N 28°26′10.8″	75
						P	14–20	黄灰色	中壤土	块状、粒状	6.4	27.2	1.98	0.30	24.9				14.2			
						W	20–41	白灰色	中壤土	块状、粒状	7.0	8.3	0.73	0.17	30.7				17.6			
						C	41–84	银灰色	中壤土	块状、粒状	7.3	4.4	0.46	0.23	29.9				24.6			
						G	84–100	灰黄色	重壤土	块状、粒状	7.4	5.4	0.63	0.35	32.5				33.6			
剖9	人为土	水稻土	潴育水稻土	洪积泥砂田	洪积泥砂田	A	0–21	黄''''黄色	轻壤土	块状、粒状	6.1	30.3	1.72	0.37	39.2				8.4	洪积物	E 120°43′33.3″ N 28°27′11.2″	95
						P	21–29	黄''''黄色	中壤土	块状、粒状	6.2	19.0	0.97	0.30	40.6				6.3			
						W	29–41	黄''''褐色	中壤土	块状、粒状	6.2	17.1	0.92	0.30	36.9				5.8			
						C	41–100															
剖10	铁铝土	红壤		黄泥砂土	黄泥砂土	A	0–40	黄''''黄色	中壤土	块状、粒状	5.4	20.3	0.86	0.10	50.8				10.8	细晶花岗岩或凝灰岩风化物	E 120°38′44.3″ N 28°26′54.9″	95
						B	40–78	黄色	中壤土	块状、粒状	5.4	8.9	0.46	0.08	52.8				11.6			
						C	78–100	淡黄色	中壤土	块状、粒状	5.4	8.1	0.41	0.10	55.2				8.9			
剖11	人为土	水稻土	脱潜水稻土	青紫褐黏土	泥砂头青紫褐黏田	A	0–16		轻黏土		6.3	24.3	1.43	0.25	29.3				12.0	海相沉积物	E 120°30′43.7″ N 28°28′46.2″	75
						P	16–21		重壤土	块状	6.5	22.8	1.38	0.25	30.1				12.8			
						W	21–49		重壤土	块状	6.8	5.0	0.36	0.18	24.6				18.8			
						G	49–100		重壤土	块状	7.6	4.1	0.40	0.11	24.1				10.0			

续表 Continued

剖面号 Soil profile	土纲 Soil order	土类 Soil great group	亚类 Soil subgroup	土属 Soil genus	土种 Soil species	土层码 Layer code	土层厚度 Depth/cm	颜色 Soil color	质地 Soil texture	土壤结构 Soil structure	pH	有机质 OM/(g/kg)	全氮 TN/(g/kg)	全磷 TP/(g/kg)	全钾 TK/(g/kg)	碱解氮 AN/(mg/kg)	有效磷 AP/(mg/kg)	速效钾 AK/(mg/kg)	阳离子交换量CEC/(cmol/kg)	土壤母质 Parent material	剖面点坐标 Profile coordinate	匹配指数 Matching index/%
剖12	铁铝土	黄壤	侵蚀黄壤	山地石砂土	山地香灰石砂土	Ao	0–6				6.3	140.3	5.30	0.62	16.5				20.0	岩石风化残积物	E 120°35′08.4″ N 28°23′43.1″	93
						A	6–31				6.4	93.8	2.85	0.36	9.0				20.4			
						C	31–65															
剖13	人为土	水稻土	脱潜水稻土	青紫泥黏田	黄泥砂头青紫泥黏田	A			轻黏土											海相沉积物	E 120°43′30.2″ N 28°23′25.3″	75
						P			轻黏土													
						W			重黏土													
剖14	人为土	水稻土	渗育水稻土	黄泥田	黄泥田	A	0–15	黄棕色	重壤土	块状	6.5	15.9	1.03	0.19	21.0				7.0	红壤类原积物、坡积物	E 120°42′06.0″ N 28°21′01.8″	95
						P	15–21	黄棕色	重壤土	块状	6.1	13.1	0.89	0.25	21.8				8.9			
						W₁	21–45	灰黄色	重壤土	块状	6.1	12.2	0.27	0.27	20.3				8.3			
						Cw	45–62	暗黄色	重壤土	块状	6.6	16.9	0.22	0.22	21.2				10.6			
						C	62–100	黄色	轻壤土		6.6	16.9	0.22	0.22	21.2				10.6			
剖15	人为土	水稻土	脱潜水稻土	青紫泥黏田	腐泥碉青紫泥黏田	A	0–14	黄灰色	轻黏土	块状、粒状	6.1	38.7	2.44	0.29	16.1				13.7	海相沉积物	E 120°43′08.4″ N 28°22′15.8″	75
						P	14–25	淡灰色	重黏土	块状	6.4	19.4	1.50	0.20	15.0				15.0			
						W	25–45	黄灰色	重黏土	块状	6.8	14.9	0.75	0.08	12.1				18.8			
						E	45–65	黑灰色	轻黏土	大团粒状	6.8	29.6	1.19	0.14	18.0				24.3			
						G₂	65–	银灰色	轻黏土	大团粒状												
剖16	半水成土	潮土	灰潮土	淡涂泥	淡涂泥	Asa	0–18	棕灰色	重壤土	块状	7.2	18.6	1.33	0.48	24.3				13.7	海相沉积物	E 120°44′43.5″ N 28°20′30.5″	75
						Bsa	18–53	棕灰色	重壤土	块状	7.2	11.5	0.94	0.44	25.4				14.4			
						Csa	53–100	棕灰色	壤质黏土	屑粒状	7.2	10.7	0.92	0.41	24.7				10.5			
剖17	铁铝土	红壤	红壤	红泥土	泥红土	A	0–13	浊红棕色	黏土	块状	5.4	40.7	1.70	0.40	17.3					凝灰岩风化物	E 120°43′33.2″ N 28°17′40.1″	95
						B₁	13–36	亮红棕色	壤质黏土	块状	5.2	20.6	1.00	0.40	20.7							
						B₂	36–84	亮红棕色	壤质黏土	小团块状	5.2	15.6	0.90	0.50	21.2							
剖18	人为土	水稻土	潴育水稻土	渗潮泥田	培泥砂田	Aa	0–15	灰黄色	砂质黏壤土	块状	6.1	20.3	1.10	0.40	28.1	122	10.0	40	7.9	近代河流冲积物	E 120°33′28.9″ N 28°10′38.1″	95
						Ap	15–20	灰黄色	砂质黏壤土	块状	6.4	13.5	0.60	0.30	27.6	80	6.0	26	6.0			
						P	20–51	淡黄色	砂质黏壤土	块状	6.5	8.1	0.40	0.31	26.7	36	7.0	34	9.0			
						C	51–100	淡黄棕色	砂质黏壤土	块状	6.6	4.9	0.30	0.40	28.8	23		53	15.9			
剖19	人为土	水稻土	潴育水稻土	江粉泥田	江粉泥田	A	0–15	黄灰色	重壤土	块状	6.1	20.3	1.07	0.38	28.1	122	9.5	40	7.9	洪积物	E 120°39′41.9″ N 28°08′50.6″	95
						Ap	15–20	黄灰色	重壤土	棱柱状	6.4	13.5	0.62	0.33	27.6	80	6.0	26	6.0			
						P	20–51	淡黄色	重壤土	棱柱状	6.5	8.1	0.41	0.31	26.7	36	6.5	34	9.0			
						C	51–100	黄棕色	重壤土	块状	6.6	4.9	0.31	0.43	28.8	23		53				
剖20	人为土	水稻土	渗育水稻土	培泥砂田	培泥砂田	A	0–22	黄灰色	砂质黏壤土	小团块状	5.6	36.1	1.64	0.47	10.4					近代河流冲积物	E 120°41′43.5″ N 28°09′45.9″	82
						B	22–90	淡黄色	轻壤土	块状	5.8	6.9	0.64	0.41	9.3							
							90–100	淡黄色	轻壤土	块状	5.8	5.5	0.59	0.47								
剖21	铁铝土	红壤	红壤	红泥土	红泥土	A	0–11	褐灰色	砂质黏壤土	块状	6.5	39.6	2.52	0.27	24.8				15.9	第四纪红色砾石层和凝灰岩	E 120°38′40.1″ N 28°05′46.6″	95
						P	11–20	褐灰色	轻壤土	块状	6.5	27.5	1.92	0.30	20.9				13.4			
						W	20–72	褐银灰色	轻壤土	块状	7.2	4.1	0.57	0.45	29.0				22.3			
剖22	人为土	水稻土	脱潜水稻土	青紫泥黏田	青紫泥黏田		72–100	褐灰色	轻黏土	棱柱状										海相沉积物	E 120°38′13.0″ N 28°03′23.9″	95
剖23	铁铝土	黄壤	黄壤	山地黄泥土	山地黄泥土	A	0–13				5.8	67.1	2.61	0.22	10.5				14.0		E 120°47′04.6″ N 28°32′09.7″	95
						B	13–71				6.2	19.7	1.12	0.19	10.4				9.5			
						C	71–100				6.4	8.5	0.67	0.14	12.9				8.2			

续表 Continued

剖面号 Soil profile	土纲 Soil order	土类 Soil great group	亚类 Soil subgroup	土属 Soil genus	土种 Soil species	土层码 Layer code	土层厚度 Depth/cm	颜色 Soil color	质地 Soil texture	土壤结构 Soil structure	pH	有机质 OM/(g/kg)	全氮 TN/(g/kg)	全磷 TP/(g/kg)	全钾 TK/(g/kg)	碱解氮 AN/(mg/kg)	有效磷 AP/(mg/kg)	速效钾 AK/(mg/kg)	阳离子交换量CEC/(cmol/kg)	土壤母质 Parent material	剖面点坐标 Profile coordinate	匹配指数 Matching index/%
剖24	人为土	水稻土	潜育水稻土	烂浸田	烂浸田	A	0—16	黄灰色	重壤土	块状	6.1	31.5	1.95	0.22	18.5				12.3	坡积物或再积物	E 120°46′13.3″ N 28°28′44.8″	75
						P	16—22	淡黄灰色	重壤土	块状	6.1	28.6	1.93	0.21	20.5				12.5			
						Wg	22—41	灰白色	轻黏土	块状	6.1	29.6	1.93	0.20	19.0				11.8			
						G	41—100	灰白色	中壤土	块状、粒状	6.3	37.8	1.23	0.07	19.8				8.3			
剖25	铁铝土	黄壤	黄壤	山地黄泥土	山地香灰黄泥土	A	0—22				6.1	3.3	4.23	0.47	22.5				18.9		E 120°56′42.5″ N 28°27′29.7″	95
						B	22—50				5.4	21.6	0.93	0.22	20.9				8.7			
						C	50—100				5.4	7.9	0.62	0.13	17.8				6.0			
剖26	人为土	水稻土	潜育水稻土	培泥砂田	培泥砂田	A	0—15	黄灰色	轻壤土	块状、粒状	6.3	18.8	1.07	0.30	44.9				7.1	新河流冲积物	E 120°54′26.7″ N 28°26′36.1″	95
						P	15—20	黄黄灰土	轻壤土	块状、粒状	6.3	12.3	0.65	0.26	44.8				7.0			
						W	20—50	灰黄色	中壤土	块状	6.7	9.3	0.45	0.33	31.3				7.6			
						C	50—100	黄色	中壤土	块状	6.7	8.2	0.41	0.28	42.9				7.8			
剖27	半水成土	潮土	灰潮土	江涂泥	江涂砂	A	0—23		砂壤土												E 120°46′38.0″ N 28°21′57.7″	75
						Bsa	23—37		砂壤土													
						Csa	37—100		轻壤土													
剖28	铁铝土	红壤	黄红壤	黄泥土	黄泥土	A	0—20	棕黄色	重壤土	块状、粒状	6.3	18.2	1.19	0.30	25.2				9.4		E 120°47′52.5″ N 28°07′49.6″	95
						B	20—56	黄红色	轻黏土	块状	6.2	12.9	0.91	0.18	25.9				10.4			
						C	56—100	黄红色	轻黏土	块状	6.2	5.2	0.63	0.12	27.0				9.7			

苍南县

主要土类说明

红壤是苍南县主要土壤类型，占本县地域面积的63%。本县红壤是在温和湿润的亚热带海洋性气候条件下，原生矿物经过强风化、强淋溶的脱硅富铝化过程发育而成。土体中盐基成分及硅酸成分绝大部分发生淋溶损失，而铁铝氧化物相对得到积聚，土体形成A-（B）-C剖面构型，土壤呈酸性反应，质地黏重，呈红色或黄棕色。

水稻土是苍南县第二大土壤类型，占本县地域面积的26%。水稻土是本县的主要耕地土壤，它是各种母质或土壤类型经人为种植水稻、长期水耕熟化发育成的具有各种独特的土壤剖面发生层的一类土壤。本县凡是有水源条件的地方，无论山区或平原都有水稻土的分布。本县水稻土可分渗育型、潴育型、脱潜型、潜育型、盐渍型等五个亚类。

黄壤是苍南县第三大土壤类型，占本县地域面积的4%。黄壤是山地垂直带土壤，一般分布在本县海拔700m以上的山地上，母质主要为玻屑晶屑凝灰岩、流纹质玻屑凝灰岩、钾长花岗岩等岩石风化体的残积物、坡积物。由于所处海拔较红壤土类为高，风大雾多，湿度大，温度低，土壤除脱硅富铝化过程外，还有铁氧化物的水化等，土色发黄。此外，森林植被较好，且山高人迹稀少，因此表土积累了大量枯枝落叶，有机质丰富。土壤剖面构体多为Ao-（B_1）-（B_2）-C。土壤呈酸性反应，表层土色呈暗黄棕色至黑棕色，下层为淡黄棕色。本县黄壤主要有黄壤、侵蚀型黄壤等两个亚类。

小于本县地域面积3%的土壤类型为潮土、粗骨土、紫色土、滨海盐土。

本区域中心区气候特征

本区域中心区气候特征值
Regional climate characteristics in central area of the region

气候带：北亚热带湿润气候 Climate region: North subtropical humid climate	
年平均气温 /℃ Annual average temperature /℃	18.6
年平均最高气温 /℃ Annual average maximum temperature /℃	22.8
年平均最低气温 /℃ Annual average minimum temperature /℃	15.5
年降水量 /mm Annual precipitation /mm	1664
≥10℃的积温 /℃ Daily temperature accumulated in a year（≥10℃）/℃	6551
年日照时数 /h Annual sunshine /h	1689
年平均相对湿度 /% Annual average relative humidity /%	79
干燥度 Dryness	0.72

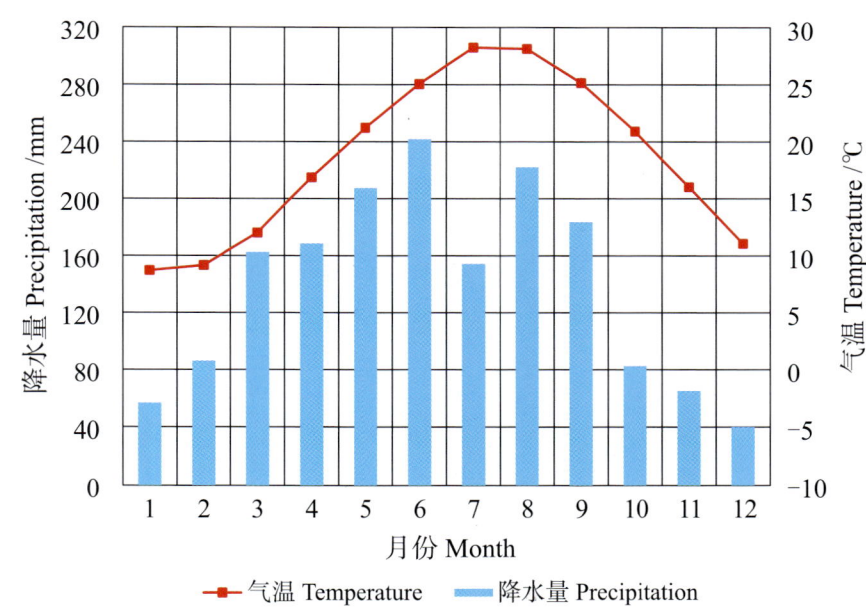

本区域中心区月平均气温与月平均降水量
Monthly temperature and precipitation in central area of the region

苍南县主要土壤类型与土壤剖面点分布图

1∶280 000

图例：红壤、水稻土、黄壤、潮土、粗骨土、紫色土、滨海盐土、剖面点

注：国务院2019年8月批准，撤销苍南县龙港镇，设立县级龙港市。

苍南县土壤剖面理化性状表

剖面号 Soil profile	土纲 Soil order	土类 Soil great group	亚类 Soil subgroup	土属 Soil genus	土种 Soil species	土层码 Layer code	土层厚度 Depth/cm	颜色 Soil color	质地 Soil texture	土壤结构 Soil structure	pH	有机质 OM/(g/kg)	全氮 TN/(g/kg)	全磷 TP/(g/kg)	全钾 TK/(g/kg)	阳离子交换量CEC/(cmol/kg)	土壤母质 Parent material	剖面点坐标 Profile coordinate	匹配指数 Matching index/%
剖1	铁铝土	红壤	黄红壤	黄泥砂土	黄泥砂土	A	0—22	棕色	重壤土		5.7	26.1	1.28	0.10	29.5	9.2	凝灰岩风化残积物、坡积物	E 120°14′46.5″ N 27°30′37.5″	75
						(B)	22—57	红棕色	重壤土		5.7	16.6	0.96	0.10	30.2	9.3			
						C	57—100	红棕色	重壤土		5.9	5.2	0.34	0.09	33.6	7.8			
剖2	人为土	水稻土	潜育水稻土	青潮黏田	烂青紫潮黏田	Aa	0—10	棕灰色	粉砂质黏土	块状	5.0	28.3	1.90	0.40	21.0		湖海相沉积物	E 120°21′46.7″ N 27°31′35.0″	95
						Ap	10—17	棕灰色	粉砂质黏土	块状	5.9	20.7							
						G₁	17—45	蓝灰色	粉砂质黏土	无结构糊状	5.9	7.8							
						G₂	45—100	棕灰色	黏土	无结构糊状	5.1	5.4							
剖3	人为土	水稻土	潜育水稻土	江粉泥田	江粉泥田	A	0—11	褐色	重壤土		5.6	38.3	2.21	0.41	23.3	9.4	河流近期溢积物	E 120°21′56.9″ N 27°30′21.7″	95
						P	11—20	灰黄棕色	轻黏土		5.7	33.3	1.87	0.31	23.3	10.6			
						W	20—42	棕灰色	轻黏土		6.9	12.1	0.77	0.21	24.9	11.0			
						G	42—	青灰色	重黏土		7.0	11.6	0.69	0.13	30.3	23.4			
剖4	铁铝土	红壤		红泥土	红泥土	A	0—10	红棕色	轻黏土		6.0	21.6	1.21	1.27	8.6	6.6	玻屑晶屑凝灰岩、熔凝灰岩等的风化残积物、坡积物	E 120°22′45.0″ N 27°32′34.0″	75
						(B)	10—60	红棕色	重黏土		6.2	15.6	0.87	0.98	6.1	5.5			
						C	60—100	红棕色	重黏土		6.3	16.2	0.85	0.90	6.1	6.5			
剖5	半水成土	潮土	灰潮土	培泥砂土	培泥砂土	A	0—20	棕黄色	中壤土		5.8	13.5	0.64	0.44	25.1	6.7	近代河流冲积物	E 120°28′26.4″ N 27°30′55.0″	75
						B	20—60	棕黄色	重壤土		6.3	8.3	0.45	0.46	25.0	8.8			
						C	60—	棕黄色	中壤土		6.3	8.7	0.47	0.49	28.1	7.5			
剖6	人为土	水稻土	潴育水稻土	洪积泥砂田	白心洪积泥砂田	A	0—13	暗棕灰色	中壤土		5.6	19.7	1.13	0.21	17.5	4.6	老积积物或老洪积物	E 120°29′36.4″ N 27°32′07.8″	75
						P	13—21	黄棕色	重黏土		5.6	17.1	0.97	0.19	17.5	4.6			
						E	21—50	灰白色	重壤土		6.5	4.2	0.32	0.08	17.7	4.3			
						B	50—100	暗棕色	轻黏土		6.6	5.6	0.42	0.10	21.4	6.1			
剖7	铁铝土	红壤	黄红壤	黄泥土	黄泥土	A	0—22	暗黄棕色	中壤土		5.7	37.4	1.54	0.28	19.6	7.1	凝灰岩风化残积物、坡积物	E 120°28′50.2″ N 27°30′17.7″	75
						(B)	22—49	棕红色	中壤土		5.8	17.7	0.82	0.24	17.9	7.0			
						C	49—100	棕红色	重壤土		6.0	10.0	0.62	0.22	18.2	9.2			
剖8	人为土	水稻土	渗育水稻土	黄泥田	黄泥田	A	0—10	灰棕色	轻壤土		5.9	25.7	1.44	0.39	11.3	4.4	凝灰岩风化残积物、坡积物	E 120°25′58.7″ N 27°31′52.3″	95
						P	10—18	暗黄棕色	中黏土		6.0	22.0	1.26	0.37	10.1	4.5			
						Bw	18—31	黄黄棕色	中壤土		6.5	16.4	1.00	0.28	10.7	5.9			
						C	31—93	黄黄色	中壤土		7.0	10.7	0.71	0.23	11.8	6.0			
剖9	人为土	水稻土	潴育水稻土	培泥砂田	培泥砂土	A	0—18	灰黄棕色	中壤土		5.7	21.9	1.20	0.46	28.8	5.0	近代河流冲积物	E 120°21′10.6″ N 27°28′01.8″	95
						P	18—26	棕红色	重壤土		6.0	17.3	1.01	0.47	29.1	5.7			
						Bw	26—46	黄棕色	重壤土		6.1	14.7	0.77	0.46	25.3	6.8			
						C	46—100	灰黄色	重壤土		6.1	14.4	0.75	0.41	23.5	6.5			
剖10	初育土	紫色土	酸性紫色土	酸性紫砂土	酸性紫砂土	A	0—20	紫灰色	中壤土		5.9	17.4	0.87	0.30	24.7	9.8	玻屑晶屑凝灰岩和细晶花岗岩的风化物	E 120°24′18.7″ N 27°27′44.7″	75
						(B)	20—50	紫色	轻壤土		5.8	11.0	0.67	0.19	24.9	8.9			
						C	50—	紫色	中壤土		5.8	7.0	0.52	0.16	24.9	10.7			
剖11	铁铝土	红壤		红泥土	红泥土	A	0—15	暗棕色	中壤土		5.5	25.7	0.93	0.18	6.9	5.9	玻屑晶屑凝灰岩和细晶花岗岩的风化物	E 120°26′15.0″ N 27°22′53.4″	95
						(B)	15—35	红棕色	中黏土		5.8	14.9	0.09	0.19	6.3	5.0			
						C	35—80	红棕色	中黏土		5.8	8.5	0.35	0.20	6.1	9.2			
剖12	初育土	紫色土	酸性紫色土	酸性紫色土	酸性紫泥土	A	0—20	紫色	重壤土		5.2	4.0	0.36	0.14	21.6	13.7	紫红色粉砂岩风化残积物、坡积物	E 120°23′44.9″ N 27°20′58.8″	75
						(B)	20—40	紫色	中壤土		5.5	1.7	0.32	0.18	37.7	9.8			
						C	40—100	紫色	中壤土		5.4	4.4	0.39	0.21	30.1	12.5			

续表 Continued

剖面号 Soil profile	土纲 Soil order	土类 Soil great group	亚类 Soil subgroup	土属 Soil genus	土种 Soil species	土层码 Layer code	土层厚度 Depth/cm	颜色 Soil color	质地 Soil texture	土壤结构 Soil structure	pH	有机质 OM/(g/kg)	全氮 TN/(g/kg)	全磷 TP/(g/kg)	全钾 TK/(g/kg)	阳离子交换量 CEC/(cmol/kg)	土壤母质 Parent material	剖面点坐标 Profile coordinate	匹配指数 Matching index/%
剖13	人为土	水稻土	潴育水稻土	黄泥砂田	黄泥砂田	A	0—11	灰棕色	中壤土		6.0	20.0	1.26	0.30	21.9	5.6	红壤坡积物或短距离搬运后的再积物	E 120°28′02.7″ N 27°15′23.4″	95
						P	11—18	灰棕色	中壤土		6.0	19.7	1.14	0.32	22.8	5.6			
						W	18—33	黄棕色	重黏土		6.6	10.3	0.71	0.17	21.0	5.8			
						C	33—100	棕色	轻黏土		6.7	12.2	0.79	0.30	17.8	10.1			
剖14	铁铝土	红壤	黄红壤	砂黏质红土	砂黏质红土	A	0—20	暗黄棕色	重黏土		5.7	12.4	0.78	0.12	16.2	7.8	粗晶花岗岩风化物	E 120°26′19.7″ N 27°13′18.0″	95
						(B)	20—50	棕色	重黏土		5.9	7.3	0.56	1.05	11.6	9.6			
						C	50—100	棕色	重壤土		5.8	4.7	0.34	0.06	11.8	8.6			
剖15	人为土	水稻土	脱潴水稻土	青紫塥黏土		A	0—13	灰黄棕色	轻黏土		5.8	41.3	2.35	0.43	28.9	21.2	第四纪湖海相沉积物	E 120°32′49.6″ N 27°31′58.1″	75
						P	13—21	暗灰棕色	轻黏土		6.3	33.7	1.96	0.33	30.1	24.4			
						ⅡW	21—44	灰黄棕色	中黏土		7.1	21.3	1.29	0.32	28.8	25.9			
						ⅡG	44—	青灰色	中黏土		7.1	20.1	1.20	0.30	25.8	21.3			
剖16	人为土	水稻土	潜育水稻土	烂青紫泥田	烂青紫塥黏土	Ap	0—10	棕灰色	粉砂质黏土	块状	5.0	28.3	1.93	0.38	21.0		湖海相沉积物	E 120°33′18.7″ N 27°30′58.0″	81
						G₁	10—17	棕灰色	粉砂质黏土	块状	5.9	20.7							
						G₂	17—45	青灰色	粉砂质黏土	无结构糊状	5.9	7.8							
							45—100	棕灰色	黏土	无结构糊状	5.1	5.4							
剖17	人为土	水稻土	潜育水稻土	烂滃田	烂滃田	A	0—13	暗灰棕色	轻黏土		6.3	61.5	2.24	0.39	23.5	17.8	近代红壤坡积物	E 120°35′07.8″ N 27°28′15.1″	95
						G	13—100	青灰色	轻黏土		6.3	50.0	2.20	0.23	26.6	20.6			

文 成 县

主要土类说明

红壤是文成县主要土壤类型，占本县地域面积的 32%。红壤主要发生于亚热带常绿阔叶林地区，呈中度富铝化特征，土壤黏粒中的游离铁占全铁 50%—60%。红壤有深厚红色土层，底层可见深厚红、黄、白相间网纹的红色黏土。土壤中的黏土矿物以高岭石、赤铁矿为主，黏粒硅铝率为 1.8—2.4，风化淋溶系数 < 0.2，盐基饱和度 < 35%，pH 为 4.5—5.5。

黄壤是文成县第二大土壤类型，占本县地域面积的 28%。黄壤主要发生于亚热带湿润条件下，多见于海拔 700—1200m 的山区，呈中度富铝化特征，有时含三水铝石，土壤有机质累积较高，可达 100g/kg，pH 为 4.5—5.5；富含水合氧化物（针铁矿），土体呈黄色，具 O–A–AB–B–C 剖面构型。多用于发展林地，间亦耕种。

粗骨土是文成县第三大土壤类型，占本县地域面积的 18%。粗骨土为基岩风化残积物、坡积物形成的初育土，多为 A-C 或（A）-C 剖面构型。A 层发育不明显，与母质层性状相似，略显有机质累积。有时母质层富含砾石，甚少剖面分异与发育特征。粗骨土广泛分布在河谷阶地、丘陵、低山和中山等多种地貌单元和地形部位。

水稻土占文成县地域面积的 13%。水稻土是在长期季节性淹灌、水下翻耕、季节性脱水等水耕活动的影响下，土壤内部物质发生氧化还原交替作用，原来的成土母质或母土特性发生重大改变，从而形成的新土壤类型。由于干湿交替等作用的影响，糊状淹育层、较坚实板结的犁底层、渗育层、潴育层与潜育层多种发生层分异。这些不同发生层是在人为耕作、水浆管理作用下形成的。

紫色土占文成县地域面积的 8%。紫色土是热带、亚热带紫红色岩层直接风化形成的具 A-C 剖面构型的土壤。其理化性质与母岩组成直接相关，土层浅薄，剖面层次发育不明显，仍为初育土。由于母岩富含矿质养分，且风化迅速，为良好的肥沃土壤。

本区域中心区气候特征

本区域中心区气候特征值
Regional climate characteristics in central area of the region

气候带：北亚热带湿润气候 Climate region: North subtropical humid climate	
年平均气温 /℃ Annual average temperature /℃	18.3
年平均最高气温 /℃ Annual average maximum temperature /℃	22.7
年平均最低气温 /℃ Annual average minimum temperature /℃	15.2
年降水量 /mm Annual precipitation /mm	1699
≥ 10℃的积温 /℃ Daily temperature accumulated in a year（≥ 10℃）/℃	6522
年日照时数 /h Annual sunshine /h	1702
年平均相对湿度 /% Annual average relative humidity /%	79
干燥度 Dryness	0.70

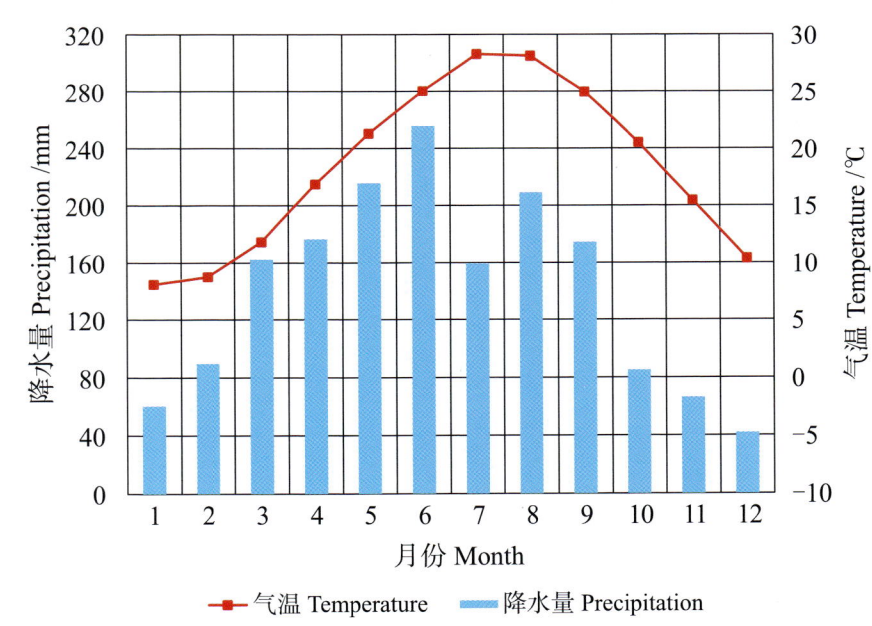

本区域中心区月平均气温与月平均降水量
Monthly temperature and precipitation in central area of the region

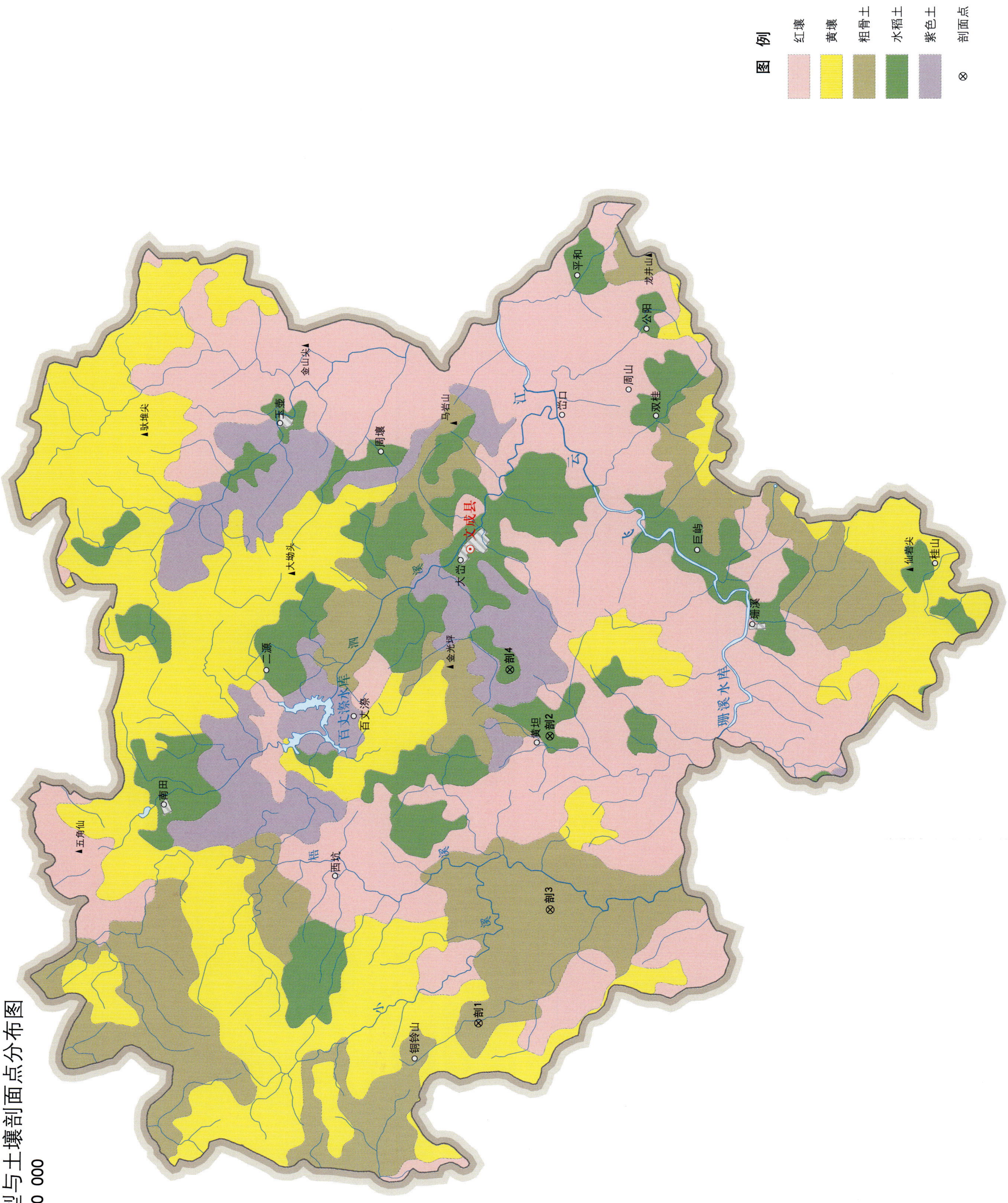

文成县主要土壤类型与土壤剖面点分布图
1∶210 000

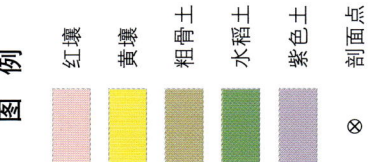

文成县土壤剖面理化性状表

剖面号 Soil profile	土纲 Soil order	亚类 Soil subgroup	土属 Soil genus	土种 Soil species	土层码 Layer code	土层厚度 Depth/cm	颜色 Soil color	质地 Soil texture	土壤结构 Soil structure	pH	有机质 OM/(g/kg)	全氮 TN/(g/kg)	全磷 TP/(g/kg)	全钾 TK/(g/kg)	碱解氮 AN/(mg/kg)	有效磷 AP/(mg/kg)	速效钾 AK/(mg/kg)	土壤母质 Parent material	剖面点坐标 Profile coordinate	匹配指数 Matching index/%
剖1	初育土	酸性粗骨土	酸石砂土	石砂土	A	0—12	浊黄色	壤质黏土	屑粒状	6.1	41.1	2.10	0.30					熔积凝灰岩风化坡积物	E 119°51′11.9″ N 27°46′56.2″	95
					C	12—35	灰黄色	壤质黏土		5.8	13.5	0.90	0.30							
剖2	人为土	潜育水稻土	烂浸田	烂浸田	A	0—17	淡灰色	粉砂质黏土	无结构糊状	5.9	37.7	1.77	0.36	26.7	170	11.0	160	洪积物或黄红壤再积物	E 119°59′36.6″ N 27°45′18.2″	95
					G	17—100	灰色	壤质黏土	无结构糊状	5.9	29.7	1.44	0.34	24.9			140			
剖3	初育土	酸性粗骨土	石砂土	石砂土	A	0—12	浊黄色	壤质黏土	屑粒状	6.1	41.1	2.10	0.32	39.5					E 119°54′34.1″ N 27°45′10.1″	81
					C	12—35	灰黄色	壤质黏土		5.8	13.5	0.93	0.29	39.9						
剖4	人为土	潜育水稻土	青山黄泥田	烂浸田	Aa	0—17	淡灰色	粉砂质黏土	无结构糊状	5.9	37.7	1.80	0.40	26.7	170	11.0	160	洪积物或黄红壤再积物	E 120°01′30.5″ N 27°46′23.4″	95
					G	17—100	灰色	壤质黏土	无结构糊状	5.9	29.7	1.40	0.30	24.9		4.0	140			

泰 顺 县

主要土类说明

红壤是泰顺县主要土壤类型，占本县地域面积的47%。分布于全县各地海拔700m以下的丘陵地区，是红壤向黄壤过渡的土壤类型。红壤主要发生于亚热带常绿阔叶林地区，呈中度富铝化特征，土壤黏粒中的游离铁占全铁50%—60%。红壤有深厚红色土层，底层可见深厚红、黄、白相间网纹的红色黏土。土壤中的黏土矿物以高岭石、赤铁矿为主，黏粒硅铝率为1.8—2.4，风化淋溶系数<0.2，盐基饱和度<35%，pH为4.5—5.5。本县红壤分为黄红壤、侵蚀型红壤两个亚类，黄泥土、砂黏质黄泥、黄泥砂土、黄黏土、石砂土五个土属。

黄壤是泰顺县第二大土壤类型，占本县地域面积的29%。本县分布有黄壤、侵蚀型黄壤两个亚类，山地黄泥土、山地黄泥砂土、山地黄黏土、山地石砂土四个土属。黄壤主要发生于亚热带湿润条件，多见于海拔700—1200m的山区，呈中度富铝化特征，有时含三水铝石，土壤有机质累积较高，可达100g/kg，pH为4.5—5.5；土壤富含水合氧化物（针铁矿），呈黄色，具O-A-AB-B-C剖面构型。多用于发展林地，间亦耕种。

紫色土是泰顺县第三大土壤类型，占本县地域面积的15%。紫色土是紫色岩石发育而成的一种岩性土，是非地带性土壤。母岩是下白垩纪陆相沉积的非石灰性紫红色凝灰质粉砂岩、砂页岩以及侏罗纪夹紫红色粉砂岩。紫色土较连片分布，南北向呈两条平行带状分布在海拔100m低山丘陵到海拔800m以上较平缓山地。主要分布在本县西部的里光、竹垟、司前、黄坑、洪口、莒江、仙稔、罗阳、岳巢和中部的下洪、大安、戬州、三魁等乡。

水稻土占泰顺县地域面积的9%。水稻土是在各种母质或土壤类别上，经过人为种植水稻等生产活动，长期进行水耕熟化，土体经历不断交替的氧化还原作用而发育起来的具有独特土体构型的一类土壤。本县从海拔100m的溪谷丘陵低山区到海拔900m的高山台地、坡地均有水田分布。因地形地貌复杂，土壤母质类型多，水分分布状况不同，水稻土种类繁多。根据水稻土发生、发育特征，地形部位差异，土壤水分运行情况不同，可将其划分为渗育型、淹育型、潴育型和潜育型水稻土等亚类。

小于本县地域面积3%的土壤类型有粗骨土。

本区域中心区气候特征

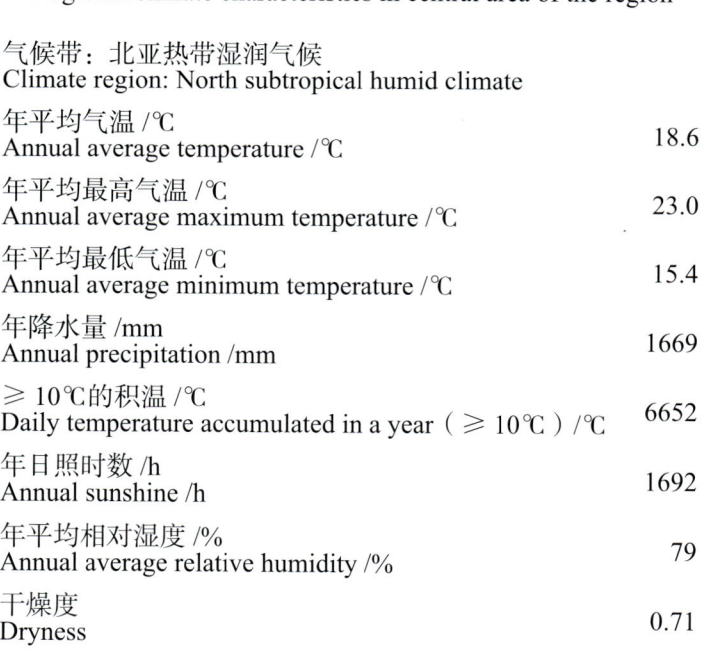

本区域中心区气候特征值
Regional climate characteristics in central area of the region

气候带：北亚热带湿润气候 Climate region: North subtropical humid climate	
年平均气温 /℃ Annual average temperature /℃	18.6
年平均最高气温 /℃ Annual average maximum temperature /℃	23.0
年平均最低气温 /℃ Annual average minimum temperature /℃	15.4
年降水量 /mm Annual precipitation /mm	1669
≥10℃的积温 /℃ Daily temperature accumulated in a year (≥10℃) /℃	6652
年日照时数 /h Annual sunshine /h	1692
年平均相对湿度 /% Annual average relative humidity /%	79
干燥度 Dryness	0.71

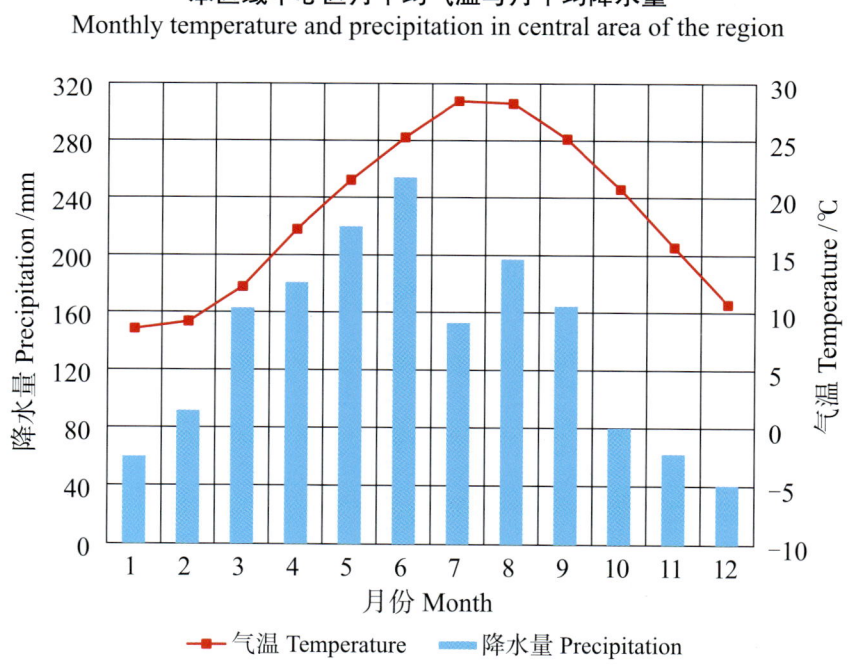

本区域中心区月平均气温与月平均降水量
Monthly temperature and precipitation in central area of the region

泰顺县主要土壤类型与土壤剖面点分布图

1：250 000

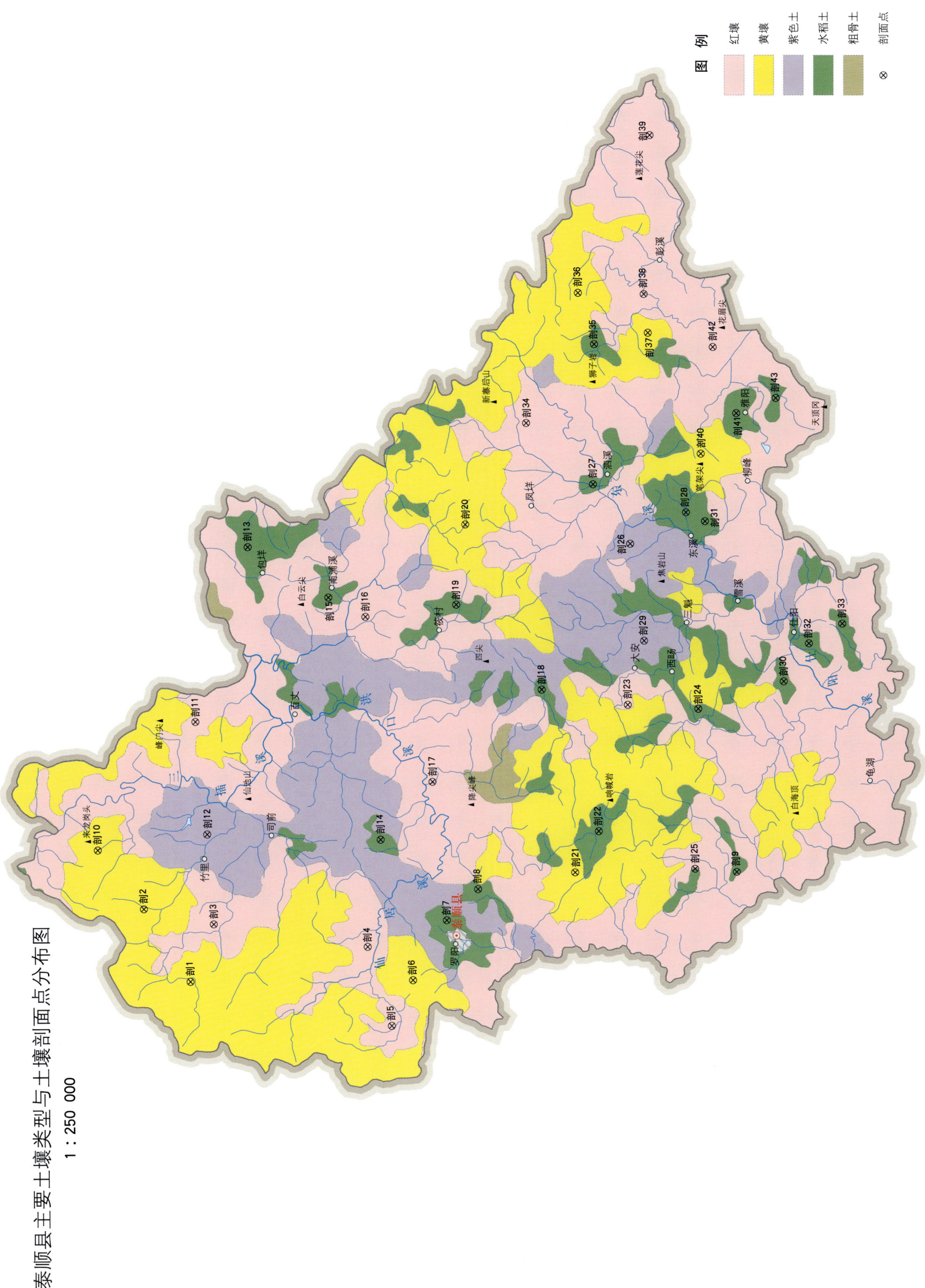

泰顺县土壤剖面理化性状表

剖面号 Soil profile	土纲 Soil order	土类 Soil great group	亚类 Soil subgroup	土属 Soil genus	土种 Soil species	土层码 Layer code	土层厚度 Depth/cm	颜色 Soil color	质地 Soil texture	土壤结构 Soil structure	pH	有机质 OM/(g/kg)	全氮 TN/(g/kg)	全磷 TP/(g/kg)	全钾 TK/(g/kg)	碱解氮 AN/(mg/kg)	有效磷 AP/(mg/kg)	速效钾 AK/(mg/kg)	阳离子交换量CEC/(cmol/kg)	土壤母质 Parent material	剖面点坐标 Profile coordinate	匹配指数 Matching index/%
剖1	铁铝土	黄壤	黄壤	山地黄泥土	山香灰土	A	2—13	暗棕色	砂壤土	屑粒状	5.2	119.0	4.50	0.40	14.5					凝灰岩风化残积物	E 119°41′16.4″ N 27°42′42.8″	95
						AB	13—23	暗棕色	黏壤土	小块状	5.3	88.5	3.50	0.30	14.0							
						B	23—43	亮黄棕色	黏壤土	块状	5.5	29.4	1.50	0.20	15.0							
						C	43—68	黄橙色	黏壤土		5.6	19.1	0.94	0.11	17.2							
剖2	铁铝土	黄壤	侵蚀型黄壤	山地石砂土	山地石砂土	A	0—10	暗灰黄色	中壤土	小块状	4.8	108.5	3.08	0.18	31.5					风化残积物、坡积物	E 119°44′03.2″ N 27°44′14.0″	93
						C	10—28	暗灰黄色	重黏质土	小块状	5.4	59.8	1.68	0.14	32.2							
剖3	铁铝土	红壤	黄红壤	黄泥土	黄泥土	A	0—16	暗灰黄色	重壤土	小块状	5.0	34.8	1.08	0.11	14.4				7.4		E 119°43′24.7″ N 27°41′52.8″	75
						B	16—33	淡黄色	重壤土	块状	5.1	16.7	0.63	0.09	14.5				6.4			
						C	33—100	淡黄色	重壤土	块状	5.5	7.4	0.45	0.09	14.5				5.3			
剖4	铁铝土	红壤	黄红壤	黄黏土	黄黏土	A	0—27	淡棕色	中壤土	团块状	5.7	16.2	0.94	0.75	3.5				6.7		E 119°42′23.8″ N 27°36′40.0″	95
						B	27—53	淡红棕色	中壤土	块状	5.8	11.2	0.58	0.57	3.5				4.7			
						C	53—100	淡棕色	中壤土	小块状	5.8	8.6	0.71	0.57	3.1				6.2			
剖5	铁铝土	红壤	黄红壤	砂黏质黄泥	砂黏质黄泥	A	0—14	暗黄色	重壤土	小块状	5.1	58.5	1.84	0.13	18.2				9.5		E 119°39′23.8″ N 27°35′54.8″	95
						(B)	14—43	淡黄棕色	中壤土	块状	5.4	29.5	0.90	0.09	21.1				6.6			
						C	43—100	黄色	中壤土	块状	5.7	3.7	0.32	0.08	36.6				9.4			
剖6	铁铝土	黄壤	黄壤	山地黄黏土	山地黄黏土	A	0—12	暗黄色	轻黏土	块状	5.2	59.5	3.04	0.61	10.7				8.3		E 119°41′06.0″ N 27°35′09.2″	95
						(B)	12—40	淡黄棕色	中黏土	块状	5.6	24.9	1.18	0.59	10.7				5.0			
						C	40—100	淡黄棕色	中黏土	块状	6.0	17.5	1.06	0.60	11.7				2.1			
剖7	水稻土	潜育水稻土	青山黄泥田	烂灰泥田		A	0—20	灰色	中壤土	无结构糊状	5.8	99.5	2.90	0.50	15.0	179	12.0	56			E 119°43′19.1″ N 27°33′57.1″	95
						Aa	20—60	灰色	壤质黏土	无结构糊状	5.8	108.5										
剖8	人为土	淹育水稻土	淡紫泥田	酸性紫泥田		Aa	0—12	紫灰色	粉砂质黏土	碎块状	5.8	20.8	1.10	0.20	35.5	100	6.0	82		黄壤再积物	E 119°44′28.8″ N 27°32′51.7″	95
						Ap	12—21	紫灰色	粉质砂黏壤土	块状	5.6	18.2	0.90	0.14	38.3	90	<1.0	59				
						C	21—100	棕紫色	砂质黏壤土	块状	5.9	6.1	0.30		36.9	67	2.0					
剖9	人为土	渗育水稻土	黄泥砂田	黄泥砂田		A	0—14	灰白色	中壤土	小块状	6.5	22.5	0.99	0.17	22.3				4.6		E 119°44′53.1″ N 27°24′03.6″	96
						P	14—21	灰白色	重壤土	块状	6.3	16.2	0.66	0.08	21.6				4.1			
						W	21—50	淡灰色	重壤土	块状	6.4	15.1	0.55	0.07	21.8				5.5			
						Gw	50—100	暗黄色	重壤土	大块状	6.3	39.4	0.96	0.05	20.8				4.8			
剖10	铁铝土	黄壤	侵蚀型黄壤	山地石砂土	山地乌石砂土	A	0—21	黑色	重石质土	小块状	5.0	194.7	6.28	0.31	25.1				8.9		风化残积物、坡积物	E 119°46′20.5″ N 27°45′44.5″	93
						C	21—35	暗黄色	重石质土	小块状	5.6	149.7	4.98	0.35	26.6				7.3			
剖11	铁铝土	红壤	黄红壤	黄泥土	黄砾泥	A	0—19	灰黄色	重壤土	块状	5.3	26.5	0.92	0.16	22.9				6.4		E 119°51′07.5″ N 27°42′18.4″	95
						B	19—45	淡黄色	重壤土	小块状	5.3	15.8	0.66	0.16	23.8				8.6			
						C	45—100	淡黄色	重壤土	块状	6.4	9.7	0.54	0.14	25.1				8.6			
剖12	初育土	紫色土	酸性紫色土	酸性紫色土	酸性紫泥地	A	0—13	紫棕色	中壤土	小块状	6.3	13.3	0.78	0.21	27.2				8.6		E 119°46′50.0″ N 27°42′01.0″	95
						B	13—23	紫紫色	中壤土	团块状	6.3	10.4	0.74	0.23	28.1				8.5			
						C	23—60	紫色	重壤土	小块状	6.3	10.1	0.65	0.19	36.8				5.2			
剖13	人为土	潴育水稻土	紫泥砂田	紫泥砂田		A	0—11	紫灰色	重壤土	小块状	5.8	24.5	1.53	0.27	29.2				5.0		E 119°57′42.1″ N 27°40′22.4″	95
						P	11—18	紫灰色	重壤土	棱块状	5.9	19.5	1.27	0.23	31.4				4.7			
						W	18—50	紫灰色	重壤土	块状	6.1	13.9	0.97	0.20	29.3				6.0			
						G	50—74	紫灰色	重壤土	块状	6.1	12.7	0.75	0.13	33.2				5.3			
						E	74—100	紫灰色	重壤土	小块状	6.2	4.7	0.28	0.07	39.2							

续表 Continued

剖面号 Soil profile	土纲 Soil order	土类 Soil great group	亚类 Soil subgroup	土属 Soil genus	土种 Soil species	土层码 Layer code	土层厚度 Depth/cm	颜色 Soil color	质地 Soil texture	土壤结构 Soil structure	pH	有机质 OM/(g/kg)	全氮 TN/(g/kg)	全磷 TP/(g/kg)	全钾 TK/(g/kg)	碱解氮 AN/(mg/kg)	有效磷 AP/(mg/kg)	速效钾 AK/(mg/kg)	阳离子交换量 CEC/(cmol/kg)	土壤母质 Parent material	剖面点坐标 Profile coordinate	匹配指数 Matching index/%
剖14	人为土	水稻土	渗育水稻土	黄泥田	砂性黄泥田	A	0—16	淡灰色	轻壤土	小块状	6.0	21.6	1.07	0.31	33.4				2.4	黄红壤原积物、坡积物	E 119°46′27.7″ N 27°36′07.7″	95
						P	16—22	灰黄色	轻壤土	块状	6.1	17.1	0.69	0.23	18.4				2.3			
						Bw	22—40	淡棕黄色	轻壤土	块状	6.1	10.7	0.49	0.15	30.4				2.8			
						C	40—75	淡黄棕色	砂壤土		6.3	1.4	0.10	0.10	37.9				4.1			
剖15	人为土	水稻土	潴育水稻土	黄泥砂田	黄大泥田	A	0—18	暗黄棕色	轻壤土	块状	6.0	33.1	1.68	0.52	13.3				2.4		E 119°55′42.1″ N 27°37′40.3″	95
						P	18—26	暗黄棕色	轻黏土	块状	6.2	28.2	1.48	0.48	14.3				2.3			
						W	26—67	淡黄棕色	轻黏土	核块状	6.2	43.6	1.67	0.36	14.3				2.8			
						G	67—100	淡黄棕色	轻黏土	大块状	6.1	28.8	1.12	0.27	11.7				4.1			
剖16	铁铝土	红壤	黄红壤	黄泥砂土	乌黄泥砂土	A	0—20	暗灰黄色	中壤土	粒状、块状	5.5	42.0	1.59	0.10	34.0				8.2		E 119°54′56.3″ N 27°36′26.2″	95
						(B)	20—52	淡黄棕色	中壤土	块状	5.6	16.3	0.66	0.07	34.0				6.4			
						C	52—100	淡黄棕色	中壤土	块状	5.8	8.4	0.42	0.06	36.8				5.5			
剖17	铁铝土	红壤	黄红壤	黄黏土	黄黏土	A	0—9	棕色	轻壤土	小块状	5.7	38.8	1.16	0.47	8.5				5.6		E 119°45′03.6″ N 27°29′34.1″	95
						(B)	9—55	鲜棕色	轻黏土	块状	5.9	23.2	1.19	0.62	8.2				5.6			
						C	55—100	鲜棕色	轻黏土	块状	6.0	17.3	0.94	0.59	8.6				4.2			
剖18	人为土	水稻土	渗育水稻土	酸性紫泥田	酸性紫泥田	A	0—13	紫黄棕色	轻黏土	块状	6.0	23.2	1.29	0.20	30.9				7.2		E 119°52′00.0″ N 27°30′30.9″	95
						P	13—22	紫棕色	重壤土	块状	5.9	22.3	1.14	0.17	31.8				6.2			
						Bw	22—55	紫棕色	重壤土	块状	5.7	15.9	0.88	0.16	33.1				6.3			
						C	55—100	紫色	重壤土	块状	6.0	11.6	0.60	0.11	35.5				6.5			
剖19	人为土	水稻土	潴育水稻土	白砂田	白砂田	A	0—13	灰黄色	中壤土	小块状	6.2	31.3	1.50	0.33	35.5				6.4	中粗晶花岗岩风化物	E 119°50′45.6″ N 27°27′21.6″	95
						P	16—21	灰黄色	重壤土	小块状	6.4	24.8	1.12	0.26	36.0				5.5			
						Bw	21—27	黄黄色	重壤土	块状	6.4	15.8	0.59	0.16	39.8				4.7			
						C	27—70	黄橙色	中壤土	小块状	6.6	3.9	0.22	0.13	40.8				5.0			
剖20	铁铝土	黄壤	黄壤	山地黄泥土	山地黄泥土	A	0—13	淡黄棕色	中壤土	小块状	5.1	31.2	1.23	0.32	7.9				7.0		E 119°51′07.2″ N 27°25′12.7″	96
						B	13—34	灰黄色	中壤土	块状	5.2	22.2	0.85	0.23	8.0				5.1			
						C	34—90	淡黄棕色	轻黏土	块状	5.2	11.2	0.60	0.21	7.9				4.9			
剖21	铁铝土	黄壤	黄壤	山地黄泥土	山香灰土	Ao	0—2	黑棕色	砂壤土	块状	4.8	132.3	4.65	0.36	15.3						E 119°45′28.1″ N 27°29′58.7″	81
						A	2—13	暗棕色	砂壤土	团粒状	5.2	119.0	4.50	0.42	14.5							
						A(B)	13—23	暗黄棕色	黏壤土	小块状	5.3	88.5	3.46	0.32	14.0							
						(B)	23—43	亮黄棕色	黏壤土	块状	5.5	29.4	1.51	0.19	15.0							
						C	43—68	黄橙色	黏壤土	块状	5.6	19.1	0.94	0.11	17.2							
剖22	人为土	水稻土	潴育水稻土	山地黄泥砂田	山地黄泥砂田	A	0—16	灰黄棕色	中壤土	小块状	6.0	22.4	0.93	0.30	29.5				2.8		E 119°57′28.8″ N 27°27′23.8″	95
						P	16—23	棕灰色	轻壤土	块状	6.0	17.1	0.67	0.22	20.2				3.4			
						W	23—50	暗黄棕色	重壤土	块状	5.9	15.1	0.60	0.16	31.5				3.2			
						G	50—100	淡黄棕色	重壤土	块状	5.8	71.1	1.52	0.17	31.0				5.2			
剖23	铁铝土	红壤	黄红壤	砂黏质黄泥	砂黏质黄泥田	A	0—23	淡黄棕色	重壤土	小块状	5.6	12.9	0.56	0.14	8.3				5.0		E 119°50′16.4″ N 27°26′52.3″	95
						B	23—53	淡黄棕色	重壤土	块状	5.5	17.4	0.76	0.13	8.7				6.6			
						C	53—100	暗黄棕色	重壤土	块状	5.6	8.9	0.40	0.11	8.5				4.8			
剖24	人为土	水稻土	潴育水稻土	泥砂田	泥砂田	A	0—14	淡灰色	中壤土	团块状	5.9	34.8	2.04	0.44	31.3				3.6	近代溪流冲积物	E 119°51′42.8″ N 27°25′04.7″	81
						P	14—22	淡灰色	中壤土	小块状	5.9	24.6	1.48	0.31	34.6				3.5			
						W	22—46	棕灰色	砂壤土	块状	6.0	16.0	0.87	0.21	35.8				5.0			
						C	46—90	灰白色	砂壤土	无结构	6.5	4.7	0.22	0.08	39.6				4.5			
剖25	人为土	水稻土	潴育水稻土	洪积泥砂田	洪积泥砂田	A	0—15	暗棕色	重壤土	小块状	5.9	37.2	1.60	0.33	19.3				5.8	近代洪积物、冲积物	E 119°45′03.2″ N 27°25′27.8″	75
						P	15—23	暗棕色	重壤土	块状	5.9	25.7	0.92	0.20	19.6				6.0			
						W	23—50	黑色	重壤土	块状	5.9	34.3	0.98	0.13	20.6				7.0			
						C	50—100	灰黄色	砂壤土	无结构	5.9	2.1	0.17	0.07	24.9				3.1			

续表 Continued

剖面号 Soil profile	土纲 Soil order	土类 Soil great group	亚类 Soil subgroup	土属 Soil genus	土种 Soil species	土层码 Layer code	土层厚度 Depth/cm	颜色 Soil color	质地 Soil texture	土壤结构 Soil structure	pH	有机质 OM/(g/kg)	全氮 TN/(g/kg)	全磷 TP/(g/kg)	全钾 TK/(g/kg)	碱解氮 AN/(mg/kg)	有效磷 AP/(mg/kg)	速效钾 AK/(mg/kg)	阳离子交换量CEC/(cmol/kg)	土壤母质 Parent material	剖面点坐标 Profile coordinate	匹配指数 Matching index/%
剖26	初育土	紫色土	酸性紫色土	酸性紫泥土	罗阳酸性紫泥	A	0–12	暗紫色	黏土	屑粒状	4.8	27.0	0.90								E 119°56′20.7″ N 27°27′41.9″	95
						AC	12–48	红紫色	黏土	块状	5.2	19.6	0.80									
						C	48–68	紫红色	黏土		5.2	11.1	0.40									
剖27	人为土	水稻土	潜育水稻土	烂浸田	烂浸田	A	0–13	淡灰色	重壤土	无结构	6.0	33.5	1.54	0.24	20.6				6.1		E 119°58′15.6″ N 27°24′49.3″	95
						P	13–21	淡灰色	重壤土	无结构	6.0	30.4	1.53	0.18	21.3				6.4			
						G_1	21–38	淡灰色	重壤土	无结构	6.1	26.2	1.11	0.18	20.6				6.6			
						G_2	38–70	淡灰色	重壤土	无结构	6.2	23.3	1.00	0.22	21.4				6.0			
剖28	人为土	水稻土	潜育水稻土	烂滴田	烂滴田	A	0–16	青灰色	中壤土	无结构	5.8	41.2	2.07	0.25	18.7				6.8		E 119°58′36.0″ N 27°25′27.5″	75
						G	16–100	暗青灰色	中壤土		5.9	37.5	1.48	0.10	18.6				7.5			
剖29	初育土	紫色土	酸性紫色土	酸性紫色土	酸性紫色土	A	0–12	紫灰色	轻黏土	块状	4.8	27.0	0.94	0.06	27.9				11.7		E 119°53′46.2″ N 27°26′59.7″	75
						(B)	12–48	紫色	中黏土	块状	5.2	19.6	0.78	0.07	27.1				12.2			
						C	48–68	紫色	中黏土		5.8	11.1	0.39	0.05	27.5				12.8			
剖30	人为土	水稻土	潜育水稻土	黄泥砂田	白心黄泥砂田	A	0–14	灰白色	重壤土	小块状	5.9	30.1	1.49	0.24	23.7				7.1		E 119°52′05.1″ N 27°22′17.6″	75
						P	14–24	灰白色	中壤土	小块状	5.9	28.0	1.00	0.09	20.8				7.7			
						W	24–44	灰黄色	中壤土	块状	5.8	45.2	1.14	0.05	24.8				9.3			
						C	44–100	灰色	中壤土	块状	5.8	6.1	0.30	0.05	30.3				5.6			
剖31	人为土	水稻土	潜育水稻土	洪积泥砂田	集谷洪积泥砂田	A	0–13	灰白色	重壤土	无结构	5.7	18.7	0.90	0.21	25.2				3.5	近代洪积物、冲积物	E 119°59′38.4″ N 27°24′41.3″	95
						P	13–18	灰白色	中壤土	小块状	5.8	21.3	0.95	0.21	27.3				3.4			
						W	18–48	灰黄色	砂壤土	无结构	5.7	16.7	0.67	0.17	29.8				3.4			
						C	48–54	灰黄色	重壤土	无结构	5.9	10.1	0.33	0.11	33.0				2.5			
剖32	人为土	水稻土	潜育水稻土	烂浸田	白心烂浸田	A	0–19	灰黄色	重壤土	无结构	5.9	19.7	0.92	0.12	20.6				5.3		E 119°53′30.3″ N 27°21′24.1″	75
						P	19–26	灰黄色	重壤土	块状	5.9	16.2	0.79	0.10	21.3				5.2			
						G	26–50	青灰色	中壤土	块状	6.0	4.3	0.19	0.05	23.0				4.4			
						GE	50–58	灰白色	中壤土	块状	6.0	4.5	0.30	0.06	22.4				4.3			
						E	58–100	灰白色	中壤土	块状	6.0	12.1	0.56	0.04	28.4				4.0			
剖33	人为土	水稻土	渗育水稻土	洪积泥砂田	白瓷泥田	A	0–15	暗黄色	中壤土	小块状	5.9	24.9	1.06	0.23	13.3				4.8		E 119°54′13.2″ N 27°20′14.5″	75
						P	15–20	淡黄色	中壤土	块状	5.9	20.4	0.79	0.15	12.4				4.3			
						CE	20–50	白色	中壤土	块状	5.9	3.6	0.30	0.06	18.4				4.8			
剖34	铁铝土	红壤	黄红壤	黄泥砂土	黄泥砂地	A	0–16	淡灰黄色	中壤土	小块状	4.9	15.3	0.84	0.17	17.0				4.6	黄红壤原积物、坡积物	E 120°02′07.3″ N 27°30′48.5″	95
						B	16–43	淡黄色	中壤土	块状	5.4	8.5	0.49	0.13	18.0				4.1			
						C	43–100	淡黄色	中壤土	块状	5.0	6.6	0.34	0.11	18.6				4.6			
剖35	人为土	水稻土	潜育水稻土	烂浸田	砾隔烂浸田	A	0–11	灰灰色	中石质土	小块状	6.2	26.3	1.66	0.37	29.3				8.9		E 120°05′03.5″ N 27°28′26.2″	95
						C	11–100	棕色	重壤土	无结构	6.3	14.8	0.94	0.23	31.1				6.5			
剖36	铁铝土	黄壤	黄壤	山地黄泥土	山地黄泥土	A	0–14	灰黄棕色	重壤土	小块状	5.6	103.5	2.82	0.16	10.7				10.2		E 120°07′01.2″ N 27°28′56.1″	96
						(B)	14–35	灰黄棕色	重壤土	块状	6.0	30.6	1.05	0.11	12.1				5.4			
						C	35–90	淡黄棕色	重壤土	大块状	6.0	16.9	0.71	0.09	11.5				5.1			
剖37	铁铝土	黄壤	黄壤	山地黄黏土	山地黄黏土	A	0–24	淡黄黄色	轻壤土	大团粒状	5.8	41.8	1.83	0.72					7.1		E 120°05′26.3″ N 27°26′35.9″	95
						B	24–46	淡棕色	中黏土	小块状	5.8	32.1	1.57	0.60					5.1			
						C	46–100	淡棕色	中黏土	大块状	6.0	23.0	1.08	0.62					4.2			
剖38	铁铝土	红壤	侵蚀型红壤	石砂土	石砂土	A	0–5	黑色	重石质土	小块状	5.4	143.3	3.43	0.26	18.9				17.1	基岩风化线积物、坡积物	E 120°06′54.8″ N 27°26′42.0″	95
						C	5–28	灰灰色	中石质土	小块状	5.4	72.1	2.16	0.18	22.6				15.4			
剖39	铁铝土	红壤	黄红壤	黄泥砂土	黄泥砂土	A	0–14	淡黄色	中壤土	块状	6.0	24.6	0.81	0.08	14.2				4.2		E 120°12′54.8″ N 27°26′21.3″	95
						(B)	14–30	黄色	中壤土	块状	6.0	14.3	0.46	0.08	12.0				2.6			
						C	30–100		中壤土	块状	6.2	7.8	0.35	0.05	11.4				2.4			

续表 Continued

剖面号 Soil profile	土纲 Soil order	土类 Soil great group	亚类 Soil subgroup	土属 Soil genus	土种 Soil species	土层码 Layer code	土层厚度 Depth/cm	颜色 Soil color	质地 Soil texture	土壤结构 Soil structure	pH	有机质 OM/(g/kg)	全氮 TN/(g/kg)	全磷 TP/(g/kg)	全钾 TK/(g/kg)	碱解氮 AN/(mg/kg)	有效磷 AP/(mg/kg)	速效钾 AK/(mg/kg)	阳离子交换量CEC/(cmol/kg)	土壤母质 Parent material	剖面点坐标 Profile coordinate	匹配指数 Matching index/%
剖40	铁铝土	黄壤	黄壤	山地黄泥砂土	山地黄泥砂地	A	0—18	灰黄色	中壤土	小块状	6.0	13.8	0.67	0.13	36.5				8.1		E 120°00′47.9″ N 27°24′54.1″	95
						B	18—41	淡灰黄色	中壤土	块状	5.8	12.1	0.47	0.07	33.6				5.4			
						C	41—100	淡黄色	轻黏土	块状	6.0	7.1	0.32	0.04	30.7				5.4			
剖41	人为土	水稻土	潴育水稻土	黄砂泥田	黄泥砂地	Aa	0—14	灰黄棕色	壤质黏土	碎块状	5.7	33.4	1.30	0.20	20.1	152	10.0	37		黄红壤再积物	E 120°02′17.8″ N 27°23′40.0″	95
						Ap	14—22	灰黄棕色	壤质黏土	块状	5.9	33.2	1.20	0.20	21.1	122	7.0	27				
						W	22—39	亮黄棕色	壤质黏土	棱柱状	5.8	25.4	0.70		21.3	32	<1.0	22				
						C	39—100	亮黄棕色	砂质黏壤土	块状	5.7	3.4	0.20	0.50	28.6	40	<1.0	32				
剖42	铁铝土	红壤	黄红壤	黄泥土	黄泥地	A	0—20	淡棕黄色	重壤土	小块状	5.9	18.1	1.00	0.38	14.4				2.7		E 120°04′50.0″ N 27°24′24.0″	95
						B	20—51	淡棕黄色	轻黏土	块状	5.5	18.4	0.83	0.29	12.0				4.4			
						C	51—100	黄色	轻黏土	块状	5.5	11.4	0.58	0.23	13.1				3.2			
剖43	人为土	水稻土	渗育水稻土	黄泥田	黄泥田	A	0—15	灰黄色	重壤土	小块状	5.7	14.2	0.80	0.20	24.6				4.9	黄红壤原积物、坡积物	E 120°02′49.9″ N 27°22′18.4″	95
						P	15—21	灰黄色	重壤土	块状	6.0	8.0	0.54	0.18	27.5				5.1			
						Bw	21—58	灰黄色	重壤土	块状	6.1	7.1	0.46	0.16	27.2				6.4			
						C	58—100	暗黄橙色	轻黏土	块状	5.9	7.9	0.41	0.17	22.7				8.3			

瑞 安 市

主要土类说明

红壤是瑞安市主要土壤类型，占本市地域面积的44%。红壤主要发生于亚热带常绿阔叶林地带，呈中度富铝化特征，土壤黏粒中的游离铁占全铁50%—60%。红壤有深厚红色土层，具A–Bs–Bv或A–Bs–C剖面构型，底层可见深厚红、黄、白相间网纹的红色黏土。土壤中的黏土矿物以高岭石、赤铁矿为主，黏粒硅铝率为1.8—2.4，风化淋溶系数<0.2，盐基饱和度<35%，pH为4.5—5.5。

水稻土是瑞安市第二大土壤类型，占本市地域面积的30%。水稻土是在水旱交替耕作和施肥等措施的作用下形成的。水稻土的发生起源于各种土壤，本市无论山区还是平原，具备灌溉条件的地方都有水稻土分布。本市水稻土主要分布有渗育型、潴育型、脱潜型、潜育型、漂洗型等亚类。

粗骨土是瑞安市第三大土壤类型，占本市地域面积的9%。粗骨土为基岩风化残积物、坡积物形成的初育土，多为A-C或（A）-C剖面构型。A层发育不明显，与母质层性状相似，略显有机质累积。有时母质层富含砾石，甚少剖面分异与发育特征。粗骨土广泛分布在河谷阶地、丘陵、低山和中山等多种地貌单元和地形部位。

黄壤占瑞安市地域面积的7%。黄壤主要发生于亚热带湿润条件下，多见于海拔700—1200m的山区，呈中度富铝化特征，有时含三水铝石，土壤有机质累积较高，可达100g/kg，pH为4.5—5.5；土壤富含水合氧化物（针铁矿），呈黄色，具O-A-AB-B-C剖面构型。本市黄壤有黄壤和侵蚀型黄壤两个亚类。多发展为林地，间亦耕种。

潮土占瑞安市地域面积的3%。潮土见于近代河流冲积平原或低平阶地，地下水位浅，潜水参与成土过程。成土过程中，底土氧化还原作用交替，形成锈色斑纹和小型铁子。本市潮土包括潮土、钙质潮土两个亚类。

小于本市地域面积3%的土壤类型为滨海盐土、红黏土。

本区域中心区气候特征

本区域中心区气候特征值
Regional climate characteristics in central area of the region

气候带：北亚热带湿润气候 Climate region: North subtropical humid climate	
年平均气温 /℃ Annual average temperature /℃	18.3
年平均最高气温 /℃ Annual average maximum temperature /℃	22.6
年平均最低气温 /℃ Annual average minimum temperature /℃	15.2
年降水量 /mm Annual precipitation /mm	1703
≥10℃的积温 /℃ Daily temperature accumulated in a year (≥10℃) /℃	6462
年日照时数 /h Annual sunshine /h	1698
年平均相对湿度 /% Annual average relative humidity /%	80
干燥度 Dryness	0.71

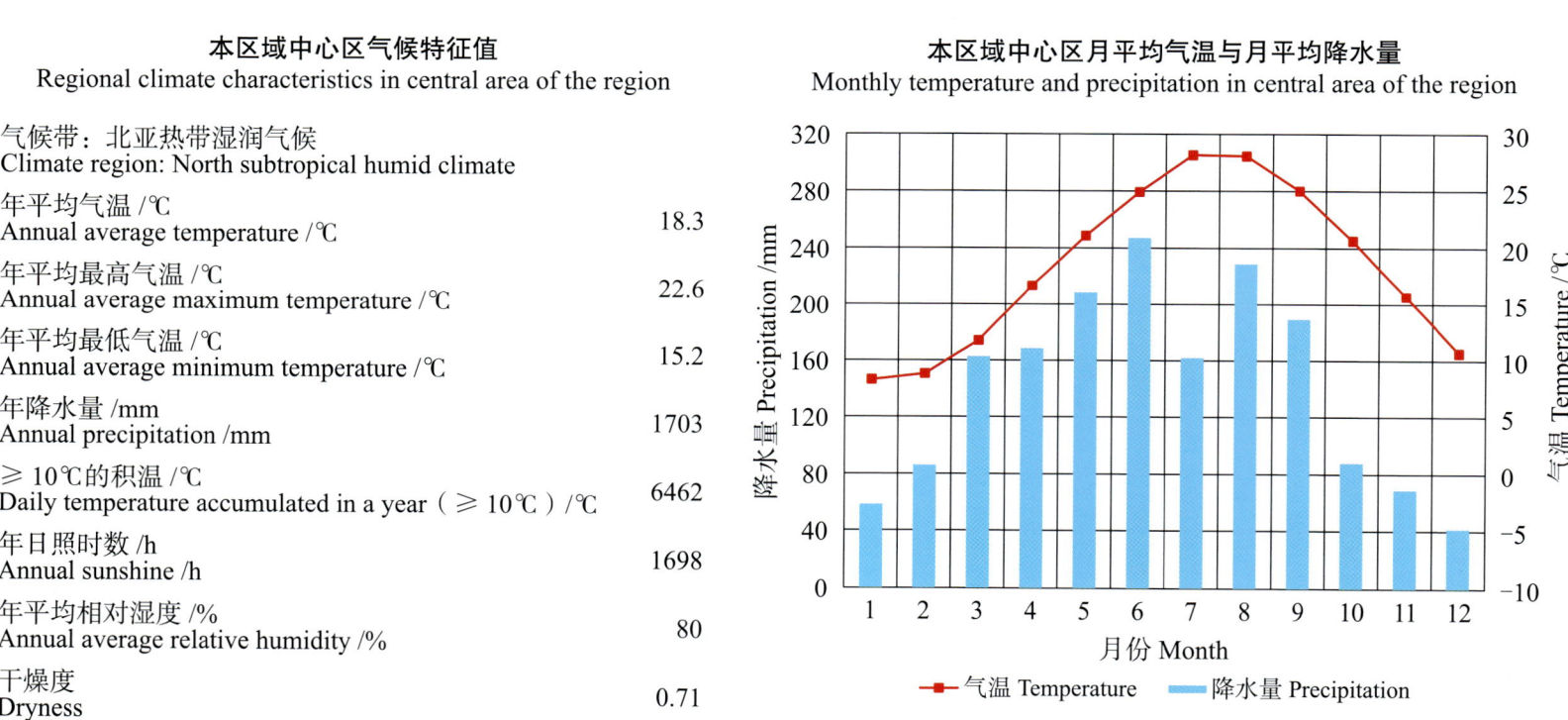

本区域中心区月平均气温与月平均降水量
Monthly temperature and precipitation in central area of the region

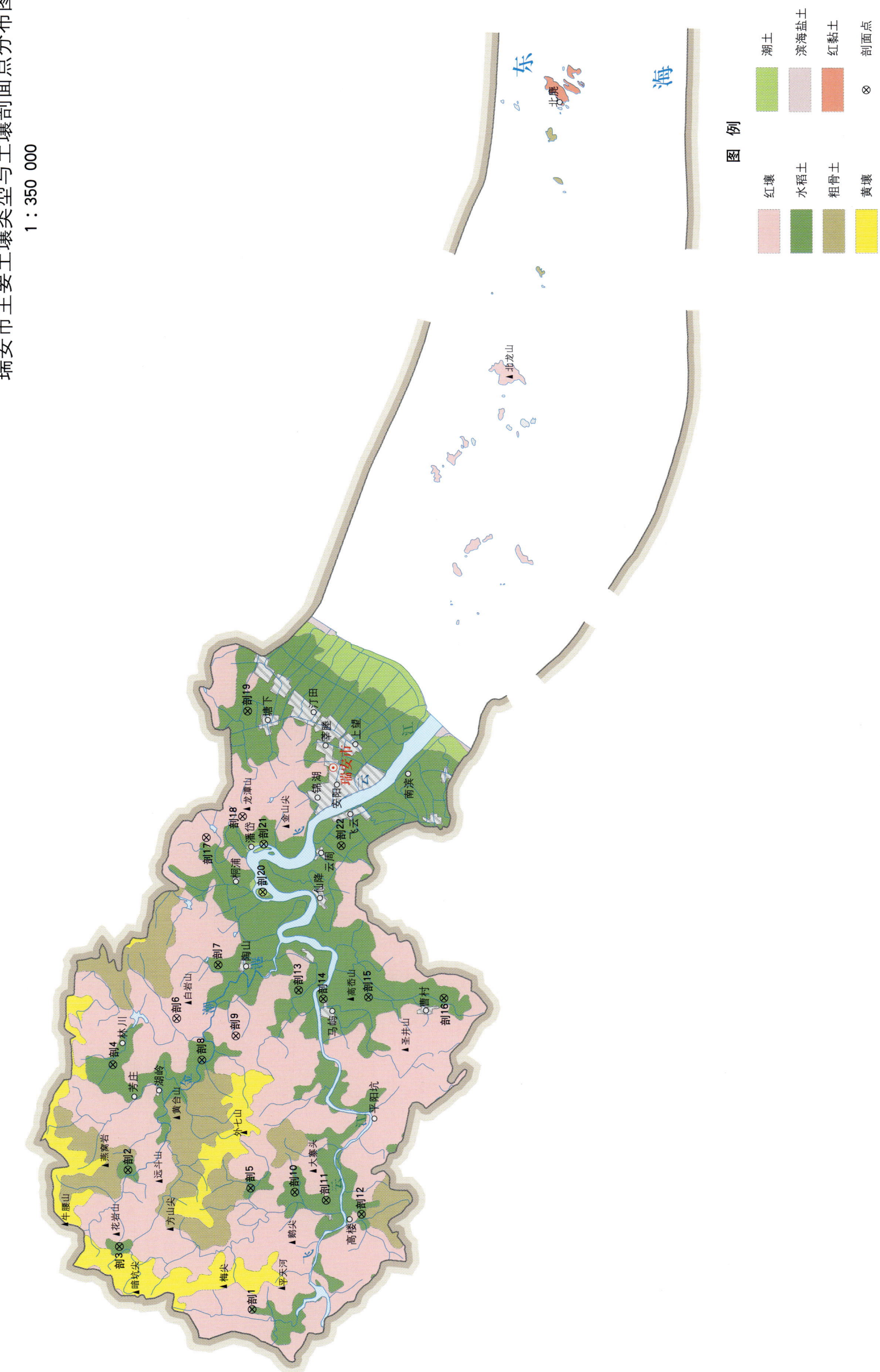

瑞安市土壤剖面理化性状表

剖面号 Soil profile	土纲 Soil order	土类 Soil great group	亚类 Soil subgroup	土属 Soil genus	土种 Soil species	土层码 Layer code	土层厚度 Depth/cm	颜色 Soil color	质地 Soil texture	土壤结构 Soil structure	pH	有机质 OM/(g/kg)	全氮 TN/(g/kg)	全磷 TP/(g/kg)	阳离子交换量 CEC/(cmol/kg)	土壤母质 Parent material	剖面点坐标 Profile coordinate	匹配指数 Matching index/%
剖1	人为土	水稻土	潴育水稻土	红泥田	红泥田	A	0—14	灰棕色	重壤土	小块状	6.3					凝灰岩坡积物、风化物	E 120°12′38.4″ N 27°50′04.1″	75
						P	14—19	灰棕色	重壤土	小块状	6.6							
						Bw	19—32	红棕色	轻黏土	块状	6.9							
						C	32—100	棕红色	中黏土	块状	7.2							
剖2	人为土	水稻土	潴育水稻土	淡涂田	青粉泥涂田	A	0—13	暗棕灰色	轻黏土	小块状	6.6	20.2	1.31	0.37	20.0	新浅海沉积物	E 120°19′15.0″ N 27°55′34.3″	75
						P	13—19	暗棕灰色	中黏土	块状	6.9	18.6	1.2	0.32	18.2			
						Pg	19—30	暗灰色	中黏土	棱块状	7.2	9.7	0.55	0.25	29.4			
						Bw	30—70	棕色	中黏土	棱块状	8.1							
						B	70—100	棕色	中黏土	块状								
剖3	人为土	水稻土	脱潜水稻土	青紫塥黏田	砂性青紫塥黏田	A	0—16		重壤土	小块状						第四纪湖海相沉积物	E 120°15′34.1″ N 27°55′53.9″	75
						P	16—25		重壤土	块状								
						IIW	25—46		重壤土	块状								
剖4	人为土	水稻土	渗育水稻土	黄泥田	黄泥田	A	0—15	灰黄色	中壤土	小块状	6.2	17.8	0.70	0.49	8.1	红壤类原积物、再积物	E 120°24′18.7″ N 27°56′18.0″	95
						P	15—21	灰黄色	中壤土	柱状	6.6	12.2	0.78	0.48	11.2			
						Bw	21—48	黄黄棕色	中黏土	柱状	6.5							
						C	48—100	淡棕棕色	中黏土	粒状	6.0							
剖5	人为土	水稻土	潴育水稻土	江粉泥田	江粉泥田	A	0—14	黄棕色	中壤土	粒状	6.4	17.8	0.70	0.49	12.2		E 120°18′28.7″ N 27°50′12.7″	75
						P	14—24	黄棕色	中壤土	片状	7.0	12.2	0.78	0.48	12.2			
						W	24—61	棕色	中黏土	小块状	7.1	7.2	0.46	0.48	10.5			
						Wg	61—100	淡青棕色	中黏土	小块状	7.1							
剖6	铁铝土	红壤	黄红壤	黄泥土		A	0—20	淡棕黄色	轻黏土	粒状	5.4	11.0	0.69	0.94	10.1	主要为凝灰岩残积物、风化物	E 120°26′36.2″ N 27°53′32.8″	95
						(B)	20—60	淡棕黄色	轻黏土	块状	5.3	10.7	0.62	0.91	10.4			
						C	60—	棕棕色	轻黏土	块状	5.2							
剖7	人为土	水稻土	脱潜水稻土	青紫塥黏田	青紫塥黏田	A	0—13	棕黄色	轻黏土	小块状	6.5	42.5	2.81	0.42	17.0	第四纪湖海相沉积物	E 120°29′14.1″ N 27°51′46.3″	93
						P	13—20	棕黄色	轻黏土	块状	6.8	37.5	2.41	0.35	16.9			
						IIWg	20—40	棕黄灰色	中黏土	棱柱状	7.1	12.8	0.98	0.32	16.9			
						IIG	40—100	淡青灰色	中黏土	棱柱状								
剖8	人为土	水稻土	潴育水稻土	泥砂田	泥砂田	A	0—15	灰黄色	中壤土	粒状	6.3	30.6	1.90	0.50	20.5	冲积物	E 120°24′36.9″ N 27°52′25.9″	95
						P	15—22	灰黄色	中壤土	粒状	6.5	28.0	1.72	0.43	18.5			
						W	22—43	淡黄灰色	重壤土	块状	6.7	7.4	0.62	0.25	17.5			
						C	43—100	淡青灰色	重壤土	块状	6.7							
剖9	铁铝土	红壤	侵蚀性红壤	白岩砂土	白岩砂土	A	0—29	褐色	轻壤土	粒状	5.9	20.9			7.3	粗晶花岗岩风化残积物	E 120°25′49.0″ N 27°50′57.5″	93
						C	29—											
剖10	人为土	水稻土	潴育水稻土	洪积泥砂田	洪积泥砂田	A	0—15	灰黄棕色	重壤土	小块状	6.5	27.3	1.60	0.40	10.1	洪积物	E 120°18′19.0″ N 27°48′17.4″	95
						P	15—23	棕灰色	重壤土	小块状	6.6	23.6	1.47	0.32	9.7			
						W	23—57	棕黄灰色	重壤土	柱状	6.9	13.3	1.10	0.38	11.2			
						C	57—100	淡青灰色	轻壤土	柱状	7.0							
剖11	人为土	水稻土	潴育水稻土	培泥砂田	黄化培泥砂田	A	0—15	灰黄棕色	中壤土	粒状、块状	6.1	24.2	1.56	0.42	8.7	新河流冲积物	E 120°17′57.4″ N 27°46′55.3″	96
						P	15—22	灰黄色	中壤土	粒状、块状	6.3	26.0	1.74	0.43	7.5			
						W	22—45	淡黄棕色	中壤土	柱状	6.7	14.8	1.00	0.48	7.0			
						C	45—100	黄棕色	中壤土	块状	6.7							

续表 Continued

剖面号 Soil profile	土纲 Soil order	土类 Soil great group	亚类 Soil subgroup	土属 Soil genus	土种 Soil species	土层码 Layer code	土层厚度 Depth/cm	颜色 Soil color	质地 Soil texture	土壤结构 Soil structure	pH	有机质 OM/(g/kg)	全氮 TN/(g/kg)	全磷 TP/(g/kg)	阳离子交换量CEC/(cmol/kg)	土壤母质 Parent material	剖面点坐标 Profile coordinate	匹配指数 Matching index/%
剖12	人为土	水稻土	潴育水稻土	洪积泥砂田	狭谷泥砂田	A	0–15	灰棕色	中壤土	粒状	6.2	26.6	1.58	0.37	9.9	洪积物	E 120°17′18.8″ N 27°45′22.5″	95
						P	15–23	灰棕色	中壤土	粒状	6.4	21.8	1.23	0.29	7.3			
						W	23–45	淡黄色	中壤土	粒状	6.6	16.8	0.93	0.24	13.9			
						C	45–100	淡黄色	重壤土	块状	6.8							
剖13	人为土	水稻土	潴育水稻土	江涂泥田	江涂砂田	A	0–10		中壤土		7.0	16.6	0.75	0.46	7.8	江潮冲积物、淤积物	E 120°28′03.7″ N 27°48′14.6″	95
						B	10–70		中壤土		7.1	8.3	0.61	0.47	5.1			
						C	70–100				6.9							
剖14	人为土	水稻土	潴育水稻土	培泥砂田	培泥砂田	A	0–12	灰黄色	轻壤土	小块状	6.3	14.2	0.85	0.42	11.9	新河流冲积物	E 120°27′39.2″ N 27°47′10.4″	95
						P	12–19	灰黄色	中壤土	片状	6.8	11.1	0.70	0.40	12.9			
						W	19–30	灰黄色	轻壤土	小块状	6.9	8.4	0.50	0.39	15.5			
						C	30–74	灰黄色	轻壤土	小块状	6.9		3.50	0.34				
						Cw	74–100	灰黄色	中壤土	小块状	7.1							
剖15	人为土	水稻土	潴育水稻土	江涂泥田	江涂泥田	A	0–15	淡棕色	中黏土	块状	7.3	18.9	1.39	0.54	22.3	江潮冲积物、淤积物	E 120°27′46.5″ N 27°45′12.6″	95
						Bca	15–20	灰棕色	轻黏土	块状	8.0	14.1	1.09	0.50	20.1			
						Cca	20–55	棕色	中黏土	棱块状	8.3	8.9	0.37	0.47	21.2			
							55–100	棕色	中黏土	棱块状	8.4							
剖16	人为土	水稻土	潴育水稻土	淡涂田	淡涂田	A	0–14	灰棕色	轻壤土	小块状	7.3	32.4	1.75	0.59	24.7	新浅海沉积物	E 120°27′47.1″ N 27°41′56.1″	95
						P	14–21	灰黄色	轻壤土	块状	7.4	19.6	1.22	0.55	19.3			
						Bw	21–58	灰黄色	轻壤土	棱块状	7.5	9.0	0.64	0.59	19.1			
						C	58–100	灰黄色	中壤土	棱块状	7.6		0.66					
剖17	铁铝土	红壤	侵蚀性红壤	石砂土	石砂土	A	0–15	淡棕色	重壤土	粒状、块状	6.1	13.8		0.14	7.9	凝灰岩风化残积物	E 120°35′28.3″ N 27°52′22.4″	93
						C	15–	淡黄色	中壤土	块状	5.8							
剖18	铁铝土	红壤		红泥土	红泥土	A	0–25	棕红色	中壤土	粒状、块状	5.7	11.0	0.61	0.22	8.4	凝灰岩、细晶花岗岩风化残积物、坡积物	E 120°36′31.6″ N 27°50′48.2″	95
						(B)	25–75	红色	中壤土	小块状	5.7	8.6	0.57	0.22	11.1			
						C	75–	棕红色	中壤土	块状	5.7							
剖19	人为土	水稻土	脱潜水稻土	青紫潮黏田	黄斑青紫潮黏田	A	0–16	灰棕色	轻黏土	团粒状	6.6	46.5	2.83	0.55	23.8	第四纪湖海相沉积物	E 120°41′39.4″ N 27°50′39.2″	95
						P	16–27	棕灰色	中黏土	块状	7.1	22.5	1.60	0.47	11.8			
						ⅡW₁	27–48	暗灰黄色	中黏土	棱柱状	7.1	16.4	0.81	0.37	17.1			
						ⅡW₂	48–66	灰黄色	中黏土	棱柱状								
						ⅡGW	66–100	淡黄棕色	中黏土	棱柱状								
剖20	半水成土	潮土	灰潮土	培泥砂土	培泥砂土	A	0–22	淡棕色	轻壤土	粒状	5.8	23.6	1.01	0.23	13.6	河流冲积物	E 120°32′50.1″ N 27°49′53.2″	75
						B	22–80	淡棕色	中壤土	块状	5.9	7.9	0.51	0.16	16.5			
						C	80–100	淡棕色	砂壤土	粒状	6.0	6.6	0.40	0.32	6.9			
剖21	半水成土	潮土	灰潮土	培泥砂土	培泥砂土	A	0–28	淡棕色	轻壤土	块状	6.5	6.6	0.33	0.38	9.0	近代河流冲积物	E 120°35′11.3″ N 27°49′51.9″	75
						B	28–58	淡棕色	轻壤土	块柱状	6.9	5.0						
						C	58–100	淡棕色	重壤土	块状	6.9							
剖22	人为土	水稻土	渗育水稻土	山地黄泥田	山地黄泥田	A	0–13	灰黄色	重壤土	粒状	6.3	20.5	1.09	0.44	9.6	凝灰岩风化残积物	E 120°35′10.5″ N 27°46′29.8″	95
						P	13–20	黄棕色	重壤土	块状	6.4	19.5	1.08	0.43	8.8			
						Bw	20–43	红黄色	中壤土	块状	6.7	14.3	0.76	0.44	10.2			
						C	43–100				6.8							

乐 清 市

主要土类说明

红壤是乐清市主要土壤类型，占本市地域面积的 55%。红壤所分布的地区一般都在海拔 200—500m。红壤主要发生于亚热带常绿阔叶林地区，呈中度富铝化特征，土壤黏粒中的游离铁占全铁 50%—60%。红壤有深厚红色土层，底层可见深厚红、黄、白相间网纹的红色黏土。土壤中的黏土矿物以高岭石、赤铁矿为主，黏粒硅铝率为 1.8—2.4，风化淋溶系数 < 0.2，盐基饱和度 < 35%，pH 为 4.5—5.5。

水稻土是乐清市第二大土壤类型，占本市地域面积的 28%。水稻土是在人类水旱耕作种稻条件下发育而成的。它受人类生产活动影响最深，耕作、施肥、灌溉、轮作等因素综合作用使其产生了一系列不同于旱地的形态和理化性状，土体一般出现糊状淹育层、较坚实板结的犁底层、渗育层、潴育层与潜育层多种发生层分异。有机质及养分积累比旱地多，生产力比旱地高。

粗骨土是乐清市第三大土壤类型，占本市地域面积的 10%。粗骨土为基岩风化残积物、坡积物形成的初育土，多为 A–C 或（A）–C 剖面构型。A 层发育不明显，与母质层性状相似，略显有机质累积。有时母质层富含砾石，甚少剖面分异与发育特征。粗骨土广泛分布在河谷阶地、丘陵、低山和中山等多种地貌单元和地形部位。

黄壤占乐清市地域面积的 3%。黄壤发生于亚热带湿润条件下，多见于海拔 700—1200m 的山区，呈中度富铝化特征，具 O–A–AB–B–C 剖面构型。土壤富含水合氧化物（针铁矿），呈黄色，有时含三水铝石。土壤有机质累积较高，可达 100g/kg，pH 为 4.5—5.5。多发展为林地，间亦耕种。

小于本市地域面积 3% 的土壤类型为滨海盐土、潮土、紫色土。

本区域中心区气候特征

本区域中心区气候特征值
Regional climate characteristics in central area of the region

气候带：北亚热带湿润气候 Climate region: North subtropical humid climate	
年平均气温 /℃ Annual average temperature /℃	17.9
年平均最高气温 /℃ Annual average maximum temperature /℃	21.9
年平均最低气温 /℃ Annual average minimum temperature /℃	14.8
年降水量 /mm Annual precipitation /mm	1684
≥ 10℃的积温 /℃ Daily temperature accumulated in a year (≥ 10℃) /℃	6252
年日照时数 /h Annual sunshine /h	1738
年平均相对湿度 /% Annual average relative humidity /%	80
干燥度 Dryness	0.69

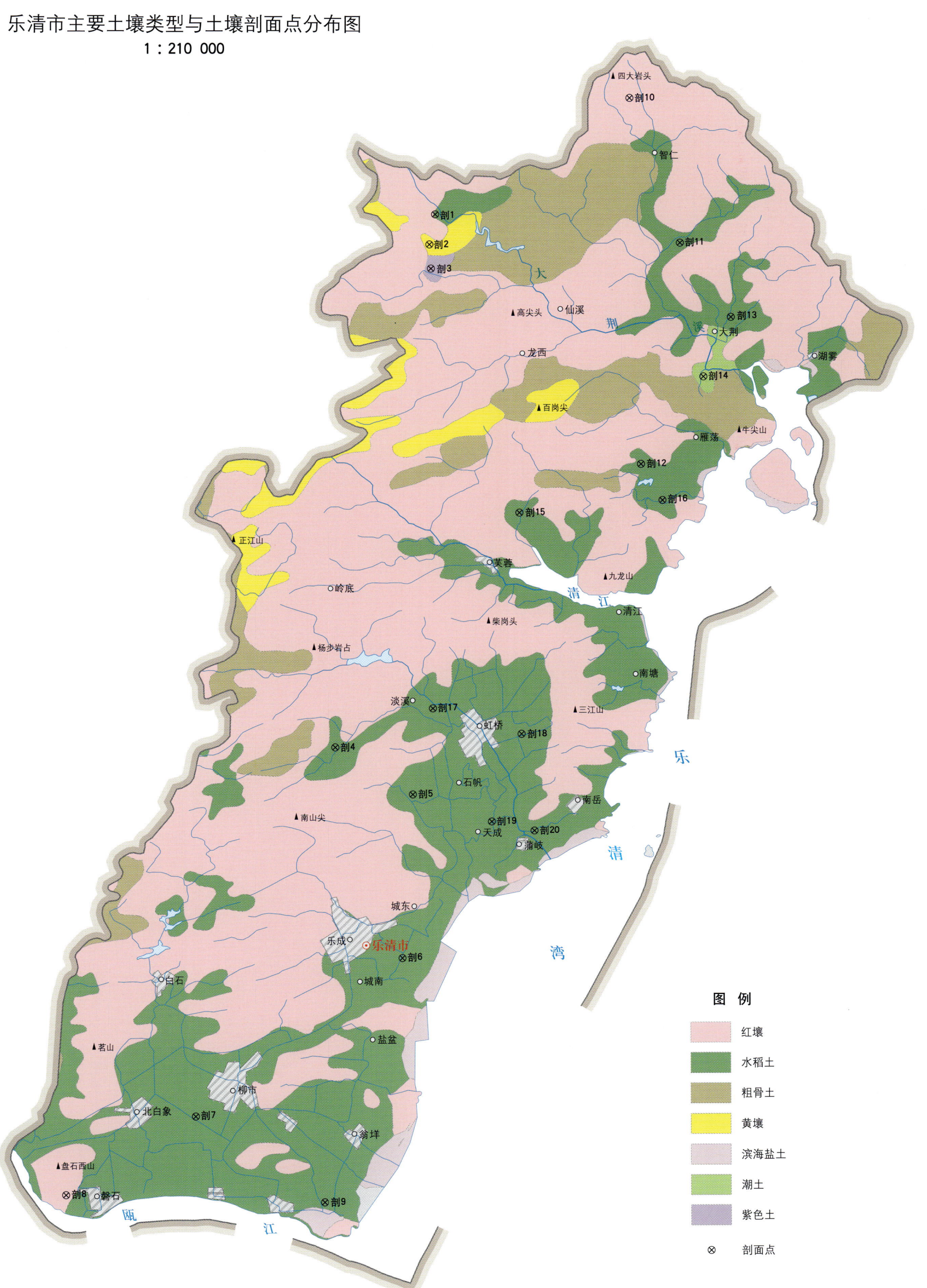

乐清市土壤剖面理化性状表

剖面号 Soil profile	土纲 Soil order	土类 Soil great group	亚类 Soil subgroup	土属 Soil genus	土种 Soil species	土层码 Layer code	土层厚度 Depth/cm	颜色 Soil color	质地 Soil texture	土壤结构 Soil structure	pH	有机质 OM/(g/kg)	全氮 TN/(g/kg)	全磷 TP/(g/kg)	全钾 TK/(g/kg)	碱解氮 AN/(mg/kg)	有效磷 AP/(mg/kg)	速效钾 AK/(mg/kg)	阳离子交换量CEC/(cmol/kg)	土壤母质 Parent material	剖面点坐标 Profile coordinate	匹配指数 Matching index/%
剖1	人为土	水稻土	潴育水稻土	淡涂黏田	砾石淡涂田	A	0—16		轻黏土		6.7	44.6	2.48	0.50	27.3				23.3	新浅海沉积物	E 120°59′56.7″ N 28°27′38.9″	75
						P	16—28		轻黏土		7.3	9.0	0.58	0.37	20.4				19.6			
						B	28—60		中黏土		7.2	11.3	0.74	0.50	28.5				16.9			
						C	60—100		重壤土		7.4	5.7	0.38	0.33	27.9				18.0			
剖2	铁铝土	黄壤	黄壤	山地黄泥砂土	山地黄泥砂土	A	0—20	灰黄棕色	重壤土		6.4	42.3	1.71	0.32	15.7				7.4	流纹岩、凝灰岩风化物	E 120°59′46.8″ N 28°26′47.7″	75
						(B₁)	20—40	淡棕色	重壤土		6.3	26.8	1.26	0.30	16.3				6.2			
						(B₂)	40—95	暗黄橙色	重壤土		6.4	11.6	0.61	0.22	15.1				4.8			
						C	95—100	黄橙色	中壤土		6.4	4.2	0.26	0.12	16.8				4.7			
剖3	初育土	紫色土	酸性紫色土	酸性紫泥土	酸性紫灰土	A	0—16	紫灰色	中壤土		5.9	7.6	0.27	0.06	4.1				13.9	凝灰岩、流纹岩等的风化物	E 120°59′50.4″ N 28°26′07.0″	75
						(B)	16—52	紫灰色	中壤土		5.9	8.4	0.35	0.23	6.9				13.9			
						C	52—100	紫灰色	中壤土		5.9	10.3	0.41	0.26	7.5				14.4			
剖4	人为土	水稻土	渗育水稻土	黄泥田	黄泥田	A	0—9	暗黄棕色	重壤土	块状	6.4	14.1	0.85	0.22	12.1						E 120°56′59.8″ N 28°12′34.4″	95
						P	9—13	暗黄棕色	重壤土	片状	6.6	14.1	0.86	0.19	8.5				9.5			
						Bw	13—18	紫棕灰色	重壤土	块状	6.6	8.6	0.62	0.13	8.4				9.3			
						C	18—100	红棕色	中壤土	块状	6.6	8.1	0.53	0.11	11.6				9.5			
剖5	人为土	水稻土	脱潜水稻土	青紫泥黏田	青紫泥黏田	A	0—12	暗黄灰色	轻黏土	块状	6.4	32.3	2.02	0.33	25.6				9.3	古湖海相沉积物	E 120°59′30.1″ N 28°11′16.2″	95
						P	12—21	暗黄灰色	轻黏土	块柱状	6.6	26.1	0.92	0.08	24.6				21.0			
						W	21—57	紫黄灰色	中黏土	块柱状	6.6	25.5	1.48	0.12	24.2				19.8			
						G	57—68	淡绿灰色	中黏土	棱柱状	6.6	24.7	1.82	0.09	28.5				17.9			
						Ap	68—100	黑色	中壤土	块状	6.1	176.5	5.19	1.17	28.5				15.6			
剖6	人为土	水稻土	潴育水稻土	淡涂黏田	淡涂黏田	A	0—15	暗黄灰色	轻黏土	大块状	6.8	41.3	2.46	0.47	26.4				21.0	新浅海沉积物	E 120°59′14.3″ N 28°06′37.5″	95
						P	15—22	灰黄棕色	中黏土	棱柱状	6.9	7.5	0.71	0.48	29.5				24.9			
						Wca	22—48	灰黄棕色	中黏土	棱柱状	7.9	8.4	0.66	0.42	34.9				21.0			
						Bwca	48—100	灰黄棕色	中黏土	大块状	7.9	9.0	0.65	0.42	29.2				21.8			
剖7	人为土	水稻土	脱潜水稻土	青紫泥黏田	青紫泥黏田	A	0—17	灰黄棕色	轻壤土	块状	6.6	44.8	2.24	0.34	12.7					古湖海相沉积物	E 120°52′40.6″ N 28°02′07.7″	95
						P	17—27	暗黄灰色	轻壤土	棱柱状	6.6	36.4	2.08	0.26	15.2							
						G	27—43	暗黄灰色	中壤土	棱柱状	6.9	17.8	1.08	0.22	14.5							
						W	43—100	棕色	中壤土	棱柱状	6.9	5.8	0.50	0.32	14.7							
剖8	铁铝土	红壤	红壤	红泥土	红泥土	Ap	0—14	黄红色	中壤土	团块状	6.1	16.4	1.22	0.22	8.3				6.5	古湖海相沉积物	E 120°48′33.1″ N 27°59′52.7″	75
						(B)	14—74	黄红色	中壤土	块状	6.1	8.6	0.85	0.24	6.1				6.2			
						C	74—100	红黄色	重壤土	棱柱状	6.3	5.9	0.81	0.23	8.8				7.4			
剖9	人为土	水稻土	脱潜水稻土	黄斑青紫瑞黏田	黄斑青紫瑞黏田	A	0—14	灰黄色	粉砂质黏土	团块状	5.5	43.2	2.45	0.24	23.8	219	8.1	137		湖海相沉积物	E 120°56′50.5″ N 27°59′46.0″	75
						Ap	14—20	橄榄黄色	粉砂质黏土	块状	6.5	30.8	0.33		25.1	116	6.2	152				
						Gw₁	20—40	灰色	粉砂质黏土	棱柱状	8.0	17.1										
						Gw₂	40—60	淡灰色	黏土	块状	8.1	5.2										
						G	60—100		无结构糊状		8.1	5.2										
剖10	铁铝土	黄红壤	黄壤	黄泥土	黄泥土	A	0—8	淡棕色	轻壤土	大块状	6.0	7.8	0.29	0.05	5.0				7.0	凝灰岩风化物	E 121°06′08.4″ N 28°31′02.6″	75
						(B)	8—30	暗黄橙色	轻壤土	片状	5.8	15.0	0.83	0.13	14.0				6.6			
						C	30—100	黄橙色	重壤土	块状	5.9	7.9	0.55	0.12	12.9				7.9			
剖11	人为土	水稻土	潴育水稻土	老黄筋泥田	老黄筋泥田	A	0—15	灰黄色	重壤土	大黄状	6.3	23.7	1.52	0.22	20.3				11.2	第四纪红土	E 121°07′49.6″ N 28°26′58.6″	95
						P	15—25	暗黄棕色	轻壤土	片状	6.5	19.5	1.13	0.24	22.0				13.8			
						W	25—75	淡棕色	轻壤土	块状	6.8	4.2	0.37	0.13	9.9				15.6			
						C	75—100	棕色	轻黏土	块状	6.5	4.8	0.37	0.12	24.5				18.2			

续表 Continued

剖面号 Soil profile	土纲 Soil order	土类 Soil great group	亚类 Soil subgroup	土属 Soil genus	土种 Soil species	土层码 Layer code	土层厚度 Depth/cm	颜色 Soil color	质地 Soil texture	土壤结构 Soil structure	pH	有机质 OM/(g/kg)	全氮 TN/(g/kg)	全磷 TP/(g/kg)	全钾 TK/(g/kg)	碱解氮 AN/(mg/kg)	有效磷 AP/(mg/kg)	速效钾 AK/(mg/kg)	阳离子交换量CEC/(cmol/kg)	土壤母质 Parent material	剖面点坐标 Profile coordinate	匹配指数 Matching index/%
剖12	人为土	水稻土	潴育水稻土	白泥田	黄泥砂白土田	A	0—17	暗黄棕色	重壤土	块状	6.5	29.8	1.89	0.24	25.5				8.7	洪冲积物	E 121°06′41.0″ N 28°20′42.4″	95
						P	17—24	淡黄棕色	重壤土	小块状	6.5	9.4	0.55	0.17	32.6				12.2			
						B	24—40	暗黄棕色	中壤土	小块状	6.6	6.7	0.34	0.19	32.3				9.6			
						Be	40—58	淡黄棕色	重壤土	小块状	6.6	1.5	0.13	0.09	39.7				6.9			
						E	58—100	白色	中壤土		6.7	1.8	0.10	0.05	35.7				6.9			
剖13	人为土	水稻土	潴育水稻土	老黄筋泥田	老黄筋泥田	A	0—20		中壤土		6.0	33.0	1.89	0.19	16.6				16.3	第四纪红土	E 121°09′29.7″ N 28°24′54.8″	95
						P	20—27		中壤土		6.1	34.7	2.05	0.34	16.9				15.7			
						C	27—100		重壤土		6.1	4.7	0.30	0.40	22.5				10.6			
剖14	半水成土	潮土	灰潮土	洪积泥砂土	洪积泥砂土	A	0—18	褐棕色	轻壤土		6.6	3.9	0.70	0.18	13.4				9.8	近代洪冲积物	E 121°08′38.6″ N 28°23′12.3″	75
						P	18—28	棕黄色	轻壤土		6.5	4.1	0.28	0.27	15.4				8.3			
						(B)	28—56	暗棕色	轻壤土		6.5	5.0	0.24	0.22	16.0				8.1			
						C	56—100	褐棕色	轻壤土		6.5	2.0	0.14	0.09	7.6				8.3			
剖15	人为土	水稻土	盐渍水稻土	咸黏田	砾石咸黏田	Asa	0—15	暗灰色	中黏土	块状	8.5	13.3	0.98	0.51	20.5				25.0	洪积物、浅海沉积物	E 121°02′48.0″ N 28°19′17.2″	95
						Psa	15—20	灰黄棕色	重黏土	块状	8.5	13.1	0.72	0.55	22.2				18.5			
						Bsa	20—42	灰黄棕色	轻黏土	块状	8.3	11.0	0.58	0.34	16.7				21.1			
						Csa	42—100	灰灰色	轻黏土	块状	8.3	10.3	0.60	0.34	16.0				15.6			
剖16	人为土	水稻土	胀潜水稻土	黄斑黏田	黄泥青紫隔黏田	Ap	14—20	淡灰色	粉砂质黏土	碎块状	5.5	43.2	2.50	0.20	23.8	219	8.0	137	13.7	湖相或海相沉积物	E 121°07′23.3″ N 28°19′42.4″	95
						Gw₁	20—40	灰橄榄色	粉砂质黏土	棱柱状	6.5	30.8	2.40	0.30	25.1	116	6.0	152				
						Gw₂	40—60	灰色	粉砂质黏土	棱柱状	8.0	17.1										
						G	60—100	灰色	黏土	无结构糊状	8.1	5.2										
剖17	人为土	水稻土	潴育水稻土	泥炭黏田	烂泥砂头泥炭田	A	0—12	暗黄色	重壤土	小块状	6.6	65.0	2.64	0.29	14.9				19.9		E 121°00′06.6″ N 28°13′42.5″	95
						P	12—18	暗灰色	重壤土	小块状	6.6	67.7	2.46	0.16	16.3				20.5			
						Ap	18—100	黑色	中黏土	团块状	6.0	198.2	4.48	0.15	19.5				25.4			
剖18	人为土	水稻土	渗育水稻土	淡涂黏田	淡涂黏田	Aa	0—10	灰棕色	粉砂质黏土	碎块状	5.6	46.7	2.80	0.50	22.0					浅海沉积物	E 121°02′57.9″ N 28°13′02.0″	95
						Ap	10—16	灰棕色	壤质黏土	块状	5.8	9.0	0.60	0.40	20.4							
						P	16—31	灰棕色	黏土	棱柱状	6.0	11.3	0.70	0.50	28.5							
						C	31—100	灰棕色	黏土	块状	6.0	5.7	0.40	0.30	28.0							
剖19	人为土	水稻土	潴育水稻土	老塘泥田	老塘泥田	A	0—12	灰黄色	轻黏土	小块状	6.3	34.6	2.12	0.35	29.4				10.7	浅海沉积物	E 121°02′02.7″ N 28°10′32.2″	95
						P	12—18	暗灰黄色	轻黏土	棱柱状	6.7	29.3	1.94	0.34	29.3				14.4			
						Bw	18—64	黄灰棕色	中黏土	棱柱状	6.9	8.6	0.84	0.54	35.5				27.4			
						Bg	64—100	暗黄棕色	中黏土	团块状	6.9	0.7	0.70	0.44	37.8				20.6			
剖20	人为土	水稻土	渗育水稻土	淡涂泥田	淡涂黏田	A	0—10	灰棕色	粉砂质黏土	块状	5.6	46.7	2.77	0.48	22.0					江海沉积物	E 121°03′24.9″ N 28°10′17.8″	81
						Ap	10—16	灰棕色	壤质黏土	块状	5.8	9.0	0.58	0.37	20.4							
						P	16—31	灰棕色	黏土	棱柱状	6.0	11.3	0.74	0.50	28.5							
						C	31—100	灰棕色	黏土	块状	6.0	5.7	0.38	0.33	28.0							

嘉 兴 市

南 湖 区

主要土类说明

水稻土是南湖区主要土壤类型，占本区地域面积的94%。水稻土是在长期淹水种稻条件下，受人为活动和自然成土因素的双重作用，经过水耕熟化、氧化还原作用交替过程以及物质的淋溶、淀积，从而形成的具有特有剖面特征的土壤。由于干湿交替，土体一般出现糊状淹育层、较坚实板结的犁底层、渗育层、潴育层与潜育层多种发生层分异。有机质及养分积累比旱地多，生产力比旱地高。

小于本区地域面积3%的土壤类型为潮土。

本区域中心区气候特征

本区域中心区气候特征值
Regional climate characteristics in central area of the region

气候带：北亚热带湿润气候 Climate region: North subtropical humid climate	
年平均气温 /℃ Annual average temperature /℃	16.3
年平均最高气温 /℃ Annual average maximum temperature /℃	20.4
年平均最低气温 /℃ Annual average minimum temperature /℃	13.1
年降水量 /mm Annual precipitation /mm	1301
≥10℃的积温 /℃ Daily temperature accumulated in a year (≥10℃) /℃	5923
年日照时数 /h Annual sunshine /h	1849
年平均相对湿度 /% Annual average relative humidity /%	77
干燥度 Dryness	0.75

本区域中心区月平均气温与月平均降水量
Monthly temperature and precipitation in central area of the region

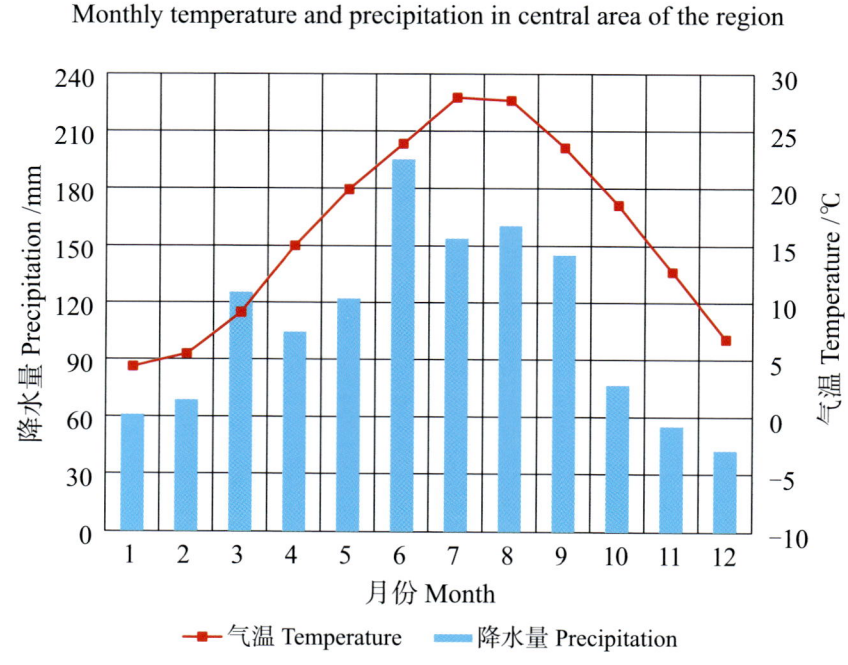

南湖区主要土壤类型与土壤剖面点分布图

1∶120 000

图 例	水稻土	潮土	剖面点
			⊗

第二编　分县土壤图与土壤剖面数据 | 137

南湖区土壤剖面理化性状表

剖面号 Soil profile	土纲 Soil order	土类 Soil great group	亚类 Soil subgroup	土属 Soil genus	土种 Soil species	土层码 Layer code	土层厚度 Depth/cm	颜色 Soil color	质地 Soil texture	土壤结构 Soil structure	pH	有机质 OM/(g/kg)	全氮 TN/(g/kg)	全磷 TP/(g/kg)	全钾 TK/(g/kg)	有效磷 AP/(mg/kg)	速效钾 AK/(mg/kg)	土壤母质 Parent material	剖面点坐标 Profile coordinate	匹配指数 Matching index/%
剖1	人为土	水稻土	潴育水稻土	潮黏田	黄斑田	Aa	0—14	黄灰色	壤质黏土	碎块状	6.1	35.4	2.00	0.50	17.8	5.0	106	河相或河海相沉积物	E 120°48′38.9″ N 30°42′38.1″	95
						Ap	14—27	灰黄色	壤质黏土	块状	6.7	32.2	1.80	0.50	17.5	4.6	100			
						W₁	27—35	黄棕色	壤质黏土	棱柱状	6.6	13.6	0.90	0.50	18.0	4.0	102			
						W₂	35—65	黄棕色	粉砂质黏土	棱柱状	6.6	5.5	0.40	0.50	18.1	3.3	89			
						C	65—100	棕色	粉砂质黏壤土	棱块状	6.6									

秀 洲 区

主要土类说明

水稻土是秀洲区主要土壤类型，占本区地域面积的92%。水稻土是本区分布最广的耕地土壤，它是在各种母质或土壤类别上进行长期的水田耕作以后发育起来的土壤类型。在人为灌溉、排水、施肥、轮作等耕作管理措施，特别是调节灌排措施的影响下，土壤水分状况发生改变，土壤体内氧化还原作用频繁更替，产生了还原淋溶和氧化淀积作用，最终在剖面形态上表现出土层分化，形成特定的水稻土剖面构型。一定时期的田面储水层所产生的静水压力，或地下水、侧渗水的移动等也对水稻土剖面的分化产生深刻影响。水稻土剖面的分化相当复杂，它的主要发生层有耕作层、犁底层、渗育层和潴育层、漂洗层、潜育层、母质层等。

本区水稻土分为潴育型、潜育型两个亚类，潴育水稻土占本土类的95%以上。其中，典型潴育水稻土在西南部分布较多，母质为河相、湖相、海相沉积物。冬季地下水位一般在60—80cm，田面海拔4—5m。由于受灌溉水和地下水的双重影响，剖面形态较为复杂，铁锰斑淀积物白土条纹及呈线状或膜状的青灰色黏土，交结分布在土壤大结构体上。剖面中可分为以下几个层次：一是渗育层段。紧贴于耕作层下，受灌溉水的长期影响，土体具有垂直节理，裂隙面上有灰色胶膜，土体内部有铁锰斑和锈纹。二是潴育层段。在渗育层段以下，受地下水潴育作用，土体呈浅色的锈斑和青灰的潜育斑。三是潜育层段。此外，由于地下水潜渍作用，土体软糊，呈青灰色。部分古潜底潴育水稻土集中分布于北部、中部水网平原低洼地区，母质为古代湖沼相、湖海相沉积物。田面海拔3.4—5.2m，差异较大，地下水位普遍较高，一般都在50cm左右。土体有较明显的干湿度变化和氧化还原交替过程，出现不同发育程度的潴育层。在青灰色棱柱状结构体面上，有铁锰斑纹及青灰色黏土膜，土体下部呈蓝灰色或青灰色，显示了古潜体的残遗特征。

小于本区地域面积3%的土壤类型有潮土。

本区域中心区气候特征

本区域中心区气候特征值
Regional climate characteristics in central area of the region

气候带：北亚热带湿润气候 Climate region: North subtropical humid climate	
年平均气温 /℃ Annual average temperature /℃	16.3
年平均最高气温 /℃ Annual average maximum temperature /℃	20.5
年平均最低气温 /℃ Annual average minimum temperature /℃	13.0
年降水量 /mm Annual precipitation /mm	1343
≥10℃的积温 /℃ Daily temperature accumulated in a year（≥10℃）/℃	5945
年日照时数 /h Annual sunshine /h	1822
年平均相对湿度 /% Annual average relative humidity /%	77
干燥度 Dryness	0.73

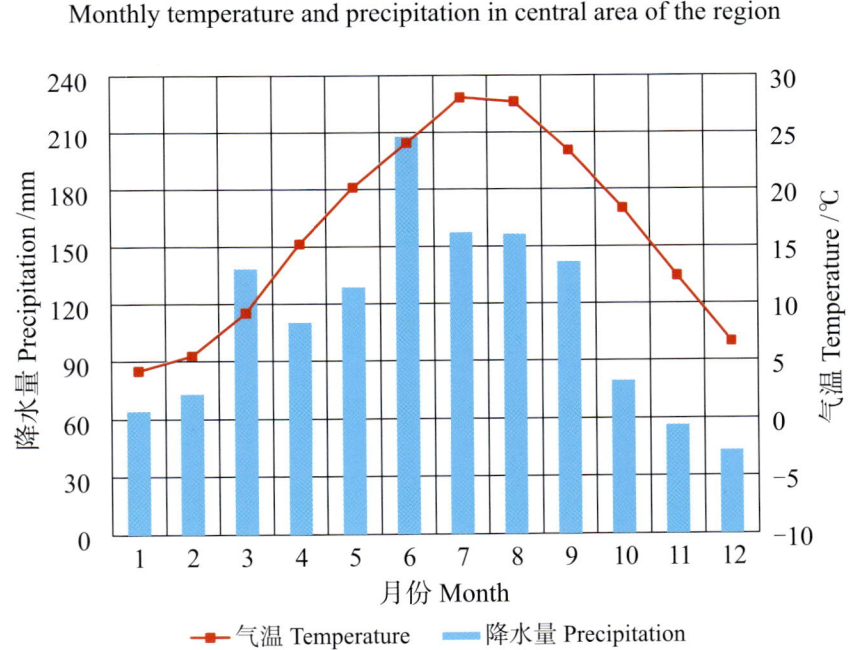

本区域中心区月平均气温与月平均降水量
Monthly temperature and precipitation in central area of the region

秀洲区主要土壤类型与土壤剖面点分布图
1：150 000

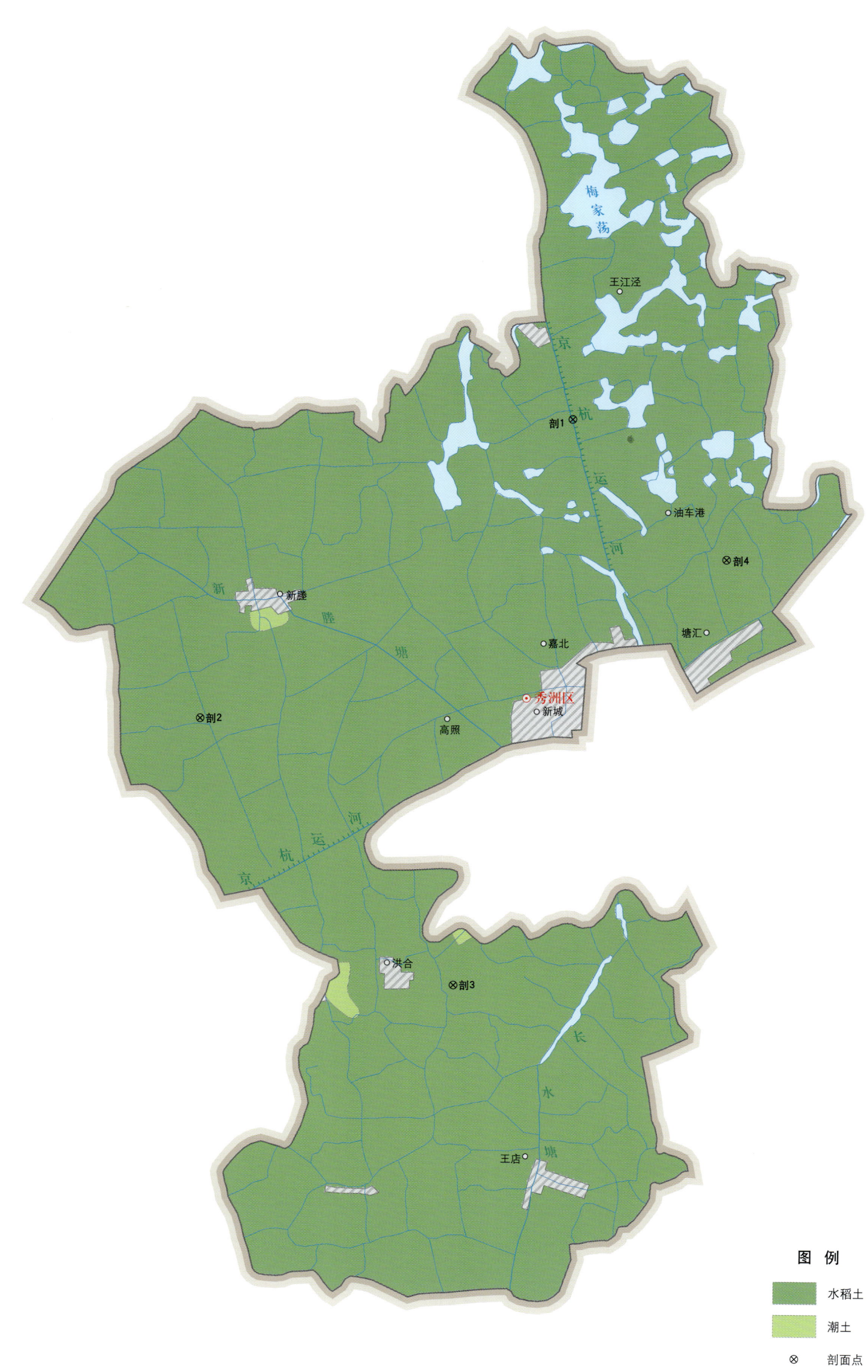

秀洲区土壤剖面理化性状表

剖面号 Soil profile	土纲 Soil order	土类 Soil great group	亚类 Soil subgroup	土属 Soil genus	土种 Soil species	土层码 Layer code	土层厚度 Depth/cm	颜色 Soil color	质地 Soil texture	土壤结构 Soil structure	pH	有机质 OM/(g/kg)	全氮 TN/(g/kg)	全磷 TP/(g/kg)	全钾 TK/(g/kg)	碱解氮 AN/(mg/kg)	有效磷 AP/(mg/kg)	速效钾 AK/(mg/kg)	土壤母质 Parent material	剖面点坐标 Profile coordinate	匹配指数 Matching index/%
剖1	人为土	水稻土	潴育水稻土	黄斑田	黄斑田	A	0—14	黄灰色	壤质黏土	小团块状	6.1	36.2							河相或河海相沉积物	E 120°43′03.9″ N 30°51′24.5″	95
						Ap	14—27	黄灰色	壤质黏土	块状	6.7										
						W₁	27—35	灰黄棕色	壤质黏土	棱柱状	6.6										
						W₂	35—65	灰黄棕色	粉砂质黏土	棱柱状	6.6										
						C	65—100	浊黄橙色	粉砂质黏壤土	棱块状	6.6										
剖2	人为土	水稻土	潜育水稻土	烂青紫泥田	烂青紫泥田	A	0—16	棕灰色	壤质黏土	团块状	6.2	39.7	1.74	2.09		128	8.8	95	湖沼相沉积物	E 120°35′10.6″ N 30°45′41.9″	81
						Ap	16—30	淡青灰色	壤质黏土	块状	6.5	34.0		0.54	22.7	110	6.8	112			
						G	30—68	暗青灰色	黏土	无结构糊状	7.2	14.7									
						ⅡM	68—100	灰褐色	壤质黏土	无结构糊状	7.1	114.9									
剖3	人为土	水稻土	潴育水稻土	潮黏田	青砂黄斑田	Aa	0—13	棕灰色	壤质黏土	碎块状	6.6	35.1	1.90	0.50	16.8	105	7.0	63	河相或河海相沉积物	E 120°40′48.8″ N 30°40′50.4″	95
						Ap	13—24	蓝灰色	壤质黏土	块状	6.8	32.8	5.30	0.50	22.5	84	7.0	68			
						Pg	24—36	暗蓝灰色	壤质黏土	棱柱状	7.4	29.7									
						W	36—100	黄棕色	粉砂质黏土	棱柱状	7.8	6.8									
剖4	人为土	水稻土	潴育水稻土	黄斑田	青砂黄斑田	A	0—13	棕灰色	壤质黏土	团块状	6.6	35.1	1.87	0.54	16.8	105	6.5	63	河相或河海相沉积物	E 120°46′28.2″ N 30°48′52.3″	82
						Ap	13—24	青灰色	壤质黏土	块状	6.8	32.8		0.51	22.5	84	6.5	68			
						Pg	24—36	暗青灰色	壤质黏土	棱柱状	7.4	29.7									
						W	36—100	棕黄色	粉砂质黏土	棱柱状	7.8	6.8									
						C	100—														

嘉 善 县

主要土类说明

水稻土是嘉善县主要土壤类型，占本县地域面积的89%。水稻土是本县分布最广的耕地土壤，母质为河相、湖相、海相沉积物。由于起源类型的不同，它们生成发展的残留特征仍有一定的差异，本土类可分为潴育型和脱潜型两个亚类。水稻土是由于长期季节性淹灌、水下翻耕、季节性脱水、氧化还原交替作用，原来成土母质或母土的特性发生重大改变而形成的新土壤类型。水稻土有机质及其他养分积累比旱地多，生产力比旱地高。由于水稻的生物学特性使其对气候和土壤有较广的适应性，水稻土可以在不同的生物气候带和不同类型的母土上发育形成。

潮土占本县地域总面积的3%。本县潮土成土母质为河相、湖相沉积物，经长期的耕作熟化形成的不同的土壤类型。有部分是农田基本建设中或新开河道过程中进行平整土地时人工堆叠而成，此土类划分为湖泥土和堆叠土两个土属。湖泥土是村镇附近的部分水田改作蔬菜地，通过长期精细耕作形成的熟化的旱地土壤，剖面构型为A–B–C，层次分明。由于原来是水田，心土有青灰色的潜育层次，质地比较黏重，底土层为古老黄斑层，耕作层比较疏松。堆叠土各乡均有分布，以路南和沿红旗塘两岸分布较多。堆叠土是在开河或疏通河道过程中经平整土地堆叠而成的，剖面层次杂乱，剖面构型为A–B，一般以种桑为主。

本区域中心区气候特征

本区域中心区气候特征值
Regional climate characteristics in central area of the region

气候带：北亚热带湿润气候 Climate region: North subtropical humid climate	
年平均气温 /℃ Annual average temperature /℃	16.2
年平均最高气温 /℃ Annual average maximum temperature /℃	20.4
年平均最低气温 /℃ Annual average minimum temperature /℃	12.9
年降水量 /mm Annual precipitation /mm	1271
≥10℃的积温 /℃ Daily temperature accumulated in a year (≥10℃) /℃	5894
年日照时数 /h Annual sunshine /h	1857
年平均相对湿度 /% Annual average relative humidity /%	77
干燥度 Dryness	0.76

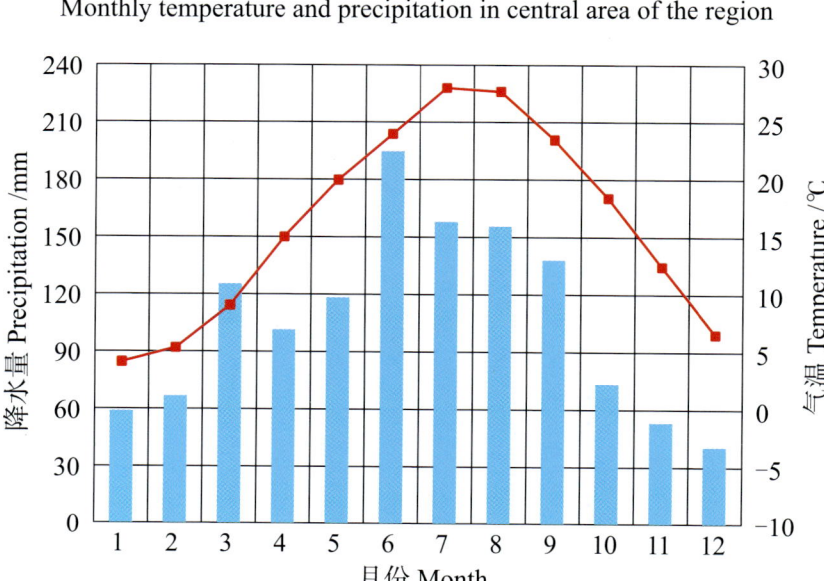

本区域中心区月平均气温与月平均降水量
Monthly temperature and precipitation in central area of the region

嘉善县主要土壤类型与土壤剖面点分布图
1 : 130 000

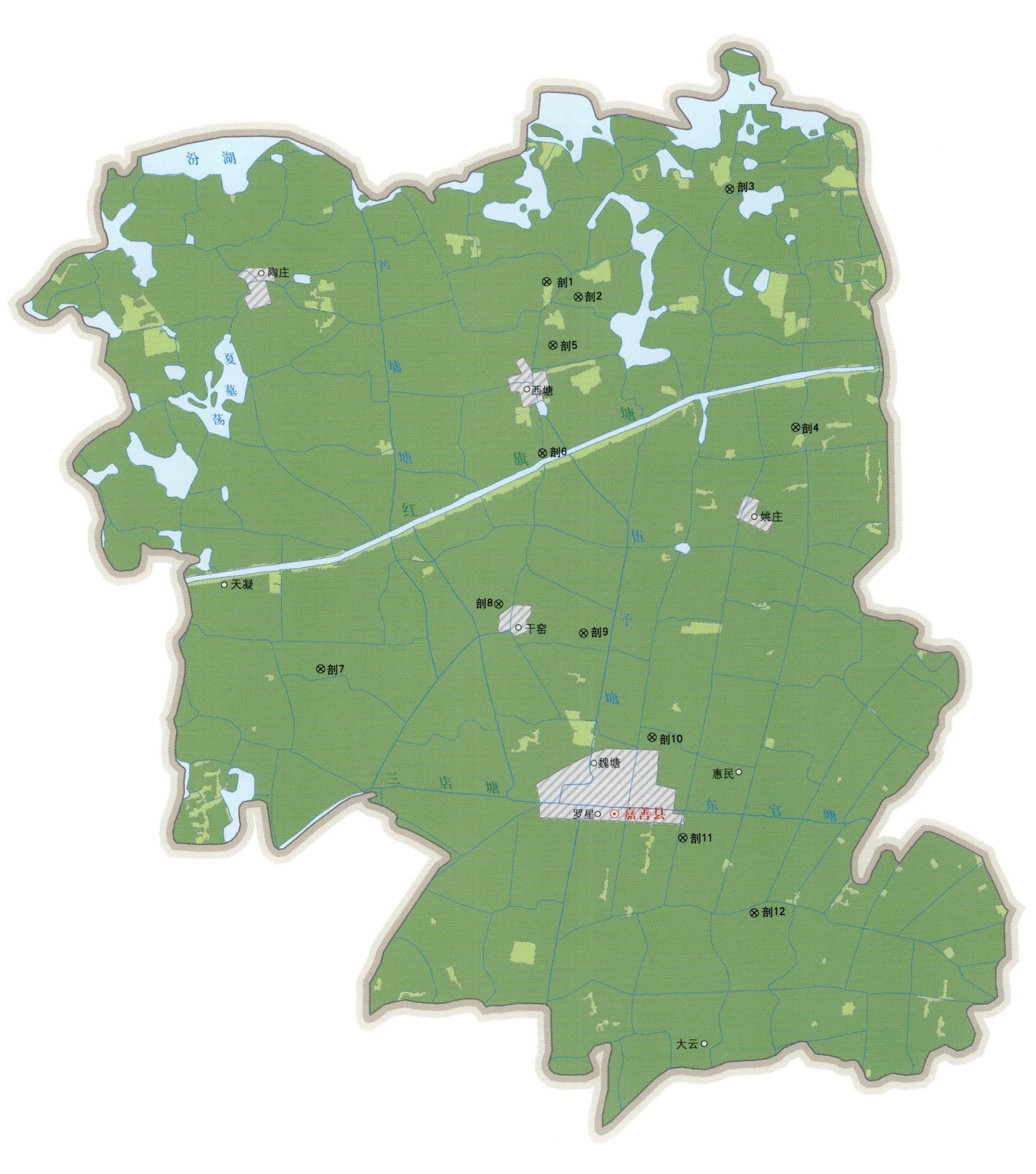

图 例

水稻土
潮土
⊗ 剖面点

嘉善县土壤剖面理化性状表

剖面号 Soil profile	土纲 Soil order	土类 Soil great group	亚类 Soil subgroup	土属 Soil genus	土种 Soil species	土层码 Layer code	土层厚度 Depth/cm	颜色 Soil color	质地 Soil texture	土壤结构 Soil structure	pH	有机质 OM/(g/kg)	全氮 TN/(g/kg)	全磷 TP/(g/kg)	全钾 TK/(g/kg)	碱解氮 AN/(mg/kg)	有效磷 AP/(mg/kg)	速效钾 AK/(mg/kg)	阳离子交换量CEC/(cmol/kg)	土壤母质 Parent material	剖面点坐标 Profile coordinate	匹配指数 Matching index/%
剖1	人为土	水稻土	潴育水稻土	黄斑塥田	黄斑塥田	A	0—16	暗黄棕色	重壤土		5.7	39.3	2.62	0.55					20.4	河湖相沉积物	E 120°53′32.9″ N 30°58′23.3″	95
						P	16—29	暗灰黄色	重壤土	块状	7.2	21.3	1.25	0.37								
						W	29—100	淡棕色	重壤土	棱柱状	7.5											
剖2	人为土	水稻土	脱潜水稻土	半青紫泥田	白塥青紫泥田	A	0—13	暗棕灰色	重壤土		6.7	35.6	2.20	0.65					18.3	湖沼相、河湖相沉积物	E 120°54′06.5″ N 30°58′10.2″	95
						P	13—22	暗灰黄色	重壤土	块状	6.7	27.9	1.71	0.61								
						E	22—32	灰白色	中壤土	无结构分层理	7.7	4.3	0.31	0.51								
						W	32—	淡黄棕色	重壤土		7.8											
剖3	人为土	水稻土	脱潜水稻土	青紫泥田	黄化青紫泥田	A	0—12	暗黄棕色	重壤土	屑粒状	6.2	21.6	7.29	0.40						湖沼相、河湖相沉积物	E 120°56′43.1″ N 30°59′50.5″	95
						P	12—26	暗灰黄色	重壤土		6.6	17.2	7.04	0.38								
						Gw	26—34	淡黄棕色	重壤土		6.2	4.9	0.30	0.36								
						G	34—		轻壤土	片状	6.0											
剖4	人为土	水稻土	脱潜水稻土	半青紫泥田	白心青紫泥田	A	0—15	灰黄棕色	轻黏土	块状	6.5	39.3	2.48	0.63					21.0	湖沼相、河湖相沉积物	E 120°57′57.1″ N 30°56′17.1″	95
						P	15—27	暗灰黄色	轻黏土	棱柱状	7.2	27.5	1.75	0.44								
						G	27—56	暗灰黄色	轻黏土		4.6	11.2	0.76	0.43								
						E	56—	灰白色	中壤土	无结构分层理	7.8											
剖5	人为土	水稻土	脱潜水稻土	青紫泥田	青紫泥田	A	0—14	暗黄棕色	轻黏土	碎块状	6.1	30.9	1.82	0.58					20.9	湖沼相、河湖相沉积物	E 120°53′40.9″ N 30°57′26.1″	95
						P	14—24	青灰色	轻黏土	块状	6.9	26.5	1.72	0.53								
						G	24—55	暗灰黄色	轻黏土	棱柱状	7.5											
						Gw	55—	暗灰黄色	重壤土		7.6											
剖6	人为土	水稻土	脱潜水稻土	青紫泥田	腐心青紫泥田	A	0—15	暗黄棕色	轻黏土	块状	6.6	34.3	1.99	0.54					20.1	湖沼相、河湖相沉积物	E 120°57′32.3″ N 30°55′48.7″	93
						P	15—33	暗灰黄色	重壤土	棱柱状	6.7	31.8	1.90	0.47								
						Gw	33—63	灰黄色	重壤土		6.8											
						An	63—85	黑色	重黏土		6.8	63.4	2.44	0.25								
						G	85—	暗黄黄色	重壤土	片状	6.8											
剖7	人为土	水稻土	脱潜水稻土	半青紫泥田	粉心青紫泥田	A	0—12	暗黄黄色	中壤土	块状	6.4	34.7	2.10	0.60					18.4	湖沼相、河湖相沉积物	E 120°49′43.9″ N 30°52′30.3″	95
						P	12—24	暗灰黄色	重壤土	块状	6.9	26.3	1.51	0.57								
						G	24—41	淡黄棕色	轻壤土	片状	7.7	9.8	0.41	0.47								
						W	41—		重壤土		7.7											
剖8	人为土	水稻土	潴育水稻土	黄斑塥田	泥钉黄斑田	A₁	0—14	暗黄棕色	重壤土		6.4	37.0	2.44	0.56						河湖相沉积物	E 120°52′49.0″ N 30°53′32.2″	95
						P	14—20	暗灰黄色	重壤土	块状	6.6	34.8	2.20	0.55								
						G	20—29	青灰色	重壤土	棱柱状	7.3	24.0	1.63	0.54								
						Gw	48—80	暗黄黄色	轻壤土		8.2											
剖9	人为土	水稻土	潴育水稻土	黄斑塥田	腐塥黄斑田	A	0—12	暗黄棕色	重壤土	块状	6.5	35.1	2.25	0.61		131	2.0	73		河湖相沉积物	E 120°54′19.2″ N 30°53′07.5″	95
						P	12—24	暗灰黄色	重壤土	块状	7.0	24.9	1.52	0.55	20.0	131	4.0	88				
						An	24—38	灰黄色	重黏土	棱柱状	7.0	21.7	1.26	0.44	18.6							
						W	38—	黄灰色	轻黏土		7.1											
剖10	人为土	水稻土	脱潜水稻土	黄斑黏田	黄心青紫泥田	Aa	0—13	暗黄棕色	壤质黏土	棱柱状	5.8	30.6	1.90	0.60						湖相、河湖相沉积物	E 120°55′33.0″ N 30°51′35.2″	81
						Ap	13—22	黄灰色	壤质黏土	块状	6.6	23.5	1.40	0.50								
						Gw	22—53	暗灰黄色	壤质黏土	棱柱状	7.1	14.5	1.00									
						IIC	53—100	黄棕色	粉砂质黏土		7.6	4.4	0.40									

续表 Continued

剖面号 Soil profile	土纲 Soil order	土类 Soil great group	亚类 Soil subgroup	土属 Soil genus	土种 Soil species	土层码 Layer code	土层厚度 Depth/cm	颜色 Soil color	质地 Soil texture	土壤结构 Soil structure	pH	有机质 OM/(g/kg)	全氮 TN/(g/kg)	全磷 TP/(g/kg)	全钾 TK/(g/kg)	碱解氮 AN/(mg/kg)	有效磷 AP/(mg/kg)	速效钾 AK/(mg/kg)	阳离子交换量CEC/(cmol/kg)	土壤母质 Parent material	剖面点坐标 Profile coordinate	匹配指数 Matching index/%
剖11	人为土	水稻土	潴育水稻土	黄斑田	青粉黄斑田	A	0—16	灰黄棕色	重壤土		6.7	37.5	2.31	0.60					22.6	河湖相沉积物	E 120°56′07.1″ N 30°50′04.6″	95
						P	16—24	暗灰黄色	重壤土	块状	6.8	30.5	1.98	0.55								
						Pg	24—36	暗灰黄色	重壤土		7.5	12.4	0.78	0.41								
						W	36—	黄棕色	重壤土	棱柱状	7.4											
剖12	人为土	水稻土	脱潜水稻土	半青紫泥田	黄心青紫泥田	A	0—12	灰黄棕色	重壤土	屑粒状	6.2	30.0	1.94	0.58					21.1		E 120°57′23.3″ N 30°48′57.8″	93
						P	12—29	暗灰黄色	重壤土	块状	7.1	18.8	1.26	0.54								
						G	29—55	淡灰色	轻黏土	棱柱状	7.4											
						W	55—	黄棕色	重壤土	棱柱状	7.1											

海 盐 县

主要土类说明

水稻土是海盐县主要土壤类型，占本县地域面积的90%。水稻土是本县分布最广的耕地土壤，它是在长期的水田耕作、施肥、轮作复种等农业技术措施作用下，特别是灌溉渍水和水稻生长的影响下，人为定向培育而形成的。在人为作用下，水稻土肥力发生了巨大变化，形成了新的肥力特征。如本县沿海地区在盐渍化的土壤母质上造田种稻，土壤母质中的易溶性盐，不仅可以被大量地从地面排水中洗掉，而且也可从土壤直渗水、侧渗水中流失，使土壤含盐量迅速降低，在较短时间内就可排除盐害，使肥力显著提高，从而发生质变。水稻土的剖面形态，是在水稻栽培及有关的轮作、复种制度下，通过灌溉、耕作、施肥等综合措施逐步形成的。母质及前土壤的层次结构，往往也产生深刻的影响。但随着水稻耕作历史的增长，原来的层次构造会逐渐地隐退，而特定的水稻土剖面发育形态日益明显。水稻土的剖面发育中，最显著的是铁、锰等易发生氧化还原反应的有色化合物的移动和淀积所产生的剖面层次。在铁、锰物质的移动与淀积过程中，微生物、有机质、地下水及灌溉水等起最积极的作用。此外，其他矿物质—有机质胶体的迁移和淀积也有重要作用。

红壤占海盐县地域面积的4%。红壤集中分布在南部长川坝、澉浦、六里的低丘山地。本县丘陵地处红壤带的北缘，在北亚热带湿热气候条件下，红壤化作用较之典型红壤弱，所以本县的红壤是遭受较深风化的矿质土壤。在母质中占绝对优势的铝硅酸盐的原生矿物，经过连续和较彻底的水解作用，其水解产物中的盐基成分和硅酸部分，大部分被淋溶损失，而铁铝氧化物及其水化物显示相对积累，形成了A-（B）-C剖面构型。土壤呈酸性反应，土体呈黄红色。本县有黄红壤、侵蚀型红壤两个亚类。

潮土占海盐县地域面积的3%。潮土是旱地土壤，全县各地均有分布。潮土是在地下水升降的影响下发育而成的土壤类型。母质包括河相、湖相、海相冲积物、沉积物，土层深厚，多在1m以上。在滨海地区剖面中常留母质的不同质地层次，并有不同程度的积盐现象。潮土剖面各发生层的质地和色泽较均一，中下部受地下水及地表渗漏水的影响，有较密集的锈纹、锈斑或铁锰结核，目前多开垦为旱作地。

小于本县地域面积3%的土壤类型为滨海盐土。

本区域中心区气候特征

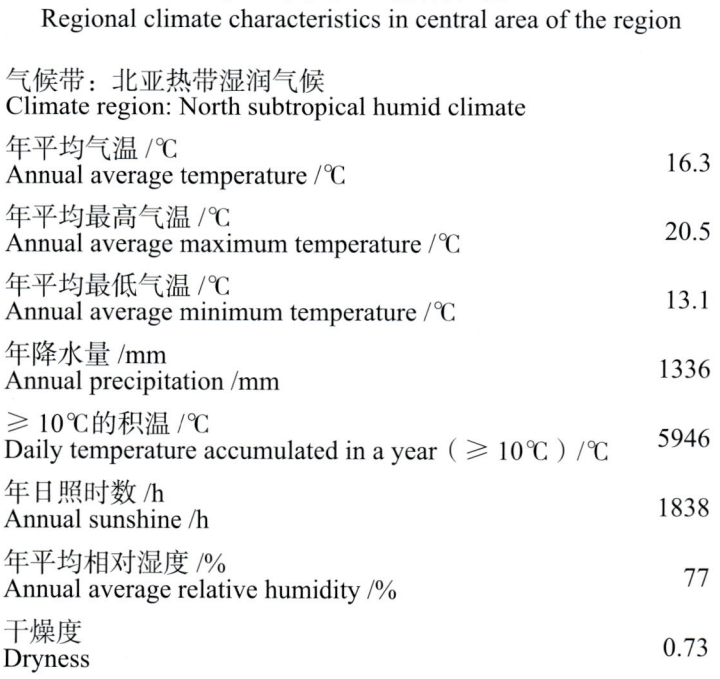

本区域中心区气候特征值
Regional climate characteristics in central area of the region

气候带：北亚热带湿润气候 Climate region: North subtropical humid climate	
年平均气温 /℃ Annual average temperature /℃	16.3
年平均最高气温 /℃ Annual average maximum temperature /℃	20.5
年平均最低气温 /℃ Annual average minimum temperature /℃	13.1
年降水量 /mm Annual precipitation /mm	1336
≥10℃的积温 /℃ Daily temperature accumulated in a year（≥10℃）/℃	5946
年日照时数 /h Annual sunshine /h	1838
年平均相对湿度 /% Annual average relative humidity /%	77
干燥度 Dryness	0.73

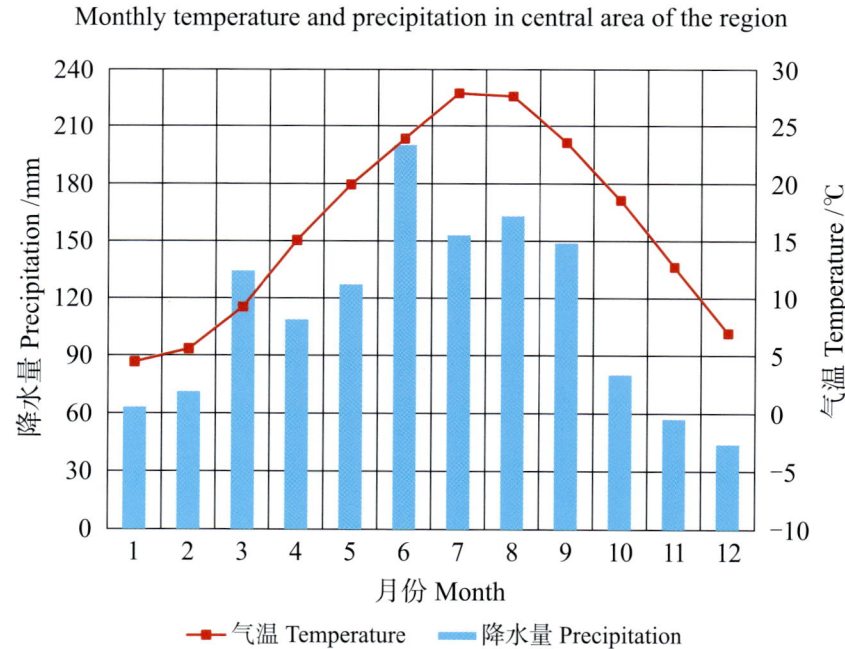

本区域中心区月平均气温与月平均降水量
Monthly temperature and precipitation in central area of the region

海盐县主要土壤类型与土壤剖面点分布图
1 : 140 000

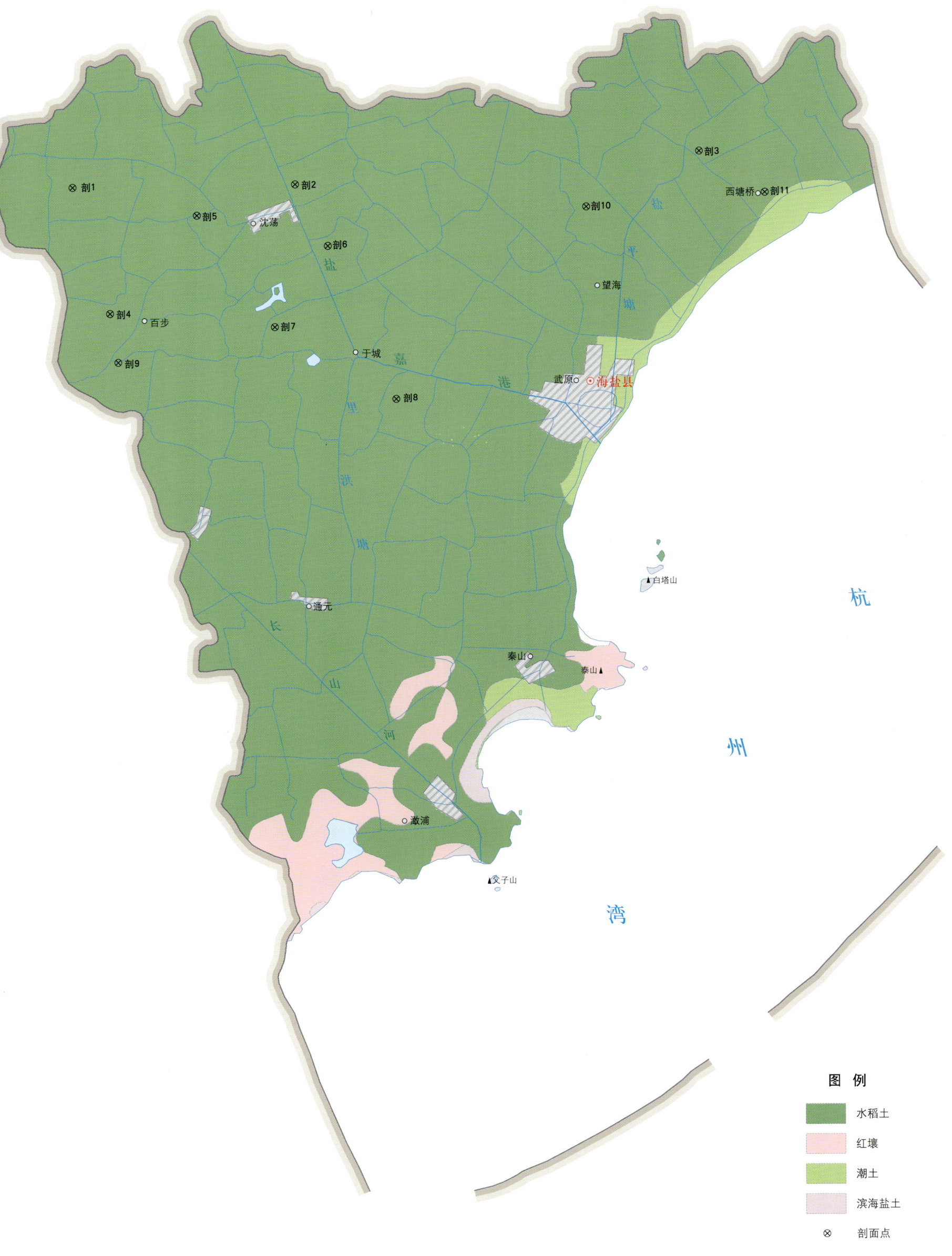

海盐县土壤剖面理化性状表

剖面号 Soil profile	土纲 Soil order	土类 Soil great group	亚类 Soil subgroup	土属 Soil genus	土种 Soil species	土层码 Layer code	土层厚度 Depth/cm	颜色 Soil color	质地 Soil texture	土壤结构 Soil structure	pH	有机质 OM/(g/kg)	全氮 TN/(g/kg)	全磷 TP/(g/kg)	有效磷 AP/(mg/kg)	速效钾 AK/(mg/kg)	阳离子交换量CEC/(cmol/kg)	土壤母质 Parent material	剖面点坐标 Profile coordinate	匹配指数 Matching index/%
剖1	人为土	水稻土	脱潜水稻土	青紫泥田	黄化青紫泥田	A	0—13	灰棕色	轻黏土	小团粒状	7.0	26.9	1.82	0.51	7.2	103	16.6	古湖沼相沉积物	E 120°44′57.2″ N 30°34′59.4″	75
						P	13—25	青灰色	轻黏土	块状	7.1	23.5	1.45	0.52			15.5			
						G	25—40	青灰色	轻黏土	棱柱状	7.1	20.8	1.41	0.53						
						GW	40—100	灰棕色	轻黏土	棱柱状	7.2									
剖2	人为土	水稻土	潴育水稻土	黄斑田	黄砂田	A	0—18	灰棕色	重壤土	小团粒状	6.9	27.4	1.92	0.70	11.8	162	17.9	河海相沉积物	E 120°49′51.2″ N 30°35′08.6″	75
						P	18—29	棕黄色	重壤土	块状	7.0	27.1	1.74	0.72			16.7			
						W	29—100	灰棕色	轻壤土	棱柱状	7.1	3.0	0.40	0.59						
剖3	人为土	水稻土	潴育水稻土	黄松田	腐心黄松田	A	0—20	灰棕色	中壤土	小团粒状	6.2	15.3	1.09	0.64			11.6	近代浅海相沉积物	E 120°58′45.2″ N 30°35′56.5″	75
						P	20—55	棕灰色	中壤土	块状	6.8	14.1	1.10	0.62			11.7			
						W	55—75	黄灰色	轻壤土	棱柱状	7.2	5.8	0.68	0.47						
						An	75—95	灰黑色	重壤土	块状	7.1									
						G	95—100	青灰色	重壤土	块状	7.2									
剖4	人为土	水稻土	脱潜水稻土	青紫泥田	白潮青紫泥田	A	0—16	棕灰色	中壤土	小团粒状	6.6	28.0	1.60	0.51	6.6	85	14.5	古湖沼相沉积物	E 120°45′49.6″ N 30°32′38.2″	75
						P	16—23	灰棕色	中壤土	块状	7.0	22.3	1.31	0.49			13.2			
						E	23—33	灰白色	中壤土	片状	7.1	3.3	0.28	0.57						
						An	33—45	灰黑色	轻壤土	块状	7.2									
						W	45—100	棕灰色	重壤土	棱柱状	7.2									
剖5	人为土	水稻土	潴育水稻土	黄斑田	青糊黄斑田	A	0—11	灰棕色	中壤土	小团粒状	6.8	33.0	2.19	0.52	4.9	200	18.2	河海相沉积物	E 120°47′42.5″ N 30°34′31.0″	75
						P	11—18	青灰色	中壤土	块状	7.0	32.3	2.07	0.52			18.6			
						G	18—34	灰棕色	中壤土	块状	7.2	22.7	1.64	0.52						
						W(g)	34—100	灰棕色	轻壤土	棱柱状	7.3									
剖6	人为土	水稻土	脱潜潴育水稻土	半青紫泥田	青心青紫泥田	A	0—15	灰棕色	重壤土	团粒状	6.4	30.6	1.90	0.45	3.1	150	15.8	上部为河湖相沉积物，下部为河海相沉积物	E 120°50′36.2″ N 30°33′59.8″	75
						P	15—29	青灰色	重壤土	块状	6.6	25.0	1.59	0.43			15.2			
						GW	29—40	灰棕色	重壤土	块状	7.2	9.2	0.81	0.30						
						W(g)	40—100	灰棕色	轻壤土	棱柱状	7.2	4.6		0.54						
剖7	人为土	水稻土	潴育水稻土	黄斑田	腐褐黄斑田	A	0—15	灰棕色	重壤土	小团粒状	6.7	30.5	1.89	0.53	4.0	126	16.9	河湖相沉积物	E 120°49′28.0″ N 30°32′26.9″	75
						P	15—28	棕灰色	重壤土	块状	7.0	30.1	1.64	0.50			17.1			
						An	28—40	黑灰色	重壤土	块状	7.2	14.3	0.85	0.36						
						W(g)	40—100	黄棕色	重壤土	棱柱状	7.2									
剖8	人为土	水稻土	脱潜水稻土	半青紫泥田	白心青紫泥田	A	0—13	灰棕色	重壤土	团粒状	7.1	32.9	2.06	0.57	3.7	245	17.3	上部为河湖相沉积物，下部为河海相沉积物	E 120°52′10.7″ N 30°31′07.6″	75
						P	13—23	青灰色	重壤土	块状	7.0	29.9	1.84	0.55			17.1			
						G	23—43	黑灰色	重壤土	棱柱状	7.4	16.4	0.29	0.42						
						E	43—56	灰白色	重壤土	棱柱状	7.4	6.5	0.71	0.49						
						W	56—100	黄棕色	重壤土	棱柱状	7.4	3.7	0.54	0.47						
剖9	人为土	水稻土	潴育水稻土	黄斑田	腐心黄斑田	A	0—16	青灰色	重壤土	小团粒状	6.7	43.7	2.72	0.74	7.9	223	20.4	河海相沉积物	E 120°46′02.0″ N 30°31′42.7″	75
						P	16—31	棕灰色	轻壤土	块状	7.0	31.9	2.07	0.70			18.0			
						W(g)₁	31—76	棕黄色	中壤土	块状	7.2	5.6	0.80	0.45						
						An	76—90	黑灰色	重壤土	块状	7.1	17.1		0.31						
						W(g)₂	90—100	棕灰色	中壤土	棱柱状	7.2	5.7		0.65						
剖10	人为土	水稻土	脱潜水稻土	青粉泥田	黄心青粉泥田	A	0—14	灰棕色	重壤土	团粒状	6.7	39.1	2.55	0.64	6.7	132	17.9	湖海相沉积物	E 120°56′17.1″ N 30°34′50.7″	75
						P	14—26	青灰色	轻壤土	块状	6.9	26.7	1.73	0.53			13.6			
						G	26—49	青灰色	重壤土	块状	7.0	8.9	0.17	0.24						
						W(g)	49—100	黄棕色	重壤土	棱柱状	7.0									

续表 Continued

剖面号 Soil profile	土纲 Soil order	土类 Soil great group	亚类 Soil subgroup	土属 Soil genus	土种 Soil species	土层码 Layer code	土层厚度 Depth/ cm	颜色 Soil color	质地 Soil texture	土壤结构 Soil structure	pH	有机质 OM/ (g/kg)	全氮 TN/ (g/kg)	全磷 TP/ (g/kg)	有效磷 AP/ (mg/kg)	速效钾 AK/ (mg/kg)	阳离子 交换量CEC/ (cmol/kg)	土壤母质 Parent material	剖面点坐标 Profile coordinate	匹配指数 Matching index/%
剖11	人为土	水稻土	潴育水稻土	粉泥田		A	0—16	灰棕色	重壤土	小团粒状								海相沉积物	E 121°00′12.9″ N 30°35′11.2″	75
						P	16—26	棕灰色	重壤土	块状										
						An	26—46	黑色	重壤土	棱柱状										
						W(g)	46—64	黄棕色	轻黏土	棱柱状										
						GW	64—100	棕灰色	重壤土	棱柱状										

海 宁 市

主要土类说明

水稻土是海宁市主要土壤类型，占本市地域面积的71%。水稻土是本市分布最广的耕地土壤，它是各种母质或母土经过长期水耕熟化以后发育起来的土壤类型。在人为灌溉、排水、施肥、轮作等耕作管理措施的影响下，特别是调节灌溉、改变土壤的水分状况和土体的通气条件的过程中，引起了土壤有机质的分解和合成，从而推动了土体内氧化还原作用的频繁更替，促进了土壤物质的电化学转化，产生了铁、锰的还原转移和氧化淀积作用，最终在剖面形态上表现出土层的分化，形成了各种特定的剖面构型。一定时期的田面储水层所产生的静水压力，或地下水、侧渗水的移动等，也对水稻土剖面的分化产生深刻影响。

滨海盐土是海宁市第二大土壤类型，占本市地域面积的10%。本土类分布在钱塘江沿岸滩涂，母质为新浅海沉积物。因正受或曾受海潮浸淹，尚处于盐渍化或脱盐过程中。滨海盐土的土层深厚，含盐量较高，呈强烈石灰反应，须采取改良措施，才能为农业利用。滨海盐土可划分为滨海盐土和潮土化盐土两个亚类。滨海盐土又称氯化物盐土亚类，为潮间带浅滩土壤，正受海潮浸渍。其剖面构型为Asa-Csa，1m厚的土体的平均含盐量为0.15%—0.32%，土壤质地为轻壤土—紧砂土，以砂壤土为主。潮土化盐土亚类是1969年和1978年江涂围垦后由滨海盐土脱离海潮浸渍发育而成的一类土壤，分布于盐仓、黄湾两个围垦区，是滨海盐土向钙质潮土过渡的土壤类型，处于脱盐和脱钙过程中。土壤含盐量一般为0.1%—0.4%，大多已被开垦利用，尚有一定盐害。剖面未分化，剖面构型仅为Asa-Csa。

小于本市地域面积3%的土壤类型为潮土、红壤。

本区域中心区气候特征

本区域中心区气候特征值
Regional climate characteristics in central area of the region

气候带：北亚热带湿润气候 Climate region: North subtropical humid climate	
年平均气温 /℃ Annual average temperature /℃	16.4
年平均最高气温 /℃ Annual average maximum temperature /℃	20.6
年平均最低气温 /℃ Annual average minimum temperature /℃	13.2
年降水量 /mm Annual precipitation /mm	1374
≥10℃的积温 /℃ Daily temperature accumulated in a year (≥10℃) /℃	5969
年日照时数 /h Annual sunshine /h	1816
年平均相对湿度 /% Annual average relative humidity /%	77
干燥度 Dryness	0.71

本区域中心区月平均气温与月平均降水量
Monthly temperature and precipitation in central area of the region

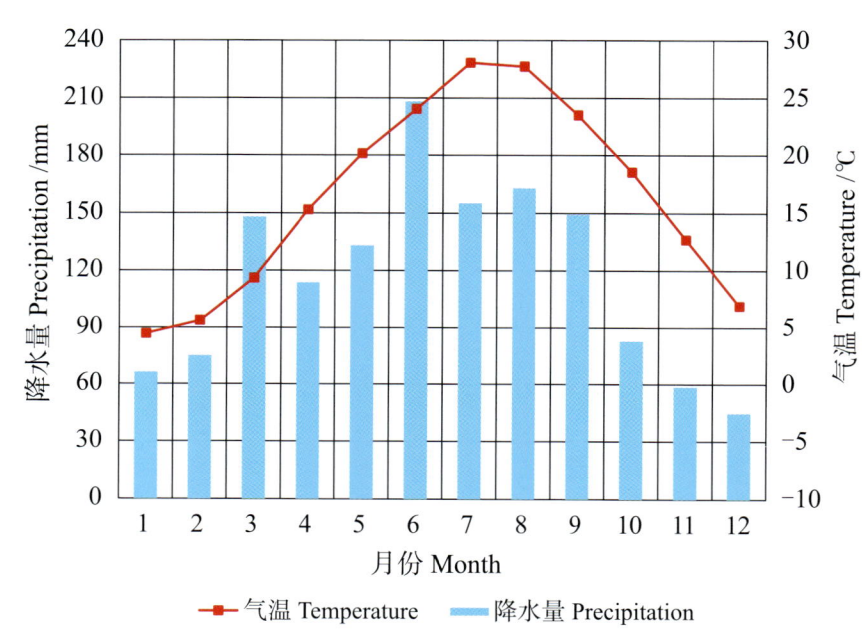

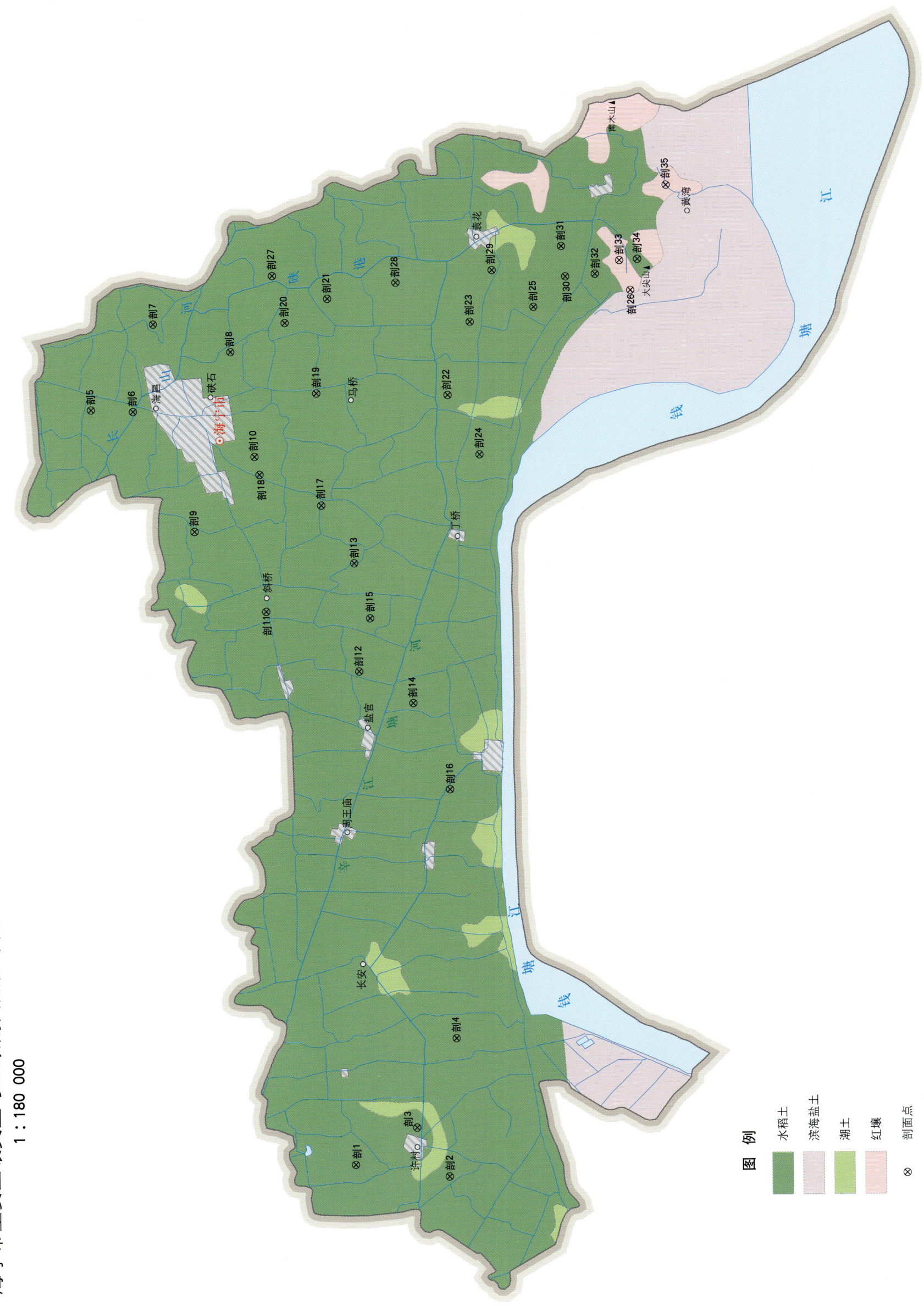

海宁市土壤剖面理化性状表

剖面号 Soil profile	土纲 Soil order	土类 Soil great group	亚类 Soil subgroup	土属 Soil genus	土种 Soil species	土层代码 Layer code	土层厚度 Depth/cm	颜色 Soil color	质地 Soil texture	土壤结构 Soil structure	pH	有机质 OM/(g/kg)	全氮 TN/(g/kg)	全磷 TP/(g/kg)	全钾 TK/(g/kg)	碱解氮 AN/(mg/kg)	有效磷 AP/(mg/kg)	速效钾 AK/(mg/kg)	阳离子交换量CEC/(cmol/kg)	土壤母质 Parent material	剖面点坐标 Profile coordinate	匹配指数 Matching index/%
剖1	人为土	水稻土	潴育水稻土	粉泥田	粉泥田	A	0—15	淡灰色	重壤土	团块状	6.5	16.3	1.04	0.55			21.0	96	14.6	河海相沉积物	E 120°21′19.5″ N 30°27′27.7″	75
						P	15—25	灰棕色	重壤土	块状	6.5	9.9	0.73	0.47								
						W	25—100	棕灰色	重壤土	块状	6.4	13.3	0.48	0.53								
剖2	人为土	水稻土	潴育水稻土	黄砂田	青心黄砂田	A	0—16		中壤土	团块状	6.3	26.4	1.62	0.60			5.0	146	16.0	河海相沉积物	E 120°21′03.0″ N 30°25′15.7″	75
剖3	人为土	水稻土	潴育水稻土	黄砂田	半砂泥田	A	0—15	淡灰黄色	中壤土	团块状	6.6	16.7	0.77	0.53			6.0	45	11.7	近代浅海相沉积物	E 120°22′20.6″ N 30°26′02.3″	75
						P	15—27	淡灰黄色	中壤土	块状	6.8	7.1	0.94	0.61								
						W_1	27—44	灰黄色	砂壤土	块状	6.5	4.1	0.25	0.53								
						W_2	44—100	淡黄灰色	砂壤土	片状	6.6	3.1	0.23	0.60								
剖4	人为土	水稻土	潴育水稻土	黄砂摘田	黄砂摘田	Ap	0—16	浊黄黄色	壤质黏土	团块状	6.6	24.5	1.66	0.50	18.9	109	6.9	83	20.5	河海相沉积物	E 120°24′44.2″ N 30°25′08.7″	82
						W	16—30	暗黄黄色	壤质黏土	棱柱状	6.9	21.9	1.64	0.45	18.9	95	4.5	75				
							30—70	黄灰色	黏壤土		8.5	3.7	0.27									
						C	70—100	黄灰色	粉砂质黏壤土		8.6	2.9	0.30									
剖5	人为土	水稻土	潴育水稻土	黄斑田	青褐黄斑田	A	0—16				6.3	30.2	1.52	0.52			6.0	130		河流沉积物为主	E 120°41′27.4″ N 30°33′56.3″	75
剖6	人为土	水稻土	潴育水稻土	潮泥田	黄砂摘田	Aa	0—16	暗黄黄色	壤质黏土	团块状	6.6	24.5	1.70	0.50	18.9	109	7.0	83	19.5	海相沉积物	E 120°41′26.3″ N 30°32′57.3″	95
						Ap	16—30	暗黄棕色	壤质黏土	块状	6.9	21.9	1.60	0.50	18.9	95	5.0	75				
						W	30—70	黄灰色	黏壤土	棱柱状	8.5	3.7	0.30									
						C	70—100	黄灰色	粉砂质黏壤土		8.6	2.9	0.30									
剖7	人为土	水稻土	潴育水稻土	黄斑田	腐黄黄斑田	A	0—17				6.9	32.5	1.79	0.57			5.0	165		河流沉积物为主	E 120°43′47.4″ N 30°32′31.3″	75
剖8	人为土	水稻土	潴育水稻土	黄斑田	粉头黄斑田	A	0—12				6.3	17.9	1.10	0.55			6.0	110	13.2	河流沉积物为主	E 120°43′05.4″ N 30°30′41.9″	75
剖9	人为土	水稻土	潴育水稻土	黄斑田	青心黄斑田	A	0—14	棕色	轻黏土	团块状	6.4	38.8	1.95	0.74			7.0	146	22.8	河流沉积物为主	E 120°38′15.2″ N 30°31′28.1″	75
						P	14—30	淡棕灰色	中黏土	块状	6.4	22.5	1.36	0.65								
						W_1	30—44	淡黄灰色	中黏土	块状	7.4	7.5	0.62	0.50								
						G	44—69	灰青色	中黏土	大块状	7.4	12.8	0.74	0.43								
						W_2	69—100	棕黄色	轻壤土		6.7	6.7	0.57	0.60								
剖10	人为土	水稻土	潴育水稻土	黄斑田	腐心黄斑田	A	0—13	黄黄色	重壤土	团块状	6.4	36.7	2.09	0.75			12.0	210	19.3	河流沉积物为主	E 120°40′17.3″ N 30°30′05.3″	75
						P	13—25	青黄色	重壤土	块状	6.4	30.4	1.79	0.67								
						W_1	25—45	灰黄色	轻黏土	块状	7.0	6.4	0.45	0.57								
						An	45—65	青褐色	轻黏土	柱状	7.4	14.4	0.71	0.38								
						W_2	65—100	黄黄色	轻壤土	柱状	7.2	7.6	0.63	0.62								
剖11	人为土	水稻土	潴育水稻土	黄松田	青心半砂泥田	A	0—12				6.6	15.0	1.02	0.51			5.0	107	10.6	近代浅海相沉积物	E 120°36′07.8″ N 30°29′45.5″	75
剖12	人为土	水稻土	潴育水稻土	黄松田	青心黄松田	A	0—13				6.7	23.3	1.39	0.66			10.0	80	13.9	近代浅海相沉积物	E 120°34′34.0″ N 30°27′33.5″	75
剖13	人为土	水稻土	潴育水稻土	黄松田	腐心半砂泥田	A	0—10				6.3	13.9	0.86	0.58			13.0	63	13.1	近代浅海相沉积物	E 120°37′28.3″ N 30°27′42.7″	75

续表 Continued

剖面号 Soil profile	土纲 Soil order	土类 Soil great group	亚类 Soil subgroup	土属 Soil genus	土种 Soil species	土层代码 Layer code	土层厚度 Depth/cm	颜色 Soil color	质地 Soil texture	土壤结构 Soil structure	pH	有机质 OM/(g/kg)	全氮 TN/(g/kg)	全磷 TP/(g/kg)	全钾 TK/(g/kg)	碱解氮 AN/(mg/kg)	有效磷 AP/(mg/kg)	速效钾 AK/(mg/kg)	阳离子交换量 CEC/(cmol/kg)	土壤母质 Parent material	剖面点坐标 Profile coordinate	匹配指数 Matching index/%
剖14	人为土	水稻土	脱潜水稻土	青紫泥田	青紫泥田	A	0—17	灰棕色	轻黏土	团块状	6.5	33.4	1.55	0.60			8.0	126	19.5	古湖沼相沉积物	E 120°33′45.0″ N 30°26′16.6″	75
剖15	人为土	水稻土	潴育水稻土	粉泥田	腐心粉泥田	Pg	17—32	青棕色	轻黏土	块状	6.5	25.5	1.45	0.47				153	17.3	河海相沉积物	E 120°35′59.9″ N 30°27′19.1″	75
						An	32—100	灰褐黑色	轻黏土	柱状	6.6	18.2	0.59	0.59								
剖16	人为土	水稻土	潴育水稻土	黄松泥田	古底黄松田	A	0—15				6.3	24.0	1.45	0.67			19.0	107	14.3	近代浅海沉积物	E 120°31′26.4″ N 30°25′23.2″	75
剖17	人为土	水稻土	潴育水稻土	黄松泥田	古底半砂泥田	A	0—15				6.8	25.0	1.45	0.71			6.0	133	11.4	近代浅海沉积物	E 120°39′00.7″ N 30°28′30.4″	75
						A	0—17				6.6	15.2	0.98	0.46			16.0					
剖18	人为土	水稻土	潴育水稻土	堆叠泥田	黄松底加土田	A	0—16	棕灰色	中壤土	块状	6.3	25.7	1.39	0.61			8.0	96	19.6	河海相沉积物人工堆垫	E 120°39′48.7″ N 30°29′57.7″	75
						P	16—30	黄棕色	中壤土	块状	6.9	16.5	1.00	0.54								
						A+P	30—64	青灰色	中壤土	块状	6.8	26.0	1.51	0.61								
						W	64—100	黄棕色	中壤土		6.7	6.4	0.52	0.65								
剖19	人为土	水稻土	潴育水稻土	粉泥田	粉头粉泥田	A	0—16			团块状	7.5	30.4	1.38	0.18			31.0	73	17.5	河海相沉积物	E 120°42′00.6″ N 30°28′39.6″	75
剖20	人为土	水稻土	潴育水稻土	堆叠泥田	粉质加土田	A	0—17	黄棕色	中壤土	块状	6.9	15.5	0.90	0.53			7.0	45	13.6	河海相沉积物人工堆垫	E 120°43′53.5″ N 30°29′25.8″	75
						Bc	17—43	黄棕色	中壤土	块状	7.0	12.0	0.78	0.52								
						(A+P)	43—61	黄棕色	中壤土	块状	7.0	12.0	0.75	0.53								
						W	61—100	灰黄棕色	轻壤土		7.0	2.8	0.21	0.55								
剖21	人为土	水稻土	潴育水稻土	堆叠泥田	壤质加土田	A	0—13			团块状	6.6	17.3	0.97	0.43			3.0	93	13.9	河海相沉积物人工堆垫	E 120°44′34.1″ N 30°28′26.5″	75
剖22	人为土	水稻土	潴育水稻土	黄松泥田	黄松田	A	0—14	淡灰黄色	中壤土	团块状	6.8	18.8	1.30	0.62			7.0	53	13.7	河海相沉积物人工堆垫	E 120°42′01.9″ N 30°25′35.0″	75
						P	14—24	淡灰黄色	中壤土	块状	6.6	17.4	1.14	0.64								
						W	24—100	淡灰黄色	砂壤土	块状	7.0	2.7	0.85	0.60								
剖23	人为土	水稻土	潴育水稻土	堆叠泥田	堆叠黄斑田	A	0—9	棕灰色	轻壤土	团块状	6.4	19.1	1.28	0.48			7.0	113	17.3	河海相沉积物人工堆垫	E 120°44′00.8″ N 30°25′05.2″	75
						P	9—16	灰黄棕色	轻壤土	块状	6.8	10.8	0.76	0.05								
						Bw	16—100	棕灰色	轻壤土	块状	6.4	8.4	0.70	0.45								
剖24	人为土	水稻土	潴育水稻土	堆叠泥田	黏质加土田	A	0—13	棕灰色	重壤土	团块状	6.4	21.2	1.10	0.39			7.0	103	17.3	河海相沉积物人工堆垫	E 120°40′27.3″ N 30°24′48.6″	75
						Bc	13—45	棕灰色	重壤土	块状	6.9	13.2	0.79	0.38								
						(A+P)	45—89	青灰色	重壤土	块状	6.5	16.0	0.95	0.48								
						W	89—100	灰黄棕色	中壤土	块状	6.8	4.0	0.32	0.53								
剖25	铁铝土	红壤	红壤	油红泥	砾石油红泥	A	0—18	红棕色	轻黏土	核状	5.8	21.7	1.29	0.77			11.0	80	16.3	近代浅海沉积物	E 120°44′27.0″ N 30°23′36.1″	75
						(B₁)	15—40	棕红色	重壤质土	核状	5.1	32.9	1.46	1.48			5.0	63		硅质灰岩风化物	E 120°44′57.0″ N 30°21′20.1″	75
剖26						(B₂)	40—77	黄棕色	重壤质土	粒状	5.3	21.4	1.04	1.11								
						C	77—107	黄棕色	重壤质土		5.2	23.7	1.18	1.26								
								灰黄棕色	重壤土		5.4	13.0	0.70	1.21								
剖27	人为土	水稻土	脱潜水稻土	青粉泥田	青粉泥田	A	0—15	棕灰色	重壤土	团块状	6.5	25.4	1.46	0.50			5.0	80	18.6	湖海相沉积物	E 120°45′09.4″ N 30°29′44.9″	75
						P	15—26	淡灰黄色	重壤土	块状	6.3	23.0	1.32	0.50								
						G	26—38	青灰色	重壤土	块状	6.5	10.0	0.59	0.42								
						Gw	38—75	淡灰色	重壤土	块状	7.1	6.0	0.43	0.51								
						W	75—100	棕黄色	重壤土	棱柱状	6.3	4.9	0.44	0.61								

续表 Continued

剖面号 Soil profile	土纲 Soil order	土类 Soil great group	亚类 Soil subgroup	土属 Soil genus	土种 Soil species	土层码 Layer code	土层厚度 Depth/cm	颜色 Soil color	质地 Soil texture	土壤结构 Soil structure	pH	有机质 OM/(g/kg)	全氮 TN/(g/kg)	全磷 TP/(g/kg)	全钾 TK/(g/kg)	碱解氮 AN/(mg/kg)	有效磷 AP/(mg/kg)	速效钾 AK/(mg/kg)	阳离子交换量CEC/(cmol/kg)	土壤母质 Parent material	剖面点坐标 Profile coordinate	匹配指数 Matching index/%
剖28	人为土	水稻土	潴育水稻土	堆叠泥田	黄斑底加土田	A	0—12				6.3	25.7	1.39	0.61			8.0	96	19.6		E 120°45′01.7″ N 30°26′50.6″	75
剖29	人为土	水稻土	脱潜水稻土	青紫泥田	黄化青紫泥田	A	0—16				7.0	33.8	1.82	0.52			7.0	165	17.9	古湖沼相沉积物	E 120°45′24.9″ N 30°24′35.6″	75
剖30	人为土	水稻土	潴育水稻土	堆叠泥田	黄砂底加土田	A	0—15				7.1	16.1	1.01	0.47			4.0	80	13.3		E 120°45′17.0″ N 30°22′51.9″	75
剖31	人为土	水稻土	潴育水稻土	堆叠泥田	半青紫底加土田	A	0—14				6.2	28.2	1.41	0.50			11.0	107	14.8		E 120°46′05.8″ N 30°22′58.3″	75
剖32	人为土	水稻土	脱潜水稻土	半青紫泥田	黄心青紫泥田	A	0—14	灰棕色	轻黏土	团块状	6.7	26.1	1.45	0.53			10.0	80	22.3	河湖相沉积物	E 120°45′22.4″ N 30°22′10.6″	75
						P	14—32	棕灰色	轻黏土	块状	6.8	19.4	1.17	0.46								
						G	32—50	棕褐色	轻黏土	块状	6.9	15.5	1.32	0.32								
						W	50—100	棕黄色	轻黏土		7.0	7.3	0.47	0.43								
剖33	铁铝土	红壤	黄红壤	黄泥土	黄泥土	Ao	0—3	灰褐色	重壤土	大团粒状	5.2	55.4	2.47	0.55			4.0	137		溶凝灰岩风化残积物坡积物	E 120°45′45.0″ N 30°21′36.3″	75
						A	3—17	棕灰色	重壤土	大团粒状	5.0	34.3	1.57	0.51								
						(B)	17—36	棕黄色	重壤土	大核粒状	5.2	12.7	0.69	0.45								
						C	36—70	淡灰黄色	重壤土		5.3	3.1	0.36	0.35								
剖34	人为土	水稻土	脱潜水稻土	青紫泥田	泥炭田	A	0—15	黄色	重壤土	块状	6.6	33.6	1.71	0.58			8.0	150	18.3	古湖沼相沉积物	E 120°45′47.5″ N 30°21′11.1″	75
						A	0—17	黄色	重壤土	块状	6.1	20.3	1.20	0.31			8.0	53				
剖35	铁铝土	红壤	潮红土	潮红泥土	潮红泥土	(B)	17—46	黄色	重壤土	块状	6.0	17.7	0.25	0.25						红壤坡积物	E 120°47′47.5″ N 30°20′32.5″	75
						(B)w	46—63	黄灰色	重壤土	块状	5.8	8.2	0.15	0.15								
						C	63—100	黄灰色	重石质土		5.4	8.2	0.13	0.13								

平 湖 市

主要土类说明

水稻土是平湖市主要土壤类型，占本市地域面积的95%。水稻土是在长期淹水种稻条件下，受人为活动和自然因素的双重作用，经过水耕熟化和氧化还原交替过程而形成的具有特有剖面特征的土壤类型。在各种起源土壤的基础上，种植水稻后，年复一年地在土壤上进行泡水耕耘、排水烤田、精耕田面、轮作施肥等人类生产活动，就产生了其独特的成土过程，如氧化还原过程、腐殖质的积累与分解、复盐基和盐基淋溶、黏粒的积累和淋失、元素的转化和迁移等作用，从而区别于栽培其他作物的土壤。本市水稻土包括渗育型、潴育型、潜育型三个亚类，其中潴育型水稻土面积最大。潴育型水稻土起源于湖沼相沉积物，在成土过程中曾经历湖沼潜育过程，因而土体下段为古潜育体，其主要特征有：颗粒匀细，以细粉砂及黏粒为主；在一定层位夹有厚度为8—30cm的腐泥层或泥炭层，其分布规律反映古湖底形态，呈半月形的盆状，有时也呈条状；土体呈青灰色，下部夹有管状物及根孔锈斑。受长期人为耕种和季节性排灌的影响，土壤通气条件得到改善，氧化还原交替作用加强，使土体上、中部铁锰锈纹、锈斑增多，并有轻度发育的铁锰分层现象，土体逐步向脱潜潴育化方向发展。剖面构型为 A-AP-Gw-G，脱潜潴育层厚度为 31±20cm，柱状结构，质地轻黏，有明显铁锰斑纹和青灰色黏土膜。

滨海盐土占本市地域面积的3%。滨海盐土属于滨海沉积物，其盐分来自海水和高矿化潜水，通常含盐量为10g/kg，剖面构型为Az-Cz。滨海盐土的土壤和地下水的盐分组成与海水基本一致，氯盐占绝对优势，次为硫酸盐和重碳酸盐；盐分中以钠、钾离子为主，钙、镁次之。

小于本市地域面积3%的土壤类型为红壤、潮土。

本区域中心区气候特征

本区域中心区气候特征值
Regional climate characteristics in central area of the region

气候带：北亚热带湿润气候 Climate region: North subtropical humid climate	
年平均气温 /℃ Annual average temperature /℃	16.2
年平均最高气温 /℃ Annual average maximum temperature /℃	20.3
年平均最低气温 /℃ Annual average minimum temperature /℃	13.0
年降水量 /mm Annual precipitation /mm	1264
≥10℃的积温 /℃ Daily temperature accumulated in a year（≥10℃）/℃	5908
年日照时数 /h Annual sunshine /h	1867
年平均相对湿度 /% Annual average relative humidity /%	77
干燥度 Dryness	0.77

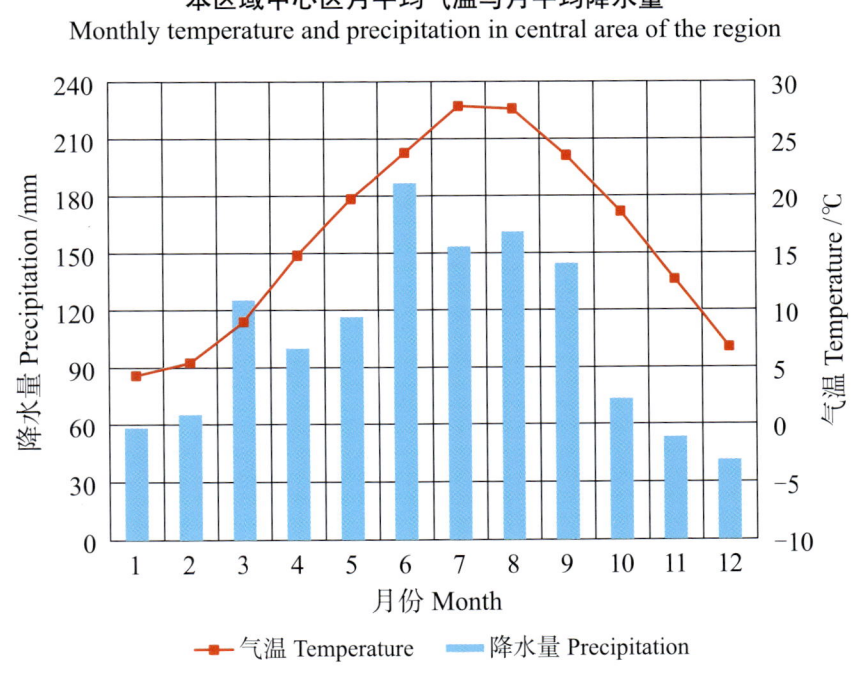

本区域中心区月平均气温与月平均降水量
Monthly temperature and precipitation in central area of the region

平湖市主要土壤类型与土壤剖面点分布图
1:170 000

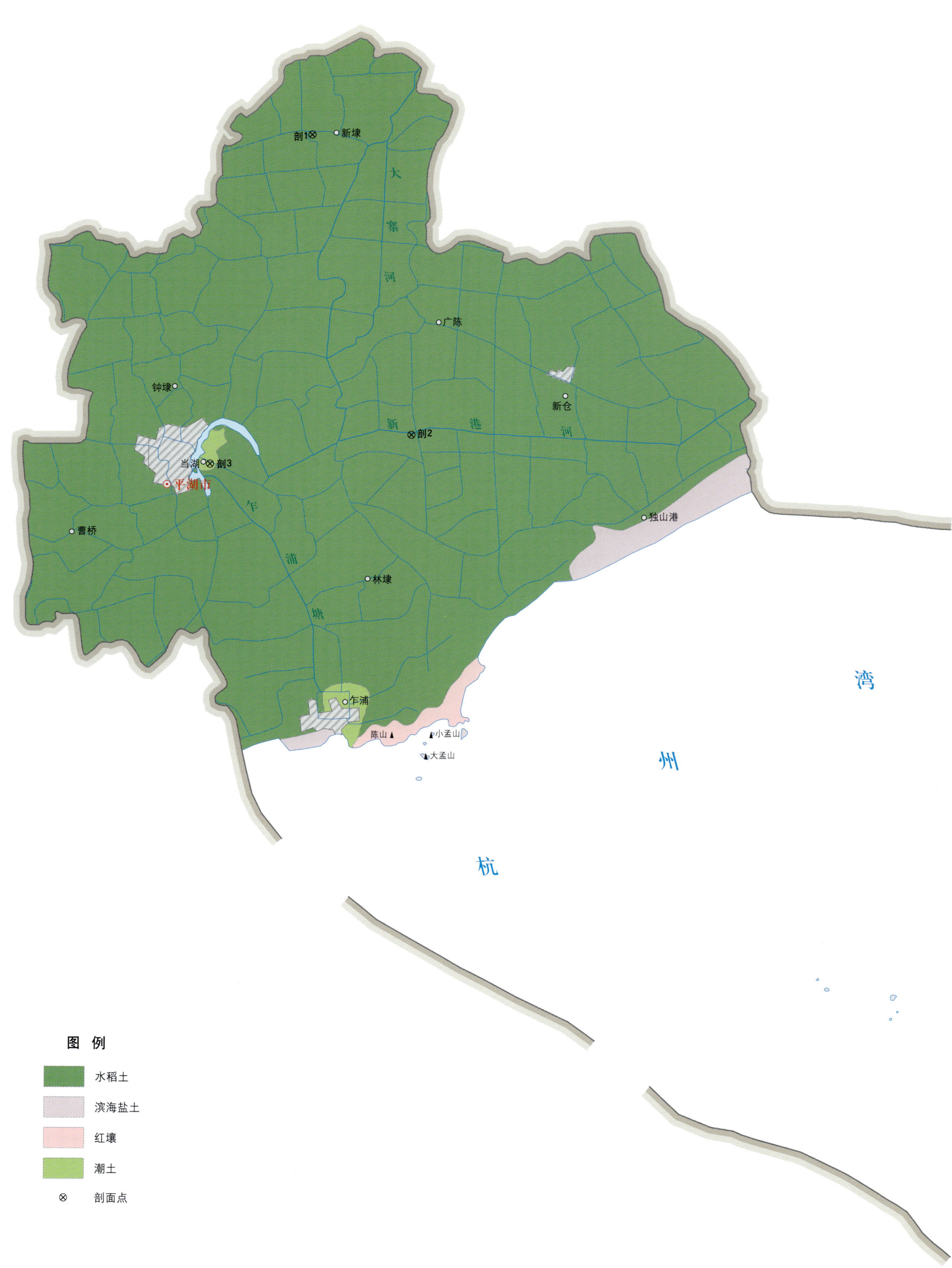

平湖市土壤剖面理化性状表

剖面号 Soil profile	土纲 Soil order	土类 Soil great group	亚类 Soil subgroup	土属 Soil genus	土种 Soil species	土层码 Layer code	土层厚度 Depth/cm	颜色 Soil color	质地 Soil texture	土壤结构 Soil structure	pH	有机质 OM/(g/kg)	全氮 TN/(g/kg)	全磷 TP/(g/kg)	全钾 TK/(g/kg)	碱解氮 AN/(mg/kg)	有效磷 AP/(mg/kg)	速效钾 AK/(mg/kg)	土壤母质 Parent material	剖面点坐标 Profile coordinate	匹配指数 Matching index/%
剖1	人为土	水稻土	脱潜水稻土	黄斑黏田	黄斑青粉泥田	Aa	0—15	淡灰黄色	壤质黏土	团块状	6.5	29.7	1.90	0.50	19.4	123	10.0	81	河海相或湖海相沉积物	E 121°04′07.7″ N 30°49′20.2″	95
						Ap	15—24	暗灰黄色	壤质黏土	块状	7.0	30.0	1.90	0.60	23.1	149	12.0	83			
						Gw₁	24—31	灰黄色	壤质黏土	棱块状	7.7	8.1	0.70								
						Gw₂	31—60	黄黄色	粉砂质黏土	棱柱状	8.1	5.2	0.60								
						G	60—100	灰色	壤质黏土	无结构糊状	8.2	5.5	0.58								
剖2	人为土	水稻土	脱潜水稻土	黄斑青粉泥田	黄斑青粉泥田	A	0—15	暗灰黄色	壤质黏土	团块状	6.5	29.7	1.86	0.49	19.4	123	10.4	81	河海相或湖海相沉积物	E 121°06′53.9″ N 30°42′36.2″	81
						Ap	15—24	暗灰黄色	壤质黏土	块状	7.0	30.0	1.95	0.65	23.1	149	12.2	83			
						Gw₁	24—31	灰黄色	壤质黏土	棱块状	7.7	8.1	0.72								
						Gw₂	31—60	黄灰色	粉砂质黏土	棱柱状	8.1	5.2	0.57								
						G	60—100	灰色	壤质黏土	无结构糊状		5.5	0.58								
剖3	半水成土	潮土	灰潮土	淡涂泥	淡涂泥	1	0—15	暗棕色	黏壤土		6.9	13.6	1.22	0.67	17.2				海相沉积物	E 121°01′37.3″ N 30°41′51.6″	95
						2	15—50	黄棕色	黏壤土		7.6	11.6	1.18	0.59	17.8						
						3	50—100	棕色	粉砂质黏壤土		8.5	2.6	0.47								

桐 乡 市

主要土类说明

水稻土是桐乡市主要土壤类型，占本市地域面积的 61%。水稻土是在长期淹水种稻条件下，受人为活动和自然成土因素的双重作用，经过水耕熟化、氧化还原交替过程以及物质的淋溶、淀积而形成的具特有剖面特征的土壤类型。本市水稻土分为潴育型、渗育型、脱潜型水稻土等亚类。潴育型水稻土是地下水位适中且受灌溉水和地下水双重影响的水稻土，其特点是心底土有一个色泽明显的黄色斑纹层，淀积着很多铁锰锈纹、锈斑和结核，典型剖面构型为 A–P–W；脱潜型水稻土是发育于古潜育体上的水稻土，母质为湖相、沼相沉积物或湖相、沼相和湖相、海相沉积物的叠合体。在人类垦殖过程中，逐步改进水利设施，使土壤逐步向潴育型方向发展，因此脱潜型水稻土是介于潜育型水稻土和潴育型水稻土的过渡类型。地下水位较高，土体上部有一定潜育层次，但有较明显的干湿变化和氧化还原交替过程，土体颜色较深，呈暗灰色或青灰色，有明显的铁锰锈纹、锈斑。

潮土是桐乡市第二大土壤类型，占本市地域面积的 36%。潮土在发育过程中受地表水和地下水双重影响，母质为河相、湖相、海相沉积物。本市潮土是近代（主要是明朝后）劳动人民为发展蚕桑生产和农业生产，在开辟圩田、疏浚河道时，把挑挖的土堆积在河道两旁和圩田四周而形成的堆叠土。堆叠土一般高出田面 2—3 m，沥水高爽，质地范围较广，轻壤到重黏均有。上部 1—2 m 土层经人工搬动堆叠无层次，下部土壤则有明显的沉积层次。土壤水分以垂直淋溶为主，受地下水影响较少，各种母质发育的堆叠土，碳酸钙淋洗均较为彻底，土壤呈微酸性反应，pH 为 6.0—6.5，全剖面黄棕色，色泽较均一，铁锰淀积不明显，土体中常有砖瓦陶瓷等碎片的侵入体。堆叠土土壤通气性良好，有机质的分解速度较快，土壤有机质含量不如水田高，适宜栽桑和发展各种旱地作物，堆叠土的农田地貌和剖面形态如土体构型、颜色、耕作层厚度、地下水位等都基本一致，土壤养分也大同小异，使土壤生产性状产生明显差异的是土壤质地。

本区域中心区气候特征

本区域中心区气候特征值
Regional climate characteristics in central area of the region

气候带：北亚热带湿润气候 Climate region: North subtropical humid climate	
年平均气温 /℃ Annual average temperature /℃	16.3
年平均最高气温 /℃ Annual average maximum temperature /℃	20.5
年平均最低气温 /℃ Annual average minimum temperature /℃	13.0
年降水量 /mm Annual precipitation /mm	1346
≥10℃的积温 /℃ Daily temperature accumulated in a year（≥10℃）/℃	5922
年日照时数 /h Annual sunshine /h	1817
年平均相对湿度 /% Annual average relative humidity /%	77
干燥度 Dryness	0.72

本区域中心区月平均气温与月平均降水量
Monthly temperature and precipitation in central area of the region

桐乡市主要土壤类型与土壤剖面点分布图
1∶160 000

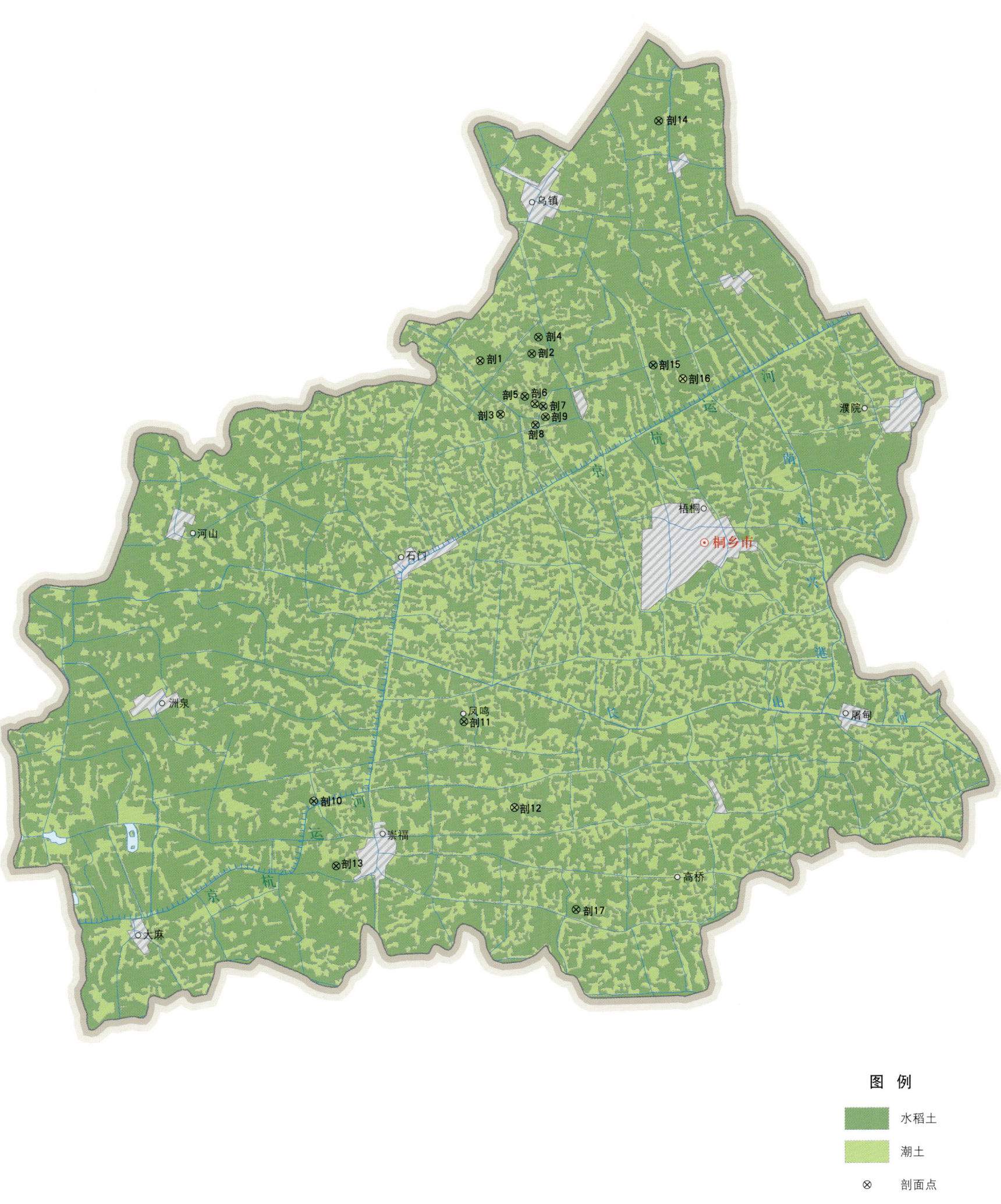

桐乡市土壤剖面理化性状表

剖面号 Soil profile	土纲 Soil order	土类 Soil great group	亚类 Soil subgroup	土属 Soil genus	土种 Soil species	土层码 Layer code	土层厚度 Depth/cm	颜色 Soil color	质地 Soil texture	土壤结构 Soil structure	pH	有机质 OM/(g/kg)	全氮 TN/(g/kg)	全磷 TP/(g/kg)	全钾 TK/(g/kg)	碱解氮 AN/(mg/kg)	有效磷 AP/(mg/kg)	速效钾 AK/(mg/kg)	阳离子交换量CEC/(cmol/kg)	土壤母质 Parent material	剖面点坐标 Profile coordinate	匹配指数 Matching index/%
剖1	人为土	水稻土	潴育水稻土	黄斑田	小粉隔黄斑田	A	0—20	褐色	重壤土	块状	7.1	41.6	2.37	0.66			7.1	98	18.2	河海相沉积物	E 120°27′58.3″ N 30°41′26.8″	75
						P	20—25	淡灰色	重壤土	块状	7.1	35.4	1.96	0.73			11.5	105	18.9			
						W_1	25—33	灰白色	中壤土	块状	7.5	5.1	0.33	0.62			3.2	71				
						W_2	33—100	灰黄色	重壤土	块状	7.4	4.7	0.36	0.73			5.1	128				
剖2		水稻土	潴育水稻土	堆叠泥田	壤质加土田	P	0—13	淡棕黄色	重壤土	小团块状	6.9	15.8	1.03	0.50			8.8	101	19.1	人工堆垫物	E 120°29′09.3″ N 30°41′36.7″	75
						BC	13—25	淡棕黄色	重壤土	小团块状	6.9	14.0	0.77	7.90			8.7	90	16.3			
						(A)	25—63	灰黄色	重壤土	团块状	6.9	8.5	0.71	0.49			7.2	96	17.6			
						(P)	63—76	褐色	重壤土	小块状												
						W	76—86	褐色	重壤土	小块状												
							86—100		轻黏土	棱柱状												
剖3	人为土	水稻土	潴育水稻土	黄斑田	腐心黄斑田	Gw	0—16	褐色	重壤土	块状	7.1	46.0	2.50	0.79			11.7	157	14.6	河海相沉积物	E 120°28′27.9″ N 30°40′24.8″	97
						P	16—26	暗灰色	重壤土	块状	7.1	38.7	2.18	0.78			11.4	184	12.6			
						W	26—44	棕褐色	轻黏土	小棱柱状	7.6	7.5	0.58	0.64			6.4	177	8.2			
						An	44—57	淡黄棕色	轻黏土	棱柱状	7.4											
						WG	57—100		轻黏土	棱柱状	7.5											
剖4	人为土	水稻土	潴育水稻土	小粉田	粉砂田	A	0—18	褐色	中壤土	小团块状	7.4	24.7	1.53	0.79			12.3	65	19.9	潟湖相浅海沉积物	E 120°29′17.9″ N 30°41′56.4″	97
						P	18—38	褐色	中壤土	团块状	7.3	16.8	1.11	0.78			6.9	68	19.7			
						W_1	38—64	灰黄色	砂壤土	片状	7.5	2.3	0.27	0.62			3.5	50	18.3			
						W_2	64—100	灰黄色	砂壤土	片状	7.3											
剖5	人为土	水稻土	潴育水稻土	堆叠泥田	黏质加土田	A	0—14	淡棕黄色	轻黏土	小团块状	6.5	17.0	1.20	0.46			4.7	139	19.9	人工堆垫物	E 120°29′06.8″ N 30°40′43.4″	97
						P	14—27	褐色	轻黏土	团块状	6.4	12.1	0.99	0.55			6.7	146	19.7			
						BC	27—75	褐色	轻黏土	块状	6.3	10.2	0.68	0.47			4.3	118	18.3			
						(A)	75—90	灰黄色	轻黏土	块状		28.3	1.88									
						(P)	90—100	灰黄色	轻黏土	块状		27.7	1.92									
剖6	半水成土	潮土		堆叠土	小粉质堆叠土	A	0—22	灰黄色	中壤土	团粒状	6.9	13.9	0.93	0.75			14.6	79	13.2	人工堆垫物	E 120°29′14.8″ N 30°40′38.2″	97
						B_1	22—92	灰黄色	中壤土	小块状	7.0	7.6	0.60	0.73			10.0	66	14.0			
						B_2	92—150	淡棕黄色	轻壤土	块状												
剖7	人为土	水稻土	脱潴水稻土	半紫泥田	黄心青紫泥田	A	0—14	暗黄色	轻黏土	小块状	7.1	42.7	2.36	0.59			48.1	81			E 120°29′18.8″ N 30°40′34.9″	97
						P	14—29	暗黄色	轻黏土	块状	7.1	39.1	2.02	0.60			19.7	90				
						An	29—48	灰黄色	轻黏土	小棱柱状	7.2	15.7	0.90	0.37			22.7	169				
						W	48—100	灰黄色	轻黏土	棱柱状												
剖8	人为土	水稻土	脱潴水稻土	青紫泥田	腐心青紫泥田	A	0—16	灰黄色	重壤土	小团块状	6.2	31.3	1.88	0.68			8.4	109		湖沼相沉积物	E 120°29′16.3″ N 30°40′13.4″	97
						P	16—35	灰黄色	重壤土	棱柱状	6.6	27.4	1.60	0.64			10.0	131				
						G	35—56	淡灰色	中壤土	棱柱状	7.4	17.0	1.06	0.46			4.1	246				
						An	56—67	暗灰色	中壤土	棱柱状	6.9											
						Gw	67—100	褐色	重壤土	块状	6.9											
剖9	人为土	水稻土	潴育水稻土	黄斑田	小粉心黄斑田	A	0—17	棕灰色	重壤土	块状	6.4	36.0	2.04	0.57			4.7	158	19.5	河海相沉积物	E 120°29′29.6″ N 30°40′23.0″	97
						P	17—33	暗黄灰色	重壤土	块状	6.4	33.5	1.64	0.49			3.4	181	19.3			
						W_1	33—46	淡黄棕色	中壤土	块状	6.5	5.5	0.35	0.55					10.0			
						W_2	46—58		中壤土	块状	6.7	6.4	0.44									
						W_3	58—	黄棕色	重壤土	棱柱状												

续表 Continued

剖面号 Soil profile	土纲 Soil order	土类 Soil great group	亚类 Soil subgroup	土属 Soil genus	土种 Soil species	土层码 Layer code	土层厚度 Depth/cm	颜色 Soil color	质地 Soil texture	土壤结构 Soil structure	pH	有机质 OM/(g/kg)	全氮 TN/(g/kg)	全磷 TP/(g/kg)	全钾 TK/(g/kg)	碱解氮 AN/(mg/kg)	有效磷 AP/(mg/kg)	速效钾 AK/(mg/kg)	阳离子交换量CEC/(cmol/kg)	土壤母质 Parent material	剖面点坐标 Profile coordinate	匹配指数 Matching index/%
剖10	人为土	水稻土	潴育水稻土	黄斑田	灰松泥田	A	0—19	暗黄色	重壤土	块状	6.7	41.0	2.47	2.52			13.1	98	25.3	河海相沉积物	E 120°24′24.3″ N 30°32′45.6″	97
						Pg	19—21	暗灰黄色	重壤土	块状	7.1	36.3	2.17	2.90			11.7	103	23.7			
						3	21—43	暗灰色	重壤土	小棱柱状	6.8	33.1	1.97	3.10			10.5	113	27.2			
						W	43—100	灰白色	重壤土	碎核状	6.6	3.2	0.65	3.30								
剖11	人为土	水稻土	渗育水稻土	渗潮泥田	井松泥田	Aa	0—15	淡黄色	粉砂质壤土	块状	6.7	16.4	1.00				9.0	34		河海相沉积物	E 120°27′45.8″ N 30°34′29.4″	96
						Ap	15—25	淡黄色	粉砂质壤土	棱柱状	7.5	14.2	0.90				5.0	32				
						P	25—38	灰黄色	粉砂质壤土	棱块状	7.8	7.1	0.60									
						C	38—100	淡黄色	粉砂质壤土	块状	8.5	3.7	0.30									
剖12	半水成土	潮土		堆叠土	壤质堆叠土	1	0—22	浊黄橙色	粉砂质黏土	屑粒状	6.5	13.0	1.11	0.33	19.4					河海相沉积物	E 120°28′58.5″ N 30°32′43.0″	95
						2	22—50	浊黄棕色	壤质黏土	块状	6.5	7.9	0.72	0.40	14.1							
						3	50—100	浊黄棕色	壤质黏土	大块状	8.9	6.0	0.53									
剖13	人为土	水稻土	渗育水稻土	渗潮黏田	小粉田	Aa	0—18	黄灰色	壤质黏土	碎块状	6.2	25.4	1.50	0.60	19.1	133	14.0	161		河海相沉积物	E 120°24′57.0″ N 30°31′29.7″	95
						Ap	18—30	黄灰色	黏土	块状	6.0	23.5	1.30	0.20	14.5	128						
						P	30—50	淡黄灰色	砂质壤土	棱柱状	7.0	3.1	0.20									
						C	50—100	黄灰色	壤土	片状	7.7	5.6	0.30									
剖14	人为土	水稻土	潴育水稻土	黄斑田	加土黄斑田	A	0—14	灰黄色	重壤土	团块状	6.9	21.2	1.43	0.59			6.6	78	14.3	河海相沉积物	E 120°31′55.2″ N 30°46′14.0″	97
						P	14—24	灰黄色	重壤土	块状	6.9	12.7	0.93	0.49			10.2	75	15.9			
						(A)	24—41	褐色	重壤土	棱柱状	6.9	9.1	0.67	0.53			12.0	79	15.8			
						(P)	41—51	褐色	重壤土	棱柱状	7.0		1.70				9.6	86				
						W	51—100	黄灰色	重壤土	片状			0.58				7.7					
剖15	人为土	水稻土	脱潜水稻土	青紫泥田	黄化青紫泥田	A	0—18	灰黄色	轻黏土	团块状	7.2	30.5	1.36	0.53			11.1	126	19.4	湖沼相沉积物	E 120°31′55.2″ N 30°41′26.8″	97
						P	18—32	淡棕黄色	轻黏土	块状	7.0	30.3	1.90	0.47			8.0	181	18.9			
						Wg	32—63	暗黄灰色	重壤土	棱柱状	7.2	7.3	0.57	0.54			6.1	188	19.2			
						Gw	63—100	褐色	重壤土	棱柱状	7.1	12.4	0.62	0.45			4.7					
剖16	半水成土	潮土		堆叠土	夜潮性堆叠土	A	0—19	灰黄色	中壤土	小团块状	6.2	15.3	0.98	0.88			35.6	81	14.3	人工堆垫物	E 120°32′36.4″ N 30°41′11.7″	97
						B1	19—59	淡棕黄色	中壤土	小团块状	6.9	9.1	0.64				10.7	64	12.6			
						B2	59—150	褐色	重壤土	柱状	7.0	7.7	0.61	0.69								
剖17	人为土	水稻土	渗育水稻土	井松泥田	井松泥田	A	0—15	淡黄色	粉砂质壤土	块状	6.7	16.4	1.02				8.5	34		河海相沉积物	E 120°30′25.0″ N 30°30′44.4″	81
						Ap	15—25	淡黄色	粉砂质壤土	棱柱状	7.5	14.2	0.94	0.50	15.4	63	4.8	32				
						P	25—38	灰黄色	粉砂质壤土	块状	7.5	7.1	0.57									
						C	38—100	淡黄色	粉砂质黏壤土	片状	8.5	3.7	0.28									

湖 州 市

市 辖 区

主要土类说明

水稻土是湖州市市辖区主要土壤类型，占本区地域面积的38%。水稻土是在长期淹水种稻条件下，受人为活动和自然成土因素的双重作用，经过水耕熟化、氧化还原交替过程以及物质的淋溶、淀积而形成的具特有剖面特征的土壤类型。由于干湿交替，土体一般出现糊状淹育层、较坚实板结的犁底层、渗育层、潴育层与潜育层多种发生层分异。这些不同发生层是在人为耕作、水浆管理作用下形成的。

潮土是湖州市市辖区第二大土壤类型，占本区地域面积的33%。潮土见于近代河流冲积平原或低平阶地，地下水位浅，潜水参与成土过程。成土过程中，底土氧化还原作用交替，形成锈色斑纹和小型铁子。因长期耕作，表层有机质含量为10—15g/kg。

红壤是湖州市市辖区第三大土壤类型，占本区地域面积的22%。红壤主要发生于亚热带常绿阔叶林地区，呈中度脱硅富铝风化特征，土壤黏粒中的游离铁占全铁50%—60%。红壤有深厚红色土层，底层可见深厚红色、黄色、白色相间网纹的红色黏土，剖面构型为A-Bs-Bv或A-Bs-C。黏粒硅铝率为1.8—2.4，风化淋溶系数<0.2，盐基饱和度<35%，pH为4.5—5.5。

小于本市市辖区地域面积3%的土壤类型为石灰（岩）土、粗骨土。

本区域中心区气候特征

本区域中心区气候特征值
Regional climate characteristics in central area of the region

气候带：北亚热带湿润气候 Climate region: North subtropical humid climate	
年平均气温 /℃ Annual average temperature /℃	16.2
年平均最高气温 /℃ Annual average maximum temperature /℃	20.5
年平均最低气温 /℃ Annual average minimum temperature /℃	12.8
年降水量 /mm Annual precipitation /mm	1315
≥10℃的积温 /℃ Daily temperature accumulated in a year (≥10℃) /℃	5939
年日照时数 /h Annual sunshine /h	1835
年平均相对湿度 /% Annual average relative humidity /%	77
干燥度 Dryness	0.74

本区域中心区月平均气温与月平均降水量
Monthly temperature and precipitation in central area of the region

湖州市市辖区主要土壤类型与土壤剖面点分布图

1:200 000

图例
- 水稻土
- 潮土
- 红壤
- 石灰（岩）土
- 粗骨土
- ⊗ 剖面点

第二编 分县土壤图与土壤剖面数据 | 163

湖州市市辖区土壤剖面理化性状表

剖面号 Soil profile	土纲 Soil order	土类 Soil great group	亚类 Soil subgroup	土属 Soil genus	土种 Soil species	土层码 Layer code	土层厚度 Depth/cm	颜色 Soil color	质地 Soil texture	土壤结构 Soil structure	pH	有机质 OM/(g/kg)	全氮 TN/(g/kg)	全磷 TP/(g/kg)	全钾 TK/(g/kg)	碱解氮 AN/(mg/kg)	有效磷 AP/(mg/kg)	速效钾 AK/(mg/kg)	土壤母质 Parent material	剖面点坐标 Profile coordinate	匹配指数 Matching index/%
剖1	人为土	水稻土	淹育水稻土	浅潮砂田	湖松田	Aa	0—14	灰黄棕色	砂壤土	屑粒状	6.4	22.2	1.60	0.50	13.6	109	4.0	48	滨湖相沉积物	E 120°03′42.7″ N 30°54′31.5″	95
						Ap	14—25	浊黄棕色	砂壤土	块状	6.9	20.9	1.50	0.40	12.4	106	3.0	35			
						C	25—100	浊黄棕色	砂壤土	块状	7.0	4.4									
剖2	人为土	水稻土	渗育水稻土	渗潮黏田	白土田	Aa	0—13	灰黄色	壤质黏土	碎块状	6.3	58.0	3.20	0.50	12.3	200	12.0	70	滨湖相沉积物	E 120°05′21.2″ N 30°53′26.2″	95
						Ap	13—28	灰黄色	黏壤土	片状	6.4	49.0	2.70	0.40	11.4	163	8.0	62			
						E	28—50	淡灰色	砂壤土	片状	7.4	2.2	0.30								
						P	50—72	浊黄色	砂壤土	棱块状	7.0	2.5									
						C	72—100	灰黄色	砂壤土	块状	7.0	2.5									
剖3	人为土	水稻土	淹育水稻土	湖松田	湖松田	A	0—14	浊黄橙色	砂壤土	团粒状	6.4	22.2	1.60	0.47	13.6	109	3.9	48	滨湖相沉积物	E 120°09′38.2″ N 30°53′50.6″	81
						Ap	14—25	浊黄橙色	砂壤土	块状	6.9	20.9	1.53	0.36	12.4	106	2.9	35			
						C	25—100	浊黄橙色	砂壤土	块状	7.0	4.4									

德 清 县

主要土类说明

水稻土是德清县主要土壤类型，占本县地域面积的45%。水稻土是在各种母质或各种土壤类别上进行长期的水田耕作以后发育起来的土壤类型。在人为灌溉、排水、施肥、轮作等耕作管理措施，特别是调节灌排措施的作用下，改变土壤水分状况和土体的通气条件，土壤发生了一系列变化。水耕熟化使土壤有机质增加而组成变得简单；土壤中交换性盐基重新分布，在饱和的土壤中盐基淋溶，而在非饱和的土壤中发生复盐基作用；铁、锰的还原淋溶和氧化淀积在剖面形态上表现出土壤的分化，形成各种特定的剖面构型。水稻土特有的土壤发生层，包括耕作层、犁底层、渗育层和潴育层等，其中渗育层和潴育层是水稻土区别于其他土壤的诊断层。本县水稻土有潴育型水稻土、脱潜型水稻土等亚类，后者面积占本土类的60%以上。

红壤是德清县第二大土壤类型，占本县地域面积的35%。红壤集中分布在西部低山丘陵土区，中部湖群土区孤丘也有分布。本县处于红壤带的北缘，红壤化作用较弱，母岩以酸性岩浆岩为主。在母质中占绝对优势的铝硅酸盐的原生矿物，经过连续和较彻底的水解作用，其水解产物中的盐基成分和硅酸部分，大部分被淋溶损失，而铁铝氧化物及其水化物显示相对积累，形成A–（B）–C剖面构型。土壤呈酸性反应，土体大部分呈红色、黄红色。

潮土是德清县第三大土壤类型，占本县地域面积的10%。潮土是在地表水和地下水升降的影响下发育的土壤类型。母质为河相、湖相、海相冲积物、沉积物。全土层深厚，多在1m以上。剖面中常保留母质的不同质地层次。剖面中、下部受地下水及地表渗漏水的影响，有一定的潴育现象，多见锈纹、锈斑。

粗骨土占德清县地域面积的4%。粗骨土是由基岩风化残积物、坡积物发育而成，多为A-C或（A）-C剖面构型。A层发育不明显，与母质层性状相似，略显有机质累积。有时母质层富含砾石，甚少剖面分异与发育特征。粗骨土广泛分布在河谷阶地、丘陵、低山和中山等多种地貌单元和地形部位。

小于本县地域面积3%的土壤类型为石灰（岩）土、黄壤。

本区域中心区气候特征

本区域中心区气候特征值
Regional climate characteristics in central area of the region

气候带：北亚热带湿润气候 Climate region: North subtropical humid climate	
年平均气温 /℃ Annual average temperature /℃	16.4
年平均最高气温 /℃ Annual average maximum temperature /℃	20.7
年平均最低气温 /℃ Annual average minimum temperature /℃	13.0
年降水量 /mm Annual precipitation /mm	1384
≥10℃的积温 /℃ Daily temperature accumulated in a year（≥10℃）/℃	5977
年日照时数 /h Annual sunshine /h	1798
年平均相对湿度 /% Annual average relative humidity /%	77
干燥度 Dryness	0.71

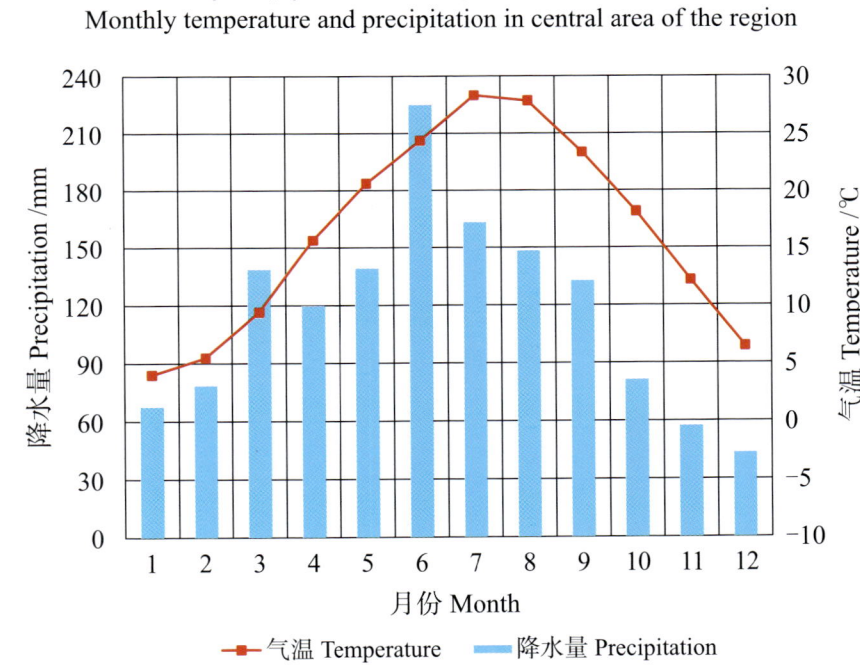

本区域中心区月平均气温与月平均降水量
Monthly temperature and precipitation in central area of the region

德清县主要土壤类型与土壤剖面点分布图

1∶190 000

图 例

- 水稻土
- 红壤
- 潮土
- 粗骨土
- 石灰（岩）土
- 黄壤
- ⊗ 剖面点

德清县土壤剖面理化性状表

剖面号 Soil profile	土纲 Soil order	土类 Soil great group	亚类 Soil subgroup	土属 Soil genus	土种 Soil species	土层码 Layer code	土层厚度 Depth/cm	颜色 Soil color	质地 Soil texture	土壤结构 Soil structure	pH	有机质 OM/(g/kg)	全氮 TN/(g/kg)	全磷 TP/(g/kg)	阳离子交换量CEC/(cmol/kg)	土壤母质 Parent material	剖面点坐标 Profile coordinate	匹配指数 Matching index/%
剖1	铁铝土	黄壤	侵蚀型黄壤	山地石砂土	石碴香灰土	Ao	2—7		重壤土							晶屑凝灰岩风化残积物	E 119°51′22.8″ N 30°36′26.6″	75
						A	7—18		重壤土									
剖2	铁铝土	红壤	黄红壤	黄红泥土	黄红泥土	A	0—16	淡红棕色	重壤土	屑粒状	5.7	13.5	0.83	0.17		页岩、粉砂质页岩风化物	E 119°56′55.4″ N 30°35′35.7″	75
						(B₁)	16—75	暗红棕色	重壤土	小块状	6.3	7.5	0.48	0.15				
						(B₂)	75—150	红棕色	重壤土	小块状								
剖3	人为土	水稻土	潴育水稻土	泥质田	半砂田	A	0—12	暗黄色	重壤土	小块状	5.6	35.8	2.27	0.41		河流老冲积物	E 119°57′53.1″ N 30°35′27.5″	75
						P	12—20	暗黄黄色	重壤土	屑粒状	5.9	16.6	1.26	0.25				
						W	20—31	灰黄色	重壤土	散粒状	6.8	6.4	0.45	0.13				
						C	31—100	淡灰色										
剖4	人为土	水稻土	潴育水稻土	黄斑田	黄斑田	A	0—16	暗灰黄色	重壤土	小块状	6.2	36.2	2.15	0.47	17.6	河相、湖相、海相沉积物	E 119°55′30.9″ N 30°35′39.6″	75
						P(g)	16—35	暗灰黄色	重壤土	核柱状	6.6	30.3	1.79	0.43				
						W₁	35—58	黄棕色	重壤土	核柱状	7.3	4.8	0.56	0.52				
						W₂	58—100	黄棕色	轻壤土	粒状								
剖5	铁铝土	红壤	黄红壤	亚黄筋泥	亚黄筋泥	A	0—20	红黄色	重壤土	块状	5.7	6.4	0.34	0.12		第四纪红土	E 119°52′13.9″ N 30°34′08.3″	75
						(B₁)	20—140	淡红黄色	重壤土	块状		4.0	0.37	0.14				
						(B₂)	140—											
剖6	铁铝土	红壤	侵蚀型红壤	石砂土	石砂土	A	0—6	淡棕色	中壤土	粒状	5.6	11.7	0.52	0.09		火山岩风化残积物	E 119°51′46.0″ N 30°31′21.5″	75
						C	6—23	淡红棕色	重壤土	屑粒状	5.5	3.4	0.21	0.07				
						D	23—150											
剖7	人为土	水稻土	潴育水稻土	培泥砂田	砂田	A	0—14	灰黄色	轻壤土	小团粒状	5.7	18.1	0.97	0.22	6.7	河相、湖相、海相沉积物	E 119°47′12.9″ N 30°31′44.8″	75
						P	14—21	暗黄色	轻壤土	小块状	5.8	10.2	0.58	0.14				
						W₁	21—42	灰黄色	中壤土	块状	6.7	4.5	0.29	0.14				
						W₂	42—100	灰黄色	中壤土	块状								
剖8	人为土	水稻土	潴育水稻土	泥质田	白墡泥质田	A	0—12	暗灰黄色	重壤土	小团粒状	6.2	32.8	1.87	0.36		河流老冲积物	E 119°53′49.9″ N 30°34′43.8″	75
						P	12—26	暗灰黄色	重壤土	块状	5.8	18.5	1.12	0.35				
						E	26—47	淡黄色	中壤土	核柱状	6.9	8.1	0.45	0.48				
						W	47—100	黄棕色	中壤土	核柱状								
剖9	人为土	水稻土	潴育水稻土	小粉田	青紫头小粉田	A	0—13	暗黄色	轻壤土	小块状	6.7	51.1	2.72	0.38		河相、湖相、海相沉积物	E 119°55′60.0″ N 30°34′39.7″	75
						P	13—23	暗黄色	轻壤土	柱状	6.5	45.0	2.39	0.33				
						G	23—36	黄棕色	中壤土	块状	6.8	33.5	1.76	0.24				
						C	36—65	暗黄色	重壤土	块状								
						Cw	65—100	灰灰色	重壤土	块状								
剖10	人为土	水稻土	潴育水稻土	堆叠泥田	青紫底加土田	A	0—15	暗黄黄色	轻壤土	小块状	6.5	25.7	1.64	0.32		河相、湖相、海相沉积物	E 119°56′01.5″ N 30°32′39.8″	75
						A+P	15—27	暗黄黄色	轻壤土	小块状	6.5	23.0	1.47	0.32				
						G	27—62	淡黄色	重壤土	棱柱状	6.8	31.3	1.83	0.38				
						C	62—90	暗黄色	重壤土	块状								
							90—100	淡灰色	重壤土	片状								
剖11	人为土	水稻土	潴育水稻土	小粉田	青湖钙质小粉田	A	0—16	暗黄黄色	中壤土	小团粒状	6.7	23.9	1.55	0.66		河相、湖相、海相沉积物	E 119°58′37.4″ N 30°33′44.7″	75
						Pg	16—28	暗黄黄色	中壤土	块状	6.7	23.4	1.47	0.58				
						Cwca₁	28—37	灰黄色	中壤土	柱状	7.2	8.0	0.57	0.54				
						Cwca₂	37—100	淡灰色										

续表 Continued

剖面号 Soil profile	土纲 Soil order	土类 Soil great group	亚类 Soil subgroup	土属 Soil genus	土种 Soil species	土层码 Layer code	土层厚度 Depth/cm	颜色 Soil color	质地 Soil texture	土壤结构 Soil structure	pH	有机质 OM/(g/kg)	全氮 TN/(g/kg)	全磷 TP/(g/kg)	阳离子交换量 CEC/(cmol/kg)	土壤母质 Parent material	剖面点坐标 Profile coordinate	匹配指数 Matching index/%
剖12	人为土	水稻土	潴育水稻土	黄斑田	粉头黄斑田	A	0—13	暗灰黄色	中壤土	小块状	6.3	14.8	0.89	0.29		河湖相沉积物	E 119°58′07.4″ N 30°31′40.9″	75
						P	13—30	暗灰黄色	中壤土	块状	6.6	12.1	0.75	0.29				
						W₁	30—42	灰黄色	重壤土	棱柱状	7.2	4.1	0.33	0.49				
						W₂	42—100											
剖13	人为土	水稻土	潴育水稻土	小粉田	青粉头小粉田	A	0—18	暗灰黄色	重壤土	小块状	6.5	16.9	1.09	0.41		河相、湖相、海相沉积物	E 119°57′09.9″ N 30°30′20.8″	75
						P	18—34	暗灰黄色	重壤土	小块状	7.5	10.8	0.67	0.40				
						C	34—100	暗灰黄色	中壤土	块状	7.3	2.8	0.23	0.56				
剖14	人为土	水稻土	潴育水稻土	小粉田	青粉头钙质小粉田	A	0—22	暗灰黄色	重壤土	小团粒状	7.2	31.8	1.84	0.65		河相、湖相、海相沉积物	E 119°55′41.5″ N 30°30′19.1″	75
						P	22—33	暗灰黄色	中壤土	小块状	6.9	31.3	1.78	0.65				
						Gw	33—38	淡黄色	中壤土	块状	7.4	18.1	1.18	0.66				
						Cwca	38—100			片状								
剖15	人为土	水稻土	脱潜水稻土	缸泥田	腐心缸泥田	A	0—10	灰灰色	轻黏土	小块状	5.5	37.1	2.04	0.33		古湖海相沉积物	E 120°05′07.6″ N 30°36′23.5″	75
						P	10—16	灰灰色	轻黏土	块状	5.6	34.7	1.82	0.31				
						W	16—24	褐色	中壤土	棱柱状	6.2	24.4	1.65	0.26				
						Gw	24—41	黑色	轻壤土	棱粒状								
						An	41—100	黑色	轻壤土	片状								
剖16	初育土	石灰（岩）土	棕色石灰土	黑油油	黑油泥	A	0—18	黑棕色	轻黏土	小块状	6.1	61.4	2.39	0.44		石灰岩、泥质灰岩等的风化残积物	E 120°04′56.2″ N 30°35′15.9″	73
						B₁	18—64	黑棕色	中黏土	核粒状	6.6	36.2	1.62	0.34				
						B₂	64—150	黑棕色	中黏土	核粒状	6.8							
剖17	人为土	水稻土	潴育水稻土	泥砂田	砾褐泥砂田	A	0—13	暗灰黄色	轻壤土	核粒状	5.7	36.8	2.46	0.33		冲积物	E 120°01′19.9″ N 30°36′35.9″	75
						C₁	13—22	暗灰黄色	中壤土	无结构	6.0	35.3	2.13	0.27				
						C₂	22—39	褐色	轻壤土	无结构	6.5	8.4	0.65	0.15				
							39—100											
剖18	人为土	水稻土	脱潜水稻土	青粉泥田	小粉心青粉泥田	A	0—13	暗灰黄色	重壤土	小块状	6.6	28.8	1.64	0.51		湖相、老海相沉积物	E 120°11′37.3″ N 30°36′59.9″	75
						P	13—29	暗灰黄色	中壤土	块状	6.9	28.2	1.56	0.43				
						G	29—42	淡灰黄色	重壤土	块状	7.0	30.0	1.81	0.38				
						Cw	42—58	黑色	中壤土	片状								
						Gca	58—100		轻壤土	片状								
剖19	人为土	水稻土	脱潜水稻土	青紫泥田	腐心青紫泥田	A	0—15	暗灰黄色	轻黏土	小块状	5.6	40.5	2.39	0.40		古湖沼相、湖海相沉积物	E 120°12′28.7″ N 30°35′42.5″	75
						P	15—25	暗灰黄色	重壤土	块状	6.1	38.5	2.04	0.36				
						G	25—50	暗灰黄色	重壤土	大棱块状	6.3	67.7	3.57	0.16				
						An	50—94	黑色	中壤土	大棱块状								
						Gw	94—100	绿灰色	轻壤土	片状								
剖20	人为土	水稻土	脱潜水稻土	半青紫泥田	小粉心青紫泥田	A	0—15	暗灰黄色	重壤土	小块状	6.6	28.0	1.73	0.36		古湖沼相、湖海相沉积物	E 120°14′54.8″ N 30°35′40.5″	75
						P	15—26	暗灰黄色	中壤土	棱块状	6.5	30.1	1.82	0.38				
						Gw	26—48	淡灰黄色	中壤土	棱块状	6.8	27.1	1.57	0.31				
						C	48—100			片状								
剖21	人为土	水稻土	脱潜水稻土	缸泥田	腐嗝缸泥田	A	0—15	暗灰黄色	轻黏土	小块状	6.0	41.3	2.40	0.30		古湖沼相、湖海相沉积物	E 120°09′57.8″ N 30°35′14.5″	75
						P	15—28	暗灰黄色	中黏土	棱块状	6.6	31.5	1.88	0.23				
						An	28—46	暗灰色	中黏土	块状	6.5	28.1	1.75	0.13				
						Gw	46—61	暗灰色	重黏土	块状					16.2			
						G	61—100	暗灰色		块块状								
剖22	人为土	水稻土	脱潜水稻土	半青紫泥田	黄心青紫泥田	A	0—15	暗灰黄色	轻壤土	块状	6.0	44.9	2.55	0.33		古湖沼相、湖海相沉积物	E 120°05′37.8″ N 30°32′07.7″	95
						P	15—32	暗灰黄色	轻壤土	块状	6.5	36.3	1.81	0.22				
						G	32—53	淡灰色	重黏土	块状	7.1	7.1	0.63	0.24				
						W	53—100	黄棕色	中黏土	棱柱状								

续表 Continued

剖面号 Soil profile	土纲 Soil order	土类 Soil great group	亚类 Soil subgroup	土属 Soil genus	土种 Soil species	土层码 Layer code	土层厚度 Depth/cm	颜色 Soil color	质地 Soil texture	土壤结构 Soil structure	pH	有机质 OM/(g/kg)	全氮 TN/(g/kg)	全磷 TP/(g/kg)	阳离子交换量CEC/(cmol/kg)	土壤母质 Parent material	剖面点坐标 Profile coordinate	匹配指数 Matching index/%
剖23	人为土	水稻土	脱潜水稻土	缸泥田	泥质头缸泥田	A	0—14	灰黄色	重壤土	小团粒状	5.9	35.5	2.17	0.26		古湖海相沉积物	E 120°06′15.7″ N 30°30′46.0″	75
						P	14—28	暗灰黄色	重壤土	块状	5.8	23.8	1.50	0.27				
						Gw	28—100	暗灰色	中黏土	块状	6.6	23.0	1.39	0.11				
剖24	人为土	水稻土	潴育水稻土	泥砂田	砾心泥砂田	A	0—14	暗灰黄色	中壤土	小团粒状	5.5	32.1	1.99	0.43		冲积物	E 120°00′12.3″ N 30°30′09.5″	75
						P	14—29	暗灰黄色	中壤土	块状	6.0	15.2	0.96	0.27				
						Cw	29—46	暗黄棕色	轻壤土	屑粒状	7.0	2.3	0.15	0.17				
						C	46—100			无结构								
剖25	人为土	水稻土	脱潜水稻土	半青紫泥田	粉煳青紫泥田	A	0—16	暗黄灰色	重壤土	小块状	6.2	49.5	2.52	0.40		古湖海相、湖海相沉积物	E 120°09′06.4″ N 30°34′10.3″	75
						P	16—26	暗灰黄色	轻壤土	块状	5.8	46.1	2.04	0.39				
						G	26—35	棕灰色	轻壤土	块状	6.4	47.1	2.31	0.32				
						C	35—56	暗灰色	中壤土	片状								
						Gw	56—100	暗灰黄色	重壤土	棱块状								
剖26	半水成土	潮土	灰潮土	堆叠土	壤质堆叠土	A	0—28	棕灰色	重壤土	团粒状	6.4	13.6	1.10	0.70		河湖沼相、湖海相冲积物、沉积物人工堆垫	E 120°08′05.2″ N 30°32′42.3″	75
						B₁	28—46	棕灰色	重壤土	块状	6.5	8.0	0.76	0.79				
						B₂	46—83	棕灰色	重壤土	块状								
						B₃	83—150	暗灰色	重壤土	大块状					23.9			
剖27	人为土	水稻土	脱潜水稻土	青紫泥田	青紫泥田	A	0—15	暗灰黄色	中壤土	小块状	6.4	48.9	2.53	0.40		古湖沼相、湖海相沉积物	E 120°11′05.1″ N 30°33′18.5″	75
						P	15—27	暗灰黄色	中壤土	块状	6.0	45.2	2.26	0.34				
						G₁	27—52	青灰色	重壤土	棱块状					16.7			
						G₂	52—100			团块状								
剖28	人为土	水稻土	脱潜水稻土	青粉泥田	青粉泥田	A	0—13	暗灰黄色	重壤土	小团粒状	6.3	27.0	1.60	0.43		湖海相、老海相沉积物	E 120°12′34.8″ N 30°32′39.3″	75
						Pg	13—37	暗灰黄色	重壤土	小块状	6.5	21.4	1.34	0.40	17.2			
						G	37—71	暗灰黄色	重壤土	棱块状	6.7	18.8	1.01	0.36				
						Cw	71—100	灰黄色	中壤土	片状								
剖29	人为土	水稻土	脱潜水稻土	缸泥田	缸泥田	A	0—14	暗黄色	轻壤土	块状	5.7	40.0	2.56	0.26		古湖海相沉积物	E 120°01′27.6″ N 30°29′20.5″	95
						Pg	14—29	暗黄灰色	轻壤土	块状	5.7	35.4	2.23	0.23				
						Gw	29—56	褐色	中黏土	块状	6.8	19.5	1.05	0.18				
						G	56—100	暗灰色	中黏土	棱块状								

长 兴 县

主要土类说明

红壤是长兴县主要土壤类型，占本县地域面积的 46%。红壤广泛分布于丘陵、低山和中山下部，一般在海拔 600 m 以下。红壤是湿热气候条件下强风化、强淋溶的地带性土壤，富铝化、高岭化是红壤的普遍特征。强风化是指土壤矿物质的分解及蚀变程度很深，土体内的砂粒和粉砂部分保存的原生矿物，除石英等抗风化矿物外，比其他湿润带及干旱带土壤都少。强淋洗是指土体受天然降水的彻底淋洗，风化产物中的活动性成分几乎全部被排出土体。

水稻土是长兴县第二大土壤类型，占本县地域面积的 41%。水稻土是在种稻淹水条件下，受人为活动和自然因素的双重作用，经过水耕熟化和氧化还原交替过程而形成的具有特有剖面特征的土壤类型，广泛分布于水网、河谷、坪区平原及低丘缓坡地段。水稻土与一般水成土最大的区别在于：耕层的季节性淹水，导致氧化还原交替过程；灌溉水通过犁底层的阻隔而缓慢不均匀下渗；灌溉水和地下水的双重影响，导致复杂的淋溶淀积作用；大量施肥而加速土壤熟化。因此，任何土壤辟田种稻后，均可发生一系列的物理、化学、生物作用而区别于起源土壤和栽培其他作物的土壤。

潮土是长兴县第三大土壤类型，占本县地域面积的 8%。潮土分布于低山丘陵的坡积体、洪积扇滩地、河谷平原的河漫滩、太湖自然堤内侧及水网平原区的人工堆叠旱地。潮土是泛域性土壤，在田间条件下，土壤剖面处于周期性的渍水，既受地下水升降的影响，又受灌溉水的影响，使土体内的氧化还原交替过程持续发展，其主导成土因子是丰富的降水（湿润气候条件）和徐缓的地表排水（平原及长坡、缓坡地形），以及人为灌溉作用。其形成过程包括脱盐淡化、潴育化（草甸化）和耕作熟化 3 个方面。其母质为洪积物、洪冲积物、冲积物和其他沉积物，这些母质是在水力搬运条件下形成的，但由于各时期水的动力作用强弱变化，因而常形成不同粒径的沉积层次；同一沉积层次的粒度则较均一。这种沉积体的总厚度因地域或地形的不同而有很大差异。由于降水的季节性变化，可引起地下水升降运动，从而造成这些沉积母质发生干湿交替、氧化还原交替频繁，逐步形成满布铁锰斑纹或结核的潮土剖面，剖面构型为 A-B-C。

小于本县地域面积 3% 的土壤类型为石灰（岩）土。

本区域中心区气候特征

本区域中心区气候特征值
Regional climate characteristics in central area of the region

气候带：北亚热带湿润气候 Climate region: North subtropical humid climate	
年平均气温 /℃ Annual average temperature /℃	16.1
年平均最高气温 /℃ Annual average maximum temperature /℃	20.4
年平均最低气温 /℃ Annual average minimum temperature /℃	12.6
年降水量 /mm Annual precipitation /mm	1282
≥10℃的积温 /℃ Daily temperature accumulated in a year（≥10℃）/℃	5912
年日照时数 /h Annual sunshine /h	1858
年平均相对湿度 /% Annual average relative humidity /%	77
干燥度 Dryness	0.75

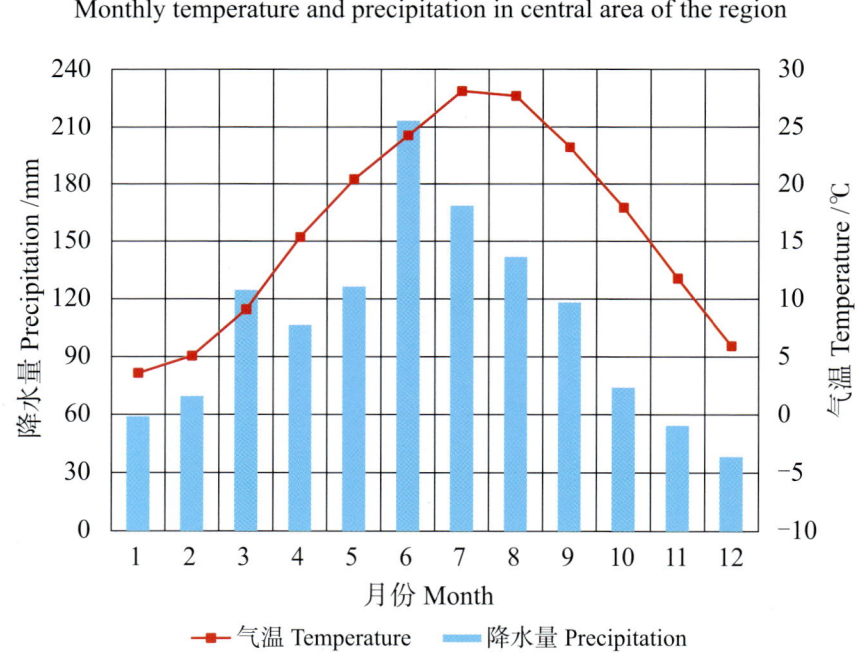

本区域中心区月平均气温与月平均降水量
Monthly temperature and precipitation in central area of the region

长兴县主要土壤类型与土壤剖面点分布图
1∶220 000

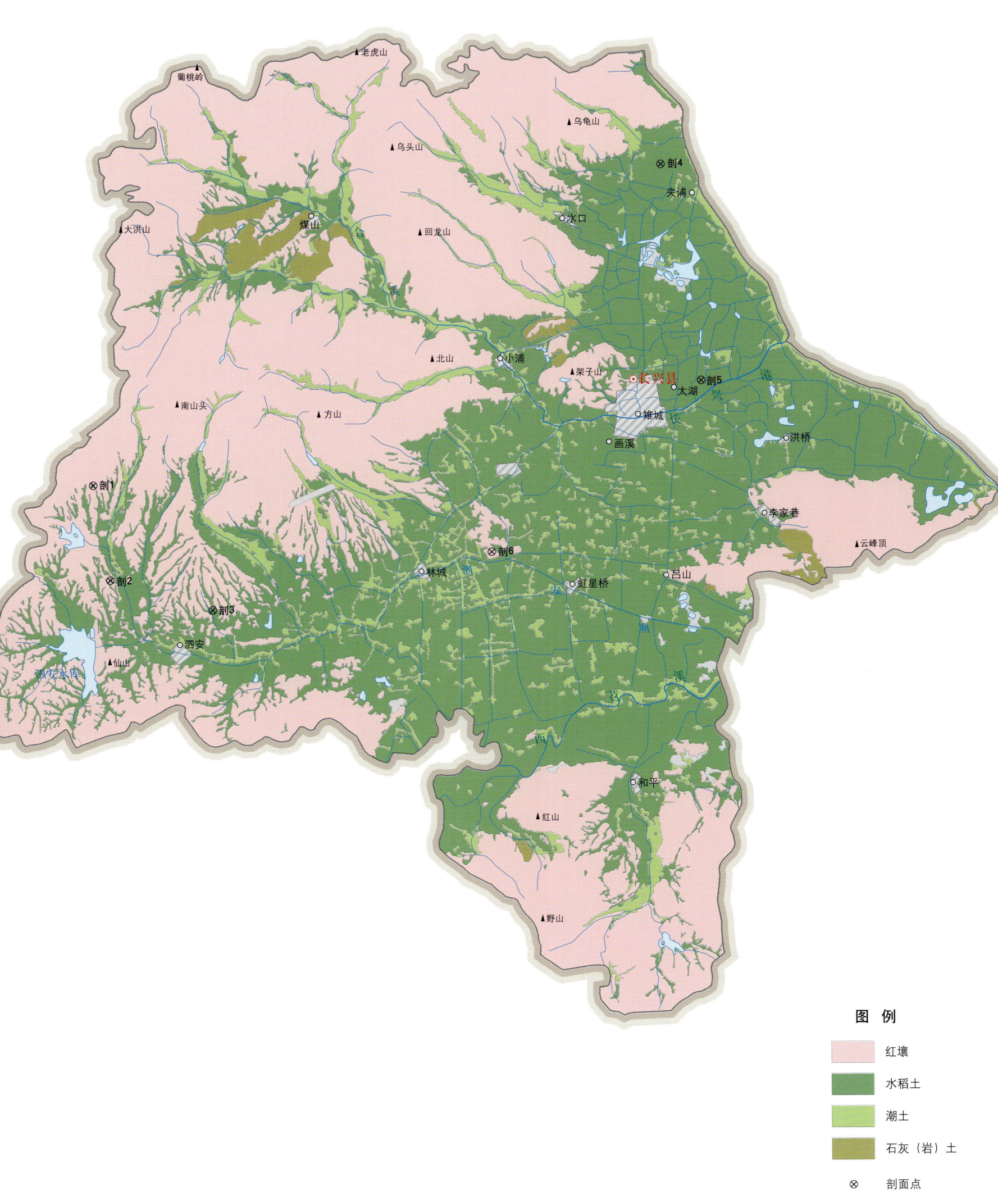

图 例
- 红壤
- 水稻土
- 潮土
- 石灰（岩）土
- ⊗ 剖面点

长兴县土壤剖面理化性状表

剖面号 Soil profile	土纲 Soil order	土类 Soil great group	亚类 Soil subgroup	土属 Soil genus	土种 Soil species	土层码 Layer code	土层厚度 Depth/cm	颜色 Soil color	质地 Soil texture	土壤结构 Soil structure	pH	有机质 OM/(g/kg)	全氮 TN/(g/kg)	全磷 TP/(g/kg)	全钾 TK/(g/kg)	碱解氮 AN/(mg/kg)	有效磷 AP/(mg/kg)	速效钾 AK/(mg/kg)	土壤母质 Parent material	剖面点坐标 Profile coordinate	匹配指数 Matching index,%
剖1	人为土	水稻土	渗育水稻土	棕粉泥田	棕粉泥田	A	0—11	油黄色	粉砂质黏壤土	团块状	5.5	19.8	1.12			86	34.0	231	棕红壤再积物	E 119°36′28.0″ N 30°58′37.2″	81
						Ap	11—21	油黄色	粉砂质黏壤土	块状	5.8	19.6	1.12			100	33.0	221			
						P	21—54	淡黄色	粉砂质黏壤土	棱块状	6.0	8.5									
						C	54—100	淡黄色	粉砂质黏壤土	块状	6.6	3.1									
剖2	铁铝土	红壤		黏棕红泥	棕黄筋泥	A	0—26	橙色	壤质黏壤土	屑粒状	4.6	7.1	0.50	0.50	15.6				第四纪红色黏土	E 119°36′56.1″ N 30°55′57.7″	95
						B₁	26—100	亮红棕色	壤质黏壤土	块状	4.8										
						B₂	100—164	红棕色	黏土	块状	5.2										
						Bv	164—200	红棕色	黏土	大块状	5.1										
剖3	人为土	水稻土	渗育水稻土	渗棕红泥田	棕粉泥田	Aa	0—11	油黄色	粉砂质黏壤土	碎块状	5.3	19.8	1.10			86		24	棕红壤再积物	E 119°40′14.7″ N 30°55′03.2″	95
						Ap	11—21	油黄色	粉砂质黏壤土	块状	5.8	19.6	1.10			100		33			
						P	21—54	淡黄色	粉砂质黏壤土	棱块状	6.0	8.5									
						C	54—100	淡黄色	粉砂质黏壤土	块状	5.6	3.1									
剖4	人为土	水稻土	潴育水稻土	汀煞白土田	汀煞白土田	A	0—12	棕色	粉砂质黏壤土	团块状	5.3	29.4	1.81	0.23	14.1	130	7.7	41		E 119°55′13.7″ N 31°07′09.6″	98
						Ap	12—20	棕色	粉砂质黏壤土	块状	5.3	30.3	1.60	0.30	11.3	123	7.9	38			
						P	20—60	淡灰色	粉砂质黏壤土	棱柱状	6.9	9.0									
						W	60—78	浊黄橙色	粉砂质黏土	棱柱状	7.2	4.9									
						C	78—100	浊黄橙色	粉砂质黏土	块状	7.1	4.9									
剖5	人为土	水稻土	潴育水稻土	淀煞白土田	汀煞白土田	Aa	0—12	黄棕色	粉砂质黏壤土	块状	5.3	29.4	1.80	0.20	14.1	130	8.0	41	滨湖相与红壤再积物	E 119°56′20.8″ N 31°01′06.4″	95
						Ap	12—20	棕色	粉砂质黏壤土	棱块状	5.3	30.3	1.60	0.30	11.3	123	8.0	38			
						P	20—60	淡灰色	粉砂质黏壤土	棱柱状	6.9	9.0									
						W	60—78	浊黄橙色	粉砂质黏土	棱柱状	7.2	4.9									
剖6	铁铝土	红壤		棕黄筋泥	棕黄筋泥	A	0—26	橙色	壤质黏壤土	屑粒状	5.5	7.1	0.51	0.51	15.6				第四纪红土	E 119°49′22.1″ N 30°56′28.8″	81
						(B₁)	26—100	亮红棕色	壤质黏壤土	块状	5.6										
						(B₂)	100—164	红棕色	黏土	块状	5.8										
						(Bv)	164—200	红棕色	黏土	大块状	5.9										

安 吉 县

主要土类说明

红壤是安吉县主要土壤类型，占本县地域面积的 45%。红壤主要发生于亚热带常绿阔叶林地区，呈中度富铝化特征，土壤黏粒中的游离铁占全铁 50%—60%。红壤有深厚红色土层，底层可见深厚红、黄、白相间网纹的红色黏土。土壤中的黏土矿物以高岭石、赤铁矿为主，黏粒硅铝率为 1.8—2.4，风化淋溶系数 < 0.2，盐基饱和度 < 35%，pH 为 4.5—5.5。

水稻土是安吉县第二大土壤类型，占本县地域面积的 21%。水稻土是在种稻淹水条件下，经长期的水田耕作、培肥和稻作等措施，土壤剖面发生变化，产生了具有犁底层、渗育层等层次的分离和发育等特征的土壤。根据不同地形、母质和水分地质情况，本县水稻土可分成三个亚类，即渗育型、潴育型和潜育型。

粗骨土是安吉县第三大土壤类型，占本县地域面积的 16%。粗骨土是由基岩风化残积物、坡积物发育而成，属于 A–C 剖面构型，甚至（A）–C 剖面构型。A 层发育不明显，与母质层性状相似，略显有机质累积。有时母质层富含砾石，甚少剖面分异与发育特征。广泛分布在河谷阶地、丘陵、低山和中山等多种地貌单元和地形部位。

石灰（岩）土占安吉县地域面积的 6%。石灰（岩）土是由石灰岩和泥质灰岩风化体发育而成的土壤，分为黑油泥土与油黄泥土两个土属。黑油泥土属的特征为 A 层棕黑色，B 层暗棕色，核粒状结构，油亮光泽，A 层有机质含量 > 40g/kg，pH 为 6.0—6.5。油黄泥土属为石灰岩、泥灰岩或白云质灰岩的残积风化体，红壤化作用较强，B 层土色橙黄，核粒状结构，油亮光泽，A 层 pH 一般在 6.0 以上，心底土 pH 较高，可达 6.4 以上。土层厚度差异较大，可从几厘米至 2m 以上。本县石灰（岩）土主要分布在中南部古老地层构成的丘陵地。

黄壤占安吉县地域面积的 6%。黄壤主要分布在海拔 600m 以上的山地，人类活动影响较小，植被较好，林相较完整，但也多为次生林，主要树种为落叶、阔叶混交林，在山顶岗背多灌丛和天目松林，母质为凝灰岩、熔凝灰岩的残积风化体，富铝化过程明显。由于海拔较高，终年多雾雨，湿度高，气温低，土体中铁的水化程度高，因此，土壤颜色较浅，以黄色或棕黄色为主，表土层有机质含量丰富，表土层一般在 10cm 以上，厚的可达 30cm，枯枝落叶层也较发育，一般为 2—5cm，剖面构型为 $A_{oo}A_oA_2$–（B）–C。按黄壤的发育程度，可将其划分为黄壤和侵蚀型黄壤两个亚类。

小于本县地域面积 3% 的土壤类型为紫色土、潮土、火山灰土。

本区域中心区气候特征

本区域中心区气候特征值
Regional climate characteristics in central area of the region

气候带：北亚热带湿润气候 Climate region: North subtropical humid climate	
年平均气温 /℃ Annual average temperature /℃	16.4
年平均最高气温 /℃ Annual average maximum temperature /℃	20.7
年平均最低气温 /℃ Annual average minimum temperature /℃	13.0
年降水量 /mm Annual precipitation /mm	1379
≥ 10℃的积温 /℃ Daily temperature accumulated in a year（≥ 10℃）/℃	6022
年日照时数 /h Annual sunshine /h	1810
年平均相对湿度 /% Annual average relative humidity /%	77
干燥度 Dryness	0.71

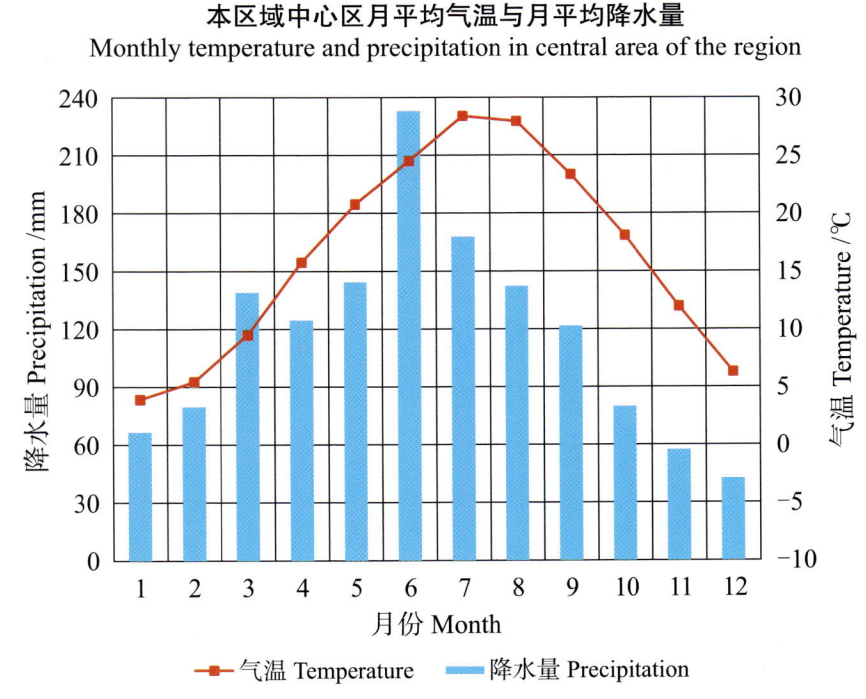

本区域中心区月平均气温与月平均降水量
Monthly temperature and precipitation in central area of the region

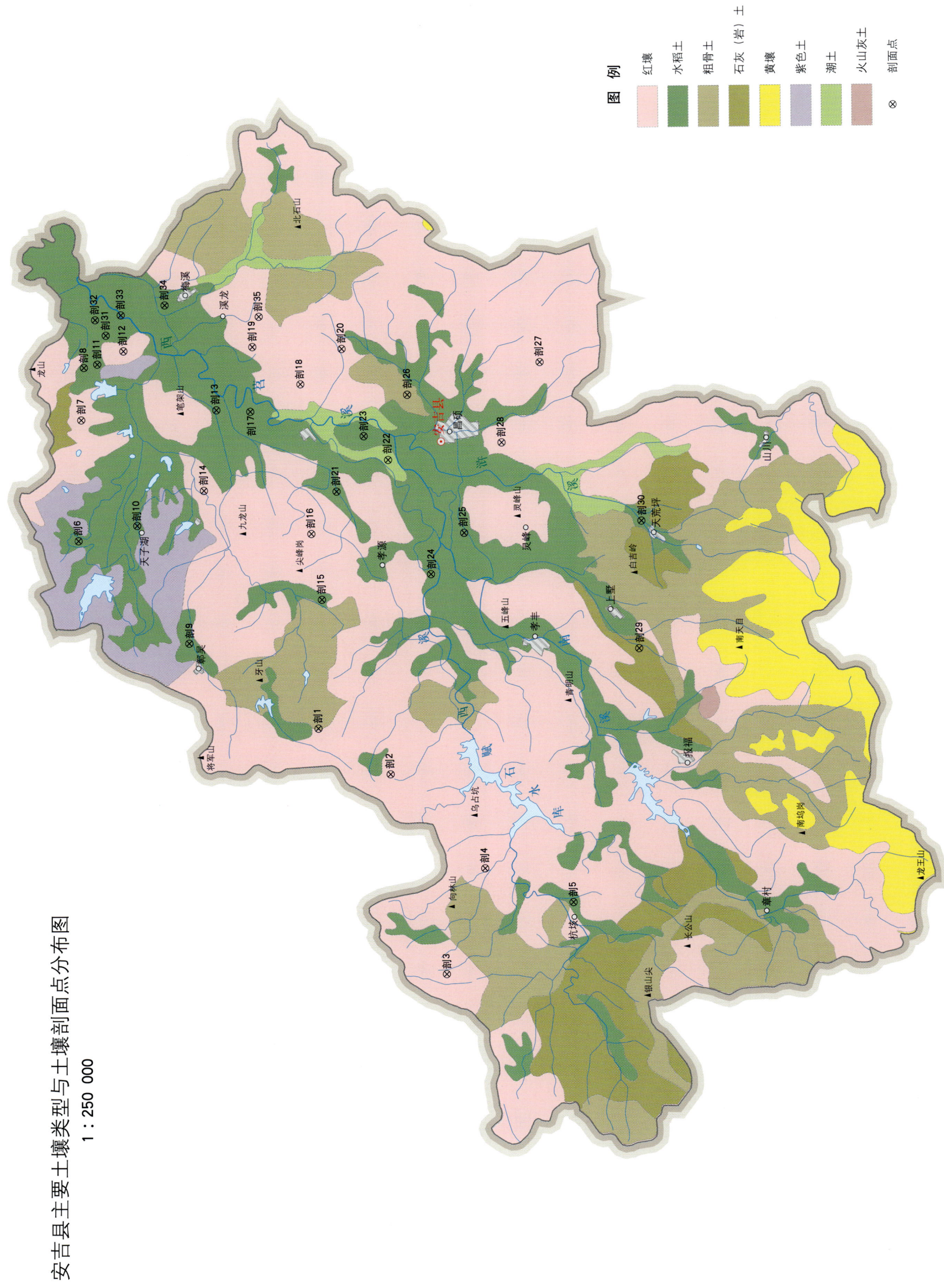

安吉县主要土壤类型与土壤剖面点分布图
1:250 000

安吉县土壤剖面理化性状表

剖面号 Soil profile	土纲 Soil order	土类 Soil great group	亚类 Soil subgroup	土属 Soil genus	土种 Soil species	土层码 Layer code	土层厚度 Depth/cm	颜色 Soil color	质地 Soil texture	土壤结构 Soil structure	pH	有机质 OM/(g/kg)	全氮 TN/(g/kg)	全磷 TP/(g/kg)	全钾 TK/(g/kg)	碱解氮 AN/(mg/kg)	有效磷 AP/(mg/kg)	速效钾 AK/(mg/kg)	阳离子交换量CEC/(cmol/kg)	土壤母质 Parent material	剖面点坐标 Profile coordinate	匹配指数 Matching index,%
剖1	初育土	粗骨土	酸性粗骨土	酸石砂土	灰片石砂土	A	0—20	黑色	壤质黏土	屑粒状	5.4	43.1	1.70	0.20						硅晶页岩风化物	E 119°29′57.3″ N 30°42′47.2″	75
						C	20—120	黑色	粉砂质黏土		5.4	22.0	0.90									
剖2	铁铝土	红壤	黄红壤	灰泥土		A	0—20	灰黄棕色	中石质重壤土	粒状	5.1	56.6	2.49	0.28		204	2.0	135	13.9		E 119°28′09.6″ N 30°40′26.6″	95
						BC	20—	灰黄色			5.3	51.8	2.09	0.27								
剖3	铁铝土			麻黄红泥	砂黏黄泥	A	0—15	浊黄棕色	黏壤土	碎屑状	5.1	36.9	1.60	0.60	20.2					粗晶花岗岩风化残积物、坡积物	E 119°20′28.0″ N 30°38′44.5″	82
						AB	15—35		黏壤土	小块状	5.1											
						B	35—70	亮黄棕色	壤质黏土	大块状	4.8											
						BC	70—110	黄棕色	壤质黏土		5.3											
剖4	铁铝土	红壤	黄红壤	砂黏质黄土		A	0—11	暗黄棕色	重石质重壤土	粒状	5.1	56.6	2.49	0.28		204	2.0	135	13.9		E 119°24′28.6″ N 30°37′23.6″	95
						B	11—100	暗棕色	重石质重壤土	粒状	5.3	58.0	2.09	0.27								
剖5	水稻土	潴育水稻土	培泥砂田	砂田	A	1—10	灰黄棕色	轻壤土	粒状	5.8	21.5	1.37	0.23		124	3.0	35	5.1	河流冲积物	E 119°23′05.2″ N 30°34′30.1″	95
						P	10—24	棕灰色	轻壤土	小块状	6.5	13.7	0.73	0.67								
						W	24—100	暗黄棕色	轻壤土	块状	6.6	3.3	0.30	0.22								
剖6	水稻土		泥质田		A	0—13	暗黄色	中壤土	小块状	6.7	35.1	2.05	0.35		165	2.0	33		河流老冲积物	E 119°37′22.0″ N 30°50′32.3″	95
						P	13—23	暗黄色	中壤土	块状	6.9	28.9	1.73	0.27								
						EW	23—46	淡黄棕色	中壤土	棱块状	7.1	5.4	0.34	0.20								
						W	46—100	黄灰色	中黏土	块状	7.3	5.8	0.28	0.13								
剖7	铁铝土	黄红壤	红砂土	酸性紫色土	A	0—10	暗黄棕色	重壤土	团粒状	6.3	10.2	0.94	0.21		59	1.0	54		石灰性(紫)色砂岩	E 119°41′57.5″ N 30°50′20.1″	95
						(B)	10—62	黄棕色	重壤土	团粒状	6.3	2.3	0.13	0.13								
						C	62—100	棕红色	轻壤土	屑粒状												
剖8	水稻土	潴育水稻土	黄泥砂田	砂田	A	0—15	暗黄棕色	中壤土	块状	6.9	22.0	6.47	0.19		118	3.0	31			E 119°43′58.2″ N 30°50′11.6″	95
						P	15—23	暗黄棕色	中壤土	块状	6.5	11.4	0.77	0.13								
						W	23—100	紫棕色	中壤土	块状	6.7	5.0	0.36	0.30								
剖9	人为土	水稻土		洪积泥砂田	焦屑泥砂田	A	0—13	暗黄棕色	轻黏土	粒状	6.3	40.7	2.17	0.49		90	11.0	48		近代洪积物、冲积物	E 119°33′19.9″ N 30°46′58.7″	95
						P	13—17	灰黄棕色	轻黏土	小块状	6.1	31.6	1.83	0.44								
						W	17—37	淡红棕色	轻黏土	块状	6.3	15.7	1.02	0.67								
						C	37—100															
剖10	人为土	水稻土	潴育水稻土	黄泥砂田	黄大泥田	A	0—13	灰黄色	重壤土	小块状	5.8	26.9	1.67	0.26		96	4.0	50	8.4		E 119°37′52.9″ N 30°48′35.7″	95
						Pg	13—21	淡黄色	重壤土	棱块状	6.1	24.1	1.58	0.23								
						We	21—82	淡黄黄色	轻壤土	块状	6.0	9.6	0.73	0.22								
						W	82—100															
剖11	铁铝土	黄红壤	红砂土	红砂土	A	0—5	红棕色	中壤土	屑粒状	6.7	35.2	2.37	0.45		191	3.0	50	13.5	岩石风化、坡积物、洪积物	E 119°44′05.0″ N 30°49′45.0″	95
						(B)	5—58	暗黄棕色	重壤土	粒状	6.6	12.7	0.86	0.58								
						C	58—100		重壤土		6.8	10.4	0.68	0.49								
剖12	人为土	水稻土	潴育水稻土	烂滴田	烂滴田	A	0—13	灰黄色	中壤土	小块状	6.2	18.3	0.85	0.21		51	2.0	43	4.9	石灰性(紫)色砂岩	E 119°44′32.9″ N 30°48′52.8″	95
						P	14—20	暗棕色	重壤土	粒状	6.4	5.7	0.40	0.16								
剖13	铁铝土	黄红壤	黄泥砂田		A	0—14	棕灰色	重壤土	粒状	5.6	29.0	1.83	0.33		133	8.0	40	14.5	第四纪红土	E 119°42′11.4″ N 30°45′52.3″	95
						P	14—20	暗黄棕色	重壤土	小块状	5.8	16.1	1.07	0.24								
						W	20—48	暗黄黄色	重壤土	块状	6.1	8.8	1.64	0.34								
剖14	人为土	水稻土	潴育水稻土	亚黄筋泥		A	0—12	灰黄色	中壤土	粒状	5.1	24.3	1.33	0.57		156	10.0	35			E 119°39′08.6″ N 30°46′21.2″	95
						B	12—100	淡灰黄色	重壤土	小块状	5.3	6.1	0.42	0.59								

续表 Continued

剖面号 Soil profile	土纲 Soil order	土类 Soil great group	亚类 Soil subgroup	土属 Soil genus	土种 Soil species	土层码 Layer code	土层厚度 Depth/cm	颜色 Soil color	质地 Soil texture	土壤结构 Soil structure	pH	有机质 OM/(g/kg)	全氮 TN/(g/kg)	全磷 TP/(g/kg)	全钾 TK/(g/kg)	碱解氮 AN/(mg/kg)	有效磷 AP/(mg/kg)	速效钾 AK/(mg/kg)	阳离子交换量 CEC/(cmol/kg)	土壤母质 Parent material	剖面点坐标 Profile coordinate	匹配指数 Matching index/%
剖15	人为土	水稻土	渗育水稻土	山地黄泥田		A	0—16	暗棕色	轻石质重壤土	屑粒状	5.9	57.9	3.32	0.77		253	32.0	60	13.5	坡积物、残积物	E 119°34′51.7″ N 30°42′33.5″	95
剖16	铁铝土	红壤	黄红壤	粉红泥土		P	16—23	棕灰色	轻石质重壤土	块状	5.9	51.0	3.12	0.82							E 119°37′23.0″ N 30°42′50.9″	95
						Wc	23—50	黄棕色		小块状												
						C	50—															
剖17	人为土	水稻土	潴育水稻土	灰泥田	灰泥砂田	A	0—8	暗黄棕色	轻石质重壤土	粒状	5.6	59.2	2.92	0.24		74	5.0	48	6.9		E 119°42′05.8″ N 30°44′44.8″	95
						(B)	8—65	棕色	中壤土	小块状	5.8	32.7	1.56	0.20								
						P		灰黄棕色	重壤土	小块状	5.8	32.8	1.74	0.74		147	4.0	49	15.7			
						W		棕灰色	中壤土	块状	6.4	18.0	0.76	0.88								
						C		灰棕色		块状	5.9	11.2	0.76	0.76								
剖18	铁铝土	红壤	红壤	红黏土	红黏土	A	0—9	棕色	重壤土	团粒状	6.0	77.6	1.35	0.25		46	1.0	40			E 119°43′04.3″ N 30°43′04.1″	95
						(B)	9—38	淡棕色	中石质重壤土	团块状	6.0	14.4	0.83	0.25								
						3	38—68															
						4	68—															
剖19	铁铝土	红壤	红壤	油红泥土		A	0—7	红棕色	重壤土	小块状	5.5	24.4	1.23	0.17		87	1.0	68	6.9		E 119°44′33.5″ N 30°44′37.0″	95
						(B)	7—100	暗黄棕色	轻壤土	团块状	5.5	7.3	0.56	0.16								
剖20	铁铝土	红壤	黄红壤	黄泥砂土		A	0—13	淡黄棕色	重石质重壤土	粒状	5.7	29.6	1.31	0.17		123	1.0	45		硅质岩、炭页泥岩风化物	E 119°44′22.9″ N 30°41′40.4″	95
						(B)	13—25	黄棕色	中石质重壤土	粒状	5.9	13.0	0.69	0.15								
						C	25—63															
						D	63—															
剖21	人为土	水稻土	潴育水稻土	洪积泥砂田	洪积泥砂田	A+P	0—12	暗灰色	中壤土	屑粒状	5.7	40.3	2.27	0.47		242	25.0	69		近代洪积物、冲积物	E 119°38′57.8″ N 30°41′58.4″	95
						W	12—20	暗黄棕色	中壤土	小块状												
						C	20—100															
剖22	半水成土	潮土	玄武岩幼年土	塔泥砂土	塔泥土	A	0—16	灰棕黄色	中壤土	粒状	6.5	14.9	1.06	0.94		77	7.0	133		河流冲积物	E 119°40′06.5″ N 30°40′14.4″	75
						B	16—100	暗棕色	中壤土	粒状	6.3	13.7	0.93	1.01								
剖23	人为土	水稻土	潴育水稻土	泥砂田		A	0—3	暗棕色	轻石质中壤土	块状	6.0	38.8	2.03	0.47		207	1.0	81		冲积物	E 119°41′01.9″ N 30°41′01.6″	95
						P	3—23	暗棕灰色	重石质重壤土	块状	6.2	34.5	1.41	0.41								
						W	23—42	暗黄棕色	重石质重壤土	块状	6.9	14.7	0.74	0.52								
剖24	人为土	水稻土	渗育水稻土	棕黄筋泥田	棕黄红泥田	Aa	0—12	淡黄色	粉砂质黏土	团块状	5.5	28.2	1.80			138		45			E 119°35′43.3″ N 30°38′55.9″	81
						Ap	12—21	灰黄色	粉砂质黏土	块状	5.6	23.5	1.50			131		87				
						P	21—39	油黄色	粉砂质黏土	梭柱状	6.4	7.6										
						C	39—100	橄榄棕色	粉砂质黏土	块柱状	6.5	4.5										
剖25	人为土	水稻土	渗育水稻土	棕黄筋泥田	棕黄筋泥田	Ap	0—12	淡黄色	粉砂质黏土	团块状	5.5	28.2	1.82			138		45			E 119°37′15.4″ N 30°37′48.0″	95
						P	12—21	灰黄色	粉砂质黏土	块状	5.6	23.5	1.54			131		87				
							21—39	油黄色	粉砂质黏土	梭柱状	6.4	7.6										
							39—100	橄榄棕色	壤质黏土	块状	6.5	4.5										
剖26	初育土	粗骨土	酸性粗骨土	片石砂土	灰泥土	A	0—20	黑色	中石质中壤土	屑粒状	5.4	43.1	1.71	0.17		126	1.0	50			E 119°42′33.4″ N 30°39′33.2″	95
						C	20—120	黑色	中石质中壤土	粒状	5.4	22.0	0.89	0.15								
剖27	铁铝土	红壤	侵蚀型红壤	石岩砂土		A	0—15	棕色	中石质中壤土	粒状	5.9	37.8	1.75	0.25							E 119°43′38.9″ N 30°35′08.3″	93
						(B)	15—30	棕色	中石质中壤土	小块状	5.6	33.2	1.59	0.27								
						C	30—55															
						D	55—															

续表 Continued

剖面号 Soil profile	土纲 Soil order	土类 Soil great group	亚类 Soil subgroup	土属 Soil genus	土种 Soil species	土层码 Layer code	土层厚度 Depth/cm	颜色 Soil color	质地 Soil texture	土壤结构 Soil structure	pH	有机质 OM/(g/kg)	全氮 TN/(g/kg)	全磷 TP/(g/kg)	全钾 TK/(g/kg)	碱解氮 AN/(mg/kg)	有效磷 AP/(mg/kg)	速效钾 AK/(mg/kg)	阳离子交换量CEC/(cmol/kg)	土壤母质 Parent material	剖面点坐标 Profile coordinate	匹配指数 Matching index/%
剖28	铁铝土	红壤	棕红壤	亚棕黄筋泥	亚棕黄筋泥	A	0—10	黄橙色	壤质黏土	碎块状	5.4									第四纪红土	E 119°40′38.2″ N 30°36′28.8″	95
						(B₁)	10—32	淡黄橙色	壤质黏土	棱块状	5.3											
						(B₂)	32—80	浊黄橙色	壤质黏土	弱发育棱块状	5.6											
						(B₃)	80—100	黄橙色	壤质黏土	棱块状	5.6											
剖29	初育土	石灰（岩）土	棕色石灰土	油黄泥土		A	0—10	紫棕色	石质土	粒状	6.4	24.9	1.89	0.52		96	1.0	67	15.3		E 119°32′40.9″ N 30°32′07.3″	85
						B₁	10—46	棕红色	石质土	粒状	6.4	24.0	1.65	0.23								
						B₂	46—	红棕色	重石质重壤土	粒状	6.4	13.9	0.78	0.25								
剖30	人为土	水稻土	渗育水稻土	白粉泥土	白砂田	A	1—13	暗黄橙色	石质土	块状	5.6	39.2	2.29	1.13		157	9.0	38		斑状、粗晶花岗岩风化物	E 119°37′31.3″ N 30°31′56.0″	95
						P	13—19	暗黄橙色	重石质中壤土	棱状	5.9	34.0	9.69	0.68								
						C	19—100	淡黄橙色	重石质中壤土	块状	6.4	14.1	0.76	0.70								
剖31	人为土	水稻土	潴育水稻土	白粉泥土	硬粉泥田	A	0—8	暗灰色	轻黏土	块状	6.1	38.5	2.29	0.32		147	1.0	38		河湖相沉积物	E 119°45′10.0″ N 30°49′26.9″	95
						P	8—15	绿灰色	轻黏土	块状	6.3	35.1	2.03	0.34								
						W	15—75	暗黄棕色	轻黏土	大块状	6.6	19.3	1.19	0.30								
						An	75—100			棱块状												
剖32	人为土	水稻土	潴育水稻土	灰泥田	灰泥田	A	0—8	棕灰色	重壤土	小块状	6.9	41.0	3.33	0.61		181	3.0	45	15.3	硅质岩、炭页泥岩风化物	E 119°45′46.4″ N 30°49′46.9″	95
						P	8—15	暗青灰色	重壤土	块状	7.1	38.2	1.98	0.60								
						W	15—100	暗棕灰色	轻壤土	大块状	7.4	22.6	1.16	0.65								
剖33	人为土	水稻土	潴育水稻土	硬泥田	硬泥田	A	0—12	浊黄橙色	壤质黏土	屑粒状	5.3	34.7	2.22	0.32	19.9	170	5.8	72		河流冲积物、湖沼相沉积物	E 119°45′55.4″ N 30°48′55.8″	82
						Ap	12—23	浊黄橙色	壤质黏土	块状	6.7	21.8	1.36	0.22	18.4	84	1.8	39				
						W	23—65	浊黄橙色	粉砂质黏壤土	棱柱状	7.3	3.5										
						C	65—100	浊黄橙色	粉砂质黏壤土	块状	7.5	2.2										
剖34	人为土	水稻土	潴育水稻土	培泥砂田	培泥田	A	0—13	淡灰黄色	重壤土	碎屑状	6.0	38.1	2.43	0.72		174	39.0	36	12.7	近代河流冲积物	E 119°46′15.6″ N 30°47′28.4″	95
						P	13—20	灰白色	重壤土	块状	6.2	33.3	2.19	0.61								
						W	20—100	淡黄橙色	重壤土	棱块状	7.0	7.4	0.52	0.42								
剖35	铁铝土	红壤	黄红壤	黄红泥土		A	0—5	淡黄棕色	重石质重壤土	粒状	5.9	50.8	2.42	0.26		210	2.0	103	8.6		E 119°45′42.0″ N 30°44′22.3″	95
						2	5—65	暗棕色	重石质重壤土	小块状	5.9	31.4	1.53	0.22								
						3	65—100	棕红色		块状												

绍 兴 市

柯 桥 区

主要土类说明

红壤是柯桥区主要土壤类型，占本区地域面积的48%。红壤是在湿热的亚热带生物气候条件下，各种岩石经过高度风化而形成的脱硅富铁铝土壤，剖面构型为A-（B）-C。本区红壤可分为红壤、黄红壤等亚类。红壤亚类分布在平水、王坛、上蒋一带的低丘地，是红壤中红化、黏化、酸化较强的土壤。黄红壤亚类分布在会稽山区海拔500m以下的丘陵地，一般分布在海拔200—500m的中、高丘，是本区分布面积最大的红壤亚类。因所处山（丘）地部位稍高，坡度陡，土壤发育度没有红壤亚类好，侵蚀较重，是红壤向黄壤过渡的类型。土体红棕色略有黄化，呈黄红色，剖面构型为A-（B）-C。

水稻土是柯桥区第二大土壤类型，占本区地域面积的37%。水稻土是在人为种植水稻情况下，经过长期水耕熟化，土体经历不断交替的氧化还原作用而发育成的具有独特剖面特征的土壤类型。根据发生、发育特征和利用特征，本区水稻土可划分为渗育型、潴育型、脱潜型、潜育型、盐渍型等亚类，其中以肥力较高的潴育型和脱潜型亚类分布最广，分别占水稻土总面积的33%和59%，分布于整个绍兴水网平原。

粗骨土占柯桥区地域面积的3%，是由基岩风化残积物、坡积物发育而成，属于A-C剖面构型，甚至（A）-C剖面构型土壤。A层发育不明显，与母质层性状相似，略显有机质累积。有时母质层富含砾石，甚少剖面分异与发育特征。粗骨土广泛分布在河谷阶地、丘陵、低山和中山等多种地貌单元和地形部位。

黄壤占柯桥区地域面积的3%，分布在与嵊州、诸暨交界的五百岗、木窝尖、龙头顶、栗子岗一带，位于海拔500m以上的山地，母质为流纹质凝灰岩，植被为针叶、阔叶混交林及茅草、灌木。由于风大雾多，气候凉爽，铁的氧化和脱水作用弱，土壤中铁锰水合氧化物成分含量高，土色棕黄。植被茂盛，气温低，土壤有机质含量高，一般在40—120g/kg，表土上面往往覆盖枯枝落叶层。剖面构型为AoA-（B）-C。可分为黄壤亚类与侵蚀型黄壤亚类。

小于本区地域面积3%的土壤类型有滨海盐土、紫色土、潮土。

本区域中心区气候特征

本区域中心区气候特征值
Regional climate characteristics in central area of the region

气候带：北亚热带湿润气候 Climate region: North subtropical humid climate	
年平均气温 /℃ Annual average temperature /℃	16.7
年平均最高气温 /℃ Annual average maximum temperature /℃	20.9
年平均最低气温 /℃ Annual average minimum temperature /℃	13.5
年降水量 /mm Annual precipitation /mm	1498
≥10℃的积温 /℃ Daily temperature accumulated in a year (≥10℃) /℃	6059
年日照时数 /h Annual sunshine /h	1784
年平均相对湿度 /% Annual average relative humidity /%	78
干燥度 Dryness	0.67

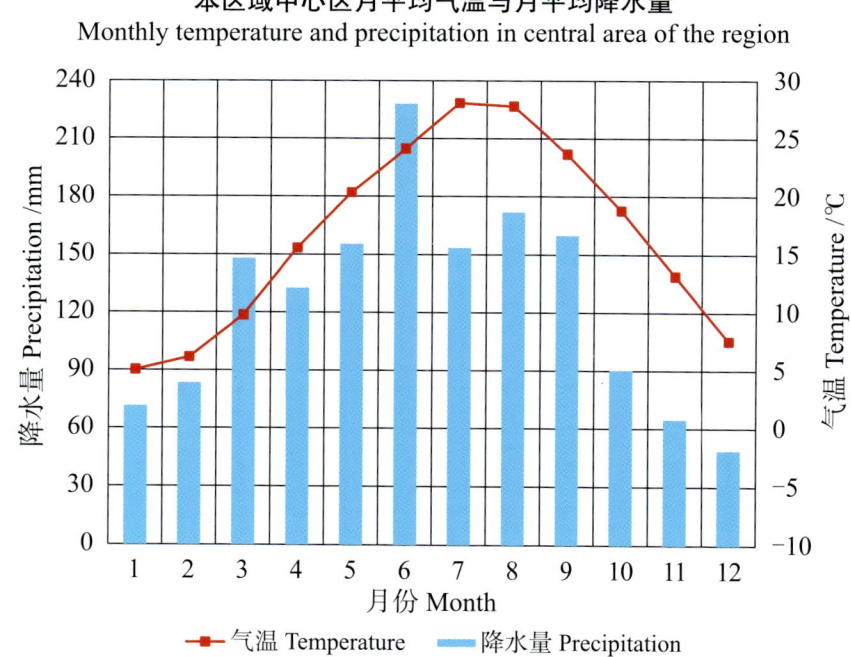

本区域中心区月平均气温与月平均降水量
Monthly temperature and precipitation in central area of the region

绍兴县主要土壤类型与土壤剖面点分布图
1:220 000

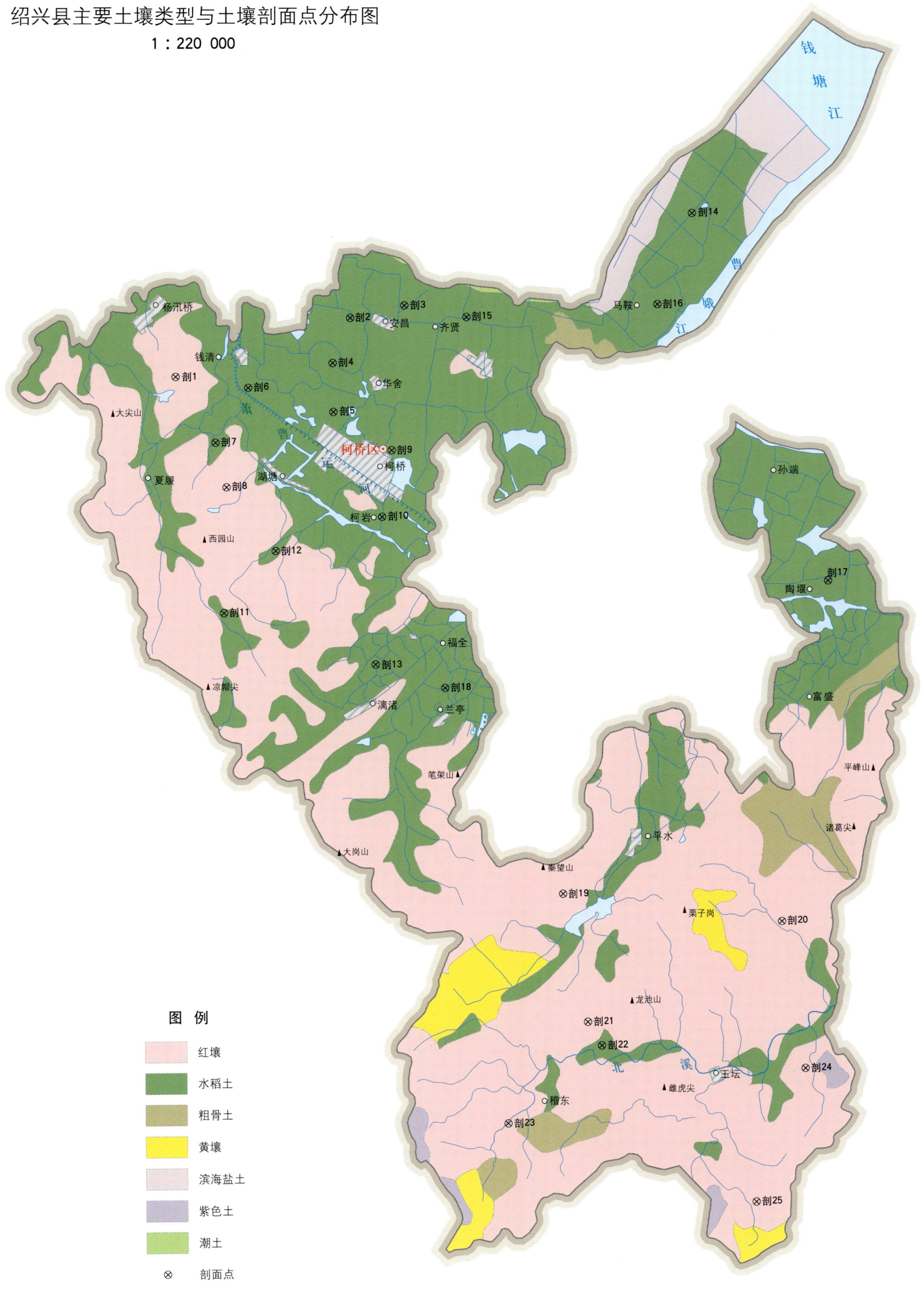

图 例
- 红壤
- 水稻土
- 粗骨土
- 黄壤
- 滨海盐土
- 紫色土
- 潮土
- ⊗ 剖面点

注：国务院2013年10月批准，撤销绍兴县，设立柯桥区。图中孙端、陶堰和富盛现已划归绍兴市越城区。

柯桥区土壤剖面理化性状表

剖面号 Soil profile	土纲 Soil order	土类 Soil great group	亚类 Soil subgroup	土属 Soil genus	土种 Soil species	土层码 Layer code	土层厚度 Depth/cm	颜色 Soil color	质地 Soil texture	土壤结构 Soil structure	pH	有机质 OM/(g/kg)	全氮 TN/(g/kg)	全磷 TP/(g/kg)	全钾 TK/(g/kg)	碱解氮 AN/(mg/kg)	有效磷 AP/(mg/kg)	速效钾 AK/(mg/kg)	阳离子交换量CEC/(cmol/kg)	土壤母质 Parent material	剖面点坐标 Profile coordinate	匹配指数 Matching index/%
剖1	铁铝土	红壤	黄红壤	黄红泥土	黄红泥土	A	0—18	暗红棕色	轻黏土		6.1	13.9	0.88	0.62					6.2	页岩、片板岩风化物	E 120°22′10.9″ N 30°06′48.2″	95
						(B)	18—69	淡红棕色	中黏土		5.6	3.1	0.51	0.26					9.7			
						C	69—100	淡红棕色	重石质土		5.7	2.5	0.50	0.24					10.4			
剖2	人为土	水稻土	潴育水稻土	粉泥田	粉泥田	A	0—14	褐色	中壤土		5.9	40.0	1.78	1.32					14.4	海相沉积物	E 120°27′53.4″ N 30°08′34.2″	95
						P	14—31	褐色	中黏土		6.4	34.6	1.78	1.45					14.0			
						W	31—98	灰黄色	重壤土		7.0	8.1	0.95	1.41					14.0			
						G	98—107	褐色	轻黏土		6.9	11.9	1.07	9.27					15.8			
剖3	人为土	水稻土	潴育水稻土	淡涂泥	潮闭田	A	0—13	褐色	中壤土		6.8	32.6	1.94	1.86					28.6	新浅海沉积物	E 120°29′39.7″ N 30°08′57.1″	95
						P	13—19	褐色	中黏土		7.2	32.3	1.60	1.84					28.2			
						W	19—54	褐色	中壤土		7.4	21.4	1.90	1.76					22.9			
						C	54—90	褐色	中壤土		7.4	3.2	0.60	1.28					14.9			
剖4	人为土	水稻土	脱潜水稻土	黄化青紫泥田	黄化青紫泥田	A	0—12	灰色	轻黏土		6.4	29.9	2.28	1.28					14.1	湖相沉积物	E 120°27′20.4″ N 30°07′16.9″	75
						P	12—33	暗灰黄色	轻黏土		6.4	27.9	1.87	1.24					15.0			
						Wg	33—82	暗灰黄色	重壤土		6.6	5.5	0.79	1.46					13.4			
						G	82—100	暗灰黄色	中壤土		6.2	21.6	1.10	0.87					12.6			
剖5	人为土	水稻土	潴育水稻土	泥砂田	泥砂田	A	0—12	灰色	中壤土		6.1	27.7	1.46	0.79					9.8	溪河冲积物	E 120°27′23.9″ N 30°05′53.5″	95
						P	12—24	褐色	重壤土		6.1	27.0	1.54	0.74					10.8			
						W	24—44	褐色	中壤土		6.6	7.8	0.65	0.70					8.1			
						C	44—100	褐色	中壤土		6.4	3.7	0.53	0.88					8.5			
剖6	人为土	水稻土	潴育水稻土	红泥田	红泥砂田	A	0—14	红灰黄色	重壤土		5.7	25.1	1.58	0.81					8.1		E 120°24′26.7″ N 30°06′28.1″	95
						P	14—30	黄灰黄色	中壤土		6.0	19.9	1.26	0.66					8.1			
						C	30—60	褐色	中壤土		6.0	8.7	0.93	0.60					9.4			
剖7	人为土	水稻土	潴育水稻土	洪积泥砂田	砾爆洪积泥砂田	A	0—13		中壤土		5.8	26.3	1.48	0.48			29.6	89	12.9	近代溪河洪冲积物	E 120°23′32.6″ N 30°04′58.2″	75
						C	20—35	黄棕色	中壤土		6.3	9.5	0.52	0.87					11.7			
剖8	铁铝土	红壤	黄红壤	黄泥土	黄泥土	A	0—35	黄棕色	重壤土		5.5	28.3	1.49	0.63					14.0	凝灰岩风化物	E 120°23′55.7″ N 30°03′42.0″	75
						(B)	35—81	橙色	重壤土		6.3	6.5	0.44	0.18					15.7			
						C	81—100	橙色	中壤土		6.2	7.0	0.37	0.11					21.0			
剖9	人为土	水稻土	潴育水稻土	黄泥砂田	青稿黄泥砂田	A	0—10	暗灰黄色	重壤土		5.6	37.8	1.75	0.84			16.3	54	6.0		E 120°29′19.9″ N 30°04′50.4″	75
						W	22—26	褐色	重壤土		6.4	3.6	0.50	1.40					11.0			
剖10	人为土	水稻土	潴育水稻土	塔泥砂田	塔泥砂田	A	0—14	灰黄色	中壤土		6.1	47.3	2.29	1.38					12.1	近代河流洪冲积物	E 120°29′03.6″ N 30°02′56.4″	95
						P	14—27	褐色	中壤土		7.0	7.3	0.65	1.95					10.3			
						W	27—94	灰黄色	重壤土		6.8	3.2	0.59	0.84					12.5			
						C	94—145	淡棕色	中壤土		7.0	3.2	0.53	0.84					10.9			
剖11	人为土	水稻土	潴育水稻土	黄泥砂田	黄粉砂田	A	0—14		中壤土		5.6	39.9	2.09	0.71			11.3	49	8.4		E 120°23′55.1″ N 30°00′08.2″	75
						W	26—41		轻壤土		6.4	8.7	0.71	0.47					2.9			
剖12	人为土	水稻土	潴育水稻土	黄大泥田	黄大泥田	A	0—9		重壤土		6.2	36.5	1.87	0.89					14.1		E 120°25′34.3″ N 30°01′55.2″	75
						W	18—30		重壤土		6.3	20.8	1.15	0.79					9.2			
剖13	人为土	水稻土	潴育水稻土	洪积泥砂田	焦稿洪积泥砂田	A	0—13		重壤土		5.6	40.3	2.11	0.77					9.6	近代溪河洪冲积物	E 120°28′55.4″ N 29°58′45.5″	95
						C	23—95		中壤土		6.0	7.6	0.43	0.56					10.1			
剖14	人为土	水稻土	脱潜水稻土	黄贯泥田	青粉泥田	Aa	14—30	淡黄灰色	黏壤土	团块状	6.7	33.1	1.80	0.70	18.6	121	8.6	37		河海相或湖海相沉积物	E 120°39′04.5″ N 30°11′44.3″	95
						Ap		灰黄色	黏壤土	块状	6.8	25.5	1.50	0.60	14.5	100	12.1	32				
						Gw	30—58	淡灰黄色	壤质黏土	棱块状	7.3	9.6										
						G	58—100	淡黄灰色	粉砂质黏土	无结构糊状	7.6	6.2										

续表 Continued

剖面号 Soil profile	土纲 Soil order	土类 Soil great group	亚类 Soil subgroup	土属 Soil genus	土种 Soil species	土层码 Layer code	土层厚度 Depth/cm	颜色 Soil color	质地 Soil texture	土壤结构 Soil structure	pH	有机质 OM/(g/kg)	全氮 TN/(g/kg)	全磷 TP/(g/kg)	全钾 TK/(g/kg)	碱解氮 AN/(mg/kg)	有效磷 AP/(mg/kg)	速效钾 AK/(mg/kg)	阳离子交换量CEC/(cmol/kg)	土壤母质 Parent material	剖面点坐标 Profile coordinate	匹配指数 Matching index/%
剖15	人为土	水稻土	脱潜水稻土	青紫泥田	腐心青紫泥田	A	0—15		重壤土		6.2	36.5	1.95	1.25			10.8	62	16.7		E 120°31′42.4″ N 30°08′39.3″	81
						G	65—99		重壤土		6.1	74.5	2.55	0.78					17.3			
剖16	人为土	水稻土	潜育水稻土	黄泥砂田	黄泥砂田	A	0—10		中壤土		5.6	56.3	3.10	0.92			11.9	72	14.8		E 120°37′58.8″ N 30°09′07.4″	95
						W	23—33		重壤土		6.4	10.7	0.84	1.23					7.8			
剖17	人为土	水稻土	潜育水稻土	烂青紫泥田	烂青紫泥田	A	0—15	褐色	中黏土		7.0	25.9	1.51	1.08					42.3		E 120°43′43.7″ N 30°01′20.9″	95
						P	15—28	淡灰黄色	轻黏土		7.0	24.3	1.35	1.05					38.0			
						G	28—96	淡灰色	中黏土		7.2	11.9	0.83	1.13					32.6			
剖18	人为土	水稻土	脱潜水稻土	青紫泥田	腐心青紫泥田	A	0—9	暗青黄色	重壤土		6.3	50.3	2.73	1.38					20.0		E 120°31′13.0″ N 29°58′07.6″	95
						P	9—15	淡灰黄色	重壤土		6.6	29.0	1.77	1.36					14.5			
						G	15—42	白色	轻黏土		6.8	20.6	0.94	0.87					13.5			
						M	42—79	黑色	轻黏土		6.4	119.0	3.15	0.35					27.6			
剖19	铁铝土	红壤	红壤	红泥土	红泥土	A	0—6	淡红棕色	重壤土		5.4	28.2	0.99	0.94					13.3	凝灰岩、凝灰角砾岩风化物	E 120°35′10.8″ N 29°52′18.7″	95
						(B)	6—55	暗红棕色	轻黏土		5.6	1.0	0.83	0.81					14.1			
						C	55—100	红棕色	轻黏土		6.2	0.4	0.39	0.50					14.1			
剖20	铁铝土	红壤	黄红壤	砂黏质红土	砂黏质红土	A	0—8	淡黄棕色	重壤土		5.4	11.5	0.69	0.63					13.8	片麻岩与粗晶花岗岩风化物	E 120°42′21.9″ N 29°51′38.0″	95
						(B)	8—35	红黄色	重黏土		5.4	6.8	0.37	0.56					11.9			
						C	35—60	红黄色	中壤土		5.6	15.1	0.37	0.54					13.5			
剖21	铁铝土	红壤	侵蚀型红壤	石砂土	石砂土	A	0—20	棕灰色	重石质土		5.8	22.6	0.89	0.38					7.0		E 120°36′03.1″ N 29°48′40.9″	93
						C	20—30	褐色	重石质土		5.8	18.2	0.85	0.26					8.1			
剖22	人为土	水稻土	潜育水稻土	黄泥砂田	黄泥砂田	A	0—15	灰黄色	重壤土		5.8	31.3	1.89	0.94					20.5		E 120°36′31.3″ N 29°48′01.3″	95
						P	15—25	灰黄色	重壤土		5.8	20.9	1.29	0.68					21.9			
						W	25—50	黄色	重壤土		6.8	11.0	1.29	1.12					19.7			
						C	50—100	黄色	重石质土		6.6	6.4	0.75	0.99					11.0			
剖23	铁铝土	红壤	红壤	红黏土	红黏土	A	0—11	红棕色	中壤土		4.5	33.6	1.51	2.66					15.6	玄武岩风化物	E 120°33′29.8″ N 29°45′47.2″	95
						(B)	11—60	暗红棕色	重黏土		4.6	10.4	0.77	2.20					9.4			
						C	60—84	暗红棕色	重黏土		4.5	30.3	1.84	2.34					11.3			
剖24	铁铝土	红壤	黄红壤	红砂土	酸性紫红土	A	0—12		重石质土		5.6	9.2	0.48	0.35					8.3		E 120°43′12.0″ N 29°47′27.4″	95
						(B)	12—26	重壤土			5.0	11.5	0.50	0.27					5.7			
						C	26—72		重壤土		5.4	10.9	0.26	0.29					8.9			
剖25	铁铝土	红壤	黄红壤	黄黏土	黄黏土	A	0—33	暗棕红色	重黏土		6.0	16.5	1.10	1.80					12.7	玄武岩风化物	E 120°41′38.6″ N 29°43′41.0″	95
						(B)	33—84	暗棕红色	重黏土		6.1	17.1	1.15	1.58					10.1			
						C	84—100	红棕色	重黏土		6.0	15.4	1.18	1.48					11.0			

上 虞 区

主要土类说明

水稻土是上虞区主要土壤类型，占本区地域面积的32%。水稻土是在长期季节性淹灌、水下翻耕、季节性脱水等水耕活动的影响下，土壤内部物质发生氧化还原交替作用，原来的成土母质或母土特性发生重大改变，从而形成的新土壤类型。由于干湿交替等作用的影响，糊状淹育层、较坚实板结的犁底层、渗育层、潴育层与潜育层多种发生层分异。这些不同发生层是在人为耕作、水浆管理作用下形成的。

红壤是上虞区第二大土壤类型，占本区地域面积的31%。红壤主要发生于亚热带常绿阔叶林地区，呈中度富铝化特征，土壤黏粒中的游离铁占全铁50%—60%。红壤有深厚红色土层，具 A–Bs–Bv 或 A–Bs–C 剖面构型，底层可见深厚红、黄、白相间网纹的红色黏土。土壤中的黏土矿物以高岭石、赤铁矿为主，黏粒硅铝率为1.8—2.4，风化淋溶系数 < 0.2，盐基饱和度 < 35%，pH 为 4.5—5.5。

滨海盐土是上虞区第三大土壤类型，占本区地域面积的16%。滨海盐土分布于沿海一带，母质为滨海沉积物，土体含有氯化物为主的可溶盐，土层厚达几米以上，呈石灰反应，土壤发育很差，分化不明显，呈 Az–Cz 剖面构型。滨海盐土的土壤和地下水的盐分组成与海水基本一致，氯盐占绝对优势，次为硫酸盐和重碳酸盐；盐分中以钠、钾为主，钙、镁次之。

潮土占上虞区地域面积的8%，大面积分布在曹娥江两岸，母质为洪积物、冲积物。土层深厚，多达 1m 以上，剖面中常保持母质的不同形成层次，各发生层的色泽也较均一。

粗骨土占上虞区地域面积的近3%，由玄武岩风化体发育而来，剖面构型属于 A–C 甚至（A）–C。A 层发育不明显，与母质层性状相似，略显有机质累积。有时母质层富含砾石，甚少剖面分异与发育特征。

小于本区面积 3% 的土壤类型为紫色土、黄壤。

本区域中心区气候特征

本区域中心区气候特征值
Regional climate characteristics in central area of the region

气候带：北亚热带湿润气候 Climate region: North subtropical humid climate	
年平均气温 /℃ Annual average temperature /℃	16.7
年平均最高气温 /℃ Annual average maximum temperature /℃	20.8
年平均最低气温 /℃ Annual average minimum temperature /℃	13.6
年降水量 /mm Annual precipitation /mm	1496
≥10℃的积温 /℃ Daily temperature accumulated in a year（≥10℃）/℃	6042
年日照时数 /h Annual sunshine /h	1809
年平均相对湿度 /% Annual average relative humidity /%	78
干燥度 Dryness	0.67

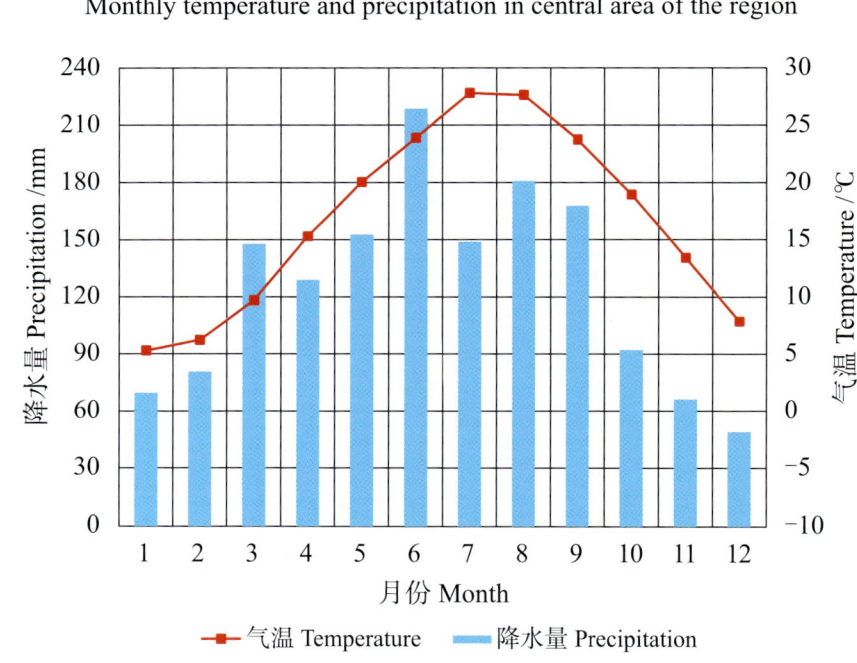

本区域中心区月平均气温与月平均降水量
Monthly temperature and precipitation in central area of the region

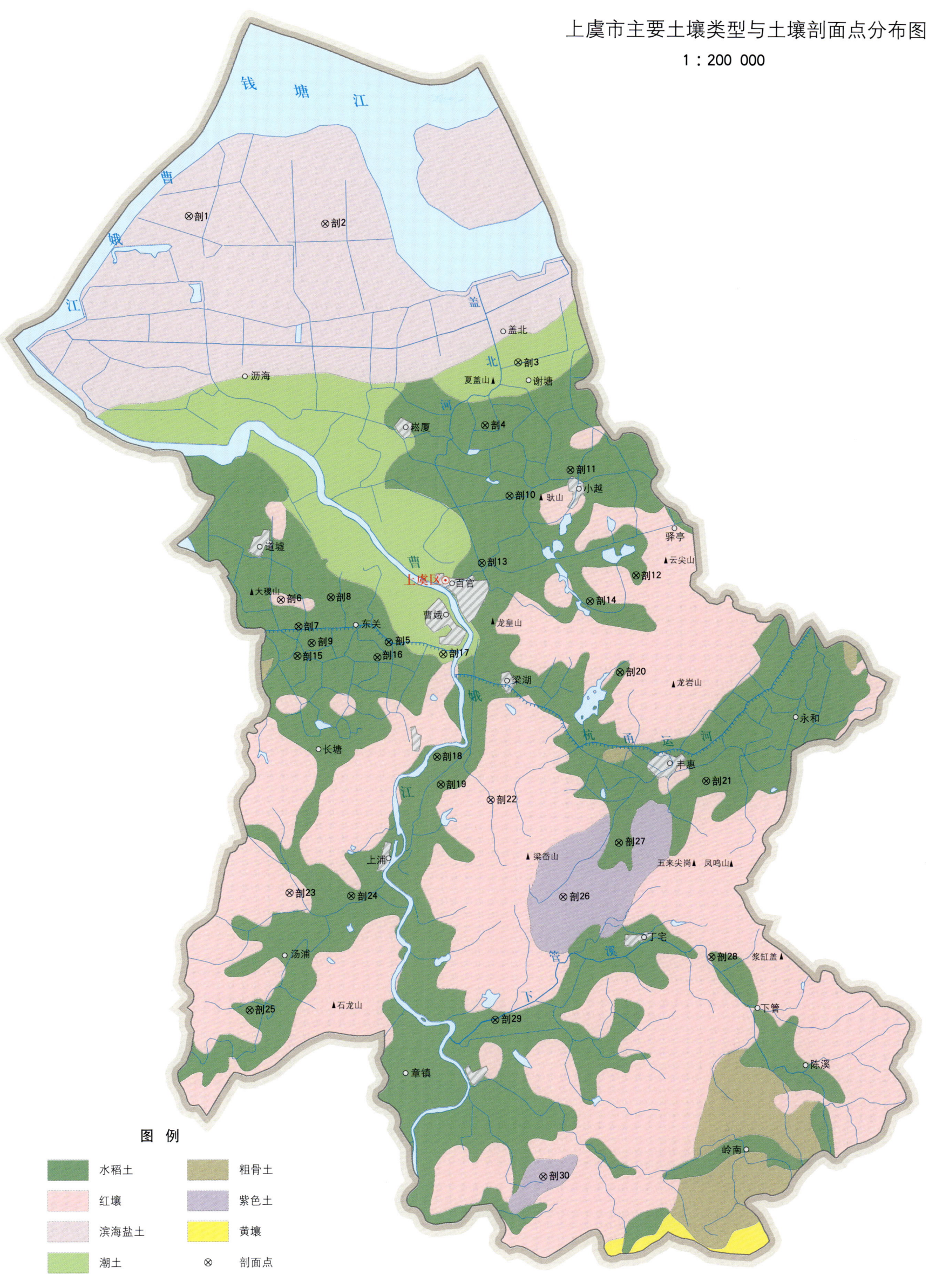

上虞区土壤剖面理化性状表

剖面号 Soil profile	土纲 Soil order	土类 Soil great group	亚类 Soil subgroup	土属 Soil genus	土种 Soil species	土层码 Layer code	土层厚度 Depth/cm	颜色 Soil color	质地 Soil texture	土壤结构 Soil structure	pH	有机质 OM/(g/kg)	全氮 TN/(g/kg)	全磷 TP/(g/kg)	全钾 TK/(g/kg)	阳离子交换量 CEC/(cmol/kg)	土壤母质 Parent material	剖面点坐标 Profile coordinate	匹配指数 Matching index/%
剖1	盐碱土	滨海盐土	滨海盐土	咸泥	轻咸砂	1	0—15	棕灰色	砂质黏壤土	粒状	7.3	13.6	0.96	0.76	17.5		新滩海沉积物	E 120°43′34.4″ N 30°11′15.7″	95
						2	15—25	浊黄橙色	砂质黏壤土	碎块状	7.4								
						3	25—55	浊黄橙色	砂质黏壤土	块状	7.4								
						4	55—100	浊黄橙色	壤质黏壤土	块状	7.5								
剖2	盐碱土	滨海盐土	潮化盐土	咸砂土	中咸砂	Asa	0—20	浊黄橙色	轻壤土		8.0	12.3	0.66	0.61		5.4	新滩海沉积物	E 120°47′44.8″ N 30°11′09.0″	76
						Csa	20—100	浊黄橙色	轻壤土		8.4					5.9			
剖3	半水成土	潮土	灰潮土	灰潮泥土	底咸砂	A_{11}	0—15	浊黄橙色	砂质黏壤土	屑粒状	7.3	13.6	1.00	0.80	17.5	7.3	河海相沉积物	E 120°53′43.8″ N 30°07′36.3″	95
						A_{12}	15—25	浊黄橙色	黏壤土	碎块状	7.4								
						Cu	25—55	浊黄橙色	砂质黏壤土	块状	7.4								
						Cz	55—100		壤质黏壤土	块状	7.5								
剖4	人为土	水稻土	潴育水稻土	紫红泥砂田	紫泥砂田	A	0—12		重壤土		5.6	32.7	1.98	0.37		6.9	紫(红)色砂页岩风化物	E 120°52′44.7″ N 30°05′55.3″	95
						P	12—22		中壤土		5.6	35.5	2.20	0.31		8.9			
						W	22—35		重壤土		5.7	27.0	1.66	0.26		6.5			
						C	35—100		重壤土		6.6								
剖5	人为土	水稻土	潴育水稻土	洪积泥砂田	猪谷泥砂田	A	0—17		重壤土		6.3	36.8	2.81	0.57		8.8	近代洪冲积物	E 120°49′57.3″ N 30°00′08.8″	75
						P	17—22		轻壤土		6.0	14.0	2.29	0.54		10.8			
						Wc	22—40		轻壤土		6.9		0.91	0.79		7.1			
剖6	铁铝土	红壤	侵蚀型红壤	白岩砂土	白岩砂土	A	0—12		砂质壤土		5.6	34.0	1.64	0.22		6.8	粗晶花岗岩、石英砂岩风化物	E 120°46′38.7″ N 30°01′12.8″	75
						C	12—100		轻壤土		6.0								
剖7	人为土	水稻土	潴育水稻土	黄斑田	黄斑田	A	0—12		重壤土		6.0	37.0	2.16	0.51		12.4	湖海相沉积物	E 120°47′11.9″ N 30°00′30.8″	95
						P	12—30		重壤土		6.3	35.9	2.05	0.43		11.2			
						W	30—55		重壤土		6.8	10.2	0.43	0.33		6.9			
						C	55—100		重壤土		6.8								
剖8	人为土	水稻土	潴育水稻土	泥质田	泥质田	A	0—14		重壤土		6.0	35.4	2.01	0.31			河流老冲积物	E 120°48′09.8″ N 30°01′18.1″	75
						P	14—26		重壤土		6.8	12.0	0.59	0.24					
						W	26—75		重壤土		6.8	9.3	0.48	0.46					
						C	75—100		轻壤土		6.7								
剖9	人为土	水稻土	潴育水稻土	洪积泥砂田	谷口泥砂田	A	0—13		中壤土		5.6	44.3	2.16	0.41			近代洪冲积物	E 120°47′36.2″ N 30°00′05.6″	75
						P	13—24		中壤土		5.6	27.1	1.48	0.32					
						W	24—63		中壤土		5.4	9.4	0.57	0.27					
						C	63—100		重壤土		6.3								
剖10	人为土	水稻土	潴育水稻土	泥砂田	泥砂田	A	0—12		重壤土		5.6	53.6	2.62	0.52		7.3	冲积物为主，夹有洪积物	E 120°53′33.1″ N 30°01′04.6″	75
						P	12—23		重壤土		6.2	25.8	1.39	0.39		8.6			
						W_1	23—42		中壤土		6.6	11.8	0.51	0.38		8.5			
						W_2	42—63		中壤土		6.6								
						C	63—100		中壤土		6.6								
剖11	人为土	水稻土	潴育水稻土	泥砂田	砾屑泥砂田	A	0—10		中壤土		5.8	35.5	2.03	0.69			冲积物为主，夹有洪积物	E 120°55′23.6″ N 30°04′47.6″	95
						P	10—18		中壤土		6.0	18.7	1.02	0.41					
						W	18—29		中壤土		6.8	11.4	0.69	0.49					
						C	29—55		重壤土		6.8								

续表 Continued

剖面号 Soil profile	土纲 Soil order	土类 Soil great group	亚类 Soil subgroup	土属 Soil genus	土种 Soil species	土层码 Layer code	土层厚度 Depth/cm	颜色 Soil color	质地 Soil texture	土壤结构 Soil structure	pH	有机质 OM/(g/kg)	全氮 TN/(g/kg)	全磷 TP/(g/kg)	全钾 TK/(g/kg)	阳离子交换量CEC/(cmol/kg)	土壤母质 Parent material	剖面点坐标 Profile coordinate	匹配指数 Matching index/%
剖12	人为土	水稻土	潴育水稻土	黄泥砂田	黄泥砂田	A	0–10		重壤土		5.5	29.1	1.86	0.31		8.1	红壤类坡积物或经短距离搬运的再积物	E 120° 57′ 28.8″ N 30° 02′ 04.9″	75
						P	10–20		重壤土		5.4	37.5	2.45	0.36		7.6			
						W	20–40		重壤土		6.4	9.9	0.47	0.42		7.8			
						C	40–100		重壤土		6.2								
剖13	人为土	水稻土	脱潜水稻土	青粉泥田	青粉泥田	A	0–13		中壤土		6.4	32.3	2.06	0.64		14.5	湖海相沉积物	E 120° 52′ 44.4″ N 30° 02′ 17.7″	93
						P	13–24		重壤土		6.6	26.8	1.70	0.58		15.1			
						W	24–62		中壤土		7.2	17.3	1.36	0.58					
						G	62–100		中壤土		7.1								
剖14	人为土	水稻土	潜育水稻土	烂青紫泥田	烂青紫泥田	A	0–14		重壤土		6.0	36.0	1.98	0.36		13.4	湖海相沉积物	E 120° 56′ 03.8″ N 30° 01′ 20.8″	95
						P	14–25		重壤土		6.6	35.4	1.86	0.34		13.6			
						G₁	25–55		轻壤土		6.0	33.7	1.36	0.21					
						G₂	55–100		重壤土		6.3								
剖15	人为土	水稻土	潴育水稻土	江涂泥田	脱钙江涂砂田	A	0–12		中壤土		5.9	32.6	1.86	0.18			江湖淤积物	E 120° 47′ 10.9″ N 29° 59′ 44.4″	75
						P	12–24		轻壤土		6.5	18.4	1.18	0.43					
						W	24–44		中壤土		7.0	9.4	0.49	0.41					
						C	44–61		中壤土		7.0								
							61–100		中壤土		7.0								
剖16	人为土	水稻土	潜育水稻土	黄斑田	腐泥心黄斑田	A	0–11		重壤土		5.8	36.9	2.11	0.27		8.4	湖海相沉积物	E 120° 49′ 37.0″ N 29° 59′ 45.0″	95
						P	11–20		重壤土		5.2	23.2	1.29	0.13		7.9			
						W₁	20–31		轻壤土		5.8	11.7	0.45	0.11					
						W₂	31–73		轻壤土		5.6								
						C	73–100		轻壤土		4.2								
剖17	半水成土	潮土	灰潮土	淡涂砂	流砂砂土	A	0–21		中壤土		8.1	11.4	0.38	0.50			新浅海沉积物	E 120° 51′ 37.3″ N 29° 59′ 51.6″	75
						B	21–61		砂壤土		8.0	5.6	0.45	0.55					
						C	61–100		砂壤土		7.6								
剖18	人为土	水稻土	潴育水稻土	小粉田	小粉田	A	0–12		中壤土		6.4	21.5	2.69	0.48		13.2	河湖相沉积物	E 120° 51′ 30.0″ N 29° 57′ 09.5″	95
						P	12–21		中壤土		6.8	5.9	1.38	0.49		13.8			
						W	21–33		轻壤土		7.9		0.40	0.21		6.6			
						W₂	33–53		中壤土		6.8								
						C	53–100		中壤土		7.0								
剖19	人为土	水稻土	潴育水稻土	江涂泥田	江涂砂泥田	A	0–7		砂壤土		6.7	18.5	0.98	0.76			江湖淤积物	E 120° 51′ 37.6″ N 29° 56′ 25.9″	95
						P	7–21		砂壤土		7.5	10.4	0.57	0.59					
						C	21–76		砂壤土		8.0	9.5	0.45	0.71					
							76–100		中壤土		7.3								
剖20	人为土	渗育水稻土	渗育水稻土	红泥田	红泥田	A	0–12		重壤土		5.5	38.8	2.10	0.39		9.4	玄武岩、闪长岩等基性喷出岩风化物	E 120° 57′ 01.0″ N 29° 59′ 29.1″	95
						P	12–26		重壤土		5.5	35.3	1.90	0.34		9.2			
						C	26–100		轻壤土		5.5								
剖21	人为土	水稻土	脱潜水稻土	青紫泥田	腐泥心青紫泥田	A	0–15		重壤土		6.4	40.1	2.11	0.18			古湖海相沉积物	E 120° 59′ 42.3″ N 29° 56′ 39.9″	75
						P	15–29		重壤土		6.8		1.63	0.30					
						W	29–59		重壤土		7.1								
						G	59–100		重壤土		6.8			0.20		11.3			
剖22	铁铝土	红壤	红壤	红黏土	红黏土	A	0–12		中黏土		5.4	37.7	1.73	0.79		13.4	玄武岩风化物	E 120° 53′ 09.1″ N 29° 56′ 03.0″	95
						(B)	12–72		中黏土		5.5	17.1	1.07	0.33					
						C	72–100		重黏土		5.9								

续表 Continued

剖面号 Soil profile	土纲 Soil order	土类 Soil great group	亚类 Soil subgroup	土属 Soil genus	土种 Soil species	土层码 Layer code	土层厚度 Depth/cm	颜色 Soil color	质地 Soil texture	土壤结构 Soil structure	pH	有机质 OM/(g/kg)	全氮 TN/(g/kg)	全磷 TP/(g/kg)	全钾 TK/(g/kg)	阳离子交换量CEC/(cmol/kg)	土壤母质 Parent material	剖面点坐标 Profile coordinate	匹配指数 Matching index/%
剖23	铁铝土	红壤	黄红壤	黄泥土	黄泥土	A	0—9		中壤土		5.5	15.1	1.37	0.15			凝灰岩、流纹岩、细晶花岗岩等的风化物	E 120°47′04.4″ N 29°53′29.0″	95
						(B)	9—29		中壤土		5.8	6.0	0.34	0.11					
						C	29—100		中壤土		5.9								
剖24	人为土	水稻土	潜育水稻土	青泥田	青丝泥田	A	0—10		轻壤土		6.4	33.3	1.65	0.64		11.5	河湖相沉积物	E 120°48′57.7″ N 29°53′25.7″	75
						P	10—28		重壤土		6.2	34.1	1.66	0.37		12.6			
						G₁	28—49		重壤土		6.4	22.9	1.29	0.56		10.8			
						G₂	49—100		重壤土		6.6								
剖25	人为土	水稻土	潜育水稻土	粉泥田	粉泥田	A	0—18		重壤土		6.6	22.1	1.87	0.44			浅海或河湖相沉积物	E 120°45′55.6″ N 29°50′21.7″	75
						P	18—27		重壤土		7.6	14.5	0.88	0.30					
						W	27—45		重壤土		7.6	8.3	0.61	0.15					
						C	45—100		重壤土		7.8								
剖26	初育土	紫色土	石灰性紫色土	红紫砂土	红紫砂土	A	0—20		轻黏土		5.6	34.5	1.78	0.50		16.4	石灰性紫色砂岩风化物	E 120°55′24.8″ N 29°53′31.0″	92
						B	20—42		轻黏土		5.6	17.6	0.99	0.35		17.4			
						C	42—71		轻黏土		5.6					15.5			
剖27	人为土	水稻土	脱潜水稻土	黄化青泥田	黄化青紫泥田	A	0—12		重壤土		6.6	35.2	2.02	0.63			湖海相沉积物	E 120°57′04.3″ N 29°54′58.9″	75
						P	12—25		重壤土		6.7	34.2	1.76	0.56					
						W	25—58		轻壤土		6.9	13.1	0.03	0.54					
						G	58—100		中壤土		6.9								
剖28	人为土	水稻土	潜育水稻土	粉泥田	腐泥心粉泥田	A	0—10		重壤土		6.2	38.7	2.37	0.49			浅海或河湖相沉积物	E 120°59′57.6″ N 29°51′59.2″	75
						P	10—19		重壤土		6.7	34.2	1.93	0.40					
						W	19—37		轻壤土		7.1	8.1	0.53	0.31					
						G₁	37—55		轻壤土		7.3								
						G₂	55—100		轻壤土		8.3								
剖29	人为土	水稻土	潜育水稻土	培泥砂田	砂田	A	0—12		中壤土		5.8	31.8	4.62	0.38			新河流冲积物	E 120°53′24.5″ N 29°50′13.7″	95
						P	12—25		中壤土		6.8	24.9	2.24	0.34					
						W	25—33		中壤土		6.8	16.4	0.84	0.35					
						C	33—100		砂壤土		6.6								
剖30	初育土	紫色土	石灰性紫色土	红紫砂土	砾石红紫砂土	A	0—6		重壤土								石灰性紫色砂岩风化物	E 120°54′56.9″ N 29°46′09.6″	74
						B	6—26		轻壤土										
						C	26—54		轻壤土										

新 昌 县

主要土类说明

红壤是新昌县主要土壤类型，占本县地域面积的58%。红壤是在湿润的亚热带生物气候条件下，经过脱硅富铝铁化过程形成的地带性土壤，是本县分布最广、面积最大的土壤类型。按其发育阶段与土类之间的过渡性，可将本土类划分为红壤、黄红壤两个亚类。红壤亚类广泛分布于海拔420m以下的丘陵台地，母质主要由玄武岩、流纹质凝灰岩、细晶花岗岩与花岗闪长岩风化物发育而来，红壤化作用强烈，土体深厚，铁铝聚积层（B）发育好，具有A–（B）–C剖面构型，黏粒含量较高，土色呈红色或棕红色，酸性强，土壤养分含量低。黄红壤亚类主要分布于海拔600m以下的低山丘陵，母质为凝灰岩、花岗岩与非石灰性紫砂岩等风化物；黄红壤亚类为红壤向黄壤的过渡性土壤，主要特征是红壤化作用与土体发育度低于红壤亚类，土层中砾质含量较高，土壤的养分含量明显高于红壤亚类。

水稻土是新昌县第二大土壤类型，占本县地域面积的11%。水稻土的形成过程既不同于自然土壤，也不同于旱地土壤，它由于水旱季节性地交替进行，土壤中的物质迁移与变化，淋溶与积累也相应地变化，从而形成了独特的剖面特征，深刻地反映了水分对土壤形成的影响及人为作用，但不同地区、不同地形部位有其特殊的发育规律。按水分的影响程度，本县水稻土可划分为渗育型、潴育型、潜育型三个亚类。

粗骨土是新昌县第三大土壤类型，占本县地域面积的10%。粗骨土是由基岩风化残积物、坡积物发育而成，剖面构型为A–C，甚至（A）–C。A层发育不明显，与母质层性状相似，略显有机质累积。有时母质层富含砾石，甚少剖面分异与发育特征。

紫色土占新昌县地域面积的9%。紫色土主要分布在玄武岩台地的剥蚀面上和新昌江、黄泽江、澄潭江三条水系的中下游谷坡上。紫色土为石灰性紫色砂岩风化物，剖面分化弱，剖面构型一般为A–C，仍为初育土，土体呈石灰反应。由于母岩富含矿质养分，且风化迅速，为良好的肥沃土壤。

火山灰土占新昌县地域面积的7%。火山灰土是由火山喷发碎屑物和尘状火山灰堆积物发育而成，剖面发生层分异小，色泽差异大，母质特征明显。土体由灰黑色及暗褐色等疏松多孔的玻璃质熔岩块叠置而成，表层有有机质积累，剖面构型为A–C。

黄壤占新昌县地域面积的5%。黄壤为垂直地带性土壤，分布于本县海拔600m以上的山地上。按土壤发育阶段上的差异，可划分为黄壤与侵蚀型黄壤两个亚类。

本区域中心区气候特征

本区域中心区气候特征值
Regional climate characteristics in central area of the region

气候带：中亚热带湿润气候 Climate region: Subtropical humid climate	
年平均气温 /℃ Annual average temperature /℃	17.0
年平均最高气温 /℃ Annual average maximum temperature /℃	21.1
年平均最低气温 /℃ Annual average minimum temperature /℃	13.9
年降水量 /mm Annual precipitation /mm	1571
≥10℃的积温 /℃ Daily temperature accumulated in a year（≥10℃）/℃	6145
年日照时数 /h Annual sunshine /h	1791
年平均相对湿度 /% Annual average relative humidity /%	79
干燥度 Dryness	0.66

本区域中心区月平均气温与月平均降水量
Monthly temperature and precipitation in central area of the region

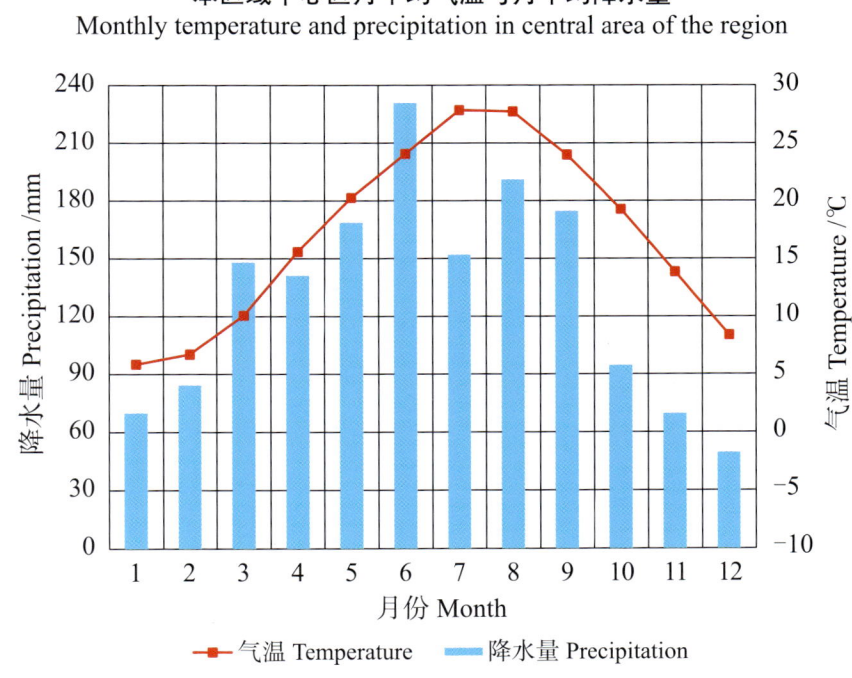

新昌县主要土壤类型与土壤剖面点分布图

1∶180 000

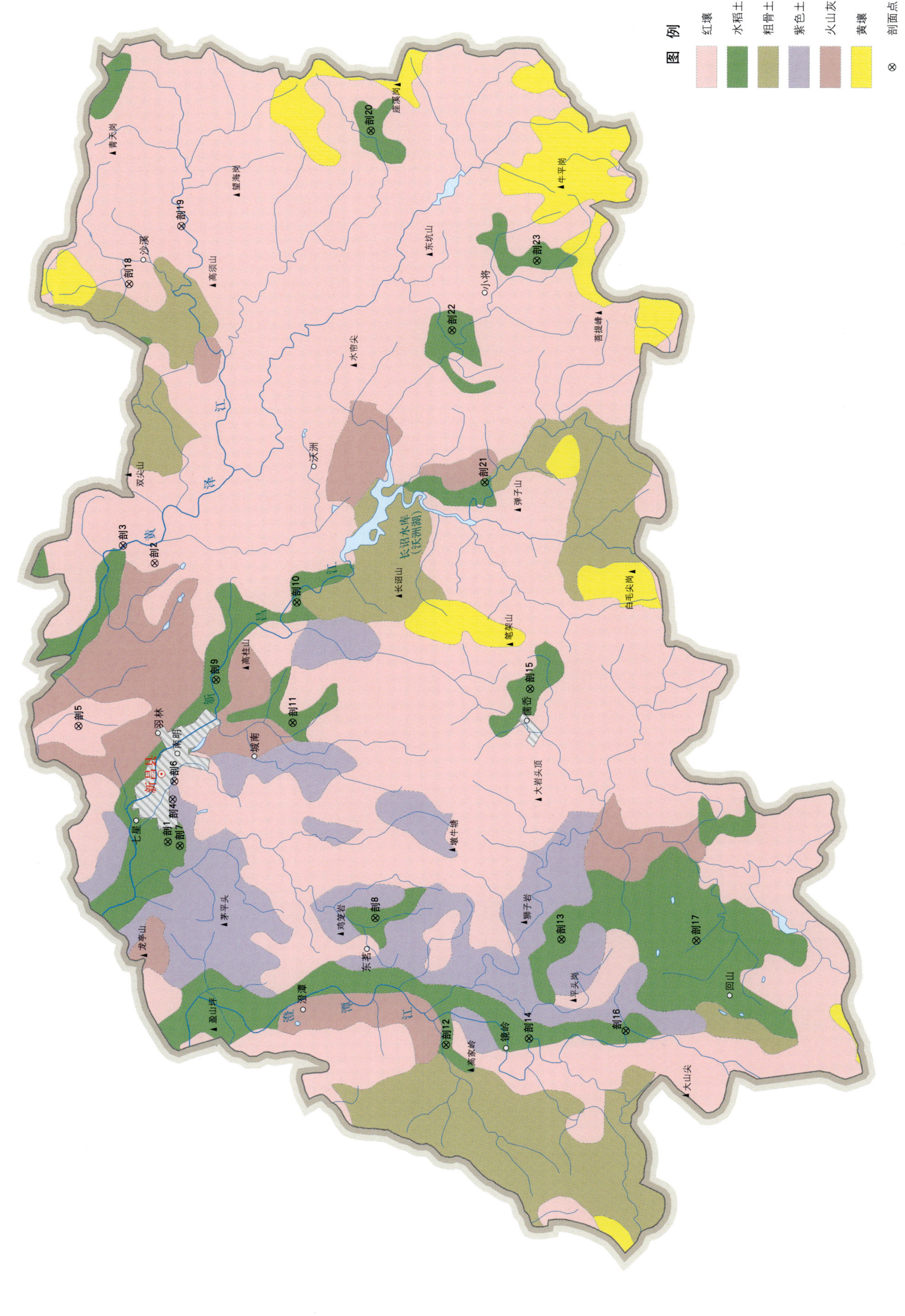

新昌县土壤剖面理化性状表

剖面号 Soil profile	土纲 Soil order	土类 Soil great group	亚类 Soil subgroup	土属 Soil genus	土种 Soil species	土层码 Layer code	土层厚度 Depth/cm	颜色 Soil color	质地 Soil texture	土壤结构 Soil structure	pH	有机质 OM/(g/kg)	全氮 TN/(g/kg)	全磷 TP/(g/kg)	阳离子交换量CEC/(cmol/kg)	土壤母质 Parent material	剖面点坐标 Profile coordinate	匹配指数 Matching index/%
剖1	人为土	水稻土	渗育水稻土	黄泥田	黄泥田	A	0—15	淡灰色	轻壤土		5.6	27.7	1.73	0.26	6.8	紫色凝灰岩风化物	E 120°51′57.2″ N 29°30′09.4″	75
						P	15—21	灰黄色	中壤土		5.6	27.1	1.54	0.24	6.8			
						W	21—42	灰黄色	中壤土		5.9	11.1	0.76	0.15	5.1			
						C	42—100	黄色	轻壤土		6.0							
剖2	铁铝土	红壤	红壤	红黏土	红黏土	A	0—20	暗红棕色	中黏土		5.8	14.7	1.31	0.63		流纹质凝灰岩风化物	E 120°59′26.6″ N 29°30′37.3″	75
						B	20—100	红棕色	中黏土		5.6	7.6	1.10	0.48				
剖3	铁铝土	红壤	红壤	红泥土	红泥土	A	0—11		重黏土		5.2	21.5	0.93	0.20	9.1	流纹质凝灰岩风化物	E 120°59′54.0″ N 29°31′22.7″	75
						B	11—67		轻黏土		5.6	7.5	0.49	0.23	13.9			
剖4	初育土	紫色土	石灰性紫色土	紫砂土	紫泥田	1	0—20	紫色	中壤土		7.0	8.6	0.53	0.54	22.5	石灰性紫色砂岩风化物	E 120°53′05.8″ N 29°30′04.1″	74
						2	20—68	紫色	重壤土		7.0	4.1	0.21	0.81	26.4			
剖5	铁铝土	红壤	红壤	红泥土	红泥砂土	A	0—15	褐色			5.4	1.8	0.06	0.08	4.6	流纹质凝灰岩风化物	E 120°55′00.9″ N 29°32′20.2″	75
						B	15—100	褐色			5.6	1.1	0.07	0.09	4.9			
剖6	铁铝土	红壤	黄红壤	粉红泥土	粉红泥土	A	0—28	褐色	重石质土		5.7	19.0	1.10	0.35	13.3	浅色凝灰岩风化物	E 120°53′34.8″ N 29°30′02.0″	75
						B	28—37	褐色	重石质土		5.6	12.2	0.74	2.70	13.1			
						C	37—100	淡黄棕色	中壤土		5.6				15.6			
剖7	人为土	水稻土	潴育水稻土	洪积泥砂田	合口泥砂田	A	0—13	灰黄色	中壤土		5.8	28.9	1.81	0.39	9.2	河流冲积物、沉积物	E 120°51′51.4″ N 29°29′52.2″	75
						P	13—20	灰黄色	中壤土		6.0	20.5	1.21	0.29	7.6			
						W	20—45	淡黄棕色	中壤土		6.0	14.8	0.77	0.37	7.1			
						C	45—											
剖8	人为土	水稻土	潴育水稻土	洪积泥砂田	狭谷泥砂田	A	0—11	暗灰黄色	中壤土		5.7	37.3	2.13	0.31	7.6	河流冲积物、沉积物	E 120°50′02.8″ N 29°25′12.9″	75
						P	11—18	暗灰黄色	中壤土		5.8	22.2	1.25	0.22	6.2			
						W	18—40	棕灰色	中壤土		6.0	6.5	0.36	0.25	5.4			
						C	40—70	灰黄色	中壤土		6.1							
剖9	人为土	水稻土	潴育水稻土	紫红泥砂田	紫泥砂田	A	0—12	紫红色	重壤土		5.8	30.8	1.84	0.56	15.9	母土为紫红色泥砂田	E 120°56′20.6″ N 29°29′06.9″	75
						P	12—23	紫色	重壤土		6.0	27.7	1.73	0.53	15.1			
						W	23—80	紫色	重壤土		6.6	12.2	0.88	0.53	15.8			
						C	80—100											
剖10	人为土	水稻土	渗育水稻土	老黄筋泥砂田	老黄筋泥田	A	0—13	棕色	轻黏土		5.6	31.8	1.74	0.26	10.9	第四纪红色黏土	E 120°58′28.2″ N 29°27′14.7″	75
						P	13—21	棕色	轻黏土		6.2	20.0	1.05	0.21	9.2			
						W₁	21—49	淡棕黄色	中黏土		6.8	1.3	0.31	0.14	12.3			
						C	49—99	淡黄棕色			6.5	3.8	0.36	0.22				
剖11	人为土	水稻土	潴育水稻土	棕黏田	棕黏田	A	0—14	棕色	轻黏土		5.6	24.4	1.66	1.43	17.1	玄武岩风化物	E 120°55′14.2″ N 29°27′16.9″	75
						P	14—21	棕色	轻黏土		5.7	22.7	1.66	1.45	14.9			
						WFe	21—25	淡棕色	中黏土		5.7	21.8	1.65	1.41	18.0			
						WMn	25—30	棕色	中黏土		6.0	12.7	0.94					
剖12	人为土	水稻土	潴育水稻土	洪积泥砂田	砾瑞洪积泥砂田	A	0—13	棕色	轻黏土		5.8	36.2	2.20	0.38	10.7	河流冲积物、沉积物	E 120°46′40.2″ N 29°23′28.3″	75
						P	13—22	棕灰色	中黏土		6.0	29.1	1.89	0.33	9.5			
						W	22—33	棕灰色	中黏土			10.7	0.86	0.25				
						4	33—		重石质土									
剖13	人为土	水稻土	潴育水稻土	洪积泥砂田	焦瑞洪积泥砂田	A	0—14	灰黄色			5.4	42.8	2.57	0.76		河流冲积物、沉积物	E 120°49′34.8″ N 29°20′48.8″	75
						P	14—20	褐黄色			5.8	31.9	1.96	0.66				
						Mn	20—25	黑灰色										
						W	25—100	棕灰色			6.4				10.3			

续表 Continued

剖面号 Soil profile	土纲 Soil order	土类 Soil great group	亚类 Soil subgroup	土属 Soil genus	土种 Soil species	土层码 Layer code	土层厚度 Depth/cm	颜色 Soil color	质地 Soil texture	土壤结构 Soil structure	pH	有机质 OM/(g/kg)	全氮 TN/(g/kg)	全磷 TP/(g/kg)	阳离子交换量CEC/(cmol/kg)	土壤母质 Parent material	剖面点坐标 Profile coordinate	匹配指数 Matching index/%
剖14	人为土	水稻土	潴育水稻土	老黄筋泥田	紫砂头老黄筋泥田	A	0—15	紫灰色	重壤土		5.8	39.1	2.39	0.40		第四纪红色黏土	E 120°46′53.7″ N 29°21′31.1″	75
剖15	人为土	水稻土	渗育水稻土	紫泥田	紫砂田	A P W₁ W₂	0—15 15—27 27—54 54—100	暗黄黄色 褐色 淡黄棕色	重壤土 中壤土		6.8 6.2 7.0 5.8	11.8 28.1 7.9 17.1	0.89 1.89 0.56 1.02	0.19 0.25 0.15 0.17	12.6	石灰性紫砂岩风化物	E 120°56′17.6″ N 29°21′41.8″	75
剖16	人为土	水稻土	潴育水稻土	黄泥砂田	棕大黄泥田	A P W C	0—13 13—20 20—100 100—120	棕色 暗黄棕色 暗灰棕色	轻黏土 重黏土 轻黏土 中壤土		6.1 6.4 6.9	38.3 38.0 21.2	2.24 2.06 1.13	1.06 1.10 1.10	35.3 36.4 35.4	含石英砂风化岩或粗骨性风化物	E 120°47′10.4″ N 29°19′14.7″	75
剖17	人为土	水稻土	潴育水稻土	黄泥砂田	红大黄泥田	A P W	0—12 12—20 20—100	红黄色 淡黄棕色 黄色	中壤土 轻黏土 轻黏土		6.4 6.4 6.5	29.0 26.5 22.5	1.94 1.82 1.74	1.26 1.23 1.07	15.8 14.6 13.2	含石英砂风化岩或粗骨性风化物	E 120°49′38.2″ N 29°17′37.6″	75
剖18	铁铝土	红壤	黄红壤	黄泥砂土	黄泥砂土	A B	0—17 17—47	淡黄色 红黄色	中壤土 中壤土		5.5 5.5	35.5 9.2	1.43 0.49	0.14 0.09	7.5 6.0	凝灰岩、细晶花岗岩风化物	E 121°06′55.9″ N 29°31′21.8″	97
剖19	铁铝土	红壤	黄红壤	粉红泥土	紫砂泥土	A	0—16	紫色	轻壤土		6.1	8.3	0.47	0.34	27.4	紫色凝灰岩风化物	E 121°08′31.5″ N 29°30′09.5″	75
剖20	人为土	水稻土	潜育水稻土	烂滃田	烂黄泥田	A G GW C	0—14 14—41 41—51 51—100	棕灰色 青灰色 青灰色 暗黄黄色	轻黏土 重黏土 轻壤土 重壤土		6.4 6.6 6.6 7.1	29.8 31.9 13.8	1.84 1.25 0.83	0.44 0.35 0.26	20.0 16.5 17.9	山谷堆积物、洪积物	E 121°11′10.5″ N 29°25′43.6″	75
剖21	人为土	水稻土	潴育水稻土	黄泥砂田	黄粉泥田	A P W₁ W₂	0—12 12—35 35—50 50—100	棕色 暗黄黄色 灰黄色 灰黄色	重壤土 重壤土 重壤土 重壤土		5.6 6.0 6.6 6.8	28.8 22.0 9.9 6.6	1.90 1.38 0.76 0.37	0.49 0.42 0.42 0.21	12.8 11.3 10.7	含石英砂风化岩或粗骨性风化物	E 121°01′48.0″ N 29°22′52.5″	75
剖22	人为土	水稻土	潴育水稻土	老黄筋泥田	老黄筋泥田	A P W C	0—16 16—24 24—52 52—100	灰黄色 灰白色 灰白色	轻壤土 轻壤土 砂壤土	小块状 块状 粒状						第四纪红色黏土	E 121°05′51.2″ N 29°23′43.6″	75
剖23	人为土	水稻土	潴育水稻土	硅藻白土田	硅藻白土田	A P W C	0—17 17—27 27—37 37—50	灰黄色 灰白色 白色	轻壤土 砂壤土 砂壤土	粒状						古河湖相的硅藻沉积物	E 121°07′46.0″ N 29°21′45.1″	75

诸暨市

主要土类说明

红壤是诸暨市丘陵山地的主要土壤类型，占本市地域面积的53%。红壤主要发生于亚热带常绿阔叶林地区，呈中度富铝化特征，土壤黏粒中的游离铁占全铁50%—60%。红壤有深厚红色土层，底层可见深厚红、黄、白相间网纹的红色黏土。土壤中的黏土矿物以高岭石、赤铁矿为主，黏粒硅铝率为1.8—2.4，风化淋溶系数<0.2，盐基饱和度<35%，pH为4.5—5.5。

水稻土是诸暨市第二大土壤类型，占本市地域面积的31%。水稻土是在长期季节性淹灌、水下翻耕、季节性脱水等水耕活动的影响下，土壤内部物质发生氧化还原交替作用，原来的成土母质或母土特性发生重大改变，从而形成的新的土壤类型。由于干湿交替等作用的影响，糊状淹育层、较坚实板结的犁底层、渗育层、潴育层与潜育层多种发生层分异。这些不同发生层是在人为耕作、水浆管理作用下形成的。

紫色土占诸暨市地域面积的5%，分布于浦阳江中上游河谷两侧低丘，母质为白垩纪石灰性紫红色砂页岩。紫色土是热带、亚热带紫红色岩层直接风化形成的具A-C剖面构型的土壤。其理化性质特征与母岩基本相同，土层浅薄，剖面层次发育不明显，仍为初育土。由于母岩富含矿质养分，且风化迅速，为良好的肥沃土壤。

黄壤占诸暨市地域面积的近5%。黄壤发生于亚热带湿润环境，多见于海拔700—1200m的山区，具O-A-AB-B-C剖面构型，富含水合氧化物（针铁矿），呈黄色，呈中度富铝化特征，有时含三水铝石。土壤有机质累积较高，可达100g/kg，pH为4.5—5.5。多发展为林地，间亦耕种。

石灰（岩）土占诸暨市地域面积的3%，母质为石灰岩风化体的残积物、坡积物。石灰（岩）土是由热带、亚热带石灰岩经溶蚀风化而形成的厚薄不同的钙质饱和或含游离钙质的土壤。多见于石隙、溶洞或峰丛底部，碳酸钙淋溶程度不一，多黏质，常为铁钙质胶结物，风化程度不一，盐基饱和度高，土壤有机质含量及胶结状态有较大差异。

小于本市地域面积3%的土壤类型为粗骨土、火山灰土等。

本区域中心区气候特征

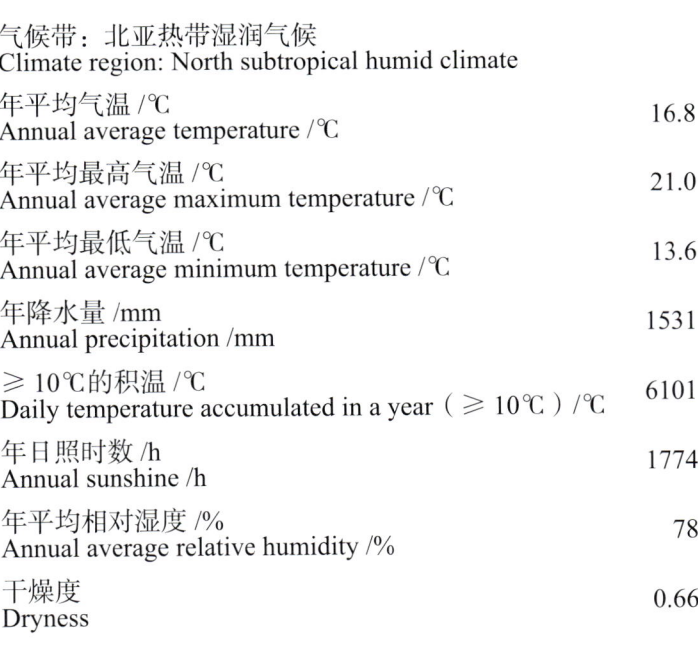

本区域中心区气候特征值
Regional climate characteristics in central area of the region

气候带：北亚热带湿润气候 Climate region: North subtropical humid climate	
年平均气温 /℃ Annual average temperature /℃	16.8
年平均最高气温 /℃ Annual average maximum temperature /℃	21.0
年平均最低气温 /℃ Annual average minimum temperature /℃	13.6
年降水量 /mm Annual precipitation /mm	1531
≥10℃的积温 /℃ Daily temperature accumulated in a year (≥10℃) /℃	6101
年日照时数 /h Annual sunshine /h	1774
年平均相对湿度 /% Annual average relative humidity /%	78
干燥度 Dryness	0.66

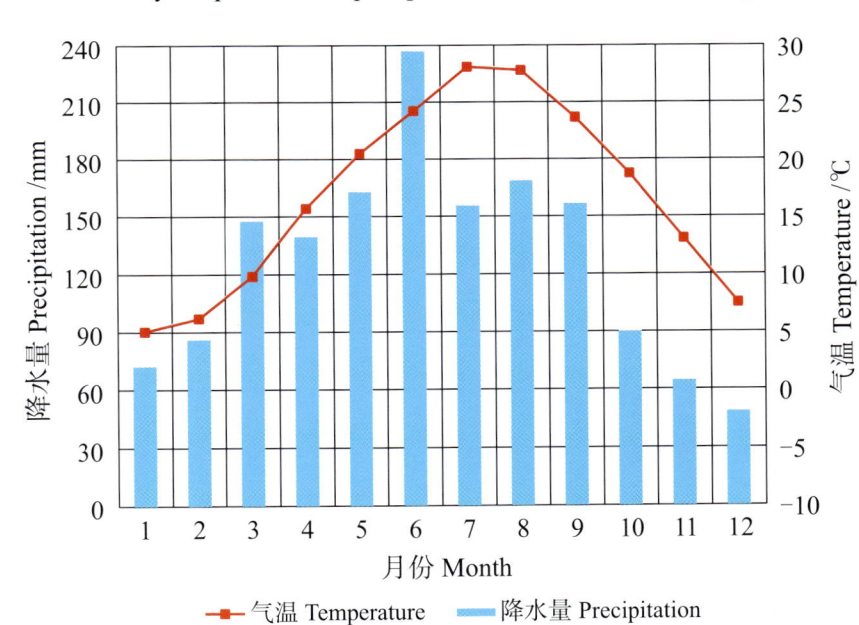

本区域中心区月平均气温与月平均降水量
Monthly temperature and precipitation in central area of the region

诸暨市主要土壤类型与土壤剖面点分布图
1:280 000

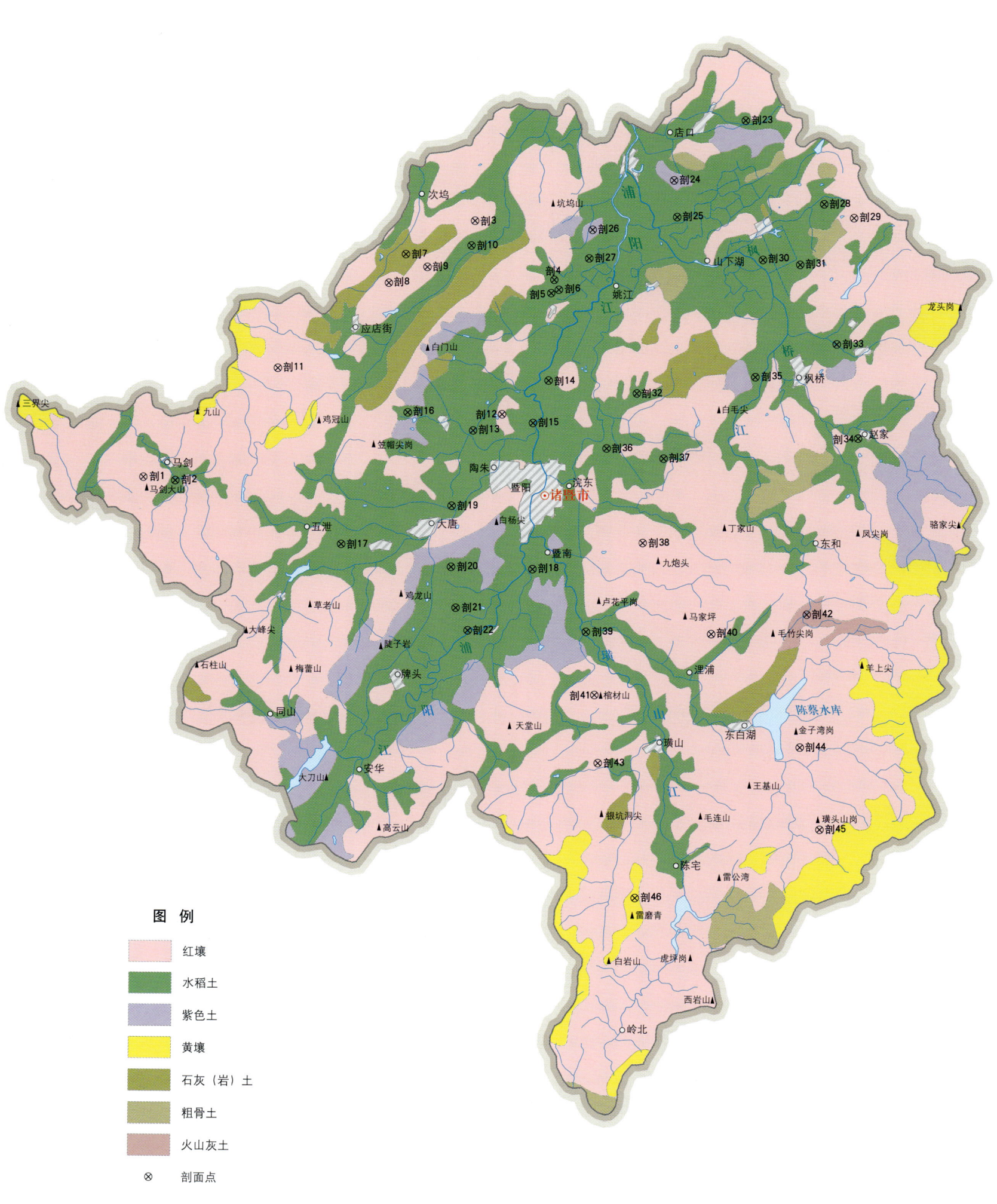

诸暨市土壤剖面理化性状表

剖面号 Soil profile	土纲 Soil order	土类 Soil great group	亚类 Soil subgroup	土属 Soil genus	土种 Soil species	土层码 Layer code	土层厚度 Depth/cm	颜色 Soil color	质地 Soil texture	土壤结构 Soil structure	pH	有机质 OM/(g/kg)	全氮 TN/(g/kg)	全磷 TP/(g/kg)	全钾 TK/(g/kg)	碱解氮 AN/(mg/kg)	有效磷 AP/(mg/kg)	速效钾 AK/(mg/kg)	阳离子交换量 CEC/(cmol/kg)	土壤母质 Parent material	剖面点坐标 Profile coordinate	匹配指数 Matching index,%
剖1	铁铝土	红壤	红壤	红黏土	红黏土	A	0—15	淡黄棕色	轻黏土	核粒状	5.3	14.6	0.96	0.83					9.0		E 119°58′08.6″ N 29°43′10.4″	95
						(B)	15—55	红黄色	轻黏土	核粒状	5.2	7.8	0.66	0.86					8.7			
						C	55—100	红棕色	轻黏土	块状	5.1	1.8										
剖2	人为土	水稻土	渗育水稻土	黄泥田	黄泥田	A	0—11	灰黄色	轻黏土	块状	5.2	36.6	2.07	0.98					12.5		E 119°59′27.4″ N 29°43′05.2″	95
						P	11—19	灰黄色	轻黏土	块状	5.2	28.3	1.75	0.86					11.3			
						WFe	19—68	灰黄棕色	轻黏土	块状	6.0	10.1	0.63	0.85					10.4			
						C	68—100	淡黄棕色	轻黏土	块状	6.0											
剖3	铁铝土	红壤	红壤	油红泥	油红泥	A	0—22	淡黄棕色	轻黏土	核粒状	5.4	22.8	1.67	0.62					8.4		E 120°11′19.9″ N 29°52′33.2″	95
						(B)	22—53	淡黄棕色	轻黏土	核粒状	5.1	8.3	0.77	0.31					10.0			
						C	53—100	红棕色	中黏土	块状	5.1											
剖4	人为土	水稻土	潴育水稻土	泥质田	半砂田	1	0—15		重壤土											河流老冲积物	E 120°14′37.3″ N 29°50′32.5″	75
						2	15—24		重壤土													
						3	24—80		重壤土													
						4	80—100		重石质土													
剖5	人为土	水稻土	潴育水稻土	黄斑田	青心黄斑田	A	0—12	暗黄棕色	重壤土	块状	6.5	40.5	2.41	0.73					17.2		E 120°14′30.5″ N 29°50′03.8″	75
						P	12—21	暗灰黄色	轻黏土	块状	6.5	32.0	1.91	0.61					15.4			
						W	21—60	暗灰黄色	轻黏土	柱状	6.1	15.3	0.96	0.63					16.8			
						G	60—100	淡灰色	重壤土	无结构糊状	6.4											
剖6	人为土	水稻土	潴育水稻土	烂滃田	烂黄泥田	A	0—12	灰黄色	重壤土	无结构糊状	6.5	32.5	1.68	0.63					21.6		E 120°14′49.5″ N 29°50′11.6″	75
						Pg	12—33	暗灰黄色	重壤土	无结构糊状	6.8	18.6	0.55	0.60					18.4			
						G	33—100	暗灰黄色	重壤土	无结构糊状	6.8	6.8	0.18	0.67								
剖7	初育土	石灰(岩)土	棕色石灰土	黑油泥	黑油泥	A	0—20	黑棕色	轻黏土	核粒状	6.9	24.2	1.32	1.97						石灰岩风化残积物、坡积物	E 120°08′33.8″ N 29°51′18.5″	73
						B	20—40	暗棕色	轻黏土	核粒状	7.0	18.6	1.10	1.72								
						Cca	40—70	暗棕色	重壤土	团块状	7.1											
剖8	铁铝土	黄红壤	黄红壤	红松泥	砂性红松泥	A	0—12	淡黄色	中壤土	团粒状	4.7	14.5	0.57	0.49					9.2	变质岩风化残积物、坡积物	E 120°07′54.1″ N 29°50′16.8″	75
						(B)	12—82	棕红色	重壤土	团粒状	4.9	14.8	0.37	0.38					8.6			
						C	82—100	棕红色	中壤土	粒状	5.1	4.2										
剖9	铁铝土	黄红壤	黄红壤	砂黏质红土	砂黏质红土	A	0—12	红棕色	砂壤土	粒状	5.0	16.5	0.73				1.7	139		中粗晶花岗岩风化残积物、坡积物	E 120°09′27.1″ N 29°50′52.7″	95
						(B)	12—30	暗红棕色	砂壤土	粒状	5.0											
						C	30—50	淡灰棕色	砂壤土	块状	5.0											
剖10	人为土	水稻土	渗育水稻土	油泥田	油泥田	A	0—15	棕色	轻黏土	块状	7.7	38.2	2.93	1.68						石灰岩风化残积物	E 120°11′12.9″ N 29°51′40.7″	95
						P	15—28	黄棕色	轻黏土	块状	7.7	30.1	1.16	1.60								
						WFe	28—57	红棕色	重壤土	块状	7.5	11.6	0.90	1.55								
						C	57—100	红棕色	轻黏土	块状	7.4											
剖11	铁铝土	红壤	红壤	黄筋泥	黄筋泥	A	0—13	淡红黄色	中壤土	团块状	5.1	8.1	0.58	0.50					6.5	第四纪红土	E 120°03′29.1″ N 29°47′09.2″	95
						(B)	13—48	红红色	重壤土	团块状	5.2	4.3	0.35	0.50					6.8			
						C	48—100	红红色	重壤土	块状	5.1											
剖12	铁铝土	黄红壤	黄红壤	黄红泥土	黄红泥土	A	0—13	红黄色	轻壤土	团块状	5.1	22.0	0.99	0.40					8.0		E 120°12′38.8″ N 29°45′44.6″	95
						(B)	13—30	红黄色	轻壤土	块状	5.2	14.4	0.58	0.38					7.6			
						C	30—100	淡红黄色	轻壤土	块状	5.0											
剖13	人为土	水稻土	潴育水稻土	青潮黏土	烂青泥田	Aa	0—13	灰色	黏土	碎块状	6.2	29.8	1.90	0.30	17.8	135	3.0	75		河湖相沉积物	E 120°11′29.6″ N 29°45′08.5″	95
						Ap	13—20	灰黄色	黏土	块状	5.9	37.2	2.10	0.30	17.4	164	4.0	79				
						G	20—100	暗蓝灰色	黏土	无结构糊状	6.3	28.1										

续表 Continued

剖面号 Soil profile	土纲 Soil order	土类 Soil great group	亚类 Soil subgroup	土属 Soil genus	土种 Soil species	土层码 Layer code	土层厚度 Depth/cm	颜色 Soil color	质地 Soil texture	土壤结构 Soil structure	pH	有机质 OM/(g/kg)	全氮 TN/(g/kg)	全磷 TP/(g/kg)	全钾 TK/(g/kg)	碱解氮 AN/(mg/kg)	有效磷 AP/(mg/kg)	速效钾 AK/(mg/kg)	阳离子交换量 CEC/(cmol/kg)	土壤母质 Parent material	剖面点坐标 Profile coordinate	匹配指数 Matching index/%
剖14	人为土	水稻土	潴育水稻土	泥质田	泥筋田	A	0—12	灰黄色	轻黏土	块状	6.7	44.9	2.22	0.84					18.7	河流老冲积物	E 120°14′30.2″ N 29°46′58.8″	95
						Pg	12—25	褐色	轻黏土	块状	6.5	31.2	1.71	0.55					17.3			
						W	25—52	淡黄棕色	轻黏土	大棱柱状	6.7	10.7	0.80						19.2			
						C	52—100	灰白色	轻黏土	块状	6.7											
剖15	人为土	水稻土	潴育水稻土	培泥砂田	砂田	A	0—15	褐色		粒状	6.5	29.2	1.54	0.70						新河流冲积物	E 120°13′55.1″ N 29°45′27.6″	95
						P	15—22	褐色		粒状	5.9	17.3	0.73	0.61								
						W	22—55	灰黄色		粒状	6.7	8.9	0.31	0.91								
						C	55—100	灰黄色		粒状	6.7											
剖16	人为土	水稻土	潜育水稻土	烂泥田	烂泥田	A	0—17	灰黄色	中黏土	无结构糊状	6.7	42.7	2.37	0.72					19.0	河流冲积物	E 120°08′49.3″ N 29°45′43.1″	96
						Pg	17—36	褐色	中黏土	无结构糊状	6.5	19.5	1.07	0.52					13.8			
						G	36—100	淡棕黄色	中黏土	无结构糊状	7.0	7.8	0.59	0.45					14.1			
剖17	人为土	水稻土	潴育水稻土	黄油泥田	黄油泥田	A	0—13	暗灰黄色	重壤土	块状	7.3	53.2	3.11	1.61					20.9	石灰岩风化残积物、坡积物	E 120°06′16.4″ N 29°40′59.9″	95
						P	13—21	暗灰黄色	重壤土	柱状	7.3	33.9	2.01	1.48					18.2			
						W	21—60	暗黄棕色	轻黏土	块状	7.7	5.9	0.53	0.71					13.6			
						C	60—80	暗黄棕色														
剖18	人为土	水稻土	潴育水稻土	泥质田	泥质田	A	0—13	棕灰色	轻黏土	块状	6.6	32.8	2.08	0.62					13.1	河流老冲积物	E 120°14′03.8″ N 29°40′18.6″	95
						P	13—20	暗黄棕色	重黏土	块状	6.6	22.1	1.48	0.62					13.6			
						W	20—67	棕黄色	中黏土	棱柱状	6.9	8.5	0.63	0.72					14.0			
						C	67—100	褐色	轻壤土	块状	7.1											
剖19	人为土	水稻土	潜育水稻土	烂泥砂田	烂泥砂田	A	0—15		砂壤土		6.9	56.0	2.98	1.06			5.0	50	10.7	洪冲积物	E 120°10′42.6″ N 29°42′28.3″	95
						G	15—100		砂壤土		6.1	49.9	2.05	0.74					8.7			
剖20	人为土	水稻土	潴育水稻土	洪积泥砂田	合口泥砂田	A	0—14		重壤土	粒状	6.2	30.0	1.63	0.50					13.5	洪积物	E 120°10′45.1″ N 29°40′18.6″	95
						P	14—24		中壤土	块状	6.6	21.7	1.13	0.50					11.5			
						W	24—60		重壤土	块状	7.1	5.8	0.38	0.48					10.8			
						C	60—100		重石质土	块状	7.0											
剖21	人为土	水稻土	潴育水稻土	泥质田	红土心泥质田	A	0—15	灰白色	轻黏土	块状	6.4									河流老冲积物	E 120°10′59.5″ N 29°38′52.1″	95
						P	15—23	棕灰色	重黏土	块状	6.8											
						W	23—45	褐色	重黏土	柱状	7.2											
						C	45—100	褐色	重壤土	块状	7.0											
剖22	人为土	水稻土	潴育水稻土	紫红泥砂田	黄筋泥心紫泥田	A	0—13		中壤土												E 120°11′30.3″ N 29°38′04.8″	92
						P	13—21		中壤土													
						W	21—47		中壤土													
						C	47—100		中壤土													
剖23	人为土	水稻土	潴育水稻土	泥砂田	泥砂田	A	0—12	暗黄色	中壤土	粒状	5.9	30.6	1.80	0.54					11.7	河流冲积物	E 120°22′14.9″ N 29°56′18.8″	95
						P	12—18	暗灰黄色	中壤土	粒状	5.9	17.0	0.94	0.33					10.4			
						W	18—44	灰黄色	中壤土	粒状	6.2	8.4	0.49	0.44					8.6			
						C	44—100	褐色	重石质土	粒状	6.5											
剖24	初育土	紫色土	石灰性紫色土	红紫砂土	红紫砂土	A	0—7	暗棕红色	轻壤土	粒状	6.2	13.9	0.61	0.16					6.5	石灰性紫红色砂页岩风化物	E 120°19′23.4″ N 29°54′08.8″	74
						B	7—50	淡红色	中壤土	粒状	6.0	6.9	0.40	0.19					6.4			
						C	50—100	淡红色	砂壤土	粒状	6.4											
剖25	人为土	水稻土	渗育水稻土	白砂田	白砂田	A	0—10	灰黄色	轻壤土	粒状	6.5									花岗岩风化物	E 120°19′33.4″ N 29°52′52.0″	95
						P	10—19	灰黄色	轻壤土	粒状	6.5											
						WFe	19—34	淡棕黄色	轻壤土	粒状	5.5											
						C	34—70	淡棕色	轻壤土	粒状	5.5											

续表 Continued

剖面号 Soil profile	土纲 Soil order	土类 Soil great group	亚类 Soil subgroup	土属 Soil genus	土种 Soil species	土层码 Layer code	土层厚度 Depth/cm	颜色 Soil color	质地 Soil texture	土壤结构 Soil structure	pH	有机质 OM/(g/kg)	全氮 TN/(g/kg)	全磷 TP/(g/kg)	全钾 TK/(g/kg)	碱解氮 AN/(mg/kg)	有效磷 AP/(mg/kg)	速效钾 AK/(mg/kg)	阳离子交换量CEC/(cmol/kg)	土壤母质 Parent material	剖面点坐标 Profile coordinate	匹配指数 Matching index/%
剖26	初育土	紫色土	石灰性紫色土	红泥砂土	红紫泥土	A	0—11	紫灰色	中壤土	核粒状	5.9	28.3	1.08	0.23						石灰性紫红色砂页岩风化物	E 120°16′07.7″ N 29°52′20.2″	92
						B	11—34	紫色	重壤土	核粒状	6.2	7.4	0.40	1.88								
						C	34—60	紫棕色	轻壤土	粒状	6.4	2.1										
剖27	人为土	水稻土	潴育水稻土	黄泥砂田	黄泥砂田	A	0—12	淡灰黄色	中壤土	粒状	5.5	32.9	2.09	0.70					13.8		E 120°16′01.1″ N 29°51′19.4″	95
						P	12—21	暗灰黄色	中壤土	块状	5.5	20.8	1.30	0.68					12.4			
						W	21—34	淡黄棕色	中壤土	块状	5.9	6.9	0.36	0.84					9.2			
						C	34—100	淡黄棕色	中壤土	块状	6.0											
剖28	人为土	水稻土	潴育水稻土	老黄筋泥田	泥砂头老黄筋泥田	A	0—11		重壤土		6.1	29.5	1.60	0.61							E 120°25′31.9″ N 29°53′26.8″	95
						P	11—20		重壤土		6.5	22.3	1.36	0.51								
						W	20—39		重壤土		6.6	8.7	0.38	0.49								
						C	39—100				6.9											
剖29	铁铝土	红壤	黄红壤	黄泥土	黄泥砂土	A	0—19	灰黄色	轻黏土	核粒状	5.0	17.2	0.74	0.21					7.1		E 120°26′45.1″ N 29°52′59.1″	95
						(B)	19—39	灰黄色	轻黏土	团块状	5.1	11.5	0.51	0.16					6.7			
						C	39—100	淡棕黄色	轻壤土	块状	5.1											
剖30	人为土	水稻土	渗育水稻土	红砂田	红砂田	A	0—19	紫灰色	中壤土	粒状	5.9	36.4	2.04	0.54					8.6		E 120°23′01.4″ N 29°51′29.7″	95
						P	19—27	紫灰色	中壤土	粒状	5.7	14.4	1.68	0.33					8.0			
						W	27—60	紫灰色	重壤土	块状	5.8	9.6	0.84	0.42					7.3			
						C	60—100		重壤土		5.2											
剖31	人为土	水稻土	潴育水稻土	紫红泥砂田	紫泥砂田	A	0—10	棕色	重壤土	粒状	6.7	42.9	2.50	0.52							E 120°24′36.9″ N 29°51′17.8″	95
						P	10—17	棕红色	重壤土	块状	6.9	26.7	1.33	0.40								
						W	17—44	灰棕色	重壤土	柱状	6.6	8.9	0.58	0.37								
						C	44—100	灰棕色	重壤土	块状	6.7											
剖32	人为土	水稻土	脱潴水稻土	黄斑青泥田	黄斑青泥田	A	0—17	黄棕色	壤质黏土	团块状	6.5	44.4	2.71	0.73					21.2	河湖相沉积物	E 120°18′06.0″ N 29°46′36.0″	81
						Ap	17—28	黄棕色	中黏土	块状	6.1	43.5	2.36	0.62					20.5			
						Gw	28—55	灰棕色	重黏土	核枝状	5.7	42.4	2.32	0.79					22.6			
						G	55—100	灰色	重黏土	无结构糊状	5.7	21.2	0.78	0.51								
剖33	人为土	水稻土	潜育水稻土	青泥田	改良青泥田	A	0—17	暗黄棕色	中黏土	块状	6.5	44.4	2.71	0.73							E 120°26′11.0″ N 29°48′31.2″	96
						P	17—28	暗灰黄色	重黏土	核柱状	6.1	43.5	2.36	0.62								
						Gw	28—55	暗灰黄色	重黏土	大棱柱状	5.7	42.4	2.32	0.79								
						C	55—100	灰色	重黏土	无结构糊状	5.5											
剖34	人为土	水稻土	潴育水稻土	黄粉砂田	黄粉砂田	A	0—14	褐色	中壤土	块状	6.1	48.2	2.92	0.74					16.9		E 120°22′54.4″ N 29°47′17.4″	95
						P	14—27	暗黄棕色	重壤土	块状	6.1	39.1	2.29	0.78					15.2			
						W	27—55	淡黄棕色	轻壤土	柱状	6.2	10.9	0.50	1.20					10.6			
						C	55—100	淡棕红色	轻壤土	块状	6.0											
剖35	人为土	水稻土	渗育水稻土	红泥田	红黏田	A	0—14	淡棕红色	黏土	块状	6.5	29.8	1.88	0.27	17.8	135	2.8	75		玄武岩风化物	E 120°27′08.9″ N 29°45′13.3″	81
						P	14—21	淡棕红色	黏土	柱状	6.0	37.2	2.14	0.32	17.4	164	4.4	79				
						C	21—100	暗黄棕色	重黏土	无结构糊状	5.5	28.1										
剖36	人为土	水稻土	烂青泥田	烂青泥田	烂青泥田	A	0—13	灰黄色	重壤土	块状	5.9	46.2	2.58	1.01					22.8	河湖相沉积物	E 120°16′56.4″ N 29°44′38.0″	81
						Ap	13—20	暗青灰色	重壤土	块状	6.3	31.3	1.92	0.73					20.3			
剖37	人为土	水稻土	潴育水稻土	黄泥砂田	黄大泥田	A	0—18	淡棕黄色	重黏土	块状	6.1	30.1	1.74	1.36					25.3		E 120°19′15.9″ N 29°44′19.6″	95
						P	18—30	淡棕黄色	重壤土	块状	6.7											
						W	30—83	淡棕棕色	重壤土	柱状	6.0											
						C	83—100	淡棕棕色	轻壤土	块状	6.5											

续表 Continued

剖面号 Soil profile	土纲 Soil order	土类 Soil great group	亚类 Soil subgroup	土属 Soil genus	土种 Soil species	土层码 Layer code	土层厚度 Depth/cm	颜色 Soil color	质地 Soil texture	土壤结构 Soil structure	pH	有机质 OM/(g/kg)	全氮 TN/(g/kg)	全磷 TP/(g/kg)	全钾 TK/(g/kg)	碱解氮 AN/(mg/kg)	有效磷 AP/(mg/kg)	速效钾 AK/(mg/kg)	阳离子交换量 CEC/(cmol/kg)	土壤母质 Parent material	剖面点坐标 Profile coordinate	匹配指数 Matching index/%
剖38	铁铝土	红壤	黄红壤	黄黏土	黄黏土	A	0—16	棕色	重壤土	团块状	5.5									玄武岩风化残积物、坡积物	E 120°18′30.8″ N 29°41′20.1″	95
						(B)	16—36	棕灰色	重壤土	块状	5.5											
						C	36—100	棕灰色	重壤土	块状	6.0											
剖39	人为土	水稻土	渗育水稻土	紫泥田	紫泥田	A	0—15	淡红色	重壤土	块状	6.6	22.6	1.29	0.44							E 120°16′18.9″ N 29°38′08.9″	95
						P	15—28	暗棕红色	重壤土	块状	6.6	11.9	0.78	0.37								
						W	28—50	红棕色	中壤土	块状	7.1	3.3	0.29	0.31								
						C	50—100	红棕色	中壤土	块状												
剖40	铁铝土	红壤	侵蚀型红壤	白岩砂土	白岩砂土	A	0—11	淡棕色	石质土	粒状	5.5	12.0	0.67	6.92							E 120°21′24.1″ N 29°38′11.3″	93
						C	11—30	淡棕色	石质土	粒状	5.5	6.0	0.25	4.08								
剖41	铁铝土	红壤	黄红壤	红砂土	酸性紫色土	A	0—17	紫棕色	砂壤土	粒状	4.5	10.9	0.62	0.19					2.6		E 120°16′53.0″ N 29°35′55.6″	95
						C	17—35	紫棕色	轻壤土	粒状	4.7	11.3	0.68						2.8			
剖42	初育土	火山灰土	玄武岩幼年土	棕黏土	棕黏土	A	0—17	灰棕色	轻黏土	粒状	6.5	27.2	1.17	5.20						玄武岩风化残积物、坡积物	E 120°25′15.8″ N 29°38′58.0″	71
						B	17—26	暗灰棕色	轻黏土	核粒状	6.2	13.6	0.82	4.87					14.9			
						C	26—35	暗灰棕色	轻黏土	核粒状	6.8	12.2							14.7			
剖43	铁铝土	红壤	黄红壤	红砂土	红砂土	A	0—18	淡棕红色	砂壤土	粒状	5.0										E 120°16′57.1″ N 29°33′31.7″	95
						(B)	18—45	红棕色	轻壤土	粒状	5.0											
						C	45—100	红棕色	轻壤土	粒状	5.5											
剖44	铁铝土	红壤	黄红壤	黄泥土	黄泥土	A	0—14	灰黄色	中壤土	粒状	5.1	17.4	0.79	0.75							E 120°25′07.2″ N 29°34′17.0″	95
						(B)	14—30	淡棕黄色	中壤土	块状	5.1	12.5	0.59	2.62								
						C	30—100	淡棕黄色	轻壤土	块状	5.1	5.1										
剖45	铁铝土	红壤	黄红壤	亚黄筋泥	砾石亚黄筋泥	A	0—18	黄色	中壤土	粒状	5.9	15.1	0.82	0.74					6.9	第四纪红土	E 120°26′01.5″ N 29°31′23.5″	96
						(B)	18—33	黄色	中壤土	粒状	5.9	5.3	0.43	0.35								
						C	33—100	黄色	中壤土	块状	5.2	5.5							3.8			
剖46	铁铝土	黄壤	侵蚀型黄壤	山地石砂土	山地石砂土	Ao	0—5	黑色	石质土	粒状	5.0									种母岩风化、残积物、坡积物	E 120°18′36.8″ N 29°28′46.9″	93
						A	5—21	褐色	石质土	粒状	5.5											
						C	21—35	灰白色	石质土	块状	5.0											

嵊州市

主要土类说明

红壤是嵊州市主要土壤类型，占本市地域面积的53%。红壤是在湿润的亚热带生物气候条件下，经过脱硅富铝化过程形成的具有A-（B）-C剖面构型的土壤。本土类可划分为红壤、黄红壤等亚类。红壤亚类分布在三界、崇仁、长乐、临城、黄泽、甘霖区及幸福、金山等乡镇的低丘台地或一级阶地，是本土类中红化、酸化、黏化作用强且土层深厚的土壤。黄红壤亚类分布在西南和东北山区海拔600m以下的低山丘陵地，一般在海拔250m以下多与红壤亚类呈交叉分布，是本市分布面积最大的土壤亚类。

水稻土是嵊州市第二大土壤类型，占本市地域面积的20%。水稻土是在各种成土母质或土壤类型上种植水稻后，经过长期水耕熟化过程，土体不断经历氧化还原和淋溶淀积作用而发育成的具有独特剖面构型的土壤类型。本市水稻土可划分为渗育型、潴育型、潜育型、淹育型等亚类。

黄壤是嵊州市第三大土壤类型，占本市地域面积的10%。黄壤分布在本市西南和东北山区海拔600m以上的山地。黄壤的母质为各种岩石风化的坡积物、残积物。由于地势高、气温低、日照少、湿度大，因此，土壤富铝化明显，铁锰水合氧化物成分含量高，土色呈黄色或棕黄色。土壤有机质含量高，一般有机质含量在40—130g/kg，高的可达200g/kg以上。表土上面覆盖有枯枝落叶层，剖面构型为AoA-（B）-C。

粗骨土占嵊州市地域面积的7%。基岩风化残积物、坡积物，属于A-C甚至（A）-C剖面构型。A层发育不明显，与母质层性状相似，略显有机质累积而已。有时母质层富含砾石，甚少剖面分异与发育特征。

紫色土占嵊州市地域面积的4%。紫色土土体中含有碳酸钙，具有石灰反应，全剖面呈紫色，保留了母岩的色泽。土壤剖面分化层次较微弱，一般自然土壤剖面构型为A-C，耕地土壤剖面构型为A-B-C。质地因母岩不同而有差异。

火山灰土占嵊州市地域面积的4%。火山灰土是由火山喷发碎屑物和尘状火山灰堆积物发育而成，剖面发生层分异小，色泽差异大，母质特征明显。土体由灰黑色及暗褐色等疏松多孔的玻璃质熔岩块叠置而成，呈A-C剖面构型。表层有机质含量较高，可达100g/kg以上，往下明显降低，土壤pH为6.0—7.0。

本区域中心区气候特征

本区域中心区气候特征值
Regional climate characteristics in central area of the region

气候带：北亚热带湿润气候 Climate region: North subtropical humid climate	
年平均气温 /℃ Annual average temperature /℃	16.9
年平均最高气温 /℃ Annual average maximum temperature /℃	21.0
年平均最低气温 /℃ Annual average minimum temperature /℃	13.7
年降水量 /mm Annual precipitation /mm	1553
≥10℃的积温 /℃ Daily temperature accumulated in a year (≥10℃) /℃	6141
年日照时数 /h Annual sunshine /h	1780
年平均相对湿度 /% Annual average relative humidity /%	78
干燥度 Dryness	0.66

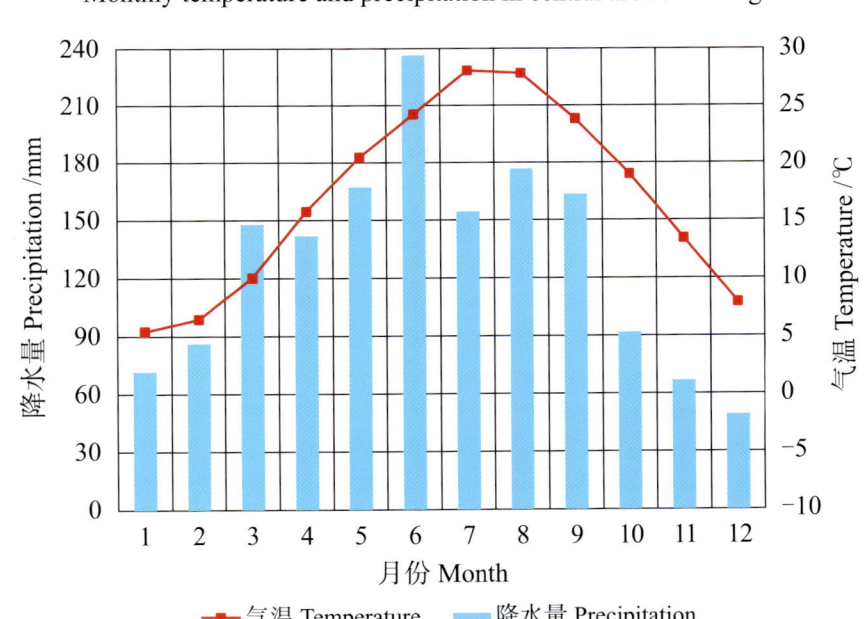

本区域中心区月平均气温与月平均降水量
Monthly temperature and precipitation in central area of the region

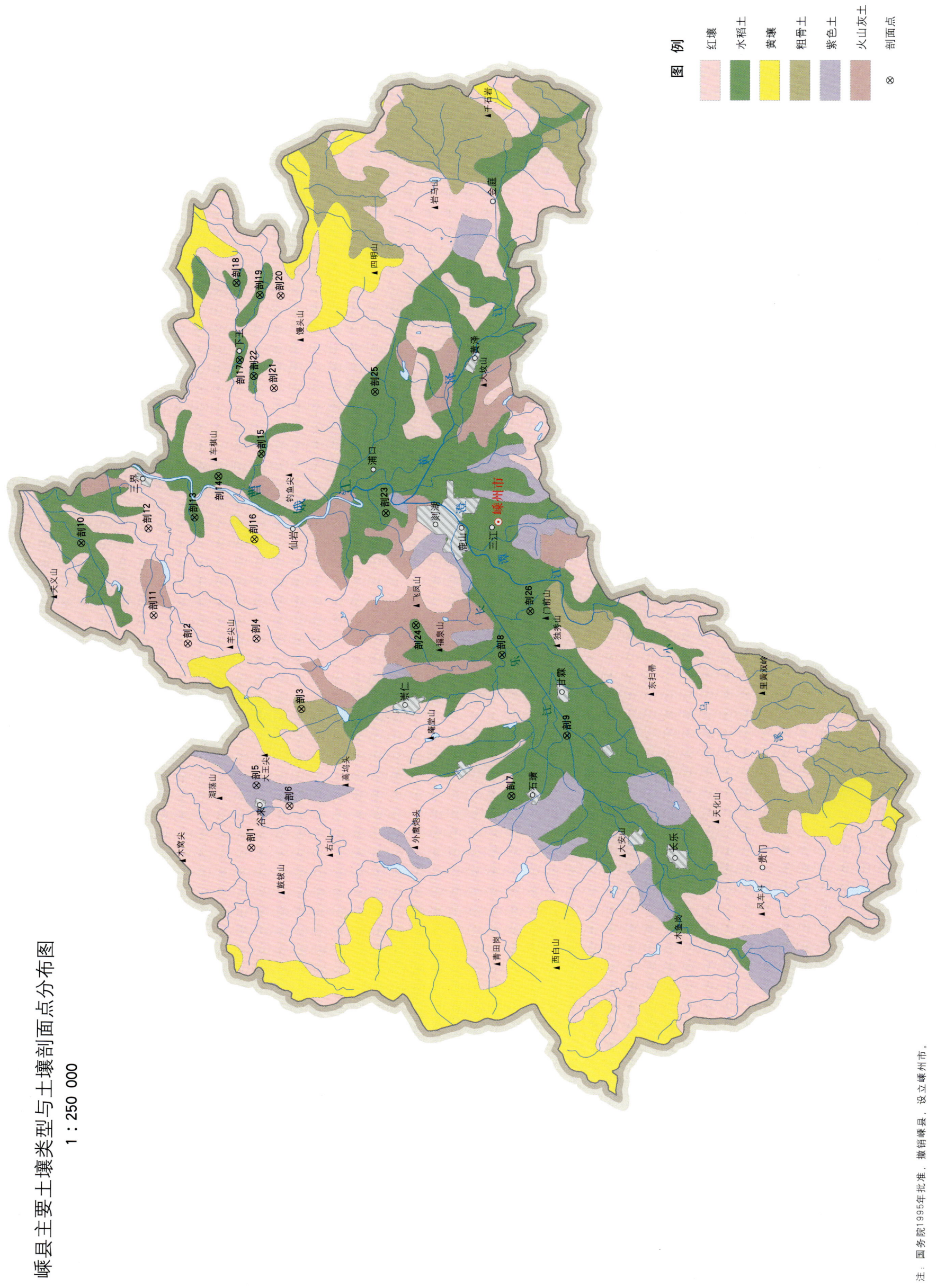

嵊州市土壤剖面理化性状表

剖面号 Soil profile	土纲 Soil order	土类 Soil great group	亚类 Soil subgroup	土属 Soil genus	土种 Soil species	土层码 Layer code	土层厚度 Depth/cm	颜色 Soil color	质地 Soil texture	土壤结构 Soil structure	pH	有机质 OM/(g/kg)	全氮 TN/(g/kg)	全磷 TP/(g/kg)	全钾 TK/(g/kg)	碱解氮 AN/(mg/kg)	有效磷 AP/(mg/kg)	速效钾 AK/(mg/kg)	土壤母质 Parent material	剖面点坐标 Profile coordinate	匹配指数 Matching index/%
剖1	铁铝土	红壤	黄红壤	黄泥土	黄泥砂土	A	0—22		中壤土		5.8	19.4	0.77	0.12			4.0	34		E 120°36′27.3″ N 29°41′45.7″	97
						(B)	22—44		中壤土		5.8	11.1	0.63	0.12							
						C	44—74		重石质土		6.1	3.8	0.63	0.05							
剖2	铁铝土	红壤	红壤	红黏土	红黏土	A	0—15	红棕色	中黏土		5.4	17.9	1.09	1.07			4.0	71		E 120°44′16.6″ N 29°44′04.4″	75
						(B)	15—32	淡红棕色	中黏土		5.4	7.7	0.73	0.84							
						C	32—100	红色	中壤土		5.4	6.4	0.53	1.13							
剖3	初育土	粗骨土	酸性粗骨土	硅藻白土	硅藻白土	A	0—28	灰黄色	黏土	小块状	6.1	17.6	1.11	0.44					淡水湖硅藻沉积物	E 120°41′51.4″ N 29°40′11.5″	75
						C	28—100	红色	黏土	块状	5.9	2.4	0.38	0.18							
剖4	铁铝土	红壤	黄红壤	砂黏质红土	砂黏质红土	(B)	16—31	淡红黄色	重黏土	粒状									片麻岩风化物	E 120°44′31.4″ N 29°41′45.8″	75
						C	31—76	红黄色	轻黏土	粒状											
剖5	初育土	紫色土	石灰性紫色土	红紫砂土	红紫砂土	A	0—17	紫色	重壤土	小块状	6.8	10.7	0.64	0.18			3.0	90	石灰性紫色砂页岩风化物	E 120°38′51.8″ N 29°41′38.4″	74
						B	17—28	紫色	中壤土	碎块状	7.2	7.8	0.42	0.21							
						C	28—56	紫色	中壤土		7.6	3.6	0.24	0.17							
剖6	铁铝土	红壤	黄红壤	黄泥土	黄泥土	A	0—36	灰黄色	轻黏土	碎块状	5.9	8.5	0.34	0.12			2.0	15		E 120°38′06.3″ N 29°40′30.8″	75
						(B)	36—56	淡棕色	中壤土	团块状	5.3	4.2	0.36	0.14							
						C	56—95	淡黄棕色	重壤土	块状	5.6	2.8	0.24	0.14							
剖7	人为土	水稻土	潴育水稻土	泥质田	泥筋田	A	0—10		重壤土		5.4	33.9	2.45	0.38			7.0	43	洪冲积物	E 120°38′42.2″ N 29°33′01.5″	75
						P	10—20		重壤土		5.4	36.9	2.27	0.39							
						W	20—35		重壤土		6.1	10.1	0.83	0.26							
						G	35—		重壤土		6.3	7.9	0.54	0.21							
剖8	人为土	水稻土	潴育水稻土	培泥砂田	黄化培泥砂田	A	0—15		中壤土	粒状	6.1	37.0	2.27	0.35			7.0	74	河流冲积物	E 120°44′07.3″ N 29°33′27.7″	75
						P	15—26		中壤土	碎块状	5.5	25.3	1.81	0.29							
						W	26—45		中壤土	碎块状	6.3	10.5	0.51	0.24							
						C	45—		中壤土	碎块状	6.5	4.6	0.34	0.24							
剖9	人为土	水稻土	潴育水稻土	培泥砂田	培泥砂田	A	0—15	灰黄色	中壤土	粒状	5.9	23.4	1.41	0.36			8.0	30	河流冲积物	E 120°41′04.8″ N 29°31′11.9″	75
						P	15—22	灰黄色	中壤土	碎块状	5.6	18.9	1.19	0.33							
						W	22—80	淡棕黄色	中壤土	碎块状	6.4	11.7	0.71	0.35							
						C	80—	淡棕黄色	中壤土	碎块状	6.7	9.4	0.48	0.35							
剖10	人为土	水稻土	潴育水稻土	黄泥砂田	黄大泥田	A	0—17	棕灰色	轻壤土	块状	6.9	40.8	2.08	0.42			6.0	29	红壤坡积物或短距离搬运的再积物	E 120°48′04.1″ N 29°47′45.7″	75
						P	17—29	灰黄色	重壤土	块状	7.0	33.8	0.74	0.42							
						W	29—61	淡棕黄色	重壤土	块状	7.1	4.8	0.35	0.49							
						C	61—	暗黄棕色	重壤土	块状	7.1	3.0	0.31	0.48							
剖11	铁铝土	红壤	侵蚀型红壤	白岩砂土	白岩砂土	A	0—16	淡黄色	重石质砂土	粒状	5.9	11.9	0.46	0.35						E 120°45′20.2″ N 29°45′15.4″	75
						C	16—37	棕色	重石质砂土	屑粒状	6.3	10.1	0.21	0.90							
剖12	铁铝土	红壤	红壤	红黏泥	红黏泥	A	0—25	棕色	黏土	块状	5.2	13.2	0.96	1.28	8.8					E 120°48′41.5″ N 29°45′30.3″	82
						(B)	25—55	亮红棕色	黏土	块状	4.9	6.0	0.63	0.38	10.4		8.0	73			
						(B)C	55—115	亮红棕色	重壤土	团粒状	4.9	5.0	0.53	0.34							
剖13	人为土	水稻土	潴育水稻土	泥质田	泥质田	A	0—17	棕灰色	重壤土	块状	6.2	41.3	2.61	0.26					洪积物、冲积物	E 120°49′09.2″ N 29°43′57.2″	75
						P	12—19	棕灰色	轻壤土	棱柱状	6.5	31.6	1.94	0.13							
						W₁	19—45	淡黄色	轻壤土	棱柱状	6.7	4.4	0.39	0.14							
						W₂	45—100	灰黄色	重壤土		6.8	2.5	0.24								

续表 Continued

剖面号 Soil profile	土纲 Soil order	土类 Soil great group	亚类 Soil subgroup	土属 Soil genus	土种 Soil species	土层码 Layer code	土层厚度 Depth/cm	颜色 Soil color	质地 Soil texture	土壤结构 Soil structure	pH	有机质 OM/(g/kg)	全氮 TN/(g/kg)	全磷 TP/(g/kg)	全钾 TK/(g/kg)	碱解氮 AN/(mg/kg)	有效磷 AP/(mg/kg)	速效钾 AK/(mg/kg)	土壤母质 Parent material	剖面点坐标 Profile coordinate	匹配指数 Matching index/%
剖14	人为土	水稻土	潴育水稻土	硅藻白土田	硅藻白土田	A	0—11	棕灰色	轻壤土	粒状	6.3	32.7	2.03	0.26			5.0	50	古河湖相的硅藻沉积物	E 120°50′45.7″ N 29°43′10.9″	75
						P	11—30	棕灰色	轻壤土	块状	6.5	25.4	1.65	0.21							
						W	30—59	灰白色	轻壤土	块状	6.9	8.3	0.69	0.15							
						C	59—	白色	轻壤土		6.8	8.1	0.91	0.22							
剖15	人为土	水稻土	潴育水稻土	泥砂田	砾碣泥砂田	A	0—13		重石质土		5.2	27.8	1.68	0.50					洪冲积物	E 120°51′39.5″ N 29°41′44.5″	75
						P	13—25		重石质土		5.4	18.6	1.18	0.52							
						C	25—				6.3	6.8	0.19	0.29							
剖16	铁铝土	黄壤	潜育水稻土	山地黄黏土	山地黄黏土	A	0—20	灰棕色	重壤土	粒状	5.9	55.9	5.81	1.89			7.0	151	玄武岩风化物	E 120°48′21.7″ N 29°41′54.9″	75
						(B)	20—40	淡棕色	轻黏土	团块状	5.8	9.9	0.71	1.83							
						C	40—76	淡红黄色	重壤土	块状	5.9	6.4	0.47	1.70							
剖17	人为土	水稻土	渗育水稻土	棕黏土田	棕黏土田	A	0—18	棕灰色	重壤土	块状	6.7	19.5	1.23	0.76			6.0	55	玄武岩类风化物	E 120°55′23.8″ N 29°42′32.2″	75
						P	18—30	棕灰色	重壤土	块状	6.9	17.4	0.95	0.79							
						C	30—100	暗棕灰色	重壤土	块状	7.0	9.2	0.55	0.97							
剖18	人为土	水稻土	潜育水稻土	烂泥田	烂泥田	A	0—13	暗黄色	重壤土	无结构糊状	5.4	39.4	2.61	0.32			6.0	57	河流冲积物	E 120°58′14.6″ N 29°42′42.1″	75
						P	13—21	暗灰色	重壤土	块状	5.6	10.6	0.97	0.29							
						G	21—	暗灰色	重壤土	无结构糊状	6.8	5.8	0.54	0.16							
剖19	人为土	水稻土	渗育水稻土	紫泥田	紫泥田	A	0—16	紫棕色	重壤土	块状	6.2	18.8	1.24	0.32			9.0	100	紫色砂页岩风化物	E 120°57′47.4″ N 29°41′54.6″	75
						P	16—34	紫色	重壤土	块状	6.4	12.2	0.78	0.31							
						C	34—100	紫色	重壤土	块状	7.0	8.7	0.62	0.32	8.8						
剖20	铁铝土	红壤		黏红土	红黏泥	A_{11}	0—25	棕色	黏土	屑粒状	5.0	13.2	1.00	1.30	10.4				玄武岩风化物	E 120°57′46.3″ N 29°41′12.2″	95
						B_1	25—55	亮红棕色	壤质黏土	块状	4.8	6.0	0.60	0.40							
						B_2	55—115	亮红棕色	黏土	块状	4.7	5.0	0.50								
剖21	铁铝土	红壤	黄红壤	黄红土	黄红土	A	0—20		重壤土		6.0	18.9	1.13	0.51			5.0	54	玄武岩风化残积物、坡积物	E 120°54′11.7″ N 29°41′21.9″	75
						(B)	20—30		轻壤土		6.0	13.9	1.00	0.68							
						C	30—80		重壤土		5.9	9.5	0.64	1.07							
剖22	人为土	水稻土	渗育水稻土	新黄筋泥田	新黄筋泥田	A	0—14	淡灰色	重壤土	小块状	6.1	31.1	2.35	0.28			2.0	32	第四纪红色黏土	E 120°54′38.4″ N 29°42′03.2″	75
						P	14—23	灰黄色	轻壤土	块状	5.9	14.2	0.98	0.11							
						C	23—100	淡黄棕色	轻壤土	块状	5.5	4.6	0.31	0.09							
剖23	人为土	水稻土	淹育水稻土	浅黏红土田	红黏土田	Aa	0—17	亮红棕色	黏土	块状	5.3	26.1	1.50	1.30	130	10.0	63	玄武岩风化发育的红色土	E 120°49′28.8″ N 29°37′29.8″	95
						Ap	17—29	黄黄色	黏土	块状	6.0	23.3		0.40				51			
						C	29—70	棕色	黏土		6.3	16.6						52			
剖24	人为土	水稻土	潴育水稻土	培砂田	砂田	A	0—15	灰棕色	轻壤土	小块状	5.8	20.2	1.32	0.31			6.0	45	河流冲积物	E 120°45′11.4″ N 29°36′23.5″	75
						P	15—20	灰棕色	重壤土	块状	5.2	11.9	0.86	0.28							
						W	20—34	淡棕色	轻壤土	块状	5.6	6.8	0.49	0.27							
						C	34—60	淡黄色	砂壤土		5.4	2.3	0.13	0.21							
剖25	人为土	水稻土	潴育水稻土	紫泥沙田	紫泥沙田	A	0—16	紫棕色	重壤土	小块状	7.0	30.2	1.95	0.51			7.0	96	紫(红)色砂页岩风化物	E 120°54′08.2″ N 29°37′56.9″	75
						P	9—16	紫棕色	重壤土	块状	7.3	21.3	1.38	0.45							
						W	16—59	紫棕色	重壤土	块状	7.3	5.5	0.46	0.27							
						C	59—	紫色	砂壤土		7.6	4.3	0.31	0.21							
剖26	人为土	水稻土	淹育水稻土	浅黏红土田	棕泥田	Aa	0—16	灰棕色	壤质黏土	碎块状	6.2	36.3	1.10			133	19.0	57	河流冲积物	E 120°45′49.8″ N 29°32′32.6″	95
						Ap	16—25	棕灰色	壤质黏土	块状	6.7	20.4	1.40			70		56			
						C	25—100	浊黄棕色	壤质黏土	块状	6.8	6.4						80			

金 华 市

婺 城 区

主要土类说明

红壤是婺城区的主要土壤类型，占本区地域面积的39%。其成土母质以第四纪红色黏土、凝灰岩、花岗岩等火山岩风化物为主体，局部为片麻岩。红壤分布在盆地底部的高阶地及两侧的丘陵山地，是在亚热带高温高湿的气候条件下，母质中原生矿物经过强风化、强淋洗过程形成的土壤。其上、下层的淋洗值分别为0.282和0.338。土壤黏粒的硅铝率为2.1—2.6。土壤发育具有赤铁矿化的特点，氧化铁以膜状展布于土粒表面，使土体呈均匀红色。土壤呈强酸性或酸性反应，阳离子交换量很低。

水稻土是婺城区第二大土壤类型，占本区地域面积的30%。水稻土是在各种自然土壤类型上，经过人为水耕熟化而形成的土壤类型。水耕改变了土壤水分状况和土体通气条件，引起了土壤有机质的分解和合成，促进了土体的氧化还原作用的频繁更替，产生了还原淋溶和氧化淀积作用。季节性田面储水层所产生的静水压力，或地下水、侧渗水的移动，对水稻土剖面形态产生影响，形成渗育型、潴育型、潜育型等亚类。

黄壤是婺城区第三大土壤类型，占本区地域面积的16%。黄壤的成土母质以凝灰岩、花岗岩和片麻岩的残积物和坡积物为主，主要分布在盆地两侧，海拔高度在南山为550m以上，在北山为650m以上。主要有黄壤和侵蚀型黄壤两个亚类。

紫色土占婺城区地域面积的7%。成土母质以红紫砂（页）岩、砂砾岩风化残积物为主，露头的岩层中有钙质结核，石灰反应强烈，多分布于盆地底部的缓坡低丘。紫色土成土作用微弱，停滞在幼龄土发育阶段。B层多被冲刷或发育不明显，以残积物为主的剖面构型多为A-C，土层浅薄，一般不足30cm；以坡积物为主的剖面构型多为A-B-C，土层较深。发育度较浅的紫色土表土或底土有石灰反应，反映了母岩特性；发育度较深的紫色土，均呈酸性或微酸性反应；紫色土按其脱钙程度，可分为钙质紫色土、酸性紫色土两个亚类。

小于本区地域面积3%的土壤类型为潮土、石灰（岩）土。

本区域中心区气候特征

本区域中心区气候特征值
Regional climate characteristics in central area of the region

气候带：中亚热带湿润气候 Climate region: Subtropical humid climate	
年平均气温 /℃ Annual average temperature /℃	17.4
年平均最高气温 /℃ Annual average maximum temperature /℃	21.8
年平均最低气温 /℃ Annual average minimum temperature /℃	14.1
年降水量 /mm Annual precipitation /mm	1686
≥10℃的积温 /℃ Daily temperature accumulated in a year (≥10℃) /℃	6364
年日照时数 /h Annual sunshine /h	1772
年平均相对湿度 /% Annual average relative humidity /%	79
干燥度 Dryness	0.63

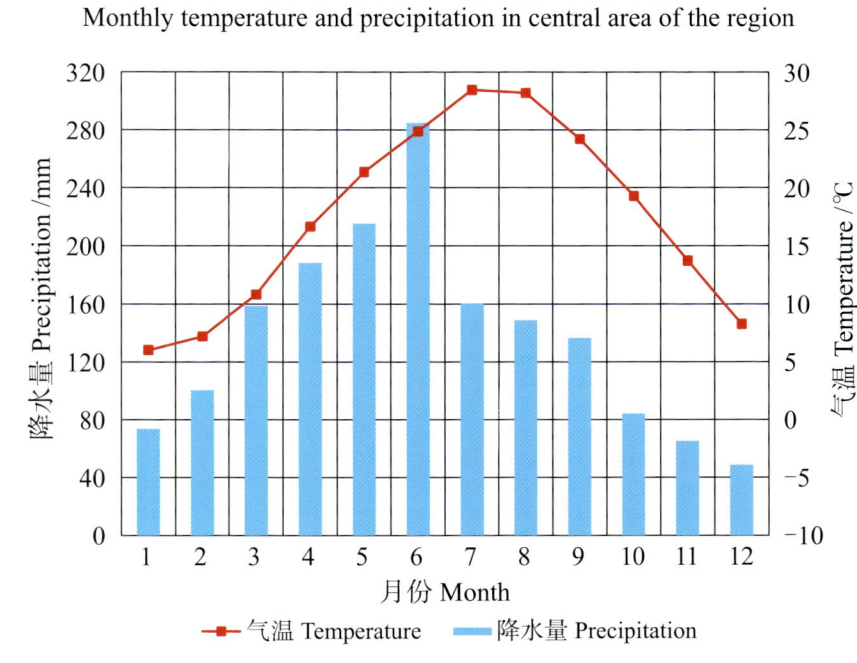

本区域中心区月平均气温与月平均降水量
Monthly temperature and precipitation in central area of the region

婺城区主要土壤类型与土壤剖面点分布图
1∶200 000

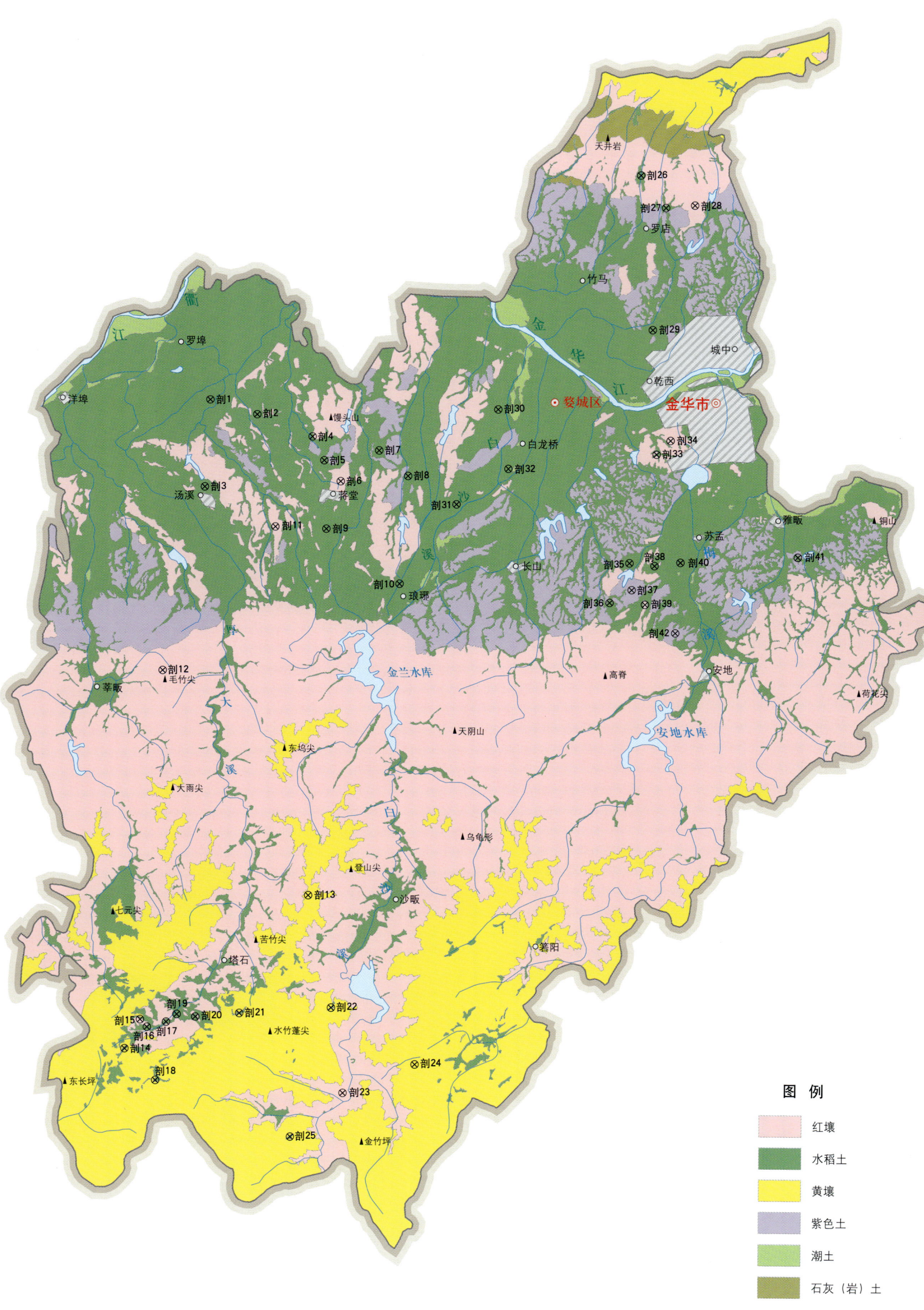

婺城区土壤剖面理化性状表

剖面号 Soil profile	土纲 Soil order	土类 Soil great group	亚类 Soil subgroup	土属 Soil genus	土种 Soil species	土层码 Layer code	土层厚度 Depth/cm	颜色 Soil color	质地 Soil texture	土壤结构 Soil structure	pH	有机质 OM/(g/kg)	全氮 TN/(g/kg)	全磷 TP/(g/kg)	全钾 TK/(g/kg)	碱解氮 AN/(mg/kg)	有效磷 AP/(mg/kg)	速效钾 AK/(mg/kg)	阳离子交换量 CEC/(cmol/kg)	土壤母质 Parent material	剖面点坐标 Profile coordinate	匹配指数 Matching index/%
剖1	人为土	水稻土	潴育水稻土	紫泥砂田	紫泥砂田	1	0—14	棕褐色	中壤土	块状	6.3	18.7	1.15	0.27	14.3	105	5.0	36	6.7	红紫色砂砾岩	E 119°23′57.9″ N 29°05′31.4″	95
						2	14—19	棕褐色	中壤土	块状	7.2	9.6	0.57	0.24	13.6	61	1.0	42	6.7			
						3	19—48	棕褐色	重壤土	棱柱状	7.6	5.7	0.43	0.32	11.1	37	4.0	50	5.9			
						4	48—100	淡黄色	重壤土	棱柱状												
剖2	人为土	水稻土	渗育水稻土	黄泥田	云母黄泥田	1	0—12	灰色	中壤土	块状	5.2	26.5	1.29	0.27	28.7	104	9.0	42	7.4	黑云母片麻岩风化物	E 119°25′19.2″ N 29°05′07.6″	95
						2	12—19	灰色	轻黏土	块状	5.2	25.4	1.06	0.25	31.2	71	8.0	49				
						3	19—42	棕黄色	轻壤土	块状	5.1	18.9	0.85	0.18	31.8	60	2.0	52				
剖3	人为土	水稻土	渗育水稻土	新黄筋泥田	新黄筋泥田	1	0—12	暗红棕色	重黏土	团粒状	5.2	19.7	1.36	0.63	8.6				12.0	第四纪红色黏土	E 119°23′45.7″ N 29°03′18.1″	95
						2	12—15	暗棕色	重黏土	团块状	5.8	12.5	0.85	0.47	8.3				11.2			
						3	15—50	红色	重黏土	团块状	5.5	5.1	0.52	0.26	8.3				9.6			
剖4	人为土	水稻土	渗育水稻土	山地黄泥田	山地黄泥田	1	0—18	淡棕黄色	重壤土		5.7	50.0	2.35	1.11				174	11.8	凝灰岩风化物	E 119°26′55.3″ N 29°04′31.8″	95
						2	18—21	灰黄棕色	重壤土	粒状	6.2	31.7	1.54	0.92					9.5			
						3	21—50	淡棕黄色	重壤土	粒状	6.3	25.6	1.43	0.87					9.7			
剖5	人为土	水稻土	渗育水稻土	油泥田	油泥田	1	0—12	灰黄棕色	重壤土	粒状	5.8	26.6	1.59	0.82				93	13.3	石灰岩风化物	E 119°27′15.0″ N 29°03′55.0″	95
						2	12—18		重壤土	粒状	5.3	26.7	1.41	1.08					12.6			
						3	18—35		壤土	棱柱状	6.9	8.4	0.51	0.81								
						4	35—															
剖6	铁铝土	红壤		黏红泥	褐斑黄筋泥	A₁₁	0—15	浊橙色	壤质黏土	碎块状	4.7	5.6	0.40	0.20	9.7					第四纪红土	E 119°27′43.1″ N 29°03′22.8″	81
						B	15—30	亮黄棕色	壤质黏土	大块状	4.6											
						Bv	30—100	橙色	壤质黏土	大块状	4.8											
剖7	人为土	水稻土	渗育水稻土	黄泥田	黄泥田	1	0—21	黄棕色	重壤土	块状	6.1	23.8	1.17	0.54					8.6	凝灰岩风化物	E 119°28′51.7″ N 29°04′08.6″	95
						2	21—27	灰棕色	重壤土	棱柱状	6.5	20.3	1.04	0.51					9.2			
						3	27—100	红棕色	重壤土	棱柱状	5.1	8.9	0.53	0.17					7.8			
剖8	人为土	水稻土	潜育水稻土	老黄筋泥田	粉砂老黄筋泥田	1	0—10	淡灰色	砂壤土	小团块状										第四纪红色黏土	E 119°29′41.2″ N 29°03′29.1″	95
						2	10—14	淡灰色	壤土	块状	5.4	30.6	1.78	0.35	8.5	133	7.9	39				
						3	14—33	青灰色	重壤土	棱柱状	6.1	10.8	0.88	0.24	7.9	60	2.6	28				
						4	33—60	棕红色	粉砂质黏壤土	棱柱状	6.7	10.5										
						5	60—100	棕红色	黏土	块状	7.0	3.5										
剖9	人为土	水稻土	潴育水稻土	老黄筋泥田	老黄筋泥田	Ap	12—25	淡黄棕色	粉砂质黏壤土	棱柱状	6.1									第四纪红土	E 119°27′16.7″ N 29°02′10.4″	81
						W	25—45	淡黄橙色	粉砂质黏壤土	棱柱状	6.7											
						C	45—100	黄橙色	壤质黏土	块状												
剖10	人为土	水稻土	潜育水稻土	烂泥田	夹泥烂栏泥砂田	1	0—20	黑色	中壤土	无结构糊状					14.0					河流沉积物	E 119°29′23.4″ N 29°00′44.5″	95
						2	20—35	黑色	中壤土	无结构糊状												
						3	35—80	黑色	中壤土	无结构糊状												
						4	80—	黑色	砂壤土	无结构糊状												
剖11	铁铝土	红壤		黄筋泥	黄筋骨	1	0—9	浊黄橙色	壤质黏土	屑粒状	4.5	3.0	0.32	0.15						第四纪红色黏土	E 119°25′47.5″ N 29°02′14.9″	97
						2	9—60	橙色	壤质黏土	块状	4.5	2.9	0.30	0.15								
						3	60—	橙色	壤质黏土	块状	4.6			0.27	0.19							
剖12	铁铝土	黄红壤		黄泥土	黄泥土	A	0—34		中壤土	块状	5.2	15.8	0.73	0.19	16.0	300	2.0	125	11.9		E 119°22′26.8″ N 28°58′38.1″	100
						(B)	34—60		中壤土	块状	5.5	12.6	0.60	0.12								
						(B)C	60—100		砂壤土	块状	5.0	5.9	0.39									
剖13	黄壤		黄壤	山地黄泥土	山地乌黄泥土	1	0—30		重壤土		4.9	83.2	3.17	0.79	16.0	300	2.0		11.9		E 119°26′35.5″ N 28°52′48.5″	95
						2	30—50		轻黏土		5.0	51.8	2.52	0.71	10.6	260	2.0	81	13.1			

续表 Continued

剖面号 Soil profile	土纲 Soil order	土类 Soil great group	亚类 Soil subgroup	土属 Soil genus	土种 Soil species	土层码 Layer code	土层厚度 Depth/cm	颜色 Soil color	质地 Soil texture	土壤结构 Soil structure	pH	有机质 OM/(g/kg)	全氮 TN/(g/kg)	全磷 TP/(g/kg)	全钾 TK/(g/kg)	碱解氮 AN/(mg/kg)	有效磷 AP/(mg/kg)	速效钾 AK/(mg/kg)	阳离子交换量CEC/(cmol/kg)	土壤母质 Parent material	剖面点坐标 Profile coordinate	匹配指数 Matching index/%
剖14	人为土	水稻土	潜育水稻土	烂滃田	烂滃田	1	0—16	灰黄色	轻壤土	无结构糊状	5.9	18.7	1.72	0.42	38.4	200	17.0	47	8.3	黄红壤再积物	E 119°21′11.2″ N 28°48′58.2″	75
						2	16—	青灰色	砂壤土	无结构糊状	5.5	32.1	0.36	0.22	49.2	106	10.0	27	5.5			
剖15	铁铝土	红壤	黄红壤	砂黏质红土	砂黏质红土	1	0—12	灰色	中壤土	块状	5.4	44.8	2.44	0.62	37.2	233	6.9	116		粗晶、中晶花岗岩风化物	E 119°21′44.1″ N 28°49′37.8″	97
						2	12—18	灰色	中壤土	块状	5.5	38.0	2.02	0.54	44.4	131	6.1	140				
						3	18—26	淡黄色	中壤土	大块状	5.6	17.0	1.00	0.42	40.1	105	8.0	92				
剖16	人为土	水稻土	潜育水稻土	培泥砂田	培泥砂田	A	0—15	灰色	中壤土	粒状	5.6	14.0	0.82	0.23	26.8	73	3.0	55	12.0	河流冲积物	E 119°21′51.4″ N 28°49′28.8″	75
						P	15—22	淡黄色	轻壤土	粒状	6.0	13.4	0.81	0.23	30.1	67	5.0	35				
						WFeMn	22—65	黄褐色	砂壤土	粒状	6.5	3.9	0.29	0.21	29.1	18	4.0	35				
						W	65—75	棕灰色	砂壤土	粒状												
						WMnFe	75—100	黄褐色	砂壤土	粒状												
剖17	人为土	水稻土	潜育水稻土	红泥砂田	红泥砂田	A	0—12	棕灰色	中壤土	团块状	5.5	22.0	1.26	0.25	8.9	80	3.0	38	9.7	河流冲积物	E 119°22′24.6″ N 28°49′37.8″	75
						2	14—24	棕灰色	中壤土	团块状	5.5	16.7	1.01	0.26	12.2	94	3.0	19	5.3			
						3	24—42	棕红色	中壤土	柱状	6.3	3.2	0.36	0.21	12.8	28	3.0	27	4.7			
						4	42—100	黄褐色	砂壤土													
剖18	人为土	水稻土	潜育水稻土	洪积泥砂土	粽谷泥砂土	1	0—14	灰色	轻壤土	粒状	5.5	13.8	1.18	0.46	36.1	167	44.0	46	8.2	含砾质沉积岩的风化物	E 119°22′04.4″ N 28°48′09.5″	75
						2	14—31	灰色	轻壤土	粒状	5.3	8.9	0.61	0.29	37.2	92	22.0	23	3.8			
						3	31—45	黄灰色	砂壤土	粒状	5.4	6.6	0.44	0.29	34.0	66	33.0	19	6.2			
						4	45—	淡灰色	砂壤土													
剖19	人为土	水稻土	潜育水稻土	砂黏质红土	砂黏质红土	A	0—6	灰色	重壤土	块状	5.7	26.0	1.19	0.46	13.1	78	6.7	42	10.0	新河流冲积物	E 119°22′43.2″ N 28°49′48.9″	75
						B	6—48	灰黄色	轻壤土	块状	4.8	20.1	0.83	0.33	11.6	61	5.5	19				
						C	48—	标灰色	中壤土	块状	4.8	18.0	0.27	0.47	12.3	18	4.0					
剖20	铁铝土	红壤	黄红壤	砂黏质红土	砂黏质红土	1	0—13	灰色	重壤土		5.7	23.5	0.80	0.30	19.3	118	6.5	51	9.2	河流老冲积物	E 119°23′15.8″ N 28°49′45.1″	95
						2	13—20		重壤土		6.2	14.1	0.40	0.19	21.7	70	3.5	43				
						3	20—43		重壤土		6.5	6.2	0.79	0.37	22.4	27	2.5	56				
剖21	人为土	水稻土	潜育水稻土	泥质田	黄化泥质田	A	0—10		中壤土		6.4	12.4			22.5					河流冲积物	E 119°24′32.5″ N 28°49′49.4″	75
						P	10—20	灰色	重壤土	粒状	6.5	26.5	1.11						5.0			
						W_1	20—41	灰黄色	轻壤土	粒状	6.5								6.3			
						W_2	41—100	标灰色	中壤土	粒状	7.0								6.9			
剖22	铁铝土	黄壤	黄壤	山地黄泥土	山地砾石黄泥土	1	0—12	灰黄色	中壤土	块状	6.0								8.7	河流冲积物	E 119°27′12.9″ N 28°49′55.7″	75
						2	12—25		中壤土		5.9				15.3				5.2			
						3	25—150		重壤土		5.7								5.3			
剖23	铁铝土	红壤	黄红壤	泥质田	泥质田	1	0—8	淡灰色	重黏土	团块状	5.4	33.0	1.52	0.47			6.5		4.4	河流老冲积物	E 119°27′31.0″ N 28°47′46.1″	98
						2	8—62	灰灰色	重壤土	团块状	5.4	8.1	0.45	0.24			3.5		13.2			
剖24	人为土	水稻土	潜育水稻土	泥质田	泥质田	A	0—13	灰色	重壤土	粒状	5.3	21.4	1.33	0.42	29.5				27.4	河流老冲积物	E 119°29′37.3″ N 28°48′28.1″	95
						P	13—18	黄灰色	重壤土	粒状	6.3	13.9	0.95	0.39	29.4				9.2			
						W_1	18—50	棕灰色	重壤土	棱柱状	6.7	5.9	0.50	0.33					7.6			
						W_2	50—100	棕黄色	重壤土	棱柱状	6.7	6.1	0.50	0.34					8.3			
剖25	人为土	水稻土	渗育水稻土	砂质黄泥田	砂质黄泥田	1	0—16		重壤土		7.4	10.5	0.47	0.62	17.2				8.5	花岗岩风化物	E 119°25′58.3″ N 28°46′40.7″	75
						2	16—42		轻黏土		5.9								10.1			
剖26	人为土	水稻土		黄泥田		3	42—70		轻黏土		6.0								10.2	花岗岩风化物	E 119°36′38.9″ N 29°11′01.5″	95
						4	70—105		重壤土		6.1								10.0			

续表 Continued

剖面号 Soil profile	土纲 Soil order	土类 Soil great group	亚类 Soil subgroup	土属 Soil genus	土种 Soil species	土层码 Layer code	土层厚度 Depth/cm	颜色 Soil color	质地 Soil texture	土壤结构 Soil structure	pH	有机质 OM/(g/kg)	全氮 TN/(g/kg)	全磷 TP/(g/kg)	全钾 TK/(g/kg)	碱解氮 AN/(mg/kg)	有效磷 AP/(mg/kg)	速效钾 AK/(mg/kg)	阳离子交换量CEC/(cmol/kg)	土壤母质 Parent material	剖面点坐标 Profile coordinate	匹配指数 Matching index/%
剖27	人为土	水稻土	潴育水稻土	黄泥田	老黄筋泥田	Aa	0—12	淡灰色	粉砂质黏壤土	块状	5.4	30.6	1.80	0.40	8.5	133	8.0	39		近代洪积物	E 119°37′21.6″ N 29°10′10.4″	95
						Ap	12—25	淡黄色	粉砂质黏壤土	块状	6.1	10.8	0.90	0.20	7.9	60	3.0	28				
						W	25—45	淡黄橙色	黏质黏壤土	核柱状	6.7	10.5										
						Cv	45—100	黄橙色	壤质黏土		7.0	3.5										
剖28	铁铝土	红壤	粗骨性红壤	石砂土	石砂土	1	0—7				6.1	7.8	0.49	0.24	28.1	22	2.0	20	11.5		E 119°38′12.4″ N 29°10′13.3″	97
						2	7—14				6.3	2.7	0.21	0.30	34.3	7	3.0	27				
剖29	人为土	水稻土	潴育水稻土	紫泥砂田		1	0—14		轻石质重壤土		5.9	24.8	1.47	0.37	13.5	120	4.6	64	10.7	红紫色砾岩、红砂岩风化物	E 119°36′54.2″ N 29°07′05.3″	95
						2	14—22		轻石质重壤土		6.6	14.0	9.50	0.30	14.8	70	3.8	57				
						3	22—46		轻石质重壤土	核柱状	6.9	7.8	0.45	0.22	15.1	38	1.9	62				
剖30	人为土	水稻土	潴育水稻土	老黄筋泥田	黄筋泥田	1	0—11				5.7	25.9	1.34	0.23	11.2	120	3.0	27	11.1	第四纪红色黏土	E 119°32′21.0″ N 29°05′08.2″	95
						2	11—24				6.6	14.1	0.86	0.19	10.8	48	2.0	18				
						3	24—78				6.6	5.8	0.35	0.14	10.5	16	1.0	45				
剖31	人为土	水稻土	潴育水稻土	老黄筋泥田	粉砂老黄筋泥田	1	0—14		中壤土		6.1	27.6	1.52	0.66	10.9				5.5	第四纪红色黏土	E 119°31′05.2″ N 29°02′44.0″	95
						2	14—22		重壤土		7.4								9.4			
						3	22—100		重壤土		7.7								9.4			
剖32	人为土	水稻土	潴育水稻土	泥砂田	砾质泥砂田	1	0—20		砂壤土		5.1	8.7	0.40	0.26	39.8	58	2.0	85	4.3	河流洪冲积物	E 119°32′37.1″ N 29°03′36.8″	95
						2	20—68		轻壤土		5.5	4.1	0.14	0.18	27.6	34	1.0	100				
剖33	人为土	水稻土	潴育水稻土	泥质田	驮心大泥田	A	0—15	灰棕色	重壤土	块状									6.7	河流	E 119°36′57.0″ N 29°03′54.3″	95
						Pg	15—25	褐色	重壤土	块状	6.3	12.5	0.79	0.79	10.6				7.4			
						W	25—50	褐色	重壤土	核柱状	5.0								6.4			
剖34	铁铝土	红壤		黄筋泥	黄筋泥	(B₁)	0—12	红棕色	重壤土	块状	5.3								6.7	第四纪红色黏土	E 119°37′22.1″ N 29°04′14.8″	98
						(B₂)	12—40	淡红棕色	重黏土	块状	5.6								8.5			
						C	40—75	暗红棕色	重壤土	核柱状	7.8	24.7	1.52	0.36	15.0	125	1.0	115	7.6			
							75—			核柱状	8.2	6.9	0.52	0.23	16.3	49	1.0	92	6.9			
剖35	人为土	潴育水稻土	紫泥砂田		钙质紫泥砂田	1	0—15	青灰棕色	黏壤土	核柱状	8.1	3.7	0.32	0.18	17.2	35	1.0	78		红紫色砂砾岩、红砂岩风化物	E 119°36′06.1″ N 29°01′09.5″	95
						2	15—22	灰棕色	中壤土	块状	5.8	24.4	1.07	0.41	19.3	98	9.0	50	10.5			
						3	22—40	灰棕色	黏壤土	核柱状	6.2	12.6	0.54	0.25	20.0	50	2.0	67				
						4	40—130	棕色	重壤土	团块状	6.4	4.8	0.44	0.21	20.2	25	1.0	62				
剖36	铁铝土	红壤	酸性紫色土	红紫砂土	红紫砂田	1	0—13	灰褐色	中壤土	块状	5.2	7.5	0.54	0.22					6.4	河流老冲积物	E 119°35′30.0″ N 29°00′09.8″	95
						2	13—24	黄褐色	重壤土	块状	5.0	3.7	0.40	0.15					7.5			
						3	24—33		重壤土		7.3	32.6	1.80	0.87	12.0				18.5			
						4	33—		重壤土		7.3											
剖37	初育	紫色土		泥质田	驮心大泥田	1	0—15	淡红黄色	中壤土	块状	8.2									河流	E 119°36′09.1″ N 29°00′28.3″	95
						2	15—70	红黄色	重黏土	块状	7.4											
剖38	人为土	水稻土	潴育水稻土	泥质田	网心黄筋泥	1	0—20	褐棕色	重壤土	块状	4.8	3.0	0.32	0.15					15.9	河流老冲积物	E 119°36′49.6″ N 29°01′04.5″	95
						2	20—30	灰棕色	重黏土	块状	4.4	26.0	1.23	0.25	7.8	105	<1.0	133	12.0			
						3	30—42	黄棕色	重黏土	块状	4.7	3.4	0.36	0.09	8.3	74	2.6	131	10.6			
						4	42—		重壤土		4.8	5.3	0.19		8.6	34	1.4	144				
剖39	铁铝土	红壤		黄筋泥		1	0—9		轻黏土	块状	6.3	24.3	1.53	0.46	16.1				18.0	第四纪红色黏土	E 119°36′32.0″ N 29°00′05.9″	95
						2	9—23		轻黏土	块状	6.7	19.2	1.02	0.43	25.7				18.9			
						3	23—67		轻黏土	块状	7.2	9.4	0.59	0.46	26.5							
剖40	人为土	水稻土	渗育水稻土	紫泥田	紫大泥田	1	0—13		黏壤土	块状										紫色砂页岩风化物	E 119°37′35.2″ N 29°01′08.9″	95
						2	13—30															
						3	30—85															
						4	85—															

续表 Continued

剖面号 Soil profile	土纲 Soil order	土类 Soil great group	亚类 Soil subgroup	土属 Soil genus	土种 Soil species	土层码 Layer code	土层厚度 Depth/cm	颜色 Soil color	质地 Soil texture	土壤结构 Soil structure	pH	有机质 OM/(g/kg)	全氮 TN/(g/kg)	全磷 TP/(g/kg)	全钾 TK/(g/kg)	碱解氮 AN/(mg/kg)	有效磷 AP/(mg/kg)	速效钾 AK/(mg/kg)	阳离子交换量CEC/(cmol/kg)	土壤母质 Parent material	剖面点坐标 Profile coordinate	匹配指数 Matching index/%
剖41	人为土	水稻土	潜育水稻土	老黄筋泥田	谷口泥砂 老黄筋泥田	1	0—14	褐色	中壤土	块状										第四纪红色黏土	E 119°41′00.5″ N 29°01′13.6″	95
						2	14—21	灰色	中壤土	块状												
						3	21—38	棕色	重壤土	块状												
						4	38—54	棕黄色	重壤土	块状												
						5	54—100	黄色	重壤土													
剖42	初育土	紫色土	酸性紫色土	红紫砂土	紫红泥	1	0—10		重壤土		6.0	14.0	0.88	0.35	17.0	50	5.0	122	15.0		E 119°37′24.1″ N 28°59′21.2″	95
						2	10—25		重壤土		6.1	9.1	0.63	0.25	18.3	22	2.0	111				
						3	25—100		中壤土		7.5	14.1	0.41	0.07	28.2	9	1.0	89				

金 东 区

主要土类说明

水稻土是金东区的主要土壤类型，占本区地域面积的46%。水稻土是在长期季节性淹灌和排水、水下翻耕、土壤内部物质发生氧化还原交替作用的影响下，原来的成土母质或母土特性发生重大改变，从而形成的新的土壤类型。由于干湿交替等作用的影响，糊状淹育层、较坚实板结的犁底层、渗育层、潴育层与潜育层多种发生层分异。这些不同发生层是在人为耕作、水浆管理作用下形成的。

红壤是金东区第二大土壤类型，占本区地域面积的33%。红壤是在亚热带高温高湿的气候条件下，母质中原生矿物经过强风化、强淋洗过程而形成的土壤。本区红壤上、下层的淋洗值分别为0.282和0.338，具有富铝化和高岭化的普遍特征，土壤黏粒的硅铝率为2.1—2.6。土壤的发育具有赤铁矿化特点，氧化铁以膜状展布于土粒表面，因此土体呈均匀红色。土壤呈强酸碱性或酸性反应，阳离子交换量很低。

紫色土是金东区第三大土壤类型，占本区地域面积的14%。紫色土母质以红紫砂（页）岩、砂砾岩风化残积物为主。露头的岩层中基本上有钙质结核，石灰反应强烈。紫色土的成土作用微弱，土壤由于侵蚀严重，停滞在幼年土的发育阶段。B层多被冲刷或发育不明显，土壤未经红化作用，以残积物为主的剖面构型，多呈A–C，土层浅薄，一般不足30cm；以坡积物为主的剖面构型，多呈A–B–C，土层较深。土壤酸碱度因受成土年龄的影响，变幅较大。发育度较浅的紫色土表土或底土有石灰反应，保持了母岩的特性；发育度较深的紫色土，均呈酸性或微酸性反应。

小于本区地域面积3%的土壤类型有潮土、石灰（岩）土、黄壤。

本区域中心区气候特征

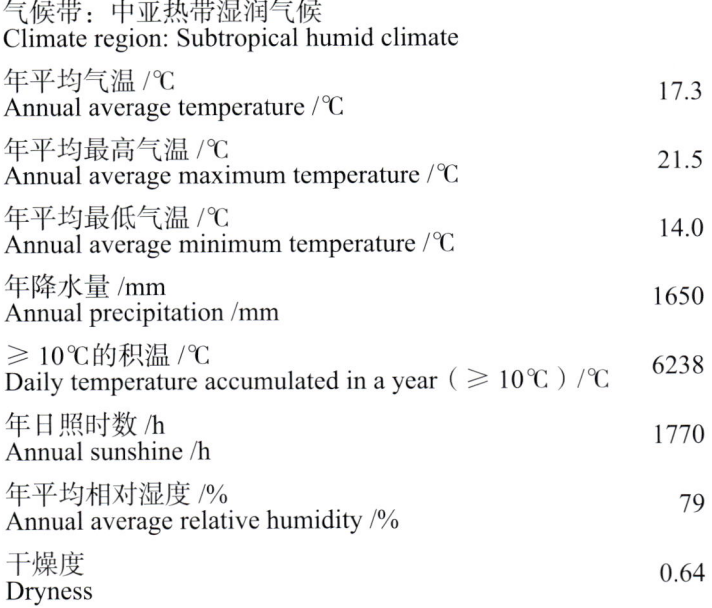

本区域中心区气候特征值
Regional climate characteristics in central area of the region

气候带：中亚热带湿润气候 Climate region: Subtropical humid climate	
年平均气温 /℃ Annual average temperature /℃	17.3
年平均最高气温 /℃ Annual average maximum temperature /℃	21.5
年平均最低气温 /℃ Annual average minimum temperature /℃	14.0
年降水量 /mm Annual precipitation /mm	1650
≥10℃的积温 /℃ Daily temperature accumulated in a year (≥10℃) /℃	6238
年日照时数 /h Annual sunshine /h	1770
年平均相对湿度 /% Annual average relative humidity /%	79
干燥度 Dryness	0.64

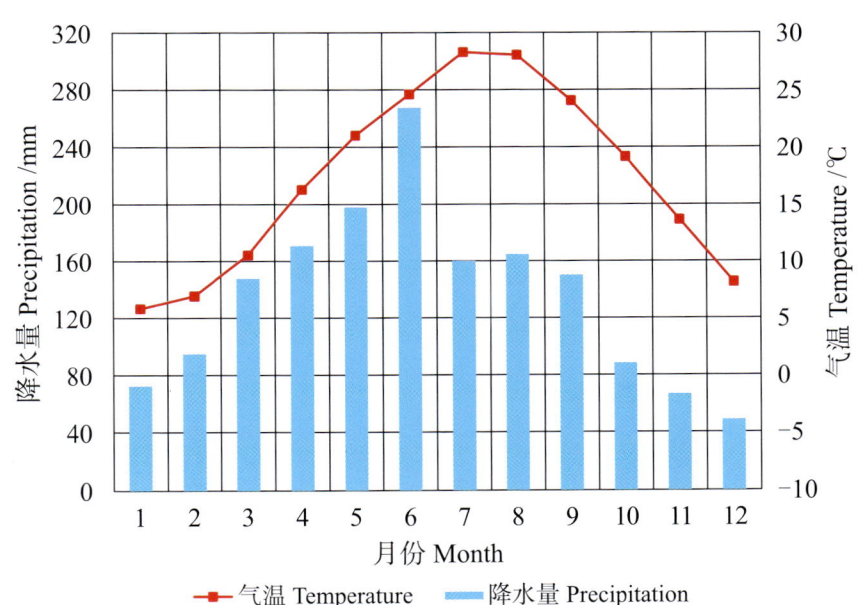

本区域中心区月平均气温与月平均降水量
Monthly temperature and precipitation in central area of the region

金东区主要土壤类型与土壤剖面点分布图
1:130 000

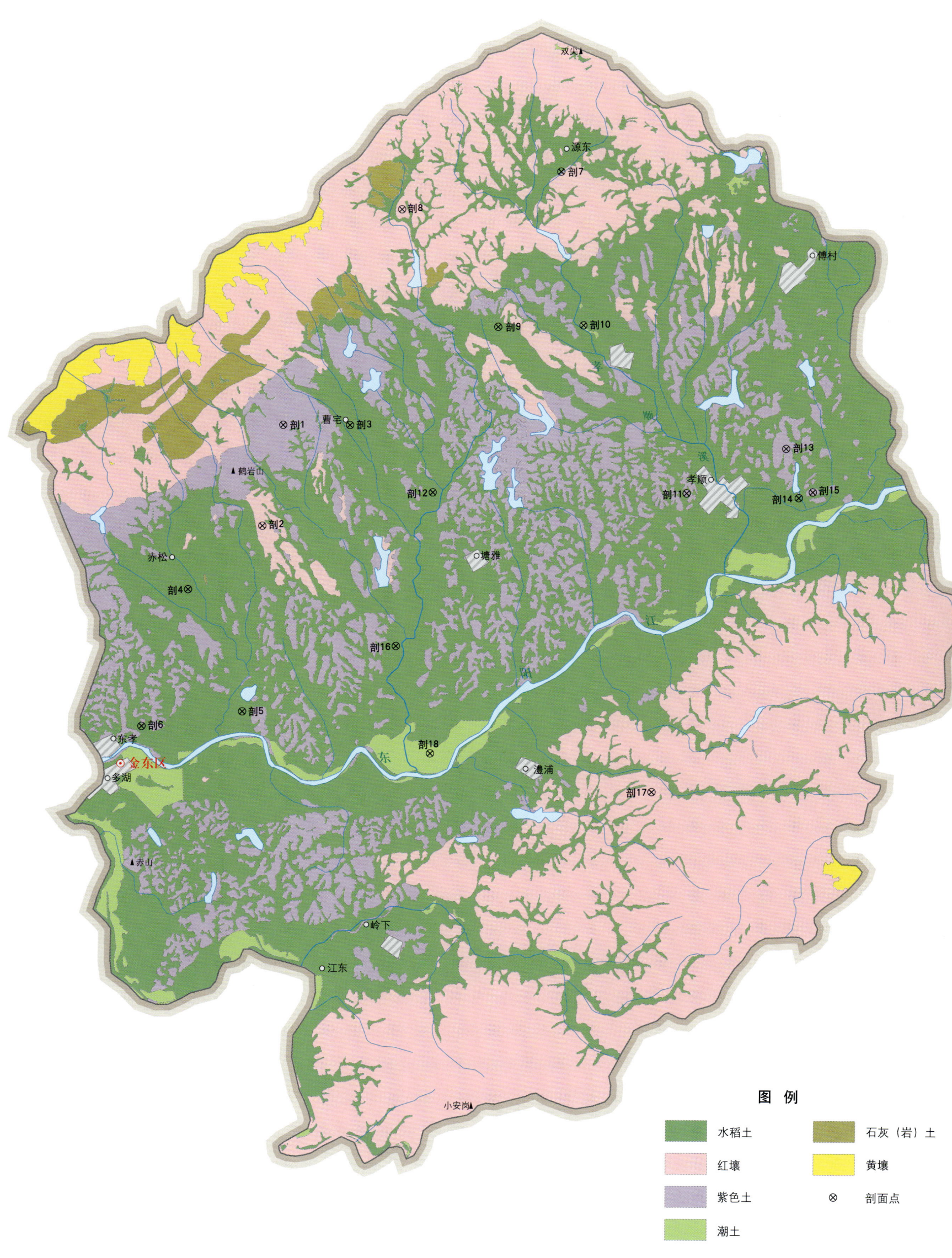

金东区土壤剖面理化性状表

剖面号	土纲	土类	亚类	土属	土种	土层码	土层厚度/cm	颜色	质地	土壤结构	pH	有机质 OM/(g/kg)	全氮 TN/(g/kg)	全磷 TP/(g/kg)	全钾 TK/(g/kg)	碱解氮 AN/(mg/kg)	有效磷 AP/(mg/kg)	速效钾 AK/(mg/kg)	阳离子交换量 CEC/(cmol/kg)	土壤母质	剖面点坐标	匹配指数 Matching index/%
剖1	初育土	紫色土	酸性紫色土	砾质红紫砂土	砾质红紫砂土	1	0—15		中壤土		5.8	17.3	0.66	0.30	19.7				6.8		E 119°43′39.9″ N 29°12′03.0″	97
						2	15—30		中壤土		5.4								10.6			
						3	30—		中壤土		5.6								8.8			
剖2	铁铝土	红壤		黄泥砂	黄筋泥	1	0—6		轻黏土		5.2								7.7	第四纪红色黏土	E 119°43′13.2″ N 29°10′21.3″	97
						2	6—47		轻黏土		5.2								7.3			
						3	47—100		轻黏土		5.3								7.6			
剖3	人为土	水稻土	潴育水稻土	洪积泥砂田	谷口泥砂田	1	0—10	褐棕色	中壤土		5.8	19.8	0.71	0.38	18.0	118	20.0	38	9.6	河流洪积物、冲积物	E 119°44′53.4″ N 29°12′04.3″	95
						2	10—23	灰棕色	中壤土		5.3	5.6	0.36	0.19	39.6	47	2.0	30	6.2			
						3	23—40	红黄色	中壤土		6.5	9.2	0.36	0.24	35.1	28	1.0	30	5.4			
						4	40—60	青灰色														
						5	60—100	杂色														
剖4	人为土	水稻土	潴育水稻土	紫红泥砂田	砾质紫红泥砂田	1	0—15	棕色	中壤土	粗粒状	6.1	19.1	1.06	0.24	23.8	53	2.0	65	11.9	紫(红)色砂页岩风化物	E 119°41′45.8″ N 29°09′19.1″	95
						2	15—41	灰棕色	中壤土	粗粒状	6.2	12.6	0.68	0.18	21.3	81	1.0	61				
						3	41—100	红棕色	中壤土	弱发育柱状	6.0	7.0	0.42	0.21	21.9	27	2.0	55				
剖5	人为土	水稻土	潴育水稻土	黄泥砂田	白心云母黄泥田	A	0—12	灰色	中壤土	块状	5.3	34.5	1.72	0.65	22.6	140	13.0	52	9.6		E 119°42′45.8″ N 29°07′14.4″	95
						P	12—22	灰色	中壤土	块状	4.9	27.5	1.36	0.55	23.8	114	9.0	65				
						W	22—59	淡黄色	中壤土	块状	5.9	18.3	0.60	0.54	22.6	6	2.0	42				
						Ew	59—	灰白色	砂壤土													
剖6	人为土	水稻土	潴育水稻土	紫红泥砂田	紫红泥砂田	1	0—14	棕灰色	重黏土	粒状	5.1	12.7	0.86	0.36	9.1	149	10.5	66	4.8	紫(红)色砂页岩风化物	E 119°40′49.3″ N 29°07′01.9″	95
						2	14—22	棕黄色	重黏土	粒状	4.9	8.9	0.57	0.32	8.9	83	1.3	25				
						3	22—42	黄黑色	重黏土	弱发育柱状	6.4	9.5	0.36	0.19	7.7	38	1.8	25				
						4	42—100	红棕色	黏壤土													
剖7	人为土	潜育水稻土	淡化黄筋泥田	淡化黄筋泥田	A	0—18	暗黄黄色	轻黏土	块状	6.5	32.4	1.67	0.57		11.7				16.5	第四纪红色黏土	E 119°46′02.0″ N 29°15′37.0″	97
						P	18—23	淡黄棕色	轻黏土	块状	6.4	24.8	1.30	0.50					11.8			
						W	23—40	淡黄棕色	重黏土	块状	6.7	3.6	0.35	0.19					10.3			
						WC1	40—70	淡黄棕色	重黏土	块状	6.1	3.4		0.19								
						WC2	70—100	灰黄色	重黏土	块状	5.5	2.7		0.18								
剖8	铁铝土	红壤		泥质田	钙质泥质田	1	0—15		轻黏土	块状	6.0	5.6	0.39	0.40	18.4				5.3		E 119°47′49.5″ N 29°13′36.4″	82
						2	15—30		重壤土		5.8								4.8			
						3	30—100		重壤土		5.3								5.4			
剖9	人为土	潴育水稻土	泥质田	钙质泥质田	A	0—16		重壤土		7.6	31.8	1.08	1.01					18.0				
						P	16—23		重壤土		8.5								15.3			
						W1	23—36		重壤土		8.6								14.2			
						W2	36—48		重壤土		7.2								13.7			
						W3	48—100		重壤土		6.9								12.4			
剖10	半水成土	潮土		泥砂土	泥砂土	1	0—13	棕灰色	砂壤土	粒状	6.5	11.9	0.55	0.26					6.3	河流老冲积物	E 119°49′28.1″ N 29°13′36.1″	97
						2	13—38	暗棕色	中壤土	粒状	6.6	5.7	0.30	0.18					4.6			
						3	38—100	灰棕色	砂砾	粒状	5.8											
剖11	初育土	紫色土	酸性紫色土	酸性紫砾土	酸性紫砾土	A	0—15	红紫色	砂质黏壤土	屑粒状	5.4	17.3	0.66	0.30	19.7						E 119°51′23.2″ N 29°10′44.9″	81
						AC	15—30	红紫色	砂质黏壤土	块状	5.8											
						C	30—100		砂质黏壤土	块状												

续表 Continued

剖面号 Soil profile	土纲 Soil order	土类 Soil great group	亚类 Soil subgroup	土属 Soil genus	土种 Soil species	土层码 Layer code	土层厚度 Depth/cm	颜色 Soil color	质地 Soil texture	土壤结构 Soil structure	pH	有机质 OM/(g/kg)	全氮 TN/(g/kg)	全磷 TP/(g/kg)	全钾 TK/(g/kg)	碱解氮 AN/(mg/kg)	有效磷 AP/(mg/kg)	速效钾 AK/(mg/kg)	阳离子交换量CEC/(cmol/kg)	土壤母质 Parent material	剖面点坐标 Profile coordinate	匹配指数 Matching index/%
剖12	人为土	水稻土	渗育水稻土	紫泥田	钙质紫泥田	A	0–15	紫色	壤质黏土	块状											E 119°46′30.3″ N 29°10′51.8″	95
						P	15–26	紫色	壤质黏土	块状												
						W₁	26–85	灰紫色	黏土	粒状												
						W₂	85–100	灰紫色	黏土	块状												
剖13	初育土	紫色土	酸性紫色土	酸紫砾土	安地酸紫砾土	A	0–15	灰紫色	黏壤土	屑粒状	5.8	17.3	0.70	0.30							E 119°53′19.0″ N 29°11′27.7″	95
						AC	15–30	红紫色	黏壤土	块状	5.4											
						C	30–50		黏壤土		5.8											
剖14	人为土	水稻土	潴育水稻土	泥砂田	砾心泥砂田	1	0–12		中壤土		5.9	21.6	1.21	0.71	22.5				9.6	冲积物	E 119°53′32.2″ N 29°10′37.5″	95
						2	12–16		轻壤土		5.8								10.5			
						3	16–25		轻壤土		6.4								10.3			
						4	25–50		紧砂土		7.1								8.3			
剖15	初育土	紫色土	酸性紫色土	砾质红紫砾土	砾质红紫砾土	1	0–20	淡棕色	砂壤土	粒状	6.6	4.2	0.33	0.23				49	4.0		E 119°53′48.3″ N 29°10′43.1″	97
						2	20–100	淡棕色	砂壤土	粒状		4.3	0.31	0.26								
剖16	人为土	水稻土	渗育水稻土	紫泥田	紫泥田	A	0–16		中壤土		5.6	15.4	0.91	0.29					11.7	紫色砂页岩风化物	E 119°45′44.4″ N 29°08′17.8″	95
						P	16–26		重壤土		6.5	6.5	0.43	0.20					13.8			
						W₁	26–54		重壤土		6.9	4.3	0.35	0.15					12.6			
						W₂	54–100		轻壤土		7.1	4.1	0.30	0.21								
剖17	铁铝土	红壤	黄红壤	黄泥土	黄泥土	1	0–18				4.7	10.8	0.57	0.14	36.7	54	8.0	143	4.0		E 119°50′35.7″ N 29°05′45.1″	95
						2	18–40	灰色		粒状	5.8	4.8	0.21	0.14	29.2	37	2.0	103				
剖18	半水成土	潮土	潮土	洪积泥砂土	滩地砾瑞泥砂土	1	0–18	黑灰色	轻壤土	粒状	5.5	26.4	1.18	0.26	32.2	115	4.0	22	4.2		E 119°46′21.2″ N 29°06′28.8″	95
						2	18–38	黑灰色	轻壤土	粒状	5.5	24.3	1.08	0.21	15.2	107	4.0	18				
						3	38—		砂砾													

武 义 县

主要土类说明

红壤是武义县面积最大的地带性土壤,占本县地域面积的43%。本县红壤分布在武义、宣平盆地的低丘岗地及盆地周围的丘陵地带,海拔上限为650m。红壤的成土母质是第四纪红色黏土、玄武岩、凝灰岩、花岗斑岩等的风化物,它是在亚热带生物气候条件下,经过脱硅富铝化过程形成的土壤类型。土壤发育具有赤铁矿化、高岭化、强风化等特点,土壤呈强酸性或酸性反应,阳离子交换量低,土壤特性依不同亚类而有差异。

黄壤是武义县第二大土壤类型,占本县地域面积的15%。本县黄壤分布在海拔600m以上的低、中山(白姆、西联、新塘等为海拔600m以上,其他为海拔650m以上)。成土母质为各类凝灰岩、花岗斑岩、细粒石英二长岩和安山玢岩等的风化物。黄壤发生于亚热带湿润环境,呈中度富铝化特征,土壤呈黄色,具O-A-AB-B-C剖面构型。黄壤富含水合氧化物(针铁矿),有时含三水铝石。土壤有机质累积较高,可达100g/kg,pH为4.5—5.5。根据表土侵蚀情况本土类可划分为黄壤、侵蚀型黄壤两个亚类。

粗骨土是武义县第三大土壤类型,占本县地域面积的15%。粗骨土由基岩风化残积物、坡积物发育而成,属于A-C或(A)-C剖面构型。A层发育不明显,与母质层性状相似,略显有机质累积。有时母质层富含砾石,甚少剖面分异与发育特征。粗骨土广泛分布在河谷阶地、丘陵、低山和中山等多种地貌单元和地形部位。

紫色土是武义县第四大土壤类型,占本县地域面积的13%。紫色土分布在盆地底部和边缘的中、高丘,成土母质为早白垩世馆头组的暗紫色砾岩夹砂岩、朝川组的紫红色粉砂岩和晚白垩世方岩组的灰紫色砂砾岩等不同时期的沉积岩风化物。土层浅薄,具A-C剖面构型,其理化性质与母岩组成直接相关,剖面层次发育不明显,仍为初育土。由于母岩富含矿质养分,且风化迅速,为良好的肥沃土壤。

水稻土是武义县第五大土壤类型,占本县地域面积的12%。水稻土是各种自然土壤经过多年人为水耕熟化,土体在长期氧化还原交替作用下发育起来的一种具有特征的土壤类型。由于地貌和土壤母质的差异,水分在土壤中存在状况和活动方式不同,导致水稻土种类繁多。根据水稻土发生发育特征,本县水稻土可划分为渗育型、潴育型和潜育型三个亚类。

小于本县地域面积3%的土壤类型有火山灰土。

本区域中心区气候特征

本区域中心区气候特征值
Regional climate characteristics in central area of the region

气候带:中亚热带湿润气候 Climate region: Subtropical humid climate	
年平均气温 /℃ Annual average temperature /℃	17.6
年平均最高气温 /℃ Annual average maximum temperature /℃	21.9
年平均最低气温 /℃ Annual average minimum temperature /℃	14.2
年降水量 /mm Annual precipitation /mm	1697
≥10℃的积温 /℃ Daily temperature accumulated in a year (≥10℃) /℃	6408
年日照时数 /h Annual sunshine /h	1767
年平均相对湿度 /% Annual average relative humidity /%	79
干燥度 Dryness	0.63

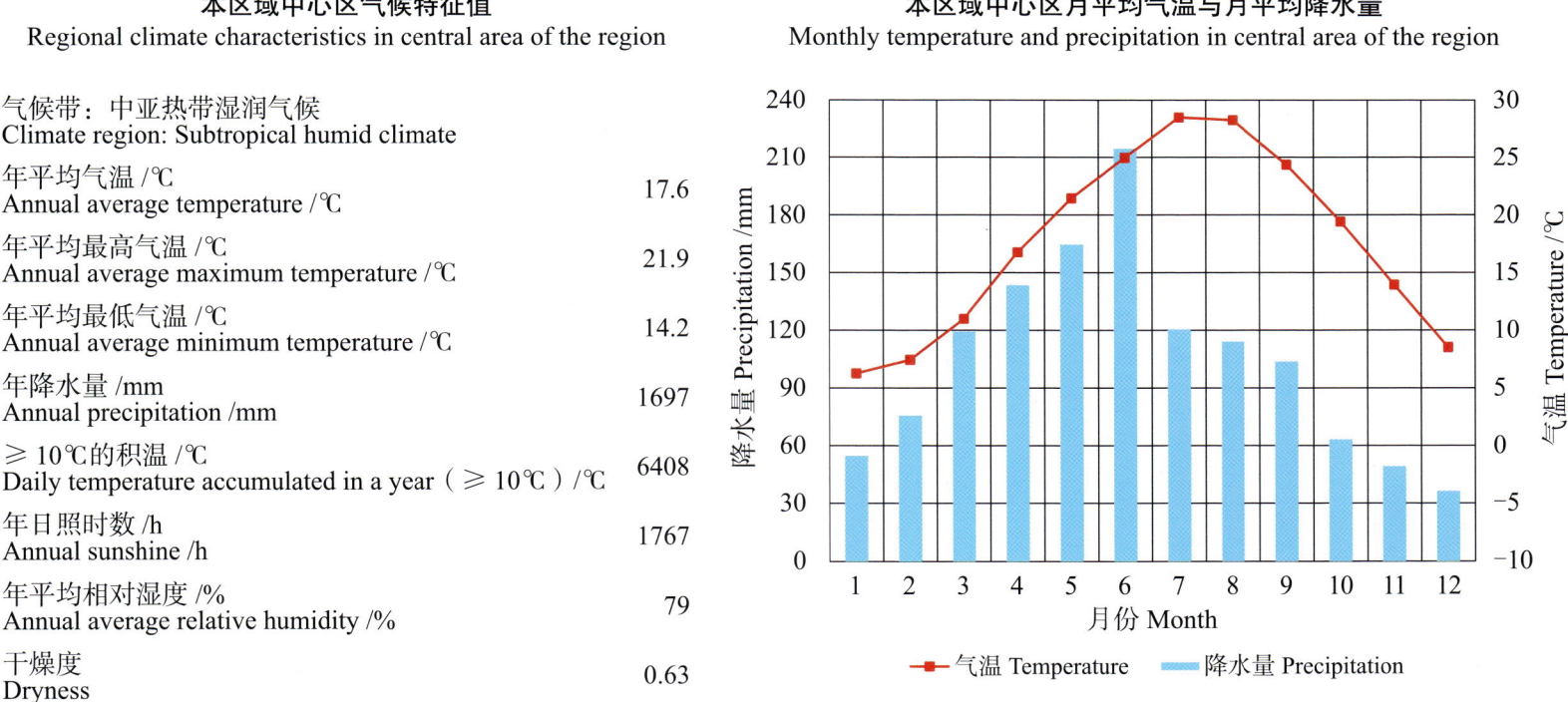

本区域中心区月平均气温与月平均降水量
Monthly temperature and precipitation in central area of the region

武义县主要土壤类型与土壤剖面点分布图
1 : 230 000

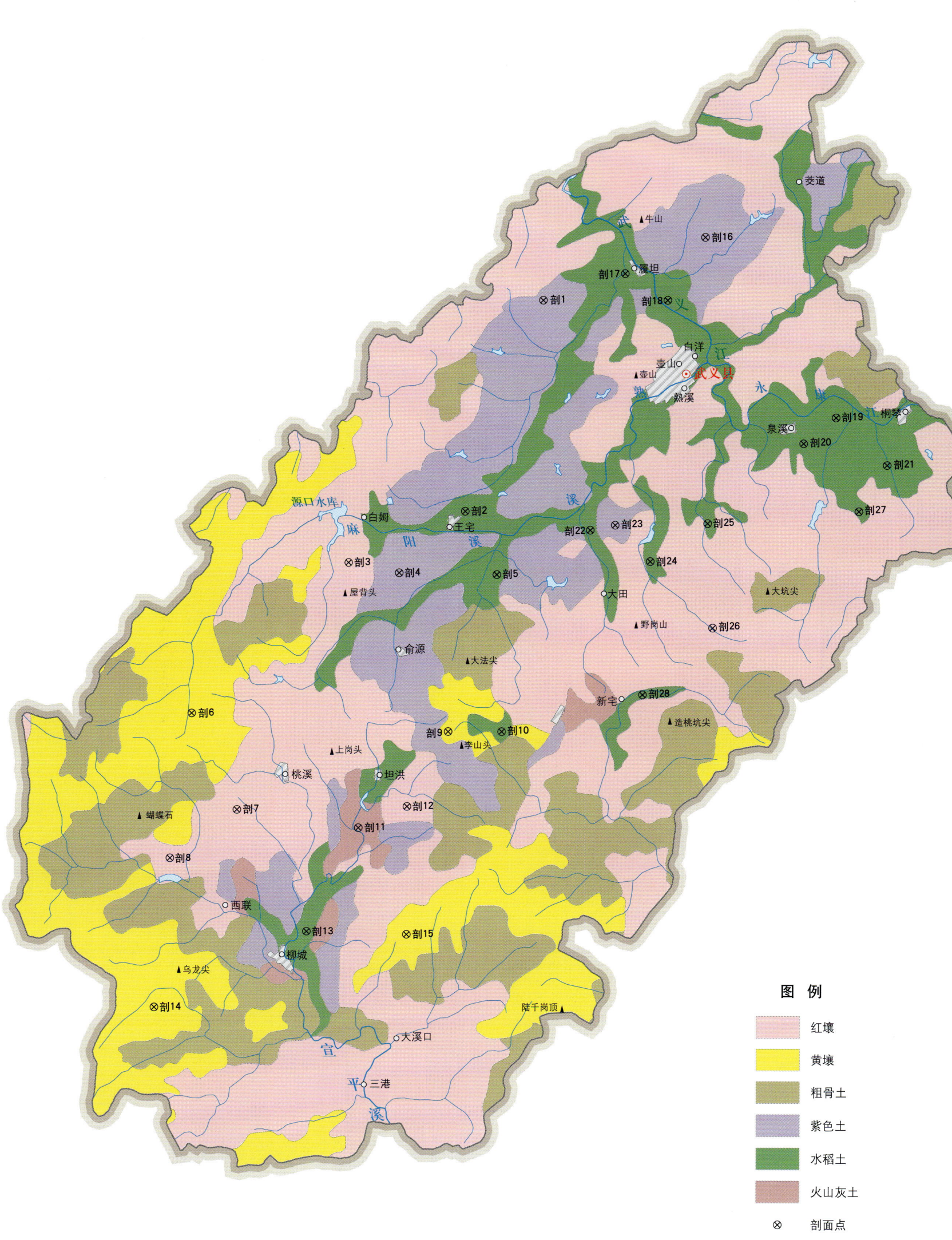

武义县土壤剖面理化性状表

剖面号 Soil profile	土纲 Soil order	土类 Soil great group	亚类 Soil subgroup	土属 Soil genus	土种 Soil species	土层码 Layer code	土层厚度 Depth/cm	颜色 Soil color	质地 Soil texture	土壤结构 Soil structure	pH	有机质 OM/(g/kg)	全氮 TN/(g/kg)	全磷 TP/(g/kg)	阴离子交换量CEC/(cmol/kg)	土壤母质 Parent material	剖面点坐标 Profile coordinate	匹配指数 Matching index/%
剖1	初育土	紫色土	石灰性紫色土	红紫砂土	红紫砂土	A	0—19	紫棕色	中壤土		6.0	21.6	1.24	0.10	13.1	紫红色砂岩或砂砾岩风化物	E 119°44′32.9″ N 28°56′05.4″	92
						B	19—34	紫棕色	中壤土		5.8	9.4	0.90	0.06	12.1			
剖2	人为土	水稻土	潴育水稻土	红紫泥砂田	红紫泥砂田	A	0—18	紫灰色	中壤土		5.8	22.8	1.56	0.20	9.3	红紫砂土坡积物或经短距离搬运后的再积物	E 119°41′49.9″ N 28°50′07.1″	95
						P	18—23	紫灰色	中壤土		6.2	15.6	0.99	0.14	7.3			
						W	23—100	紫棕色	中壤土		6.6	6.6	0.65	0.11	7.9			
剖3	铁铝土	红壤	红壤	红黏土	红黏土	A	0—15	淡棕红色	轻黏土		5.5	19.8	1.31	0.51	16.3	玄武岩风化物	E 119°37′59.2″ N 28°48′44.0″	95
						(B)	15—100	暗棕红色	轻黏土		5.8	17.0	0.97	0.52	13.9			
剖4	初育土	紫色土	酸性紫色土	酸紫泥土	酸紫泥	A	0—10	暗紫棕色	黏土	块状	4.7	35.6	1.80			灰(暗)紫色粉砂岩(砂页岩)风化残积物	E 119°39′37.5″ N 28°48′24.6″	95
						AC	10—56	红紫色	壤质黏土	块状	5.0	4.1						
						C	56—90	红紫色	壤质黏土		5.6	3.3						
剖5	人为土	水稻土	渗育水稻土	山地黄泥田	山地云母砂性黄泥田	A	0—16	灰黄棕色	中壤土		5.5	28.8	2.28	0.75	21.2	黄壤原积物或坡积物	E 119°42′48.2″ N 28°48′17.0″	95
						P	16—21	灰棕色	中壤土		5.7	23.4	1.24	0.75	18.9			
						W	21—46	暗红棕色	中壤土		6.2	10.5	1.25	0.64	12.5			
剖6	铁铝土	黄壤	黄红壤	山地黄黏土	山地砾石黄黏土	A	0—19	棕灰色	中壤土		5.4	46.5	3.76	0.64	23.3	安山玢岩风化物	E 119°32′45.2″ N 28°44′31.6″	95
						(B)	19—64	黄色	中壤土		5.5	11.6	0.90	0.45	20.8			
剖7	铁铝土	红壤	黄红壤	黄泥土	黄泥土	A	0—37	淡黄棕色	轻黏土		5.1	12.5	0.59	0.13	17.6		E 119°34′09.7″ N 28°41′43.6″	95
						(B)	37—70	灰黄色	轻黏土		5.5	2.7	0.37	0.02				
剖8	铁铝土	红壤	黄红壤	黄泥土	黄棕砂土	A	0—17	黄黄色	中壤土		6.4	41.5	1.35	0.18	12.7		E 119°31′56.7″ N 28°40′22.8″	97
						(B)	17—66	黄色	中壤土		6.8	11.7	0.64	0.12	8.0			
剖9	铁铝土	黄壤	黄壤	山地黄泥砂土	山地云母黄泥砂土	A	0—27	灰黄棕色	重壤土		5.5	47.0	2.24	0.44	17.1		E 119°41′06.7″ N 28°43′49.4″	95
						(B)	27—100	红黄色	重壤土		5.4	12.9	0.28	0.33	13.8			
剖10	人为土	水稻土	潴育水稻土	泥质田	泥质田	A	0—18	灰黄色	重壤土		6.3	22.9	1.00	0.23	17.3	河流老冲积物	E 119°42′51.0″ N 28°43′46.9″	75
						P	18—23	灰黄色	重壤土		5.8	15.8	0.57	0.17	15.3			
						W1	23—39	棕灰色	重壤土		7.5	8.1	0.36	0.21	13.4			
						W2	39—100	棕灰色	重壤土		7.7							
剖11	初育土	火山灰土	玄武岩幼年土	棕泥土	黄棕泥土	A	0—10	棕灰色	中壤土		6.5	29.4	1.16	0.29	20.0	玄武岩风化物	E 119°38′07.2″ N 28°41′07.8″	86
						B	10—31	棕灰色	中壤土		6.6	21.0	0.81	0.33	18.7			
剖12	铁铝土	红壤	侵蚀型红壤	石砂土	石砂土	A	0—10	淡灰色	中壤土		5.4	6.2	1.00	0.14	12.2		E 119°39′42.8″ N 28°41′42.5″	95
						C	10—											
剖13	人为土	水稻土	渗育水稻土	新黄筋泥田	新黄筋泥田	A	0—14	暗灰黄色	中壤土		6.9	14.2	1.30	0.35	13.0	第四纪红色黏土	E 119°36′21.4″ N 28°38′10.4″	95
						P	14—20	暗灰黄色	重壤土		7.0	12.5	1.08	0.34	9.4			
						W	20—55	黄黄棕色	重壤土		6.7	8.3	1.01	0.25	11.4			
剖14	铁铝土	黄壤	黄壤	山地黄泥土	山地黄泥土	A	0—13	暗黄棕色	重壤土		5.7	40.6	2.31	0.23	≤1.0	凝灰岩风化物	E 119°31′19.9″ N 28°36′05.4″	95
						(B₁)	13—37	淡黄棕色	重壤土		5.7	11.2	0.89	0.13	12.9			
						(B₂)	37—88	灰黄色	中壤土	肩粒状	6.1	8.9	0.60	0.09	10.5			
剖15	铁铝土	黄壤	黄壤	山地黄黏土	山地砾石黄黏土	A	0—20	浊黄棕色	粉砂质黏土	碎块状	4.9	41.0				安山岩风化物	E 119°39′36.5″ N 28°38′01.6″	95
						AB	20—40	浊黄橙色	粉砂质黏土	大块状	4.9	29.9						
						B	40—65	亮黄棕色	黏土	块状	4.8	20.2						
剖16	初育土	紫色土	石灰性紫色土	红紫砂土	红紫泥土	A	0—10	暗红紫色	壤土	块状	4.7	35.6	1.77			石灰性红紫色泥岩、泥质页岩风化物	E 119°49′53.9″ N 28°57′45.3″	82
						AC	10—56	红紫色	壤质黏土		5.0	4.1						
						C	56—90	红紫色	壤质黏土		5.6	3.3						

续表 Continued

剖面号 Soil profile	土纲 Soil order	土类 Soil great group	亚类 Soil subgroup	土属 Soil genus	土种 Soil species	土层码 Layer code	土层厚度/cm Depth/cm	颜色 Soil color	质地 Soil texture	土壤结构 Soil structure	pH	有机质 OM/(g/kg)	全氮 TN/(g/kg)	全磷 TP/(g/kg)	阳离子交换量CEC/(cmol/kg)	土壤母质 Parent material	剖面点坐标 Profile coordinate	匹配指数 Matching index/%
剖17	人为土	水稻土	潴育水稻土	培泥砂田	培泥砂田	A	0—14	棕灰色	中壤土		5.6	13.8	0.71	0.29	8.8	新河流冲积物	E 119°47′15.2″ N 28°56′47.1″	95
						P	14—20	棕灰色	中壤土		5.5	12.1	0.64	0.26	8.8			
						W	20—100	暗黄棕色	轻壤土		7.2	4.2	0.29	0.23	9.4			
剖18	人为土	水稻土	渗育水稻土	黄泥田	黄泥田	A	0—15	灰黄色	中壤土		5.6	25.0	1.75	0.34		黄红壤原积物或坡积物	E 119°48′37.4″ N 28°55′59.3″	95
						P	15—23	棕灰色	中壤土		5.6	17.8	1.23	0.30				
						W	23—35	黄棕色	中壤土		6.0	8.1	0.51	0.18				
剖19	人为土	水稻土	潴育水稻土	培泥砂田	黄化培泥砂田	A	0—13	淡灰色	重壤土		5.5	20.3	1.07	0.43		新河流冲积物	E 119°54′01.6″ N 28°52′31.4″	95
						P	13—18	棕灰色	中壤土		5.8	17.5	0.85	0.43				
						W	18—78	黄棕色	中壤土		6.3	10.0	0.44	0.36				
剖20	人为土	水稻土	渗育水稻土	红泥田	黄紫田	A	0—19	黄棕色	轻黏土		6.0	21.5	1.94	0.72	12.0	中基性岩残积物、坡积物	E 119°52′56.8″ N 28°51′48.8″	95
						P	19—30	黄棕色	轻黏土		6.4	16.7	0.69	0.60	11.0			
						W	30—87	黄棕色	轻黏土		6.5	14.4	0.57	0.56	10.9			
剖21	人为土	水稻土	潴育水稻土	黄泥砂田	黄泥砂田	A	0—17	棕灰色	中壤土		5.6	26.0	1.29	0.31	12.5	红壤类坡积物或经短距离搬运的再积物	E 119°55′39.5″ N 28°51′07.1″	95
						P	17—24	棕灰色	中壤土		6.1	22.2	1.03	0.26	11.2			
						W_1	24—38	黄棕色	中壤土		6.3	7.6	0.41	0.10	11.3			
						W_2	38—75	淡棕黄色	中壤土		6.4	6.0						
剖22	人为土	水稻土	潴育水稻土	泥砂田	砾喷塘泥田	A	0—15	暗棕灰色	中壤土		5.7	37.4	2.36	0.31	12.4	冲积物为主，夹有洪积物	E 119°45′54.2″ N 28°49′29.2″	75
						P	15—18	暗棕灰色	中壤土		6.7	27.7	1.77	0.23	9.1			
						C	18—											
剖23	初育土	紫色土	石灰性紫色土	红紫砂土	红紫泥	A	0—16	紫棕色	重壤土		5.6	20.1	0.92	0.14		紫红色砂岩或砂砾岩风化物	E 119°46′43.2″ N 28°49′36.9″	92
						B	16—85	紫棕色	重壤土		6.7	2.7	0.21	0.12				
剖24	人为土	水稻土	潴育水稻土	黄泥砂田	棕大泥田	A	0—19	暗黄棕色			6.5	32.5	1.77	0.56	38.8	红壤类坡积物或经短距离搬运的再积物	E 119°47′50.3″ N 28°48′32.7″	75
						P	19—28	暗黄棕色			7.8	31.4	1.67	0.55	19.4			
						W_1	28—48	水黄色			7.6	17.3	0.95	0.71	15.7			
						W_2	48—82	暗黄棕色			7.8							
						W (g)	82—100	青灰色			7.8							
剖25	人为土	水稻土	潴育水稻土	洪积泥砂田	铁铬砾喷塘泥田	A	0—16	淡灰色	轻壤土		5.7	30.2	1.77	0.43	9.5	近代溪流洪积物	E 119°49′44.9″ N 28°49′35.2″	75
						P	16—23	暗灰色	轻壤土		5.7	28.3	1.21	0.34	8.6			
						W	23—30	黄棕色	轻壤土		5.8	6.4	0.78	0.22	7.1			
剖26	铁铝土	黄红壤		黄泥土	黄砾泥	A	0—13	灰黄色	中壤土		6.3	27.0	3.27	0.49	13.9		E 119°49′49.6″ N 28°46′36.5″	95
						(B)	13—73	淡黄棕色	中壤土		6.2	18.0	1.23	0.44	6.4			
剖27	人为土	水稻土	潴育水稻土	老黄筋泥田	老黄筋泥	A	0—18	暗黄棕色	重壤土		6.7	28.0		0.45	15.0	第四纪红色黏土	E 119°54′41.8″ N 28°49′49.1″	75
						P	18—33	暗黄棕色	重壤土		6.9	12.1		0.33	14.7			
						W	33—70	暗黄棕色	重壤土		7.0	10.8		0.18	14.1			
剖28	人为土	水稻土	渗育水稻土	红泥田	棕泥田	A	0—16	棕色	重壤土		6.5	39.6	1.77	0.61	31.3		E 119°47′28.9″ N 28°44′44.6″	75
						P	16—26	棕色	重壤土		6.8	32.8	1.20	0.61	27.3			
						W	26—100	暗棕色	重壤土		6.8	21.9	1.20	0.57	22.1			

浦 江 县

主要土类说明

红壤是浦江县的主要土壤类型，占本县地域面积的 59%。红壤主要发生于亚热带常绿阔叶林地区，呈中度富铝化特征，土壤黏粒中的游离铁占全铁 50%—60%。红壤有深厚红色土层，底层可见深厚红、黄、白相间网纹的红色黏土。土壤中的黏土矿物以高岭石、赤铁矿为主，黏粒硅铝率为 1.8—2.4，风化淋溶系数 < 0.2，盐基饱和度 < 35%，pH 为 4.5—5.5。

水稻土是浦江县第二大土壤类型，占本县地域面积的 21%。水稻土是在长期季节性淹灌和排水、水下翻耕、土壤内部物质发生氧化还原交替作用的影响下，原来的成土母质或母土特性发生重大改变，从而形成的新土壤类型。由于干湿交替等作用的影响，糊状淹育层、较坚实板结的犁底层、渗育层、潴育层与潜育层多种发生层分异。这些不同发生层是在人为耕作、水浆管理作用下形成的。

紫色土是浦江县第三大土壤类型，占本县地域面积的 9%。紫色土常由热带、亚热带紫红色岩层侵蚀发育而成，土层薄，具 A–C 剖面构型，其理化性质与母岩组成直接相关，剖面层次发育不明显，仍为初育土。由于母岩富含矿质养分，且风化迅速，为良好的肥沃土壤。

黄壤是浦江县第四大土壤类型，占本县地域面积的 6%。黄壤主要发生于亚热带湿润气候条件下，多见于海拔 700—1200m 的山区，呈中度富铝化特征，土壤呈黄色，具 O–A–AB–B–C 剖面构型。土壤富含水合氧化物（针铁矿），有时含三水铝石。土壤有机质累积较高，可达 100g/kg，pH 为 4.5—5.5。多发展为林地，间亦耕种。

粗骨土是浦江县第五大土壤类型，占本县地域面积的 4%。粗骨土由基岩风化残积物、坡积物发育而成，属于 A–C 或（A）–C 剖面构型。A 层发育不明显，与母质层性状相似，略显有机质累积。有时母质层富含砾石，甚少剖面分异与发育特征。粗骨土广泛分布在河谷阶地、丘陵、低山和中山等多种地貌单元和地形部位。

小于本县地域面积 3% 的土壤类型为石灰（岩）土。

本区域中心区气候特征

本区域中心区气候特征值
Regional climate characteristics in central area of the region

气候带：中亚热带湿润气候 Climate region: Subtropical humid climate	
年平均气温 /℃ Annual average temperature /℃	17.0
年平均最高气温 /℃ Annual average maximum temperature /℃	21.3
年平均最低气温 /℃ Annual average minimum temperature /℃	13.7
年降水量 /mm Annual precipitation /mm	1585
≥ 10℃的积温 /℃ Daily temperature accumulated in a year（≥ 10℃）/℃	6297
年日照时数 /h Annual sunshine /h	1771
年平均相对湿度 /% Annual average relative humidity /%	78
干燥度 Dryness	0.64

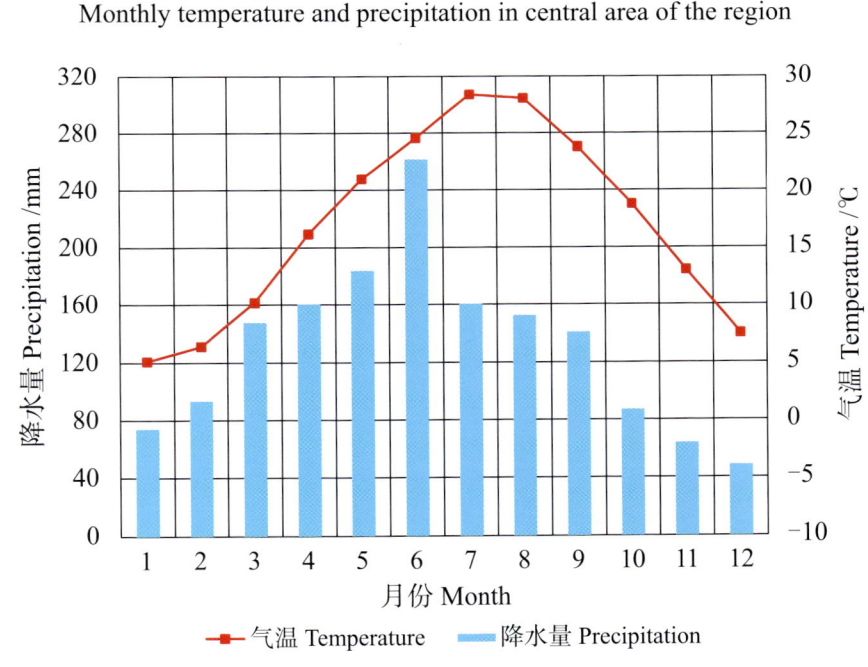

本区域中心区月平均气温与月平均降水量
Monthly temperature and precipitation in central area of the region

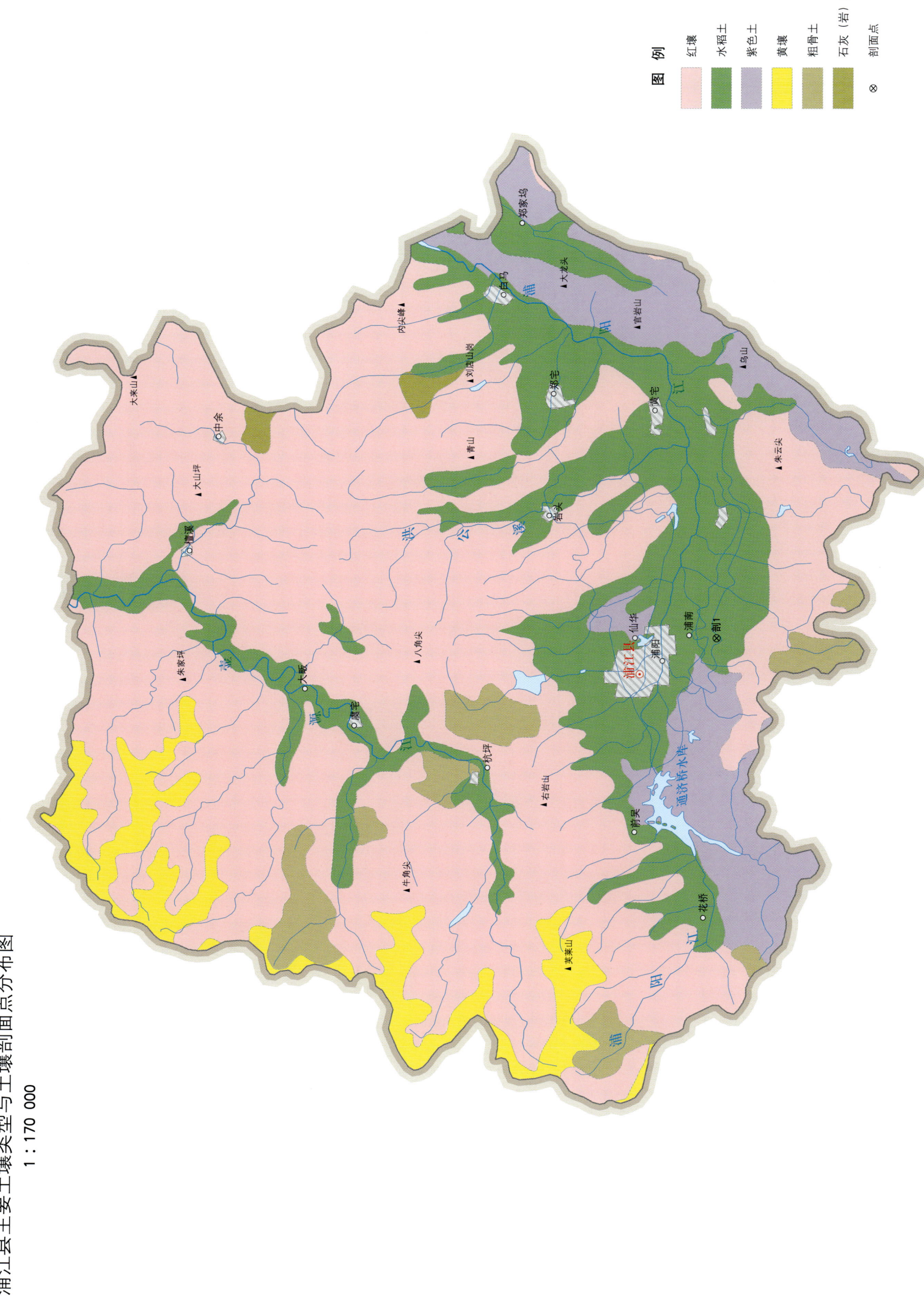

浦江县土壤剖面理化性状表

剖面号 Soil profile	土纲 Soil order	土类 Soil great group	亚类 Soil subgroup	土属 Soil genus	土种 Soil species	土层码 Layer code	土层厚度 Depth/cm	颜色 Soil color	质地 Soil texture	土壤结构 Soil structure	pH	有机质 OM/(g/kg)	全氮 TN/(g/kg)	碱解氮 AN/(mg/kg)	有效磷 AP/(mg/kg)	速效钾 AK/(mg/kg)	土壤母质 Parent material	剖面点坐标 Profile coordinate	匹配指数 Matching index/%
剖1	人为土	水稻土	潴育水稻土	洪积泥砂田	古潮泥砂田	A	0—13	淡灰色	黏壤土	团块状	5.8	30.4	1.82	109	10.8	41	近代洪积物	E 119°53′58.8″ N 29°25′36.8″	95
						Ap	13—22	淡灰色	壤土	块状	6.0	24.2	1.52	110	9.7	37			
						P	22—38	淡灰色	粉砂质黏壤土	棱块状	6.6	5.2							
						W	38—65	淡黄色	壤质黏壤土	棱柱状	7.1	4.0							
						C	65—90	黄色			6.3								

磐 安 县

主要土类说明

红壤是磐安县主要土壤类型，占本县地域面积的46%。红壤的成土母质主要为凝灰岩、玄武岩及红紫砂砾岩的风化物，分布在全县的低山丘陵及高丘，为本县主要的地带性土壤。红壤是在高温高湿的亚热带生物气候条件下，母质中的原生矿物经过强风化、强淋溶过程，铁铝氧化物明显积聚，形成了具有A-（B）-C剖面发生形态的富铝化土壤。整个土体均呈红色或略带红色。土壤呈强酸性或酸性反应，阳离子交换量较低。

黄壤是磐安县第二大土壤类型，占本县地域面积的37%。黄壤分布在本县海拔600m以上的山地，其母岩以凝灰岩的风化残体和坡积物为主。受湿润亚热带森林气候影响，土壤颜色呈黄色至棕黄色。处于海拔1000m以上的山地黄壤，自然植被茂密，植被落叶保存尚好，腐殖质积聚层可达数厘米，表土有机质含量较为丰富，剖面构型为AoA、A-（B）-C。

粗骨土是磐安县第三大土壤类型，占本县地域面积的11%。粗骨土由基岩风化残积物、坡积物发育而成，属于A-C或（A）-C剖面构型。A层发育不明显，与母质层性状相似，略显有机质累积。有时母质层富含砾石，甚少剖面分异与发育特征。粗骨土广泛分布在河谷阶地、丘陵、低山和中山等多种地貌单元和地形部位。

水稻土是磐安县第四大土壤类型，占本县地域面积的5%。水稻土是人为进行平整土地，经过长期的淹水耕作、排灌、施肥、轮作等管理措施影响下，促进了土体内部的物质转化或淋溶、淀积，特别是调节灌溉、排水，改变了土壤水分状况和土体内的通气条件，引起了土壤有机质的分解和合成，从而推动了土体内氧化还原作用的频繁交替，促进了土壤物质的电化学转化。水耕条件下，一方面促进了物质积累，即人为施肥和其他耕作措施，引起了有机质累积，土壤复盐基作用增强、黏粒增加等。另一方面促进了还原淋溶，即黏粒的淋失、有机质矿化盐基及铁锰在还原条件下淋溶等。所有这些使剖面形态上表现出土层的分化，形成各类特定的、不同于旱地土壤的剖面构型。根据水分活动的特点，可将水稻土划分为渗育型、潴育型、淹育型等亚类。

小于本县地域面积3%的土壤类型为紫色土。

本区域中心区气候特征

本区域中心区气候特征值
Regional climate characteristics in central area of the region

气候带：中亚热带湿润气候 Climate region: Subtropical humid climate	
年平均气温 /℃ Annual average temperature /℃	17.3
年平均最高气温 /℃ Annual average maximum temperature /℃	21.4
年平均最低气温 /℃ Annual average minimum temperature /℃	14.2
年降水量 /mm Annual precipitation /mm	1638
≥10℃的积温 /℃ Daily temperature accumulated in a year（≥10℃）/℃	6243
年日照时数 /h Annual sunshine /h	1767
年平均相对湿度 /% Annual average relative humidity /%	79
干燥度 Dryness	0.66

本区域中心区月平均气温与月平均降水量
Monthly temperature and precipitation in central area of the region

磐安县主要土壤类型与土壤剖面点分布图
1∶210 000

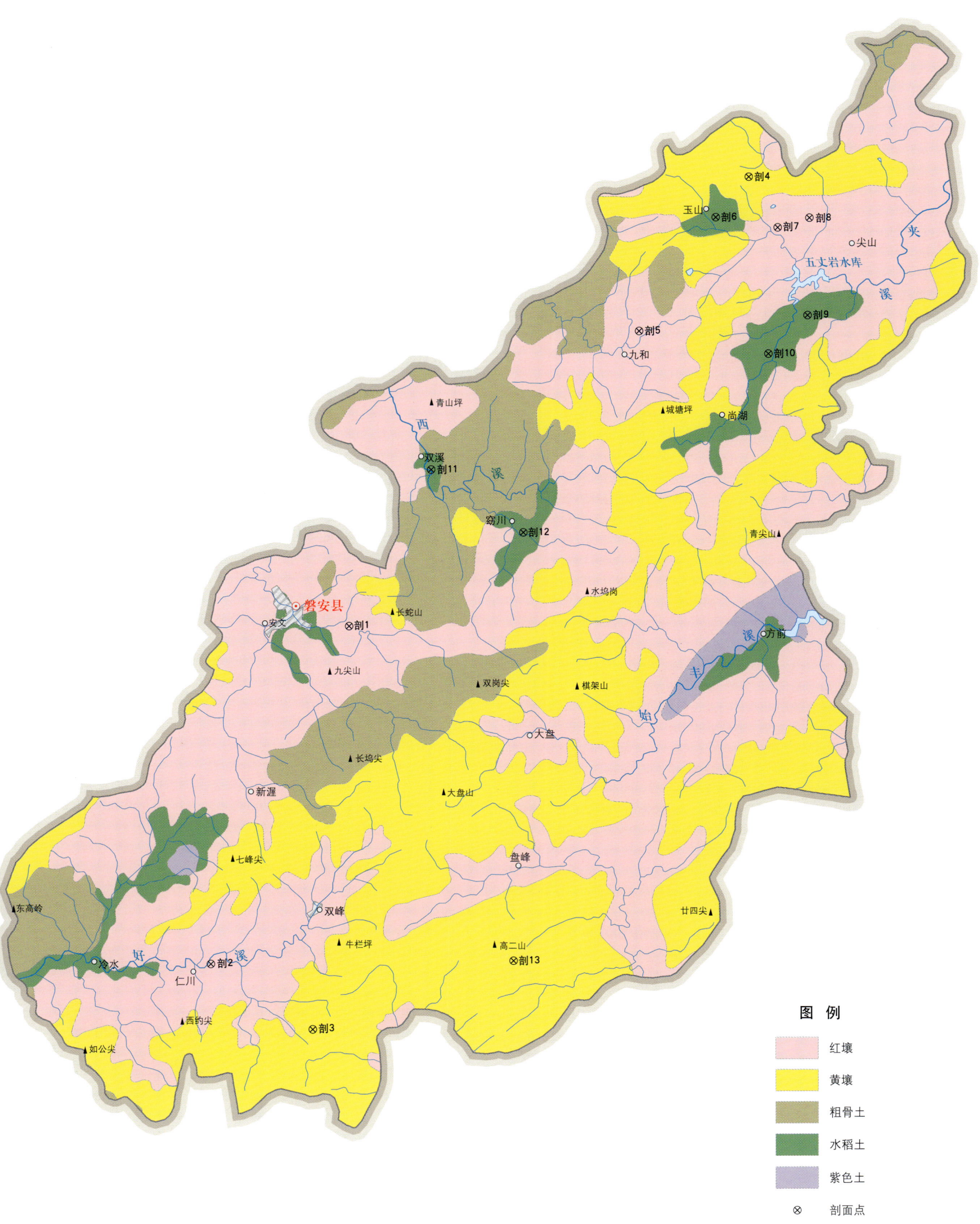

磐安县土壤剖面理化性状表

剖面号 Soil profile	土纲 Soil order	土类 Soil great group	亚类 Soil subgroup	土属 Soil genus	土种 Soil species	土层码 Layer code	土层厚度 Depth/cm	颜色 Soil color	质地 Soil texture	土壤结构 Soil structure	pH	有机质 OM/(g/kg)	全氮 TN/(g/kg)	全磷 TP/(g/kg)	阳离子交换量 CEC/(cmol/kg)	土壤母质 Parent material	剖面点坐标 Profile coordinate	匹配指数 Matching index/%
剖1	铁铝土	红壤	黄红壤	黄泥土	黄泥土	A	0—28	棕色	中壤土	粒状	6.1	14.6	0.79	0.80	13.0	凝灰岩风化坡积物	E 120°28′13.2″ N 29°02′58.0″	95
						(B)	28—100	棕色	中壤土	块状	6.7	8.9	0.73	0.69	15.5			
剖2	铁铝土	红壤	黄红壤	粉红泥土	熟化粉红泥土	A	0—16	淡棕色	中壤土	粒状	5.6	22.8	1.21	0.19	8.8	浅色凝灰岩风化物	E 120°24′15.1″ N 28°53′56.6″	95
						B	16—80	棕色	中壤土	块状	5.3	12.7	0.62	0.25	8.6			
						C	80—											
剖3	铁铝土	黄壤	黄壤	山黄泥土	山地香灰土	A	0—21		重壤土		5.0	142.1	5.20	0.82	24.3	凝灰岩风化物	E 120°27′22.0″ N 28°52′16.8″	95
						B	21—60	黄棕色	重壤土		5.5	68.7	3.60	0.84	16.6			
						C	60—100		重壤土		5.1	6.7	0.44	0.14	10.4			
剖4	铁铝土	黄壤	黄壤	山黄泥土	山地黄泥土	A	0—14	黄棕色	重壤土	粒状	5.3	24.9	1.02	0.18	13.9	凝灰岩风化物	E 120°40′02.4″ N 29°15′06.9″	95
						(B)	14—67	黄棕色	重壤土	棱块状	5.4	10.1	0.51	0.14	13.4			
						C	67—100	黄棕色	重壤土	块状	5.8	2.7	0.26	0.12	12.6			
剖5	铁铝土	红壤	黄红壤	黄泥土	熟化黄泥土	A	0—15	灰色	中壤土	粒状	6.2	18.7	1.07	0.35	9.7	凝灰岩风化坡积物	E 120°36′49.1″ N 29°10′57.8″	95
						B	15—50	灰色	中壤土	块状	6.6	10.9	0.54	0.24	8.6			
						C	50—100											
剖6	人为土	水稻土	潴育水稻土	洪积泥砂田	狭谷泥砂田	A	0—16	红褐色	中壤土	粒状	5.7	22.8	1.07	0.26	8.1	近代溪流洪积物、冲积物	E 120°39′03.9″ N 29°14′00.9″	75
						P	16—20	红褐色	中壤土	块状	6.1	22.4	1.28	0.40	8.1			
						W	20—32	红褐色	中壤土		6.6	12.5	0.82	0.27	7.4			
剖7	铁铝土	红壤	黄红壤	红砂土	熟化酸性紫红土	A	0—12	淡灰色	砂壤土	粒状	6.4	8.6	0.50	0.38	14.1	非石灰性红紫砂砾岩和红紫砂岩及砾岩风化物	E 120°40′57.7″ N 29°13′47.3″	75
						B₁	12—19	淡棕色	砂壤土	块状	6.3	9.1	0.55	0.39	14.0			
						B₂	19—30	棕灰色	砂壤土	块状	6.5	19.5	0.90	0.44	13.5			
						C	30—	灰色	砂砾	无结构	6.5	2.6	0.29	0.20	15.7			
剖8	铁铝土	红壤	红壤	红黏土	红黏土	A	0—19	红褐色	轻黏土	粒状	4.4	21.4	1.03	1.01	23.5	玄武岩风化物	E 120°41′54.4″ N 29°14′04.0″	95
						(B)	19—72	红褐色	轻黏土	块状	4.5	14.2	0.73	1.23	21.1			
						C	72—100	红褐色	中壤土	块状	4.6	5.2	0.25	1.34	20.0			
剖9	水稻土	水稻土	潴育水稻土	泥砂田	砾塥泥砂田	A	0—13	淡灰色	中壤土	粒状	5.4	17.7	1.14	0.50	8.7	溪流冲积物	E 120°41′55.1″ N 29°11′29.0″	75
						P	13—21	淡棕色	中壤土	块状	5.4	17.2	1.09	0.53	8.5			
						W	21—59	棕灰色	中壤土	块状	6.0	11.8	0.85	0.54	8.7			
						C	59—100	灰色	砂砾	无结构								
剖10	人为土	水稻土	淹育水稻土	红泥田	红黏土	A	0—19	褐色	轻黏土	粒状	4.6	39.7	2.41	1.02	16.9	玄武岩风化物	E 120°40′45.6″ N 29°10′26.8″	95
						P	19—31	褐色	轻黏土	块状	4.5	35.2	2.07	0.96	15.4			
						W₁	31—60		轻黏土	块状	5.0	16.0	1.09	1.18	14.5			
						W₂	60—100		轻黏土	块状	6.2	13.8	0.86	1.77	17.4			
剖11	人为土	水稻土	淹育水稻土	黄泥田	黄泥田	A	0—12	淡灰色	中壤土	块状	5.5	29.7	1.72	0.56	10.0	母土为黄泥土、石砂土、粉红泥土	E 120°30′36.0″ N 29°07′09.2″	95
						P	12—19	棕灰色	壤土	块状	5.6	24.5	1.44	0.51	8.7			
						W	19—100	棕灰色	砂壤土	块状	6.4	11.4	0.65	0.36	7.5			
剖12	人为土	水稻土	潴育水稻土	洪积泥砂田	狭谷泥砂田	A	0—20	褐色	壤土	块状						近代溪流洪积物、冲积物	E 120°33′26.4″ N 29°05′33.1″	95
						P	20—30	褐色	壤土	块状								
						W₁	30—66	棕灰色	砂壤土	块状								
						W₂	66—100	棕灰色	砂壤土	无结构								

续表 Continued

剖面号 Soil profile	土纲 Soil order	土类 Soil great group	亚类 Soil subgroup	土属 Soil genus	土种 Soil species	土层码 Layer code	土层厚度 Depth/cm	颜色 Soil color	质地 Soil texture	土壤结构 Soil structure	pH	有机质 OM/(g/kg)	全氮 TN/(g/kg)	全磷 TP/(g/kg)	阳离子交换量 CEC/(cmol/kg)	土壤母质 Parent material	剖面点坐标 Profile coordinate	匹配指数 Matching index/%
剖13	铁铝土	黄壤	黄壤	山黄泥土	熟化山地黄泥土	A	0—13	灰色	中壤土	粒状	6.1	24.8	1.32	0.52	15.9	凝灰岩风化物	E 120°33′24.5″ N 28°54′11.2″	95
						B	13—22	灰色	中壤土	粒状	6.1	14.3	0.89	0.32	16.2			
						B₁	22—62	灰黄色	中壤土	粒状	5.4	12.1	0.74	0.28	15.5			
						C	62—100	灰色	中壤土	粒状	5.7	10.4	0.58	0.34	14.9			

兰 溪 市

主要土类说明

水稻土是兰溪市主要土壤类型，占本市地域面积的 33%。水稻土是在长期季节性淹灌和排水、水下翻耕、土壤内部物质发生氧化还原交替作用的影响下，原来的成土母质或母土特性发生重大改变，从而形成的新的土壤类型。由于干湿交替等作用的影响，糊状淹育层、较坚实板结的犁底层、渗育层、潴育层与潜育层多种发生层分异。这些不同发生层是在人为耕作、水浆管理作用下形成的。

紫色土是兰溪市第二大土壤类型，占本市地域面积的 31%。紫色土常由热带、亚热带地区紫红色岩层侵蚀发育而成，土层浅薄，具 A–C 剖面构型，其理化性质与母岩组成直接相关，剖面层次发育不明显，仍为初育土。由于母岩富含矿质养分，且风化迅速，为良好的肥沃土壤。

红壤是兰溪市第三大土壤类型，占本市地域面积的 23%。红壤主要发生于亚热带常绿阔叶林地区，呈中度富铝化特征，底层可见深厚红、黄、白相间网纹的红色黏土。土壤中的黏土矿物以高岭石、赤铁矿为主，土壤黏粒中的游离铁占全铁 50%—60%。土壤黏粒硅铝率为 1.8—2.4，风化淋溶系数 < 0.2，盐基饱和度 < 35%，pH 为 4.5—5.5。

粗骨土是兰溪市第四大土壤类型，占本市地域面积的 6%。粗骨土由基岩风化残积物、坡积物发育而成，属于 A–C 或（A）–C 剖面构型。A 层发育不明显，与母质层性状相似，略显有机质累积。有时母质层富含砾石，甚少剖面分异与发育特征。粗骨土广泛分布在河谷阶地、丘陵、低山和中山等多种地貌单元和地形部位。

黄壤是兰溪市第五大土壤类型，占本市地域面积的 3%。黄壤主要发生于亚热带湿润气候条件下，多见于海拔 700—1200m 的山区，呈中度富铝化特征，具 O–A–AB–B–C 剖面构型。土壤富含水合氧化物（针铁矿），呈黄色，有时含三水铝石。土壤有机质累积较高，可达 100g/kg，pH 为 4.5—5.5。多发展为林地，间亦耕种。

小于本市地域面积 3% 的土壤类型为石灰（岩）土。

本区域中心区气候特征

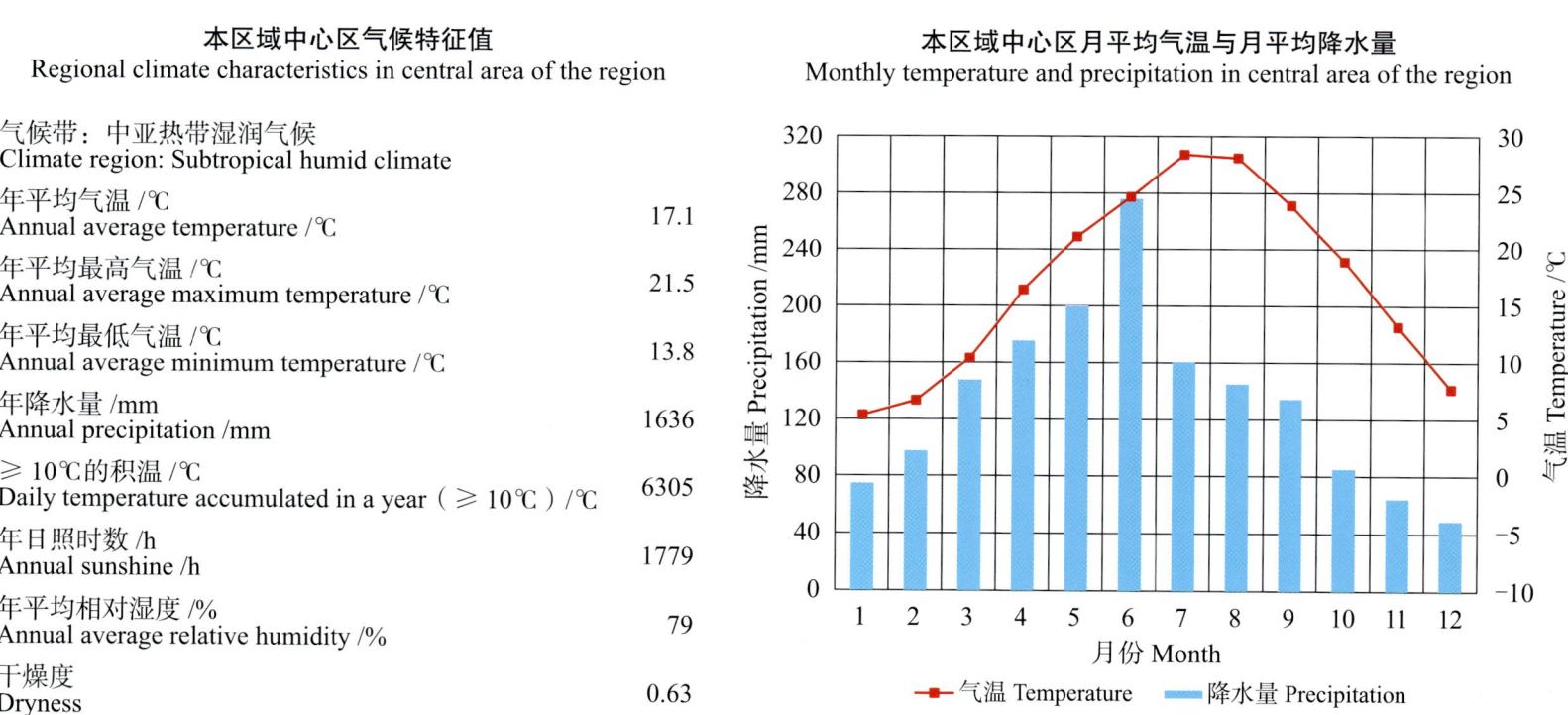

本区域中心区气候特征值
Regional climate characteristics in central area of the region

气候带：中亚热带湿润气候 Climate region: Subtropical humid climate	
年平均气温 /℃ Annual average temperature /℃	17.1
年平均最高气温 /℃ Annual average maximum temperature /℃	21.5
年平均最低气温 /℃ Annual average minimum temperature /℃	13.8
年降水量 /mm Annual precipitation /mm	1636
≥ 10℃的积温 /℃ Daily temperature accumulated in a year（≥ 10℃）/℃	6305
年日照时数 /h Annual sunshine /h	1779
年平均相对湿度 /% Annual average relative humidity /%	79
干燥度 Dryness	0.63

本区域中心区月平均气温与月平均降水量
Monthly temperature and precipitation in central area of the region

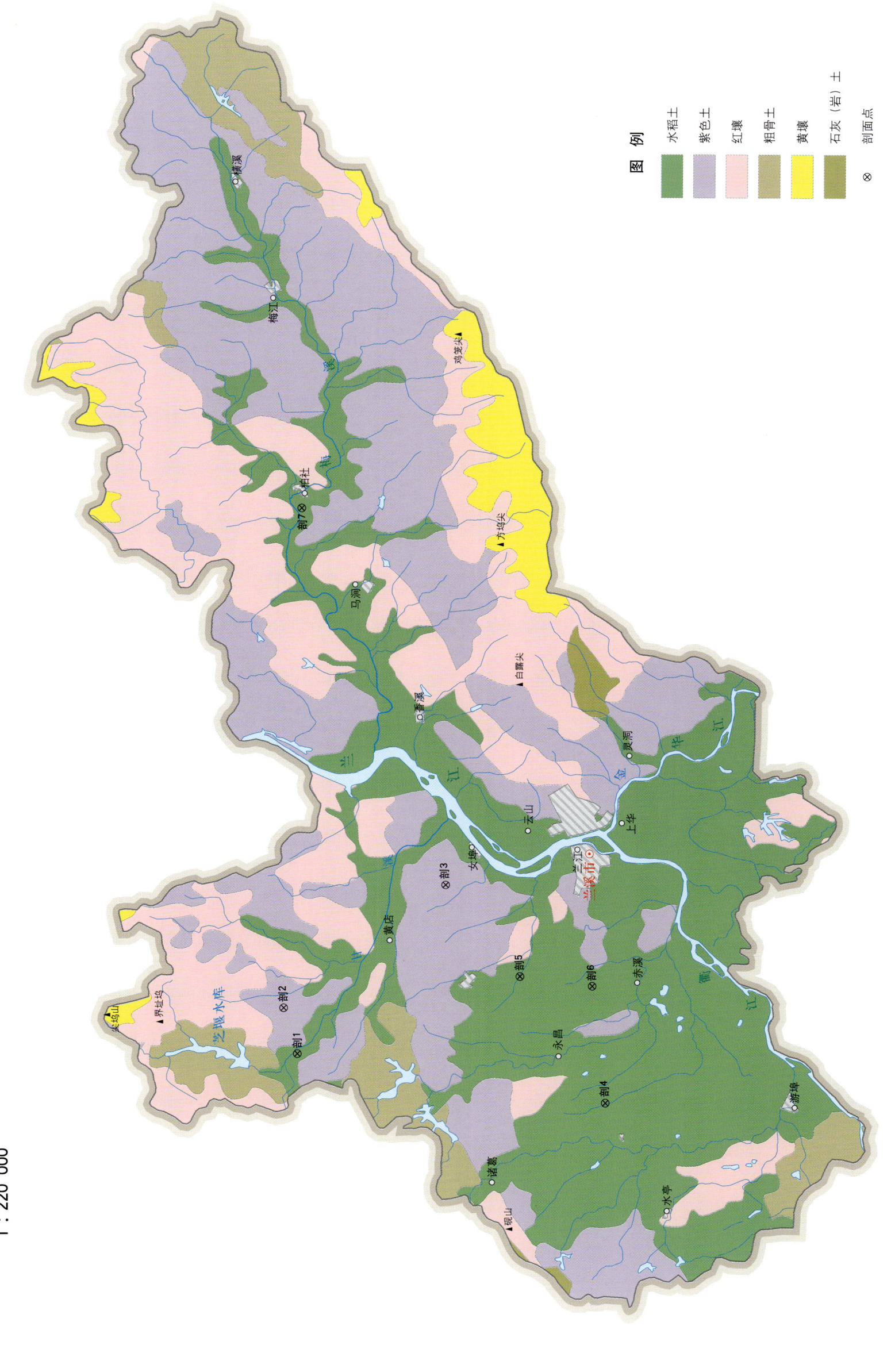

兰溪市主要土壤类型与土壤剖面点分布图
1∶220 000

兰溪市土壤剖面理化性状表

剖面号 Soil profile	土纲 Soil order	土类 Soil great group	亚类 Soil subgroup	土属 Soil genus	土种 Soil species	土层码 Layer code	土层厚度 Depth/cm	颜色 Soil color	质地 Soil texture	土壤结构 Soil structure	pH	有机质 OM/(g/kg)	全氮 TN/(g/kg)	全磷 TP/(g/kg)	全钾 TK/(g/kg)	碱解氮 AN/(mg/kg)	有效磷 AP/(mg/kg)	速效钾 AK/(mg/kg)	阳离子交换量CEC/(cmol/kg)	土壤母质 Parent material	剖面点坐标 Profile coordinate	匹配指数 Matching index/%
剖1	人为土	水稻土	潴育水稻土	紫泥田	紫大泥田	Aa	0—20	暗紫棕色	壤质黏土	大块状	6.6	26.0	1.50	0.40	12.0	135		59			E 119°21′20.7″ N 29°20′45.2″	95
						Ap	20—30	紫棕色	壤质黏土	大块状	7.0	9.3	0.70	0.40	11.5			58				
						W	30—78	紫棕色	壤质黏土	棱柱状	7.4	5.7						65				
剖2	初育土	紫色土	石灰性紫色土	紫砂土	紫砂土	A	0—9	紫色	黏壤土	碎块状	7.9	21.0	1.37							石灰性紫色砂页岩风化物	E 119°22′46.3″ N 29°21′06.1″	95
						AC	9—40	紫色	壤质黏土		7.3	18.7										
						C	40—60	暗紫色	砂壤土		7.9	11.0										
剖3	初育土	紫色土	石灰性紫色土	灰紫泥土	灰紫泥土	A	0—21	灰紫色	壤质黏土	块状	7.7	15.1	1.20	0.30							E 119°26′30.9″ N 29°16′35.9″	95
						AC	21—40	紫色	壤质黏土	块状	7.4	7.3	0.40	0.30								
剖4	人为土	水稻土	淹育水稻土	钙质紫泥田	钙质紫泥田	A	0—14	紫棕色	壤质黏土	团块状	7.9	25.7	1.77			89	5.9	87		紫砂岩风化物	E 119°19′37.9″ N 29°12′20.9″	81
						Ap	14—20	紫棕色	壤质黏土	块状	8.0	16.8	1.21				4.4	89				
						Cca	20—100	紫棕色	壤质黏土	块状	7.9	6.1					4.3	98				
剖5	人为土	水稻土	潴育水稻土	紫泥砂田	紫泥砂田	A	0—16	暗紫棕色	粉砂质黏土	团块状	6.0	28.3	1.65	0.47	14.5						E 119°23′35.8″ N 29°14′36.6″	95
						Ap	16—25	紫棕色	黏壤土	块状	7.4											
						W	25—43	紫棕色	壤土	棱柱状	7.9											
						C	43—75	紫色	壤土	块状	7.9											
剖6	人为土	水稻土	淹育水稻土	浅紫泥田	钙质紫泥田	Aa	0—14	紫棕色	壤质黏土	团块状	7.9	25.7	1.80			89	6.0	87	20.6		E 119°23′15.4″ N 29°12′38.5″	95
						Ap	14—20	紫棕色	壤质黏土	块状	8.0	16.8	1.20				4.0	89	21.2			
						Ck	20—100	紫棕色	壤质黏土	块状	7.9	6.1					4.0	98	19.3			
剖7	人为土	水稻土	潴育水稻土	紫泥砂田	紫大泥田	A	0—20	暗紫棕色	壤质黏土	大块状	6.6	26.0	1.58	0.40	12.0	135		59			E 119°38′19.7″ N 29°20′19.3″	81
						Ap	20—30	紫棕色	壤质黏土	大块状	7.0	9.3	0.72	0.36	11.5			58				
						W	30—78	紫棕色	壤质黏土	棱柱状	7.4	5.7						65				
						C	78—100															

义 乌 市

主要土类说明

红壤是义乌市主要土壤类型，占本市地域面积的39%。红壤主要分布于本市丘陵地区的低丘阶梯上。成土母质主要是第四纪红色黏土残积物，发育于丘陵向低山过渡的地段。海拔600m以下的丘陵地区成土母质主要是凝灰岩、片麻岩、安山岩、凝灰质砂岩风化体。红壤是本市的主要地带性土壤，是在亚热带湿润气候条件下进行的脱硅富铝化作用和在亚热带常绿林植被覆盖下进行的生物循环的共同作用下形成的，具有富铝化和高岭土化的普遍特征。土体发育呈鲜红色，土壤呈强酸性或酸性反应，阳离子交换量低。红壤的生物循环过程较强烈，由于土壤质地、植被、地形、地貌、母质类型和人为作用对成土过程的影响不同，因此土壤有机质、土壤结构、土壤养分有较大的差异性。

水稻土是义乌市第二大土壤类型，占本市地域面积的33%。水稻土是在各种自然土壤基础上，长期进行人为灌溉、排水、施肥、耕作管理措施而形成的一种特殊土壤类型。水稻土在调节灌排、土壤水分和土壤通气条件的过程中，改变了自然土壤中有机质分解和合成的方式，促进了土体氧化还原作用的频繁更替，土壤物质产生了还原淋溶和氧化淀积作用。在一定时期的田面蓄水层所产生的压力或地下水、侧渗水的移动等作用下，形成了不同类型的理化性状。根据水分活动的特点，可将水稻土划分为渗育型、潴育型、潜育型三个亚类，其中以渗育型、潴育型面积较大。

粗骨土是义乌市第三大土壤类型，占本市地域面积的14%。粗骨土由基岩风化残积物、坡积物发育而成，属于A–C或（A）–C剖面构型。A层发育不明显，与母质层性状相似，略显有机质累积。有时母质层富含砾石，剖面分异与发育特征不明显。粗骨土广泛分布在河谷阶地、丘陵、低山和中山等多种地貌单元和地形部位。

紫色土是义乌市第四大土壤类型，占本市地域面积的7%。紫色土是由白垩土纪石灰性紫色砂页岩及砾岩风化发育而成，多有石灰反应，分布于义乌盆地中部。受紫色岩不同岩性影响，土壤呈紫色、红紫色或暗紫色，质地差异性较大。因植被覆盖度低或人为影响，土体水土流失严重，不同的地形部位土层厚薄不一，局部岩石裸露地表。土壤酸碱度因成土年龄长短、土壤脱钙程度不同而变化较大。

黄壤是义乌市第五大土壤类型，占本市地域面积的4%。黄壤的成土母质是以凝灰岩、凝灰质粉砂岩风化体为主的残积物，主要分布在东北面道人山、西北面鹅毛尖、南面大寒尖等地区，海拔一般在600m以上。土壤形成过程中矿物质的分解、淋溶和淀积以及养分累积是在阴凉潮湿的环境中进行的富铝化程度比红壤轻。成土过程中产生的氧化铁和氧化铝的水化度较高，以针铁矿为主，并稳定存在于潮湿的土体中，氢氧化铁的脱水度低，因而土壤呈黄色。土壤呈酸性或微酸性反应，pH略高于红壤，表心土层有机质高于红壤，土壤含钾量较高，而含磷量较低。

本区域中心区气候特征

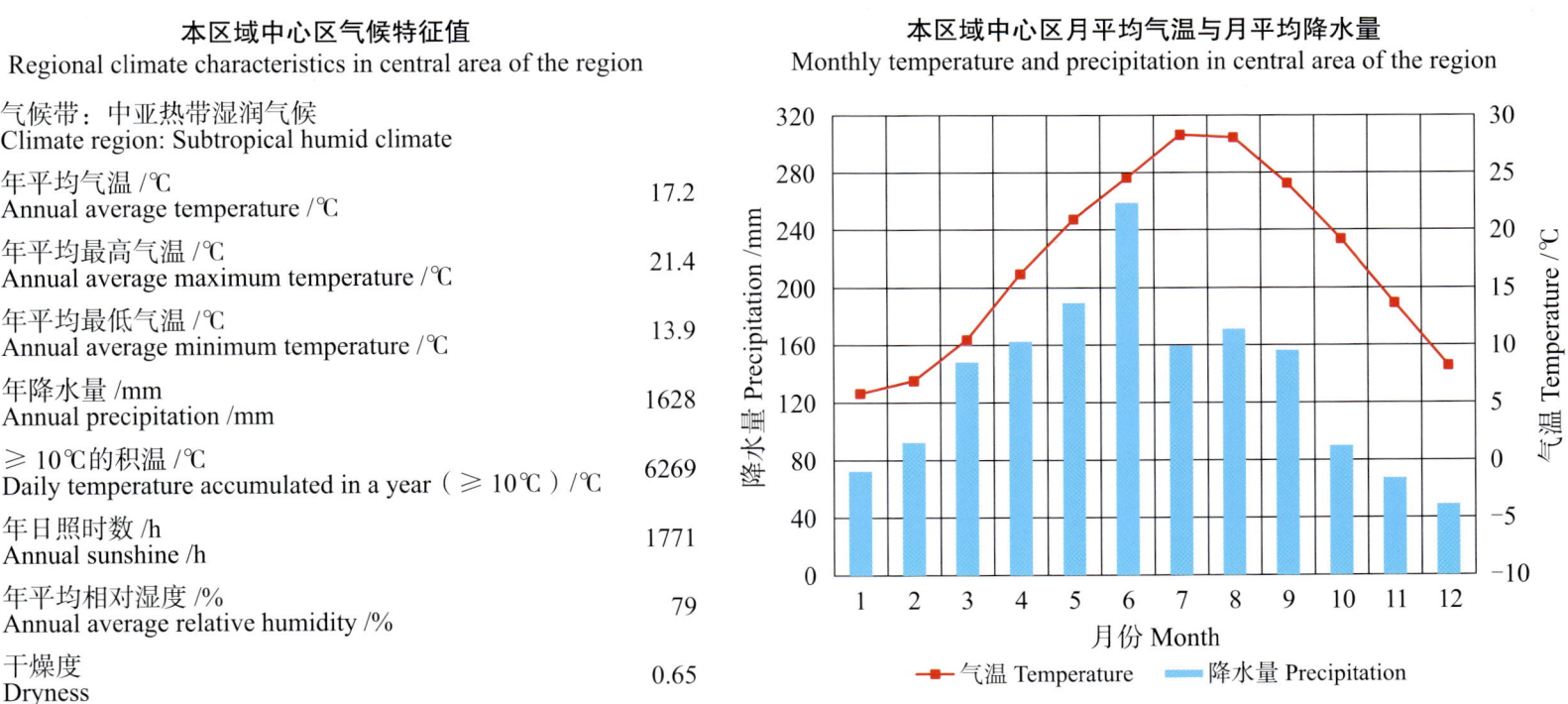

本区域中心区气候特征值
Regional climate characteristics in central area of the region

气候带：中亚热带湿润气候 Climate region: Subtropical humid climate	
年平均气温 /℃ Annual average temperature /℃	17.2
年平均最高气温 /℃ Annual average maximum temperature /℃	21.4
年平均最低气温 /℃ Annual average minimum temperature /℃	13.9
年降水量 /mm Annual precipitation /mm	1628
≥10℃的积温 /℃ Daily temperature accumulated in a year (≥10℃) /℃	6269
年日照时数 /h Annual sunshine /h	1771
年平均相对湿度 /% Annual average relative humidity /%	79
干燥度 Dryness	0.65

本区域中心区月平均气温与月平均降水量
Monthly temperature and precipitation in central area of the region

义乌市主要土壤类型与土壤剖面点分布图
1 : 200 000

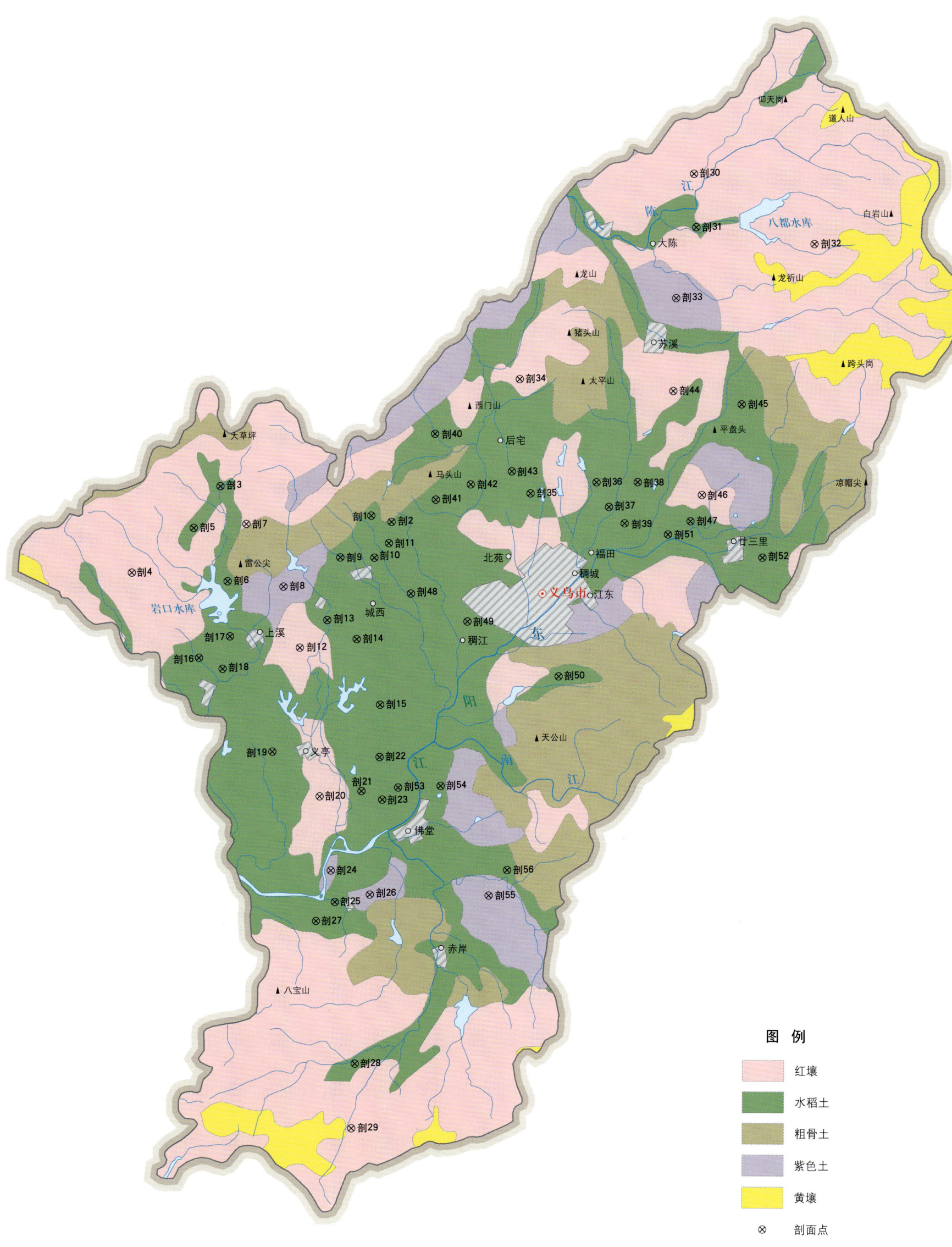

图 例
- 红壤
- 水稻土
- 粗骨土
- 紫色土
- 黄壤
- ⊗ 剖面点

义乌市土壤剖面理化性状表

剖面号 Soil profile	土纲 Soil order	土类 Soil great group	亚类 Soil subgroup	土属 Soil genus	土种 Soil species	土层码 Layer code	土层厚度 Depth/cm	颜色 Soil color	质地 Soil texture	土壤结构 Soil structure	pH	有机质 OM/(g/kg)	全氮 TN/(g/kg)	全磷 TP/(g/kg)	有效磷 AP/(mg/kg)	速效钾 AK/(mg/kg)	阳离子交换量CEC/(cmol/kg)	土壤母质 Parent material	剖面点坐标 Profile coordinate	匹配指数 Matching index/%
剖1	人为土	水稻土	潴育水稻土	红紫泥砂田	红紫泥田	A	0—16	暗紫色	重壤土	块状	6.3	26.5	1.55	0.29	4.3		18.8	母土为红紫砂土、砾石红紫砂土	E 119°59′13.2″ N 29°20′13.3″	95
						P	16—22	青灰色	重壤土	块状	7.3	16.3	0.38	0.26	3.4		16.2			
						W	22—75	紫色	重壤土	棱柱状	7.3	16.3	0.38	0.26	3.4		16.2			
						WE	75—100	灰白色	重壤土	棱柱状	8.6	6.4	0.50	0.24			13.2			
剖2	人为土	水稻土	渗育水稻土	黄泥田	砂性黄泥田	A	0—13		重壤土		5.4	36.1	2.00	0.57			16.9		E 119°59′50.0″ N 29°20′04.7″	75
						P	13—17		重壤土		5.8	31.6	1.60	0.40		28	15.2			
						W	17—50		重壤土		6.4	24.5	1.19	0.20			15.0			
剖3	人为土	水稻土	渗育水稻土	黄泥田	砂性黄泥田	A	0—17		中壤土		5.7	14.9	0.94	0.32	13.1	194	11.0		E 119°54′42.9″ N 29°20′52.4″	95
						P	17—24		中壤土		5.6	13.5	0.88	0.30			12.8			
						W	24—80		中壤土		6.4	6.3	0.45	0.30	3.9		13.5			
剖4	铁铝土	红壤	黄红壤	黄泥土	黄泥地	A	0—26		重壤土		5.0	14.7	0.77	0.32					E 119°52′09.3″ N 29°18′34.0″	95
						(B)	26—100		重壤土		5.3	3.3	0.41	0.34						
剖5	人为土	水稻土	潴育水稻土	棕泥砂田	棕泥田	A	0—16		中壤土		5.6	37.5	1.84	0.54	11.5		22.3		E 119°53′57.3″ N 29°19′46.4″	75
						P	16—24		中壤土		6.6	25.7	1.38	0.45	9.3		18.7			
						W	24—34		中壤土		7.3	7.7	0.44	0.45	6.5		18.3			
剖6	人为土	水稻土	潴育水稻土	黄泥砂田	黄粉泥田	A	0—14		中壤土		6.8	26.9	1.45	0.42	3.1		21.4		E 119°55′00.5″ N 29°18′24.8″	95
						P	14—22		中壤土		7.0	24.1	1.42	0.39	3.9		19.3			
						W_1	22—74		中壤土		8.2	12.2	0.65	0.41	2.6		20.2			
						W_2	74—100		中壤土		8.1	7.2	0.29	0.33	4.2		15.6			
剖7	铁铝土	红壤	黄红壤	黄筋泥	黄筋泥地	A	0—18		轻壤土		5.3	20.4	1.12	0.33	11.4		8.8		E 119°55′31.3″ N 29°19′54.7″	75
						(B)	18—35		轻壤土		6.0	4.4	0.47	0.21	9.3					
						C	35—100		中壤土		4.9	3.4	0.40	0.18						
剖8	初育土	紫色土	石灰性紫色土	红紫砂泥	红紫砂地	A	0—8		重壤土		5.0	14.2	0.69	0.11			9.9	石灰性紫色砂页岩及砾岩风化物	E 119°56′40.6″ N 29°18′19.0″	74
						B_1	8—28		中壤土		4.9	5.1	0.23	0.08			12.2			
						B_2	28—60		中壤土		5.1	4.1	0.14	0.10			11.6			
剖9	人为土	水稻土	渗育水稻土	黄泥田	砂性黄泥田	A	0—13		中壤土		5.9	17.0	0.97	0.40	6.9		12.1		E 119°58′20.4″ N 29°19′06.9″	95
						P	13—17		中壤土	块状	7.6	6.9	0.45	0.37	3.4		16.4			
						W	17—38		中壤土	块状	8.0	4.0	0.33	0.27	1.6		12.3			
剖10	人为土	水稻土	渗育水稻土	红紫泥砂田	砂性黄泥田	A	0—17	棕灰色	重黏土									第四纪红色黏土	E 119°55′20.9″ N 29°18′08.0″	95
						C_1	17—29	棕色	重黏土	小块状										
						C_2	29—47	红褐色	轻黏土	小块状										
							47—80	棕红色	轻黏土											
剖11	人为土	水稻土	潴育水稻土	红紫泥砂田	红紫泥田	A	0—19		中壤土		6.3	24.2	1.42	0.22	2.5		13.7	母土为红紫砂土、砾石红紫砂土	E 119°59′46.2″ N 29°19′31.1″	95
						P	19—24		重壤土		7.1	15.7	0.92	0.21	2.2		12.5			
						W	24—43		中壤土		8.0	3.1	0.27	0.12	<1.0		9.1			
剖12	铁铝土	红壤	黄红壤	黄泥	砾石黄泥地	A	0—15		重壤土		5.2	19.5	0.83	0.11			12.3	第四纪红色黏土	E 119°57′12.7″ N 29°16′45.1″	75
						(B)	15—100		重壤土		5.3	3.3	0.26	0.06	3.4		10.3			
剖13	人为土	水稻土	潴育水稻土	老黄筋泥田	老黄筋泥田	A	0—14		重壤土		6.2	30.0	1.51	0.36	3.9		15.5	第四纪红色黏土	E 119°58′00.3″ N 29°17′29.0″	75
						P	14—23		中壤土		7.8	24.0	1.27	0.37			15.8			
						W_1	23—40		重壤土		7.7	4.5	0.28	0.15	<1.0		8.7			
						W_2	40—100		重壤土		7.8	2.5	0.22							

续表 Continued

剖面号 Soil profile	土纲 Soil order	土类 Soil great group	亚类 Soil subgroup	土属 Soil genus	土种 Soil species	土层码 Layer code	土层厚度 Depth/cm	颜色 Soil color	质地 Soil texture	土壤结构 Soil structure	pH	有机质 OM/(g/kg)	全氮 TN/(g/kg)	全磷 TP/(g/kg)	有效磷 AP/(mg/kg)	速效钾 AK/(mg/kg)	阳离子交换量 CEC/(cmol/kg)	土壤母质 Parent material	剖面点坐标 Profile coordinate	匹配指数 Matching index/%
剖14	人为土	水稻土	潴育水稻土	洪积泥砂田	狭谷泥砂田	A	0—12		中壤土		5.8	25.1	1.57	0.32	21.1		10.6	洪积物	E 119°58′53.2″ N 29°17′00.8″	95
						P	12—22		中壤土		6.3	13.3	1.07	0.29	9.4		9.2			
						W	22—50		中壤土		7.2	5.9	0.55	0.21						
剖15	人为土	水稻土	渗育水稻土	黄泥田	砂性黄泥田	A	0—17		中壤土		5.5	18.6	1.11	0.19			10.9		E 119°59′38.3″ N 29°15′19.3″	95
						P	17—25		中壤土		5.6	10.7	0.81	0.16		103	11.3			
						W	25—70		重壤土		7.0	3.4	0.35	0.12						
剖16	人为土	水稻土	渗育水稻土	黄筋泥田	黄筋泥田	A	0—14		中壤土		6.9	13.3	0.80	0.48	10.9		10.6	第四纪红色黏土	E 119°54′13.5″ N 29°16′24.9″	75
						P	14—22		轻黏土		6.9	10.5	0.64	0.23	2.1		9.9			
						W	22—100		中壤土		6.5	8.4	0.56	0.22	<1.0		10.1			
剖17	人为土	水稻土	潴育水稻土	紫泥砂田	紫泥砂田	A	0—15		中壤土		7.2	33.4	2.18	0.49	9.8		18.7	紫色砂岩风化物	E 119°55′07.8″ N 29°16′59.5″	95
						P	15—30		重壤土		8.4	11.9	0.94	0.45	7.5		14.7			
						W	30—100		轻壤土		8.5	10.8	0.87	0.38			17.1			
剖18	人为土	水稻土	潴育水稻土	泥砂田	砾碉泥砂田	A	0—16		砂壤土		5.7	14.9	0.95	0.22			10.4	近代河流洪积物、冲积物	E 119°54′56.0″ N 29°16′08.7″	95
						P	16—26		轻壤土		5.8	10.8	0.61	0.19			10.2			
						W			重壤土		6.5	7.4	0.44	0.17			8.4			
剖19	人为土	水稻土	渗育水稻土	黄筋泥田	新黄筋泥田	A	0—10		中壤土		6.1	19.0	0.88	0.42			10.2	第四纪红色黏土	E 119°56′29.4″ N 29°14′01.8″	95
						P	10—25		重壤土		6.6	13.3	0.56	0.31						
剖20	铁铝土	红壤		黄筋泥	砾石黄筋泥土	A	0—25		中壤土		5.4	6.6	0.33	0.05	2.0			第四纪红色黏土	E 119°57′55.6″ N 29°12′54.3″	75
						(B)	25—40		中壤土		5.5	5.9	0.34	0.05	<1.0					
剖21	人为土	水稻土	渗育水稻土	红紫砂田	红紫砂田	A	0—10		重壤土		6.4	18.7	1.05	0.31			20.3	第四纪红色黏土	E 119°59′09.9″ N 29°13′04.3″	95
						P	10—23		重壤土		6.8	11.8	0.77	0.29			16.6			
						W	23—70		重壤土		7.0	5.2	0.43	0.15			19.5			
剖22	人为土	水稻土	潴育水稻土	老黄筋泥田	老黄筋泥田	A	0—22		轻黏土		7.2	23.3	1.38	0.35	2.5		11.4	第四纪红色黏土	E 119°59′40.3″ N 29°13′58.2″	95
						P	22—31		轻壤土		7.2	14.9	0.98	0.27	1.8		17.7			
						W	31—100		轻壤土		7.6	7.6	0.48	0.20	<1.0		15.3			
剖23	人为土	水稻土	潴育水稻土	红紫泥砂田	红紫泥砂田	A	0—19	暗紫色	中壤土	小块状								母土为红紫砂土、砾石红紫砂土	E 119°59′47.2″ N 29°12′52.1″	95
						P	19—24	青灰色	中壤土	块状										
						WFeMn	24—43	红紫色	重壤土	柱状										
						WE	43—100	灰白色	重壤土	柱状										
剖24	初育土	紫色土	石灰性紫色土	红紫泥土	酸性红紫泥地	A	0—17		轻黏土		5.0	5.4	0.49	0.11	1.3	123	12.3	石灰性紫色砂页岩及砾岩风化物	E 119°58′19.7″ N 29°10′58.8″	74
						B	17—60		轻黏土		6.4	1.8	0.23	0.08						
剖25	人为土	水稻土	渗育水稻土	黄泥田	黄泥砂田	A	0—15		中壤土		5.6	22.1	1.28	0.21	4.4		12.8		E 119°58′28.4″ N 29°10′10.3″	95
						P	15—20		中壤土		6.3	11.4	0.63	0.14	1.6		11.8			
						W	20—100		重壤土		6.7	4.2	0.31	0.09	<1.0		11.6			
剖26	初育土	紫色土	石灰性紫色土	红紫砂土	红紫砂土地	A	0—14	淡灰色	轻壤土	小块状	6.5	12.3	0.67	0.21	3.4	134	14.9	石灰性紫色砂页岩及砾岩风化物	E 119°59′30.1″ N 29°10′23.3″	74
						B	14—86	淡灰黄色	中壤土	小块状	4.9	4.0	0.37	0.10			7.8			
剖27	人为土	水稻土	潴育水稻土	洪积泥砂田	谷口泥砂田	A	0—16	淡灰黄色	中壤土	小块状	5.6	27.0	1.43	0.32	17.6		10.7	洪积物	E 119°57′56.3″ N 29°09′39.4″	75
						P	16—23		中壤土		6.5	12.7	0.72	0.25	9.1		10.9			
						W	23—51		中壤土		6.7	8.7	0.47	0.28						
剖28	人为土	水稻土	潴育水稻土	泥质田	泥质田	A	0—14		重壤土		5.8	25.6	1.36	0.25	4.5		14.6	河流老冲积物	E 119°59′12.5″ N 29°05′59.9″	95
						P₁	14—32		重壤土		7.6	10.5	0.67	0.24	1.9		14.5			
						P₂	32—44		重壤土		8.2	9.6	0.55	0.23	1.8		12.5			
						W₁	44—70		重壤土		8.0	3.2								
						W₂	70—100				7.9	4.8								

续表 Continued

剖面号 Soil profile	土纲 Soil order	土类 Soil great group	亚类 Soil subgroup	土属 Soil genus	土种 Soil species	土层码 Layer code	土层厚度 Depth/cm	颜色 Soil color	质地 Soil texture	土壤结构 Soil structure	pH	有机质 OM/(g/kg)	全氮 TN/(g/kg)	全磷 TP/(g/kg)	有效磷 AP/(mg/kg)	速效钾 AK/(mg/kg)	阳离子交换量CEC/(cmol/kg)	土壤母质 Parent material	剖面点坐标 Profile coordinate	匹配指数 Matching index/%
剖29	铁铝土	红壤	红壤性土	灰黄泥土	灰黄泥土	A	0—11	灰黄棕色	壤质黏土	屑粒状	5.8	36.0	1.48	0.57					E 119°59′10.1″ N 29°04′20.6″	95
剖30	铁铝土	红壤	红壤	黄黏土	黄黏地	(B)C	11—22	浊黄橙色	壤质黏土	碎块状	5.6	18.5	0.87	0.48				中性安山岩风化残积物		95
						C	22—35	浊黄棕色			5.2	11.3	0.63							
剖31	人为土	水稻土	潴育水稻土	紫泥砂田	紫大泥田	A	0—25		重壤土		5.3	12.6	0.78	0.25	1.3		15.2		E 120°08′33.5″ N 29°29′16.5″	95
						(B)					7.8	5.6	0.45	0.20	3.5		17.4			
剖32	铁铝土	红壤	黄红壤	黄砾土	黄砾泥土	A	0—22		轻黏土		7.5	40.9	2.16	0.39	8.2		21.6	紫色砂岩风化物	E 120°08′39.7″ N 29°27′53.3″	95
						P	22—33		重黏土		7.1	26.8	1.42	0.31	7.4		18.3			
						W	33—62		重黏土		5.9	17.7	0.83	0.28			16.1			
剖33	初育土	紫色土	石灰性紫色土	紫泥土	紫泥地	A	0—30		重黏土			27.5	1.18	0.49	3.3		10.8		E 120°12′11.3″ N 29°27′31.7″	95
						(B)	30—50				8.3	9.7	0.56	0.46	2.1		18.7	石灰性紫色砂页岩及砾岩风化物	E 120°08′06.9″ N 29°26′02.9″	93
剖34	铁铝土	红壤	侵蚀型红壤	紫砂土	石砂土	A	0—35		轻壤土		5.2	38.4	1.49	0.18				凝灰岩半风化物	E 120°08′31.3″ N 29°23′51.3″	93
剖35	人为土	水稻土	潴育水稻土	黄泥砂田	青心黄泥田	A	0—14	黄棕色	壤质黏土	团块状	6.5	26.9	1.45	0.42	3.1		11.7	黄红壤再积物	E 120°03′55.6″ N 29°20′54.3″	81
						Ap	14—22	浊黄棕色	壤质黏土	块状	6.5	24.1	1.42	0.39	3.9		11.4			
						W	22—74	浊黄棕色	壤质黏土	棱柱状	8.2	12.2	0.65	0.41	3.0		11.4			
						G	74—100	棕灰色	砂质黏土壤	无结构糊状	8.1	7.2	0.29	0.33	4.2		10.8			
剖36	人为土	水稻土	潴育水稻土	黄筋泥田	砾质黄筋泥田	A	0—14		重黏土		5.2	23.1	1.35	0.26	4.5		10.7	第四纪红色黏土	E 120°05′53.1″ N 29°21′14.1″	95
						P	14—29		重黏土		6.3	13.9	0.74	0.34	4.0		11.4			
						W	29—48		重黏土		6.4	14.3	0.74	0.30	3.6					
剖37	人为土	水稻土	潴育水稻土	黄筋泥田	新黄筋泥田	A	0—17		重黏土		5.4	16.6	0.96	0.42			10.8	第四纪红色黏土	E 120°06′16.3″ N 29°20′36.3″	95
						P	17—29		重黏土		7.2	7.4	0.49	0.20			10.7			
						C_1	29—47		轻黏土		7.2	7.6	0.56							
						C_2	47—100		轻黏土		6.4	3.7								
剖38	人为土	水稻土	潴育水稻土	红紫泥田	红紫砂田	A	0—17	暗红紫色	轻黏土	块状	5.8	29.6	1.46	0.27	1.7		16.4	河流老冲积物	E 120°07′06.7″ N 29°21′16.0″	95
						P	17—25	棕色	轻黏土	块状	6.0	15.3	0.82	0.23	1.5		14.5			
						W	25—85	红紫色	重黏土	柱状	7.9	4.0	0.30	0.15	<1.0		11.2			
剖39	人为土	水稻土	潴育水稻土	泥质田	泥质田	A	0—17	灰黄色	重黏土	块状	6.3	27.9	1.52	0.24			16.0	紫色砂页岩	E 120°06′45.2″ N 29°20′11.8″	75
						P	17—26	深黄色	重黏土	块状	6.5	10.3	0.72	0.24			16.2			
						W_1	26—44	淡黄棕色	重黏土	棱柱状	5.8	4.7	0.35	0.14			26.1			
						W_2	44—100	棕色	中黏土	棱柱状	7.2	26.2	1.18	0.22						
剖40	人为土	水稻土	潴育水稻土	紫泥田	紫泥田	A	0—15	灰色	中黏土	小块状	7.9	17.4	0.69	0.20				新河流冲积物	E 120°01′03.2″ N 29°22′23.0″	95
						P	15—20	深棕色	中黏土	小块状	5.9	13.1	0.62	0.13						
						W	20—100	淡灰色	中黏土	团块状	8.2	5.8	0.35	0.14						
剖41	人为土	水稻土	潴育水稻土	培泥砂田	培泥砂田	A	0—14	白灰色	重黏土	块状	8.0	39.9	2.33	0.72	8.0		21.0	河流老冲积物	E 120°01′07.8″ N 29°20′40.8″	75
						Aca	15—20		重黏土		8.3	19.5	1.48	0.65	3.4		19.9			
						Pca			重黏土		8.5	12.0	0.67	0.45	2.5		18.7			
剖42	人为土	水稻土	潴育水稻土	泥质田	泥质田	Wca	20—39		中壤土		5.6	19.2	1.11	0.22	2.6				E 120°02′09.2″ N 29°21′05.7″	95
剖43	人为土	水稻土	潴育水稻土	紫泥砂田	红土心紫大泥田	A	0—15		中壤土		5.9	13.4	0.79	0.21	3.0		6.6	紫色砂岩风化物	E 120°03′21.5″ N 29°21′27.8″	95
						P	15—21		中壤土		7.1	5.4	0.33	0.33	2.5		7.2			
						W	21—46		中壤土		5.4	15.8	0.62	0.31						
剖44	铁铝土	红壤	侵蚀型红壤	石砂土	石砂土	A	0—20		中壤土		4.9	6.7	0.31	0.33				凝灰岩半风化物	E 120°08′05.6″ N 29°23′39.2″	93
						C	20—40													

续表 Continued

剖面号 Soil profile	土纲 Soil order	土类 Soil great group	亚类 Soil subgroup	土属 Soil genus	土种 Soil species	土层码 Layer code	土层厚度 Depth/cm	颜色 Soil color	质地 Soil texture	土壤结构 Soil structure	pH	有机质 OM/(g/kg)	全氮 TN/(g/kg)	全磷 TP/(g/kg)	有效磷 AP/(mg/kg)	速效钾 AK/(mg/kg)	阳离子交换量 CEC/(cmol/kg)	土壤母质 Parent material	剖面点坐标 Profile coordinate	匹配指数 Matching index/%
剖45	人为土	水稻土	渗育水稻土	黄筋泥田	黄筋泥田	A	0—10	棕色	黏土	块状								第四纪红色黏土	E 120°10′08.3″ N 29°23′21.0″	95
						P	10—14	棕灰色	轻黏土	块状										
						W	14—100	红黄色	轻黏土	柱状										
剖46	铁铝土	红壤	黄红壤	黄泥土	黄砾泥地	A	0—20		重壤土		5.2	39.0	1.45	0.13					E 120°09′01.9″ N 29°20′58.7″	95
						(B)	20—50		重壤土		5.1	7.4	0.47	0.08						
剖47	人为土	水稻土	潴育水稻土	培泥砂田	培泥砂田	A	0—10	淡黄色	中壤土	粒状	4.8	13.0	0.73	0.24	2.2		7.8	河流冲积物	E 120°08′42.3″ N 29°20′17.7″	95
						P	10—20	淡棕色	中壤土	粒状	5.5	9.8	0.55	0.22	2.7		7.6			
						Wc	20—100	淡灰黄色	中壤土	粒状	6.8	5.7		0.20	2.0		7.0			
剖48	人为土	水稻土	潴育水稻土	黄泥砂田		A	0—16				6.1	24.7	1.16	0.38	4.3		17.2		E 120°00′28.0″ N 29°18′14.1″	75
						P	16—20				6.2	16.9	0.98	0.27	4.6		15.5			
						W₁	20—73				7.5	7.7	0.49	0.22	2.0		15.2			
						W₂	73—100				7.9	4.5	0.31	0.21	4.2		15.6			
剖49	人为土	水稻土	潴育水稻土	黄泥砂田	黄泥砂田	A	0—15	棕灰色	砂壤土	块状								河流冲积物	E 120°02′10.1″ N 29°17′32.9″	95
						P	15—21	棕灰色	砂壤土	块状										
						W₁	21—55	淡棕色	中壤土	柱状										
						WFeMn₁	55—80	灰黄色	中壤土	柱状										
						WFeMn₂	80—100	淡白黄色	中壤土	柱状										
剖50	人为土	水稻土	潴育水稻土	烂砂田	烂砂田	Ag	0—25		重壤土		6.4	17.7	1.06	0.17	2.0		11.0	河流冲积物	E 120°04′55.4″ N 29°16′11.7″	95
						P	13—19				5.8	17.6	0.97	0.25	5.0		10.0			
剖51	人为土	水稻土	潴育水稻土	培泥砂田	砂田	We₁	19—88				6.2	11.8	0.66	0.23	4.2		9.1	河流冲积物	E 120°08′02.8″ N 29°19′55.8″	75
						We₂	88—100				6.9	6.3	0.42	0.23	2.8		8.5			
												5.8	0.35	0.14						
剖52	人为土	水稻土	潴育水稻土	泥质田		A	0—16				6.2	27.2	1.55	0.33	4.2		17.2	河流老冲积物	E 120°10′52.2″ N 29°19′24.1″	75
						P	16—25				7.2	15.6	1.09	0.30	3.3		14.9			
						W₁	25—50				7.5	6.8	0.44	0.24	2.2		14.0			
						W₂	50—100				7.5	3.5	0.19	0.16	<1.0		9.6			
剖53	人为土	水稻土	潴育水稻土	烂砂田		A	0—17		重壤土		6.1	30.9	1.91	0.33				河流冲积物	E 120°00′15.0″ N 29°13′11.7″	75
						Pg	17—24		重壤土		6.1	28.3	6.20	0.31						
剖54	人为土	水稻土	潴育水稻土	培泥砂田	砂田	A	0—13		中壤土		6.1	13.5	0.80	0.14	7.7		10.1	新河流冲积物	E 120°01′30.3″ N 29°13′16.0″	75
						Pc	13—16		轻壤土		6.6	7.7	0.65	0.17	3.8		10.7			
						Wc	16—40		砂壤土		7.1	3.1	0.26	0.03	2.3		6.9			
剖55	初育土	紫色土	酸性紫色土	红紫砂土	砾石红紫砂土	A	0—4		轻壤土		5.5	29.5	1.23	0.23	2.4	64			E 120°03′01.3″ N 29°10′27.3″	92
						B	4—30		轻壤土		5.5	12.0	0.57	0.21						
剖56	人为土	水稻土	潴育水稻土	紫泥砂田	紫泥砂田	A	0—17				6.8	30.4	1.67	0.33	10.8		17.2	紫色砂岩风化物	E 120°03′33.0″ N 29°11′07.4″	75
						P	17—27				7.4	17.3	1.03	0.29			14.8			
						W	27—76				7.8	9.6	0.62	0.25			11.7			

永 康 市

主要土类说明

粗骨土是永康市主要土壤类型，占本市地域面积的33%。粗骨土由基岩风化残积物、坡积物发育而成，属于A–C或（A）–C剖面构型。A层发育不明显，与母质层性状相似，略显有机质累积。有时母质层富含砾石，甚少剖面分异与发育特征。粗骨土广泛分布在河谷阶地、丘陵、低山和中山等多种地貌单元和地形部位。

水稻土是永康市第二大土壤类型，占本市地域面积的23%。水稻土是在长期季节性淹灌、水下翻耕、季节性脱水、氧化还原交替作用下，原来的成土母质或母土特性发生重大改变，从而形成的新土壤类型。在水耕条件下，人为施肥和其他耕作措施一方面引起了有机质累积、土壤复盐基作用增强、黏粒增加等，土壤酸度下降，磷的有效性提高；另一方面引起黏粒的淋失、有机质矿化、盐基及铁锰在还原条件下淋溶等。水耕条件下有机物累积和还原淋溶的矛盾统一影响着土壤肥力的发展，形成了水稻土特有的剖面构型。此外，季节性的田面储水层所产生的静水压力或地下水、侧渗水的移动等作用，都对水稻土剖面形态的分化产生了深远影响。本市水稻土主要划分为渗育型、潴育型、淹育型等亚类。

红壤是永康市第三大土壤类型，占本市地域面积的22%。红壤主要发生于亚热带常绿阔叶林地区，呈中度富铝化特征，底层可见深厚红、黄、白相间网纹的红色黏土。土壤中的黏土矿物以高岭石、赤铁矿为主，土壤黏粒中的游离铁占全铁50%—60%。土壤黏粒硅铝率为1.8—2.4，风化淋溶系数< 0.2，盐基饱和度< 35%，pH为4.5—5.5。

紫色土是永康市第四大土壤类型，占本市地域面积的19%。紫色土常由热带、亚热带紫红色岩层侵蚀发育而成，具A–C剖面构型，其理化性质与母岩组成直接相关，土层浅薄，剖面层次发育不明显，仍为初育土。土体呈红紫色或灰紫色，pH较高，土壤呈微酸性反应，局部呈中性或微碱性反应。质地差异较大，有机质、全氮含量较低，磷、钾养分居中。植被覆盖度低，水土流失严重，土层较浅，常与裸岩相间分布。

小于本市地域面积3%的主要土壤类型为黄壤。

本区域中心区气候特征

本区域中心区气候特征值
Regional climate characteristics in central area of the region

气候带：中亚热带湿润气候 Climate region: Subtropical humid climate	
年平均气温 /℃ Annual average temperature /℃	17.4
年平均最高气温 /℃ Annual average maximum temperature /℃	21.6
年平均最低气温 /℃ Annual average minimum temperature /℃	14.1
年降水量 /mm Annual precipitation /mm	1665
≥ 10℃的积温 /℃ Daily temperature accumulated in a year（≥ 10℃）/℃	6236
年日照时数 /h Annual sunshine /h	1763
年平均相对湿度 /% Annual average relative humidity /%	79
干燥度 Dryness	0.65

本区域中心区月平均气温与月平均降水量
Monthly temperature and precipitation in central area of the region

永康市主要土壤类型与土壤剖面点分布图

1∶170 000

图 例

粗骨土　水稻土　红壤　紫色土　黄壤　⊗ 剖面点

永康市土壤剖面理化性状表

剖面号 Soil profile	土纲 Soil order	土类 Soil great group	亚类 Soil subgroup	土属 Soil genus	土种 Soil species	土层码 Layer code	土层厚度 Depth/cm	颜色 Soil color	质地 Soil texture	土壤结构 Soil structure	pH	有机质 OM/(g/kg)	全氮 TN/(g/kg)	全磷 TP/(g/kg)	全钾 TK/(g/kg)	阳离子交换量CEC/(cmol/kg)	土壤母质 Parent material	剖面点坐标 Profile coordinate	匹配指数 Matching index/%
剖1	人为土	水稻土	潴育水稻土	红紫泥砂田	红紫泥砂田	A	0–13	紫灰色	黏壤土	团块状	5.8	26.3	1.53	0.24	18.8		红紫砂土或酸性紫色土再积物	E 119°56′59.0″ N 29°00′25.7″	95
						Ap	13–18	紫灰色	黏壤土	块状	5.7	18.3	1.21	0.21					
						W	18–32	紫色	壤质黏土	棱柱状	6.1	4.9	0.36	0.20					
						C	32–100	红紫色	壤质黏土		6.0								
剖2	人为土	水稻土	潴育水稻土	洪积泥砂田	狭谷泥砂田	A	0–14	淡灰色	中壤土	团块状	5.9	21.1	1.33	0.27		8.0	近代洪积物	E 119°56′41.2″ N 28°56′06.2″	95
						P	14–21	淡灰色	中壤土	块状	4.9	15.6	1.03	0.26		7.0			
						W	21–39	灰色	重壤土	块状	6.2	4.5	0.54	0.13		8.8			
						Wg	39–100	灰色	轻壤土		6.3								
剖3	人为土	水稻土	淹育水稻土	淡紫泥田	红紫泥田	Aa	0–15	灰棕色	粉砂质黏土	碎块状	6.5	30.7	1.70	0.40			红紫色页岩、砂页岩风化物	E 119°58′38.9″ N 28°52′33.5″	95
						Ap	15–22	灰棕色	粉砂质黏土	块状	6.4	29.9	1.60	0.40	14.8				
						C	22–100	紫色	壤质黏土	块状	6.8	14.9	0.90	0.50					
剖4	铁铝土	红壤	红壤	红黏土	红黏土	A	0–20	暗棕红色	中黏土	团块状	5.3	8.8	0.50	0.44		16.6	玄武岩、安山岩的古砾风化物	E 119°59′41.5″ N 28°53′48.3″	75
						(B)	20–40	暗棕红色	中黏土	块状	5.3			0.47		23.4			
						(B)	40–100				5.3	8.3	0.62	0.33					
剖5	人为土	水稻土	潴育水稻土	黄泥砂田	黄粉泥砂田	A	0–12	棕灰色	重壤土	团块状	5.6	26.7	1.74	0.30			母土为黄泥土、红泥土	E 119°59′44.6″ N 28°52′16.4″	75
						P	12–17	淡灰色	中壤土	块状	5.4	20.5	1.30	0.18					
						W	17–38	棕灰色	中壤土	棱柱状	6.0	5.8	0.43	0.35					
						Wc	38–54	棕白色	中壤土	棱柱状	6.1			0.30					
						C	54–100		重石质土		6.0			0.31					
剖6	人为土	渗育水稻土		黄泥田	砂性黄泥田	A	0–14	棕灰色	中壤土	团块状	5.3	22.8	1.35	0.29			母土为砂性黄泥土	E 119°59′37.2″ N 28°49′29.9″	95
						Wp	14–20	淡棕黄色	中壤土	块状	5.7	18.4	1.22	0.30					
						C	20–49	棕灰色	中壤土	块状	6.1	9.4	0.67	0.29					
							49–100		轻壤土	棱块状	5.3	11.3	0.75	0.28					
剖7	人为土	水稻土	潴育水稻土	泥砂田	砾磴泥砂田	A	0–12	褐色	轻壤土	块状	5.2	9.9	0.52				河流冲积物	E 120°08′03.9″ N 29°04′22.2″	75
						P	12–18	褐色	重石质土	棱柱状	5.9	4.3	0.38						
						3	18–28	褐黄色	重石质土	棱柱状	6.0	3.2	0.20						
						C	28–51	淡黄色	砂壤土		6.4								
							51–100												
剖8	人为土	水稻土	淹育水稻土	淡紫泥田	红紫泥田	Aa	0–15	淡灰色	黏壤土	碎块状	6.0	12.7	0.60	0.20	19.6		红紫色砂岩、砂砾岩风化物	E 120°07′51.5″ N 29°02′59.5″	95
						Ap	15–24	紫灰色	砂质黏壤土	块状	6.2	8.2							
						C	24–100	紫红色	砂红土	块状	6.1	7.0							
剖9	人为土	水稻土	潴育水稻土	黄泥砂田	黄泥砂田	A	0–15	褐色	中壤土	核块状	5.6	26.1	1.75	0.27		7.2	母土为砂性黄泥土	E 120°14′30.9″ N 29°00′30.0″	95
						P	15–22	褐色	中壤土	块状	5.8	15.0	0.91	0.24		7.5			
						W	22–100	棕黄色	中壤土	棱柱状	5.5	2.9	0.21	0.12		8.7			
剖10	人为土	水稻土	潴育水稻土	泥砂田	古泥砂田	A	0–15	淡灰色	重壤土	团块状	5.5	29.5	2.04	0.36		10.0	河流冲积物	E 120°10′48.5″ N 29°00′37.7″	75
						P	15–19	紫灰色	重壤土	块状	5.5	23.8	1.81	0.31		10.4			
						W	19–42	黄灰色	重壤土	棱块状	6.2	8.2	0.53	0.20		10.8			
						Wc	42–100	黄灰色	重壤土	棱块状	6.4								
						C	110—	灰灰色	中壤土		6.3								

续表 Continued

剖面号 Soil profile	土纲 Soil order	土类 Soil great group	亚类 Soil subgroup	土属 Soil genus	土种 Soil species	土层码 Layer code	土层厚度 Depth/cm	颜色 Soil color	质地 Soil texture	土壤结构 Soil structure	pH	有机质 OM/(g/kg)	全氮 TN/(g/kg)	全磷 TP/(g/kg)	全钾 TK/(g/kg)	阳离子交换量CEC/(cmol/kg)	土壤母质 Parent material	剖面点坐标 Profile coordinate	匹配指数 Matching index/%
剖11	人为土	水稻土	潴育水稻土	红紫泥砂田	红紫泥砂田	A	0—13	紫灰色	中壤土	团块状	5.8	26.3	1.53	0.24		9.9	红紫砂页岩风化物	E 120°03′16.5″ N 28°58′08.4″	75
						P	13—18	紫灰色	中壤土	块状	5.7	18.3	1.21	0.21		9.3			
						Wp	18—32	紫灰色	中壤土	块状	5.9	7.9	0.59	0.16		9.2			
						W	32—40	紫灰色	中壤土	梭块状	6.1	4.9	0.36	0.20					
						W	40—100	紫灰色	重壤土		6.0								
剖12	人为土	水稻土	潴育水稻土	培泥砂田	黄化培泥砂田	A	0—13	棕灰色	重壤土	团块状	5.5	33.0	1.69	0.34		8.7	新河流冲积物	E 120°10′49.8″ N 28°58′31.8″	75
						P	13—18	棕灰色	中壤土	块状	5.6	24.7	1.53	0.34		8.1			
						W	19—40	棕灰色	重壤土		6.7	5.4	0.44	0.19		8.8			
						W	18—90	淡黄色		梭块状	6.8								
剖13	人为土	水稻土	潴育水稻土	培泥砂田	培泥砂田	A	0—15	白灰色	重壤土	团块状	6.4	24.5	1.58	0.32		11.7	新河流冲积物	E 120°11′33.6″ N 28°59′00.0″	75
						P	15—20	白灰色	中壤土	块状	6.7	19.5	1.37	0.31		12.0			
						W	20—40	灰黄色	重壤土	梭块状	6.7	2.9	0.30	0.14		11.7			
						Wc	40—78	黄白相间	轻黏土		6.6								
							78—100	灰黄色			6.7								
剖14	人为土	水稻土	潴育水稻土	培泥砂田	培泥砂田	A	0—15	棕灰色	中壤土	团块状	6.0	16.3	1.34	0.39		7.5	新河流冲积物	E 120°11′47.3″ N 28°59′19.1″	75
						P	15—22	棕灰色	中壤土	块状	6.3	9.5	0.80	0.33		7.4			
						W	22—40	灰黄色	轻黏土	梭块状	7.0	5.1	0.53	0.20		8.2			
						W	40—58	黄白相间	重壤土	梭块状	6.6	4.3	0.50	0.13					
						Wc	58—100				6.8								
剖15	人为土	水稻土	潴育水稻土	泥砂田	泥砂田	A	0—14	淡褐色	中壤土	团块状	6.7	19.6	1.28	0.39			河流冲积物	E 120°14′12.0″ N 28°50′48.4″	95
						P	14—21	褐色	中壤土	块状	6.9	6.0	0.50	0.14					
						W	21—40	黄灰色	中壤土	梭块状	6.9	4.4	0.47	0.17					
						W	40—59	黄灰色	中壤土	块状									
						C	59—65	紫灰色	重壤土	团块状	7.0								
剖16	人为土	水稻土	渗育水稻土	红紫砂田	红紫砂田	A	0—14	紫灰色	中壤土	块状	6.0	21.6	0.25			9.7	红紫砂页岩风化物	E 120°07′06.2″ N 28°51′22.0″	95
						P	14—20	紫灰色	中壤土	块状	6.3	8.4	0.62	0.20		8.4			
						Wp	20—48	灰紫色	中壤土	块状	6.4	6.5	0.48	0.16		8.4			
						W	48—85	灰紫色	中壤土		6.3					8.4			
						C	85—100	紫灰色	中壤土	核粒状	6.7								
剖17	铁铝土	红壤	黄红壤	黄泥土		A	0—22	淡黄棕色	砂质壤土	块状	6.4	7.8	0.45	0.18			第四纪红色黏土	E 120°02′30.0″ N 28°51′38.5″	95
						(B)	22—40	淡黄棕色	中壤土	块状	6.2	3.9	0.27	0.20					
						(B)	40—100	灰白色	中壤土	团块状	6.2								
剖18	人为土	水稻土	潴育水稻土	洪积泥砂田	谷口泥砂田	A	0—17	灰白色	中壤土	块状							近代洪积物	E 120°04′06.2″ N 28°48′25.9″	95
						P	17—23	灰黄色	中壤土	块状									
						Wp	23—68	灰黄色	中壤土	大块状									
						C	68—100		砂土	无结构									
							100—												
剖19	初育土	紫色土	石灰性紫色土	红紫砂土	红紫砂土	A	0—25		中壤土		6.0	10.7	0.54	0.11		9.1	红紫砂页岩风化物	E 120°05′47.8″ N 28°49′03.8″	92
						(B)	25—40		重壤土		6.0	6.6	0.35	0.10		8.9			
						(B)	40—65		重壤土		6.1								

衢 州 市

衢 江 区

主要土类说明

红壤是衢江区主要土壤类型，占本区地域面积的 44%。本区红壤的成土母质以第四纪红色黏土、凝灰岩、砂岩、砂页岩、片岩、板岩、花岗岩等的风化物为主，部分为片麻岩、石灰岩等的风化物，分布在盆地内侧的高阶地以及两侧的丘陵山地上。红壤呈中度富铝化特征，底层可见深厚红、黄、白相间网纹的红色黏土。土壤黏粒中的游离铁占全铁 50%—60%，黏粒硅铝率为 1.8—2.4，风化淋溶系数 < 0.2，盐基饱和度 < 35%，pH 为 4.5—5.5。

水稻土是衢江区第二大土壤类型，占本区地域面积的 18%。水稻土是在长期季节性淹灌、水下翻耕、季节性脱水等水耕活动的影响下，通过干湿交替、氧化还原交替，使得成土母质或母土特性发生重大改变而形成的新土壤类型。水稻土发生层有糊状淹育层、较坚实板结的犁底层、渗育层、潴育层与潜育层等。

黄壤是衢江区第三大土壤类型，占本区地域面积的 15%。黄壤主要发生于亚热带湿润条件下，多见于海拔 700—1200m 的山区，呈中度富铝化特征，土体呈黄色，具 O-A-AB-B-C 剖面构型。土壤富含水合氧化物（针铁矿），有时含三水铝石。土壤有机质累积较高，可达 100g/kg，pH 为 4.5—5.5。成土母质以凝灰岩、砂岩等风化体的残积物、坡积物为主。本区南山多为凝灰岩的残积风化体，北山多为千里岗砂岩及部分凝灰岩的残积风化体。

粗骨土占本区地域面积的 13%，广泛分布在河谷阶地、丘陵、低山和中山等多种地貌单元和地形部位。粗骨土由基岩风化残积物、坡积物发育而成，多为 A-C 或（A）-C 剖面构型。A 层发育不明显，与母质层性状相似，略显有机质累积。有时母质层富含砾石。

紫色土占本区地域面积的 6%，主要分布在盆地底部，即常山港、江山港、衢江两侧岗地外沿的低丘以及向山地过渡的地段。紫色土常由热带、亚热带紫红色岩层侵蚀发育而成，土层浅薄，具 A-C 剖面构型，其理化性质与母岩组成直接相关，剖面层次发育不明显，仍为初育土。由于母岩富含矿质养分，且风化迅速，不失为良好的肥沃土壤。成土母质均有程度不一的石灰反应。

小于本区地域面积 3% 的土壤类型为潮土、石灰（岩）土。

本区域中心区气候特征

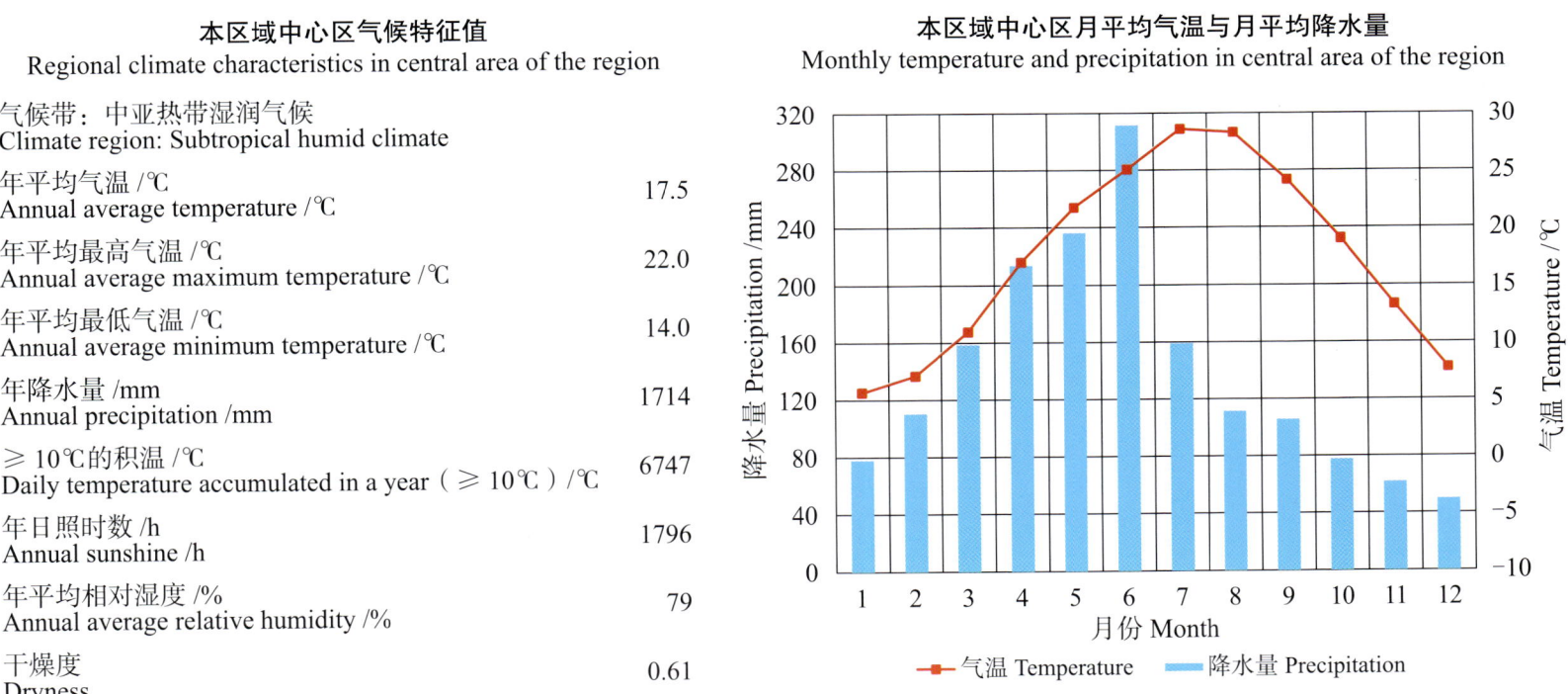

本区域中心区气候特征值
Regional climate characteristics in central area of the region

气候带：中亚热带湿润气候 Climate region: Subtropical humid climate	
年平均气温 /℃ Annual average temperature /℃	17.5
年平均最高气温 /℃ Annual average maximum temperature /℃	22.0
年平均最低气温 /℃ Annual average minimum temperature /℃	14.0
年降水量 /mm Annual precipitation /mm	1714
≥10℃的积温 /℃ Daily temperature accumulated in a year (≥10℃) /℃	6747
年日照时数 /h Annual sunshine /h	1796
年平均相对湿度 /% Annual average relative humidity /%	79
干燥度 Dryness	0.61

本区域中心区月平均气温与月平均降水量
Monthly temperature and precipitation in central area of the region

衢州市市辖区主要土壤类型与土壤剖面点分布图
1:300 000

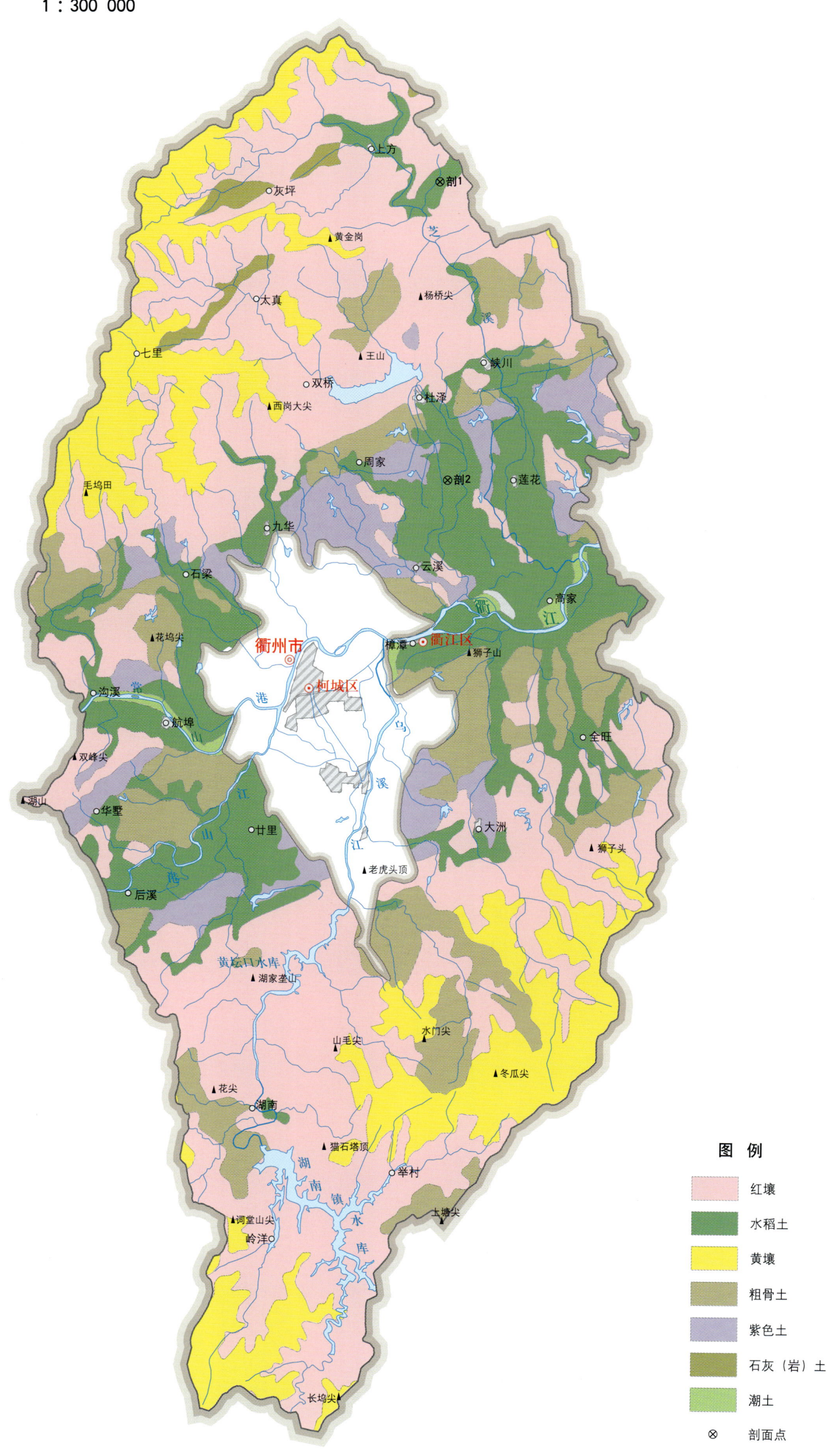

衢江区土壤剖面理化性状表

剖面号 Soil profile	土纲 Soil order	土类 Soil great group	亚类 Soil subgroup	土属 Soil genus	土种 Soil species	土层码 Layer code	土层厚度 Depth/cm	颜色 Soil color	质地 Soil texture	土壤结构 Soil structure	pH	有机质 OM/(g/kg)	全氮 TN/(g/kg)	全磷 TP/(g/kg)	全钾 TK/(g/kg)	碱解氮 AN/(mg/kg)	有效磷 AP/(mg/kg)	速效钾 AK/(mg/kg)	土壤母质 Parent material	剖面点坐标 Profile coordinate	匹配指数 Matching index/%
剖1	人为土	水稻土	潴育水稻土	红砂泥田	红泥砂田	Aa	0—12	浓黄色	砂壤土	碎块状	6.0	19.1	2.20	0.20	4.3	97	5.0	25	红砂土再积物	E 118°57′37.3″ N 29°14′54.1″	81
						A	12—22	浊黄橙色	砂质黏壤土	块状	6.0	13.8	0.90	0.20	3.9	71	5.0	19			
						W	22—70	浓黄色	砂质黏壤土	棱柱状	7.0	1.5						18			
剖2	人为土	水稻土	潴育水稻土	泥质田	半砂田	Ap	0—12	黄灰色	黏壤土	团块状	5.9	26.0	2.60	0.29	17.7	107	5.1	64	河流老冲积物	E 118°57′45.9″ N 29°04′29.2″	81
						W	22—60	黄灰色	粉砂质黏壤土	块状	6.6	14.0	0.89	0.23	18.0	74	4.7	34			
						C	60—		黏壤土	棱柱状	6.9	4.9									

常 山 县

主要土类说明

红壤是常山县主要土壤类型，占本县地域面积的60%。本县红壤的剖面构型大多为A–B–C，少数为A–C。土壤颜色呈红色或黄红色，说明铁铝氧化物大量展布于土粒表面。红壤的pH为5.0—6.0，有机质含量为4.3—23.8g/kg，全氮量为0.3—1.4g/kg，有效磷的含量为1.4—4.6mg/kg，速效钾含量随风化度高低而引起的变异更大，为45—200mg/kg。

水稻土是常山县第二大土壤类型，占本县地域面积的11%。水稻土是在长期季节性淹灌、水下翻耕、季节性脱水、氧化还原作用交替影响下，原来的成土母质或母土特性发生重大改变，从而形成的新土壤类型。由于干湿交替，形成糊状淹育层、较坚实板结的犁底层、渗育层、潴育层与潜育层等多种发生层分异。这些不同发生层段是在人为耕作、水浆管理下形成的。根据水分情况，本县水稻土可分为淹育型、渗育型、潴育型、潜育型等亚类。

紫色土是常山县第三大土壤类型，占本县地域面积的9%。成土母质分两种类型，一类是白垩系方岩组地层露头（紫红色、暗紫色砂质泥岩、粉砂岩）和横山组地层露头（暗紫色泥岩、粉砂岩），均含钙结核；另一类是泥盆系地层露头（紫红色页岩）、志留系地层露头（紫色砂岩）以及震旦系地层露头，均不含钙质，主要分布于一港十溪两旁的低丘岗地上，部分散见东案、大桥、金源等乡的丘陵地带。紫色土常由热带、亚热带紫红色岩层侵蚀发育而成，土层浅薄，具A–C剖面构型，其理化性质与母岩组成直接相关，剖面层次发育不明显，仍为初育土。

黄壤是常山县第四大土壤类型，占本县地域面积的7%。黄壤主要发生于亚热带湿润条件下，多见于海拔700—1200m的山区，呈中度富铝化特征，土壤呈黄色，具O–A–AB–B–C剖面构型。土壤富含水合氧化物（针铁矿），有时含三水铝石。土壤有机质累积较高，可达100g/kg，pH为4.5—5.5。多发展为林地，间亦耕种。

粗骨土是常山县第五大土壤类型，占本县地域面积的7%。粗骨土是由基岩风化残积物、坡积物发育而成，多为A–C或（A）–C剖面构型。A层发育不明显，与母质层性状相似，略显有机质累积。有时母质层富含砾石，甚少剖面分异与发育特征。粗骨土广泛分布在河谷阶地、丘陵、低山和中山等多种地貌单元和地形部位。

石灰（岩）土是常山县第六大土壤类型，占本县地域面积的4%。石灰（岩）土由热带、亚热带石灰岩母质发育而成。热带、亚热带石灰岩经溶蚀风化，形成厚薄不同的钙质饱和或含游离钙质的土壤，多见于石隙、溶洞或峰丛底部。碳酸钙淋溶程度不一，多黏质，常为铁钙质胶结物，风化程度不一，盐基饱和度高，土壤有机质含量及胶结状态有较大差异。

本区域中心区气候特征

本区域中心区气候特征值
Regional climate characteristics in central area of the region

气候带：中亚热带湿润气候 Climate region: Subtropical humid climate	
年平均气温 /℃ Annual average temperature /℃	17.4
年平均最高气温 /℃ Annual average maximum temperature /℃	22.0
年平均最低气温 /℃ Annual average minimum temperature /℃	13.8
年降水量 /mm Annual precipitation /mm	1719
≥10℃的积温 /℃ Daily temperature accumulated in a year（≥10℃）/℃	7327
年日照时数 /h Annual sunshine /h	1804
年平均相对湿度 /% Annual average relative humidity /%	79
干燥度 Dryness	0.60

本区域中心区月平均气温与月平均降水量
Monthly temperature and precipitation in central area of the region

常山县主要土壤类型与土壤剖面点分布图
1∶220 000

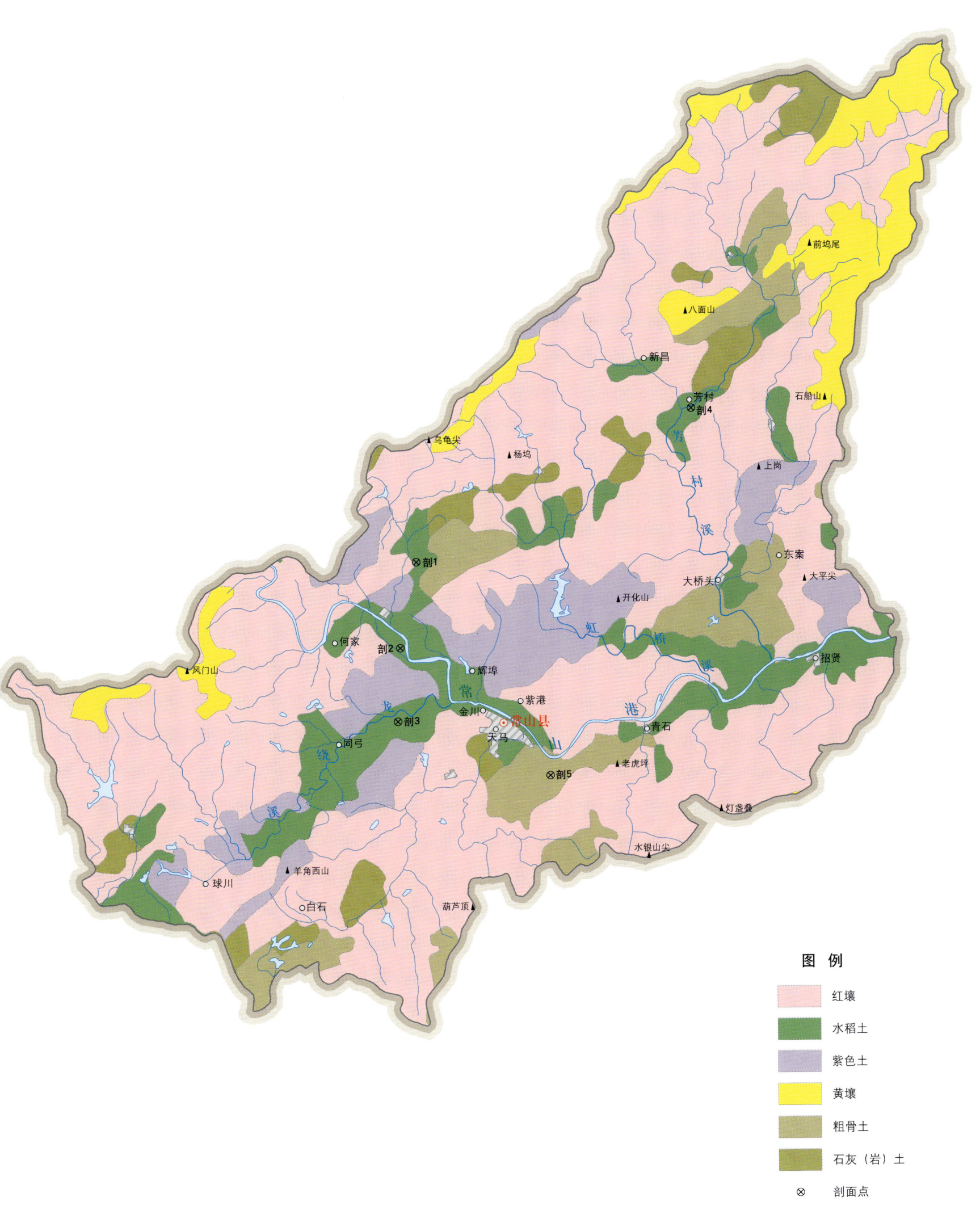

常山县土壤剖面理化性状表

剖面号 Soil profile	土纲 Soil order	土类 Soil great group	亚类 Soil subgroup	土属 Soil genus	土种 Soil species	土层码 Layer code	土层厚度 Depth/cm	颜色 Soil color	质地 Soil texture	土壤结构 Soil structure	pH	有机质 OM/(g/kg)	全氮 TN/(g/kg)	全磷 TP/(g/kg)	全钾 TK/(g/kg)	有效磷 AP/(mg/kg)	速效钾 AK/(mg/kg)	阳离子交换量 CEC/(cmol/kg)	土壤母质 Parent material	剖面点坐标 Profile coordinate	匹配指数 Matching index/%
剖1	人为土	水稻土	淹育水稻土	钙质紫泥田	钙质紫砂田	A	0—12	紫灰色	砂质黏壤土	团块状	6.5	25.6	1.61	0.23	11.6	2.0	54		紫砂岩风化物	E 118°28′07.1″ N 28°58′51.7″	81
						Ap	12—19	紫灰色	砂质黏壤土	块状	6.6	14.5	0.92	0.23	12.9						
						Cca	19—50	紫色	砂质黏壤土	碎块状	6.7	8.2	0.50	0.20	10.4						
剖2	人为土	水稻土	淹育水稻土	浅潮砂田	湖东砂田	Aa	0—8	淡灰色	屑粒状	屑粒状	6.0	15.3	0.80	0.40		2.0	32	5.5	近代河流冲积物	E 118°27′34.1″ N 28°56′29.2″	96
						Ap	8—12	浊黄橙色	砂壤土	块状	6.5	7.6	0.50	0.30							
						C₁	12—45	浊黄橙色	砂壤土	块状	7.0	5.7	0.40	0.30							
剖3	人为土	水稻土	潴育水稻土	泥质田	泥筋田	A	0—13	淡棕灰色	壤质黏土	团块状	6.4	24.7	1.35	0.26	16.7	8.0	84		河流老冲积物	E 118°27′27.4″ N 28°54′27.2″	95
						Ap	13—20	淡棕灰色	壤质黏土	块状	6.4	22.0	1.16	0.29	16.8						
						W	20—60	亮黄棕色	粉砂质黏壤土	棱块状	7.5	14.1	0.75	0.32	15.2						
						G	60—100	灰黄色	粉砂质黏壤土	块状											
剖4	人为土	水稻土	淹育水稻土	浅紫泥田	钙质紫砂田	Aa	0—12	紫灰色	砂质黏壤土	团块状	6.5	25.6	0.60	0.20	11.6	2.0	54	10.5		E 118°36′53.7″ N 29°02′59.9″	95
						Ap	12—19	紫灰色	砂质黏壤土	块状	6.6	14.5	0.90	0.20	12.9						
						Ck	19—50	紫色	砂质黏壤土	碎块状	6.7	8.2	0.50	2.00	10.4						
剖5	初育土	粗骨土	酸性粗骨土	酸石砂土	片石砂土	A	0—9	淡棕灰色	黏壤土	屑粒状	5.3	21.3	1.30	0.40						E 118°32′14.1″ N 28°52′53.9″	95
						C	9—22	浊橙色	黏壤土		5.1	22.9	1.30	0.50							

开 化 县

主要土类说明

红壤是开化县主要土壤类型，占本县地域面积的69%。红壤分布于海拔650m以下的丘陵、低山带。土壤母质以花岗岩、花岗斑岩、流纹岩、砂岩、泥岩和页岩等风化物为主。红壤是在湿热气候条件下，经长期风化作用形成的地带性土壤。红壤母质中的铝硅酸盐原生矿物，经过长期的水解风化，其土壤矿物晶体被破坏，盐基离子大量淋失，而铁铝离子相对积聚，土壤发生红化、黏化、酸化，剖面构型为A–B–C，具有富铝化和高岭化的普遍特征。土体呈红色或黄红色，土壤呈酸性或强酸性反应，阳离子交换量很低。

石灰（岩）土是开化县第二大土壤类型，占本县地域面积的9%。该土类主要分布在本县中部丘陵地区，成土母质主要是石灰岩风化物，部分夹有泥质灰岩等风化物。土壤质地以重壤至轻黏为主，土体呈黑色、棕色、黄色等，土壤结构以核粒状为主，较稳固。剖面上部土壤呈酸性反应，下层土壤因受母岩新风化体中钙质影响，盐基作用明显，大多有石灰反应。

黄壤是开化县第三大土壤类型，占本县地域面积的近9%。本县黄壤主要分布在海拔650m以上的中低山区，植被为针叶、阔叶乔木等，海拔1000米以上的山顶岗背多为灌木丛和茅草。土壤母质以基岩风化体的残积物为主，也有坡积物。黄壤富铝化过程明显，但黏粒部分的硅铁铝率一般比红壤稍大，土色常是棕黄色或灰黄色。

粗骨土是开化县第四大土壤类型，占本县地域面积的5%。粗骨土由基岩风化残积物、坡积物发育而成，属于A–C或（A）–C剖面构型。A层发育不明显，与母质层性状相似，略显有机质累积。有时母质层富含砾石，甚少剖面分异与发育特征。粗骨土广泛分布在河谷阶地、丘陵、低山和中山等多种地貌单元和地形部位。

水稻土是开化县第五大土壤类型，占本县地域面积的4%。水稻土是各种自然土壤经过人为排水、灌溉、轮作等水耕熟化作用后发育而成的。在人为调节灌排、改变土壤水分状况和土体通气条件的过程中，引起了土壤有机质的破坏和合成以及土体内氧化还原交替作用的频繁进行，促进了土壤物质的电化学转化，产生了还原淋溶和氧化淀积作用，一定时期的田面储水层所产生的静水压力或地下水、侧渗水的移动等作用，也对水稻土剖面的分化产生深刻的影响。根据各种水分活动特点，本县水稻土可划分为渗育型、潴育型和潜育型三个亚类。

紫色土是开化县第六大土壤类型，占本县地域面积的近4%。紫色土成土母质为石灰性紫色砂页岩，钙质含量较高，一般为5%左右。土壤剖面分化不明显，剖面构型多为A–C，但全土层疏松、深厚，剖面呈紫色，表土由于雨水淋溶脱钙而呈酸性反应，下部土层部分表现出石灰反应，土体的紫色仍保留母质性状特征。

小于本县地域面积3%的土壤类型为潮土。

本区域中心区气候特征

本区域中心区气候特征值
Regional climate characteristics in central area of the region

气候带：中亚热带湿润气候 Climate region: Subtropical humid climate	
年平均气温 /℃ Annual average temperature /℃	17.2
年平均最高气温 /℃ Annual average maximum temperature /℃	21.9
年平均最低气温 /℃ Annual average minimum temperature /℃	13.7
年降水量 /mm Annual precipitation /mm	1706
≥10℃的积温 /℃ Daily temperature accumulated in a year（≥10℃）/℃	8103
年日照时数 /h Annual sunshine /h	1806
年平均相对湿度 /% Annual average relative humidity /%	78
干燥度 Dryness	0.60

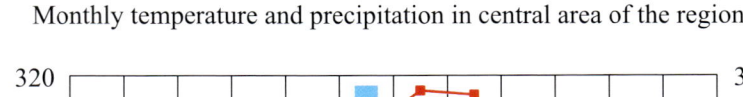

本区域中心区月平均气温与月平均降水量
Monthly temperature and precipitation in central area of the region

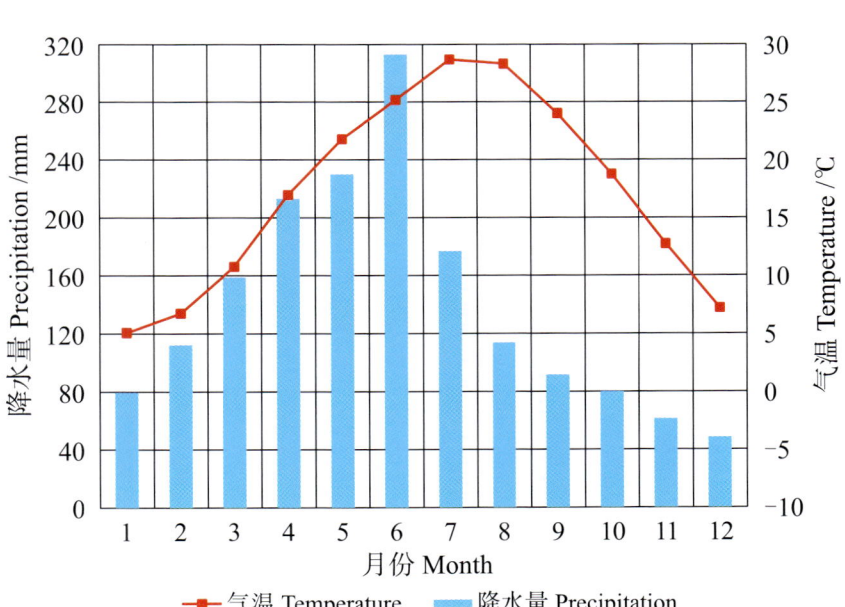

开化县主要土壤类型与土壤剖面点分布图
1∶260 000

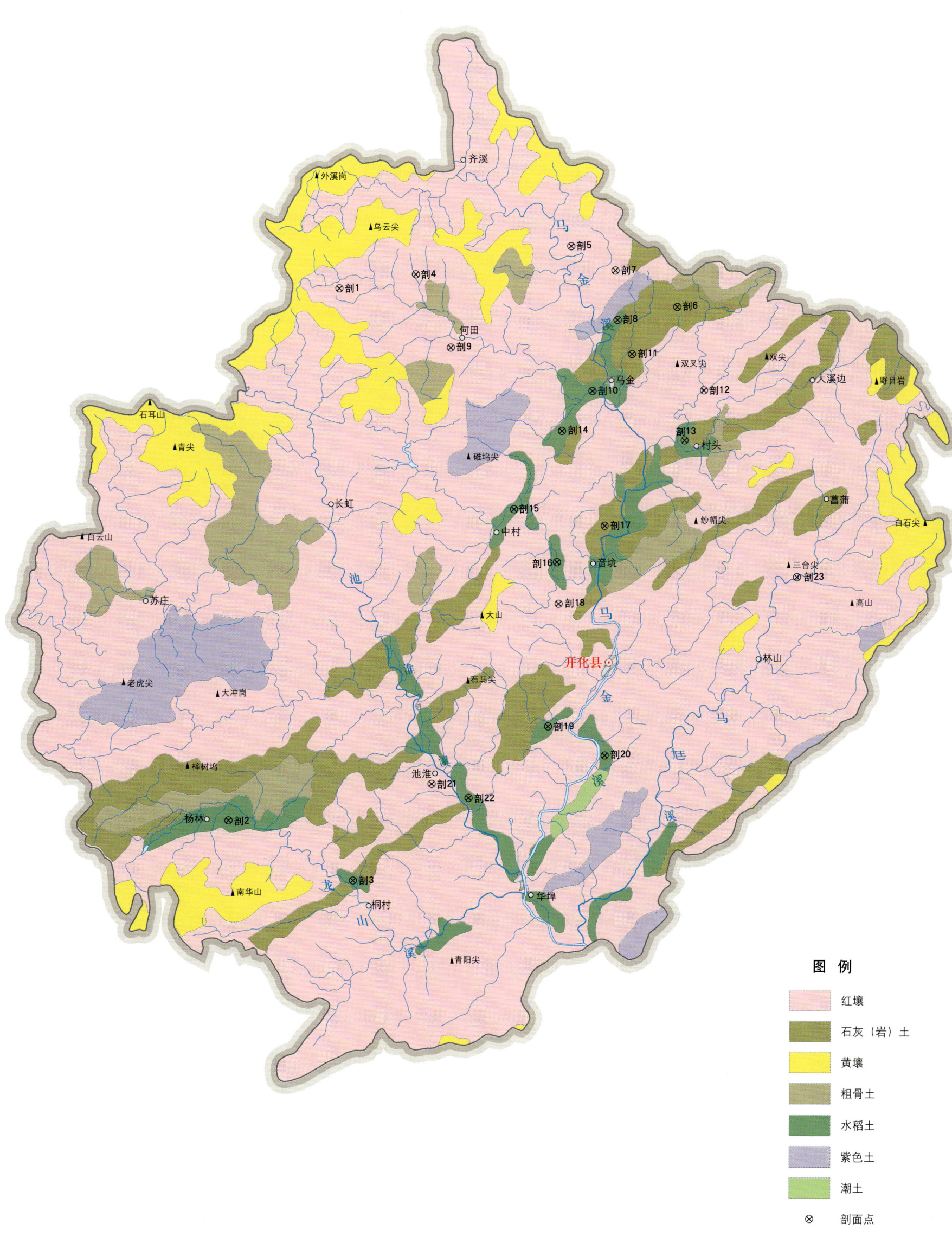

开化县土壤剖面理化性状表

剖面号 Soil profile	土纲 Soil order	土类 Soil great group	亚类 Soil subgroup	土属 Soil genus	土种 Soil species	土层码 Layer code	土层厚度 Depth/cm	颜色 Soil color	质地 Soil texture	pH	有机质 OM/(g/kg)	全氮 TN/(g/kg)	全磷 TP/(g/kg)	阳离子交换量CEC/(cmol/kg)	土壤母质 Parent material	剖面点坐标 Profile coordinate	匹配指数 Matching index/%
剖1	铁铝土	红壤	侵蚀型红壤	片石砂土	片石砂土	A△	0—10	黄灰色	轻黏土	4.5	9.6	0.38	0.07	2.8	页岩、泥岩等的半风化物	E 118°14′02.7″ N 29°21′26.9″	93
						(B)△	10—30	淡黄色	中黏土	4.5	12.8	0.56	0.15	5.7			
剖2	人为土	水稻土	潴育水稻土	紫红砂田	紫泥砂田	A	0—12	紫红色	重壤土	6.1	36.1	1.63	0.31	10.0	石灰性紫色砂页岩风化物	E 118°09′30.3″ N 29°03′16.7″	95
						P	12—18	暗红色	重壤土	5.8	31.2	1.55	0.30	9.8			
						W	18—39	黄红色	中壤土	6.2	9.3	0.68	0.19				
剖3	人为土	水稻土	潴育水稻土	培泥砂田	砾屑塔泥砂田	A	0—17	棕红色	轻壤土	5.6	27.7	1.20	0.28	6.3	新河流冲积物	E 118°14′21.1″ N 29°01′09.6″	75
						P	17—23	黄褐色	轻壤土	5.9	16.1	0.89	0.24	5.6			
						W	23—33	褐黄色	轻壤土	6.1	7.3	0.44	0.18				
剖4	铁铝土	红壤	黄红壤	黄泥土	黄泥砂土	A	0—18	灰黄色	中壤土	5.7	52.3	1.63	0.22	15.2	泥岩、页岩等的风化物	E 118°17′03.0″ N 29°21′53.6″	98
						(B)△	18—100	褐黄色	中壤土	6.2	16.8	0.76	0.17	13.3			
剖5	铁铝土	红壤	黄红壤	黄泥土	黄泥土	A	0—12	灰黄色		6.5	36.5	1.80	0.38	18.2	石灰岩等风化物	E 118°23′09.7″ N 29°22′46.6″	95
						(B)	12—27	淡黄色		6.4	17.4	1.22	0.36	12.0			
剖6	初育土	石灰(岩)土	黑色石灰土	黑油泥	黑油泥	A		暗棕黑	轻壤土	6.9	40.0	1.10	0.63	22.1		E 118°27′17.3″ N 29°20′39.6″	76
						(B)		棕黄色	重壤土	6.8	46.7	0.92	0.64	23.7			
剖7	铁铝土	红壤	黄红壤	黄泥土	紫泥土	A	0—14	黄灰色	轻黏土	5.0	57.7	2.79	0.48	15.9		E 118°24′53.0″ N 29°21′55.7″	95
						(B)△	14—100	黄红色	轻黏土	5.3	8.0	0.80	0.40	3.8			
剖8	人为土	水稻土	潴育水稻土	黄泥田	砂性黄泥田	A	0—15		轻黏土	6.3	31.0	1.81	0.67	15.3	红壤类原积物、再积物	E 118°24′56.4″ N 29°20′14.6″	75
						P	15—25		轻壤土	6.1	27.9	1.68	0.66	14.4			
						W	25—50		轻壤土	6.9	18.7	1.18	0.59				
剖9	铁铝土	红壤	黄红壤	黄泥土	白泥砂土	A	0—9		重壤土	5.1	53.5	1.74	0.14	18.3		E 118°18′23.6″ N 29°19′23.1″	96
						(B)△	9—19		轻壤土	5.6	5.3	0.16	0.07	7.1			
剖10	人为土	水稻土	潴育水稻土	黄泥砂田	砾心黄泥砂田	A	0—15	褐色	重壤土	5.5	28.5	1.60	0.30	8.5	红壤坡积物或经短距离搬运的再积物	E 118°23′55.0″ N 29°17′50.0″	95
						P	15—25	褐色	重壤土	5.8	22.4	1.25	0.27	8.0			
						W	25—	黄色	重壤土	6.6	7.6	0.55	0.32	8.0			
剖11	初育土	石灰(岩)土	棕色石灰土	油黄泥	油黄泥	A	0—20	黄褐色	轻壤土	6.2	11.8	1.22	0.32	10.9	石灰岩风化物	E 118°25′29.4″ N 29°19′04.8″	85
						(B)	20—80	红黄色	轻壤土	7.5	4.0	0.89	0.73	11.4			
						C	80—100		重壤土	7.8	3.4	1.18	3.97				
剖12	铁铝土	红壤	黄红壤	黄泥土	黄砾泥	A	0—10	淡黄色	重壤土	4.8	57.4	2.70	0.87	12.5	新河流冲积物	E 118°28′17.5″ N 29°17′48.0″	95
						(B)△	10—100	灰黄色	中壤土	4.8	26.6	1.45	0.52	8.0			
剖13	人为土	水稻土	潴育水稻土	培泥砂田	培泥砂田	A	0—15	灰黄色	重壤土	5.6	28.3	1.53	0.56	7.4	新河流冲积物	E 118°23′30.3″ N 29°16′05.5″	75
						P	15—25	棕灰色	重壤土	6.2	14.8	1.17	0.53	6.5			
						W	25—	灰色	砂壤土	7.5	6.6	0.76	0.49	4.9			
剖14	人为土	水稻土	潴育水稻土	培泥砂田	新造黄泥田	A	0—12	棕灰色	砂壤土	5.3	11.0	0.61	0.37	4.2	新河流冲积物	E 118°22′42.4″ N 29°16′28.2″	95
						P	12—20	黄棕色	砂壤土	6.3	8.1	0.41	0.31	4.8			
						W	20—100		重壤土	6.6	5.7	0.40	0.33				
剖15	人为土	水稻土	渗育水稻土	黄泥田	狭谷泥田	A	0—8		重壤土	7.1	23.2	1.50	0.48	8.7	红壤类积物、再积物	E 118°20′47.3″ N 29°13′49.5″	95
						P	8—13	褐色	重壤土	7.1	21.7	1.47	0.46	10.4			
						W	13—100	褐红色	轻黏土	7.1	16.5	0.93	0.36				
剖16	人为土	水稻土	潴育水稻土	洪积泥砂田	洪积泥砂田	A			中壤土	5.9	28.5	1.60	0.41	7.0	近代洪冲积物	E 118°22′26.9″ N 29°11′59.8″	75
						P			中壤土	5.8	26.9	1.53	0.44	8.0			
						W		棕黄色	中壤土	6.3	7.0	0.62	0.36	7.0			

续表 Continued

剖面号 Soil profile	土纲 Soil order	土类 Soil great group	亚类 Soil subgroup	土属 Soil genus	土种 Soil species	土层码 Layer code	土层厚度 Depth/cm	颜色 Soil color	质地 Soil texture	pH	有机质 OM/(g/kg)	全氮 TN/(g/kg)	全磷 TP/(g/kg)	阳离子交换量 CEC/(cmol/kg)	土壤母质 Parent material	剖面点坐标 Profile coordinate	匹配指数 Matching index/%
剖17	初育土	石灰(岩)土	棕色石灰土	油黄泥	砾石油黄泥	A	0—11	褐黄色	重壤土	6.0	22.3	1.88	0.62	7.2	石灰岩风化物	E 118°24′20.1″ N 29°13′13.0″	85
						(B)	11—16	棕黄色	重壤土	6.6	17.4	1.32	0.55	10.4			
						C	16—100		中壤土	7.1	13.1	0.62	0.59	9.8			
剖18	铁铝土	红壤	黄红壤	黄红泥土	砾石黄红泥	A		黄红色	重壤土	5.9	29.1	1.80	0.36	9.7	泥岩、页岩等的风化物	E 118°22′30.0″ N 29°10′35.2″	95
						(B)△		黄红色	轻黏土	5.3	15.3	0.98	0.36	8.5			
剖19	人为土	水稻土	潴育水稻土	黄油泥田	黄油泥田	A	0—16	淡黄色	重黏土	6.8	31.9	1.98	0.93	11.9	红壤类坡积物或经短距离搬运的再积物	E 118°22′02.3″ N 29°06′23.0″	75
						P	16—26	褐色	轻黏土	7.7	15.7	0.88	0.82	14.1			
						W	26—61	灰黄色	重黏土	7.7	6.9	0.49	0.43	10.0			
剖20	人为土	水稻土	潴育水稻土	烂滃田	烂黄泥田	A	0—26	灰褐色	轻黏土	6.1	28.7	1.84	0.41	9.5		E 118°24′14.2″ N 29°05′22.4″	75
						G	26—100	青灰色	轻黏土	6.1	21.1	1.28	0.36	8.6			
剖21	铁铝土	红壤	黄红壤	黄红泥土	厚层黄红泥	A	0—35		轻黏土	5.0	28.1	1.33	0.36	11.2	泥岩、页岩等的风化物	E 118°17′27.7″ N 29°04′28.0″	95
						(B)	35—65		中黏土	5.2	7.6	0.80	0.36	10.2			
剖22	人为土	水稻土	潴育水稻土	泥砂田	砾碣泥砂田	A	0—13	褐色	轻壤土	7.0	30.4	1.81	0.64	9.6	以冲积物为主，夹有洪积物	E 118°18′54.2″ N 29°03′58.2″	95
						P	13—18	灰黄色	重壤土	7.1	23.4	1.48	0.66	10.3			
						W	18—23	棕黄色	重壤土	7.7	16.9	1.04	0.57	9.9			
剖23	铁铝土	红壤	黄红壤	红砂土	酸性紫土	A	0—20	紫红色	重壤土	4.5	33.0	1.28	0.23	12.8	非石灰性紫(红)色砂页岩风化物	E 118°31′50.3″ N 29°11′23.6″	95
						(B)	20—56	红紫色	重壤土	4.6	13.3	0.73	0.20	8.9			
						C	56—100	黄红色	重壤土	4.6	11.1	0.71	0.37	8.9			

注：表中"土层码"一栏中的"△"表示该土层中含有砾石。

龙 游 县

主要土类说明

红壤是龙游县主要土壤类型，占本县地域面积的 38%。红壤主要发生于亚热带常绿阔叶林地区，呈中度富铝化特征，底层可见深厚红、黄、白相间网纹的红色黏土。土壤中的黏土矿物以高岭石、赤铁矿为主，土壤黏粒中的游离铁占全铁 50%—60%。土壤黏粒硅铝率为 1.8—2.4，风化淋溶系数 < 0.2，盐基饱和度 < 35%，pH 为 4.5—5.5。

水稻土是龙游县第二大土壤类型，占本县地域面积的 31%。水稻土是在长期季节性淹灌、水下翻耕、季节性脱水等水耕活动的影响下，土壤内部物质发生氧化还原交替作用，原来的成土母质或母土特性发生重大改变，从而形成的新土壤类型。由于干湿交替等作用的影响，糊状淹育层、较坚实板结的犁底层、渗育层、潴育层与潜育层多种发生层分异。这些不同发生层是在人为耕作、水浆管理作用下形成的。

粗骨土是龙游县第三大土壤类型，占本县地域面积的 15%。粗骨土由基岩风化残积物、坡积物发育而成，属于 A-C 或（A）-C 剖面构型。A 层发育不明显，与母质层性状相似，略显有机质累积。有时母质层富含砾石，甚少剖面分异与发育特征。粗骨土广泛分布在河谷阶地、丘陵、低山和中山等多种地貌单元和地形部位。

黄壤是龙游县第四大土壤类型，占本县地域面积的 7%。黄壤主要发生于亚热带湿润气候条件下，多见于海拔 700—1200m 的山区，呈中度富铝化特征，土壤呈黄色，具 O-A-AB-B-C 剖面构型。土壤富含水合氧化物（针铁矿），有时含三水铝石。土壤有机质累积较高，可达 100g/kg，pH 为 4.5—5.5。多发展为林地，间亦耕种。

紫色土是龙游县第五大土壤类型，占本县地域面积的 5%。紫色土常由热带、亚热带紫红色岩层侵蚀发育而成，土层浅薄，具 A-C 剖面构型，其理化性质与母岩组成直接相关，剖面层次发育不明显，仍为初育土。由于母岩富含矿质养分，且风化迅速，为良好的肥沃土壤。

潮土是龙游县第六大土壤类型，占本县地域面积的 3%。潮土属于河流冲积平原或低平阶地耕地土壤，地下水位浅，底土氧化还原作用交替，从而形成锈纹层。长期耕作条件下，表层有机质含量为 10—15g/kg。

小于本县地域面积 3% 的土壤类型为石灰（岩）土。

本区域中心区气候特征

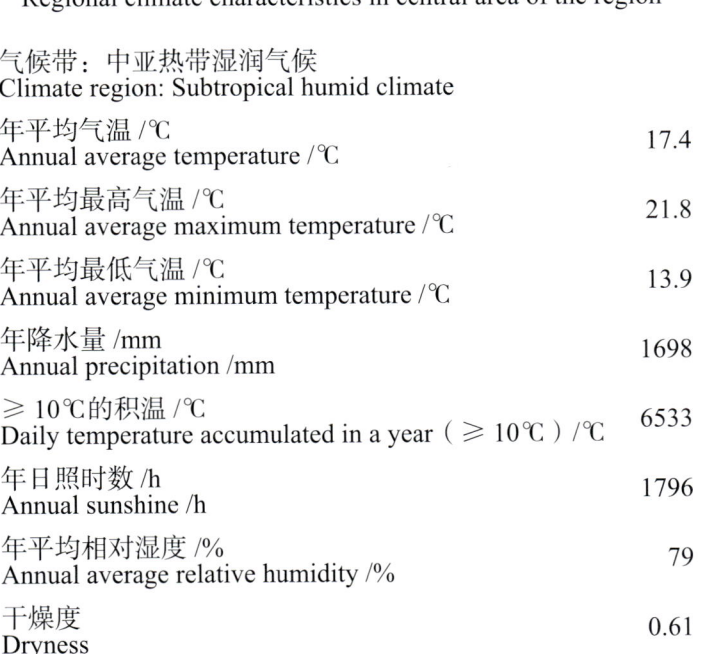

本区域中心区气候特征值
Regional climate characteristics in central area of the region

气候带：中亚热带湿润气候 Climate region: Subtropical humid climate	
年平均气温 /℃ Annual average temperature /℃	17.4
年平均最高气温 /℃ Annual average maximum temperature /℃	21.8
年平均最低气温 /℃ Annual average minimum temperature /℃	13.9
年降水量 /mm Annual precipitation /mm	1698
≥ 10℃的积温 /℃ Daily temperature accumulated in a year（≥ 10℃）/℃	6533
年日照时数 /h Annual sunshine /h	1796
年平均相对湿度 /% Annual average relative humidity /%	79
干燥度 Dryness	0.61

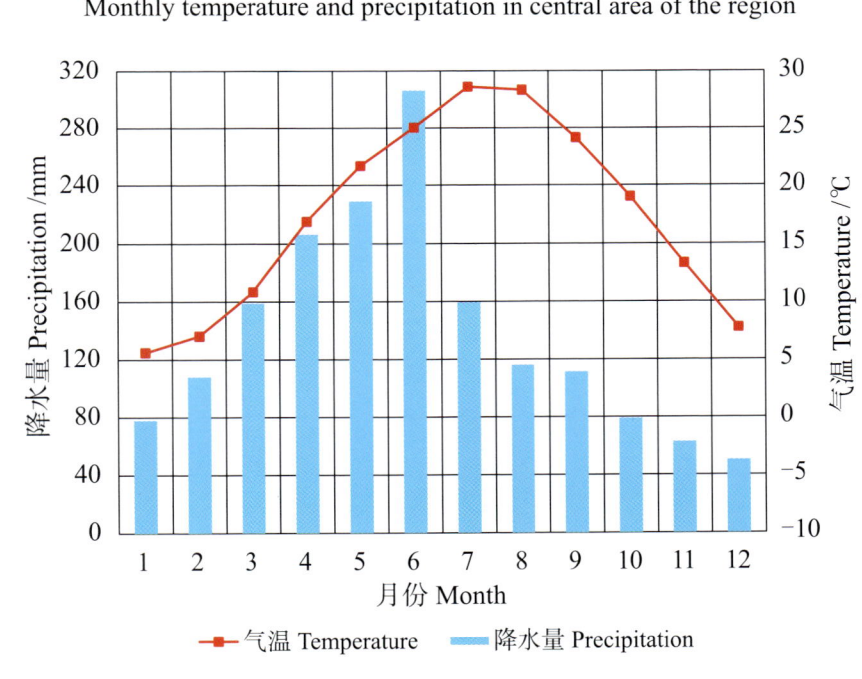

本区域中心区月平均气温与月平均降水量
Monthly temperature and precipitation in central area of the region

龙游县主要土壤类型与土壤剖面点分布图
1 : 210 000

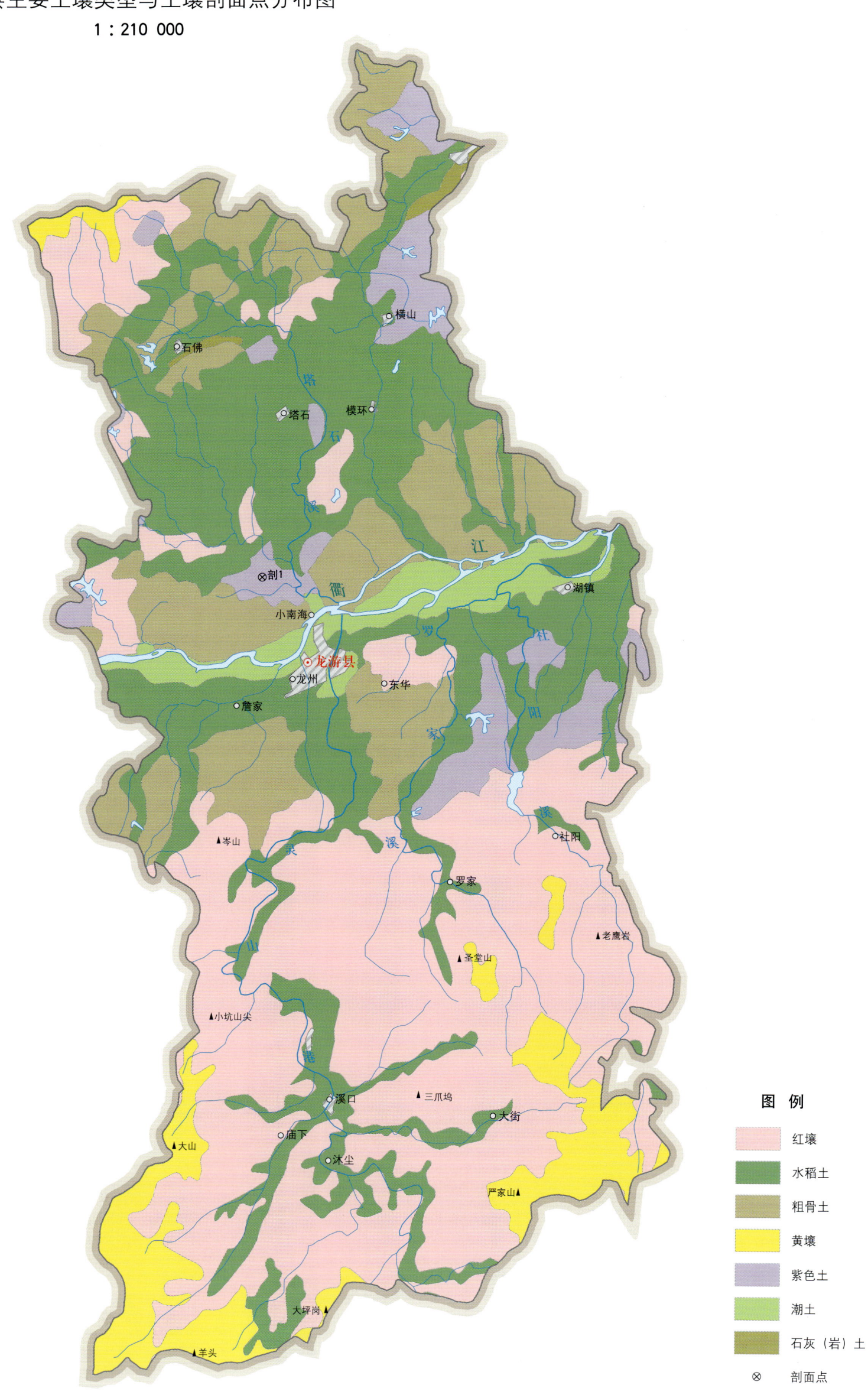

龙游县土壤剖面理化性状表

剖面号 Soil profile	土纲 Soil order	土类 Soil great group	亚类 Soil subgroup	土属 Soil genus	土种 Soil species	土层码 Layer code	土层厚度 Depth/ cm	颜色 Soil color	质地 Soil texture	土壤结构 Soil structure	pH	土壤母质 Parent material	剖面点坐标 Profile coordinate	匹配指数 Matching index/%
剖1	初育土	紫色土	酸性紫色土	酸紫泥土	红紫砂土	A	0—9	灰紫色	壤土	屑粒状	5.5	紫色砂岩风化物	E 119°08′49.2″ N 29°04′01.2″	85
						AC	9—44	红紫色	壤质黏土		5.6			
						C	44—	红紫色	砂壤土		6.5			

江 山 市

主要土类说明

红壤是江山市主要土壤类型，占本市地域面积的42%。红壤主要发生于亚热带常绿阔叶林地区，呈中度富铝化特征，底层可见深厚红、黄、白相间网纹的红色黏土。土壤中的黏土矿物以高岭石、赤铁矿为主，土壤黏粒中的游离铁占全铁50%—60%。土壤黏粒硅铝率为1.8—2.4，风化淋溶系数<0.2，盐基饱和度<35%，pH为4.5—5.5。

黄壤是江山市第二大土壤类型，占本市地域面积的21%。黄壤主要发生于亚热带湿润气候条件下，多见于海拔700—1200m的山区，呈中度富铝化特征，土壤呈黄色，具O-A-AB-B-C剖面构型。土壤富含水合氧化物（针铁矿），有时含三水铝石。土壤有机质累积较高，可达100g/kg，pH为4.5—5.5。多发展为林地，间亦耕种。

水稻土是江山市第三大土壤类型，占本市地域面积的13%。水稻土是在长期季节性淹灌、水下翻耕、季节性脱水等农事活动影响下，土壤内部物质发生氧化还原作用交替，使原来的成土母质或母土特性有重大的改变，形成的新土壤类型。由于干湿交替，形成糊状淹育层、较坚实板结的犁底层、渗育层、潴育层与潜育层多种发生层分异。这些不同发生层是在人为耕作、水浆管理作用下形成的。

粗骨土是江山市第四大土壤类型，占本市地域面积的11%。粗骨土由基岩风化残积物、坡积物发育而成，属于A-C或（A）-C剖面构型。A层发育不明显，与母质层性状相似，略显有机质累积。有时母质层富含砾石，甚少剖面分异与发育特征。粗骨土广泛分布在河谷阶地、丘陵、低山和中山等多种地貌单元和地形部位。

紫色土是江山市第五大土壤类型，占本市地域面积的10%。紫色土常由热带、亚热带地区紫红色岩层侵蚀发育而成，土层浅薄，具A-C剖面构型，其理化性质与母岩组成直接相关，剖面层次发育不明显，仍为初育土。由于母岩富含矿质养分，且风化迅速，不失为良好的肥沃土壤。

小于本市地域面积3%的土壤类型为火山灰土、潮土、石灰（岩）土。

本区域中心区气候特征

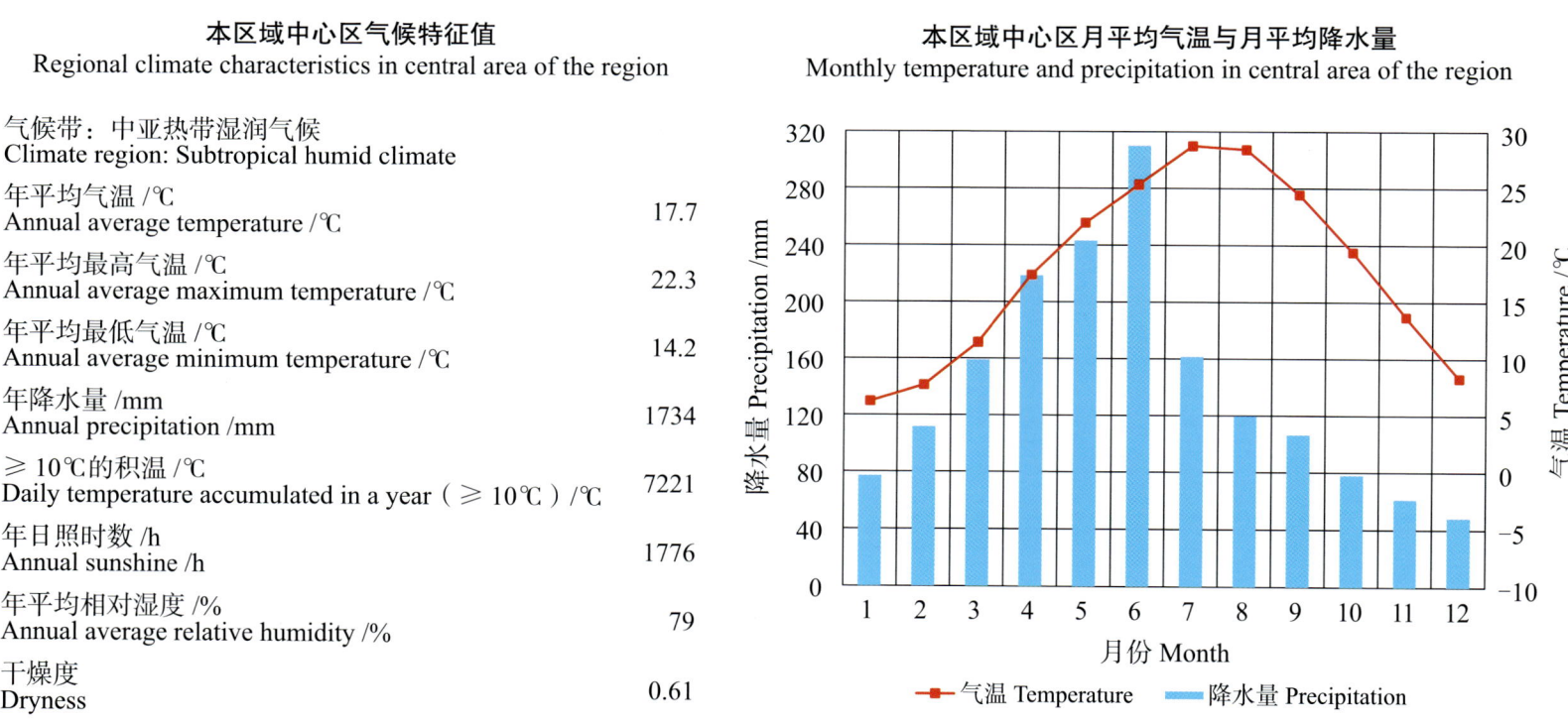

本区域中心区气候特征值
Regional climate characteristics in central area of the region

气候带：中亚热带湿润气候 Climate region: Subtropical humid climate	
年平均气温 /℃ Annual average temperature /℃	17.7
年平均最高气温 /℃ Annual average maximum temperature /℃	22.3
年平均最低气温 /℃ Annual average minimum temperature /℃	14.2
年降水量 /mm Annual precipitation /mm	1734
≥10℃的积温 /℃ Daily temperature accumulated in a year (≥10℃) /℃	7221
年日照时数 /h Annual sunshine /h	1776
年平均相对湿度 /% Annual average relative humidity /%	79
干燥度 Dryness	0.61

本区域中心区月平均气温与月平均降水量
Monthly temperature and precipitation in central area of the region

江山市主要土壤类型与土壤剖面点分布图
1：240 000

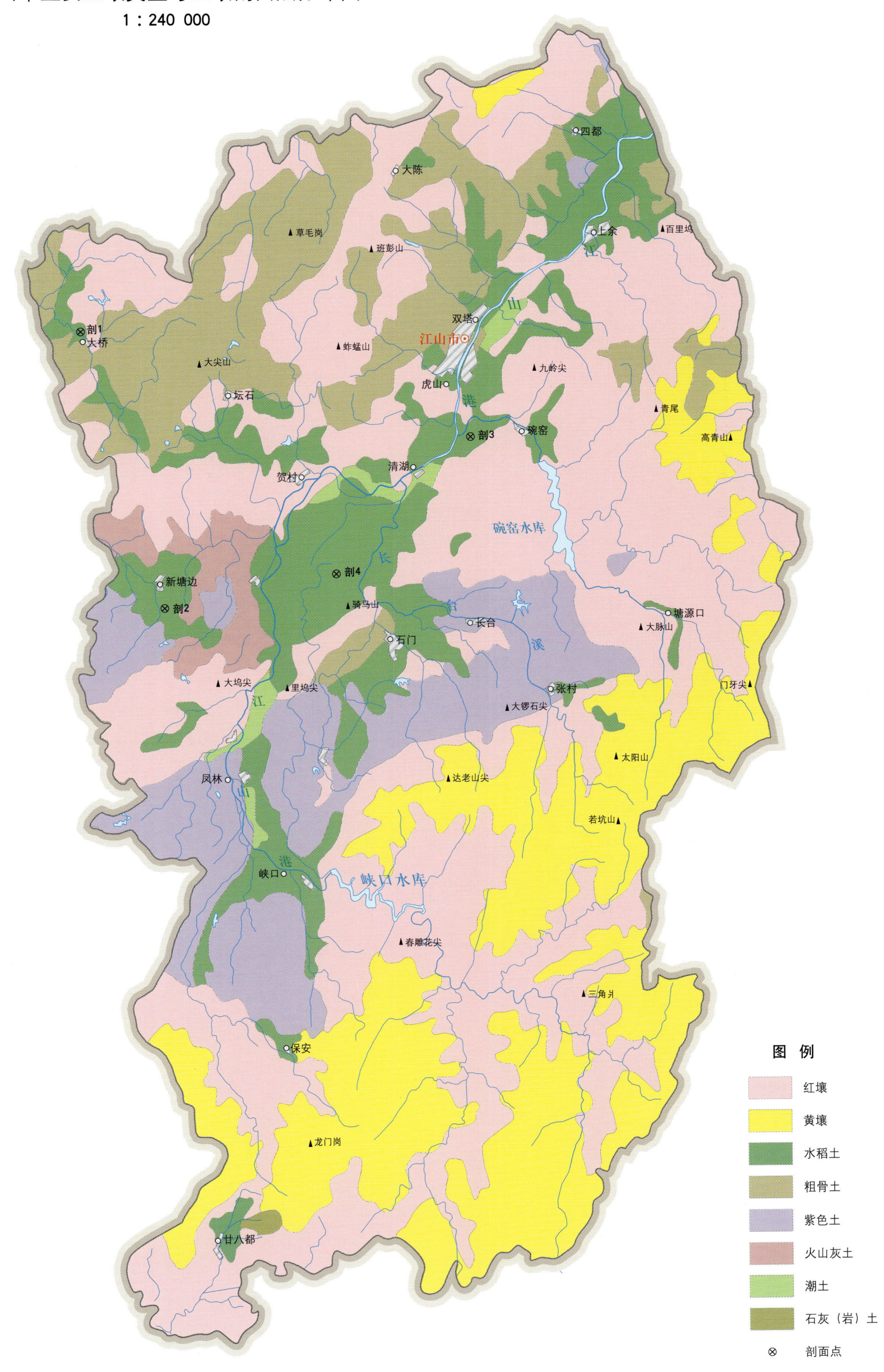

江山市土壤剖面理化性状表

剖面号 Soil profile	土纲 Soil order	土类 Soil great group	亚类 Soil subgroup	土属 Soil genus	土种 Soil species	土层码 Layer code	土层厚度 Depth/cm	颜色 Soil color	质地 Soil texture	土壤结构 Soil structure	pH	有机质 OM/(g/kg)	全氮 TN/(g/kg)	全磷 TP/(g/kg)	全钾 TK/(g/kg)	速效钾 AK/(mg/kg)	土壤母质 Parent material	剖面点坐标 Profile coordinate	匹配指数 Matching index/%
剖1	人为土	水稻土	潴育水稻土	棕泥砂田	棕泥砂田	A	0—13	暗灰黄色	壤质黏土	块状	5.5	27.2					棕泥土再积物	E 118°24′27.5″ N 28°44′38.7″	95
						Ap	13—22	暗灰黄色	壤质黏土	块状	5.9	18.7							
						W	22—46	浊黄色	壤质黏土	棱块状	7.0	4.7							
						C	46—54	浊黄色	壤质黏土	块状	7.0	4.0							
剖2	人为土	水稻土	淹育水稻土	白泥田	白泥田	A	0—13	淡黄橙色	黏壤土	团粒状	6.3	17.7	1.59	0.09	16.6	40	河流洪冲积物	E 118°27′09.3″ N 28°36′23.6″	81
						Ap	13—22	淡灰色	粉砂质黏壤土	无结构	7.4	5.6	0.41	0.08	21.2				
						Ce	22—100	淡黄橙色	黏壤土	屑粒状	7.5	2.8	0.20	0.01	23.0				
剖3	人为土	水稻土	淹育水稻土	浅潮泥田	白泥田	Aa	0—13	淡黄橙色	粉砂质黏壤土	块状	6.3	17.7	1.60		16.6	40		E 118°37′37.3″ N 28°41′20.3″	95
						Ap	13—22	淡灰色	黏壤土	块状	7.4	5.6	0.40		21.2				
						Ce	22—100	淡灰色	黏壤土	块状	7.5	2.8	0.02	0.01	23.0				
剖4	人为土	水稻土	潴育水稻土	红紫泥砂田	红紫泥田	A	0—12	紫灰色	黏壤土	块状	6.3	25.5					红紫泥土再积物	E 118°32′59.2″ N 28°37′20.0″	95
						Ap	12—18	紫灰色	黏壤土	块状	6.9	10.1							
						W	18—42	紫色	黏壤土	棱柱状	7.2	4.7							
						C	42—80	紫色	黏壤土	块状	7.5	4.2							

舟 山 市

定 海 区

主要土类说明

粗骨土是定海区主要土壤类型，占本区地域面积的 30%。粗骨土由基岩风化残积物、坡积物发育而成，属于 A–C 或（A）–C 剖面构型。A 层发育不明显，与母质层性状相似，略显有机质累积。有时母质层富含砾石，甚少剖面分异与发育特征。粗骨土广泛分布在河谷阶地、丘陵、低山和中山等多种地貌单元和地形部位。

水稻土是定海区第二大土壤类型，占本区地域面积的 27%。水稻土主要分布在定海区的滨海平原、低丘垄谷或缓坡地带，其次为金塘、大鹏、册子、富翅岛、里钓山、长白、长峙、岙山、大盘峙、大距山、大毛、松山等 13 个大小岛屿的滨海平原。水稻土是在长期季节性淹灌、水下翻耕、季节性脱水等水耕活动的影响下，土壤内部物质发生氧化还原交替作用，原来的成土母质或母土特性发生重大改变，从而形成新的土壤类型。由于干湿交替，糊状淹育层、较坚实板结的犁底层、渗育层、潴育层与潜育层多种发生层分异。这些不同发生层是在人为耕作、水浆管理作用下形成的。

红黏土是定海区第三大土壤类型，占本区地域面积的 18%。红黏土是由第三纪红色黏土及部分第四纪老黄土发育而来。常有第三纪红色黏土埋藏于深厚黄土层下，厚层黄土层侵蚀殆尽处，红土层露出，形成母质性状明显的初育土。红黏土黏粒含量高，可塑性强，生物作用微弱，母质特性明显，pH 为 7.0—8.0，有时夹有砂姜。

红壤是定海区第四大土壤类型，占本区地域面积的 16%。红壤为本区的地带性土壤，主要分布于本区海拔 300m 以下的海岛丘陵地区，是主要的林业用地，少部分为旱杂粮及经济用地。红壤主要发生于亚热带常绿阔叶林地区，呈中度富铝化特征，底层可见深厚红、黄、白相间网纹的红色黏土。土壤中的黏土矿物以高岭石、赤铁矿为主，土壤黏粒中的游离铁占全铁 50%—60%。土壤黏粒硅铝率为 1.8—2.4，风化淋溶系数 < 0.2，盐基饱和度 < 35%，pH 为 4.5—5.5。

小于本区地域面积 3% 的土壤类型为潮土、滨海盐土。

本区域中心区气候特征

本区域中心区气候特征值
Regional climate characteristics in central area of the region

气候带：北亚热带湿润气候 Climate region: North subtropical humid climate	
年平均气温 /℃ Annual average temperature /℃	16.4
年平均最高气温 /℃ Annual average maximum temperature /℃	20.2
年平均最低气温 /℃ Annual average minimum temperature /℃	13.6
年降水量 /mm Annual precipitation /mm	1427
≥ 10℃的积温 /℃ Daily temperature accumulated in a year（≥ 10℃）/℃	5991
年日照时数 /h Annual sunshine /h	1938
年平均相对湿度 /% Annual average relative humidity /%	79
干燥度 Dryness	0.68

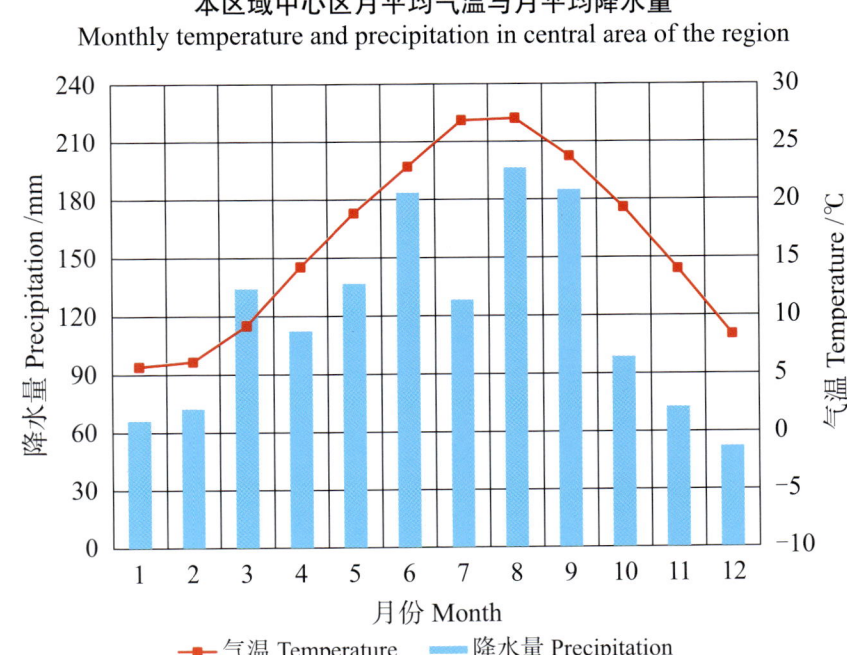

本区域中心区月平均气温与月平均降水量
Monthly temperature and precipitation in central area of the region

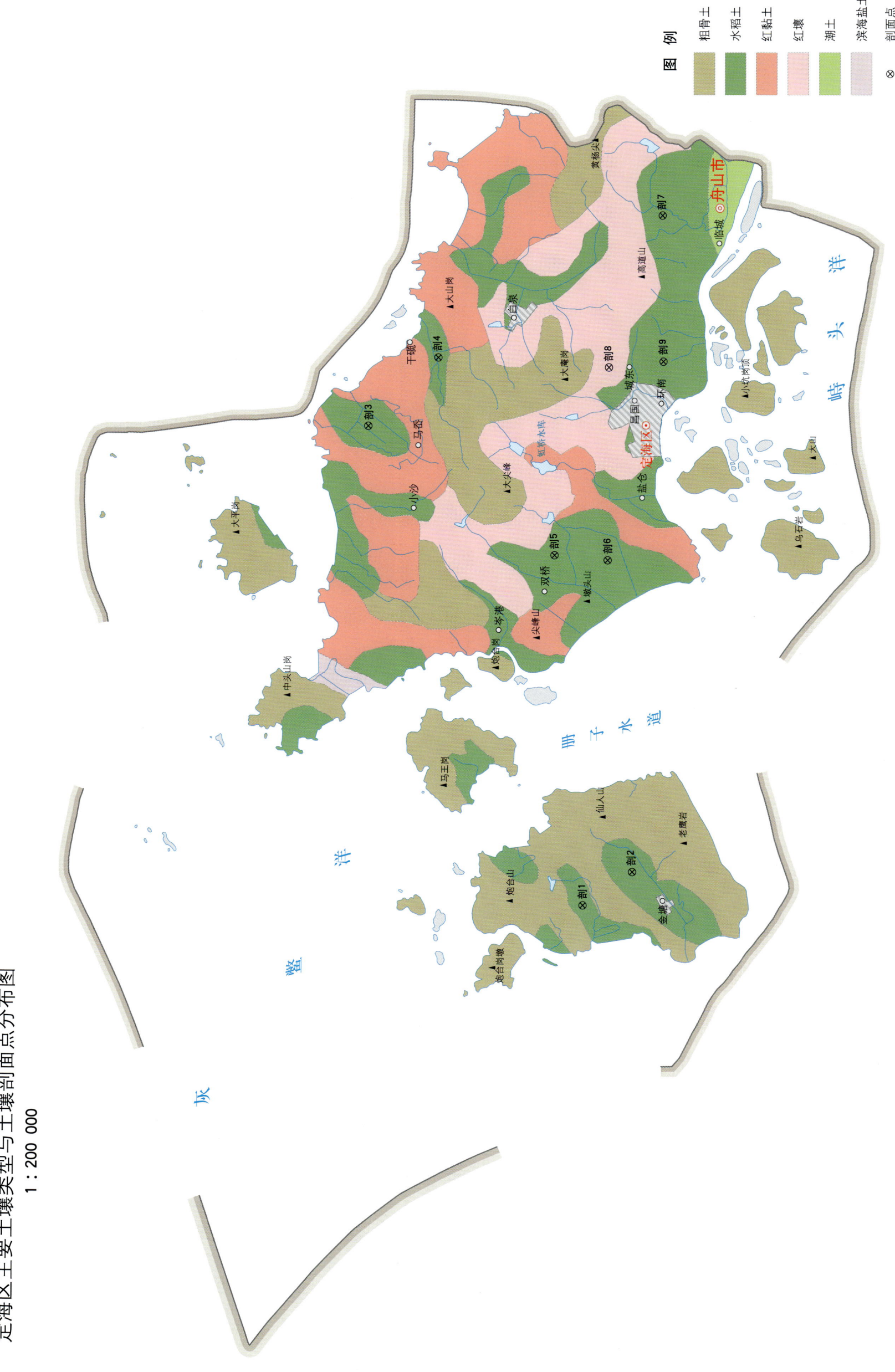

定海区主要土壤类型与土壤剖面点分布图

1∶200 000

定海区土壤剖面理化性状表

剖面号 Soil profile	土纲 Soil order	土类 Soil great group	亚类 Soil subgroup	土属 Soil genus	土种 Soil species	土层码 Layer code	土层厚度 Depth/cm	颜色 Soil color	质地 Soil texture	土壤结构 Soil structure	pH	有机质 OM/(g/kg)	全氮 TN/(g/kg)	全磷 TP/(g/kg)	阳离子交换量 CEC/(cmol/kg)	土壤母质 Parent material	剖面点坐标 Profile coordinate	匹配指数 Matching index/%
剖1	人为土	水稻土	潴育水稻土	老淡涂泥田	老淡涂泥田	A	0–15	灰黄色	粉砂质黏壤土	团块状	6.5	33.2	2.30	0.81		浅海沉积物	E 121°51′40.0″ N 30°02′22.8″	81
						Ap	15–25	灰黄色	粉砂质黏土	块状	7.1							
						W	25–70	淡黄色	粉砂质黏土	棱柱状	7.1							
						C	70–100	暗黄黄色	壤质黏土	无结构	8.0							
剖2	人为土	水稻土	渗育水稻土	红泥田	红泥田	A	0–15	淡灰色	重壤土	片状	5.3	33.0	2.02	0.50	10.1	浅海沉积物	E 121°52′40.3″ N 30°01′07.1″	95
						P	15–32	淡黄色	中壤土	柱状	5.8	18.4	1.26	0.42	8.3			
						Wb	32–39	暗棕红色	中壤土	块状	6.0	5.0	0.61	0.29	10.5			
						Bc	39–104	红棕色	中壤土		6.4							
剖3	人为土	水稻土	盐渍水稻土	涂泥田	中涂泥砂田	Asa	0–16	灰棕色	重壤土		8.4	14.4	0.99	0.62	≤1.0	浅海沉积物	E 122°05′46.8″ N 30°08′05.4″	75
						PCsa	16–23		重壤土		8.4	13.1	0.76	0.65	≤1.0			
						Csa	23–77		重壤土		8.3	9.5	0.66	0.62	1.5			
剖4	人为土	水稻土	渗育水稻土	黄泥田	黄泥田	A	0–18	淡灰色	重壤土		5.6	34.5	2.31	0.35	9.5	浅海沉积物	E 122°07′49.3″ N 30°06′18.1″	95
						P	18–29	淡灰色	中壤土	片状	5.5	28.2	1.86	0.30	8.7			
						Wb	29–60	淡棕色	重壤土	棱柱状	6.4	7.9	0.63	0.17	6.3			
						C	60–100	黄棕色	重壤土	大柱状	6.8							
剖5	人为土	水稻土	潴育水稻土	泥砂田	砾质泥砂田	A	0–12	棕色	轻壤土	块状	5.8	20.0	1.15	0.37	7.8	冲积物	E 122°02′00.2″ N 30°03′14.5″	95
						P	12–26	棕色	重石质土	无结构	6.3	17.0	0.76	0.36	6.6			
						C	26–100		重石质土	无结构	5.4							
剖6	人为土	水稻土	盐渍水稻土	涂泥田	轻涂泥田	Asa	0–15	淡灰色	重壤土	无结构	6.9	27.0	1.54	0.53	19.7	浅海沉积物	E 122°01′52.5″ N 30°01′51.9″	95
						PCsa	15–28	棕灰色	重壤土		7.3	18.7	1.18	0.51	18.9			
						CEFesa	28–40		重壤土		7.9	6.3	0.57	0.55	19.4			
						CMnsa	40–65		重壤土		7.7	5.3	0.52	0.58				
						Csa	65–90		重壤土		7.9	6.0	0.49	0.59				
剖7	人为土	水稻土	潴育水稻土	洪积泥砂田	谷口泥砂田	A	0–14	淡灰色	轻砾质壤土	屑粒状						以洪积物、冲积物、坡积物为主	E 122°12′04.8″ N 30°00′32.4″	95
						P	14–20	淡灰色	壤土	片状								
						W	20–32	灰黄色	轻壤土	棱柱状								
						W2	32–76	灰黄色	轻壤土	棱柱状								
						C	76–100	灰黄色	重壤土	块状								
剖8	铁铝土	红壤	红壤	红泥土	红泥土	A	0–13	暗棕红色	重壤土	团块状	5.7	31.4	1.64	0.24	12.6	酸性岩浆岩风化物	E 122°07′34.4″ N 30°01′53.3″	95
						(B)	13–50	淡棕红色	轻黏土	块状	5.3	13.0	0.93	0.19	15.0			
						C	50–100	红色	轻黏土	大块状	5.3							
剖9	人为土	水稻土	盐渍水稻土	涂泥田	夹砂涂泥田	Asa	0–16	淡黄色	中壤土		8.2	12.9	0.86	0.57	14.3	浅海沉积物	E 122°07′45.5″ N 30°00′29.2″	75
						Psa	16–24	淡黄棕色	中壤土		8.5		0.68	0.53	8.2			
						Csa	24–50		砂壤土		8.0							

普 陀 区

主要土类说明

红黏土是普陀区主要土壤类型，占本区地域面积的43%。红黏土是由第三纪红色黏土及部分第四纪老黄土发育而来。常有第三纪红色黏土埋藏于深厚黄土层下，厚层黄土层侵蚀殆尽处，红土层露出，形成母质性状明显的初育土。红黏土黏粒含量高，可塑性强，生物作用微弱，母质特性明显，pH为7.0—8.0，有时夹有砂姜。

红壤是普陀区第二大土壤类型，占本区地域面积的17%。红壤是在湿热气候条件下遭受深度风化形成的矿质土壤。成土母质中占绝对优势的铝硅酸盐原生矿物，经过连续和较彻底的水解作用后，其水解产物中的盐基成分大部分被淋溶损失，而铁铝氧化物显示相对累积，形成了A–B–C剖面构型。由于高铁氧化物和赤铁矿为红色，土体呈现红色，酸性，黏粒的SiO_2/R_2O_3比率低，具有红、酸、黏的特征。

潮土是普陀区第三大土壤类型，占本区地域面积的14%。潮土分布地区地形较为平缓，处在海拔1—3m的港湾平原。成土母质以浅海沉积物为主。在这样的地形条件下，受地表水和地下水升降的影响，土体内氧化还原反应频繁交替进行，从而形成了锈斑、锈纹或铁锰结核。各发生层的质地较均一，海相母质的潮土有不同程度的碳酸钙含量累积和盐积现象，呈碱性反应。

粗骨土是普陀区第四大土壤类型，占本区地域面积的8%。粗骨土由基岩风化残积物、坡积物发育而成，属于A–C或（A）–C剖面构型。A层发育不明显，与母质层性状相似，略显有机质累积。有时母质层富含砾石，甚少剖面分异与发育特征。粗骨土广泛分布在河谷阶地、丘陵、低山和中山等多种地貌单元和地形部位。

水稻土是普陀区第五大土壤类型，占本区地域面积的5%。水稻土是在长期季节性淹灌、排水、水下翻耕等水耕活动的影响下，土壤内部物质发生氧化还原交替作用，原来的成土母质或母土特性发生重大改变，从而形成的新土壤类型。由于干湿交替等作用的影响，糊状淹育层、较坚实板结的犁底层、渗育层、潴育层与潜育层多种发生层分异。

滨海盐土是普陀区第六大土壤类型，占本区地域面积的4%。滨海盐土属于滨海沉积物，其盐分来自海水和高矿化潜水，通常含盐量为10g/kg。滨海盐土的土壤和地下水的盐分组成与海水基本一致，氯盐占绝对优势，次为硫酸盐和重碳酸盐；盐分中以钠、钾离子为主，钙、镁次之。土壤积盐强度随距海由近至远逐渐减弱。

小于本区地域面积3%的土壤类型为风沙土。

本区域中心区气候特征

本区域中心区气候特征值
Regional climate characteristics in central area of the region

气候带：中亚热带湿润气候 Climate region: Subtropical humid climate	
年平均气温 /℃ Annual average temperature /℃	16.6
年平均最高气温 /℃ Annual average maximum temperature /℃	20.4
年平均最低气温 /℃ Annual average minimum temperature /℃	13.7
年降水量 /mm Annual precipitation /mm	1469
≥10℃的积温 /℃ Daily temperature accumulated in a year（≥10℃）/℃	6015
年日照时数 /h Annual sunshine /h	1914
年平均相对湿度 /% Annual average relative humidity /%	79
干燥度 Dryness	0.67

本区域中心区月平均气温与月平均降水量
Monthly temperature and precipitation in central area of the region

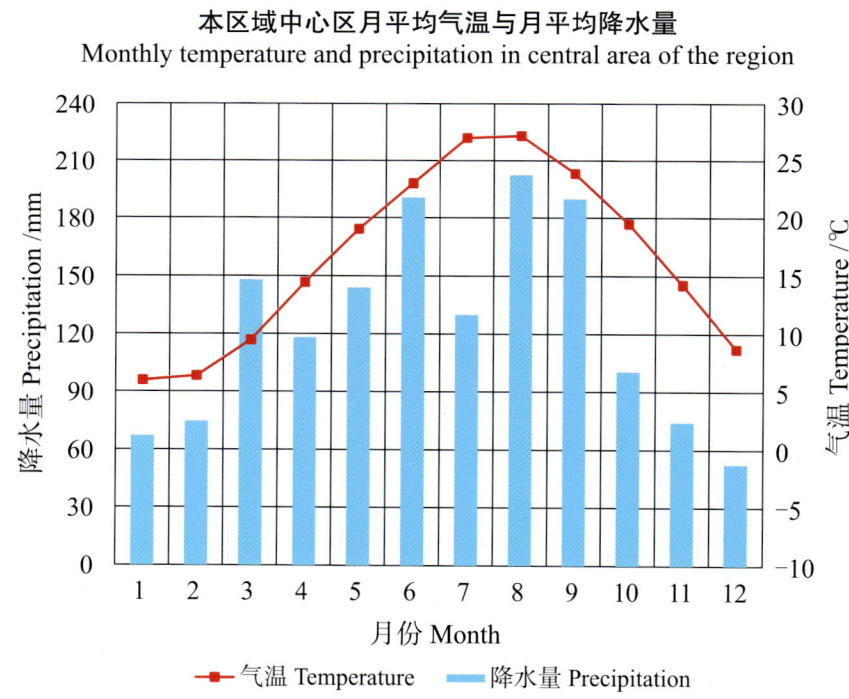

普陀区土壤剖面理化性状表

剖面号 Soil profile	土纲 Soil order	土类 Soil great group	亚类 Soil subgroup	土属 Soil genus	土种 Soil species	土层码 Layer code	土层厚度 Depth/cm	颜色 Soil color	质地 Soil texture	土壤结构 Soil structure	pH	有机质 OM/(g/kg)	全氮 TN/(g/kg)	全磷 TP/(g/kg)	阳离子交换量CEC/(cmol/kg)	土壤母质 Parent material	剖面点坐标 Profile coordinate	匹配指数 Matching index/%
剖1	铁铝土	红壤	侵蚀型红壤	白岩砂土	白岩砂土	A	0—10	棕色	重石质土	粒状	6.0	29.6	1.53	0.34		粗晶花岗岩、石英砂岩风化残积物、坡积物	E 122°06′24.4″ N 29°45′56.5″	75
						(B)	10—31	橙色	重石质土	碎块状	6.0	17.7	1.15	0.27				
						C	31—66	淡棕色	重石质土	块状	6.2							
剖2	铁铝土	红壤	黄红壤	黄泥土	黄泥砂土	A	0—13		中壤土									E 122°16′36.2″ N 30°00′46.5″	75
剖3	人为土	水稻土	渗育水稻土	黄泥田	黄泥田	A	0—16	淡灰色	重壤土	小块状	5.4	28.5	1.67	0.49	10.8	红壤和黄红壤堆积物	E 122°17′06.1″ N 30°00′05.4″	75
						P	16—22	灰色	重壤土	块状	5.7	27.0	1.55	0.42	9.8			
						W₁	22—29	淡黄色	重壤土	大块状	6.4	16.9	1.08	0.45	9.4			
						W₂	29—41	黄棕色	轻黏土	大块状	6.4	8.4	0.66	0.36	13.4			
						C	41—60	黄棕色	重壤土	大块状	6.4							
剖4	人为土	水稻土	潴育水稻土	洪积泥砂田	谷口砾石泥砂田	A	0—19		轻壤土							洪积物	E 122°15′39.9″ N 29°59′04.8″	75
						P	19—25		砂壤土									
						W	25—48		重石质土									
剖5	铁铝土	红壤	黄红壤	粉红泥土	粉红泥	A	0—20	粉红色	中壤土	粒状						浅色凝灰岩风化物	E 122°17′16.3″ N 29°59′07.2″	75
						(B)	20—60	粉红色	中壤土	块状								
						C	60—	粉红色	中壤土	块状								
剖6	半水成土	潮土	灰潮土	淡涂泥	浆粉泥	Aca	0—20	暗黄色	重壤土	小块状	8.5	10.6	0.80	0.65	11.0	浅海沉积物	E 122°22′55.8″ N 29°55′31.8″	93
						Bca	20—50	暗灰黄色	重壤土	小块状	8.7	6.9	0.53	0.57	10.3			
						Cca	50—100	暗黄色	重壤土	小块状	8.7		0.50	0.53				
剖7	铁铝土	红壤	红壤	红泥土	覆砂头红泥土	A	0—40	红棕色	松砂土							流纹质凝灰岩风化坡积物	E 122°15′50.8″ N 29°49′06.2″	95
						A	40—80	红棕色	中壤土	块状								
						(B)	80—200	红棕色	中壤土	块状								
						C	200—											

岱 山 县

主要土类说明

粗骨土是岱山县主要土壤类型，占本县地域面积的 36%。粗骨土由基岩风化残积物、坡积物发育而成，属于 A–C 或（A）–C 剖面构型。A 层发育不明显，与母质层性状相似，略显有机质累积。有时母质层富含砾石，甚少剖面分异与发育特征。粗骨土广泛分布在河谷阶地、丘陵、低山和中山等多种地貌单元和地形部位。

红黏土是岱山县第二大土壤类型，占本县地域面积的 24%。红黏土是由第三纪红色黏土及部分第四纪老黄土发育而来。常有第三纪红色黏土（保德期红色黏土）埋藏于深厚黄土层下，厚层黄土层侵蚀殆尽处，红土层露出，形成母质性状明显的初育土。红黏土黏粒含量高，可塑性强，生物作用微弱，母质特性明显，pH 为 7.0—8.0，有时夹有砂姜。

水稻土是岱山县第三大土壤类型，占本县地域面积的 18%。水稻土是在长期季节性淹灌和排水、水下翻耕等农事活动影响下，土壤内部物质发生氧化还原交替作用，原来的成土母质或母土特性发生重大改变，从而形成的新土壤类型。由于干湿交替等作用的影响，糊状淹育层、较坚实板结的犁底层、渗育层、潴育层与潜育层多种发生层分异。这些不同发生层是在人为耕作、水浆管理作用下形成的。

红壤是岱山县第四大土壤类型，占本县地域面积的 9%。红壤广泛分布于本县的低山丘陵。红壤是在高温多雨的湿热气候条件下遭受深度风化形成的矿质土壤。其母质中铝硅酸盐的原生矿物经过连续和较彻底的水解作用，易溶性的盐基物质大部分被水淋溶而损失，而铁铝氧化物却相对残余积聚，形成了 A–（B）–C 剖面构型。土壤呈酸性反应，土体呈红色至黄红色。本县红壤可分为红壤、黄红壤两个亚类。红壤亚类是本土类中红化作用较强、黏粒含量较高、土层较深厚和较酸的土壤，主要分布于巨山、秀山和岱山岛的低丘缓坡地带。黄红壤亚类所处的地形部位较红壤亚类略高，土壤的风化程度和红壤化作用都次于红壤亚类，发育程度亦较红壤亚类弱，土壤的砾质性也较强。

滨海盐土是岱山县第五大土壤类型，占本县地域面积的 5%。母质为新浅海沉积物，土壤处在盐渍化或脱盐过程中，全土体和潜水含有大量盐分，有的尚处在潮间带内，受海水的浸渍，土体深厚，石灰性反应强烈，土壤剖面构型为 Asa–Csa。

小于本县面积 3% 的土壤类型为风沙土。

本区域中心区气候特征

本区域中心区气候特征值
Regional climate characteristics in central area of the region

气候带：中亚热带湿润气候 Climate region: Subtropical humid climate	
年平均气温 /℃ Annual average temperature /℃	16.3
年平均最高气温 /℃ Annual average maximum temperature /℃	20.2
年平均最低气温 /℃ Annual average minimum temperature /℃	13.5
年降水量 /mm Annual precipitation /mm	1397
≥ 10℃的积温 /℃ Daily temperature accumulated in a year（≥ 10℃）/℃	5968
年日照时数 /h Annual sunshine /h	1938
年平均相对湿度 /% Annual average relative humidity /%	79
干燥度 Dryness	0.70

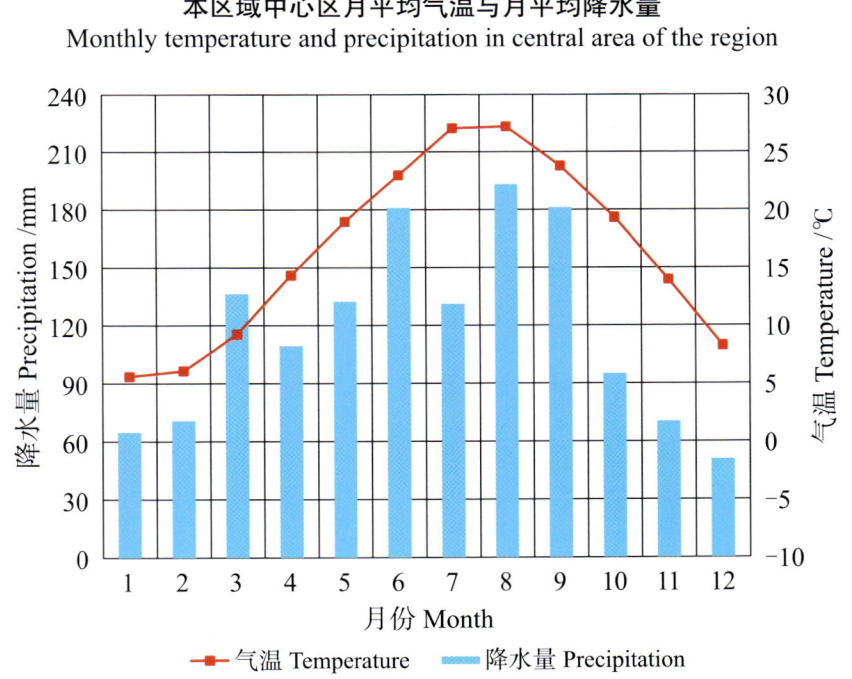

本区域中心区月平均气温与月平均降水量
Monthly temperature and precipitation in central area of the region

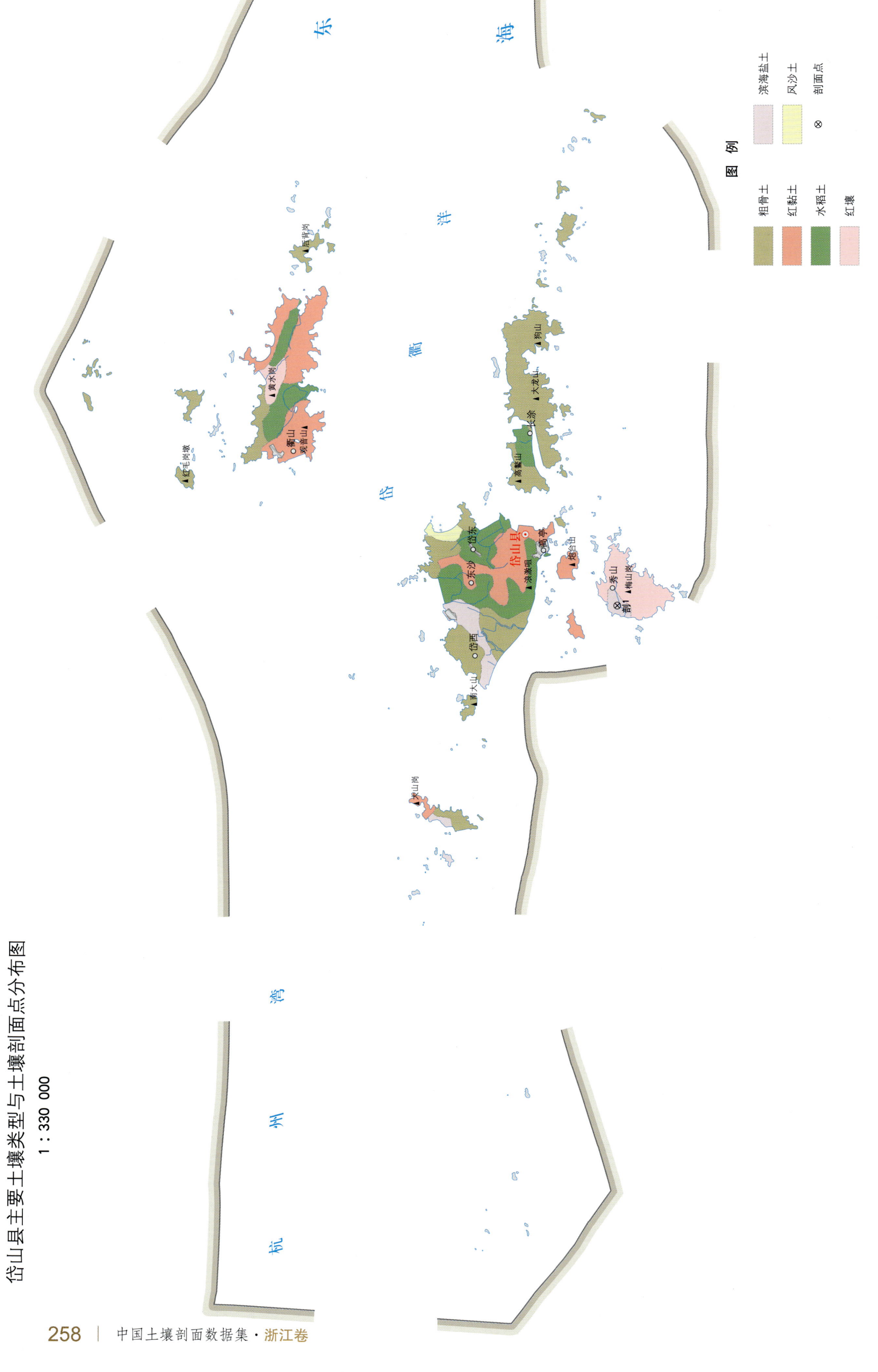

岱山县土壤剖面理化性状表

剖面号 Soil profile	土纲 Soil order	土类 Soil great group	亚类 Soil subgroup	土属 Soil genus	土种 Soil species	土层码 Layer code	土层厚度 Depth/cm	颜色 Soil color	质地 Soil texture	pH	全氮TN/(g/kg)	阳离子交换量CEC/(cmol/kg)	土壤母质 Parent material	剖面点坐标 Profile coordinate	匹配指数 Matching index/%
剖1	盐碱土	滨海盐土	滨海盐土	涂泥土	涂泥土	Asa	0—20	灰棕色	轻黏土	8.7	0.74	7.6	新浅海沉积物	E 122°09′14.4″ N 30°18′32.4″	85
						Csa	20—100	暗灰棕色	轻黏土	8.7	0.74	7.7			

台 州 市

椒 江 区

主要土类说明

水稻土是椒江区主要土壤类型，占本区地域面积的55%。水稻土是在长期季节性淹灌和排水、水下翻耕等农事活动影响下，土壤内部物质发生氧化还原交替作用，原来的成土母质或母土特性发生重大改变，从而形成的新土壤类型。由于干湿交替等作用的影响，糊状淹育层、较坚实板结的犁底层、渗育层、潴育层与潜育层多种发生层分异。这些不同发生层是在人为耕作、水浆管理作用下形成的。

潮土是椒江区第二大土壤类型，占本区地域面积的12%。潮土常形成于河流冲积平原或低平阶地耕作土壤，地下水位浅，底土受氧化还原作用交替影响，形成锈纹层Cu，具A_{11}-A_{12}-Cu或A_{11}-C-Cu剖面构型。长期耕作条件下，表层有机质含量为10—15g/kg，分布于河谷平原、滨湖低地与山间谷地等。

红壤是椒江区第三大土壤类型，占本区地域面积的9%。红壤主要发生于亚热带常绿阔叶林地区，呈中度富铝化特征，底层可见深厚红、黄、白相间网纹的红色黏土。土壤中的黏土矿物以高岭石、赤铁矿为主，土壤黏粒中的游离铁占全铁50%—60%。土壤黏粒硅铝率为1.8—2.4，风化淋溶系数<0.2，盐基饱和度<35%，pH为4.5—5.5。

红黏土是椒江区第四大土壤类型，占本区地域面积的4%。红黏土是由第三纪红色黏土及部分第四纪老黄土发育而来。常有第三纪红色黏土（保德期红色黏土）埋藏于深厚黄土层下，厚层黄土层侵蚀殆尽处，红土层露出，形成母质性状明显的初育土。红黏土黏粒含量高，可塑性强，生物作用微弱，母质特性明显，pH为7.0—8.0，有时夹有砂姜。

滨海盐土是椒江区第五大土壤类型，占本区地域面积的3%。滨海盐土属于滨海沉积物，其盐分来自海水和高矿化潜水，通常含盐量为10g/kg。滨海盐土的土壤和地下水的盐分组成与海水基本一致，氯盐占绝对优势，次为硫酸盐和重碳酸盐；盐分中以钠、钾为主，钙、镁次之。土壤积盐强度随距海由近至远逐渐减弱。

小于本区地域面积3%的土壤类型为粗骨土。

本区域中心区气候特征

本区域中心区气候特征值
Regional climate characteristics in central area of the region

气候带：中亚热带湿润气候 Climate region: Subtropical humid climate	
年平均气温 /℃ Annual average temperature /℃	17.4
年平均最高气温 /℃ Annual average maximum temperature /℃	21.4
年平均最低气温 /℃ Annual average minimum temperature /℃	14.4
年降水量 /mm Annual precipitation /mm	1623
≥10℃的积温 /℃ Daily temperature accumulated in a year (≥10℃) /℃	6226
年日照时数 /h Annual sunshine /h	1784
年平均相对湿度 /% Annual average relative humidity /%	79
干燥度 Dryness	0.68

本区域中心区月平均气温与月平均降水量
Monthly temperature and precipitation in central area of the region

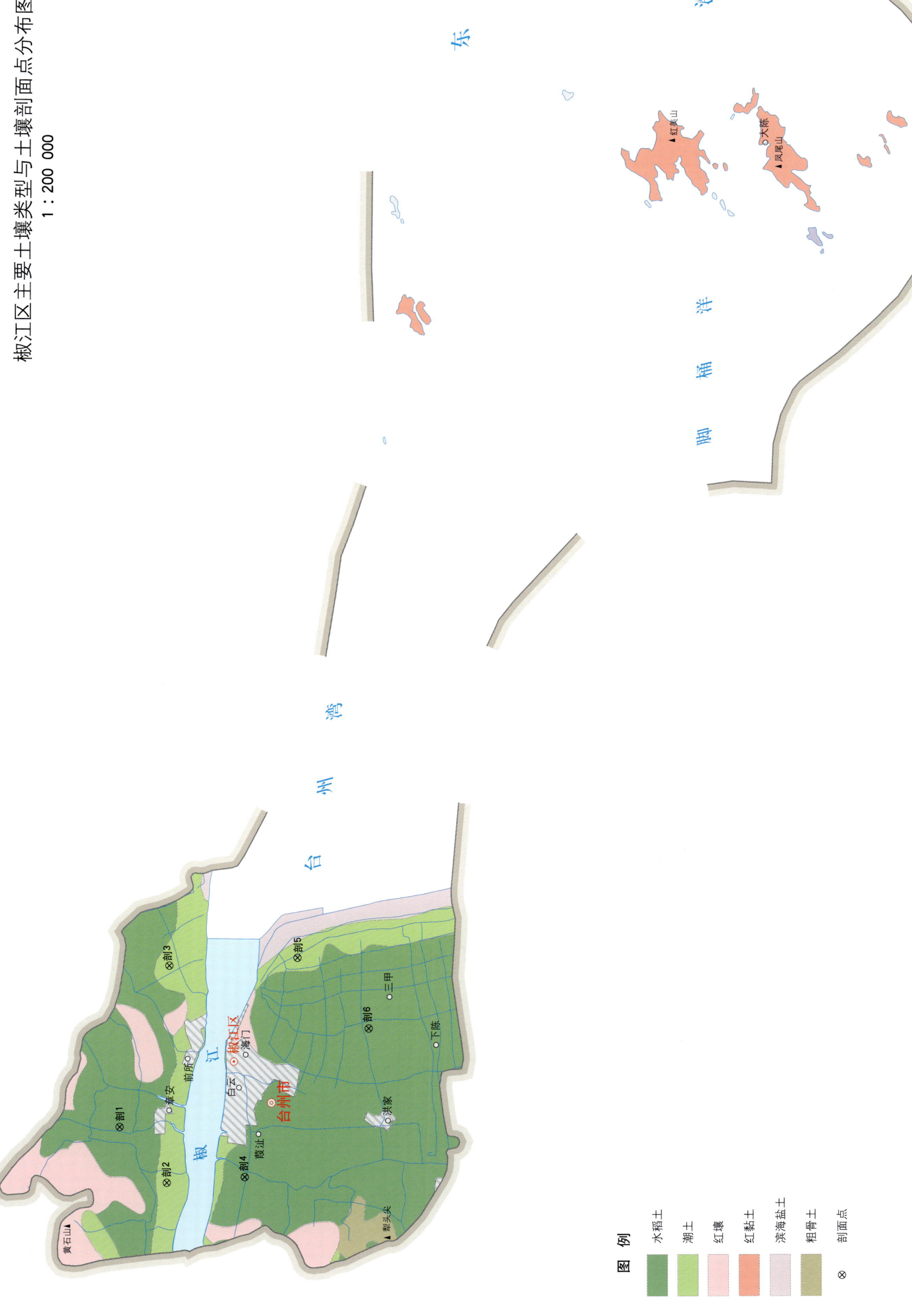

椒江区土壤剖面理化性状表

剖面号 Soil profile	土纲 Soil order	土类 Soil great group	亚类 Soil subgroup	土属 Soil genus	土种 Soil species	土层码 Layer code	土层厚度 Depth/cm	颜色 Soil color	质地 Soil texture	土壤结构 Soil structure	pH	有机质 OM/(g/kg)	全氮 TN/(g/kg)	全磷 TP/(g/kg)	全钾 TK/(g/kg)	碱解氮 AN/(mg/kg)	有效磷 AP/(mg/kg)	速效钾 AK/(mg/kg)	阳离子交换量 CEC/(cmol/kg)	土壤母质 Parent material	剖面点坐标 Profile coordinate	匹配指数 Matching index/%
剖1	人为土	水稻土	潴育水稻土	老淡涂泥田	老淡涂黏田	A	0–13	黄灰色	粉砂质黏土	团块状	6.0	34.7	2.59	0.39	28.5	172	5.7	206		浅海沉积物	E 121°24′22.7″ N 28°43′51.2″	95
						Ap	13–20	黄橙色	壤质黏土	块状	6.7	26.1	2.27	0.46	28.5	139	8.3	246				
						W	20–34	浊黄棕色	粉砂质黏土	棱柱状	7.5	21.2										
						C	34–80	棕色	粉砂质黏土	块状	8.0	13.4										
剖2	半水成土	潮土	灰潮土	灰潮黏土	淡涂黏	A	0–20	暗棕色	粉砂质黏土	碎块状	8.7	17.9	1.30	0.80	14.1				24.9	海相沉积物	E 121°22′45.2″ N 28°42′36.0″	95
						C_1	20–55	棕色	粉砂质黏土	棱状	8.7	13.9							18.7			
						C_2	55–100	棕色	粉砂质黏土	块状	9.0	13.7							17.3			
剖3	半水成土	潮土	灰潮土	淡涂泥	淡涂黏	1	0–20	暗棕色	粉砂质黏土	团块状	8.7	17.9	1.28	0.75	14.1					海相沉积物	E 121°29′08.2″ N 28°42′35.7″	97
						2	20–55	棕色	粉砂质黏土	棱块状	8.7	13.9										
						3	55–100	棕色	粉砂质黏土		9.0	13.7										
剖4	人为土	水稻土	淹育水稻土	浅潮泥田	岗砂田	Aa	0–12	灰棕色	黏壤土	碎块状	5.5	39.6	2.25	0.45	13.8	152	15.0	57		古海岸砂堤发育形成的潮土	E 121°22′56.5″ N 28°40′32.5″	75
						Ap	12–25	亮棕色	黏壤土	碎块状	6.5	11.5	0.89	0.36				34				
						C	25–100	黄棕色	砂壤土	块状	6.7	1.0	0.15	0.26								
剖5	半水成土	潮土	灰潮土	灰潮黏土	江涂泥	A	0–16	浊黄棕色	黏土	块状	7.8	19.5	1.30	0.60	22.0				18.8	江湖、河海相淤积物	E 121°29′24.3″ N 28°39′12.8″	95
						C_1	16–45	浊黄棕色	黏土	块状	8.0	13.8	1.00	0.50	25.8				18.7			
						C_2	45–105	黄棕色	粉砂质黏土	棱柱状	8.3	10.5	0.70						15.5			
剖6	人为土	水稻土	潴育水稻土	潮黏田	老淡涂黏田	Aa	0–13	亮黄棕色	粉砂质黏土	团块状	6.0	34.7	2.60	0.40	28.5	172	6.0	206		浅海沉积物	E 121°27′21.0″ N 28°37′19.0″	95
						A	13–20	淡黄棕色	壤质黏土	块状	6.7	26.1	2.30	0.50	28.5	139	8.0	246				
						W	20–34	浊黄棕色	粉砂质黏土	棱柱状	7.5	21.2										
						C	34–80	粉砂棕色	粉砂质黏土	块状	8.0	13.4										

黄 岩 区

主要土类说明

红壤是黄岩区主要土壤类型，占本区地域面积的55%。红壤广泛分布于本区海拔700m以下的低山丘陵区，成土母质为湿热气候条件下产生的各种岩石的红色风化壳。红壤是由这些红色风化壳，经生物作用演变而成的一类地带性土壤。这类土壤的表层生物活动旺盛，有机质的生成和分解都十分迅速，这就加快了成土作用的进程。由于岩石受到亚热带湿热气候的强烈风化，土壤经历着剧烈的脱硅富铝化过程，致使硅酸和盐基淋失，铁铝氧化物相对累积，因此土壤的矿质部分以红、黏、酸、瘦为特征。由于岩石性质的差异，风化作用时间长短的不同，红壤土类中各土壤间的上述特征的表现很不一致。在完整的剖面中，表层有机质的累积可达40g/kg左右，厚度10cm以上，因此形成A-B-C剖面构型。但因本区红壤地处低山近山，人类活动频繁，水土流失普遍，因此A层常浅薄。红壤的利用目前以林业为主，少量为农田。

水稻土是黄岩区第二大土壤类型，占本区地域面积的18%。水稻土遍布本区平原、沿海和山区，起源于各种母质。其特有的成土条件是人工蓄水种稻而形成一个表面潜育层，这样就发生了表层铁锰等物质的还原淋移作用及其至下层后的氧化淀积作用，因而出现了特有的剖面构型。但不同分布区的水稻土，有其不同的发生形成特点。

黄壤是黄岩区第三大土壤类型，占本区地域面积的15%。黄壤发生于亚热带湿润条件下，多见于海拔700—1200m的山区，富含水合氧化物（针铁矿），土体呈黄色，中度富铝化特征明显，有时含三水铝石。土壤有机质累积较高，可达100g/kg，pH为4.5—5.5。多发展为林地，间亦耕种。

潮土是黄岩区第四大土壤类型，占本区地域面积的3%。潮土分布于本区海拔3—50m的各类堆积平原，成土母质有洪积物、冲积物和海积物。这类堆积平原土层深厚，物质匀细，地势平坦，而且有地下水的活动。地下水给植被的生长创造了良好的条件，并赋予土壤肥力以新的特性。地下水的季节变化，使得土体经历干湿交替过程和氧化还原交替过程，因而在剖面的中下部形成铁锰斑纹，尤以成土过程长的土壤，锈斑、锈纹更为明显。本区潮土均已被开垦利用，种植旱作物，或为果木柑橘地。由于耕作、施肥和种植作物，土壤表层成为耕作层，结构疏松，养分集中，根系密布，土壤剖面构型为A-B-C。从海洋沉积物发育而来的潮土，剖面中常残留钙质，剖面构型则为Aca-Bca-Cca。

粗骨土是黄岩区第五大土壤类型，占本区地域面积的3%。粗骨土由基岩风化残积物、坡积物发育而成，属于A-C或（A）-C剖面构型。粗骨土广泛分布在河谷阶地、丘陵、低山和中山等多种地貌单元和地形部位。

小于本区地域面积3%的土壤类型为紫色土。

本区域中心区气候特征

本区域中心区气候特征值
Regional climate characteristics in central area of the region

气候带：中亚热带湿润气候 Climate region: Subtropical humid climate	
年平均气温 /℃ Annual average temperature /℃	17.5
年平均最高气温 /℃ Annual average maximum temperature /℃	21.5
年平均最低气温 /℃ Annual average minimum temperature /℃	14.5
年降水量 /mm Annual precipitation /mm	1648
≥10℃的积温 /℃ Daily temperature accumulated in a year（≥10℃）/℃	6263
年日照时数 /h Annual sunshine /h	1768
年平均相对湿度 /% Annual average relative humidity /%	79
干燥度 Dryness	0.68

本区域中心区月平均气温与月平均降水量
Monthly temperature and precipitation in central area of the region

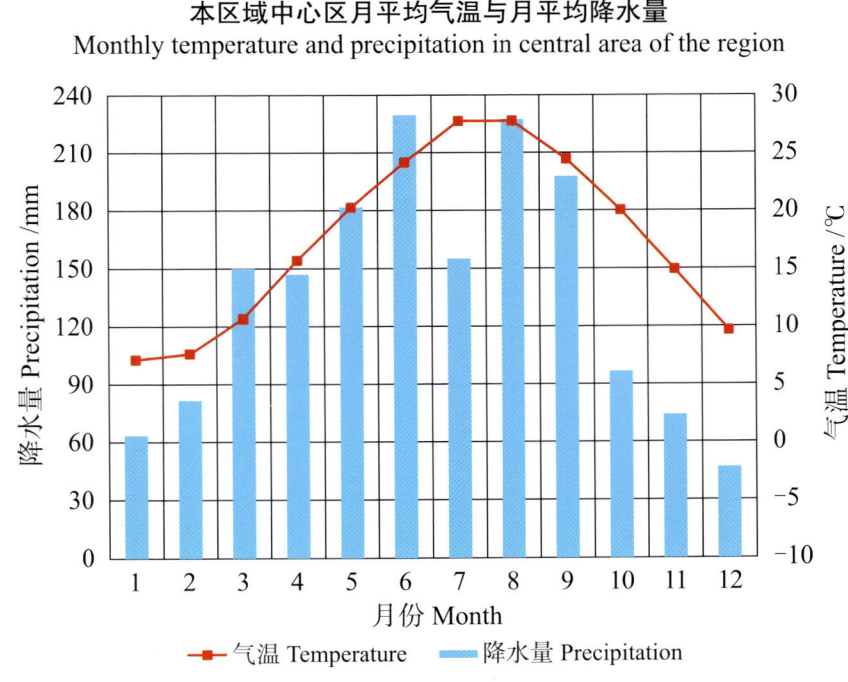

黄岩区主要土壤类型与土壤剖面点分布图

1 : 190 000

图 例

- 红壤
- 水稻土
- 黄壤
- 潮土
- 粗骨土
- 紫色土
- ⊗ 剖面点

黄岩区土壤剖面理化性状表

剖面号 Soil profile	土纲 Soil order	土类 Soil great group	亚类 Soil subgroup	土属 Soil genus	土种 Soil species	土层码 Layer code	土层厚度 Depth/cm	颜色 Soil color	质地 Soil texture	土壤结构 Soil structure	pH	有机质 OM/(g/kg)	全氮 TN/(g/kg)	全磷 TP/(g/kg)	土壤母质 Parent material	剖面点坐标 Profile coordinate	匹配指数 Matching index/%
剖1	铁铝土	红壤	红壤	红黏土		A	0~7	灰棕色	轻黏土	粒状	5.9	28.5	1.26	0.22	熔结凝灰岩风化物	E 120°52′08.4″ N 28°36′10.7″	95
						B₁	7~60	红棕色	中黏土	核块状	6.0	8.3	0.53	0.16			
						B₂	60~96	红棕色	中黏土	核块状	6.2	4.8	0.44	0.17			
						C	96~100	橙红色	中黏土	块状	6.1	3.7	0.29	0.15			
剖2	人为土	水稻土	潴育水稻土	洪积泥砂田	焦砾夹谷泥砂田	A	0~15	灰褐色		粒状	6.3	37.4	1.84	0.58	洪积物、冲积物	E 120°59′34.8″ N 28°38′49.2″	75
						P	15~22	灰棕色		块状	6.3	30.0	1.57	0.73			
						W	22~27	棕褐色		无结构	6.5	9.8	0.57	0.66			
						C	27~100	棕褐色		无结构							
剖3	人为土	水稻土	潴育水稻土	洪积泥砂田	谷口泥砂田	A	0~15	暗黄色		粒状	6.1	3.2	2.34	0.86	洪积物	E 120°58′55.2″ N 28°35′33.1″	75
						P	15~23	灰黄色		块状	6.3	14.2	0.83	0.29			
						W₁	23~30	褐黄色		块状	6.4	7.2	0.74	0.31			
						W₂	30~75	褐黄色		块状	6.5	6.9	0.67	0.31			
						C	75~100	棕黄色		块状							
剖4	铁铝土	黄壤	黄壤	山地黄泥砂土	砾石山地黄泥砂土	A	0~25	暗黄色	石质土	粒状	6.2	61.6	7.14	0.26	熔结凝灰岩风化物	E 120°51′42.3″ N 28°32′45.1″	75
						P		棕黄色	石质土	块状	6.3	14.2	0.79	0.19			
剖5	铁铝土	红壤	红壤	红黏土	红黏土	A	0~15	淡棕色	轻黏土	核粒状	6.2	21.7	1.16	0.33	辉长岩、辉绿岩风化物	E 120°57′20.7″ N 28°31′29.7″	95
						B₁	15~100	棕红色	轻黏土	核块状	6.1	16.3	0.93	0.28			
						B₂	100~200	橙红色	轻黏土	块状	6.5	4.9	0.55	0.30			
剖6	人为土	水稻土	潴育水稻土	黄泥砂田	黄粉泥田	A	0~14	暗黄色		粒状	6.0	53.5	2.61	0.35	红壤再积物	E 120°59′47.9″ N 28°31′13.7″	75
						P	14~23	棕红色		块状	6.4	34.9	1.75	0.54			
						W	23~38	棕黄色		柱状	6.5	17.2	0.75	0.20			
						G	38~100	黄色		柱状	6.9	4.5	0.29	0.18			
剖7	黄壤	黄壤	黄壤	山地黄泥砂土		Ao	0~7	黑色	中壤土	屑粒状	5.9	208.7	8.03	1.18	熔结凝灰岩风化物	E 120°53′11.8″ N 28°31′03.0″	95
						A	7~24	黑色	中壤土	屑粒状	6.0	150.4	5.97	1.11			
						B	24~55	黄色	轻黏土	块状	6.2	64.1	2.64	0.89			
						C	55~100	黄色	轻黏土	块状							
剖8	铁铝土	侵蚀型红壤	侵蚀型红壤	石砂土	石砂土	A	0~13	灰色	重石质土	屑粒状	6.3	75.8	4.48	0.23	凝灰岩风化物	E 121°07′26.4″ N 28°41′04.0″	93
						B	13~50	淡灰棕色	重石质土	屑粒状	6.4	29.9	2.58	0.23			
剖9	人为土	水稻土	潴育水稻土	黄泥砂田	黄泥砂田	A	0~10	灰棕色	重壤土	块状	6.4	35.9	1.85	0.45	红壤坡积物	E 121°12′52.0″ N 28°40′36.5″	95
						P	10~21	棕红色	重壤土	柱状	6.5	27.8	1.52	0.32			
						W₁	21~34	棕红色	重壤土	柱状	6.7	9.1	1.53	0.43			
						W₂	34~75	红棕色	轻黏土	柱状	6.7	8.5	0.42	0.58			
						G	75~100	青灰色	中壤土	无结构	6.9	8.6	0.26	0.65			
剖10	人为土	水稻土	渗育水稻土	山地黄泥田	山地砂性黄泥田	A	0~14	棕褐色	中壤土	粒状	6.1	56.9	3.05	1.04		E 121°08′21.2″ N 28°40′39.2″	75
						P	14~18	棕褐色	中壤土	块状	6.1	54.0	2.92	1.24			
						W	18~55	棕褐色	中壤土	柱状	6.4	17.6	0.85	0.76			
						C	55~100	黄色		柱状							
剖11	人为土	水稻土	潴育水稻土	黄泥砂田	菁紫心黄泥砂田	A	0~12	灰棕色	中壤土	粒状	6.3	42.3	2.40	0.41	上部为红壤坡积物，下部为海相菁紫泥	E 121°00′23.5″ N 28°37′58.5″	75
						P	12~24	灰棕色		块状	6.3	27.5	1.59	0.29			
						E	24~48	灰白色		块状	6.1	14.1	0.84	0.16			
						G	48~100	青灰色									

续表 Continued

剖面号 Soil profile	土纲 Soil order	土类 Soil great group	亚类 Soil subgroup	土属 Soil genus	土种 Soil species	土层码 Layer code	土层厚度 Depth/cm	颜色 Soil color	质地 Soil texture	土壤结构 Soil structure	pH	有机质 OM/(g/kg)	全氮 TN/(g/kg)	全磷 TP/(g/kg)	土壤母质 Parent material	剖面点坐标 Profile coordinate	匹配指数 Matching index/%
剖12	铁铝土	红壤	黄红壤	黄泥土	黄泥土	A	0—13	暗灰棕色	重壤土	粒状	6.0	33.7	1.54	0.43	凝灰岩风化物	E 121°04′43.1″ N 28°39′24.3″	95
						B	13—100	黄棕色	重壤土	块状	6.3	27.8	1.53	0.40			
剖13	铁铝土	红壤	红壤	红泥土	红泥土	A	0—15	灰棕色		粒状	5.7	31.0	1.07	0.24	熔结凝灰岩风化物	E 121°06′48.5″ N 28°38′53.3″	95
						B₁	15—43	红棕色	轻黏土	核块状	6.1	12.5	0.95	0.23			
						B₂	43—100	橙色	轻黏土	核块状	6.0	10.2	0.81	0.24			
剖14	人为土	水稻土	潴育水稻土	淡涂田	泥砂头淡涂田	A	0—11	灰棕色	重壤土	粒状	7.2	53.5	3.09	0.54	新浅海沉积物	E 121°00′28.1″ N 28°36′25.3″	75
						P	11—17	灰棕色	轻黏土	块状	6.6	44.5	2.50	0.48			
						W	17—24	黄棕色	轻黏土	柱状	6.7	14.6	0.98	0.55			
						C	24—100	棕色	轻黏土	柱状	8.2	8.3	0.61	0.49			
剖15	人为土	水稻土	潴育水稻土	泥砂田	青紫心泥砂田	A	0—12	灰棕色	重壤土	粒状	6.1	28.7	1.65	0.39	冲积物、老海积物	E 121°11′05.0″ N 28°39′20.6″	95
						P	12—18	褐棕色	轻黏土	块状	6.3	21.0	1.17	0.40			
						W	18—68	褐棕色	轻黏土	柱状	6.7	8.0	0.42	0.27			
						G	68—100	青灰色	轻黏土	核块状	6.7	3.7	0.56	0.38			
剖16	半水成土	潮土	灰潮土	洪积泥砂土	合口泥砂土	A	0—13	灰棕色	轻壤土	屑粒状	6.3	26.8	1.31	0.89	洪积物	E 121°11′56.9″ N 28°39′32.8″	75
						B	13—17	棕色	轻壤土	块状	6.3	24.1	1.25	0.67			
						V	17—100	褐棕色	轻壤土	块状	6.3	11.4	0.78	0.51			
剖17	半水成土	潮土	灰潮土	清水砂	清水砂	A	0—19	淡棕色	砂壤土	无结构	6.4	8.2		0.41	新河流冲积物	E 121°14′22.8″ N 28°39′36.6″	75
						B	19—23	棕色	砂壤土	无结构	6.4	2.8		0.43			
						C	23—100	棕色	砂壤土	无结构	6.3						
剖18	半水成土	潮土	灰潮土	清水砂	卵石心清水砂	A	0—30	淡棕色	石质土	无结构	7.5	8.8	0.49	0.29	新河流冲积物	E 121°14′12.3″ N 28°36′50.9″	75
						B	30—100	褐棕色	重壤土	屑粒状	7.5	21.1	1.30	0.53			
剖19	人为土	水稻土	潴育水稻土	江涂泥田	江涂泥田	A	0—11	灰棕色	轻黏土	块状	7.7	14.0	0.95	0.46	江潮涂积物	E 121°08′00.9″ N 28°35′40.8″	75
						P	11—23	棕色	轻黏土	块状	8.3	14.8	0.95	0.53			
						W	23—50	棕色	中黏土	块状	8.5	17.6	1.04	0.62			
						C₁	50—80	棕色	重壤土	无结构	8.7	18.7	0.70	0.54			
						C₂	80—100	灰棕色	砂壤质土	粒状	7.2	39.2	2.18	0.24			
剖20	人为土	水稻土	潴育水稻土	淡涂田	钙质淡涂田	A	0—13	棕色	重壤土	块状	7.5	26.8	1.75	0.58	新浅海沉积物	E 121°09′17.8″ N 28°36′36.1″	75
						P	13—19	棕色	轻黏土	块状	6.8	11.4	0.82	0.55			
						W	19—24	黄棕色	重壤土	块状	6.1	9.4	0.73	0.53			
						C	24—100	黄色	重壤土	块状	6.1	51.4	2.44	1.13			
剖21	人为土	水稻土	潴育水稻土	老黄筋泥田	砾石老黄筋泥田	A	0—14	棕灰色	重壤土	块状	6.1	42.6	12.14	1.17	第四纪红土	E 121°00′21.1″ N 28°31′13.4″	75
						P	14—19	棕灰色	轻黏土	块状	6.3	11.7	0.87	0.51			
						W	19—31	黄褐色	重壤土	粒状	6.4	11.7	0.81	0.66			
						C	31—100	灰棕色	砂壤质土	块状	6.1	6.7	0.40	0.25			
剖22	人为土	水稻土	潴育水稻土	培泥砂田	砂田	A	0—14	棕黄色	重壤土	粒状	6.3	54.7	4.43	0.16	新冲积物	E 121°01′43.1″ N 28°31′39.7″	95
						W	14—100	棕黄色	重壤土	无结构	6.3	35.3	1.44	0.08			
剖23	铁铝土	红壤	黄红壤	粉红泥土	粉红泥土	A	0—5	灰色	重壤土	无结构	6.0	21.0	1.05	0.44	凝灰岩风化物	E 121°02′31.0″ N 28°30′55.0″	95
						B	5—25	淡灰棕色	重壤土	无结构	6.0	13.3	0.67	0.43			
						C	25—100	白灰棕色	中壤土	无结构	6.1	11.7	0.74	0.47			
剖24	铁铝土	红壤	黄红壤	亚黄筋泥	泥砂亚黄筋泥	A	0—15	淡棕黄色	中壤土	屑粒状	6.3	18.7	0.92	0.68	洪积物、冲积物、古红土	E 121°08′02.9″ N 28°34′38.3″	95
						B	15—33	橙黄色	中壤土	块状	6.3	15.1	0.74	0.63			
						C	33—100	灰棕色	中壤土	粒状	6.3	8.6	0.59	0.51			
剖25	半水成土	潮土	灰潮土	洪积砂土		A	0—13	棕色	重壤土	块状	6.3				洪积物	E 121°12′16.6″ N 28°34′02.5″	95
						B₁	13—19	棕黄色	重壤土	块状							
						B₂	19—66	棕色	重壤土	块状							
						C	66—100										

续表 Continued

剖面号 Soil profile	土纲 Soil order	土类 Soil great group	亚类 Soil subgroup	土属 Soil genus	土种 Soil species	土层码 Layer code	土层厚度 Depth/cm	颜色 Soil color	质地 Soil texture	土壤结构 Soil structure	pH	有机质 OM/(g/kg)	全氮 TN/(g/kg)	全磷 TP/(g/kg)	土壤母质 Parent material	剖面点坐标 Profile coordinate	匹配指数 Matching index/%
剖26	人为土	水稻土	潴育水稻土	砂岗砂田	砂岗砂田	A	0—11	灰棕色	中壤土	粒状	6.2	30.4	1.38	0.47	砂堤堆积物	E 121°13′01.3″ N 28°34′47.4″	75
						P	11—16	棕灰色	轻壤土	块状	6.6	18.0	0.95	0.45			
						W	16—37	黄褐色	紧砂土	无结构	6.6	1.0	0.12	0.21			
						C	37—100	淡黄色	紧砂土	无结构	6.6	0.9	0.11	0.19			
剖27	人为土	水稻土	渗育水稻土	黄泥田	焦塘黄泥田	A	0—14	暗灰色	重壤土	粒状	6.1	50.9	2.43	0.74		E 121°14′27.2″ N 28°34′17.5″	95
						P	14—20	灰棕色	重壤土	块状	6.1	30.2	1.47	0.71			
						W	20—27	棕色	轻黏土	块状	6.5	9.5	0.62	0.40			
						C	27—100	棕色		块状							
剖28	人为土	水稻土	潴育水稻土	洪积泥砂田	狭谷泥砂田	A	0—14	灰棕色	重壤土	粒状	6.1	37.1	1.83	0.49	洪积冲积物	E 121°15′18.7″ N 28°40′51.3″	75
						P	14—21	灰棕色	重石质土	块状	6.1	25.5	1.37	0.66			
						W	21—28	黄褐色	重石质土	无结构	6.2	10.0	0.60	0.52			
						C	28—100	黄褐色			无结构						
剖29	半水成土	潮土	灰潮土	塔泥砂土		A	0—19	灰棕色	重壤土	粒状	6.9	19.1	1.28	0.53	冲积物、海积物	E 121°17′00.2″ N 28°40′45.0″	95
						B	19—45	棕色	轻黏土	块状	7.1	9.9	0.73	0.43			
						C	45—100	青灰色	轻黏土	柱状	6.9	15.4	0.56	0.49			
剖30	半水成土	潮土	灰潮土	塔泥砂土		A	0—26	淡灰棕色	中壤土	粒状	6.5	10.3	1.24	0.60	河流冲积物	E 121°16′07.6″ N 28°37′53.1″	75
						B	26—100	棕色	轻壤土	块状	6.7	5.2	0.84	0.38			
剖31	半水成土	潮土	灰潮土	砂岗泥砂土	砂岗泥砂土	A	0—15	棕灰色	重壤土	粒状	7.1	19.4	1.28	0.80	砂堤堆积物	E 121°15′04.2″ N 28°37′34.3″	75
						AB	15—34	灰棕色	轻黏土	块状	6.8	14.7	1.09	0.61			
						B	34—100	棕色	中壤土	块状	7.5	8.1	0.61	0.71			
剖32	人为土	水稻土	脱潜水稻土	青紫泥田		A	0—13	灰棕色		粒状	6.3	41.2	2.39	0.33	海积物、冲积物	E 121°17′41.3″ N 28°39′41.1″	95
						P	13—17	灰棕色		块状	6.5	22.8	1.44	0.35			
						Wg	17—28	淡棕色		柱状	6.7	9.2	0.50	0.27			
						Gw	28—65	青灰色		柱状	6.7	6.7	0.51	0.24			
						G	65—100	青灰色		棱块状	6.2	26.7	0.91	0.28			
剖33	人为土	水稻土	潴育水稻土	老黄筋泥田	老黄筋泥田	A	0—12	棕灰色	重壤土	粒状	6.3	212.4	2.36	0.59	第四纪红色黏土	E 121°15′58.1″ N 28°35′14.5″	95
						P	12—17	灰棕色	块状		6.3	29.6	1.58	0.60			
						W	17—33	黄色	柱状		6.2	6.0	0.48	0.31			
						C	33—100	黄色	柱状		6.3	5.8	0.38	0.30			

三 门 县

主要土类说明

红壤是三门县主要土壤类型，占本县地域面积的 48%。红壤是本县最主要的地带性土壤，广布于本县的低山丘陵。在湿热的气候条件下，岩石遭受强烈风化，经受强烈的脱硅富铝化过程，硅酸和盐基被强烈淋洗，铁铝氧化物相对累积，经过生物作用而形成的土壤。红壤具有红、酸、黏、瘦的特征。由于岩性的不同，风化作用时间的不同，地面被覆的好坏，侵蚀作用的强弱，土壤发育度差异悬殊，特征表现很不一致。红壤表层生物活动旺盛，有机质的生成和分解都十分迅速，这就加快了成土作用过程。在完整的剖面中，表层有机质含量在 20—40g/kg，厚度在 10cm 以上，具有完整的 A-B-C 剖面构型。pH 为 5.6—6.5 的占 84.2%。但因地处低山丘陵，人类活动频繁，水土流失严重，A 层常浅薄，红壤利用上以林业为主，部分垦为粮田。这些红壤旱地由于坡度较大，受耕作的影响，水土流失严重，种植林木覆盖度不高。

粗骨土是三门县第二大土壤类型，占本县地域面积的 20%。粗骨土由基岩风化残积物、坡积物发育而成，属于 A-C 或（A）-C 剖面构型。A 层发育不明显，与母质层性状相似，略显有机质累积。有时母质层富含砾石，甚少剖面分异与发育特征。粗骨土广泛分布在河谷阶地、丘陵、低山和中山等多种地貌单元和地形部位。

水稻土是三门县第三大土壤类型，占本县地域面积的 19%。水稻土主要分布在滨海平原、河谷平原，起源于各种母质和各种土壤，在人为灌溉排水、施肥等耕作管理措施，特别是调水灌排的影响下，改变了土壤水分状况和土体的通气条件，引起了土壤有机质的分解和积累，从而推动土体内明显的氧化还原作用频繁更替，促进了土壤物质的电化学转化，产生了还原淋移和氧化淀积作用，最终在剖面形态上表现出土层的分化，形成各种特定的剖面发生层。表面耕作蓄水层演变为耕作淋洗层（A），往下依次为犁底层、潴育斑纹层、潜育青泥层或母质层，即形成 A-P-W-G 或 A-P-W-C 剖面构型。根据本县水稻土的成土条件、母质类型、地形部位、水分状况的不同，可分为渗育型、潴育型、潜育型和盐渍型四个亚类。

滨海盐土是三门县第四大土壤类型，占本县地域面积的 6%。滨海盐土属于滨海沉积物，其盐分来自海水和高矿化潜水，通常含盐量为 10g/kg。滨海盐土的土壤和地下水的盐分组成与海水基本一致，氯盐占绝对优势，次为硫酸盐和重碳酸盐；盐分中以钠、钾为主，钙、镁次之。土壤积盐强度随距海由近至远逐渐减弱。

小于本县地域面积 3% 的土壤类型为潮土、黄壤。

本区域中心区气候特征

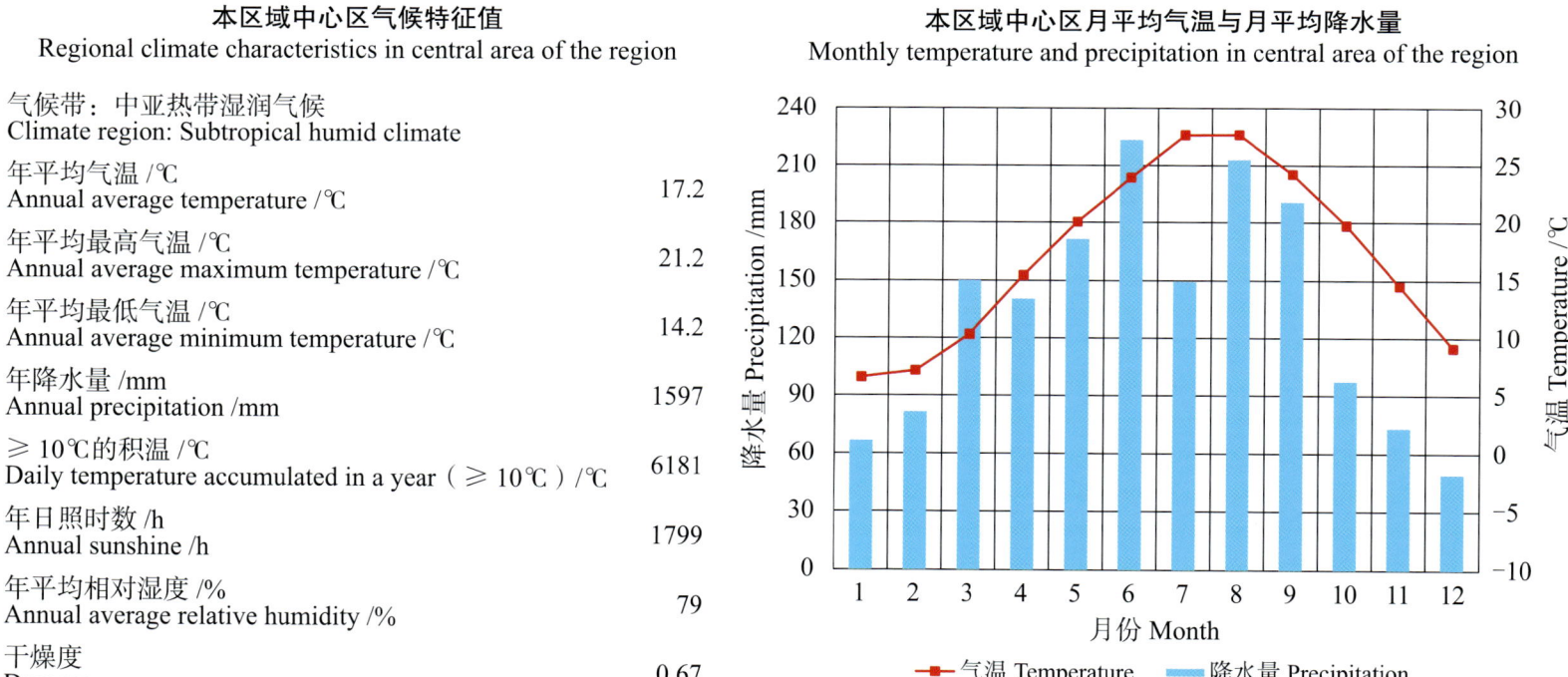

本区域中心区气候特征值
Regional climate characteristics in central area of the region

气候带：中亚热带湿润气候 Climate region: Subtropical humid climate	
年平均气温 /℃ Annual average temperature /℃	17.2
年平均最高气温 /℃ Annual average maximum temperature /℃	21.2
年平均最低气温 /℃ Annual average minimum temperature /℃	14.2
年降水量 /mm Annual precipitation /mm	1597
≥ 10℃的积温 /℃ Daily temperature accumulated in a year（≥ 10℃）/℃	6181
年日照时数 /h Annual sunshine /h	1799
年平均相对湿度 /% Annual average relative humidity /%	79
干燥度 Dryness	0.67

本区域中心区月平均气温与月平均降水量
Monthly temperature and precipitation in central area of the region

三门县主要土壤类型与土壤剖面点分布图

1∶200 000

图 例

- 红壤
- 粗骨土
- 水稻土
- 滨海盐土
- 潮土
- 黄壤
- ⊗ 剖面点

第二编 分县土壤图与土壤剖面数据 | 269

三门县土壤剖面理化性状表

剖面号 Soil profile	土纲 Soil order	土类 Soil group	亚类 Soil subgroup	土属 Soil genus	土种 Soil species	土层码 Layer code	土层厚度 Depth/cm	颜色 Soil color	质地 Soil texture	土壤结构 Soil structure	pH	有机质 OM/(g/kg)	全氮 TN/(g/kg)	全磷 TP/(g/kg)	阳离子交换量 CEC/(cmol/kg)	土壤母质 Parent material	剖面点坐标 Profile coordinate	匹配指数 Matching index/%
剖1	人为土	水稻土	潴育水稻土	老黄筋泥田	砾石老黄筋泥田	A	0—14	深灰色	重壤土	粒状	6.3	25.5	1.40	0.36		第四纪红色黏土	E 121°13′44.0″ N 29°02′46.5″	75
						P	14—23	青灰色	重壤土	块状	6.3	36.1	2.05	0.38				
						W₁	23—39	灰黄色	重壤土	块状	7.4	4.9	0.33	0.18				
						W₂	39—100	棕黄色		块状	7.0	4.2	0.23	0.14				
剖2	铁铝土	红壤	黄红壤	黄泥土		A	0—12	灰黄色	重壤土	粒状	5.7	22.0	0.65	0.71		凝灰岩风化物	E 121°22′22.7″ N 29°08′35.9″	95
						B	12—32	灰黄色	重壤土	块状	6.3	10.1	0.72	0.19				
						C	32—66	灰黄色	重壤土	块状	6.2	5.9	0.41	0.17				
剖3	人为土	水稻土	潴育水稻土	黄泥砂田	黄泥砂田	A	0—14	黄棕色	重壤土	小块状	6.0	28.1	1.73	0.34		坡积物	E 121°22′08.8″ N 29°05′39.8″	75
						P	14—19	褐棕色	重壤土	块状	6.3	17.8	1.17	0.33				
						W₁	19—20	黄棕色	重壤土	柱状	6.3	11.9	0.72	0.34				
						W₂	20—62	灰褐色	重壤土	柱状	6.5	9.1	0.34	0.25				
						C	62—100	灰黄色										
剖4	人为土	水稻土	渗育水稻土	黄泥田	砂性黄筋泥田	A	0—15	紫灰色	重壤土	粒状	6.1	27.4	1.57	0.39	9.4	第四纪红色黏土	E 121°22′34.6″ N 29°07′33.8″	96
						P	15—20	紫褐色	重壤土	小块状	6.2	22.2	1.21	0.43	7.8			
						W	20—69	褐棕色	中壤土	小块状	6.4	9.1	0.64	0.38	9.5			
						C	69—100		重壤土		6.6	3.2	0.27	0.20	9.5			
剖5	铁铝土	红壤		红泥土		A	0—16	棕红色	轻黏土	小块状	5.9	27.5	1.48	0.88		坡积物	E 121°22′59.1″ N 29°05′57.0″	95
						(B)	16—65	棕红色	轻黏土	小块状	6.1	19.5	1.13	0.87				
						C	65—100	棕红色	轻黏土	粒状	5.8	4.6	0.29	0.22				
剖6	人为土	水稻土	潴育水稻土	老黄筋泥田	泥砂老黄筋泥田	A	0—15	棕灰色	中壤土	小块状	6.1	29.0	1.83	0.46		第四纪红色黏土	E 121°24′12.7″ N 29°06′09.3″	75
						P	15—20	棕黄色	重壤土	块状	6.5	18.9	1.16	0.46				
						W	20—39	褐棕色	重壤土	无结构	7.5	4.1	0.23	0.27				
						C	39—100	褐棕色	轻壤土	无结构	7.3	3.4	0.21	0.26				
剖7	铁铝土	红壤	黄红壤	粉红泥土	粉红泥土	A	0—13	暗棕色	轻壤土	小块状	6.2	11.8	0.65	0.27		凝灰岩风化物	E 121°25′32.3″ N 29°07′29.8″	95
						B₁	13—25	暗棕色	轻壤土	块状	6.2	8.6	0.51	0.23	4.6			
						B₂	25—60	暗棕色	重壤土	粒状	6.5	5.8	0.38	0.13	5.8			
						C	60—100	淡棕色	中壤土	粒状	6.2	3.9	0.25	0.10	11.0			
剖8	人为土	水稻土	潴育水稻土	泥砂田	泥砂田	A	0—12	黄棕色	重壤土	小块状	6.3	23.8	11.77	0.36		冲积物	E 121°18′27.9″ N 29°03′41.4″	95
						B	12—22	黄棕色	重壤土	块状	6.0	27.0	1.62	0.36				
						W	22—68	棕灰色	中壤土	块状	6.5	18.2	0.68	0.34				
						C	68—100	棕棕色	中壤土	粒状	6.6	5.7	0.47	0.43				
剖9	铁铝土	红壤	黄红壤	粉红泥土	紫粉泥地	A	0—12	暗棕色	中壤土	块状	6.8	12.3	0.78	0.24	8.3	紫色凝灰岩风化物	E 121°19′36.0″ N 29°03′26.7″	95
						B	12—23	暗棕色	重壤土	梭柱状	6.6	8.2	0.52	0.19	8.2			
						C	23—100	淡紫色	中壤土	梭柱状	6.6	4.5	0.35	0.12	9.1			
剖10	人为土	水稻土	潴育水稻土	泥砂田	红土心泥砂田	A	0—16	棕色	中壤土	小块状	6.1	27.0	1.58	0.36	7.3	含古红土的二元物质	E 121°21′02.4″ N 29°01′50.1″	96
						P	16—22	灰棕色	重壤土	块状	6.1	17.4	1.10	0.36				
						W₁	22—35	棕灰色	中壤土	块状	6.6	7.4	0.52	0.31				
						W₂	35—52	红棕色	重壤土	梭柱状	6.6	2.3	0.19	0.20				
						W₃	52—100	红棕色	中壤土	粒状	6.6	3.3	0.20	0.43				
剖11	人为土	水稻土	潴育水稻土	洪积泥砂田	砾碴含口泥砂田	A	0—14	棕灰色	轻壤土	块状	6.0	28.3	1.42	0.43		洪积物	E 121°20′20.0″ N 29°00′12.6″	75
						P	14—20	灰色	轻壤土		5.9	25.3	1.24	0.44				
						W	20—38	黄色	中壤土		6.2	18.3	0.62	0.33				
						C	38—100	灰色	中壤土		6.3	9.8	0.57	0.30				

续表 Continued

剖面号 Soil profile	土纲 Soil order	土类 Soil great group	亚类 Soil subgroup	土属 Soil genus	土种 Soil species	土层码 Layer code	土层厚度 Depth/cm	颜色 Soil color	质地 Soil texture	土壤结构 Soil structure	pH	有机质 OM/(g/kg)	全氮 TN/(g/kg)	全磷 TP/(g/kg)	阳离子交换量CEC/(cmol/kg)	土壤母质 Parent material	剖面点坐标 Profile coordinate	匹配指数 Matching index/%
剖12	铁铝土	红壤	红壤	红泥土		A	0—4	棕红色	重壤土	粒状	6.5	7.2	0.55	0.33		石英二长岩风化物	E 121°21′15.6″ N 29°00′53.8″	95
						(B)	4—73	棕红色	轻黏土	块状	6.1	13.6	0.72	0.25				
						C	73—100	棕红色	轻黏土	块状	6.2	11.2	0.47	0.26				
剖13	人为土	水稻土	潴育水稻土	洪积泥砂田	谷口泥砂田	A	0—12	暗棕色	中壤土	小块状	5.9	24.0	1.50	0.66		洪积物	E 121°28′55.6″ N 29°04′50.5″	75
						P	12—16	暗棕色	中壤土	块状	6.0	19.9	1.02	0.67				
						W₁	16—21	黄棕色	重壤土	块状	6.4	10.9	0.67	0.66				
						W₂	21—45	暗棕色	重壤土	块状	6.6	7.8	0.64	0.70				
						C	45—100	黄棕色										
剖14	人为土	水稻土	潴育水稻土	洪积泥砂田	白心谷口泥砂田	A	0—14	黄棕色	中壤土	团粒状	6.0	22.4	1.35	0.54		洪积物	E 121°29′53.1″ N 29°01′06.7″	75
						P	14—20	灰棕色	重壤土	块状	5.9	25.7	1.35	0.32				
						WE	20—41	褐棕色	轻壤土	块状	5.9	18.5	0.84	0.13				
						E	41—100	灰白色	中壤土	块状	5.9	9.5	0.59	0.11				
剖15	铁铝土	黄壤	黄壤	山地泥土	山地碎石黄泥土	A	0—14	深灰色	中壤土	团粒状	5.9	65.8	3.98	0.90		坡积物、原积物	E 121°34′22.9″ N 29°01′52.0″	95
						B	14—38	棕灰色	中壤土	块状		44.7	2.40	0.84				
						C	38—44	黄白相间										
剖16	铁铝土	红壤	红壤	红泥土	红泥土	A	0—16	棕褐色	重壤土	粒状	6.1	24.5	0.91	0.35		凝灰岩风化物	E 121°26′00.2″ N 29°00′50.7″	95
						(B)	16—75	红棕色	中壤土	小块状	6.1	23.7	0.81	0.32				
						C	75—100	黄棕色	轻壤土	粒状	6.1	15.2	0.57	0.25				
剖17	人为土	水稻土	潴育水稻土	洪积泥砂田	挟谷泥砂田	A	0—14	灰棕色	中壤土	粒状	6.3	33.5	1.88	0.52		洪积物	E 121°21′35.9″ N 28°59′46.1″	95
						P	14—21	灰棕色	中壤土	小块状	6.2	29.9	1.78	0.51				
						W	21—37	棕褐色	中壤土	小块状	6.6	11.3	0.70	0.36				
						C	37—100	灰棕色	中壤土	粒状	6.5	10.0	0.19	0.37				
剖18	人为土	水稻土	潴育水稻土	泥砂田	涂心泥砂田	A	0—15	棕褐色	重壤土	粒状	6.5	29.9	1.90	0.42		冲积物、海积物	E 121°29′29.4″ N 28°55′49.0″	95
						P	15—21	灰棕色	中壤土	小块状	6.8	20.3	1.31	0.43				
						W₁	21—45	淡棕色	重壤土	小块状	8.1	9.9	0.46	0.36				
						W₂	45—82	黄棕色	轻壤土	大块状	8.3	5.7	0.43	0.37				
						W₃	82—100	灰棕色	轻壤土	大块状	7.8	6.9	0.58	0.49				
剖19	人为土	水稻土	潴育水稻土	淡涂田	钙质淡涂田	A	0—14	黄棕色	重壤土	团粒状	8.1	14.0	0.90	0.58		新浅海沉积物	E 121°35′28.0″ N 29°04′09.6″	75
						Aca	14—21	灰棕色	重壤土	小块状	8.2	14.2	0.83	0.60				
						Pca	21—100	淡棕色	重壤土	棱柱状	8.3	13.9	0.98	0.58				
						Wca			重壤土	棱柱状					8.9			
剖20	半水成土	潮土	灰潮土	泥砂土	泥砂土	A	0—33	棕灰色	中黏土	粒状	6.1	15.0	0.94	0.55	7.4	冲积物	E 121°34′32.2″ N 28°55′13.3″	95
						B	33—58	棕黄色	中壤土	小块状	6.5	6.2	0.39	0.41				
						C	58—100	黄色	轻壤土	小块状	6.2	5.6	0.15	0.35				
剖21	人为土	水稻土	潴育水稻土	淡涂田	谷口泥砂淡涂田	A	0—13	暗棕色	轻黏土	团粒状	6.2	46.4	2.70	0.45		新浅海沉积物	E 121°36′37.6″ N 29°00′45.9″	75
						P	13—21	青灰色	重黏土	小块状	6.7	28.1	1.84	0.53				
						W₁	21—42	灰黄色	重黏土	棱柱状	7.0	3.7	0.63	0.63				
						W₂	42—100	灰黄色	重黏土	棱柱状	7.8	2.1	0.63	0.52				
剖22	人为土	水稻土	潴育水稻土	泥砂田	砺砾泥砂田	A	0—14	淡灰色	重壤土	粒状	6.2	34.8	2.11	0.52		冲积物	E 121°34′53.7″ N 28°57′35.4″	95
						P	14—19	灰色	中壤土	小块状	6.1	28.3	1.81	0.62				
						W	19—30	棕黄色	重壤土	小块状	6.4	11.4	0.75	0.52				
						C	30—100	灰棕色	砂壤土	粒状	6.8	6.2	0.83	0.44				
剖23	人为土	水稻土	潴育水稻土	黄斑田	谷口泥砂黄斑田	A	0—12	灰棕色	重黏土	块状	7.2	37.2	2.22	0.38		海积物、洪积物	E 121°39′07.1″ N 28°56′16.8″	95
						P	12—19	青灰色	重黏土	小块状	7.1	12.5	0.83	0.32				
						W₁	19—29	棕褐色	轻黏土	柱状	7.3	6.2	0.50	0.21				
						W₂	29—100	棕褐色	中黏土	柱状	7.1	5.2	0.52	0.47				

续表 Continued

剖面号 Soil profile	土纲 Soil order	土类 Soil great group	亚类 Soil subgroup	土属 Soil genus	土种 Soil species	土层码 Layer code	土层厚度 Depth/cm	颜色 Soil color	质地 Soil texture	土壤结构 Soil structure	pH	有机质 OM/(g/kg)	全氮 TN/(g/kg)	全磷 TP/(g/kg)	阳离子交换量CEC/(cmol/kg)	土壤母质 Parent material	剖面点坐标 Profile coordinate	匹配指数 Matching index/%
剖24	铁铝土	红壤	红壤	红黏土	红黏土	A	0—21	棕红色	中黏土	粒状	5.6	28.3	1.48	1.19		玄武岩风化物	E 121°35′24.7″ N 28°51′33.9″	95
						B	21—100	棕红色	中黏土	块状	6.4	10.2	0.76	0.70				

天 台 县

主要土类说明

红壤是天台县主要土壤类型，占本县地域面积的 63%。本县红壤分布于海拔 800m 以下的低山丘陵，母质为各种岩石的风化壳。红壤是在湿热的亚热带生物气候条件下，经过脱硅富铝化过程，形成的具有 A–（B）–C 剖面构型的富铝化土壤，是本县分布面积最广的土壤类型。根据红壤的发育度和土类之间的过渡性，可将其划分为红壤、黄红壤等亚类。其中黄红壤亚类分布于天台盆地周围海拔 700m 以下的山地丘陵，是红壤向黄壤的过渡土壤，也是本县低山丘陵区分布最广的一类土壤，除城关镇外，各区都有广泛分布。成土母质为凝灰岩、花岗岩、非石灰性的紫砂岩、板岩、页岩等的风化物，因岩性较抗风化，且处于红壤带的北缘，因此红壤化作用和土体发育程度较红壤亚类弱，土体呈红黄或黄棕色，也有呈浅棕色。土层中砾质含量较高，黏粒含量在 20% 左右，低于红壤亚类，质地中壤至重壤。侵蚀严重，土层浅薄，结构性差，呈酸性反应。同时，也有发育于红壤化程度不深的第四纪红土（Q_3），分布广泛且是现代气候条件下的反映。因此，黄红壤亚类为本县山地丘陵具有代表性的地带性土壤。

水稻土是天台县第二大土壤类型，占本县地域面积的 15%。水稻土是本县很重要的农业土壤资源，分布于河谷平原及丘陵山区的山垄、坡岗上，它是自然土壤和旱地在人类的耕作、施肥、排水、灌溉等措施影响下，促进了土体内物质的氧化还原和淋溶淀积，从而形成了特殊的剖面构型。根据渍水的类型和程度，可将其划分为渗育型、潴育型和潜育型三个亚类。

黄壤是天台县第三大土壤类型，占本县地域面积的 13%。黄壤土类是垂直地带性土壤，分布于海拔 700m 以上的低中山。在湿润、凉爽、植被茂盛的生物气候条件下，脱硅富铝化的表现相对较弱，土壤中矿物和植被遗体风化与分解作用弱，有机质累积大，氧化铁、氧化锰水化度高，土体呈黄色，黏粒含量较低，约在 20% 以下。因淋溶强烈，土壤盐基饱和度和 pH 较低，在人为活动较少的情况下，常形成深厚的有机质层，土体构型为 $A_{oo}A$–（B）–C。这种土壤是本县发展林业生产的重要土壤资源。

紫色土占天台县地域面积的 5%。紫色土是热带、亚热带紫红色岩层直接风化形成的土壤类型，剖面构型为 A–C。其理化性质与母岩组成直接相关，土层浅薄，剖面层次发育不明显，仍为初育土。由于母岩富含矿质养分，且风化迅速，为良好的肥沃土壤。

小于本县地域面积 3% 的土壤类型有潮土、粗骨土。

本区域中心区气候特征

本区域中心区气候特征值
Regional climate characteristics in central area of the region

气候带：中亚热带湿润气候 Climate region: Subtropical humid climate	
年平均气温 /℃ Annual average temperature /℃	17.2
年平均最高气温 /℃ Annual average maximum temperature /℃	21.2
年平均最低气温 /℃ Annual average minimum temperature /℃	14.1
年降水量 /mm Annual precipitation /mm	1609
≥10℃的积温 /℃ Daily temperature accumulated in a year（≥10℃）/℃	6193
年日照时数 /h Annual sunshine /h	1785
年平均相对湿度 /% Annual average relative humidity /%	79
干燥度 Dryness	0.66

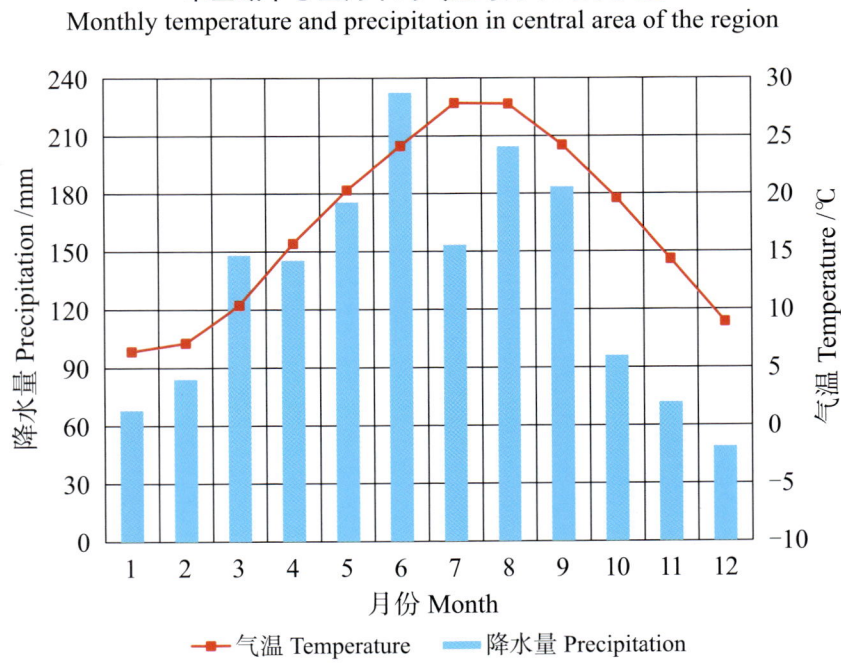

本区域中心区月平均气温与月平均降水量
Monthly temperature and precipitation in central area of the region

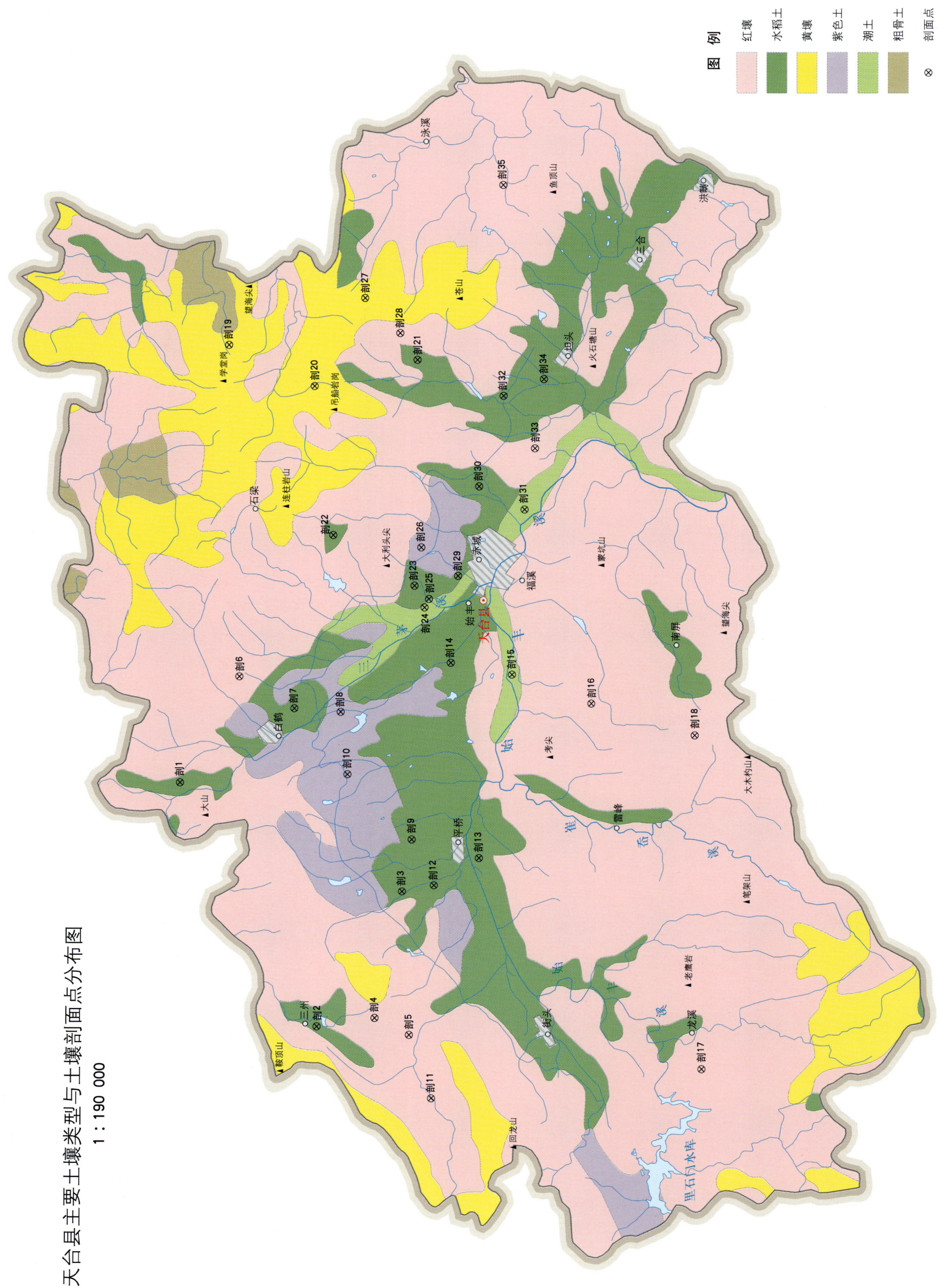

天台县土壤剖面理化性状表

剖面号 Soil profile	土纲 Soil order	土类 Soil great group	亚类 Soil subgroup	土属 Soil genus	土种 Soil species	土层码 Layer code	土层厚度 Depth/cm	颜色 Soil color	质地 Soil texture	土壤结构 Soil structure	pH	有机质 OM/(g/kg)	全氮 TN/(g/kg)	全磷 TP/(g/kg)	阳离子交换量 CEC/(cmol/kg)	土壤母质 Parent material	剖面点坐标 Profile coordinate	匹配指数 Matching index/%
剖1	人为土	水稻土	潴育水稻土	洪积泥砂田	粽谷泥砂田	A		灰棕色	中壤土	粒状	5.5	27.5	1.64	2.15		红壤类原积物、再积物	E 120° 54′ 41.8″ N 29° 16′ 14.1″	95
						P		灰棕色	中壤土	小块状	6.3	20.8	1.26	2.15				
						Wc		暗灰棕色		核粒状								
剖2	人为土	水稻土	渗育水稻土	黄泥田	黄泥田	A		淡棕色	重壤土	团块状	5.9	23.1	1.44	0.22		红壤类原积物、再积物	E 120° 47′ 42.2″ N 29° 12′ 36.7″	75
						P		暗灰黄色	重壤土	块状	5.9	22.4	1.31	0.24				
						W₁		淡棕色	重壤土	块状	5.7	18.6	1.10	0.25				
						W₂		褐色	重壤土	块状	6.6	14.5	0.83	0.26				
剖3	人为土	水稻土	潴育水稻土	山地黄泥砂田	山地黄泥砂田	A			重壤土		5.5	26.8	1.51	0.80		坡积物、堆积物	E 120° 51′ 40.7″ N 29° 10′ 31.3″	95
						P			中壤土		5.7	19.8	1.16	0.68				
						W			中壤土		5.9	13.1	0.87	0.67				
剖4	铁铝土	红壤	黄红壤	粉红泥土	粉红泥土	A		白色	中壤土	粒状	5.5	15.8	0.74	0.23		紫色凝灰岩风化残积物、坡积物	E 120° 47′ 59.4″ N 29° 11′ 08.5″	75
						(B)		白色	中壤土	核粒状	5.5	5.3	0.28	0.09				
剖5	铁铝土	红壤	黄红壤	砂黏质红土	砂黏质红土	A		褐色	轻壤土	粒状	5.5	23.7	1.07	0.77		粗晶花岗岩残积物、坡积物	E 120° 47′ 31.9″ N 29° 10′ 15.4″	95
						(B)		红黄色	重壤土	核粒状	5.1	9.2	0.45	0.27				
						C		黄橙色										
剖6	铁铝土	红壤	红壤	红泥土	红泥土	A		淡棕红色	中壤土	粒状	5.5	12.9	0.78	0.50		凝灰岩风化物	E 120° 57′ 48.3″ N 29° 14′ 46.9″	95
						(B)		暗红棕色	中壤土	核粒状	5.2	6.6	0.46	0.36				
						C												
剖7	人为土	水稻土	渗育水稻土	白砂田	白砂田	A		暗棕灰色	轻壤土	粒状	5.4	34.4	1.96	2.04		粗晶花岗岩风化物	E 120° 56′ 54.9″ N 29° 13′ 22.2″	95
						Ap		暗棕灰色	轻壤土	块状	5.4	22.6	1.49	1.79				
						P		黄棕灰色	轻壤土	块状	5.6	13.5	0.94	1.68				
						C		青灰色	中壤土	无结构	5.6	13.0	0.87	1.55				
剖8	初育土	紫色土	紫色土	红紫泥土	红紫泥土	A		紫色	重壤土	核粒状	6.5	10.9	0.70	0.51		紫红色砂页岩残积物、坡积物	E 120° 56′ 50.4″ N 29° 12′ 11.2″	74
						(B)		暗棕红色	重壤土	块状	6.9	5.3	0.28	0.53				
						C					6.8							
剖9	人为土	水稻土	潴育水稻土	烂泥田	烂泥田	A		暗棕灰色	轻壤土	块状	5.4	55.2	1.74	0.37		河流冲积物	E 120° 53′ 12.1″ N 29° 10′ 18.5″	75
						Pg		青灰色	中壤土	块状	5.4	7.9	0.60	0.23				
						G		青灰色	重壤土	块状	5.4	17.1	1.18	0.25				
剖10	初育土	紫色土	酸性紫色土	红紫砂土	红紫砂土	A		暗红棕色	中壤土	粒状	6.3	14.1	0.61	0.36		紫红色砂页岩残积物、坡积物	E 120° 55′ 02.2″ N 29° 11′ 58.9″	92
						(B)		红棕色	重壤土	块状	6.3	12.3	0.62	0.47				
						C		灰黄色	重壤土	块状	7.2							
剖11	铁铝土	红壤	黄红壤	粉红泥土	砾石粉红泥土	A		黄色	重壤土	粒状	5.1	27.4	1.23	0.47		紫色凝灰岩风化残积物、坡积物	E 120° 45′ 43.7″ N 29° 09′ 39.2″	95
						(B₁)		黄色	重石质土	粒状	5.3	15.5	0.84	0.43				
						(B₂)		栗色	重石质土	粒状	5.7	8.6	0.56	0.47				
剖12	人为土	水稻土	潴育水稻土	老黄筋泥田	合口泥砂砾石老黄筋泥田	A		褐色	中壤土	块状	6.3	29.1	1.75	0.66		第四纪红色黏土	E 120° 51′ 52.8″ N 29° 09′ 42.9″	95
						P		灰黄色	中壤土	块状	6.5	22.0	1.40	0.60				
						W₁		黄色	中壤土	块状	7.0	9.0	0.61	0.44				
						W₂		灰黄色	中壤土	块状	7.0	3.4	0.33	0.34				
剖13	人为土	水稻土	潴育水稻土	洪积泥砂田	砾瑞谷口泥砂田	A		褐色	重壤土	块状	5.4	26.9	1.68	1.12		红壤类原积物、再积物	E 120° 52′ 42.7″ N 29° 08′ 35.3″	95
						P			轻黏土	块状	5.4	23.6	1.46	1.11				
						W₁			轻黏土	块状	5.7	17.1	1.03	1.13				
						W₂			中壤土	块状	5.9	15.7	0.92	1.16				

续表 Continued

剖面号 Soil profile	土纲 Soil order	土类 Soil great group	亚类 Soil subgroup	土属 Soil genus	土种 Soil species	土层码 Layer code	土层厚度 Depth/cm	颜色 Soil color	质地 Soil texture	土壤结构 Soil structure	pH	有机质 OM/(g/kg)	全氮 TN/(g/kg)	全磷 TP/(g/kg)	阳离子交换量 CEC/(cmol/kg)	土壤母质 Parent material	剖面点坐标 Profile coordinate	匹配指数 Matching index/%
剖14	人为土	水稻土	潴育水稻土	老黄筋泥田	泥砂石黄筋泥田	A	0—15	棕灰色	中壤土	粒状	5.5	17.9	1.19	0.45		第四纪红色黏土	E 120°58′19.6″ N 29°09′24.6″	95
						P	15—25	灰棕色	中壤土	小块状	6.4	9.4	0.55	0.38				
						W₁	25—45	淡黄棕色	中壤土	棱柱状	6.4	4.9	0.27	0.21				
						W₂	45—70	灰黄色	重紫砂土	柱状	6.7	2.8	0.23	0.23				
剖15	半水成土	潮土	灰潮土	清水砂	清水砂	A	0—22	灰棕色	重石质土		6.3	6.7	0.41	0.57		河流洪冲积物	E 120°58′00.9″ N 29°07′50.9″	75
						(B)	22—35	灰棕色	重石质土		6.3							
剖16	铁铝土	红壤	红黏土	红黏土	红黏土	A	0—15	暗红棕色	轻黏土	核粒状	5.4	17.5	0.75	1.57	12.7	基性火山喷出岩风化物	E 120°57′13.8″ N 29°05′48.7″	95
						(B)	15—36	红棕色	重壤土	核块状	5.5	9.3	0.50	1.52	12.0			
						C	36—100	红棕色	轻黏土	块状	5.3				15.6			
剖17	铁铝土	红壤	黄红壤	黄泥土	砾石黄泥砂土	A	0—14	灰黄色	重石质土	粒状	6.7	13.0	0.79	0.65		凝灰岩、流纹岩、细晶花岗岩风化物	E 120°46′45.6″ N 29°02′47.5″	95
						(B₁)	14—20	褐黄色	重石质土	粒状	6.3	9.7	0.67	0.49				
						(B₂)	20—39	褐黄色	重石质土	粒状	5.9	7.4	0.58	4.40				
						C	39—100											
剖18	铁铝土	红壤	黄红壤	砂黏质红土	砾石砂黏质红土	A	0—11	黑棕色	重石质土	粒状	5.7	7.2	0.38	0.36	8.1	粗晶花岗岩残积物、坡积物	E 120°56′22.4″ N 29°03′09.9″	95
						B	11—62	暗黄棕色	重石质土		5.3	3.5	0.28	0.41	9.9			
剖19	铁铝土	黄壤	山地黄泥土	山地砾石黄泥土	A	0—4	暗黑灰色	重石质土	粒状	5.4	184.0	7.20	3.00		凝灰岩、流纹岩残积物、坡积物	E 121°07′23.4″ N 29°15′12.9″	95
						(B)	4—18	暗黄棕色	重黄质土	粒状	5.8	103.3	4.81	3.00				
剖20	铁铝土	黄壤	山地黄泥土	山地砾石黄泥土	A	0—20	淡棕色	中壤土	核粒状	5.2	48.3	1.93	0.93				E 121°06′15.3″ N 29°13′00.7″	95
						(B)	20—60	红黄色	中壤土	核粒状	5.2	5.2	0.33	0.50				
剖21	人为土	水稻土	潴育水稻土	泥质田	泥砂质泥田	A	0—16	灰棕色	中壤土	小块状	5.3	22.9	1.38	0.52		河流老冲积物	E 121°07′03.3″ N 29°10′24.5″	75
						P	16—20	棕灰色	中壤土	块状	5.7	13.8	0.88	0.63				
						W	20—100	灰黄棕色	中壤土	块状	7.0	5.3	0.46	0.33				
剖22	人为土	水稻土	潴育水稻土	烂溏田	烂黄泥田	A	0—13	暗棕色	轻黏土	块状	5.5	30.7	1.95	0.49		红壤、黄壤再积物	E 121°01′56.7″ N 29°12′27.9″	75
						Ap	13—23	青灰色	轻黏土	块状	5.9	27.4	1.54	0.52				
						G	23—100	暗黄棕色	重黏土	无结构	5.9	16.5	0.87	0.31				
剖23	人为土	水稻土	潴育水稻土	洪积泥砂田	滩地紫泥砂土	A	0—20	暗棕色	中壤土	块状	6.2	8.2	1.52	0.97		红壤类原积物、再积物	E 121°00′32.0″ N 29°10′22.6″	75
						(B)	20—45	暗棕色	中壤土	块状	6.8	23.9	1.13	1.07				
						W	45—100	暗棕色	中壤土	块状	7.3	7.9	0.57	0.88				
剖24	半水成土	潮土	灰潮土	泥砂田	卵石心泥砂田	A	0—18	褐色	重石质土	粒状	6.4	14.2	0.97	0.88	12.8	河流洪冲积物	E 121°00′03.2″ N 29°10′02.4″	75
						(B₁)	18—35	褐色	重石质土	粒状	5.9	18.1	1.12	0.87	9.6			
						(B₂)	35—100	棕色	中壤土	粒状	6.3				6.7			
剖25	人为土	紫色土	石灰性紫色土	紫砂土	紫泥土	A	0—11	栗色	中壤土	粒状	5.2	25.1	1.52	0.72		石灰性紫红色砂页岩风化物的残积物、坡积物	E 121°00′09.7″ N 29°10′00.2″	75
						P	11—30	红黄色	轻壤土	粒状	5.3	15.9	0.97	0.79				
						W	30—55	淡棕黄色	重壤土	小块状	5.7	10.1	0.60	0.72				
剖26	初育土	黄壤	山地黄泥土	山地黄泥砂土	A	0—15	淡黄棕色	中壤土	粒状	6.8	8.8	0.64	1.01				E 121°01′38.3″ N 29°10′13.5″	74
						(B₁)	15—30	黄棕色	中壤土	小块状	7.0	7.6	0.52	1.00				
						(B₂)	30—48	紫色	中壤土	小块状	6.9	6.7	0.46	0.97				
						(B₃)	48—100	紫灰色	中壤土	粒状	6.7	8.2	0.64	0.60				
剖27	铁铝土	黄壤	黄壤	黄泥土	山地黄泥砂土	A	0—18	栗灰色	中壤土	粒状	5.6	53.3	2.18	0.79				E 121°08′48.6″ N 29°11′46.2″	95
						(B₁)	18—60	红黄色	轻壤土	粒状	5.7	13.2	0.89	0.64				
						(B₂)	60—100	淡棕色	中壤土	粒状	5.3	9.0	0.65	0.52				
剖28	铁铝土	红壤	黄红壤	黄泥土	黄泥砂土	A	0—21	淡黄棕色	中壤土	粒状	5.9	15.1	0.41	1.33		凝灰岩、流纹岩、细晶花岗岩风化物	E 121°07′49.0″ N 29°10′51.7″	97
						(B₁)	21—40	黄棕色	重壤土	块状	5.9	10.7	0.74	0.98				
						(B₂)	40—82	黄棕色	重壤土	块状	5.9	6.5	0.49	0.86				
						C	82—100	黄色	砂壤土	块状	5.9							

续表 Continued

剖面号 Soil profile	土纲 Soil order	土类 Soil great group	亚类 Soil subgroup	土属 Soil genus	土种 Soil species	土层码 Layer code	土层厚度 Depth/cm	颜色 Soil color	质地 Soil texture	土壤结构 Soil structure	pH	有机质 OM/(g/kg)	全氮 TN/(g/kg)	全磷 TP/(g/kg)	阳离子交换量CEC/(cmol/kg)	土壤母质 Parent material	剖面点坐标 Profile coordinate	匹配指数 Matching index/%
剖29	人为土	水稻土	潴育水稻土	培积泥砂田	黄化培积泥砂田	A	0—15	灰棕色	重壤土	粒状	5.4	33.7	2.05	0.87		近代河流冲积物	E 121°00′50.4″ N 29°09′16.3″	95
						P	15—26	淡棕黄色	重壤土	块状	5.4	21.2	1.33	0.80				
						W₁	26—40	淡黄棕色	重壤土	柱状	6.1	14.0	0.92	0.83				
						W₂	40—100	淡黄棕色	重壤土	块状、粒状	6.5	6.9	0.52	0.64				
剖30	人为土	水稻土	潴育水稻土	洪积泥砂田	合口泥砂田	A	0—12	棕灰色	中壤土	小块状	5.3	22.2	1.36	0.80		红壤原积物、再积物	E 121°03′25.4″ N 29°08′46.9″	95
						P	12—17	淡黄棕色	轻壤土	小块状	5.3	21.3	1.36	0.80				
						W₁	17—39	灰棕色	轻壤土	核状	5.3	10.1	0.70	1.01				
						W₂	39—100	灰棕色	石质土	核状								
剖31	半水成土	潮土	灰潮土	培泥砂土	培泥砂土	A	0—19	棕灰色	砂壤土	粒状	5.5	11.4	0.75	0.80	5.5	河流洪冲积物	E 121°02′47.1″ N 29°07′36.5″	95
						(B)	19—100	灰棕色	砂壤土	粒状	5.8	7.5	0.49	0.69	4.4			
剖32	人为土	水稻土	潴育水稻土	老黄筋泥田	黄泥砂老黄筋泥田	A	0—13	黄棕色	重壤土	小块状	5.7	21.7	1.24	1.14		第四纪红色黏土	E 121°06′03.7″ N 29°08′12.0″	95
						P	13—22	黄棕色	中壤土	块状	6.4	15.0	0.94	0.70				
						W₁	22—30	灰黄色	重壤土	块状	6.6	13.5	0.86	0.57				
						W₂	30—45	黄橙色	重壤土	块状	6.7	5.7	0.73	0.58				
剖33	铁铝土	红壤	侵蚀型红壤	石砂土	石砂土	A	0—24	紫色	中壤土	粒状	5.1	16.3	0.72	0.30		岩石富铝化或硅铝化风化残积物	E 121°04′32.7″ N 29°07′22.5″	93
						C	24—100	紫色	重石质土	粒状	5.3	8.9	0.43	0.25				
剖34	人为土	水稻土	潴育水稻土	老黄筋泥田	合口泥砂老黄筋泥田	A	0—20	栗色	壤土	团块状	5.6	25.3	1.44	0.74		第四纪红色黏土	E 121°06′33.9″ N 29°07′11.1″	95
						P	20—28	灰棕色	黏土	块状	5.7	11.0	0.69	0.37				
						W₁	28—36	黄棕色	黏土		6.5	3.1	0.24	0.21				
						W₂	36—54	淡棕黄色	黏土		6.3	2.4	0.14	0.10				
剖35	铁铝土	红壤	黄红壤	粉红泥土	紫粉土	A	0—14	紫灰色	轻黏土	粒状	5.2	9.2	0.41	0.24		紫色凝灰岩风化残积物、坡积物	E 121°12′08.8″ N 29°08′18.3″	95
						(B)	14—35	紫色	重壤土	核粒状	5.2	3.9	0.19	0.22				

仙 居 县

主要土类说明

红壤是仙居县主要土壤类型，占本县地域面积的 50%。红壤是在湿热的亚热带生物气候条件下，铝硅酸盐类矿物深度风化，硅和矿物成分中的钾、镁、钙等可溶性盐基遭到强烈淋失，氧化铁铝相对积聚，从而形成的具红、酸、黏、瘦等特征的土壤类型。在林下或灌草丛下，红壤均有较完整的剖面发育，具有 A−（B）−C 剖面构型。但由于生物气候条件以及地形、母质的限制，本县土壤的红壤化作用较弱，具体反映在黄红壤亚类分布面积大，其中黄泥土和粉红泥土是本县主要的地带性土壤。

粗骨土是仙居县第二大土壤类型，占本县地域面积的 21%。粗骨土属于 A−C 或（A）−C 剖面构型。A 层发育不明显，与母质层性状相似，略显有机质累积。有时母质层富含砾石，甚少剖面分异与发育特征。粗骨土广泛分布在河谷阶地、丘陵、低山和中山等多种地貌单元和地形部位。

黄壤是仙居县第三大土壤类型，占本县地域面积的 13%。黄壤主要发生于亚热带湿润条件下，多见于海拔 700—1200m 的山区，具 O−A−AB−B−C 剖面构型，富含水合氧化物（针铁矿），土体呈黄色，具中度富铝化特征，有时含三水铝石。土壤有机质累积较高，可达 100g/kg，pH 为 4.5—5.5。多发展为林地，间亦耕种。

水稻土占仙居县地域面积的 10%。水稻土是在各种母质或土壤上，通过耕作、灌溉、施肥等人为活动，经历还原淋移和氧化淀积等作用，引起土壤物质的移动和重新分布，从而形成的具有特定剖面构型的土壤类型。本县水稻土可分渗育型、潴育型和潜育型三个亚类。

小于本县地域面积 3% 的土壤类型为紫色土、潮土。

本区域中心区气候特征

本区域中心区气候特征值
Regional climate characteristics in central area of the region

气候带：中亚热带湿润气候 Climate region: Subtropical humid climate	
年平均气温 /℃ Annual average temperature /℃	17.5
年平均最高气温 /℃ Annual average maximum temperature /℃	21.6
年平均最低气温 /℃ Annual average minimum temperature /℃	14.4
年降水量 /mm Annual precipitation /mm	1675
≥10℃的积温 /℃ Daily temperature accumulated in a year (≥10℃) /℃	6207
年日照时数 /h Annual sunshine /h	1756
年平均相对湿度 /% Annual average relative humidity /%	79
干燥度 Dryness	0.66

仙居县主要土壤类型与土壤剖面点分布图

1:260 000

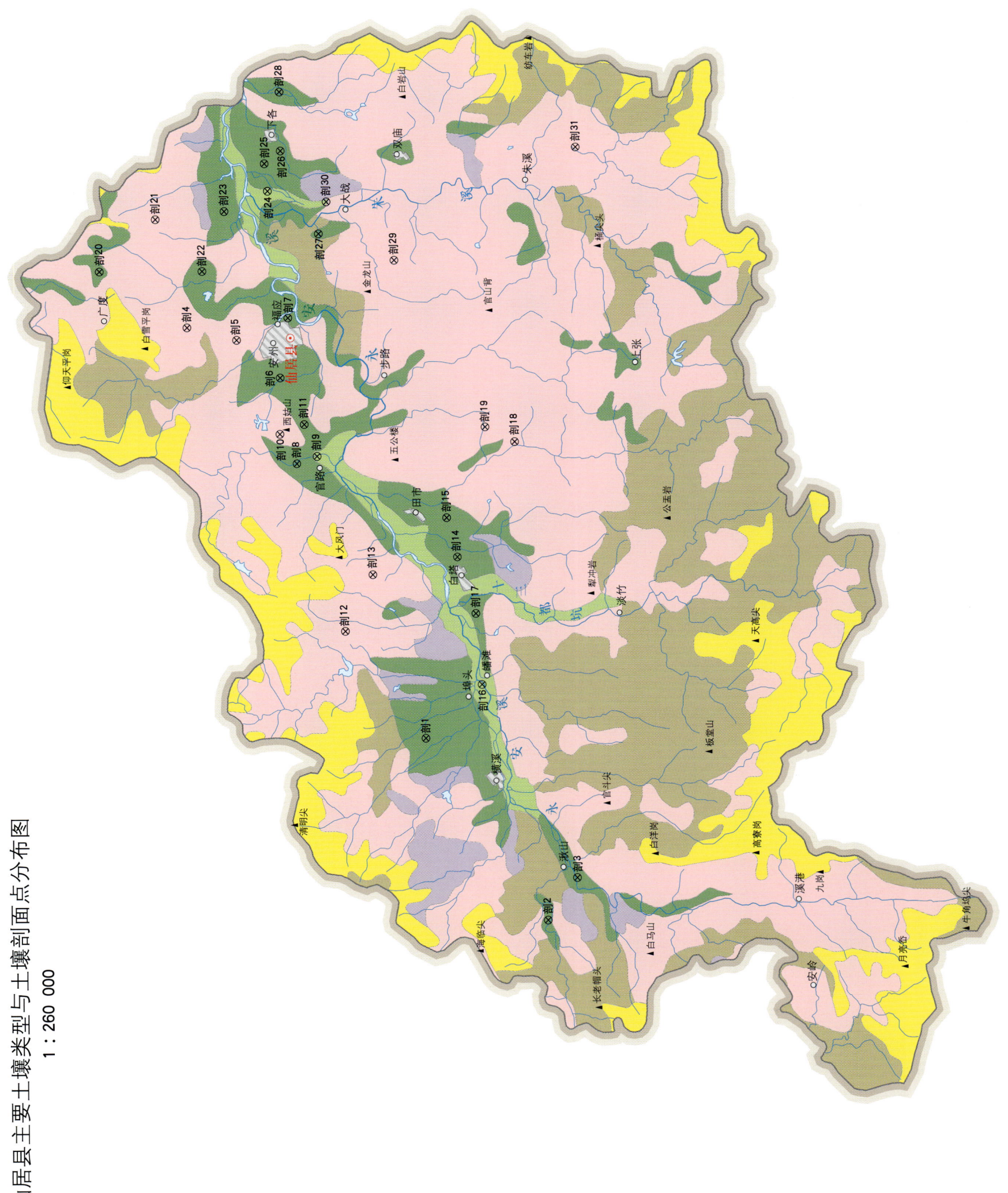

仙居县土壤剖面理化性状表

剖面号 Soil profile	土纲 Soil order	土类 Soil great group	亚类 Soil subgroup	土属 Soil genus	土种 Soil species	土层码 Layer code	土层厚度 Depth/cm	颜色 Soil color	质地 Soil texture	土壤结构 Soil structure	pH	有机质 OM/(g/kg)	全氮 TN/(g/kg)	全磷 TP/(g/kg)	阳离子交换量CEC/(cmol/kg)	土壤母质 Parent material	剖面点坐标 Profile coordinate	匹配指数 Matching index/%
剖1	人为土	水稻土	潴育水稻土	河质田	泥质田	A	0—13	棕色	重壤土	小块状	5.7	23.8	1.53	0.25	11.5	河流老冲积物	E 120°29′32.5″ N 28°46′26.5″	75
						P	13—20	灰棕色	重壤土	小块状	6.8	15.2	1.05	0.31	10.9			
						W₁	20—65	灰棕色	中壤土	小块状	6.8	6.8	0.59	0.23	9.9			
						W₂	65—90	棕黄色	轻黏土		7.7	5.4	0.51	0.21				
剖2	人为土	水稻土	潴育水稻土	培泥砂田	培砂田	A	0—15	灰黄棕色	中壤土	粒状	5.2	12.1	0.83	0.26	6.3	新河流冲积物	E 120°23′00.5″ N 28°42′23.3″	75
						P	15—20	灰黄棕色	中壤土	粒状	5.5	8.5	0.62	0.36	6.8			
						W₁	20—55	灰黄棕色	轻壤土	粒状	6.5	4.9	0.45	0.29	6.7			
						W₂	55—85	灰黄棕色	中壤土		6.5	4.2	0.37	0.29				
剖3	人为土	水稻土	潴育水稻土	黄泥砂田	黄泥砂田	A	0—17	灰棕色	中壤土	团粒状	5.5	26.2	1.49	0.42	7.6	红壤坡积物或经短距离搬运的再积物	E 120°24′34.5″ N 28°41′28.4″	95
						P	17—24	灰棕色	中壤土	小块状	5.5	14.7	0.88	0.45	8.5			
						W₁	24—52	黄棕色	中壤土	粒状	6.0	12.5	0.77	0.49	10.8			
						W₂	52—100	黄棕色	中壤土	小块状	6.0	2.6	0.34	0.18				
剖4	铁铝土	红壤	红壤	红泥土	红泥土	A	0—12	红黄色	轻壤土	粒状	5.1	21.6	0.95	0.25	14.3		E 120°44′21.5″ N 28°54′22.7″	95
						(B)	12—60	红色	重黏土	大块状	5.4	6.9	0.49	0.37	13.0			
						C	60—70	红色	重壤土	大块状	4.3	4.5	0.34	0.42				
剖5	铁铝土	红壤	黄红壤	黄泥土	砾石黄泥土	A	0—20	棕色	中壤土	粒状	5.1	29.8	1.01	0.11	9.4		E 120°43′57.1″ N 28°52′46.3″	95
						(B)	20—40	红黄色	重壤土	小块状	5.3	11.7	0.60	0.08	8.7			
						C	40—50	红黄色	轻壤土	小块状	5.7	1.6	0.27	0.07				
剖6	人为土	水稻土	渗育水稻土	红泥田	红泥田	A	0—11	棕色	重壤土	块状	5.3	14.2	1.02	0.31	12.4		E 120°42′36.7″ N 28°51′17.9″	95
						P	11—20	棕色	重壤土	块状	5.7	12.9	0.84	0.33	11.9			
						(B) W	20—45	黄棕色	重壤土	块状	6.9	3.9	0.48	0.25	12.9			
						C	45—65	黄色	重壤土	小块状	6.6	2.6	0.41	0.17				
剖7	人为土	水稻土	渗育水稻土	红砂田	红泥田	A	0—15	黄棕色	中壤土	小块状	5.5	23.3	1.29	0.25	6.7	非石灰性的红紫色砂页岩和砂砾岩风化物	E 120°44′47.3″ N 28°51′07.7″	75
						P	15—23	暗黄棕色	重壤土	小块状	6.1	10.9	7.70	0.17	6.5			
						(B) W	23—37	暗黄棕色	重壤土	小块状	6.3	8.4	0.58	0.15	7.1			
						Ⅱ W	37—57	棕灰色	中壤土	棱柱状	6.8	3.1	0.83	0.07				
						Ⅱ C	57—100	亮棕色	砂壤土		6.8	1.5	0.16	0.07				
剖8	人为土	水稻土	潴育水稻土	老黄筋泥田	泥砂头 老黄筋泥田	A	0—13	紫棕色	粉砂质黏壤土	小块状	6.1	20.8	1.29	0.21		近代洪冲积物覆于第四纪红土上	E 120°39′29.9″ N 28°50′45.3″	81
						Ap	13—23	暗黄棕色	粉砂质黏壤土	粒状	6.5	9.2	0.60	0.15	7.4			
						Ⅱ P	23—37	暗黄棕色	壤质黏土	块状	6.5	3.3	0.27	0.08	8.1			
						Ⅱ C	37—80	暗黄棕色	黏壤土	粒状	6.2	8.4	0.25	0.07				
剖9	半水成土	潮土	灰潮土	洪积泥砂土	夹石泥砂土	A	0—15	暗黄棕色	砂壤土	粒状	6.5	12.8	0.83	0.37		近代洪冲积物	E 120°39′46.5″ N 28°50′06.0″	75
						(B)	15—45	暗黄棕色	轻壤土	小块状	6.2	11.2	0.79	0.32				
						C	45—90	棕黄色	重壤土	粒状	6.1	7.8	0.66	0.29				
剖10	铁铝土	红壤	黄红壤	砂黏质红土	砂黏质红土	A	0—7	暗红色	重壤土	粒状	5.6	25.0	1.17	0.10	9.8		E 120°40′36.0″ N 28°51′16.6″	95
						(B)	7—50	黄红色	重黏土	粒状	5.6	11.0	0.77	0.11	9.0			
						C	50—60	黄红色	轻黏土	块状	5.7	6.2	0.60	0.10				
剖11	人为土	水稻土	渗育水稻土	紫泥田	紫泥田	A	0—15	棕紫色	重壤土	块状	6.0	16.0	0.95	0.31	12.5	石灰性紫色砂页岩风化物	E 120°40′55.6″ N 28°50′32.1″	75
						P	15—19	棕紫色	重壤土	块状	6.7	13.5	0.87	0.28	12.6			
						(B)	19—35	棕紫色	重壤土	块状	6.8	9.7	0.65	0.26	13.2			
						C	35—60	黄棕色	重壤土	块状	6.5	9.5	0.75	0.28				

续表 Continued

剖面号 Soil profile	土纲 Soil order	土类 Soil great group	亚类 Soil subgroup	土属 Soil genus	土种 Soil species	土层码 Layer code	土层厚度 Depth/cm	颜色 Soil color	质地 Soil texture	土壤结构 Soil structure	pH	有机质 OM/(g/kg)	全氮 TN/(g/kg)	全磷 TP/(g/kg)	阳离子交换量CEC/(cmol/kg)	土壤母质 Parent material	剖面点坐标 Profile coordinate	匹配指数 Matching index,%
剖12	铁铝土	红壤	黄红壤	黄泥土	乌黄泥土	A	0—17	灰色	重壤土	粒状	5.3	108.7	2.82	0.22	19.3		E 120°33′24.7″ N 28°49′05.5″	95
						(B)	17—40	黄灰色	重壤土	小块状	5.0	41.9	1.53	0.14	13.6			
						C	40—60	淡黄色	重壤土	小块状	5.3	11.7	0.59	0.07	7.1			
剖13	铁铝土	红壤	黄红壤	红砂土	红砂砾土	A	0—8	淡红棕色	轻壤土	无结构	5.6	12.9	0.75	0.09	7.2		E 120°35′29.3″ N 28°48′14.4″	95
						(B)	8—20	淡红棕色	轻壤土	无结构	5.2	10.2	0.71	0.09	8.3			
						C	20—40	淡红棕色	轻壤土	无结构	5.9	7.4	0.42	1.20	8.2			
剖14	人为土	水稻土	潴育水稻土	培泥砂田	培泥田	A	0—12	灰棕色	中壤土	团粒状	5.3	16.5	1.11	0.46	10.2	新河流冲积物	E 120°36′11.7″ N 28°45′30.9″	95
						P	12—19	棕灰色	中壤土	小块状	5.7	10.6	0.73	0.31	7.0			
						W_1	19—65	黄灰色	中壤土	小块状	6.3	8.4	0.56	0.32	8.8			
						W_2	65—100	黄灰色	中壤土	小块状	6.7	3.7	0.43	0.29	13.4			
剖15	人为土	水稻土	潴育水稻土	老黄筋泥田	老黄筋泥田	A	0—15	黄灰色	重壤土	块状	6.0	16.4	1.23	0.23	6.8	第四纪红土	E 120°37′37.9″ N 28°45′53.1″	95
						P	15—21	黄灰色	重壤土	中块状	6.8	8.9	0.60	0.15	5.2			
						W_1	21—50	红灰色	轻黏土	柱状	7.0	3.3	0.32	0.09	5.5			
						W_2	50—70	红灰色	中壤土	柱状	7.2	2.0	0.27	0.11	5.2			
剖16	半水成土	潮土	灰潮土	洪积泥砂土	滩地泥砂土	A	0—15	淡灰色	紧砂土	粒状	6.2	6.5	0.36	0.32	7.0	近代洪冲积物	E 120°31′34.1″ N 28°44′39.1″	95
						C	15—60	棕灰色	砂壤土	粒状	6.1	5.1	0.34	0.28				
剖17	人为土	水稻土	潴育水稻土	洪积泥砂田	焦瑞合口泥砂田	A	0—11	棕灰色	轻壤土	粒状	5.2	19.5	1.06	0.30	12.2	近代洪冲积物	E 120°34′08.9″ N 28°44′53.5″	96
						P	11—20	灰棕色	中壤土	粒状	5.3	16.7	0.84	0.29	5.7			
						W_1	20—35	黑色	轻壤土		5.5	8.1	0.60	0.35	12.1			
						W_2	35—55	淡灰色	轻壤土	粒状	6.2	3.8	0.45	0.31	10.7			
						C	55—65	淡灰色	中壤土	粒状	6.0	1.2	0.20	0.17	10.3			
剖18	铁铝土	红壤		粉红土	紫粉泥土	A	0—16	紫灰色	中壤土	小块状	4.7	46.1	1.39	0.18	11.2	紫色凝灰岩或浅灰色凝灰岩等的风化物	E 120°40′26.2″ N 28°43′43.9″	95
						(B)	16—40	紫灰色	中壤土	小块状	5.7	5.4	0.31	0.10	14.4			
						C	40—80	棕色	中壤土	小块状	5.4							
剖19	铁铝土	红壤	黄红壤	红砂土	红砂土	A	0—14	暗黄棕色	中壤土	粒状	5.7	28.0	1.21	0.18	19.8	第四纪红土	E 120°40′56.8″ N 28°44′41.7″	95
						(B)	14—40	暗黄棕色	重壤土	块状	5.5	15.6	0.91	0.18	15.5			
						C	40—70	暗黄棕色	重壤土	块状	5.4	14.6	0.75	0.18	12.7			
剖20	人为土	水稻土	潴育水稻土	老黄筋泥田	合口泥田	A	0—10	暗黄棕色	中壤土	团粒状	6.5	18.6	1.09	0.54	11.6		E 120°34′21.2″ N 28°57′14.1″	75
						P	10—20	暗黄棕色	轻壤土	小块状	6.5	14.4	0.97	0.51	10.1			
						W_1	20—40	黄棕色	重壤土	柱状	7.0	4.9	0.53	0.54				
						W_2	40—100	黄棕色	重壤土	柱状	6.7	2.4	0.32	0.18				
剖21	铁铝土	红壤		红黏土	砾石红黏土	A	0—20	暗红棕色	重壤土	小块状	6.1	16.5	1.09	0.47	13.1	近代洪冲积物	E 120°48′17.6″ N 28°55′27.6″	95
						(B)	20—55	暗红棕色	中壤土	块状	6.1	6.0	0.55	0.26	12.1			
						C	75—85	暗黄棕色	轻壤土	块状	5.9	5.4	0.53	0.25	13.8			
剖22	人为土	水稻土	潴育水稻土	洪积泥砂田	滩地泥砂田	A	0—12	黄棕色	轻壤土	粒状	5.1	14.0	0.85	0.41		河流老冲积物	E 120°46′26.3″ N 28°53′55.4″	75
						P	12—17	淡棕色	中壤土	小块状	6.1	6.6	0.52	0.35				
						W	17—40	棕色	轻壤土	块状	6.9	3.6	0.33	0.32				
						C	40—		卵石									
剖23	人为土	水稻土		泥质田	红土心泥质田	A	0—15	棕色	重壤土	小块状	5.7	22.4	1.34	0.28		溪流冲积物	E 120°48′38.0″ N 28°53′14.4″	95
						P	15—28	灰黄棕色	重壤土	块状	7.4	9.1	0.62	0.24				
						W_1	28—50	灰黄色	重壤土	小块状	8.2	1.6	0.43	0.14				
						W_2	50—80	灰黄色	轻壤土	块状	7.0	1.5	0.41	0.12				
剖24	半水成土	潮土	灰潮土	清水砂	清水砂	A	0—20	棕灰色	砂壤土	粒状	5.7	4.8	0.30	0.22	5.8		E 120°49′23.5″ N 28°51′50.9″	75
						C_1	20—40	棕黄色	紧砂土	粒状	6.5	1.4	0.17	0.22	4.0			
						C_2	40—100	棕黄色	紧砂土	粒状	6.5	1.7	0.22	0.15	4.0			

续表 Continued

剖面号 Soil profile	土纲 Soil order	土类 Soil great group	亚类 Soil subgroup	土属 Soil genus	土种 Soil species	土层码 Layer code	土层厚度 Depth/cm	颜色 Soil color	质地 Soil texture	土壤结构 Soil structure	pH	有机质 OM/(g/kg)	全氮 TN/(g/kg)	全磷 TP/(g/kg)	阳离子交换量 CEC/(cmol/kg)	土壤母质 Parent material	剖面点坐标 Profile coordinate	匹配指数 Matching index/%
剖25	人为土	水稻土	潴育水稻土	泥砂田	砾砾泥砂田	A	0—13	棕色	中壤土	团块状	5.2	15.9	1.09	0.19	8.6	以冲积物为主，夹有洪积物	E 120° 50′ 23.6″ N 28° 51′ 58.5″	75
						P	13—18	棕色	中壤土	小块状	5.1	15.0	1.01	0.17	9.0			
						W	18—35	淡棕色	轻壤土	粒状	6.4	4.0	0.42	0.14	8.6			
						C	35—				6.3	4.2	0.41	0.16				
剖26	人为土	水稻土	潴育水稻土	泥质田	卵石心泥质田	A	0—13	棕色	重壤土	小块状	5.2	25.0	1.58	0.29	11.8	河流老冲积物	E 120° 50′ 51.8″ N 28° 51′ 27.5″	95
						W_1	13—22	灰棕色	重壤土	块状	5.9	12.9	0.94	0.24	11.1			
						W_2	22—35	灰棕色	轻黏土	块状	6.7	5.1	0.71	0.22	12.9			
						W_3	35—60	灰色	重黏土	块状	8.0	4.9	0.48	0.11				
							60—80	黄褐色	轻壤土	块状	6.7	3.2	0.41	0.12				
剖27	人为土	水稻土	潴育水稻土	泥质田	泥砂质田	A	0—14	灰棕色	轻壤土	团块状	5.1	16.0	1.03	0.22	7.2	河流老冲积物	E 120° 47′ 53.2″ N 28° 50′ 10.7″	75
						P	14—24	暗棕色	砂壤土	小块状	4.8	6.9	0.52	0.25	6.3			
						W_1	24—38	暗棕色	紧砂土	粒状	6.1	4.2	0.46	0.22	5.2			
						W_2	38—58	棕色	紧黏土	粒状	6.2	4.3	0.32	0.20	7.9			
						W_3	58—80		中壤土	小块状	6.1	3.8	0.29	0.20				
剖28	人为土	水稻土	潜育水稻土	烂田	砾砾冷水田	A	0—9	暗棕色	砂壤土	无结构糊状	5.9	36.2	1.96	0.22	7.0		E 120° 53′ 00.5″ N 28° 51′ 31.7″	95
						C	9—35	青灰色	轻壤土	无结构糊状	6.3	9.5	0.67	0.08	5.8			
剖29	铁铝土	黄红壤	粉红泥土	红紫粉泥土		A	0—17	棕紫色	重壤土	粒状	5.1	39.6	1.74	0.37	13.7	紫色凝灰岩或浅灰色凝灰岩等的风化物	E 120° 46′ 58.1″ N 28° 47′ 43.1″	95
						(B)	17—65	红棕色	轻黏土	块状	5.0	9.8	0.56	0.06	11.9			
						C	65—85	红棕色	轻黏土	块状	5.4	8.1	0.27	0.06				
剖30	半水成土	潮土	灰潮土	培泥砂土	培泥土	A	0—15	黄褐色	中壤土	小块状	5.9	15.7	0.96	0.47	9.6	冲积物	E 120° 49′ 02.9″ N 28° 49′ 56.7″	75
						(B)	15—100	褐黄色	中壤土	小块状	6.1	9.8	0.57	0.30	10.5			
剖31	铁铝土	红壤	红黏土	红黏土		A	0—16	暗棕红色	中黏土	块状	5.0	23.8	1.31	1.00	15.2		E 120° 51′ 12.0″ N 28° 41′ 55.7″	95
						(B)	16—100	暗棕红色	中黏土	大块状	5.3	10.8	0.68	0.90	14.9			

温 岭 市

主要土类说明

水稻土是温岭市主要土壤类型，占本市地域面积的 44%。水稻土是在长期季节性淹灌、水下翻耕、季节性脱水等水耕活动的影响下，土壤内部物质发生氧化还原交替作用，原来的成土母质或母土特性发生重大改变，从而形成的新土壤类型。由于干湿交替等作用的影响，糊状淹育层、较坚实板结的犁底层、渗育层、潴育层与潜育层多种发生层分异。这些不同发生层是在人为耕作、水浆管理作用下形成的。

红壤是温岭市第二大土壤类型，占本市地域面积的 34%。红壤分布于本市海拔 500m 以下的低山丘陵，是在湿热气候条件下，遭受深度风化形成的矿质土壤。母岩中的铝硅酸盐原生矿物，经过连续和较彻底的分解作用，其分解产物中的盐基成分和硅大部分被淋溶损失，而铁铝氧化物及其水化物显示相对累积，形成了 A-（B）-C 剖面构型，土壤呈酸性反应，土体呈红色、黄红色；黏粒的 SiO_2/R_2O_3 比率低。

粗骨土是温岭市第三大土壤类型，占本市地域面积的 11%。粗骨土属于 A-C 或（A）-C 剖面构型。A 层发育不明显，与母质层性状相似，略显有机质累积。有时母质层富含砾石，甚少剖面分异与发育特征。粗骨土广泛分布在河谷阶地、丘陵、低山和中山等多种地貌单元和地形部位。

滨海盐土占温岭市地域面积的 7%。滨海盐土分布于（本市）沿海一带，成土母质为滨海沉积物，土体含有以氯化物为主的可溶盐。滨海盐土的土壤和地下水的盐分组成与海水基本一致，氯盐占绝对优势，次为硫酸盐和重碳酸盐；盐分中以钠、钾为主，钙、镁次之。土壤积盐强度随距海由近至远逐渐减弱。

此外，本市还有小面积的潮土分布。

本区域中心区气候特征

本区域中心区气候特征值
Regional climate characteristics in central area of the region

气候带：中亚热带湿润气候 Climate region: Subtropical humid climate	
年平均气温 /℃ Annual average temperature /℃	17.6
年平均最高气温 /℃ Annual average maximum temperature /℃	21.6
年平均最低气温 /℃ Annual average minimum temperature /℃	14.6
年降水量 /mm Annual precipitation /mm	1650
≥10℃的积温 /℃ Daily temperature accumulated in a year (≥10℃) /℃	6286
年日照时数 /h Annual sunshine /h	1764
年平均相对湿度 /% Annual average relative humidity /%	80
干燥度 Dryness	0.69

本区域中心区月平均气温与月平均降水量
Monthly temperature and precipitation in central area of the region

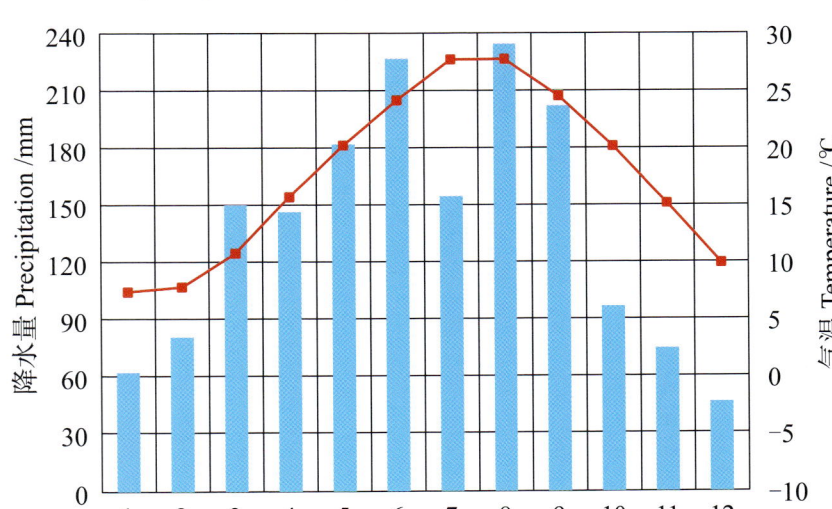

温岭县主要土壤类型与土壤剖面点分布图

1∶190 000

图 例
- 水稻土
- 红壤
- 粗骨土
- 滨海盐土
- 潮土
- ⊗ 剖面点

注：国务院1994年2月批准，撤销温岭县，设立温岭市。

温岭市土壤剖面理化性状表

剖面号 Soil profile	土纲 Soil order	土类 Soil great group	亚类 Soil subgroup	土属 Soil genus	土种 Soil species	土层码 Layer code	土层厚度 Depth/cm	颜色 Soil color	质地 Soil texture	土壤结构 Soil structure	pH	有机质 OM/(g/kg)	全氮 TN/(g/kg)	全磷 TP/(g/kg)	阳离子交换量 CEC/(cmol/kg)	土壤母质 Parent material	剖面点坐标 Profile coordinate	匹配指数 Matching index/%
剖1	铁铝土	红壤	黄红壤	黄泥土		A	0—12	棕色	重壤土	粒状	5.6	21.2	1.01	0.13	6.7	流纹岩风化残积物	E 121°13′39.1″ N 28°28′07.5″	95
						(B)	12—48	棕色	重壤土	块状	6.0	16.6	0.84	0.13	6.6			
						D	48—											
剖2	人为土	水稻土	潴育水稻土	黄斑田	谷口泥砂黄斑田	A	0—12	淡黄棕色	重壤土	粒状	7.0	38.6	2.52	0.43	12.7	老海积物	E 121°14′46.2″ N 28°29′08.3″	75
						P	12—19	灰黄棕色	重壤土	块状	7.5	14.6	1.22	0.27	10.6			
						We	19—31	棕黄色	重壤土	棱柱状	7.6	5.1	0.72	0.20	10.5			
						W	31—60	棕黄色	中黏土	棱柱状	7.5	4.9	0.82	1.17				
						Gw	60—100	青灰色	轻黏土	棱柱状	7.4	7.8	0.72	0.36				
剖3	人为土	水稻土	潴育水稻土	淡涂田	谷口泥砂淡涂田	A	0—10	灰棕色	轻黏土	块状	6.7	38.1	2.18	0.43		新浅海沉积物	E 121°14′56.7″ N 28°18′48.2″	75
						P	10—19	灰棕色	中黏土	块状	6.8	24.1	1.54	0.28				
						Wg	19—65	青灰棕色	中黏土	柱状	7.2	8.3	0.73	0.23				
						Gw	65—100	青灰棕色	中黏土	柱状	7.7	6.6	0.63	0.44				
剖4	人为土	水稻土	脱潜水稻土	青紫泥田		A	0—13	暗灰棕色	轻黏土	粒状	6.2	48.4	2.53	0.37		古海相沉积物	E 121°18′59.4″ N 28°30′15.5″	95
						P	13—20	暗灰棕色	轻黏土	块状	6.5	42.6	2.26	0.31	15.9			
						Wg	20—50	深灰棕色	轻黏土	棱柱状	5.7	40.7	1.98	0.20	15.2			
						Ap	50—88	淡灰棕色	重黏土	棱柱状	5.1	321.8	5.79	0.23	13.8			
						G	88—100	棕黑色	中黏土	棱柱状	6.1	13.1	0.75	0.31				
剖5	人为土	水稻土	潴育水稻土	黄斑田		A	0—13	暗灰棕色	轻黏土	粒状	5.5	40.6	2.35	0.41		老海积物	E 121°26′29.4″ N 28°28′05.9″	95
						P	13—17	深灰棕色	中黏土	块状	5.7	34.9	2.00	0.41				
						W	17—52	黄棕色	重黏土	棱柱状	6.5	20.0	1.32	0.36				
						Gw	52—70	灰棕色	中黏土	棱柱状	6.9	10.5	0.66	0.21				
						Bg	70—100	灰棕色	轻黏土	棱柱状	6.8	5.0	0.46	0.36				
剖6	人为土	水稻土	潴育水稻土	淡涂田	洋心淡涂田	A	0—15	灰棕色	中黏土	粒状	6.8	50.9	2.88	0.63		新浅海沉积物	E 121°28′58.5″ N 28°27′41.1″	95
						P	15—22	灰棕色	中黏土	块状	7.0	34.6	2.30	0.63				
						Wg	22—40	淡黄棕色	中黏土	柱状	7.4	10.6	1.02	0.54				
						Cca	40—100	褐棕色	中黏土	柱状	7.9	6.6	0.56	0.47				
剖7	铁铝土	红壤	黄红壤	亚黄筋泥	亚黄筋泥	A	0—14	棕灰色	重石质土	粒状	6.5	26.6	0.93	0.62	8.2	第四纪红土	E 121°16′55.1″ N 28°24′17.3″	95
						(B)	14—36	红棕色	中壤土	块状	6.3	13.9	0.62	0.58	6.9			
						C	36—51	红棕色	中壤土	粒状	6.0	14.0	0.63	0.54	8.7			
剖8	人为土	水稻土	脱潜水稻土	青紫泥田		A	0—12	灰棕色	重黏土	块状	6.5	52.5	3.02	0.42	12.6	古海相沉积物	E 121°20′22.3″ N 28°24′54.7″	95
						P	12—21	灰棕色	中黏土	棱柱状	7.3	38.5	2.27	0.34	12.2			
						Wg	21—43	青灰棕色	重黏土	棱柱状	7.1	6.1	0.66	0.32				
						G₁	43—67	灰灰棕色	中黏土	棱柱状	7.0	6.1	0.58	0.44				
						G₂	67—100	黄棕色	轻黏土	团块状	8.4	5.7	0.59	0.48	18.0			
剖9	盐碱土	滨海盐土	潮化盐土	咸黏土	轻咸黏土	1	0—20	黄棕色	轻黏土	块状	8.9	9.7	0.84	0.56		新近浅海沉积物	E 121°15′15.7″ N 28°21′24.8″	73
						2	20—40	棕色	中黏土	块状	8.8	11.0	0.70	0.59				
						3	40—60	黄棕色	中黏土	块状	8.5	10.5	0.69	0.61				
						4	60—80	青黄棕色	中黏土	块状	8.1	11.6	0.69	0.61				
						5	80—100	淡黄棕色	轻黏土	块状	7.4	16.7	1.22	0.52				
剖10	人为土	水稻土	潴育水稻土	淡涂田	夹蛳壳淡涂田	P	13—21	灰黄棕色	轻黏土	块状	7.7	9.7	0.85	0.56		新浅海沉积物	E 121°16′27.6″ N 28°20′02.2″	75
						Wca	21—35	深棕黄色	轻黏土	柱状	7.6	5.7	0.59	0.47				
						Cca	35—100	棕黄色	轻黏土	棱柱状	7.6	5.4	0.51	0.53				

续表 Continued

剖面号 Soil profile	土纲 Soil order	土类 Soil great group	亚类 Soil subgroup	土属 Soil genus	土种 Soil species	土层码 Layer code	土层厚度 Depth/cm	颜色 Soil color	质地 Soil texture	土壤结构 Soil structure	pH	有机质 OM/(g/kg)	全氮 TN/(g/kg)	全磷 TP/(g/kg)	阳离子交换量 CEC/(cmol/kg)	土壤母质 Parent material	剖面点坐标 Profile coordinate	匹配指数 Matching index/%
剖11	铁铝土	红壤	红壤	红泥土	红泥砂土	A	0—13	棕色	中壤土	粒状	5.9	25.2	1.16	0.28	6.2	熔结凝灰岩风化物	E 121°18′37.8″ N 28°21′41.1″	95
						(B)	13—100	红棕色	轻壤土	块状	5.7	18.5	0.59	0.13	14.5			
剖12	人为土	水稻土	脱潜水稻土	青紫泥田	泥砂	A	0—12	淡棕色	重壤土	粒状	6.1	33.4	2.01	0.35	9.9	古海相沉积物	E 121°28′40.5″ N 28°21′12.3″	93
						P	12—20	淡棕色	重壤土	块状	6.5	24.4	1.61	0.55	9.8			
					青紫泥田	Wg	20—28	黄棕色	重壤土	块状	6.7	11.3	0.81	0.25	11.6			
						G₁	28—32	青灰色	重黏土	棱柱状	6.9	8.3	0.60	0.33				
						G₂	32—52	锈棕色	重黏土	棱柱状	7.4	7.0	0.59	0.43				
						Bg	52—100	淡棕色	中壤土	粒状	5.8	21.7	1.18	0.34				
剖13	人为土	水稻土	潴育水稻土	洪积泥砂田	淡涂心谷口泥砂田	A	0—13	淡棕色	中壤土	块状	6.1	17.3	1.00	0.25		洪冲积物	E 121°15′50.4″ N 28°19′15.8″	95
						W₁	13—26	棕灰色	重壤土	块状	6.9	11.7	0.74	0.22				
						W₂	26—56	灰棕色	重壤土	柱状	7.1	6.5	0.54	0.33				
						G	56—89	褐棕色	中壤土	柱状	7.1	5.5	0.35	0.23				
							89—100	灰棕色										
剖14	铁铝土	红壤	黄红壤	亚黄筋泥	谷口泥砂 亚黄筋泥	A	0—17	灰棕色	重石质土	粒状	6.7	14.0	0.78	0.40	6.2	第四纪红土	E 121°22′11.5″ N 28°19′21.0″	96
						(B)	17—100	棕红色	重石质土	块状	7.1	8.5	0.80	0.22	10.9			
剖15	人为土	水稻土	脱潜水稻土	青紫泥田	谷口泥砂 青紫泥田	A	0—11	暗棕色	轻壤土	粒状	6.3	49.4	3.02	0.50	13.4	古海相沉积物	E 121°32′19.9″ N 28°25′57.2″	93
						P	11—17	灰棕色	重壤土	块状	6.6	34.2	2.12	0.33	12.7			
						Wg₁	17—23	灰棕色	重壤土	块状	6.8	13.0	0.79	0.25	12.2			
							23—35	黑灰色	中壤土	棱柱状	6.9	16.6	0.69	0.19				
						Gw	35—49	青灰色	重黏土	棱柱状	7.1	6.6	0.54	0.23				
						Wg₂	49—100	灰棕色	中壤土		7.1	6.3	0.51	0.36				
剖16	半水成土	潮土	灰潮土	淡涂泥	钙质淡涂泥	1	0—20	淡棕色	轻壤土	块状	8.2	8.6	0.73	0.58	13.8	新滨海沉积物	E 121°33′30.4″ N 28°26′37.3″	95
						2	20—40	淡棕色	轻壤土	块状	8.2	8.7	0.71	0.58	14.8			
						3	40—60	淡棕色	重壤土	块状	8.6	7.6	0.63	0.59	15.3			
						4	60—80	淡棕色	中壤土	块状	8.7	8.8	0.64	0.59				
						5	80—100	淡棕色	轻壤土	块状	8.8	10.1	0.69	0.59				
剖17	水稻土	水稻土	盐渍水稻土	涂黏田	咸黏田	1	0—20	淡棕色	轻壤土	块状	8.5	9.6	0.75	0.57		新滨海沉积物	E 121°31′20.1″ N 28°22′45.0″	95
						2	20—40	淡棕色	轻壤土	块状	8.8	7.0	0.57	0.57				
						3	40—60	淡棕色	轻壤土	块状	8.8	9.5	0.76	0.61				
						4	60—80	淡棕色	轻壤土	块状	9.1	6.2	0.46	0.59				
						5	80—100	淡棕色	轻壤土	块状	9.0	7.4	0.57	0.57				
剖18	人为土	水稻土	脱潜水稻土	青紫泥田	夹泥炭 谷口泥砂 青紫泥田	A	0—11	棕灰色	中壤土	粒状	5.5	54.7	2.87	0.30		古海相沉积物	E 121°32′01.4″ N 28°20′56.7″	93
						P	11—23	棕灰色	轻壤土	块状	5.7	21.5	1.13	0.15				
						Gw	23—48	黑青色	轻壤土	块状	5.5	61.2	1.53	0.13				
						Ap	48—80	灰棕色	轻壤土	块状	5.5	210.3	4.37	0.19				
						G	80—100	灰黑色	重壤土	柱状	5.5	46.8	1.90	0.16				
剖19	人为土	水稻土	潴育水稻土	洪积泥砂田	黄筋心谷口泥砂田	A	0—12	淡棕色	重壤土	粒状	5.7	46.6	2.80	0.41	11.3	洪冲积物	E 121°35′41.4″ N 28°19′09.7″	75
						P	12—23	黄棕色	重壤土	块状	6.6	18.5	1.14	0.18	8.4			
						W	23—34	棕黄色	轻壤土	块状	6.7	14.5	0.68	0.20	12.5			
						Wg	34—49	褐棕色	轻壤土	块状	6.9	14.4	0.68	0.15				
						G	49—100	青灰色	轻壤土	棱柱状	7.0	8.2	0.52	0.10				
剖20	半水成土	潮土	灰潮土	洪积泥砂土	狭谷泥砂土	A	0—15	暗灰棕色	重壤土	粒状	5.9	25.0	1.39	0.32		洪冲积物	E 121°35′59.7″ N 28°17′25.7″	95
						(B)	15—46	灰棕色	重黏土	粒状	6.1	28.4	1.65	0.35				
						C	46—		重石质土	粒状	5.9	26.6	1.50	0.40				

临 海 市

主要土类说明

红壤是临海市主要土壤类型，占本市地域面积的64%。红壤是在湿热的亚热带季风条件下，经过以红壤化为主导的成土过程，形成的具有A-(B)-C剖面构型的土壤类型。在湿热气候条件下，脱硅富铝过程使母质中硅酸和盐基淋失，铁铝氧化物相对累积，土中次生矿物以高岭石和铁铝氧化物为主，黏粒的SiO_2/R_2O比率较低，呈酸性反应，有机质含量较低，阳离子交换量和盐基饱和度均较低。本市红壤以林业为主，少量已垦为粮地。

水稻土是临海市第二大土壤类型，占本市地域面积的19%。水稻土是在各种母质或各种土壤类型基础上，通过人为长期水耕活动，使土体内物质转化、淋溶淀积和氧化还原交替作用而形成的新土壤类型。其主要发生层有耕作层、犁底层、潴育层、潜育层、母质层等，即具有A-P-W-C或A-P-W-G剖面构型。本市水稻土可划分为渗育型、潴育型、脱潜型、潜育型和盐渍型等亚类。

粗骨土占临海市地域面积的5%。粗骨土属于A-C甚至(A)-C剖面构型土壤。A层发育不明显，与母质层性状相似，略显有机质累积。有时母质层富含砾石，甚少剖面分异与发育特征。

黄壤占临海市地域面积的4%，主要分布于本市较高的山地上（海拔600—800m）。黄壤的成土母质为基岩残积体和被抬升的古红土，植被多为灌木和草丛。其成土作用以黄壤化为主导。黄壤分布区气候相对冷凉，无明显旱季，地球化学作用相对减弱，黏粒含量减少，黏粒的硅与铁、铝的比率比红壤大。铁的氢氧化物脱水程度低，氧化铁水化度高，使土体显黄色。地面有机物残落量大，分解量低，A层有机质含量高，平均为9.4%，土色深暗，厚度在10—20cm及以上。

潮土占临海市地域面积的3%，分布在本市河谷和滨海平原地区，以城西区最多，其他各区（海拔3—50m）均有分布。成土母质包括河相、海相的洪积物、冲积物和沉积物。滨海平原上的浅海沉积物，已基本脱盐，全盐量<0.1%，但未脱钙，有强烈的石灰反应。受地表水和地下水的双重影响，尤其是地下水季节变化，土体经历干湿交替和氧化还原过程，剖面的中下部形成铁锰斑纹或结核。本市潮土大多已开垦利用，种植旱粮作物或为果木基地。

小于本市地域面积3%的土壤类型为滨海盐土、红黏土和紫色土。

本区域中心区气候特征

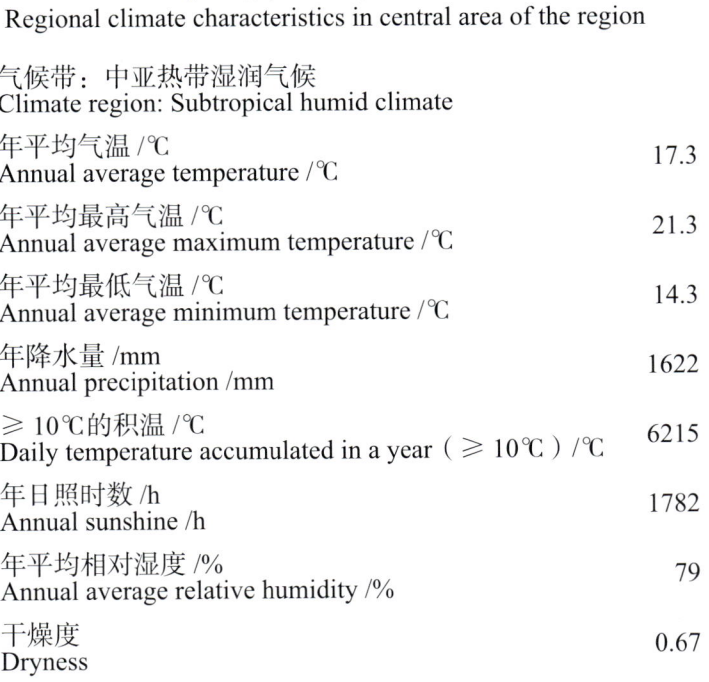

本区域中心区气候特征值
Regional climate characteristics in central area of the region

气候带：中亚热带湿润气候 Climate region: Subtropical humid climate	
年平均气温 /℃ Annual average temperature /℃	17.3
年平均最高气温 /℃ Annual average maximum temperature /℃	21.3
年平均最低气温 /℃ Annual average minimum temperature /℃	14.3
年降水量 /mm Annual precipitation /mm	1622
≥10℃的积温 /℃ Daily temperature accumulated in a year (≥10℃) /℃	6215
年日照时数 /h Annual sunshine /h	1782
年平均相对湿度 /% Annual average relative humidity /%	79
干燥度 Dryness	0.67

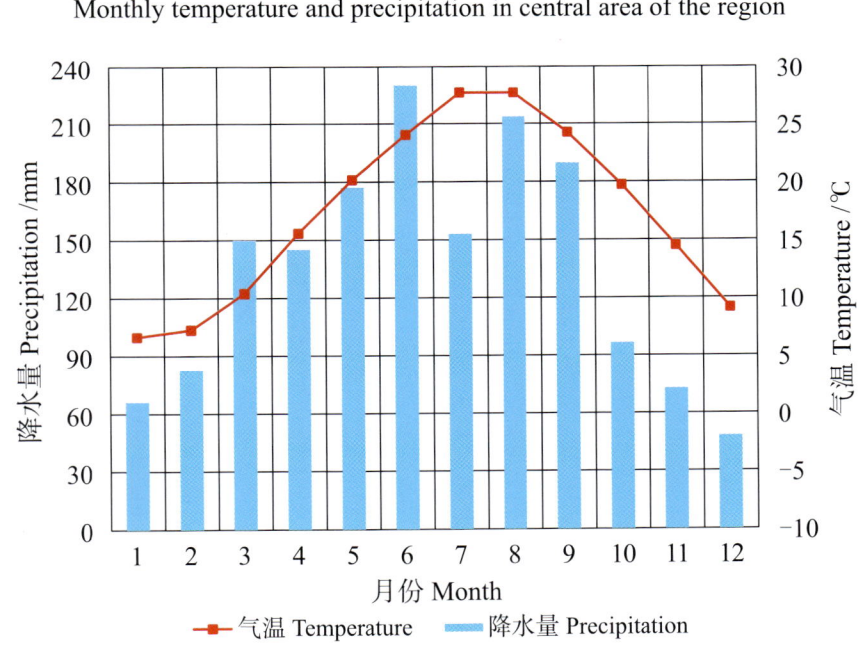

本区域中心区月平均气温与月平均降水量
Monthly temperature and precipitation in central area of the region

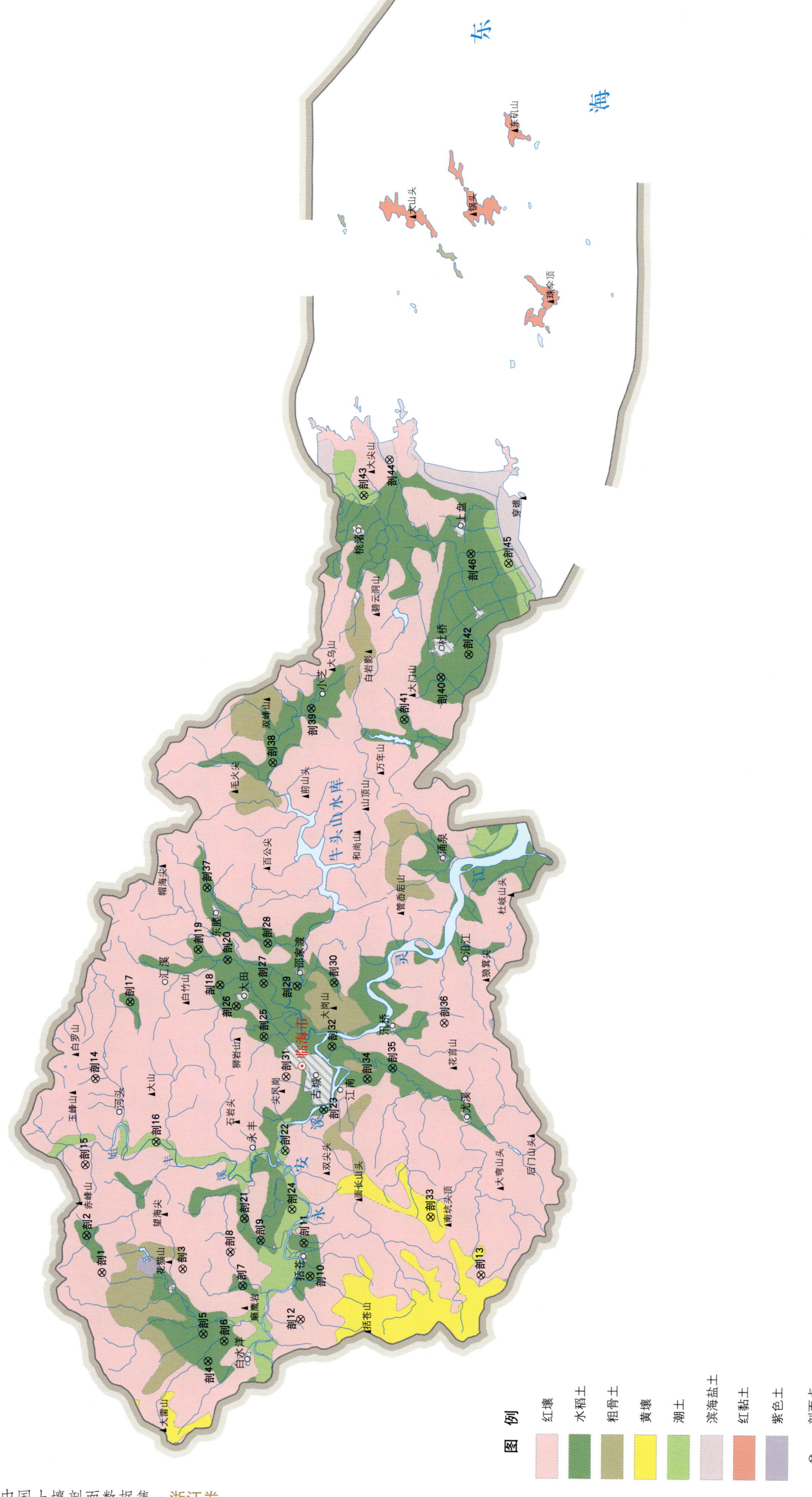

临海市土壤剖面理化性状表

剖面号 Soil profile	土纲 Soil order	土类 Soil great group	亚类 Soil subgroup	土属 Soil genus	土种 Soil species	土层码 Layer code	土层厚度 Depth/cm	颜色 Soil color	质地 Soil texture	土壤结构 Soil structure	pH	有机质 OM/(g/kg)	全氮 TN/(g/kg)	全磷 TP/(g/kg)	碱解氮 AN/(mg/kg)	有效磷 AP/(mg/kg)	速效钾 AK/(mg/kg)	阳离子交换量CEC/(cmol/kg)	土壤母质 Parent material	剖面点坐标 Profile coordinate	匹配指数 Matching index/%
剖1	铁铝土	红壤	红壤	红黏土	红泥土	A	0—15	红棕色	轻黏土	粒状	4.8	13.2	0.75	0.21	76	1.6	100	10.6	凝灰岩风化物	E 120°57′43.4″ N 29°00′22.0″	95
						(B)	15—100	红黄棕色	轻黏土	块状	4.9	4.0	0.47	0.15	45	<1.0	55	8.4			
剖2	人为土	水稻土	潴育水稻土	老黄筋泥田	谷口泥砂老黄筋泥土	A	0—15	灰黄色	中壤土	粒状	5.5	19.2	0.99	0.40	92	1.9	53	9.3	洪积物、古红土	E 120°59′33.5″ N 29°01′05.0″	95
						P	15—25	黄棕色	中壤土	块状	5.7	15.9	0.90	0.34	85	4.2	49	9.1			
						W_1	25—37	黄棕色	重壤土	柱状	6.6	3.3	0.35	0.07	19	<1.0	90				
						W_2	37—50	黄棕色		柱状	6.5	7.3	0.42	0.18	49	3.4	38				
						C	50—100	黄棕色		柱状	6.0	2.9	0.35	0.13	42	1.4	54				
剖3	铁铝土	黄红壤		黄泥土		A	0—13	黑色	轻黏土	粒状	6.3	91.1	4.07	0.68	261	<1.0		25.2	凝灰岩风化物	E 120°58′00.4″ N 28°56′47.0″	95
						(B_1)	13—42	棕灰色	轻黏土	块状	5.1	48.2	2.51	0.60	165	<1.0	200	20.6			
						(B_2)	42—100	黄棕色	轻黏土	块状											
剖4	人为土	潴育水稻土		培砂田	红心泥砂田	A	0—12	灰棕色	中壤土	粒状	5.4	26.7	1.48	0.24	52	5.1	43	13.1	冲积物	E 120°53′26.4″ N 28°55′33.8″	95
						P	12—18	棕黄色	中壤土	块状	5.6	10.1	0.89	0.17	18	1.4	56	13.2			
						W	18—40	黄棕色	中壤土	柱状	6.5	7.5	0.51	0.16	91	1.2	43	13.6			
						C	40—100	红棕色	中壤土	块状	6.5	4.9	0.33	0.70	37	<1.0	50				
剖5	人为土	潴育水稻土		泥砂田	泥砂田	A	0—14	灰棕色	中壤土	粒状	5.7	26.0	1.87	0.32	168	6.6	60	14.3	冲积物	E 120°54′47.0″ N 28°55′47.6″	75
						W_1	14—22	黄棕色	中壤土	块状	6.8	6.0	0.52	0.16	64	1.5	58	17.7			
						W_2	22—33	黄棕色	中壤土	柱状	6.8	6.2	0.54	0.14	52	2.0	31	15.3			
						W_3	33—42	黄棕色	中壤土	柱状	6.7	4.9	0.81	0.21	41	<1.0	30				
						C	42—100	黄棕色	重壤土	块状	6.7	9.8	0.63	0.24	52	1.3	36				
剖6	人为土	潴育水稻土		山地黄泥田	山地黄泥田	A	0—9	黄棕色	中壤土	粒状	5.5	38.1	1.93	0.36	178	11.7	189	17.3	母土为山地黄泥土	E 120°54′27.9″ N 28°55′51.8″	95
						Bw_1	9—16	黄棕色	中壤土	块状	5.5	30.8	1.58	0.33	154	8.6	136	15.3			
						Bw_2	16—37	黄棕色	中壤土	块状	5.6	18.3	0.90	0.33	148	1.6	116	16.9			
						Bw_3	37—49	黄棕色		块状											
							49—100														
剖7	人为土	潴育水稻土		培砂田	青紫心培砂田	A	0—15	棕灰色	重壤土	粒状	5.4	35.0	1.71	0.33	146	<1.0	63	19.5	冲积物、老海积物	E 120°57′14.3″ N 28°54′06.3″	75
						P	15—23	棕灰色	重壤土	块状	6.8	29.2	1.34	0.34	114	<1.0	49	17.7			
						W	23—83	黄棕色	重壤土	棱柱状	6.7	10.7	0.49	0.25	35	<1.0	55	21.2			
						Gw	83—100	青灰色	重壤土	棱柱状	6.7	5.9	0.41	0.16	26	<1.0	54				
剖8	铁铝土	红壤	红壤	红黏土	红黏土	A	0—4	红色	重壤土	核状	5.2	23.2	1.04	0.18	98	<1.0	162	13.3	岩浆岩风化物	E 120°58′54.9″ N 28°54′41.4″	95
						(B)	4—78	红色	轻壤土	核状	5.2	8.0	0.56	0.14	51	<1.0	82	14.6			
																		9.7			
剖9	人为土	潴育水稻土		洪积泥砂田	滩地泥砂田	A	0—12	灰棕色	轻壤土	粒状	5.6	32.3	1.55	0.38	142	3.2	43		洪积物	E 120°59′31.5″ N 28°53′21.4″	75
						P	12—21	灰棕色	重壤土	块状	5.3	17.9	0.93	0.36	82	2.9	38				
						W_1	21—34	黄棕色	重壤土	柱状	6.0	3.6	0.71	0.20	36	2.7	45				
						WE	34—68	灰白色	重壤土	柱状											
						C	68—100	棕色		柱状											
剖10	人为土	黄泥田		黄泥田	黄泥田	A	0—15	灰黄色	重壤土	粒状	5.4	31.2	1.73	0.31	163	2.5	92	9.9	红黄壤性原积物、再积物	E 120°57′49.0″ N 28°51′08.0″	95
						P	14—18	灰黄色	重壤土	块状	5.4	20.2	1.20	0.25	128	1.4	68	10.7			
						Bw_1	18—23	黄棕色	重壤土	块状	6.3	10.9	0.70	0.19	69	1.6	60	9.4			
						Bw_2	23—100	黄棕色	重壤土	块状	6.3	5.0	0.30	0.15	37	1.3	70				
剖11	人为土	水稻土	潴育水稻土	淡涂田	淡灰泥田	A	0—10	灰棕色	轻黏土	粒状	6.6	33.8	1.97	0.55					新浅海沉积物	E 120°59′26.9″ N 28°51′25.8″	75
						Wgca	10—18	棕色	轻黏土	块状	7.8	21.9	1.48	0.50							
							18—100	淡棕色	轻黏土	柱状											
						Cca	100—170	棕色	轻黏土	块状	8.2	7.8	0.82	0.52							

续表 Continued

剖面号 Soil profile	土纲 Soil order	土类 Soil great group	亚类 Soil subgroup	土属 Soil genus	土种 Soil species	土层码 Layer code	土层厚度 Depth/cm	颜色 Soil color	质地 Soil texture	土壤结构 Soil structure	pH	有机质 OM/(g/kg)	全氮 TN/(g/kg)	全磷 TP/(g/kg)	碱解氮 AN/(mg/kg)	有效磷 AP/(mg/kg)	速效钾 AK/(mg/kg)	阳离子交换量 CEC/(cmol/kg)	土壤母质 Parent material	剖面点坐标 Profile coordinate	匹配指数 Matching index/%
剖12	铁铝土	红壤	黄红壤	亚黄筋泥	砾石亚黄筋泥	A	0—14	暗棕色	轻壤土	粒状	6.1	6.7	0.24	0.69	109	20.7	141	12.9	第四纪红土	E 120°55′39.4″ N 28°51′29.9″	95
						(B₁)	14—50	黄棕色	重壤土	块状	5.8	17.5	0.78	0.82	70	12.9	90	12.4			
						(B₂)	50—100	棕黄色	重壤土	块状	5.8	7.8	0.69	0.99	68	13.8	65				
剖13	铁铝土	红壤	黄红壤	红砂土	红砂土	A	0—5	紫红色	重壤土	粒状	5.4	28.5	1.54	0.12	120	5.1	93	10.9	紫红色砂页岩风化物	E 120°58′04.9″ N 28°43′32.8″	95
						(B)	5—55	紫红色	重壤土	块状	5.0	22.2	0.70	0.09	68	1.0	94	9.5			
剖14	铁铝土	红壤	红壤	红泥土	红泥砂土	A	0—4	灰棕色	重壤土	粒状	4.8	45.3	1.73	0.31	178	3.6	178	12.9	熔质凝灰岩风化物	E 121°07′25.2″ N 29°00′51.8″	95
						(B₁)	4—55	灰棕色	重壤土	核块状	4.8	28.9	1.14	0.27	119	1.0	88	12.1			
						(B₂)	55—100	红棕色	重壤土	块状	5.0	7.2	0.49	0.37	49	<1.0	13	16.7			
剖15	铁铝土	红壤	红壤	红泥土	砾石红泥土	A	0—8	红棕色	重壤土	粒状	6.1	25.7	0.53	0.49	126	7.7	308	9.9	凝灰岩风化物	E 121°03′04.2″ N 29°01′13.0″	95
						(B)	8—25	红棕色	重壤土	块状	5.5	15.3	0.33	0.33				8.3			
剖16	半水成土	潮土	灰潮土	清水砂		A	0—14	灰棕色	轻壤土	团块状	7.9	15.3	1.01	0.57	69	1.8	300	23.7	河流冲积物	E 121°04′17.6″ N 28°58′05.6″	95
						B	14—22	灰棕色	轻黏土	块状	7.8	12.2	1.00	0.55	53	<1.0	313	26.2			
						C	22—100	棕色	轻黏土	粒状	7.9	14.7	1.02	0.59	65	1.9	355				
剖17	人为土	水稻土	潴育水稻土	洪积泥砂田	铁谷泥砂田	A	0—12	灰棕色	中壤土	粒状	5.3	31.3	1.68	0.30	154	8.9	92	13.3	洪冲积物	E 121°11′20.0″ N 28°59′23.4″	95
						P	12—20	棕灰色	轻壤土	块状	5.5	18.8	1.40	0.29	124	8.0	52	13.0			
						W₁	20—36	暗棕色	中壤土	块状	6.1	2.3	1.24	0.31	110	8.0	50	14.6			
						E	36—73	灰棕色	中壤土	柱状	6.6	2.4	0.29	0.17	23	3.4	47				
剖18	人为土	水稻土	脱潜水稻土	青紫泥田		A	0—12	黄棕色	重壤土	粒状	6.1	39.2	2.51	0.35	183	6.0	74	19.1	老海积物	E 121°12′17.5″ N 28°55′25.7″	75
						P	12—22	棕灰色	轻壤土	块状	6.8	10.2	0.81	0.23	45	2.1	50	14.8			
						Gw₁	22—50	青灰色	中壤土	棱块状	6.9	9.3	0.69	0.31	26	1.5	176	22.1			
						Gw₂	50—82	青灰色	中壤土	棱块状	7.1	4.7	0.61	0.24	17	2.1					
						G	82—100	青灰色	中壤土	柱状											
剖19	人为土	水稻土	潴育水稻土	江涂泥田	底钙江涂泥田	A	0—13	灰棕色	轻壤土	粒状	6.6	24.7	1.69	0.69	102	11.7	248	29.7	江潮淤积物	E 121°14′02.8″ N 28°56′24.7″	75
						P	13—25	棕灰色	轻黏土	块状	7.1	14.8	1.15	0.65	64	9.4	240	29.3			
						Cca	25—100	灰棕色	轻黏土	柱状	7.6						159	28.9			
剖20	人为土	水稻土	老黄筋泥田	黄泥砂	老黄筋泥砂田	A	0—15	灰棕色	中壤土	粒状	5.9	25.9	1.55	0.22	198	6.1	40	11.3	第四纪红色黏土	E 121°13′33.6″ N 28°55′06.2″	95
						P	15—24	棕色	中壤土	柱状	5.6	8.1	0.57	0.15	47	<1.0	27	10.2			
						W	24—34	黄棕色	中壤土	柱状	6.5	3.1	0.20	0.13	19	<1.0	27	10.1			
						C	34—100	棕色	重壤土	柱状	6.2	3.3	0.37	0.13	23		55				
剖21	人为土	水稻土	潴育水稻土	洪积泥砂田	合口泥砂田	A	0—14	灰棕色	中壤土	粒状	6.5	24.2	1.22	0.22	35	2.3	75	12.1	洪冲积物	E 121°00′35.2″ N 28°54′06.2″	95
						P	14—22	灰棕色	轻壤土	块状	5.4	17.3	1.07	0.17	93	2.9	55	12.0			
						W₁	22—44	黄棕色	中壤土	柱状	5.4	4.6	0.47	0.12	140	4.6	63	12.3			
						W₂	44—100	黄棕色	轻壤土	柱状											
剖22	半水成土	潮土	灰潮土	江涂泥	脱钙江涂泥	A	0—15	灰棕色	轻壤土	粒状	7.4	13.1	1.07	0.40	64	5.6	87	28.2	江潮淤积物	E 121°04′00.5″ N 28°52′21.4″	75
						B₁	15—34	棕色	轻壤土	块状	7.8	8.2	0.73	0.46	38	2.2	85	25.8			
						B	34—100	棕色	轻壤土	柱状	7.9	8.4	0.80	0.43	39	2.5	76	35.1			
剖23	人为土	水稻土	脱潜水稻土	青紫泥田	泥砂头	A	0—13	浊黄棕色	粉砂质黏壤土	团块状	6.4	31.2	1.87	0.27		6.2	130	25.0		E 121°06′06.9″ N 28°50′41.7″	81
						Ap	13—21	灰黄棕色	粉砂质黏壤土	块状	6.7	23.0	1.33	0.24		3.3	118	29.8			
						Gw₁	21—35	灰黄棕色	粉砂质黏壤土	棱块状	6.9	8.9	0.53	0.24		2.5	127	32.1			
						Gwg	35—67	灰色	黏土	棱柱状	6.5	6.8	0.63	0.12							
						G	67—95	灰色	黏土	无结构糊状	6.7	13.2	0.81	0.22							
剖24	半水成土	潮土	灰潮土	江涂泥	青紫泥田	A	0—19	灰棕色	轻壤土	粒状	7.8	12.0	1.28	0.60	68	6.2	130	25.0	江潮淤积物	E 121°01′06.5″ N 28°51′59.9″	75
						B₁	19—48	棕色	轻壤土	块状	7.9	9.1	1.07	0.54	59	3.3	118	29.8			
						B₂	48—75	棕色	中壤土	柱状	7.9	8.4	0.89	0.42	36	2.5	127	32.1			
						Cca	75—100	棕色	中壤土	柱状	7.9	9.0	0.85	0.48	36	2.8	127				

续表 Continued

剖面号 Soil profile	土纲 Soil order	土类 Soil great group	亚类 Soil subgroup	土属 Soil genus	土种 Soil species	土层码 Layer code	土层厚度 Depth/cm	颜色 Soil color	质地 Soil texture	土壤结构 Soil structure	pH	有机质 OM/(g/kg)	全氮 TN/(g/kg)	全磷 TP/(g/kg)	碱解氮 AN/(mg/kg)	有效磷 AP/(mg/kg)	速效钾 AK/(mg/kg)	阳离子交换量 CEC/(cmol/kg)	土壤母质 Parent material	剖面点坐标 Profile coordinate	匹配指数 Matching index/%
剖26	人为土	水稻土	脱潜水稻土	青紫泥田	黄化青紫泥田	A	0—14	灰黄色	轻黏土	粒状、块状	6.4	31.2	0.61	0.72	128	13.6	178	19.3	老海积物	E 121°11′14.3″ N 28°54′40.8″	75
						P	14—22	棕灰色	轻黏土	块状	6.4	10.1	2.63	0.62	33	14.1	275	19.6			
						Wg	22—55	黄棕色	轻黏土	柱状	6.4	6.4	0.67	0.62	23	19.7		21.0			
						Gw	55—100	青灰色	轻黏土	棱柱状	6.5	10.9	0.85	0.40	30	15.3					
剖27	人为土	水稻土	渗潜水稻土	黄泥田	砂性黄泥田	A	0—12	灰黄色	中壤土	粒状	5.4	18.5	0.81	0.34					红黄壤性原积物、再积物	E 121°12′25.0″ N 28°53′28.9″	95
						P	12—19	灰黄色	中壤土	块状	5.8	10.3	0.80	0.31							
						Bw₁	19—34	黄棕色	重黏土	块状	5.4	9.5	0.62	0.16							
						Bw₂	34—100	黄棕色	重黏土	块状	5.2	6.5	0.54	0.11							
剖28	人为土	水稻土	潴育水稻土	江涂泥田	脱钙江涂泥田	A	0—12	黄灰色	轻黏土	粒状	6.5	32.5	2.11	0.52	143	7.3	156	21.8	江潮淤积物	E 121°14′26.3″ N 28°53′20.1″	75
						P	12—23	棕黄色	轻黏土	块状	6.9	19.5	1.45	0.48	84	4.5	194	19.5			
						W₁	23—29	黄棕色	中壤土	柱状	7.3	7.7	0.83	0.41	30	3.9	345	20.7			
						W₂	29—100	黄棕色	轻壤土	柱状	7.2	7.6	0.74	0.60	19	11.1	425				
剖29	人为土	水稻土	潴育水稻土	培泥砂田	培砂田	A	0—15	灰棕色	砂壤土	粒状	6.5	13.6	0.78	0.25	103	3.6	56	7.9	新河流冲积物	E 121°12′18.6″ N 28°51′59.8″	95
						P	15—22	棕灰色	轻壤土	块状	6.5	7.7	0.69	0.32	85	5.0	38	9.0			
						W₁	22—35	黄棕色	中壤土	块状	6.9	3.9	0.37	0.29	84	10.6	31	7.1			
						W₂	35—100	黄棕色	中壤土	柱状	6.8	5.3	0.43	0.36	44	15.6					
剖30	人为土	水稻土	潴育水稻土	培泥砂田	培砂田	A	0—14	灰棕色	中壤土	粒状	5.5	17.2	1.15	0.43	109	3.3	50	15.2	冲积物	E 121°12′31.8″ N 28°50′21.4″	95
						P	14—21	棕色	中壤土	块状	6.2	20.0	1.77	0.44	78	3.5	45	17.3			
						W	21—100	棕色	中壤土	柱状	6.6	5.7	0.44	0.39	36	<1.0	49	14.1			
剖31	铁铝土	红壤	黄红壤	黄泥土		A	0—11	黄棕色	中壤土	粒状	5.4	14.4	0.73	0.26	145	2.0	127	14.2	凝灰岩风化物	E 121°07′44.0″ N 28°52′23.5″	95
						(B)	11—51	黄棕色	重黏土	块状	5.6	12.7	0.78	0.33	166	2.5	107	13.0			
剖32	人为土	水稻土	盐渍水稻土	涂黏田	咸黏田	Asa	0—13	灰灰色	轻黏土	粒状	7.7	37.0	1.81	0.62	150	7.8	273	≥50.0	新浅海沉积物	E 121°09′18.4″ N 28°50′23.6″	75
						Psa	13—21	棕灰色	轻黏土	块状	8.1	26.3	1.74	0.54	99	6.4	315	25.8			
						Csa	21—100	棕色	轻黏土	块状	8.5	6.4	0.69	0.57	25	7.6	325	39.9			
剖33	铁铝土	黄壤	山地黄壤	山地黄泥土	山地香灰土	Ao	0—8	黑色	中壤土	粒状	5.3	145.1	5.18	0.47	575	2.4	238	34.1	凝灰岩风化物	E 121°00′53.4″ N 28°45′50.3″	95
						A₁	8—21	棕黄色	中壤土	核状	5.5	180.0	6.11	0.53	684	5.3	320	37.0			
						(B)	21—52	棕黄色	重黏土	块状	5.3	45.8	2.50	0.41	290	<1.0	146				
剖34	人为土	水稻土	脱潜水稻土	青紫泥田		A	0—12	灰棕色	中壤土	粒状	4.7	43.9	3.06	0.27	208	6.5	75	17.0	红壤再积物、老海积物	E 121°07′42.2″ N 28°48′47.2″	95
						P	12—20	黄棕色	中壤土	块状	5.2	11.9	0.84	0.12	70	1.6	40	13.0			
						Wg	20—30	黄棕色	中壤土	块状	5.0	10.4	0.86	0.13	55	1.9	47	11.0			
						Gw	30—52	青灰色	轻黏土	柱状	5.0	12.4	0.95	0.12	52	<1.0	65				
						G	52—100	灰黄色	重黏土	棱柱状	5.1	29.1	1.12	0.09	109	<1.0					
剖35	人为土	水稻土	脱潜水稻土	青紫泥田	培泥青紫泥田	A	0—11	灰黄色	重黏土	粒状	5.4	34.5	2.09	0.29	209	4.6	91	18.7	冲积物、老海积物	E 121°08′16.4″ N 28°47′40.5″	93
						P	11—17	棕黄色	重黏土	块状	6.5	12.2	0.79	0.26	68	3.7	44	19.5			
						W	17—32	青灰色	轻黏土	柱状	6.9	8.0	0.63	0.16	52	2.6	48	20.5			
						Gw₁	32—75	青灰色	轻黏土	棱柱状	6.6	9.6	0.64	0.13	37	2.1	81				
						Gw₂	75—100														
剖36	铁铝土	红壤	黄红壤	粉红泥土	粉红泥土	A	0—12	灰黄色	重黏土	块状	5.8	22.7	1.35	0.35	146	3.6	153		浅色凝灰岩风化物	E 121°10′35.2″ N 28°45′25.8″	95
						(B)	12—40	黄棕色	重黏土	粒状	5.4	16.3	1.05	0.22	92	2.6	90	36.2			
剖37	人为土	水稻土	潴育水稻土	洪积泥砂土	青紫心谷口泥砂田	A	0—13	棕灰色	重黏土	块状	6.9	58.6	3.59	0.45	82	7.5	218	19.6	洪积物、海积物	E 121°17′10.1″ N 28°56′05.2″	95
						P	13—20	黄棕色	重黏土	柱状	6.7	44.0	3.12	0.41	223	4.3	67	12.1			
						W₁	20—38	灰白色	轻黏土	柱状	7.2	10.3	0.84	0.28	43	4.0	88				
						W₂	38—47	黄白色	轻黏土	柱状	6.9	7.5	0.55	0.18	62	1.4	55				
						W₃	47—65	灰白色	轻黏土	柱状	6.0	6.3	0.83	0.11	287	6.2	89				
						Gw	65—100	青灰色	轻黏土	棱柱状	7.1	11.6	2.08	0.23	43	1.0	99				

续表 Continued

剖面号 Soil profile	土纲 Soil order	土类 Soil great group	亚类 Soil subgroup	土属 Soil genus	土种 Soil species	土层码 Layer code	土层厚度 Depth/ cm	颜色 Soil color	质地 Soil texture	土壤结构 Soil structure	pH	有机质 OM/ (g/kg)	全氮 TN/ (g/kg)	全磷 TP/ (g/kg)	碱解氮 AN/ (mg/kg)	有效磷 AP/ (mg/kg)	速效钾 AK/ (mg/kg)	阳离子 交换量CEC/ (cmol/kg)	土壤母质 Parent material	剖面点坐标 Profile coordinate	匹配指数 Matching index/%
剖38	人为土	水稻土	渗育水稻土	红泥田	红泥砂田	A	0—13	红棕色	中壤土	粒状	5.2	20.4	1.12	0.34	122	7.1	63	11.2	母土为红泥土、红泥砂土和红黏土	E 121°23′31.6″ N 28°53′16.5″	95
						P	13—17	红棕色	中壤土	块状	5.7	14.5	1.07	0.33	126	4.5	67	9.2			
						Bw₁	17—31	棕红色	中壤土	块状	5.8	6.3	0.50	0.21	68	<1.0	85	11.2			
						Bw₂	31—100	棕红色	中壤土	块状	6.2	9.5	0.60	0.30	62	<1.0	75				
剖39	人为土	水稻土	潴育水稻土	淡涂田	淡涂田	A	0—13	灰棕色	重壤土	粒状	6.6	52.2	2.96	1.24	192	8.9	178	18.1	新浅海沉积物	E 121°26′16.4″ N 28°51′37.2″	95
						P	13—24	棕灰色	重壤土	块状	6.8	27.8	1.99	0.42	123	4.9	195	19.2			
						W	24—40	黄棕色	重壤土	柱状	7.8	7.7	0.79	0.40	30	3.2	235	17.2			
						Wca	40—100	暗棕色	轻黏土	柱状	8.4	6.5	0.78	0.50	23	8.8	393				
剖40	人为土	水稻土	潴育水稻土	黄斑田		A	0—17	灰棕色	重壤土	粒状	5.9	52.4	2.80	0.59	175	2.6	84	24.8	老海积物	E 121°27′55.6″ N 28°45′52.8″	95
						P	17—28	棕灰色	轻壤土	块状	6.8	36.2	1.91	0.50	121	6.9	88	22.7			
						W	28—39	黄棕色	轻黏土	柱状	7.2	8.6	0.63	0.21	23	2.5	138	22.2			
						Gw	39—50	青灰色	轻黏土	棱柱状	6.8	4.9	0.56	0.37	18	2.3	175				
						C	50—100	黄棕色		小棱柱状											
剖41	人为土	水稻土	潴育水稻土	泥砂田	青紫心泥砂田	A	0—12	灰棕色	中壤土	粒状	4.9	29.2	1.88	0.31	190	13.0	132	12.8	冲积物	E 121°25′47.6″ N 28°47′28.7″	95
						P	12—22	棕灰色	中壤土	块状	5.7	9.5	0.74	0.36	67	1.9	117	12.5			
						W₁	22—58	黄棕色	中壤土	柱状	5.2	6.0	0.78	0.30	31	3.8	70	13.9			
						W₂	58—80	黄棕色	重壤土	柱状	6.6	4.7	0.47	0.35	29	2.9					
						Gw	80—100	青灰色		棱柱状											
剖42	人为土	水稻土	潴育水稻土	淡涂田	钙质淡涂田	Aca	0—13	棕色	重壤土	粒状	7.9	30.6	1.98	0.68	140	9.5	240	≥50.0	新浅海沉积物	E 121°29′06.1″ N 28°44′40.1″	95
						Pca	13—20	暗棕色	重壤土	块状	8.2	19.0	1.65	0.57	90	8.7	283	20.3			
						Wca	20—100	灰棕色	重壤土	柱状	8.5	7.1	0.66	0.56	29	7.8	380	38.0			
剖43	半水成土	潮土	灰潮土	洪积泥砂土	红土心谷口泥砂土	A	0—18	棕黄色		粒状	6.3	16.1	0.87	0.33					洪积物，古红土	E 121°36′59.1″ N 28°49′25.9″	75
						Bw	18—58	棕黄色		块状											
						C	58—100	棕黄色													
剖44	盐碱土	滨海盐土	滨海盐土	涂黏土	盐白地	Asa	0—25	棕色	轻黏土	粒状	8.3	7.3	0.60	0.63	24	15.4	613	12.3	新浅海沉积物	E 121°38′48.0″ N 28°48′19.0″	74
						Csa	25—100	棕色	轻黏土	块状	8.5	6.6	0.51	0.64	25	14.3	228	13.5			
剖45	半水成土	潮土	灰潮土	淡涂泥	淡涂泥	Aca	0—14	暗棕色	轻黏土	粒状	7.9	13.3	1.02	0.58	59	10.8	99	20.1	新浅海沉积物	E 121°33′42.5″ N 28°42′57.4″	95
						Bwca₁	14—51	黄棕色	轻黏土	块状	8.3	10.6	0.86	0.56	61	4.9	87	25.0			
						Bwca₂	51—100	黄棕色	重壤土	柱状	8.0	7.8	0.73	4.70	44	5.8	72	21.9			
剖46	人为土	水稻土	潴育水稻土	淡涂田	谷口泥砂淡涂田	A	0—11	灰棕色	重壤土	粒状	6.0	40.5	2.29	0.45	186	3.9	189	21.6	新浅海沉积物	E 121°34′08.9″ N 28°44′39.1″	95
						P	11—18	棕灰色	重壤土	块状	6.8	14.0	1.11	0.39	96	3.7	166	22.2			
						W₁	18—30	黄棕色	轻黏土	柱状	7.4	9.0	0.84	0.51	47	3.9	188	23.0			
						W₂	30—100	黄棕色	轻黏土	柱状	8.0	5.6	0.68	0.48	41	3.9	48				

玉 环 市

主要土类说明

红壤是玉环市主要土壤类型，占本市地域面积的57%。本市红壤主要分布于丘陵山地，是本市的地带性土壤。红壤是在湿热的亚热带生物气候条件下，各种岩石经过高度风化、脱硅富铝化形成的具有红、酸、黏、瘦等特征的土壤类型，剖面构型为A–(B)–C。

水稻土是玉环市第二大土壤类型，占本市地域面积的22%。水稻土分布在本市不同地域，是在各种母质或各种土壤类别上进行长期的水田耕作以后发育起来的土壤类型。在人为灌溉、排水、施肥等耕作管理措施，特别是调水灌排的影响下，改变了土壤水分状况和土体的通气条件，引起了土壤有机质的分解和累积，从而推动土体内明显的氧化还原作用的频繁更替，促进了土壤物质的电化学转化，产生了还原淋移和氧化淀积作用；在剖面形态上表现出土层的分化，形成各种特定的剖面发生层。一定时期的地面储水层所产生的静水压力或地下水、侧渗水的移动等，也对水稻土剖面的分化产生深刻的影响。水稻土剖面的分化相当复杂，它的主要发生层有耕作层、犁底层、渗育层和潴育层、漂洗层、潜育层、母质层等。根据本市水稻土的成土条件、母质类型、地形部位、水分状况的不同，可将本市水稻土分渗育型、潴育型、潜育型和盐渍型四个亚类。

滨海盐土是玉环市第三大土壤类型，占本市地域面积的8%。成土母质为近浅海沉积物，整个土体和潜水含大量盐分，严重影响作物生长，呈强烈的石灰反应。土层深厚，剖面构型为Asa–Csa。

粗骨土是玉环市第四大土壤类型，占本市地域面积的5%。粗骨土由基岩风化残积物、坡积物发育而成，属于A–C或(A)–C剖面构型。A层发育不明显，与母质层性状相似，略显有机质累积。有时母质层富含砾石，甚少剖面分异与发育特征。粗骨土广泛分布在河谷阶地、丘陵、低山和中山等多种地貌单元和地形部位。

潮土是玉环市第五大土壤类型，占本市地域面积的3%。潮土分布在本市谷口地段及海积平原外侧，是在地下水升降的影响下发育而成的土壤，成土母质为近代洪积物及浅海沉积物。本市潮土已开发利用为旱地，剖面构型为A–P–Bw–C或A–P–Bw–Csa。

小于本市地域面积3%的土壤类型为红黏土。

本区域中心区气候特征

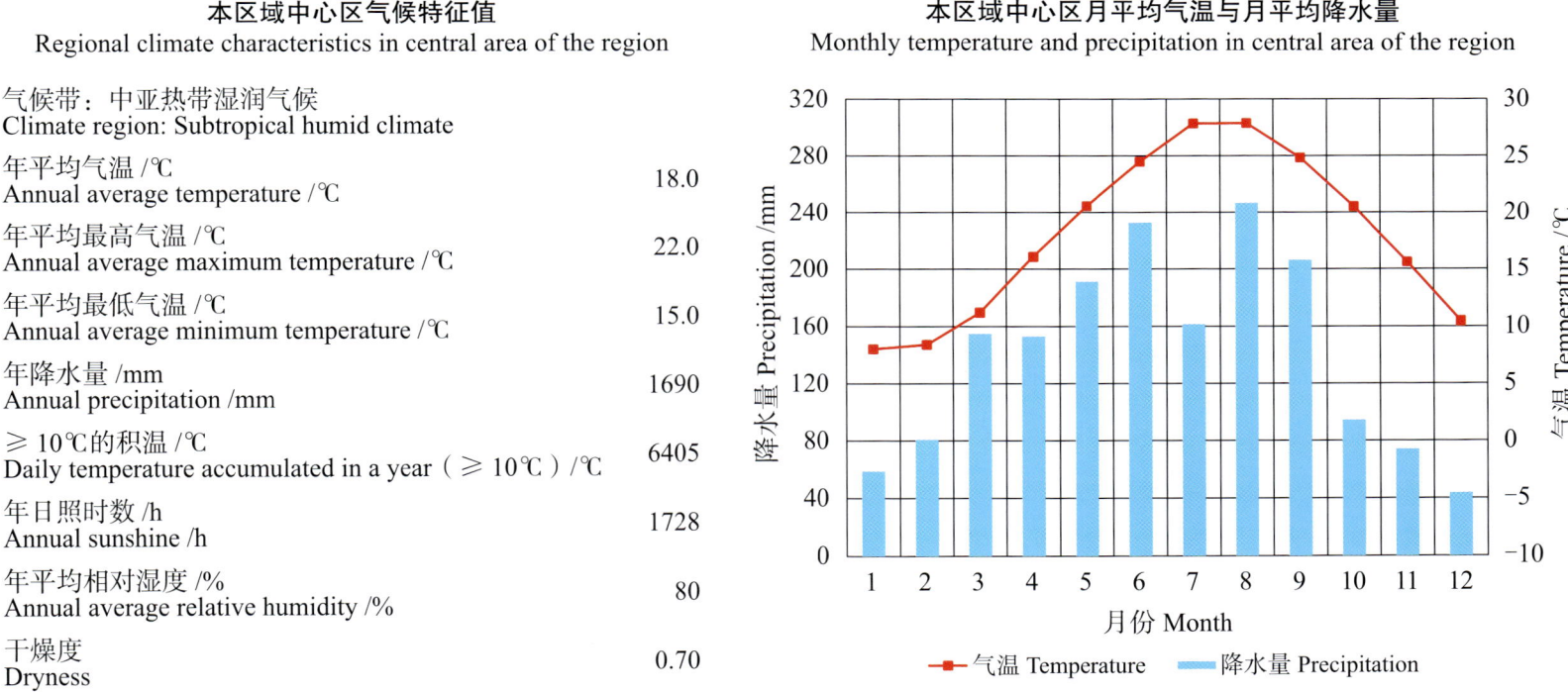

本区域中心区气候特征值
Regional climate characteristics in central area of the region

气候带：中亚热带湿润气候 Climate region: Subtropical humid climate	
年平均气温 /℃ Annual average temperature /℃	18.0
年平均最高气温 /℃ Annual average maximum temperature /℃	22.0
年平均最低气温 /℃ Annual average minimum temperature /℃	15.0
年降水量 /mm Annual precipitation /mm	1690
≥10℃的积温 /℃ Daily temperature accumulated in a year (≥10℃) /℃	6405
年日照时数 /h Annual sunshine /h	1728
年平均相对湿度 /% Annual average relative humidity /%	80
干燥度 Dryness	0.70

本区域中心区月平均气温与月平均降水量
Monthly temperature and precipitation in central area of the region

玉环县主要土壤类型与土壤剖面点分布图

1∶150 000

玉环市土壤剖面理化性状表

剖面号 Soil profile	土纲 Soil order	土类 Soil great group	亚类 Soil subgroup	土属 Soil genus	土种 Soil species	土层码 Layer code	土层厚度 Depth/cm	颜色 Soil color	质地 Soil texture	土壤结构 Soil structure	pH	有机质 OM/(g/kg)	全氮 TN/(g/kg)	全磷 TP/(g/kg)	速效钾 AK/(mg/kg)	阳离子交换量 CEC/(cmol/kg)	土壤母质 Parent material	剖面点坐标 Profile coordinate	匹配指数 Matching index/%
剖1	人为土	水稻土	潴育水稻土	淡涂田	谷口泥砂脱钙质淡涂田	A	0—13	淡灰色	重壤土	粒状	5.9	33.2	0.72	0.30	44		新浅海沉积物	E 121°13′35.3″ N 28°11′33.7″	95
						P	13—20	棕灰色	重壤土	块状	5.9	19.8	1.33	0.27	36				
						W₁	20—38	棕灰色	重壤土	块状	5.8	17.6	0.99	1.90	36				
						W₂	38—100	棕灰色	重壤土	块状	6.0	12.1	0.76	0.27	36				
剖2	铁铝土	红壤	黄红壤	黄泥土	黄泥地	A	0—11	淡红黄色	重壤土	粒状	6.3	17.1	0.96	0.28	123		熔结凝灰岩、凝灰岩风化物	E 121°14′15.9″ N 28°10′48.2″	95
						(P)	11—17	淡红黄色	重壤土	粒状	6.3	16.3	0.66	0.20	102				
						(B)	17—100	橙色	重壤土	小块状	6.0	12.5	0.80	0.29	60				
剖3	铁铝土	红壤	侵蚀型红壤	石砂土	石砂土	A	0—3	灰黄色	中壤土		5.9	30.7	1.12	0.11	140		酸性岩浆岩为主的各种母岩的风化物	E 121°10′57.3″ N 28°07′44.4″	93
						B	3—27	黄色	中壤土		5.9	19.5	0.75	0.75	99				
						C	27—	黄色	重壤土		6.0	8.2	0.41	0.41	98				
剖4	人为土	水稻土	潴育水稻土	洪积泥砂田	黄贱心家口泥砂田	A	0—14	灰黄色		粒状	5.9	25.3	1.50	0.31	52		近代洪积物	E 121°14′08.4″ N 28°09′38.5″	95
						P	14—23	褐黄色	重壤土	块状	6.1	17.7	1.15	0.27	27				
						W₁	23—63	褐黄色	中壤土	块状	6.7	10.6	0.70	0.29	27				
						W₂	63—80	褐黄色	重壤土	棱柱状	6.9				36				
剖5	人为土	水稻土	潴育水稻土	泥砂田	泥砂田	A	0—12	淡灰色	轻黏土	块状	6.7	21.5	1.42	0.40	132		以冲积物为主，夹有洪积物	E 121°14′25.5″ N 28°07′41.4″	95
						P	12—22	灰棕色	轻黏土	块状	7.0	18.1	0.86	0.39	210				
						Csa	22—42	灰棕色	中黏土	棱柱状	8.1	8.3			531				
剖6	人为土	水稻土	潴育水稻土	淡涂田	钙质淡涂田	A	0—15	淡红色	轻黏土	粒状	5.9	17.4	0.88	0.26	146		新浅海沉积物	E 121°10′04.9″ N 28°04′41.3″	95
						P	15—21	淡红色	轻黏土	小块状	5.9	14.6	0.81	0.21	83				
						(B)	21—100	红色	重壤土	小块状	5.9	7.0	0.36	0.16	74				
剖7	铁铝土	红壤	黄红壤	红泥土	红泥地	A	0—3	红黄色	重壤土	粒状	5.7	26.0	1.17	0.16	98		熔结凝灰岩、细晶花岗岩等的风化物	E 121°11′51.8″ N 28°04′50.9″	95
						(B₁)	3—40	橙色	轻黏土	小块状	5.5	15.3	0.64	0.09	68				
						(B₂)	40—100	黄橙色	中黏土	小块状	5.7				84				
剖8	铁铝土	红壤	黄红壤	红泥土	红泥土	A	0—10	棕灰色	重壤土	小块状	5.8	41.4	2.15	0.56	71	9.8	熔结凝灰岩、细晶花岗岩等的风化物	E 121°20′05.0″ N 28°16′05.1″	95
						P	10—17	灰棕色	重壤土	小块状	5.8	40.9	1.88	0.48	38	10.4			
						WFe	17—43	灰棕色	重壤土	块状	5.9	14.4	0.78	0.21	157	14.2			
剖9	人为土	水稻土	渗育水稻土	红泥田	红泥田	C	43—	棕灰色	中壤土	块状	6.0	20.0	1.04	0.40	72		熔结凝灰岩、细晶花岗岩等的风化物	E 121°18′11.9″ N 28°13′31.0″	95
剖10	铁铝土	红壤	黄红壤	砂黏质红土	砂黏质红泥地	A	0—10	灰棕色	中壤土	粒状	5.8	17.6	0.95	0.43	97		粗晶花岗岩风化物	E 121°19′56.4″ N 28°13′37.6″	75
						P	10—16	灰棕色	轻壤土	粒状	5.8	10.2	0.61	0.15	44				
						(B)	16—43	灰棕色	重壤土	小块状	6.0	29.6	1.63	0.31	58				
剖11	人为土	水稻土	潴育水稻土	洪积泥砂田	狭谷泥砂田	A	0—12	淡棕色	重壤土	块状	6.2	19.5	1.20	0.24	43		近代洪积物	E 121°19′02.3″ N 28°11′19.7″	95
						P	12—19	淡黄色	重壤土	块状	6.3	11.4	0.72	0.18	28				
						W	19—33	黄棕色	重壤土	块状	6.4	6.8	0.54	0.11	31				
						C	33—	淡黄棕色		粒状	6.4	24.8	1.08	0.10	53				
剖12	铁铝土	红壤	黄红壤	黄泥土	黄泥土	A	0—4	灰黄色	重黏土	小块状	5.9	12.6	0.71	0.10	140		熔结凝灰岩、凝灰岩风化物	E 121°20′21.8″ N 28°11′57.3″	95
						(B₁)	4—24	灰黄色	轻黏土	小块状	5.9			0.11	68				
						(B₂)	24—54	黄灰棕色	轻黏土		5.8								

续表 Continued

剖面号 Soil profile	土纲 Soil order	土类 Soil great group	亚类 Soil subgroup	土属 Soil genus	土种 Soil species	土层码 Layer code	土层厚度 Depth/cm	颜色 Soil color	质地 Soil texture	土壤结构 Soil structure	pH	有机质 OM/(g/kg)	全氮 TN/(g/kg)	全磷 TP/(g/kg)	速效钾 AK/(mg/kg)	阳离子交换量 CEC/(cmol/kg)	土壤母质 Parent material	剖面点坐标 Profile coordinate	匹配指数 Matching index/%
剖13	半水成土	潮土	灰潮土	滨海砂土	滨海砂土	A	0—12	灰棕色	砂壤土	粒状	6.6	1.5	0.10	0.18	62		新浅海沉积物	E 121°21′34.5″ N 28°10′27.4″	75
						P	12—30	灰棕色	砂壤土	粒状	6.6	1.2	0.08	0.22	31				
						(Bw₁)	30—65	灰棕色	砂壤土	粒状	6.7	1.9	0.13	0.28	27				
剖14	人为土	水稻土	潴育水稻土	老黄筋泥田	老黄筋泥田	A	0—12	棕灰色	重壤土	块状	5.8	29.9	1.81	0.56	44	12.2	第四纪红色黏土	E 121°23′36.1″ N 28°14′33.9″	95
						P	12—21	棕灰色	重壤土	块状	5.9	21.8	1.52	0.46	27	6.4			
						W	21—25	暗红棕色	重壤土	大块状	6.0	13.7	0.97	0.34	26	7.1			
						4	25—	暗红棕色											
剖15	半水成土	潮土	灰潮土	滨海砂土	夹蛎滨海砂土	A	0—12	暗灰棕色	中壤土	粒状	7.4	20.3	1.30	0.39	104		新浅海沉积物	E 121°21′16.1″ N 28°09′52.5″	75
						P	12—19	暗灰棕色	中壤土	粒状	7.5	19.0	1.16	0.45	75				
						(Bw₁)	19—39	暗灰棕色	中壤土	粒状	8.0	10.7	0.70	0.49	59				

丽 水 市

莲 都 区

主要土类说明

红壤是莲都区主要土壤类型，占本区地域面积的49%。红壤广泛分布于本区海拔600m以下的低山丘陵。受脱硅富铝化过程影响，土壤母质原生矿物中的盐基离子大部分被淋溶，而铁铝氧化物及水化物相对累积，剖面构型为A-（B）-C，土壤呈红棕色、黄红色，有强酸性反应，土壤质地中壤至轻黏土。

粗骨土占莲都区地域面积的20%。粗骨土属于A-C，甚至（A）-C剖面构型土壤。A层发育不明显，与母质层性状相似，略显有机质累积。有时母质层富含砾石，甚少剖面分异与发育特征。粗骨土广泛分布在河谷阶地、丘陵、低山和中山等多种地貌单元和地形部位。

水稻土占莲都区地域面积的13%，主要分布于海拔300m以下的河谷盆地，在海拔300—1000m的高丘、低山和中低山也有分布。在长期人为水耕条件下，土壤氧化与还原过程交替作用，影响了盐基物质的淋溶、移动和沉积，有机质的积累与分解，从而形成了不同于其母质的发生层，包括耕作层、犁底层、渗育层、潴育层和潜育层等。按排灌条件和水耕熟化历史长短区分，本区水稻土划分为渗育型、潴育型和潜育型三个亚类。

黄壤占莲都区地域面积的11%，主要分布于本区海拔600m以上的中低山区。黄壤成土过程中有明显脱硅富铝化过程。由于地势高，土壤和大气的湿度高，土体（B）层中铁的氢氧化物的脱水程度低，使土壤呈橙色或棕黄色，即所谓"黄化"过程。同时由于温度较低，植被茂密，表土有机质累积较多，有厚达十几厘米的腐殖质层，并保留有较好的枯枝落叶层或草根层。本区黄壤土类划分为黄壤、表潜黄壤与侵蚀型黄壤三个亚类。

紫色土占莲都区地域面积的4%。本区紫色土母岩为白垩纪紫红色砂岩，由母岩直接风化形成了A-C剖面构型土壤。其理化性质与母岩组成直接相关，土层浅薄，剖面层次发育不明显。由于母岩富含矿质养分，且风化迅速，为良好的肥沃土壤。

小于本区地域面积3%的土壤类型为潮土。

本区域中心区气候特征

本区域中心区气候特征值
Regional climate characteristics in central area of the region

气候带：中亚热带湿润气候 Climate region: Subtropical humid climate	
年平均气温 /℃ Annual average temperature /℃	17.8
年平均最高气温 /℃ Annual average maximum temperature /℃	22.2
年平均最低气温 /℃ Annual average minimum temperature /℃	14.6
年降水量 /mm Annual precipitation /mm	1708
≥10℃的积温 /℃ Daily temperature accumulated in a year（≥10℃）/℃	6423
年日照时数 /h Annual sunshine /h	1744
年平均相对湿度 /% Annual average relative humidity /%	79
干燥度 Dryness	0.65

本区域中心区月平均气温与月平均降水量
Monthly temperature and precipitation in central area of the region

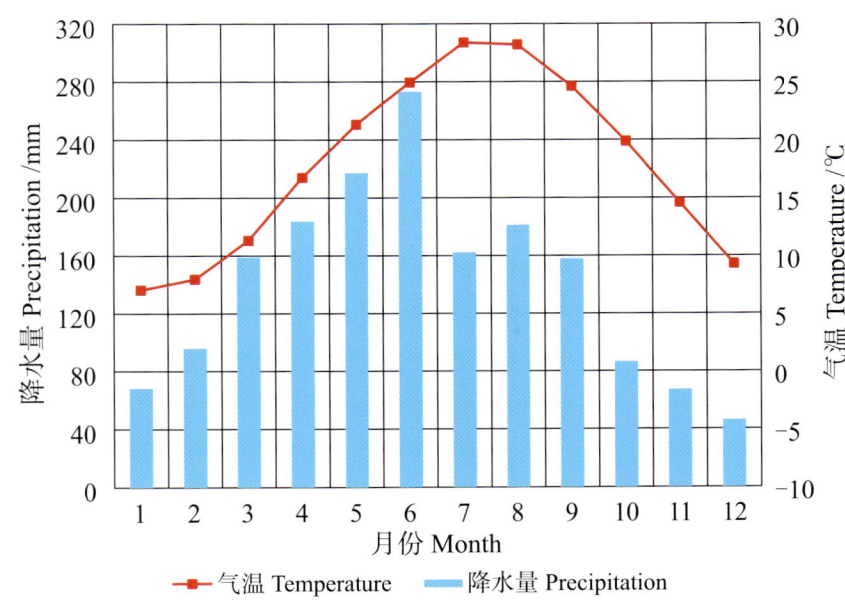

莲都区主要土壤类型与土壤剖面点分布图
1∶240 000

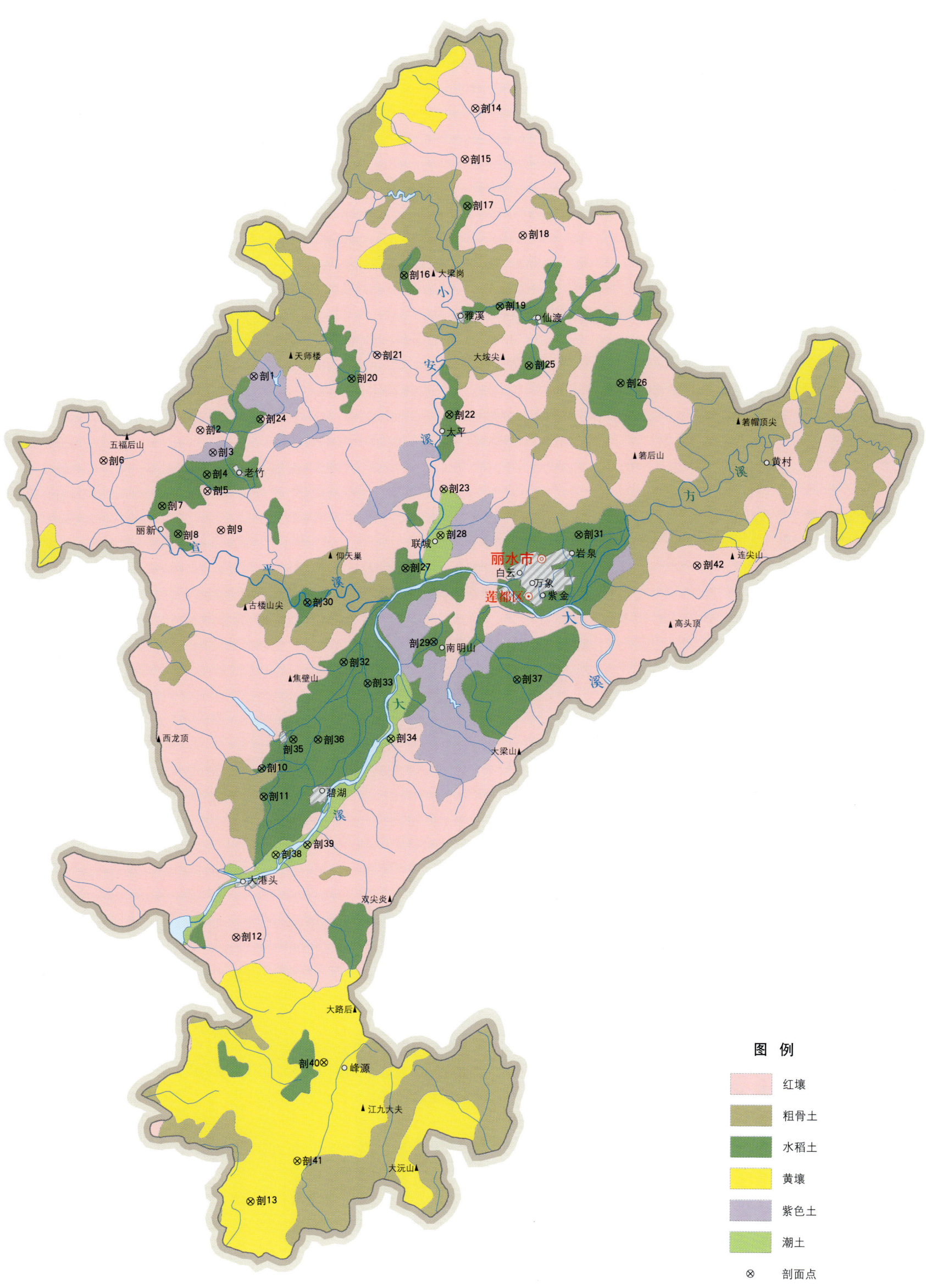

莲都区土壤剖面理化性状表

剖面号 Soil profile	土纲 Soil order	土类 Soil great group	亚类 Soil subgroup	土属 Soil genus	土种 Soil species	土层码 Layer code	土层厚度 Depth/cm	颜色 Soil color	质地 Soil texture	土壤结构 Soil structure	pH	有机质 OM/(g/kg)	全氮 TN/(g/kg)	全磷 TP/(g/kg)	全钾 TK/(g/kg)	碱解氮 AN/(mg/kg)	有效磷 AP/(mg/kg)	速效钾 AK/(mg/kg)	阳离子交换量 CEC/(cmol/kg)	土壤母质 Parent material	剖面点坐标 Profile coordinate	匹配指数 Matching index/%
剖1	初育土	紫色土	石灰性紫色土	红紫砂土	浅田土	A	0—15		中壤土		5.7	7.9	0.64	0.64					16.2		E 119°44′52.4″ N 28°33′39.2″	74
						C	15—40				7.3	6.3		6.03					15.4			
剖2	铁铝土	红壤	黄红壤	粉红泥土	粉红泥土	A	0—18	棕灰色	重壤土	粒状	4.8	23.6	1.05	0.14					7.8	浅色凝灰岩风化坡积物	E 119°42′55.7″ N 28°32′01.1″	75
						(B)	18—40	灰棕色	重壤土	小块状	5.1	9.6	0.44	0.09								
						(B) C	40—85	黄棕色	轻壤土	小块状	5.2	5.9	0.32	0.11								
						C	85—100	粉红色			5.9	2.5	0.19	0.07								
剖3	初育土	紫色土	石灰性紫色土	红紫砂土	红紫泥土	D	100—	红紫色													E 119°43′22.2″ N 28°31′18.7″	74
						A	0—22	棕紫棕色	重石质土	小块状	5.4	21.6	1.16	0.19					13.1			
剖4	人为土	水稻土	潴育水稻土	黄泥砂田	黄大泥田	A	0—15	暗黄棕色	轻黏土	块状	6.4	26.2	1.72	0.27					12.9		E 119°43′08.4″ N 28°30′38.1″	95
						AP	15—23	暗黄棕色	轻黏土	梭柱状	7.5	21.9	1.47	0.27								
						WMn	23—56	暗灰色	轻黏土	梭柱状	7.4	6.8	0.60	0.19								
						WFeMn	56—100	黄黄色	重黏土	梭柱状		3.5		0.24								
剖5	铁铝土	红壤	黄红壤	砂黏质红土	砂黏质红土	A	0—26	红色	轻黏土	块状	5.0	7.2	0.39	0.06					4.2		E 119°43′08.8″ N 28°30′07.4″	75
						(B)	26—120	红色	重黏土	碎块状	5.4	2.3	0.19	0.07					3.6			
						C	120—	淡红红色	中壤土		5.6	1.1	0.12	0.07					7.1			
剖6	铁铝土	红壤	红壤	红泥土	红泥土	1	0—52	棕红色	重黏土	小块状		15.5	0.85	0.27				54			E 119°39′29.1″ N 28°31′08.3″	95
						2	52—200	棕红色		碎块状												
剖7	人为土	水稻土	潴育水稻土	山地黄泥砂田	山地黄泥砂田	A	0—23	暗黄色	中壤土	小块状	5.7	65.1	3.01	0.73					9.0	黄壤坡积物再积物	E 119°41′32.0″ N 28°29′41.2″	81
						AP	23—29	淡棕色	中壤土	小块状	5.7	22.3	1.04	0.35					5.4			
						W	29—45	淡黄色	中壤土	梭柱状	5.9	13.7	0.50	0.21								
						Wc	45—100	淡黄色	中壤土		5.9	7.6	0.36	0.19								
剖8	人为土	水稻土	潴育水稻土	洪积泥砂田	山谷泥砂田	A	0—18	淡灰色	中壤土	小块状	5.6	30.1	1.73	0.40					8.0	近代洪积物	E 119°42′04.6″ N 28°28′48.6″	75
						AP	18—24	淡灰色	中壤土	块状	6.0	22.9	1.36	0.35					6.7			
						W	24—40	暗黄棕色	中壤土	块状	6.7	10.0	0.65	0.26								
						Cw	40—100		中壤土	粒状	6.5	4.4	0.39	0.32								
剖9	铁铝土	红壤	红壤	红黏土	红黏土	A	0—20	淡红色	轻黏土	小块状	5.0	18.5	0.93	0.31					14.0		E 119°43′35.6″ N 28°28′53.7″	95
						(B)	20—90	黄棕色	轻黏土	块状	5.3	6.5	0.24	0.38					22.8			
						C	90—130	棕红色	重黏土	块状	5.2	4.5		0.49								
剖10	人为土	水稻土	渗育水稻土	红砂田	红砂田	A	0—15	灰棕色	中壤土	小块状	5.4	21.3	1.31	0.27					12.6	母土为红砂土	E 119°44′52.6″ N 28°21′26.6″	75
						AP	15—20	黄棕色	中壤土	梭块状	5.8	20.8	1.23	0.19					11.5			
						P	20—30	褐棕色	中壤土	块块状	5.5	14.0	0.43	0.17								
						WMn	30—40	棕色	中壤土	小块状	6.0	5.8	0.77	0.14								
						C	40—70	棕黄色	重壤土	小块状	6.0	4.8	0.44	0.13								
剖11	人为土	水稻土	渗育水稻土	紫泥田	紫泥田	A	0—13	紫色	重壤土	碎块状	5.2	22.1	1.34	0.28					10.3	紫色砂页岩风化物	E 119°44′55.1″ N 28°20′33.2″	75
						AP	13—21	紫色	重壤土	团块状	5.4	15.1	1.12	0.30					10.5			
						P	21—50	紫色	重壤土	梭块状	6.0	7.3	0.54	0.33								
						C	50—100	紫棕色	轻壤土	大块状	6.7	6.1		0.28								
剖12	铁铝土	红壤	红壤	红泥土	红泥土	A	0—25	暗棕红色	重壤土	小块状	4.6	28.4	1.35	0.11					9.6	酸性岩浆岩风化残积物、坡积物	E 119°43′51.1″ N 28°16′10.4″	95
						(B₁)	25—60	淡棕红色	重壤土	梭粒状	4.5	10.3	0.60	0.09					8.3			
						(B₂)	60—180	红色	重壤土		5.1	4.0	0.33	0.13								
						C	180—	灰黄色	重壤土	小块状	5.3	2.4		0.24								

续表 Continued

剖面号 Soil profile	土纲 Soil order	土类 Soil great group	亚类 Soil subgroup	土属 Soil genus	土种 Soil species	土层码 Layer code	土层厚度 Depth/cm	颜色 Soil color	质地 Soil texture	土壤结构 Soil structure	pH	有机质 OM/(g/kg)	全氮 TN/(g/kg)	全磷 TP/(g/kg)	全钾 TK/(g/kg)	碱解氮 AN/(mg/kg)	有效磷 AP/(mg/kg)	速效钾 AK/(mg/kg)	阳离子交换量CEC/(cmol/kg)	土壤母质 Parent material	剖面点坐标 Profile coordinate	匹配指数 Matching index/%
剖13	铁铝土	黄壤	黄壤	山地黄泥砂土	山地黄泥砂土	Ao	0—6	暗灰色	重壤土	团粒状	5.3	51.4	2.02	0.09					5.9		E 119°44′11.8″ N 28°07′59.6″	95
						A	6—23	灰黄色	重壤土	棱块状	5.0	20.5	0.92	0.04					3.1			
						(B)	23—65	黄色	重壤土	棱块状	5.3	8.0	0.55	0.05								
						C	65—100	黄色	轻壤土	棱块状	5.0	9.2		0.10								
剖14	铁铝土	红壤	黄红壤	亚黄泥泥	亚黄泥泥	A	0—20	棕黄色	轻黏土	小块状	5.2	12.1	0.64	0.35					7.7		E 119°52′55.2″ N 28°41′49.2″	75
						(B₁)	20—40	黄棕色	轻黏土	粒状	5.3	10.0	0.60	0.36					7.2			
						(B₂)	40—60	棕棕色	中黏土	小块状	5.2	11.4	0.60	0.40								
						(B₃)	60—150	黄棕色	轻黏土	小块状	4.9	11.4	0.59	0.36								
						C	150—180	黄棕色	重石质土		5.1	6.3	0.44	0.48								
						(B)	180—200	黄棕色	轻黏土	小块状		3.5	0.38	0.40								
剖15	铁铝土	红壤	黄红壤	黄泥土	黄泥砂土	A	0—22	灰棕色	中壤土		5.1	9.2	0.75	0.46					8.0		E 119°52′30.7″ N 28°40′14.8″	97
						(B)	22—76	灰棕色	中壤土		5.9	4.2	0.47	0.35					10.8			
						C	76—100	灰棕色	中壤土		5.5	3.8	0.44	0.33								
剖16	人为土	水稻土	潴育水稻土	老黄筋泥砂田	老黄筋泥砂田	A	0—16	淡灰色	重壤土	小块状	5.7	26.9	1.84	0.41					6.1	第四纪红土	E 119°50′16.2″ N 28°36′42.1″	75
						AP	16—25	褐灰色	中壤土	棱块状	6.2	14.6	1.09	0.28					8.2			
						W	25—47	黄灰色	重壤土	棱块状	6.6	7.5	0.58	0.25								
						Wc	47—	红黄色	重壤土	棱柱状	6.7	2.8		0.06								
剖17	人为土	水稻土	潴育水稻土	紫红泥砂田	红泥砂田	A	0—17		重壤土		6.5	22.3	1.32	0.16						紫(红)色砂页岩风化物	E 119°52′33.7″ N 28°38′47.7″	75
						AP	17—27		重壤土		5.5	19.3	1.17	0.14								
						Wg	27—55		重壤土		6.2	13.6	0.85	0.12								
						Wc	55—100		重壤土		6.2	5.0	0.42	0.10								
剖18	铁铝土	红壤		黄筋泥	黄筋泥	A	0—21	淡灰色	重壤土	块状	5.4	14.9	0.74	0.28					10.0	第四纪红土	E 119°52′30.4″ N 28°37′50.8″	95
						(B₁)	21—50	黄棕色	重壤土	棱柱状	5.9	4.3	0.44	0.24					6.5			
						(B₂)	50—150	红紫色	中壤土	棱柱状	5.7	1.7	0.23	0.22								
						C	150—180	红棕色	中壤土	棱柱状	6.1	1.6	0.23	0.09								
剖19	人为土	水稻土	潴育水稻土	潮泥田	潮泥田	Aa	0—9	灰棕色	黏壤土	碎块状	5.5	24.8	1.60	0.30	149	13.0	66	9.9	近代洪积物	E 119°53′38.0″ N 28°35′39.6″	95
						Ap	9—20	黄灰色	黏质黏土	棱柱状	5.7	24.1	1.60	0.30	116	11.0	67	9.2			
						Wc	20—68	亮灰棕色	壤质黏土	块状	6.0	3.3	0.40	0.22								
						C	68—93	灰棕色	重壤土		6.1	3.2	0.40	0.09								
剖20	人为土	水稻土	烂潴水稻土	烂潴田	烂黄泥田	A	0—17	棕灰色	重黏土	团块状	5.3	32.8	1.81	0.28					13.6	山谷堆积物	E 119°48′19.4″ N 28°33′31.0″	75
						G	17—69	青灰色	中黏土		5.7	11.2	0.63	0.18					9.8			
						Gw	69—80	青灰色	重壤土		5.4	25.3	1.40	0.16								
剖21	铁铝土	红壤	黄红壤	黄红泥土	黄红泥田	A	0—11	灰黄色	中壤土	粒状	4.9	46.3	2.28	0.34					9.2	浅色凝灰岩风化坡积物	E 119°49′15.3″ N 28°34′14.2″	95
						(B₁)	11—50	淡红黄色	中黏土	团粒状	5.1	10.1	0.85	0.24								
						(B₂)	50—250	红黄色	中黏土	团粒状	5.3	4.7	0.67	0.19								
剖22	人为土	水稻土	渗育水稻土	黄泥田	黄泥田	A	0—17	黄灰色	中壤土	小块状	5.7	15.4	0.97	0.58					5.6	河流冲积物	E 119°51′45.6″ N 28°32′19.6″	95
						AP	17—29	灰黄色	中壤土	块状	5.5	17.4	1.05	0.63								
						P	29—69	褐色	中壤土	块状	6.6	7.3	0.45	0.23								
						Cw	69—100	淡棕红色	重壤土	粒状	6.3	6.3	0.20	0.27								
剖23	半水成土	潮土	灰潮土	洪积泥砂土	山谷泥砂土	A	0—20	淡棕色	砾质壤砂土	粒状	7.8	10.0	0.58	0.23					5.9		E 119°51′30.3″ N 28°30′02.1″	75
						(Bc)	20—80	淡棕色	砾质壤砂土	粒状	7.7	4.3	0.28	0.20								
						(B)	80—120	灰棕色	轻壤土	小块状	7.6	4.7	0.31	0.24								
						C	120—	淡棕色	轻壤土	粒状	7.6	5.0	0.35	0.23								

续表 Continued

剖面号 Soil profile	土纲 Soil order	土类 Soil great group	亚类 Soil subgroup	土属 Soil genus	土种 Soil species	土层码 Layer code	土层厚度 Depth/cm	颜色 Soil color	质地 Soil texture	土壤结构 Soil structure	pH	有机质 OM/(g/kg)	全氮 TN/(g/kg)	全磷 TP/(g/kg)	全钾 TK/(g/kg)	碱解氮 AN/(mg/kg)	有效磷 AP/(mg/kg)	速效钾 AK/(mg/kg)	阳离子交换量CEC/(cmol/kg)	土壤母质 Parent material	剖面点坐标 Profile coordinate	匹配指数 Matching index/%
剖24	人为土	水稻土	潴育水稻土	紫红泥砂田	紫泥砂田	A	0—15	淡棕色	重壤土	小块状	7.3	22.0	1.38	0.52					15.1	紫(红)色砂页岩风化物	E 119°45′04.5″ N 28°32′19.0″	75
						AP	15—23	棕紫色	重壤土	小块状	7.7	13.2	1.02	0.31					14.0			
						W₁	23—65	暗紫色	重壤土	棱块状	7.8	6.5		0.26								
						W₂	65—80	紫棕色	重壤土	块状	7.9	3.9		0.22								
						Wc	80—100	淡紫棕色	中壤土	屑粒状、块状	7.8			0.19								
剖25	人为土	水稻土	潴育水稻土	洪积泥砂田	谷口泥砂田	A	0—19	暗灰黄色	中壤土	团块状	5.3	24.8	1.72	0.17					7.5	近代洪积物	E 119°54′37.0″ N 28°33′47.6″	75
						AP	19—25	棕灰色	重壤土	棱块状	5.5	15.2	1.23	0.11					6.6			
						W₁	25—40	棕灰色	重壤土	棱块状	6.5	5.6	0.48	0.06								
						W₂	40—64	棕灰色	重壤土	棱柱状	7.0	4.9	0.37	0.06								
						Cw	64—90	黄棕色	中壤土	团块状	7.2	2.3	0.20	0.06								
剖26	人为土	水稻土	渗育水稻土	白砂田	白砂田	1	0—17		中壤土		5.4	19.2	1.25	0.12					5.5	花岗岩风化物	E 119°57′50.5″ N 28°33′10.8″	95
						2	17—23		中壤土		5.3	10.3	0.76	0.09					3.8			
						3	23—60		重壤土		5.7	3.6	0.23	0.06								
						4	60—100		中壤土		6.1	1.6		0.16								
剖27	人为土	水稻土	渗育水稻土	山地黄泥田	山地黄泥田	A	0—21	暗灰色	中壤土	小块状	5.6	54.7	2.73	0.65					9.3	河流冲积物	E 119°50′05.4″ N 28°27′35.0″	75
						AP	21—26	暗灰色	重壤土	棱块状	5.8	50.0	2.31	0.51					9.0			
						P	26—53	暗灰色	重壤土	小块状	6.0	29.0	1.18	0.06								
						C	53—80	棕灰色	中壤土	块状	6.1	7.2	0.42	0.04								
剖28	半水成土	潮土	灰潮土	清水砂	清水砂	A	0—15	黄棕色	砂壤土		6.2	1.9	0.20	0.10	19.4	16	11.0	31		河流冲积物	E 119°51′21.3″ N 28°28′35.4″	75
						C	15—100		紫砂土		6.3	1.6	0.16	0.09				24	3.6			
剖29	人为土	水稻土	渗育水稻土	红泥田	红泥田	1	0—14		中壤土		5.2	21.0	1.30	0.21						红泥土和红黏土	E 119°51′01.7″ N 28°25′16.4″	95
						2	14—19		重壤土		5.4	9.9	0.75	0.17					2.1			
						3	19—34		重壤土		5.8	4.1	0.36	0.20								
						4	34—100		重壤土		5.7	3.1	0.33	0.09								
剖30	人为土	水稻土	潴育水稻土	泥质田	泥质田	A	0—14	灰黄棕色	壤土	团块状	5.5	19.0	1.16	0.21	19.4					河流冲积物	E 119°46′35.6″ N 28°26′34.6″	81
						Ap	14—20	油黄橙色	壤质黏土	块状	5.8	7.6	0.56	0.18	19.5	96	4.7	23				
						W	20—66	淡灰棕色	壤质黏土	棱柱状	7.0	1.4										
						C	66—100	棕灰色	壤质黏土	块状	6.7	0.7										
剖31	人为土	水稻土	潴育水稻土	潮泥砂田	潮泥砂田	Aa	0—14	黄棕色	壤土	团块状	5.5	19.0	1.16	0.21						河流老冲积物	E 119°56′14.2″ N 28°28′30.3″	95
						Ap	14—20	淡黄橙色	壤质黏土	块状	5.8	7.6	0.56	0.18								
						W	20—66	褐色	壤质黏土	块柱状	7.0	1.4										
						C	66—100			块状	6.6	0.7										
剖32	人为土	水稻土	渗育水稻土	新黄筋泥田	新黄筋泥田	A	0—15	灰棕色	重壤土	小块状	5.9	23.2	1.39	0.56					7.0	第四纪红色黏土	E 119°47′50.2″ N 28°24′42.3″	75
						AP	15—22	棕灰色	壤土	块状	6.4	13.7	0.61	0.23					7.0			
						P	22—100	红黄色	轻壤土	团块状	6.1	3.5	0.27	0.16								
剖33	人为土	水稻土	潴育水稻土	培泥砂田	培泥砂田	A	0—17	棕褐色	中壤土	块块状	5.7	15.6	1.07	0.22					4.4	新河流冲积物	E 119°48′40.5″ N 28°24′01.7″	95
						W₁	17—26	黄棕色	轻壤土	块块状	6.4	5.9	0.48	0.18					4.3			
						W₂	26—62	灰棕色	轻壤土	块块状	6.8	2.9	0.28	0.16								
						C	62—120	褐色	中壤土	块状	6.6	3.2	0.31	0.17								
剖34	半水成土	潮土	灰潮土	清水砂	砂土	A	0—15	淡灰色	砂壤土	小块状	5.5	8.0	0.50	0.24		52	13.0	74		河流冲积物	E 119°49′27.2″ N 28°22′17.9″	75
						B	15—55	棕灰色	砂壤土	块状	5.7	4.8	0.29	0.23			16.0	41	3.7			
						C	55—100	淡灰色	砂壤土	块状	6.0	2.6	0.15	0.18					3.9			
剖35	人为土	水稻土	渗育水稻土	山地黄泥田	山地香灰田	A	0—21	淡黄色	轻黏土		4.9										E 119°46′00.5″ N 28°22′19.8″	75
						AP	21—26	黄黄色			5.0											
						P	26—72	棕色			5.0											
						C	72—100	灰黄色	轻黏土		5.0											

续表 Continued

剖面号 Soil profile	土纲 Soil order	土类 Soil great group	亚类 Soil subgroup	土属 Soil genus	土种 Soil species	土层码 Layer code	土层厚度 Depth/cm	颜色 Soil color	质地 Soil texture	土壤结构 Soil structure	pH	有机质 OM/(g/kg)	全氮 TN/(g/kg)	全磷 TP/(g/kg)	全钾 TK/(g/kg)	碱解氮 AN/(mg/kg)	有效磷 AP/(mg/kg)	速效钾 AK/(mg/kg)	阳离子交换量CEC/(cmol/kg)	土壤母质 Parent material	剖面点坐标 Profile coordinate	匹配指数 Matching index/%
剖36	人为土	水稻土	潴育水稻土	泥质田	泥质田	A	0—20	灰棕色	中壤土	团块状	5.2	19.6	1.29	0.20					5.4	河流老冲积物	E 119°46′52.6″ N 28°22′19.0″	95
						AP	20—26	灰棕色	中壤土	团块状	5.4	12.5	0.85	0.17					4.9			
						WFeMn	26—44	黄褐色	中壤土	棱块状	6.1	3.7	0.34	0.16								
						W	44—103	棕黄色	重壤土	棱块状	6.8	2.2	0.24	0.16								
剖37	人为土	水稻土	潴育水稻土	黄泥砂田	黄泥砂田	A	0—17	灰棕色	中壤土	小块状	5.9	22.8	1.43	0.19					7.2		E 119°53′56.7″ N 28°24′02.8″	95
						AP	17—25	灰棕色	中壤土	团块状	5.5	4.6	0.96	0.15					6.2			
						W	25—49	灰黄褐色	中壤土	块状	5.7		0.47	0.17								
						CW	49—100	淡黄棕色	重壤土	大块状		3.5	0.40									
剖38	半水成土	潮土	灰潮土	培泥砂土	培积土	A	0—22	淡黄色	轻壤土	碎块状	5.8	6.2	0.39	0.15					3.9	河流冲积物	E 119°45′18.2″ N 28°18′44.5″	75
						(B)	22—53	淡黄色	轻壤土	碎块状	5.8	9.6	0.61	0.18					4.8			
						C	53—100	淡黄色	砂壤土	粒状	6.1	2.8	0.22	0.12								
剖39	半水成土	潮土	灰潮土	洪积泥砂土	洪积泥砂土	1	0—13	浊棕色	砂壤土	弱团团块状	6.5	13.8	0.87	0.09						近代溪流洪积物	E 119°46′26.1″ N 28°19′02.3″	95
						2	13—50	浊棕色	砂壤土	块状	6.6	7.3	0.74	0.21								
						3	50—100	浊棕色	砂壤土		6.5	4.4	0.20	0.14								
剖40	铁铝土	黄壤	山地黄壤	山地黄泥土	山地黄泥土	A_1	0—12	暗棕色	中壤土	团粒状	5.4	174.7	6.99	0.59							E 119°46′52.5″ N 28°12′14.3″	95
						(B)	12—30	暗棕色	重壤土	团块状	4.9	113.9	5.20	0.66					7.8			
						(B)	30—45	棕色	重壤土	小块状	5.2	69.5	3.77	0.68								
						C	45—80	淡黄色	轻黏土	小块状	5.8	23.7	1.58	0.50								
剖41	铁铝土	黄壤	麦潜黄壤	山地草甸黄泥土	山地草甸黄泥土	1	0—5	褐棕色	重壤土	碎块状	5.4	137.2	5.35	0.61					4.0	基岩风化坡积物	E 119°45′52.3″ N 28°09′13.0″	93
						2	5—35	棕灰色		团粒状	5.3		2.64	0.39								
						3	35—65	黑色		无结构糊状	5.0		15.14	0.48								
						4	65—110	青灰色	中壤土	小团块状	5.8	13.1	1.64	0.19					2.7			
剖42	铁铝土	红壤	黄红壤	红砂土	酸性紫土	A	0—8	灰黄色	中壤土	团块状	5.4		1.58	0.30							E 120°00′24.4″ N 28°27′27.1″	95
						(B)C	8—40	淡黄色	中壤土	团块状	5.5		0.64	0.16								

青 田 县

主要土类说明

红壤是青田县主要土壤类型，占本县地域面积的 58%。红壤主要发生于亚热带常绿阔叶林地区，呈中度富铝化特征，土壤黏粒中的游离铁占全铁 50%—60%。红壤有深厚红色土层，底层可见深厚红、黄、白相间网纹的红色黏土。土壤中的黏土矿物以高岭石、赤铁矿为主，黏粒硅铝率为 1.8—2.4，风化淋溶系数 < 0.2，盐基饱和度 < 35%，pH 为 4.5—5.5。

粗骨土是青田县第二大土壤类型，占本县地域面积的 22%。粗骨土属于 A-C 甚至（A）-C 剖面构型土壤。A 层发育不明显，与母质层性状相似，略显有机质累积。有时母质层富含砾石，甚少剖面分异与发育特征。粗骨土广泛分布在河谷阶地、丘陵、低山和中山等多种地貌单元和地形部位。

黄壤是青田县第三大土壤类型，占本县地域面积的 15%。黄壤主要发生于亚热带湿润条件下，多见于海拔 700—1200m 的山区，呈中度富铝化特征，土壤呈黄色，具 O-A-AB-B-C 剖面构型。土壤富含水合氧化物（针铁矿），有时含三水铝石。土壤有机质累积较高，可达 100g/kg，pH 为 4.5—5.5。多发展为林地，间亦耕种。

水稻土占青田县地域面积的 4%。水稻土是在长期季节性淹灌、水下翻耕、季节性脱水等水耕活动的影响下，土壤内部物质发生氧化还原交替作用，原来的成土母质或母土特性发生重大改变，从而形成的新土壤类型。由于干湿交替等作用的影响，糊状淹育层、较坚实板结的犁底层、渗育层、潴育层与潜育层多种发生层分异。这些不同发生层是在人为耕作、水浆管理作用下形成的。

小于本县地域面积 3% 的土壤类型为潮土。

本区域中心区气候特征

本区域中心区气候特征值
Regional climate characteristics in central area of the region

气候带：中亚热带湿润气候 Climate region: Subtropical humid climate	
年平均气温 /℃ Annual average temperature /℃	18.0
年平均最高气温 /℃ Annual average maximum temperature /℃	22.2
年平均最低气温 /℃ Annual average minimum temperature /℃	14.8
年降水量 /mm Annual precipitation /mm	1718
≥ 10℃的积温 /℃ Daily temperature accumulated in a year（≥ 10℃）/℃	6403
年日照时数 /h Annual sunshine /h	1727
年平均相对湿度 /% Annual average relative humidity /%	80
干燥度 Dryness	0.67

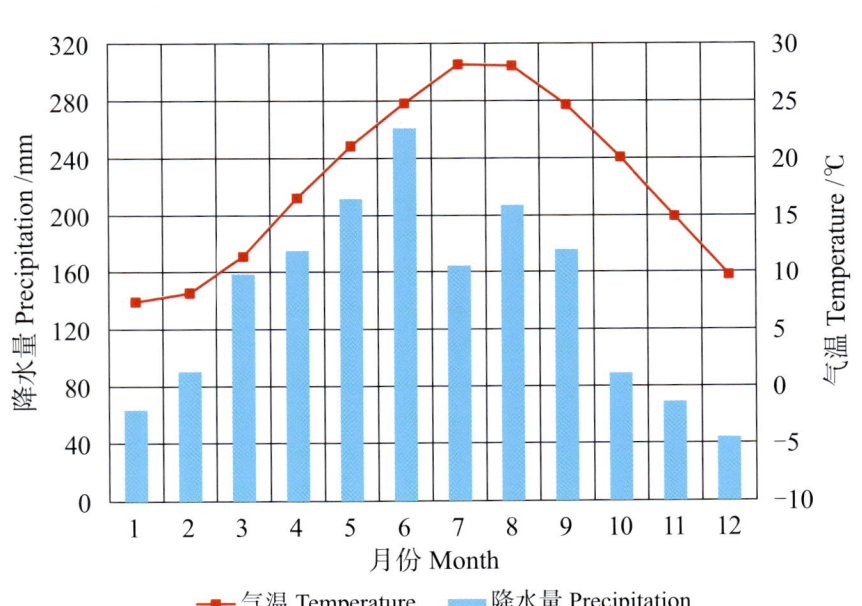

本区域中心区月平均气温与月平均降水量
Monthly temperature and precipitation in central area of the region

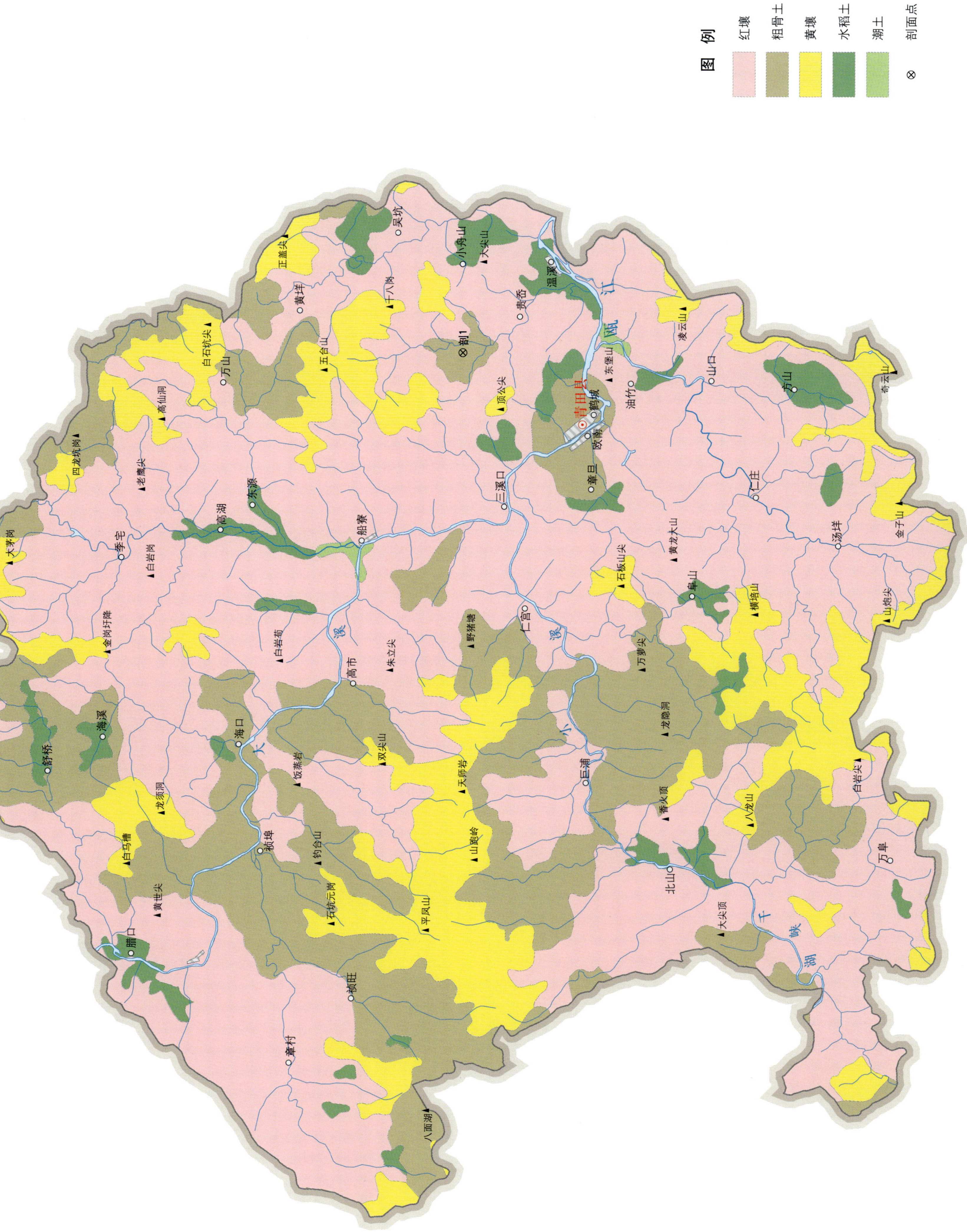

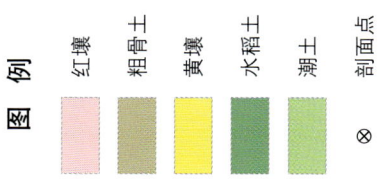

青田县主要土壤类型与土壤剖面点分布图

1:270 000

青田县土壤剖面理化性状表

剖面号 Soil profile	土纲 Soil order	土类 Soil great group	亚类 Soil subgroup	土属 Soil genus	土种 Soil species
剖1	初育土	粗骨土	酸性粗骨土	白岩砂土	白岩砂土

土层码 Layer code	土层厚度 Depth/cm	颜色 Soil color	质地 Soil texture	土壤结构 Soil structure	pH	有机质 OM/(g/kg)	全氮 TN/(g/kg)	全磷 TP/(g/kg)	全钾 TK/(g/kg)	土壤母质 Parent material	剖面点坐标 Profile coordinate	匹配指数 Matching index/%
A	0—18	棕黄色	砂质黏土	碎块状	4.8	17.9	1.20	0.08	21.7		E 120°19′43.5″ N 28°12′22.6″	95
C	18—200	橙色	砂质壤土		5.5			0.06	36.3			

缙云县

主要土类说明

粗骨土是缙云县主要土壤类型，占本县地域面积的60%。粗骨土属于A–C，甚至（A）–C剖面构型土壤。A层发育不明显，与母质层性状相似，略显有机质累积。有时母质层富含砾石，甚少剖面分异与发育特征。粗骨土广泛分布在河谷阶地、丘陵、低山和中山等多种地貌单元和地形部位。

红壤是缙云县第二大土壤类型，占本县地域面积的16%。红壤成土母质以凝灰岩、流纹岩和花岗岩风化的原积物与坡积物为主。它是在湿热气候条件下，遭受深度风化作用而形成的土壤。在母岩中占绝对优势的铝硅酸盐的原生矿物，经过连续和较彻底的风化，其中盐基成分及部分硅酸被淋失，而铁铝化合物则相对积聚，致使硅铁铝率降低。红壤具有A–（B）–C剖面构型，土体呈红色或红黄色。

水稻土是缙云县第三大土壤类型，占本县地域面积的10%。本县水稻土广泛分布于海拔110m的河谷平原到海拔980m的山坡、岗背。本县地形地貌和土壤母质较复杂，水分状况不同，水稻土的剖面形态也相当复杂。水稻土的剖面形态是在水稻栽培及轮作复种制度下，通过灌溉、耕作、施肥等综合措施下形成的，母质及母土的层次结构，往往给予深刻的影响。但随着耕种历史的增长，原来的层次结构会逐渐地隐去，而特定的水稻土剖面发育形态日益明显，水稻土中的剖面发育中，最显著的是铁、锰等易于氧化还原而变价的有色化合物的移动和淀积，产生特殊的剖面色彩和层次。在铁、锰物质的移动与淀积过程中，微生物、有机质、地下水及灌溉水等起着积极的作用。此外，其他矿物质和有机胶体的迁移和淀积，也有重要影响。本县水稻土可划分为渗育水稻土、潴育水稻土、潜育水稻土三个亚类。

黄壤占缙云县地域面积的8%，呈垂直分布于本县海拔700m以上的中山区。黄壤成土母质为酸性岩浆岩的风化体。由于气温低，雨水多，湿度大，土体中铁的氧化物结合水多，致土色呈黄色或棕黄色。表土有机质分解慢，常保持较好的枯枝落叶层。因此，被当地农民称为"冷土"。典型黄壤的剖面构型根据发育度的差异，可分为黄壤和侵蚀型黄壤两个亚类。

紫色土占缙云县地域面积的5%，分布于本县盆地周围丘陵阶地上。土壤母质为钙质紫色砂岩、钙质泥质砂岩分化残积物。土壤中黏粒含量低，粗砂及细砂、粗粉粒含量高，结持性差。剖面构型为AC–C，全剖面呈紫色，有的自上而下均有明显的石灰反应，有的土层受淋溶脱钙，上部呈酸性或中性反应，下部仍有石灰性反应。

小于本县地域面积3%的土壤类型为火山灰土。

本区域中心区气候特征

本区域中心区气候特征值
Regional climate characteristics in central area of the region

气候带：中亚热带湿润气候 Climate region: Subtropical humid climate	
年平均气温 /℃ Annual average temperature /℃	17.6
年平均最高气温 /℃ Annual average maximum temperature /℃	21.8
年平均最低气温 /℃ Annual average minimum temperature /℃	14.4
年降水量 /mm Annual precipitation /mm	1694
≥10℃的积温 /℃ Daily temperature accumulated in a year（≥10℃）/℃	6277
年日照时数 /h Annual sunshine /h	1749
年平均相对湿度 /% Annual average relative humidity /%	79
干燥度 Dryness	0.66

本区域中心区月平均气温与月平均降水量
Monthly temperature and precipitation in central area of the region

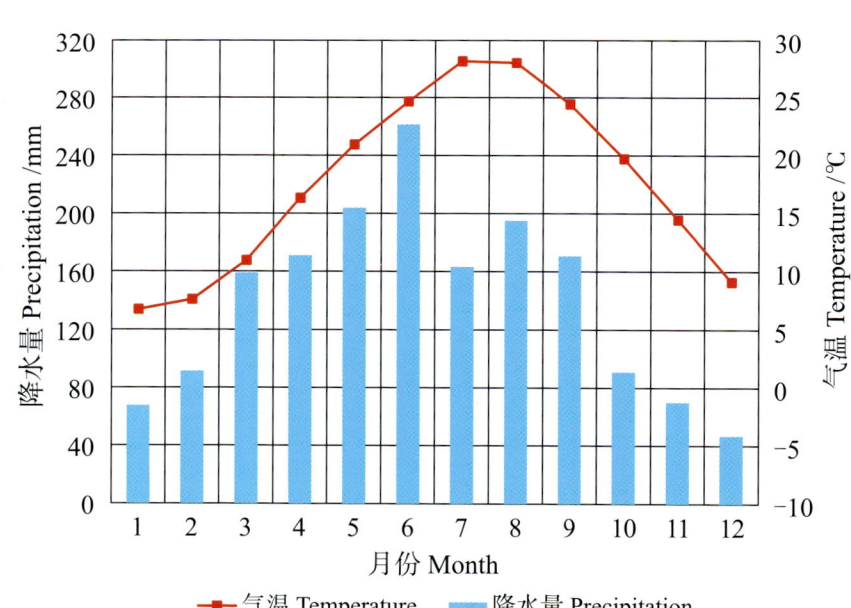

缙云县主要土壤类型与土壤剖面点分布图
1∶240 000

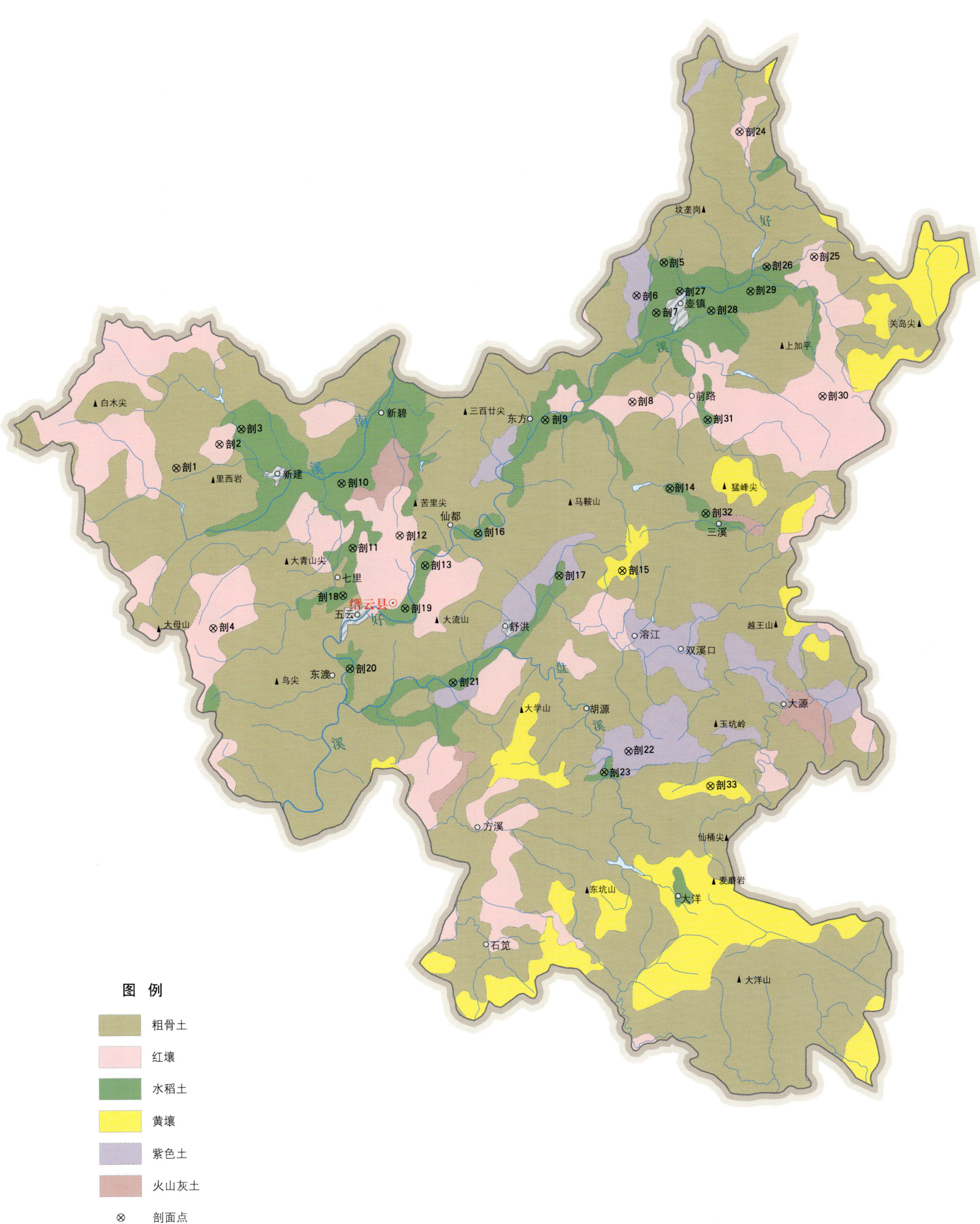

缙云县土壤剖面理化性状表

剖面号 Soil profile	土纲 Soil order	土类 Soil great group	亚类 Soil subgroup	土属 Soil genus	土种 Soil species	土层码 Layer code	土层厚度 Depth/cm	颜色 Soil color	质地 Soil texture	土壤结构 Soil structure	pH	有机质 OM/(g/kg)	全氮 TN/(g/kg)	全磷 TP/(g/kg)	速效钾 AK/(mg/kg)	阳离子交换量CEC/(cmol/kg)	土壤母质 Parent material	剖面点坐标 Profile coordinate	匹配指数 Matching index/%
剖1	初育土	粗骨土	酸性粗骨土	酸石砂土	红砾泥土	A	0—26	浊黄橙色	砂壤土	小块状	5.8	12.2	0.50	0.20			浅色凝灰岩风化残积物、坡积物	E 119°57′30.8″ N 28°43′27.1″	95
						AC	26—62	浊黄橙色	砂壤土		6.0	6.8							
						C	62—95	淡黄橙色	砂壤土		6.0	2.8							
剖2	铁铝土	红壤	红壤	红黏土	吴岭红黏土	A	0—15	淡红黄色	重壤土	小团块状	5.5	12.2	0.63	0.27	170	13.6		E 119°59′00.7″ N 28°44′12.5″	75
						(B₁)	15—80	黄橙色	重壤土	大团块状	5.3	6.2	0.34	0.29	52	13.5			
						(B₂)	80—100	黄橙色	重壤土	大块状	5.4	3.4	0.19	0.27	54	12.9			
剖3	人为土	水稻土	渗育水稻土	黄泥田	黄泥田	Aₐ	0—16	褐色	重壤土	小块状	5.4	24.1	1.29	0.31	63		母土为黄泥土、粉红泥土、黄红泥土	E 119°59′45.5″ N 28°44′41.3″	75
						P	16—22	褐色	重壤土	块状	5.8	17.5	0.91	0.27					
						Bw	22—100	淡黄棕色	重壤土	大块状	6.5	2.2	0.14	0.11					
剖4	铁铝土	红壤	红壤	黄筋泥	黄筋土	A	0—14	黄棕色	轻壤土	小团块状	4.9	12.0	0.80	0.19	64	10.1	第四纪红土砾石层	E 119°58′55.8″ N 28°38′33.8″	95
						(B₁)	14—59	淡黄棕色	轻壤土	大团块状	4.8	5.7	0.44	0.14	42	8.3			
						(B₂)	59—100	红色	轻壤土	大块状	5.1	3.5	0.30	0.13	28	7.7			
剖5	人为土	水稻土	潴育水稻土	棕黏田	棕泥田	Aₐ	0—14	淡黄棕色	重壤土	小团块状	5.9	26.3	1.49	1.18	62	22.7	玄武岩类风化物	E 120°14′26.7″ N 28°50′06.9″	75
						P	14—20	棕色	重壤土	大团块状	6.3	24.3	1.42	1.18	76	26.4			
						Bw	20—100	红棕色	重壤土	大块状	7.3	5.8	0.34	0.72	180	34.5			
剖6	初育土	紫色土	石灰性紫色土	紫砂土	紫泥土	AC	0—22	黄棕色		小块状								E 120°13′31.5″ N 28°49′05.1″	92
						C	22—75	黄棕色		小块状									
剖7	人为土	水稻土	潴育水稻土	烂泥田	烂积砂田	Aₐ	0—15	灰白色	重壤土	无结构糊状	6.4	29.6	1.68	0.20	66	10.7	河流冲积物	E 120°14′13.4″ N 28°48′33.8″	95
						Gp	15—20	灰白色	重壤土	无结构糊状	6.3	29.7	1.50	0.20	50	11.2			
						G₁	20—32	青灰色	重壤土	无结构糊状	6.0	24.8	1.21	0.20	44	8.2			
						G₂	32—50	青灰色	重壤土	无结构糊状	5.8	24.0	1.11	0.07	62	7.4			
						C	50—100	灰白色	砂壤土										
剖8	铁铝土	黄红壤		黄黏土	黄黏土	A	0—22	淡棕色	轻黏土	小块状	5.5	24.6	1.60	0.53	50	8.2	安山岩、安山玢岩等中性岩浆岩的风化物	E 120°13′27.3″ N 28°45′49.1″	75
						(B)	22—47	淡棕色	重黏土	块状	5.7	13.1	0.93	0.44	76	16.0			
						C	47—100	淡棕色	重壤土	块状	5.7								
剖9	人为土	水稻土	潴育水稻土	洪积泥砂田	洪积白擂泥砂田	A	0—16	褐色	中壤土	小团块状	6.9	22.2	1.16	0.22	50	14.8	近代洪积物	E 120°10′24.9″ N 28°45′11.0″	95
						Pₐ	16—22	白色	中壤土	小块状	7.0	6.2	0.44	0.14	76	12.1			
						E	22—42	白色	中壤土	小块状	7.2	3.1	0.25	0.14	112	16.7			
						WFeMn	42—75	白色	轻壤土	小块状	7.3	3.3	0.22	0.22	105	16.7			
						C	75—100	灰黄色	中壤土	块状	7.5	2.5	0.18	0.10	104	18.9			
剖10	人为土	水稻土	潴育水稻土	紫泥田	紫泥田	Aₐ	0—18	紫色	重壤土	小团块状	5.7	26.2	1.53	0.41	50	7.5	钙质紫砂岩或钙质泥岩的风化残积物	E 120°03′19.2″ N 28°43′06.1″	95
						P	18—22	紫色	重壤土	块状	6.0	20.3	1.06	0.37	32	14.6			
						Bw	22—60	紫灰色	重壤土	块状	7.4	6.3	0.43	0.40	32	13.4			
						C	60—100	紫灰色	重壤土	块状									
剖11	人为土	水稻土	潴育水稻土	洪积泥砂田	山地洪积泥砂田	Aₐ	0—17	浊黄棕色	中壤土	小块状	5.5	29.6	1.16	0.47	72	5.4	近代洪积物	E 120°03′45.3″ N 28°41′07.0″	75
						P	17—23	浊黄橙色	轻壤土	小块状	5.2	29.3	1.73	0.48	78	5.5			
						Gw	23—100	浊黄橙色	砂壤土	小块状	5.5	6.3	0.37	0.27	68	4.9			
剖12	铁铝土	红壤	红壤性土	红粉泥土	红粉泥土	A(B)C	0—26	浊黄橙色	砂壤土	小块状	5.8	12.2	0.55	0.17			浅色凝灰岩风化残积物、坡积物	E 120°05′23.9″ N 28°41′32.2″	95
						(B)C	26—42	浊黄橙色	砂壤土		6.0	6.8							
						C	42—62	浊黄橙色	砂壤土		6.0	4.4							
							62—95	淡黄橙色	砂壤土			2.8							

续表 Continued

剖面号 Soil profile	土纲 Soil order	土类 Soil great group	亚类 Soil subgroup	土属 Soil genus	土种 Soil species	土层码 Layer code	土层厚度 Depth/cm	颜色 Soil color	质地 Soil texture	土壤结构 Soil structure	pH	有机质 OM/(g/kg)	全氮 TN/(g/kg)	全磷 TP/(g/kg)	速效钾 AK/(mg/kg)	阳离子交换量 CEC/(cmol/kg)	土壤母质 Parent material	剖面点坐标 Profile coordinate	匹配指数 Matching index/%
剖13	人为土	水稻土	潴育水稻土	黄泥砂田	棕泥砂田	A$_n$	0—16	淡棕色	重壤土	大团粒状	5.5	23.8	1.44	0.58	40	19.6	红壤坡积物或经短距离搬运的再积物	E 120° 06′ 18.9″ N 28° 40′ 38.3″	75
						P	16—21	淡棕色	重壤土	块状	6.3	16.9	1.04	0.58	64	22.1			
						W	21—100	暗棕色	重壤土	棱块状	7.3	6.1	0.37	0.50	80	9.4			
剖14	人为土	水稻土	潴育水稻土	洪积泥砂田	洪积青砾泥砂田	A$_n$	0—16	灰棕色	重壤土	小块状	6.0	28.6	1.66	0.28	56	12.7	近代洪积物	E 120° 14′ 49.7″ N 28° 43′ 10.7″	75
						P	16—24	灰棕色	重壤土	小块状	6.2	22.7	1.31	0.22	60	19.7			
						Gw	24—36	灰棕色	重壤土	大块状	6.8	12.7	0.77	0.14	86	12.5			
						Wg	36—65	灰棕色	中壤土	大块状	7.0	6.8	0.37	0.11	82	12.6			
						G	65—100	淡棕色	中壤土	块状	6.9	22.5	0.92	0.11	96	12.0			
剖15	铁铝土	黄壤	黄壤	山地黄黏土	山地黄黏土	A	0—15	暗黄棕色	重壤土	粒状	5.5	30.6	1.67	0.95	218	9.9	凝灰岩等的风化物	E 120° 13′ 13.5″ N 28° 40′ 37.3″	75
						(B$_1$)	15—40	淡黄棕色	轻黏土	核状	5.7	8.6	0.59	0.47	58	11.5			
						(B$_2$)	40—85	黄黄棕色	轻黏土	核状	5.1	4.9	0.21	0.40	48	11.1			
						C	85—100	淡黄棕色	轻黏土		5.7								
剖16	人为土	水稻土	潴育水稻土	烂渝田	烂黄泥砂田	A$_n$	0—17	淡灰色	重壤土	大团块状	5.6	31.2	1.82	0.26	58	8.2	红壤再积物	E 120° 08′ 08.2″ N 28° 41′ 39.7″	95
						P	17—24	淡灰色	重壤土	大块状	5.7	25.9	1.62	2.40	62	6.1			
						G	24—40	青灰色	重壤土	无结构	5.8	19.3	1.13	0.17	40	4.8			
						GE$_1$	40—50	灰棕色	重壤土	大块状	6.0	6.0	0.36	0.10	48	5.9			
						GE$_2$	50—100	灰白色	重壤土	大块状	5.6	5.4	0.35	0.14	68	6.4			
剖17	人为土	水稻土	潴育水稻土	山地黄黏泥田	培泥砂田	A$_n$	0—12	暗黄黄色	中壤土	小团块状	5.9	30.2	1.76	0.26	46	8.7	凝灰岩等的风化物	E 120° 11′ 01.0″ N 28° 40′ 25.9″	75
						P	12—17	暗黄黄色	重壤土	块状	6.6	20.3	1.18	0.19	136	23.3			
						W$_1$	17—44	淡黄棕色	重壤土	棱柱状	7.6	4.8	0.33	0.17	55	10.4			
						W$_2$	44—88	淡黄棕色	中壤土	棱柱状	7.7	3.6	2.10	0.25	46	10.0			
						C	88—100	褐色	轻壤土		7.4								
剖18	人为土	渗育水稻土	老黄筋泥田	老黄筋泥田	A$_n$	0—11	淡灰色	中壤土	小团块状	5.2	68.4	2.65	0.56	56	5.7	红壤再积物	E 120° 03′ 27.1″ N 28° 39′ 39.6″	75
						P	11—18	淡灰色	重壤土	块状	5.2	48.1	2.53	0.62	50	6.4			
						Bw	18—41	褐棕色	重壤土	块状	5.6	20.3	1.07	0.35	58	5.3			
						Cw	41—100	褐棕色	中壤土	块状	5.8	7.3	0.51	0.20	60	5.5			
剖19	人为土	水稻土	潴育水稻土	泥质田	泥质田	A$_n$	0—15	褐棕色	中壤土	大块状	5.5	25.3	1.53	0.32	98	7.4	第四纪红色黏土	E 120° 05′ 38.3″ N 28° 39′ 18.4″	95
						P	15—21	褐棕色	轻壤土	片状	5.6	22.4	1.37	0.29	50	7.8			
						W$_1$	21—76	淡黄棕色	重壤土	棱柱状	6.7	2.5	0.32	0.31	66	11.6			
						W$_2$	76—100	淡黄棕色	重壤土	棱柱状	6.8	5.4	0.39	0.18	48	11.6			
剖20	人为土	潴育水稻土	泥砂田	泥砂田	A$_n$	0—15	灰棕色	重壤土	块状	5.7	28.1	1.69	0.19	56	10.2	河流老冲积物	E 120° 03′ 45.1″ N 28° 37′ 25.0″	75
						P	15—20	褐棕色	轻壤土	大团块状	5.8	20.8	1.40	1.80	44	10.2			
						Bw	20—32	黄黄棕色	砂壤土	棱柱状	7.5	5.0	0.37	0.09	66	13.4			
						C	32—100	灰棕色	紧砂土	无结构	7.3	2.9	0.26	0.08	68	11.0			
剖21	初育土	紫色土	石灰性紫色土	紫砂土	溪滩田	AC	0—15	暗棕色	中壤土	无结构散状	5.5	19.9	1.13	0.25	38	5.4	河流老冲积物	E 120° 07′ 22.3″ N 28° 37′ 03.5″	95
						C	15—100	暗棕色	砂壤土	粒状	5.0	21.5	0.84	0.84	30	5.2			
剖22	初育土	紫色土	石灰性紫色土	紫砂土	紫砂土	AC	0—18	暗棕色	中壤土	无结构散状	8.1	3.1	0.44	0.59	74	29.5	河流老冲积物	E 120° 13′ 34.0″ N 28° 35′ 03.7″	92
						C	18—38	淡灰色	紧砂土	小团块状	8.1	4.2	0.26	0.24	40	9.0			
剖23	人为土	水稻土	潴育水稻土	泥质田	半砂田	A$_n$	0—12	灰白色	中壤土	小块状	5.7	18.1	1.30	0.22	34	8.2	河流老冲积物	E 120° 12′ 44.1″ N 28° 34′ 23.4″	75
						P	12—19	灰白色	中壤土	棱柱状	5.9	15.3	0.86	0.21	52	9.9			
						W$_3$	19—26	黄灰色	重壤土	小块状	6.9	3.5	0.28	0.10	46	10.2			
						W$_4$	26—50	灰白色	中壤土	小块状	7.2	2.4	0.18	0.09					
						C	50—100												
剖24	铁铝土	红壤	红黏土	砾石红黏土	A	0—15	淡紫黄色	重壤土	小团块状	5.1	10.5	0.60	0.52	112	12.8		E 120° 17′ 00.4″ N 28° 54′ 12.0″	95
						(B)	15—100	红黄色	重壤土	大团块状	5.2	10.3	0.65	0.44	60	11.2			

续表 Continued

剖面号 Soil profile	土纲 Soil order	土类 Soil great group	亚类 Soil subgroup	土属 Soil genus	土种 Soil species	土层码 Layer code	土层厚度 Depth/cm	颜色 Soil color	质地 Soil texture	土壤结构 Soil structure	pH	有机质 OM/(g/kg)	全氮 TN/(g/kg)	全磷 TP/(g/kg)	速效钾 AK/(mg/kg)	阳离子交换量CEC/(cmol/kg)	土壤母质 Parent material	剖面点坐标 Profile coordinate	匹配指数 Matching index/%
剖25	铁铝土	红壤	黄红壤	黄红泥土	黄红泥土	A	0—20	淡黄棕色	轻黏土	小块状	4.7	11.8	0.59	0.33	32	7.4	泥质砂岩风化残积物、坡积物	E 120°19′43.3″ N 28°50′23.7″	75
						(B)	20—100	红橙色	中黏土	块状	4.9	5.5	0.43	0.43	44	8.0			
剖26	人为土	水稻土	潴育水稻土	洪积泥砂田	夹谷砾泥泥砂田	A_p	0—14	淡灰色	中壤土	小团块状	5.5	27.5	1.65	0.33	38	8.4	近代洪积物	E 120°18′03.9″ N 28°50′03.6″	75
						P	14—20	淡灰黄色	中壤土	小块状	5.3	16.5	1.04	0.28	24	7.2			
						W	20—37	褐色	轻壤土	小块状	6.4	4.1	0.42	0.18	28	7.3			
						C	37—100	褐灰色	砂壤土	无结构									
剖27	人为土	水稻土	潴育水稻土	泥砂田	砾埔泥砂田	A_p	0—14	暗黄棕色	中壤土	小团块状	5.7	21.5	1.23	0.21	50	5.7	河流老冲积物	E 120°15′01.8″ N 28°49′15.0″	75
						P	14—22	褐色	中壤土	小块状	5.5	16.1	1.04	0.18	54	6.6			
						W	22—28	灰黄色	中壤土	小块状	5.8	5.4	0.40	0.18	46	6.2			
						C	28—100	褐色	砂壤土	无结构									
剖28	人为土	水稻土	潴育水稻土	老黄筋泥田	老黄筋泥田	A_p	0—14	褐色	重壤土	大团块状	5.8	26.6	1.51	0.25	36	7.8	第四纪红色黏土	E 120°16′08.7″ N 28°48′40.2″	95
						P	14—22	灰黄色	重黏土	大块状	6.4	18.3	1.08	0.18	36	7.0			
						W_1	22—58	淡黄棕色	轻壤土	棱柱状	5.8	5.3	0.45	0.58	64	12.3			
						W_2	58—100	灰黄色	轻黏土	棱柱状	6.5	6.6	0.41	0.56	64	11.4			
剖29	人为土	水稻土	潴育水稻土	洪积泥砂田	洪积砾泥砂田	A_p	0—16	褐灰色	中壤土	小团块状	5.1	23.7	1.56	0.31	46	7.0	近代洪积物	E 120°17′31.0″ N 28°49′17.8″	95
						Cw	16—24	褐色	中壤土	小块状	5.0	22.7	1.44	0.30	44	7.4			
							24—100	灰色	砂壤土	无结构	5.4								
剖30	铁铝土	红壤	黄红壤	红砂土	砾石红砂土	AC	0—15	紫色	中壤土	粒状	6.1	20.9	0.80	0.09	94	7.9		E 120°20′06.6″ N 28°46′07.2″	95
						C	15—38	紫色	中壤土	小块状	6.6					8.8			
剖31	人为土	水稻土	潴育水稻土	泥砂田	青湘泥砂田	A_p	0—21	暗黄棕色	中壤土	小块状	5.7	26.7	1.58	0.17	58	8.6	河流老冲积物	E 120°16′06.4″ N 28°45′19.1″	75
						P	21—26	淡黄棕色	轻壤土	小块状	5.8	20.1	1.04	0.11	44	8.6			
						G	26—60	淡黄棕色	轻壤土	小块状	5.8	8.3	0.50	0.08	56	7.4			
						C	60—100	淡黄棕色	轻壤土	小块状									
剖32	人为土	水稻土	潴育水稻土	培泥砂田	砂田	A_p	0—15	淡灰色	砂壤土	小块状	5.8	9.0	0.82	0.25	54	7.5	红壤坡积物或经短距离搬运的再沉积物	E 120°16′06.2″ N 28°42′26.1″	95
						P	15—20	淡灰黄色	砂壤土	无结构	5.7	8.0	0.69	0.22	36	7.6			
						W	20—54	淡黄黄色	砂壤土	无结构	5.7	3.3	0.31	0.18	40	5.6			
						C	54—100	灰灰色	紫砂土	无结构	6.4								
剖33	铁铝土	黄壤	黄壤	山地黄泥砂土	山地黄泥砂土	A	0—12	棕灰色	中壤土	团粒状	5.1	34.4	1.48	0.19	58	5.6	凝灰岩等的风化物	E 120°16′27.2″ N 28°34′02.4″	95
						(B)	12—53	淡黄棕色	重壤土	小块状	4.9	9.1	0.96	0.10	62	7.4			
						C	53—100	黄色	紫砂土	小块状	4.9								

注：上表"土层码"中"A_p"是指耕作土壤的表土层，即经常受人类耕作、施肥、灌溉影响的土层。

遂 昌 县

主要土类说明

红壤是遂昌县主要土壤类型，占本县地域面积的49%。红壤遍布在海拔800m以下的低山丘陵，它是在湿热的亚热带生物气候条件下，各种岩石经过深度风化形成的脱硅富铁铝土壤，具A–（B）–C剖面构型。其中黄红壤亚类面积最大，占红壤面积的85%以上，分布在全县海拔800m以下的低山、丘陵，其红壤化作用较红壤亚类弱，土体呈黄红或黄橙色，侵蚀较严重，砾质性较明显，是红壤向黄壤过渡的类型。

黄壤是遂昌县第二大土壤类型，占本县地域面积的37%。黄壤分布在海拔700m以上的中山区，由酸性火山岩风化发育。由于气候凉爽，相对湿度大，水热状况较稳定，因此红壤化作用较弱。土体中游离的氧化铁深受水化作用，以黄色的多水氧化铁形态存在，使得土色发黄，尤其是心土层更为明显。由于植被茂盛、气候凉爽，有利于有机质累积，表土有机质含量可达50g/kg以上，表土上面往往覆盖有枯枝落叶层，剖面构型为AoA–（B）–C。按地形和土体构型的不同，可将其划分为黄壤、侵蚀型黄壤、表潜型黄壤三个亚类。

水稻土是遂昌县第三大土壤类型，占本县地域面积的6%。水稻土主要集中在云峰、大柘、三仁、石练、妙高、三川、金竹、湖山等乡（镇）。它是由各种土壤母质和自然土壤经过长期的灌溉、排水、施肥、轮作等水耕熟化过程，土体内物质发生转化或淋溶、淀积，特别是受氧化还原交替作用影响而形成的具有特殊剖面构型的土壤类型。根据地貌、成土母质和水分状况的不同引起土壤剖面发生、发育上的变化，可将水稻土划分为渗育型、潴育型和潜育型三个亚类。

粗骨土占遂昌县地域面积的6%。粗骨土属于A–C甚至（A）–C剖面构型土壤。A层发育不明显，与母质层性状相似，略显有机质累积。有时母质层富含砾石，甚少剖面分异与发育特征。粗骨土广泛分布在河谷阶地、丘陵、低山和中山等多种地貌单元和地形部位。

小于本县地域面积3%的土壤类型为紫色土。

本区域中心区气候特征

本区域中心区气候特征值
Regional climate characteristics in central area of the region

气候带：中亚热带湿润气候 Climate region: Subtropical humid climate	
年平均气温 /℃ Annual average temperature /℃	17.6
年平均最高气温 /℃ Annual average maximum temperature /℃	22.1
年平均最低气温 /℃ Annual average minimum temperature /℃	14.2
年降水量 /mm Annual precipitation /mm	1710
≥10℃的积温 /℃ Daily temperature accumulated in a year (≥10℃) /℃	6601
年日照时数 /h Annual sunshine /h	1776
年平均相对湿度 /% Annual average relative humidity /%	79
干燥度 Dryness	0.62

本区域中心区月平均气温与月平均降水量
Monthly temperature and precipitation in central area of the region

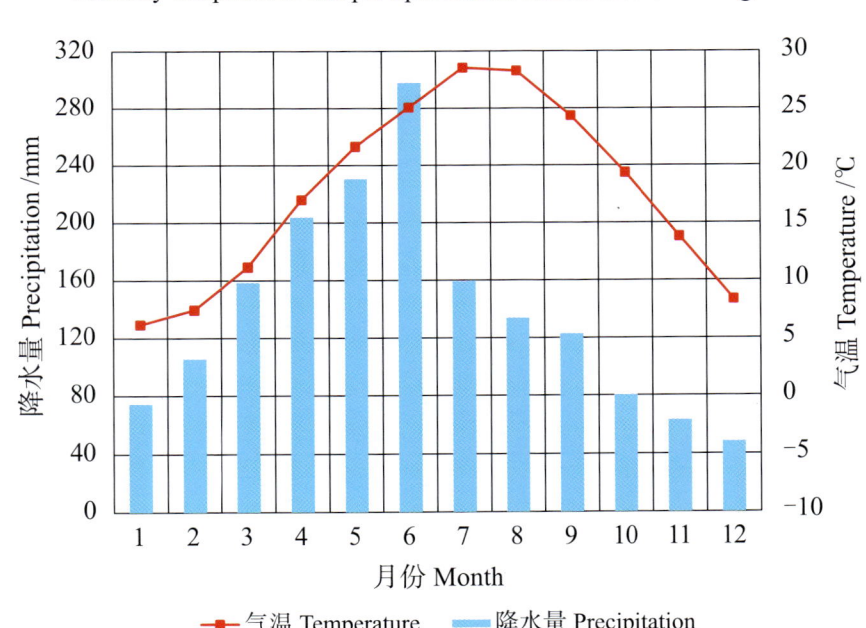

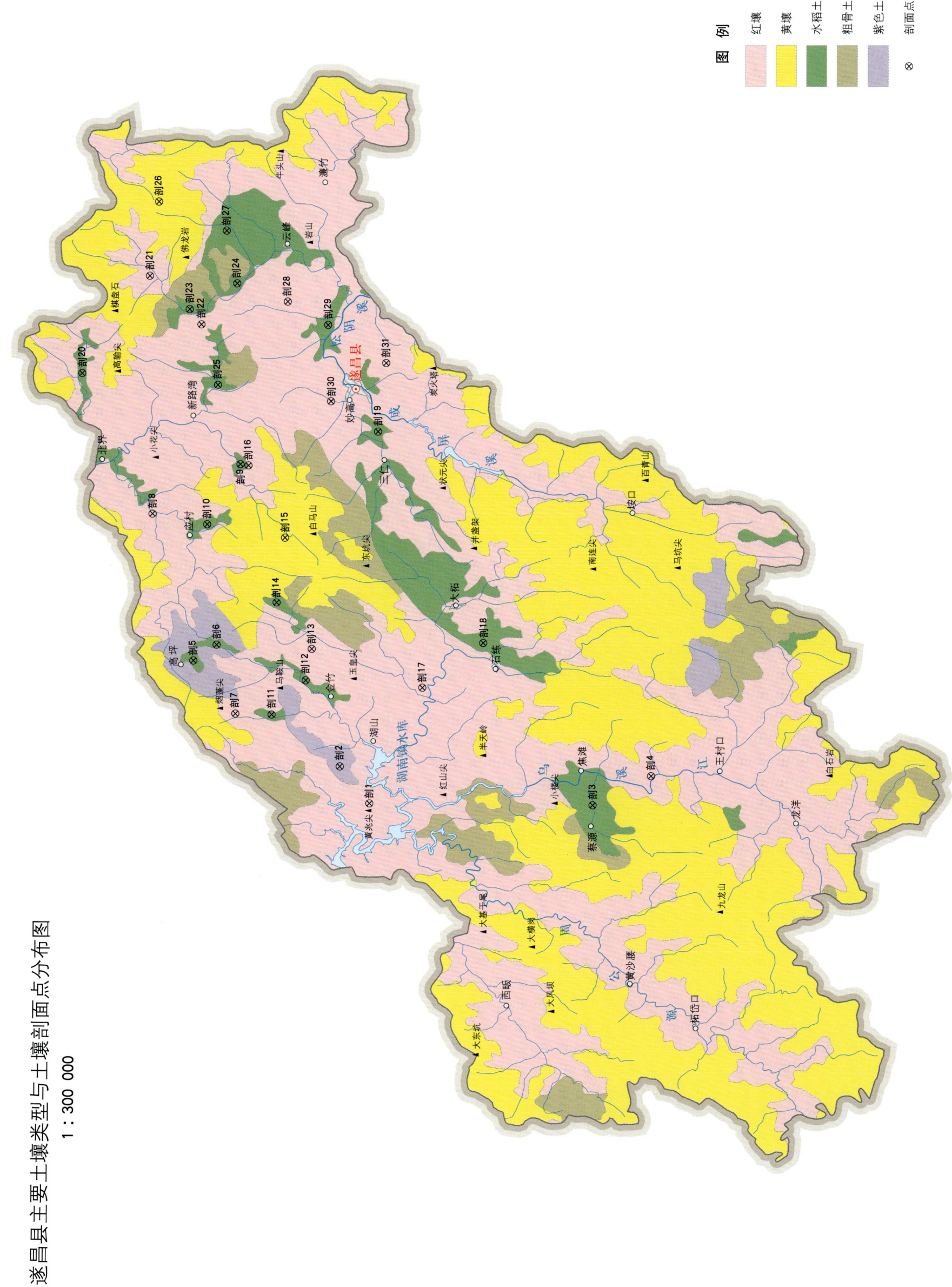

遂昌县土壤剖面理化性状表

剖面号 Soil profile	土纲 Soil order	土类 Soil great group	亚类 Soil subgroup	土属 Soil genus	土种 Soil species	土层码 Layer code	土层厚度 Depth/cm	颜色 Soil color	质地 Soil texture	pH	有机质 OM/(g/kg)	全氮 TN/(g/kg)	全磷 TP/(g/kg)	有效磷 AP/(mg/kg)	速效钾 AK/(mg/kg)	阳离子交换量 CEC/(cmol/kg)	土壤母质 Parent material	剖面点坐标 Profile coordinate	匹配指数 Matching index/%
剖1	铁铝土	红壤	黄红壤	黄泥土	黄黄泥土	A	0—14	灰黄色	重壤土	5.0	33.1	1.26	0.15	3.0	108		页岩残积物	E 118°57′18.0″ N 28°35′24.2″	95
剖2	初育土	紫色土	石灰性紫色土	红紫砂土	红紫紫泥土	(B)	14—52	黄红色	轻黏土	5.3	8.7	0.47	0.09				钙质紫色砂岩残积物、坡积物	E 118°59′11.2″ N 28°36′31.2″	92
						C	52—61	褐黄色		8.0	7.8	0.48	0.45	13.0	86				
剖3	人为土	水稻土	渗育水稻土	红泥田	砂性红泥田	A	0—28	紫黄色	轻黏土								母土为红黏土、红泥土	E 118°57′18.3″ N 28°26′29.5″	95
						C	28—	紫紫灰色											
						A	0—12	灰黄棕色	中壤土	5.7	38.2	1.99	0.73	46.0	90				
						P	12—19	灰黄棕色	中壤土	5.7	34.0	1.74	0.65						
						W	19—42	淡黄棕色	重泥土	6.1	11.5	0.72	0.41						
						C	42—55	黄色											
剖4	铁铝土	红壤	黄红壤	黄砺土	黄砺泥	A	0—14	灰黄色	重壤土	5.4	32.4	1.48	0.27	3.0	133			E 118°58′34.9″ N 28°24′09.0″	95
						(B)	14—45	淡棕黄色	重壤土	5.6	13.8	0.84	0.22						
						C	45—53	淡黄棕色											
剖5	人为土	水稻土	潴育水稻土	紫红泥砂田	紫泥砂田	A	0—16	紫棕色	中壤土	5.8	23.0	1.20	0.23	5.0	115	9.8	红紫泥和酸性紫色土	E 119°04′01.3″ N 28°42′17.2″	75
						P	16—24	棕灰色	重壤土	5.8	11.7	0.70	0.20			11.2			
						W	24—75	紫灰色	重壤土	6.9	6.6	0.39	0.14			12.3			
剖6	人为土	水稻土	渗育水稻土	紫泥田	砂性红泥田	A	0—16	紫紫色	重壤土	5.6	15.3	0.96	0.28	6.0	132	17.9	紫色砂页岩风化物	E 119°04′42.4″ N 28°41′21.6″	75
						P	16—28	紫灰色	重壤土	5.7	13.6	0.94	0.28			19.9			
						W	28—41	灰棕色	重壤土	6.1	6.6	0.49	0.22						
						C	41—54	紫色		7.0									
剖7	铁铝土	红壤	黄红壤	红松泥	砂性红松泥	A	0—11	淡棕红色	中壤土	5.1	30.2	1.14	0.28	2.0	80		变质岩风化物	E 119°01′36.4″ N 28°40′39.1″	95
						(B)	11—100	红棕红色	中黏土	5.3	18.1	0.76	0.25						
剖8	铁铝土	红壤	红壤	红黏土	红黏土	A	0—15	暗棕红色	中黏土	5.2	44.4	1.86	1.08		78		安山岩风化物	E 119°10′38.3″ N 28°43′49.7″	95
						(B)	15—85	红棕色	中黏土	5.4	11.8	0.50	0.98						
						C	85—100	淡红黄色											
剖9	人为土	水稻土	潴育水稻土	黄泥田	焦砾焗黄泥田	A	0—16	灰白色	轻壤土	6.1	44.4	2.00	0.74	26.0	95		母土为黄泥土、红松泥、砂砾质红土	E 119°12′47.4″ N 28°40′18.0″	95
						P	16—22	灰白色	轻壤土	6.3	19.8	1.11	0.50						
						W	22—33	暗棕色	重石质土	6.5	10.4	0.71	0.39						
						C	33—62	黄棕色		6.4		0.52							
剖10	人为土	水稻土	潴育水稻土	洪积泥砂田	铁砂砺砺泥砂田	A	0—13	灰灰色	中壤土	6.0	39.2	2.31	0.66	14.0	95		近代洪积物	E 119°10′07.3″ N 28°41′39.8″	95
						P	13—18	棕灰色	中壤土	6.2	32.2	1.71	0.59						
						W_1	18—23	黄色	重壤土	6.3	8.1	0.55	0.53						
						W_2	23—39	黄黄棕色	重石质土	6.4	6.1	0.52	0.52						
剖11	人为土	水稻土	潜育水稻土	烂滥田	烂滥田	A	0—19	灰灰色	重壤土	5.9	38.7	1.84	0.64	2.0	61	11.9	红壤山谷堆积物	E 119°01′32.5″ N 28°39′12.7″	75
						G	19—	灰黄色	中壤土	6.0	35.7	1.72	0.55			10.1			
剖12	人为土	水稻土	渗育水稻土	红泥田	红黏土	A	0—18	灰黄色	轻黏土	5.7	29.9	1.58	0.71	6.0	192		母土为红黏土、砂土	E 119°03′07.3″ N 28°37′49.9″	95
						P	18—24	灰黄色	轻黏土	6.6	16.3	1.05	0.64						
						W	24—61	灰灰色	轻黏土	6.4	13.3	0.79	0.60						
						C	61—100	灰黄色											
剖13	铁铝土	红壤	侵蚀型红壤	石砂土	石砂土	A	0—13	淡黄黄色	重石质土	5.2	33.0	0.98	0.21	2.0	140		基岩风化残积物、坡积物	E 119°04′27.7″ N 28°37′34.2″	95
						C	13—32												

续表 Continued

剖面号 Soil profile	土纲 Soil order	土类 Soil great group	亚类 Soil subgroup	土属 Soil genus	土种 Soil species	土层码 Layer code	土层厚度 Depth/cm	颜色 Soil color	质地 Soil texture	pH	有机质 OM/(g/kg)	全氮 TN/(g/kg)	全磷 TP/(g/kg)	有效磷 AP/(mg/kg)	速效钾 AK/(mg/kg)	阳离子交换量CEC/(cmol/kg)	土壤母质 Parent material	剖面点坐标 Profile coordinate	匹配指数 Matching index/%
剖14	人为土	水稻土	渗育水稻土	山地黄泥田	山地砾质黄泥田	A	0—15	暗灰色	中壤土	5.7	54.0	2.77	0.53	25.0	115		母土主要为山地黄泥土	E 119°06′34.5″ N 28°38′57.2″	95
						P	15—23	淡灰色	中壤土	6.0	24.0	1.18	0.31						
						W	23—44	棕灰色	重壤土	6.0	13.2	0.80	0.28						
						C	44—60	黄棕色											
剖15	铁铝土	黄壤	黄壤	山地黄泥砂土	山地乌黄泥砂土	A	0—16	暗棕色	中壤土	5.8	63.2	2.54	0.37	2.0	198	10.4	凝灰岩、流纹岩残坡积物、坡积物	E 119°09′29.0″ N 28°38′34.9″	95
						(B)	16—52	淡棕黄色	重壤土	5.8	19.0	0.93	0.27			9.3			
						C	52—69	灰黄色	中壤土	5.7	7.8	0.37	0.19						
剖16	人为土	水稻土	潴育水稻土	泥砂田	青粝泥砂田	A	0—16	淡灰色	重壤土	5.5	60.9	3.20	0.67	19.0	96	13.7	溪流冲积物	E 119°12′44.0″ N 28°39′59.4″	75
						P	16—23	淡灰色	重壤土	5.5	65.1	3.44	0.51			11.1			
						G	23—62	暗黄色	重壤土	5.4	66.8	3.45	0.57			12.6			
						C	62—80	灰白色											
剖17	铁铝土	黄红壤	黄红壤	黄泥土	黄泥土	A	0—15	灰黄色	重壤土	5.6	32.9	1.25	0.19	3.0	150	11.6	母土为黄泥土、红松粘泥、砂黏质红土	E 119°02′39.8″ N 28°33′12.4″	95
						(B)	15—43	黄色	重壤土	5.6	9.6	0.54	0.15			10.3			
						C	43—58	黄色	重壤土	5.6	7.3	0.42							
剖18	人为土	水稻土	渗育水稻土	黄泥田	黄泥田	A	0—16	灰白色	中壤土	5.4	34.7	2.02	0.50	15.0	95	8.1		E 119°04′37.7″ N 28°30′45.7″	95
						P	16—25	灰白色	轻壤土	5.5	30.0	1.72	0.47			5.9			
						W₁	25—40	红黄色	轻黏土	5.8	8.6	0.55	0.30			10.9			
						W₂	40—70	淡红黄色											
剖19	人为土	水稻土	潴育水稻土	砾碴粗泥田	砾碴粗泥田	A	0—13	灰黄色	中壤土	5.7	30.2	1.82	0.46	22.0	61		溪流冲积物	E 119°14′09.6″ N 28°34′49.0″	75
						(B)	13—18	黄色	中壤土	5.8	19.8	1.20	0.42						
						W	18—32	黄色	中壤土	6.1	9.4	0.61	0.43						
						C	32—44	灰黄色	重石质土										
剖20	人为土	水稻土	潴育水稻土	黄泥砂田	青粝红松泥砂田	A	0—17	灰白色	重石质土	5.7	31.6	1.57	0.41	9.0	48		红壤坡积物或经短距离搬运的再积物	E 119°17′01.1″ N 28°46′31.9″	75
						P	17—23	灰黄色	重壤土	6.1	31.6	1.44	0.29						
						W	23—80	褐黄色	重壤土	6.1	31.0	1.62	0.41						
剖21	铁铝土	红壤	侵蚀型红壤	白岩砂土	白岩砂土	A	0—22	灰黄色	重石质土	5.8	21.0	0.83	0.71	9.0	100		石英二长岩风化物	E 119°21′19.2″ N 28°43′46.8″	75
						C	22—51	黄黄色	重石质土	6.4	6.1	0.27	1.01						
剖22	铁铝土	红壤	黄红壤	砂黏质红土	砂黏质红土	A	0—12	淡棕色	中壤土	5.4	36.3	1.39	0.14	5.0	114	12.9	粗晶花岗岩、混合花岗岩风化物	E 119°19′06.5″ N 28°41′46.2″	75
						(B)	12—74	红黄色	轻黏土	5.5	11.9	0.59	0.15			15.8			
						C	74—87	黄橙色	轻壤土	5.8	2.6	0.12	0.11						
剖23	人为土	水稻土	潴育水稻土	黄泥砂田	黄泥粗砂田	A	0—15	褐黄色	轻壤土	5.9	30.6	1.54	0.32	9.0	62		红壤坡积物或经短距离搬运的再积物	E 119°19′47.8″ N 28°42′13.7″	95
						P	15—22	淡灰色	中壤土	5.8	22.4	1.18	0.27						
						G	61—92	灰黄色	中壤土	5.6	10.4	0.52	0.22						
剖24	人为土	水稻土	潴育水稻土	黄泥砂田	红松泥砂田	A	0—18	紫棕色	重壤土	5.5	35.7	1.90	0.83	4.0	79	9.8	红壤坡积物或经短距离搬运的再积物	E 119°20′54.6″ N 28°40′19.1″	75
						P	18—26	紫灰色	重壤土	5.7	32.2	1.55	0.74			9.1			
						W₁	26—42	淡棕黄色	中壤土	6.6	12.8	0.52	0.76			11.6			
						W₂	42—74	褐黄色	重壤土	6.7									
剖25	人为土	水稻土	潴育水稻土	黄泥田	黄泥田	A	0—15	灰黄色	重壤土	6.0	36.7	2.07	0.32	10.0	105	10.0	红壤坡积物或经短距离搬运的再积物	E 119°16′22.4″ N 28°41′08.7″	95
						P	15—21	灰黄色	重壤土	6.1	24.4	1.30	0.28			12.6			
						W₁	21—35	棕灰色	重壤土	6.6	15.6	0.92	0.25			14.7			
						W₂	35—100	灰灰色											
剖26	铁铝土	黄壤	黄壤	山黄泥土	山地香灰土	Ao	0—6	暗棕灰色								13.7	凝灰岩、流纹岩残积物、坡积物	E 119°24′38.4″ N 28°43′22.1″	95
						(B)	6—16	棕灰色	中壤土	5.6	103.9	4.83	0.58	1.0	176	8.3			
						C	16—49	黄色	重壤土	5.5	47.8	2.48	0.43						
							49—61	灰灰色											

续表 Continued

剖面号 Soil profile	土纲 Soil order	土类 Soil great group	亚类 Soil subgroup	土属 Soil genus	土种 Soil species	土层码 Layer code	土层厚度 Depth/cm	颜色 Soil color	质地 Soil texture	pH	有机质 OM/(g/kg)	全氮 TN/(g/kg)	全磷 TP/(g/kg)	有效磷 AP/(mg/kg)	速效钾 AK/(mg/kg)	阳离子交换量 CEC/(cmol/kg)	土壤母质 Parent material	剖面点坐标 Profile coordinate	匹配指数 Matching index/%
剖27	人为土	水稻土	渗育水稻土	白砂田	白砂田	A	0—15	褐色	中壤土	5.4	24.1	1.28	0.30	6.0	93		石英二长岩风化物	E 119°23′16.3″ N 28°40′42.4″	95
						P	15—21	褐色	中壤土	5.6	18.5	1.04	0.26						
						C	21—37	灰黄色	重石质土	6.4	2.1	0.11	0.14						
剖28	铁铝土	红壤	红壤	红泥土	红泥土	A	0—10	红棕色	轻黏土	4.8	28.6	1.23	0.52		92	24.9	凝灰岩和石英正长斑岩风化物	E 119°20′03.1″ N 28°38′19.3″	95
						(B)	10—75	红色	中黏土	5.1	9.0	0.47	0.44			25.6			
						C	75—120	淡棕红色	轻黏土	5.2									
剖29	人为土	水稻土	潴育水稻土	泥砂田	青心泥砂田	A	0—14	褐色	重壤土	5.8	34.8	1.86	0.35	23.0	78		溪流冲积物	E 119°18′59.0″ N 28°36′44.4″	95
						P	14—22	淡灰色	重壤土	5.8	32.1	1.68	0.26						
						W	22—70	灰黄色	重壤土	5.9	17.6	0.77	0.24						
						G	70—100	暗灰色											
剖30	铁铝土	红壤	黄红壤	红松泥	红松泥	A	0—18	黄棕色	重壤土	5.4	19.9	0.78	0.23	2.0	96	12.4	麦质岩风化物	E 119°15′32.1″ N 28°36′40.4″	95
						(B)	18—80	淡红色	重壤土	5.7	10.9	0.48	0.25			14.8			
						C	80—100	淡棕红色	中壤土	5.7	8.0	0.24	0.19						
剖31	铁铝土	红壤	黄红壤	粉红泥土	紫粉泥土	A	0—17	紫灰色	中壤土	5.8	11.9	0.53	0.26	2.0	100		浅色或浅灰岩风化物凝灰岩风化物	E 119°17′13.8″ N 28°34′26.6″	95
						C	17—33	紫灰色											

松 阳 县

主要土类说明

红壤是松阳县主要土壤类型，占本县地域面积的52%。红壤成土母质以凝灰岩、花岗岩、片麻岩等酸性岩浆岩风化物为主，土体呈红色或橙色，土壤呈强酸性或酸性反应，pH为4.5—5.8，是剖面构型为A–（B）–C的富铝化土壤。表土有机质含量为10—20g/kg，表土层大多不足20cm。（B）层发育较好，黏粒含量相对增加。

黄壤是松阳县第二大土壤类型，占本县地域面积的21%。黄壤成土母质是酸性火山岩风化体残积物，具较明显的富铝化过程，但因受海拔高程、垂直生物气候等因素影响，土壤湿度相对较高，土体中的铁水化，因此土壤呈黄色或棕黄色；表土枯枝落叶积聚较多，有机质含量较高，A层可达50g/kg以上，有的还形成腐殖质积聚层即Ao层，土壤呈酸性反应，pH为5.0—5.5，剖面构型为AoA–（B）–C或A–（B）–C。根据所处地形、覆盖植被、受侵蚀程度等差异，可将其分为黄壤和侵蚀型黄壤两个亚类。

粗骨土是松阳县第三大土壤类型，占本县地域面积的13%。粗骨土属于A–C甚至（A）–C剖面构型土壤。A层发育不明显，与母质层性状相似，略显有机质累积。有时母质层富含砾石，甚少剖面分异与发育特征。粗骨土广泛分布在河谷阶地、丘陵、低山和中山等多种地貌单元和地形部位。

水稻土占松阳县地域面积的11%。水稻土是由各种土壤母质和自然土壤经过长期灌溉、排水、施肥、耕种等综合农业措施培育形成的土壤类型。人为因素的影响，促进了土体内氧化还原作用的频繁交替，产生了与土壤物质的还原淋移和氧化淀积相对应的物质移动，这类转化和移动又因地形地貌、地下水位、母质性状等影响而有变化，并直接影响土壤肥力及土体发生层构造，从而在剖面形状上表现出层次分化，形成了各种特定的剖面构型。主要发生层有耕作层、犁底层、渗育层、潴育层、潜育层、漂洗层和母质层。

小于本县地域面积3%的土壤类型为紫色土、潮土。

本区域中心区气候特征

本区域中心区气候特征值
Regional climate characteristics in central area of the region

气候带：中亚热带湿润气候 Climate region: Subtropical humid climate	
年平均气温 /℃ Annual average temperature /℃	17.8
年平均最高气温 /℃ Annual average maximum temperature /℃	22.2
年平均最低气温 /℃ Annual average minimum temperature /℃	14.4
年降水量 /mm Annual precipitation /mm	1711
≥10℃的积温 /℃ Daily temperature accumulated in a year（≥10℃）/℃	6590
年日照时数 /h Annual sunshine /h	1761
年平均相对湿度 /% Annual average relative humidity /%	79
干燥度 Dryness	0.64

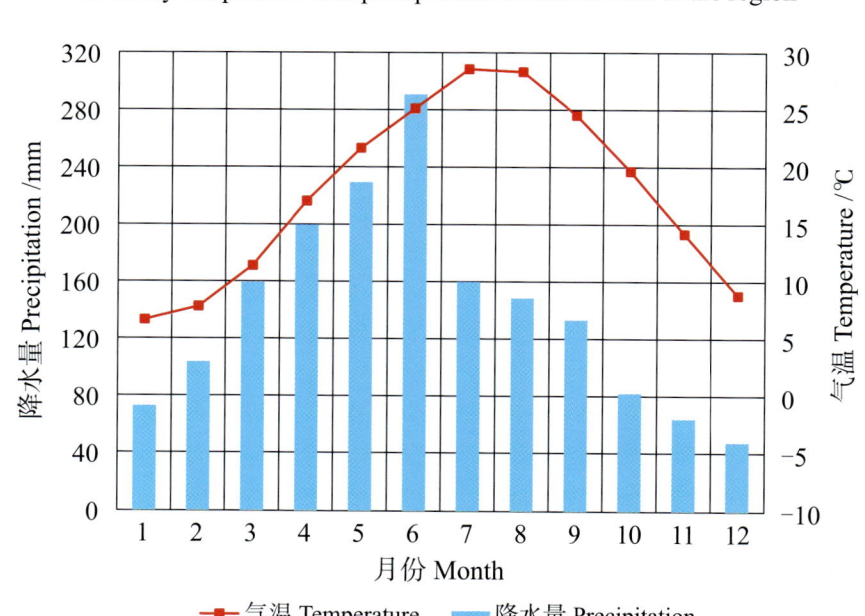

本区域中心区月平均气温与月平均降水量
Monthly temperature and precipitation in central area of the region

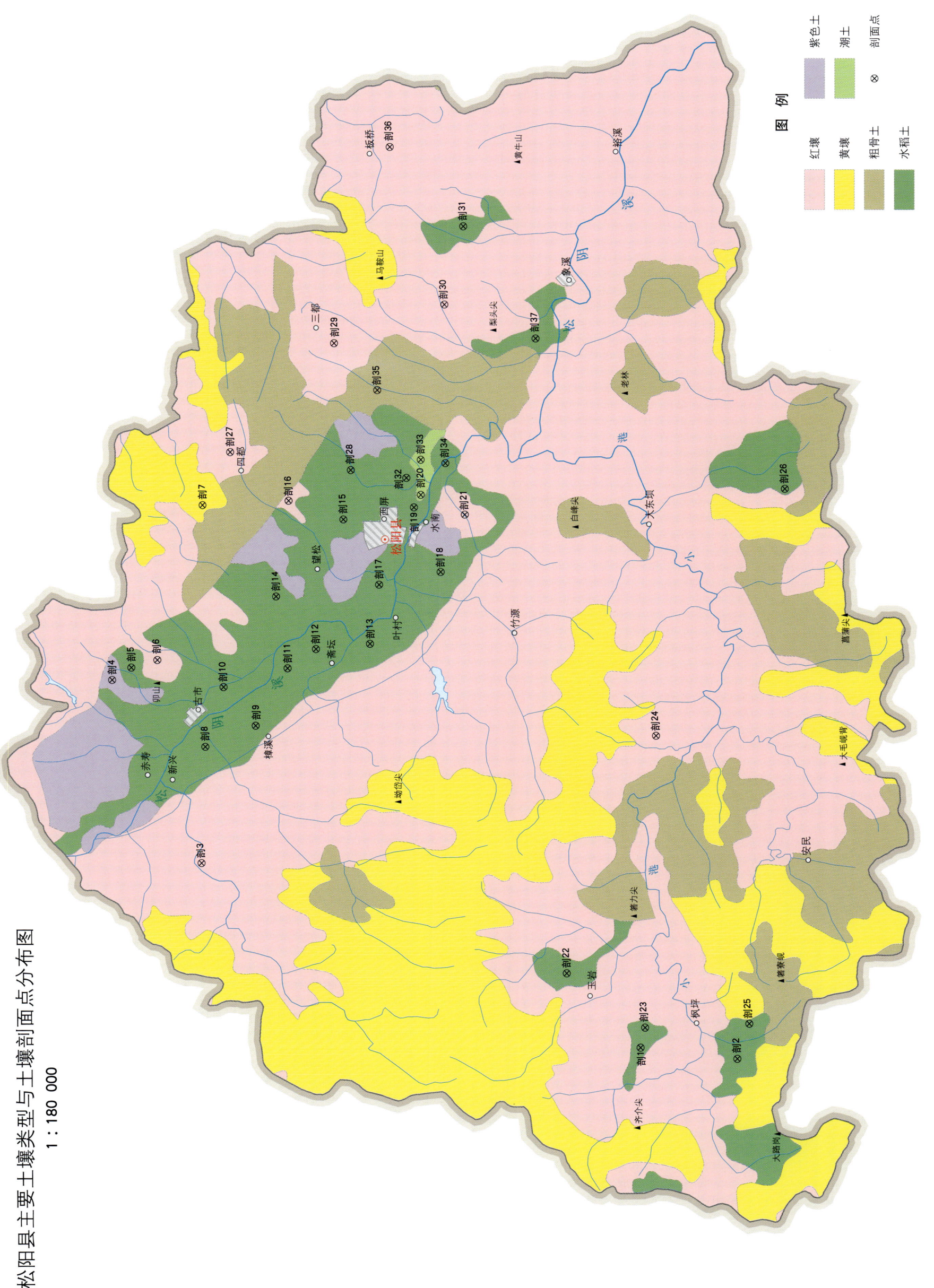

松阳县主要土壤类型与土壤剖面点分布图
1:180 000

松阳县土壤剖面理化性状表

剖面号 Soil profile	土纲 Soil order	土类 Soil great group	亚类 Soil subgroup	土属 Soil genus	土种 Soil species	土层码 Layer code	土层厚度 Depth/cm	颜色 Soil color	质地 Soil texture	土壤结构 Soil structure	pH	有机质 OM/(g/kg)	全氮 TN/(g/kg)	全磷 TP/(g/kg)	碱解氮 AN/(mg/kg)	有效磷 AP/(mg/kg)	速效钾 AK/(mg/kg)	阳离子交换量 CEC/(cmol/kg)	土壤母质 Parent material	剖面点坐标 Profile coordinate	匹配指数 Matching index/%
剖1	人为土	水稻土	潴育水稻土	山地黄泥田	山地砂性黄泥田	A	0—18	棕灰色	重壤土	小团块状	5.6	48.8	2.91	0.80					黄壤再积物	E 119°14′36.5″ N 28°21′09.6″	75
						P	18—24	棕灰黄色	重壤土	小块状	5.9	39.1	2.41	0.89							
						W	24—50	淡黄色	中壤土	中块状	5.9	16.9	1.10	0.53							
						C	50—	灰白色	中壤土	块状	6.3										
剖2	人为土	水稻土	潴育水稻土	烂滞田	青红松泥砂田	Pg	14—21	淡黄黄色	重壤土	块状	6.1	33.7	1.81						红松泥再积物	E 119°14′15.0″ N 28°18′49.2″	75
						G	21—80	青灰色	重壤土	块状	6.2	22.4	1.10								
											5.8	21.6	0.86								
剖3	铁铝土	红壤	黄红壤	黄泥土	黄泥砂土	(B)	0—18	灰黄色	重壤土	小块状	5.5	15.8	0.67	0.05				7.3		E 119°19′54.6″ N 28°31′43.8″	97
						C	18—86	淡橙色	轻黏土	块状	5.6	4.7	0.32	0.03				6.4			
							86—100		重壤土		6.0										
剖4	初育土	紫色土	石灰性紫色土	红紫砂土	红紫砂土	A	0—18	紫色	中壤土	小块状	5.7	18.2	0.97	0.20					石灰性红紫砂岩风化物	E 119°24′59.3″ N 28°33′48.1″	74
						C	18—40				6.6										
剖5	人为土	水稻土	潴育水稻土	山地黄泥田	山地黄泥砂土	P	0—17	棕灰色	重壤土	团块状	6.0	45.8	2.44	0.32					黄壤再积物	E 119°25′18.8″ N 28°33′19.6″	75
						W	17—24	棕灰色	中壤土	小块状	5.9	39.6	2.05	0.28							
						C	24—56	淡黄色	轻壤土	块状	6.3	11.5	0.84								
							56—100	黄色	轻壤土	块状	6.4										
剖6	铁铝土	红壤		黄筋泥	砾石黄筋泥	A	0—10	淡橙红色	重壤土	块状	4.5	21.2	0.99	0.11					第四纪红土	E 119°25′30.5″ N 28°32′41.5″	75
						(B)	10—100	红橙色	轻黏土	大块状	5.1	4.0	0.32	0.09							
剖7	铁铝土	黄壤		山地黄泥土	山地黄泥砂土	Ao	0—3	黑色	中壤土	团粒状	5.0	208.3	7.81							E 119°29′43.3″ N 28°31′30.2″	75
						A	3—18	暗灰黄色	中壤土	块状	5.1	103.1	4.03					5.5			
						(B)	18—65	淡棕黄色	中壤土	小块状	5.6	9.3	0.14					4.6			
						C	65—100	灰棕黄色	重壤土		5.5							6.0			
剖8	人为土	水稻土	潴育水稻土	培泥砂田	培泥砂田	A	0—16	灰黄色	轻壤土	小块状	5.9	23.4	1.45	0.36				6.7	冲积物	E 119°23′06.3″ N 28°31′34.5″	96
						P	16—23	灰黄色	轻壤土	块状	5.9	14.6	0.91	0.27				5.6			
						W_1	23—54	淡黄棕色	轻壤土	小块状	6.4	5.5	0.37	0.22				5.1			
						W_2	54—105	灰棕黄色	轻壤土	小块状	6.3										
						Cw	105—115		砂壤土		6.3										
剖9	人为土	水稻土	潴育水稻土	黄泥砂田	黄泥砂田	A	0—17	淡红棕色	中壤土	小块状	5.8	21.9	1.48	0.15					黄红壤坡积物、再积物	E 119°23′39.6″ N 28°30′20.1″	95
						P	17—25	淡红灰色	轻壤土	块状	6.1	19.9	1.35	0.17							
						Wg	25—46	黄黄棕色	轻壤土	小块状	6.0	14.7	0.78	0.08							
剖10	人为土	水稻土	潴育水稻土	培泥砂田	砂田	A	0—14	灰黄色	砂壤土	小块状	6.1	16.1	0.96	0.28					新河流冲积物	E 119°24′43.5″ N 28°31′05.6″	96
						P	14—21	灰黄色	中壤土	小块状	6.1	16.1	0.90	0.24							
						W	21—52	灰黄色	中壤土	粒状	6.0										
剖11	人为土	水稻土	渗育水稻土	红砂田	红砂田	A	0—16	灰黄色	中壤土	小块状	5.9	17.0	1.15	0.18					红砂土再积物	E 119°25′11.8″ N 28°29′31.5″	75
						P	16—23	棕灰色		块状	6.3	8.7	0.62	0.12							
						W	23—70	棕灰色	中壤土	大块状	7.3	4.7	0.43	0.11				18.3			
剖12	人为土	水稻土	渗育水稻土	红泥田	红黏田	A	0—15	棕红色	重壤土	团块状	5.6	28.8	1.67	0.80					红黏土和赤紫泥土	E 119°24′42.5″ N 28°28′49.6″	75
						P	15—20	暗红棕色	重壤土	团块状	6.1	24.6	1.43	0.83				20.3			
						W	20—47	暗棕棕色	轻黏土	大块状	6.4	13.4	0.72	0.85				29.3			
						C	47—90	暗棕色	轻黏土		6.5										
剖13	人为土	水稻土	渗育水稻土	棕黏田	棕黏田	A	0—17	红棕色	轻黏土	块状	5.6	29.4	1.80	1.27					玄武岩类风化物	E 119°25′49.2″ N 28°27′30.6″	95
						P	17—26	暗红色	轻黏土	大块状	5.8	25.2	1.57	1.25							
						W	26—100	暗红色	轻黏土	小块状	6.7	13.5	0.80	1.38							

续表 Continued

剖面号 Soil profile	土纲 Soil order	土类 Soil great group	亚类 Soil subgroup	土属 Soil genus	土种 Soil species	土层码 Layer code	土层厚度 Depth/cm	颜色 Soil color	质地 Soil texture	土壤结构 Soil structure	pH	有机质 OM/(g/kg)	全氮 TN/(g/kg)	全磷 TP/(g/kg)	碱解氮 AN/(mg/kg)	有效磷 AP/(mg/kg)	速效钾 AK/(mg/kg)	阳离子交换量 CEC/(cmol/kg)	土壤母质 Parent material	剖面点坐标 Profile coordinate	匹配指数 Matching index/%
剖14	人为土	水稻土	潴育水稻土	洪积泥砂田	山谷泥砂田	A	0—16	淡灰色	中壤土	小块状	5.8	37.6	2.21	0.41					山谷近代洪积物	E 119°27′10.4″ N 28°29′46.1″	75
						P	16—23	淡灰色	中壤土	小块状	6.0	18.8	1.24	0.32							
						W	23—54	淡黄色	中壤土	小棱柱状	6.1	7.6	0.51	0.21							
						C	54—	白色	中壤土		6.4										
剖15	人为土	水稻土	渗育水稻土	白砂田	麻糍砂田	A	0—16	灰黄色	轻壤土	小块状	5.7	25.4	1.50	0.35					花岗闪长岩风化的麻糍砂土	E 119°29′14.6″ N 28°28′05.7″	75
						P	16—26	灰黄色	中壤土	块状	5.8	25.1	1.45	0.36							
						W₁	26—43	淡灰黄色	中壤土	块状	5.8	19.8	1.22	0.46							
						W₂	43—100	暗黄橙色	重壤土	块状	6.3	8.2	0.53	0.30							
剖16	铁铝土	红壤	黄红壤	砂黏质红土	砂黏质红土	A	0—15	暗红棕色	中壤土	小块状	5.8	13.8	0.62	0.04					粗晶花岗岩风化物	E 119°29′47.4″ N 28°29′24.6″	75
						(B)	15—105	淡红棕色	重壤土	棱柱状	5.8	4.3	0.25	0.03							
剖17	人为土	水稻土	潴育水稻土	黄泥砂田	黄大泥田	A	0—15	淡红灰色	重壤土	团块状	6.4	18.4	1.26	0.18					红壤再积物	E 119°27′26.0″ N 28°27′15.5″	75
						P	15—22	淡红灰色	重壤土	小块状	6.5	5.3	0.34	0.07							
						W₁	22—48	灰黄色	重壤土	棱柱状	6.6	5.1	0.26	0.06							
						W₂	48—100	红灰黄色	中黏土	小棱柱状	6.8	3.0	0.31	0.10							
剖18	人为土	水稻土	渗育水稻土	新黄筋泥田	新黄筋泥田	A	0—16	灰黄色	重壤土	大块状	5.8	24.5	1.64	0.21					第四纪红色黏土	E 119°27′44.8″ N 28°25′45.4″	96
						P	16—28	灰灰色	重壤土	大块状	6.1	6.9	0.56	0.10							
						W	28—48	灰黄棕色	重壤土	大块状	6.2	3.7	0.34	0.11							
						C	48—70	黄灰棕色	轻黏土	大块状	6.8										
剖19	人为土	水稻土	潴育水稻土	洪积泥砂田	谷口老泥砂田	A	0—15	淡灰色	中壤土	小团块状	6.2	20.1	1.32	0.28					山谷近代洪积物	E 119°29′32.0″ N 28°26′22.1″	75
						P	15—21	暗灰黄色	中壤土	团块状	6.1	16.8	1.17	0.20							
						W₁	21—42	暗灰黄色	重壤土	大棱柱状	6.3	9.3	0.78	0.18							
						W₂	42—90	灰黄色	重壤土	大棱柱状	6.5	3.4	0.26	0.11							
剖20	半水成土	潮土	灰潮土	清水砂	清水砂	A	0—10	淡黄色	紧砂土	粒状	6.6	7.2	0.27	0.35					近代冲积物	E 119°29′52.2″ N 28°26′11.6″	75
						C	10—42	淡黄色	重石质土	粒状	6.5										
剖21	铁铝土	红壤	黄红壤	黄红泥土	黄红泥土	A	0—15	暗黄棕色	重壤土	块状	4.9	31.8	1.38	0.17			4.7	页岩风化原积物	E 119°29′18.4″ N 28°25′08.5″	75
						(B)	15—100	橙色	轻壤土	块状	5.5	2.0	0.23	0.12				4.1			
						C	100—		重壤土		5.2										
剖22	人为土	水稻土	潴育水稻土	洪积泥砂田	谷口泥砂田	A	0—16	淡灰色	中壤土	大团块状	6.1	16.6	1.20	1.20					山谷近代洪积物	E 119°29′40.0″ N 28°22′55.0″	75
						P	16—21	淡灰色	中壤土	块状	6.1	16.2	1.14	0.20							
						WFe	21—28	淡灰色	轻壤土	小块状	6.2	6.2	0.58	0.17							
						WMn	28—48	青灰色	中壤土	小棱柱状	6.6	4.9	0.41	0.17							
						C	48—56	暗灰色	重石质土	无结构糊状	6.2										
剖23	铁铝土	红壤	黄红壤	红砂土	谷口白筋泥砂田	A	0—13	淡灰色	轻壤土	小团块状	5.9	23.9	1.50	0.25					山谷近代洪积物	E 119°15′08.6″ N 28°21′02.4″	75
						P	13—20	淡灰色	中壤土	块状	6.3	17.6	1.10	0.19							
						Fw	20—80	白色	中壤土	小棱柱状	6.3	3.9	0.33	0.05							
						Ce	80—95	白色	重壤土												
剖24	铁铝土	红壤	黄红壤	红砂土	红砂土	A	0—22	棕红色	砂壤土	无结构	5.5	11.2	0.05	0.60						E 119°23′08.6″ N 28°20′36.9″	95
						C	22—57	棕红色	轻壤土	无结构	5.7	5.1	0.04	0.40							
剖25	人为土	水稻土	潴育水稻土	烂泥田	青泥砂田	A	0—19	淡灰色	中壤土	块状	5.8	33.9	2.01	0.33					冲积物	E 119°15′11.0″ N 28°18′30.7″	75
						G	19—35	青青灰色	中壤土	无结构糊状	5.3	29.4	1.57	0.13							
						Cg	35—56	暗青灰色	重壤土		5.7	18.3	0.84	0.17							
剖26	人为土	水稻土	潴育水稻土	烂滴田	烂红松泥砂田	Ag	0—17	暗黄色	中壤土		5.8	39.6	1.95	0.42					红松泥坡积物、再积物	E 119°29′49.7″ N 28°17′21.0″	75
						G	17—80	暗黄色	中壤土	块状	5.8	44.5		0.47							
剖27	铁铝土	红壤		黄筋泥	黄筋泥	A	0—8	淡橙红色	轻壤土	核柱状	5.4	15.8	0.74	0.11					第四纪红土	E 119°31′09.3″ N 28°30′48.3″	95
						(B)	8—72	红橙色	重壤土	大块状	5.4	7.3	0.49	0.10							
						C	72—100	红白相间	轻黏土		5.5										

续表 Continued

剖面号 Soil profile	土纲 Soil order	土类 Soil great group	亚类 Soil subgroup	土属 Soil genus	土种 Soil species	土层码 Layer code	土层厚度 Depth/cm	颜色 Soil color	质地 Soil texture	土壤结构 Soil structure	pH	有机质 OM/(g/kg)	全氮 TN/(g/kg)	全磷 TP/(g/kg)	碱解氮 AN/(mg/kg)	有效磷 AP/(mg/kg)	速效钾 AK/(mg/kg)	阳离子交换量CEC/(cmol/kg)	土壤母质 Parent material	剖面点坐标 Profile coordinate	匹配指数 Matching index/%
剖28	人为土	水稻土	渗育水稻土	渗潮泥田	水南泥砂田	Aa	0—16	黄灰色	砂壤土	碎块状	5.5	28.5	1.80	0.40	111	12.0	37		近代河流冲积物	E 119°30′35.3″ N 28°27′52.9″	81
						Ap	16—29	灰黄棕色	砂壤土	块状	5.5	9.2	0.80		62	5.0	27				
						P	29—40	亮红棕色	砂质黏壤土	棱块状	6.0	8.9	0.30								
						C	40—100	亮红棕色	壤质黏砂土		6.0	2.6									
剖29	铁铝土	红壤	黄红壤	黄黏土	黄黏土	A	0—15	暗棕红色	中黏土	大团块状	5.1	50.6	1.79	0.43					安山岩风化物	E 119°34′03.7″ N 28°28′13.5″	75
						(B)	15—60	淡红棕色	中黏土	核状	5.2	18.9	0.81	0.45							
剖30	铁铝土	红壤	黄红壤	砂黏质红土	麻筛砂土	A	0—14	黄红棕色	中壤土	块状	5.2	13.8	0.81	0.48					花岗闪长岩风化原积物、坡积物	E 119°35′03.4″ N 28°25′31.3″	75
						(B)	14—80	黄橙色	中壤土	块状	5.4	5.0	0.37	0.42							
						C	80—100		轻壤土		5.5										
剖31	人为土	水稻土	潴育水稻土	黄泥砂田	麻筛泥砂田	A	0—16	淡灰黄色	中壤土	小团块状	6.2	34.4	2.03	0.34					麻筛砂土再积物	E 119°37′10.8″ N 28°25′01.6″	95
						P	16—22	淡灰黄色	中壤土	团块状	6.4	26.9	1.51	0.29							
						Wg	22—71	淡灰黄色	中壤土	棱柱状	6.4	24.8	1.21	0.25							
						E	71—100	白色	中壤土		6.4										
剖32	人为土	水稻土	潴育水稻土	泥砂田	青褐泥砂田	A	0—15	灰黄色	轻黏土	块状	5.4	32.8	1.95	0.23					冲积物	E 119°30′20.6″ N 28°26′32.2″	75
						P	15—23	淡黄色	轻黏土	块状	5.7	26.5	1.58	0.14							
						Wg	23—100	绿黄色	轻黏土	大块状	5.6	26.7	1.61	0.13							
剖33	半水成土	潮土	灰潮土	培泥砂土		A	0—19	灰黄色	砂壤土	粒状	6.1	7.4	0.49	0.29					河流冲积物	E 119°30′49.8″ N 28°26′10.8″	75
						B	19—38	淡灰黄色	紧砂土	粒状	6.1	4.0	0.27	0.24							
						C	38—60	淡灰黄色			7.0										
剖34	人为土	水稻土	潴育水稻土	老黄筋泥砂	谷口泥砂老黄筋泥砂	A	0—16	淡灰黄色	中壤土	小块状	5.6	17.9	1.23	0.13					第四纪红土	E 119°30′43.2″ N 28°25′35.1″	75
						P	16—25	淡灰黄色	中壤土	块状	5.7	12.4	0.89	0.11							
						W1	25—44	淡黄色	重壤土	棱柱状	6.4	4.5	0.30	0.05							
						W2	44—100	淡黄棕色	轻壤土	大块状	6.5										
剖35	初育土	粗骨土	酸性粗骨土	酸麻砂土	麻筛砂土	A	0—10	亮黄棕色	砂质黏壤土	块状	5.9	23.9	1.00	0.40					闪长岩风化残积物、坡积物	E 119°32′45.1″ N 28°27′11.8″	95
						AC	10—45	亮红棕色	砂质黏壤土		6.1	5.9	0.32								
						C	45—110	淡红橙色	砂壤土		6.1	3.7	0.27								
剖36	铁铝土	红壤	黄红壤	红松泥	砾质红松泥	A	0—19	淡红橙色	重壤土	小块状	5.3	9.2	0.32	0.12						E 119°39′23.8″ N 28°26′46.0″	75
						(B)	19—55	红黄色	重壤土	块状	5.3	3.3	0.27						5.7		
						C	55—100	橙色	重壤土		5.7								6.1		
剖37	人为土	水稻土	潴育水稻土	紫泥砂田	紫泥砂田	A	0—15	淡灰黄色	轻壤土	小块状	5.7	22.4	1.37	0.20					红砂土再积物	E 119°34′04.6″ N 28°23′19.5″	75
						P	15—24	淡红灰色	轻壤土	块状	5.6	12.8	0.85	0.16							
						W1	24—55	淡灰色	轻壤土	大棱柱状	5.6	7.1	0.54	0.12							
						W2	55—100	淡灰黄色	中壤土	柱状	5.8	5.4	0.35	0.11							

云 和 县

主要土类说明

红壤是云和县主要土壤类型，占本县地域面积的47%。红壤成土母质为凝灰岩、花岗岩等酸性岩浆岩的风化体，它是在湿热的亚热带生物气候条件下，遭受深度风化作用而形成的地带性土壤。本县红壤的母质中铝硅酸盐的原生矿物经过连续和较彻底的风化后，在强淋溶作用下，盐基离子大量流失，而铁铝氧化物及水化物则显示相对积聚，以红色为主，形成了A-(B)-C剖面构型。土壤呈酸性反应，pH为4.5—6.0，质地较黏重，以重壤至轻黏土为主，土壤养分含量较低，但因地形、母质类型、风化程度的不同而有差异。

粗骨土是云和县第二大土壤类型，占本县地域面积的23%。粗骨土属于A-C甚至(A)-C剖面构型土壤。A层发育不明显，与母质层性状相似，略显有机质累积。有时母质层富含砾石，甚少剖面分异与发育特征。粗骨土广泛分布在河谷阶地、丘陵、低山和中山等多种地貌单元和地形部位。

黄壤是云和县第三大土壤类型，占本县地域面积的20%。黄壤成土母质以酸性火山岩的风化体为主，植被为针叶阔叶混交林，局部为灌丛和草本。由于受高海拔气候条件的影响，土壤呈黄色或棕黄色，表土层有机质分解慢，常保持有较好的枯枝落叶层，有机质累积高，剖面构型为A-(B)-C，本县黄壤可划分为黄壤、侵蚀型黄壤两个亚类。

水稻土占云和县地域面积的5%。水稻土是人类长期劳动的产物，它起源于各种成土母质或自然土壤。水稻土经过长期的人为水耕熟化过程，促进了土体内物质转移、淋溶和淀积，特别是还原氧化交替作用，形成了有各种特殊的剖面构型的土壤类型。水稻土广泛分布于本县的低山丘陵、山垄、山冈。根据不同的土壤性状，本县水稻土可划分为渗育型、潴育型和潜育型三个亚类。

小于本县地域面积3%的土壤类型为火山灰土和紫色土。

本区域中心区气候特征

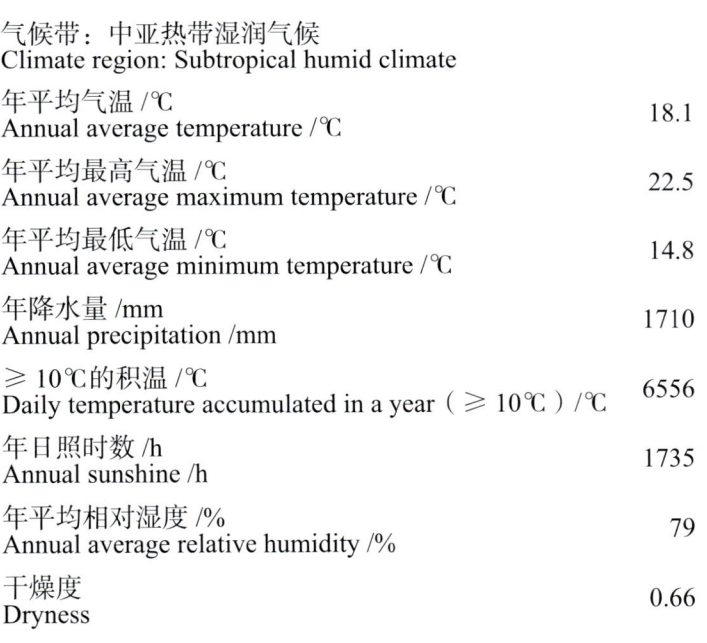

本区域中心区气候特征值
Regional climate characteristics in central area of the region

气候带：中亚热带湿润气候 Climate region: Subtropical humid climate	
年平均气温 /℃ Annual average temperature /℃	18.1
年平均最高气温 /℃ Annual average maximum temperature /℃	22.5
年平均最低气温 /℃ Annual average minimum temperature /℃	14.8
年降水量 /mm Annual precipitation /mm	1710
≥10℃的积温 /℃ Daily temperature accumulated in a year (≥10℃) /℃	6556
年日照时数 /h Annual sunshine /h	1735
年平均相对湿度 /% Annual average relative humidity /%	79
干燥度 Dryness	0.66

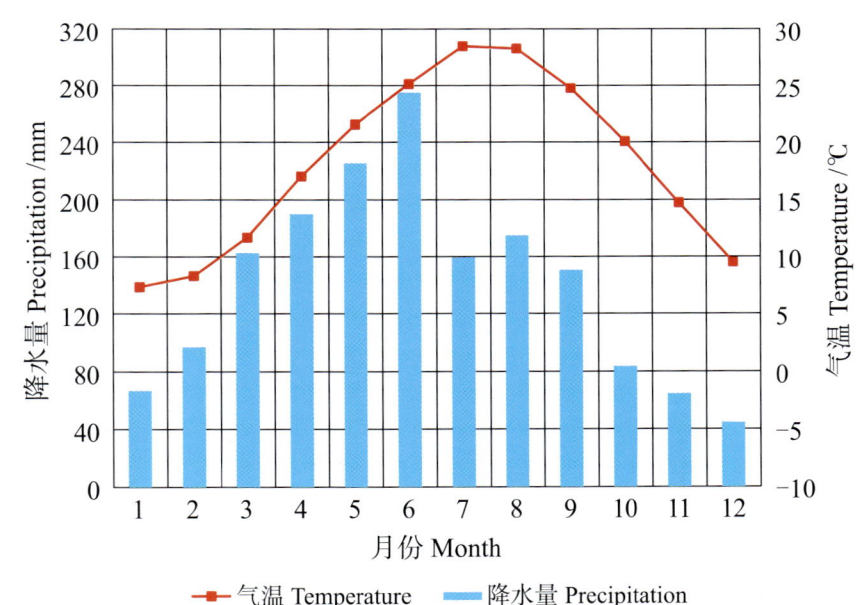

本区域中心区月平均气温与月平均降水量
Monthly temperature and precipitation in central area of the region

云和县主要土壤类型与土壤剖面点分布图
1:170 000

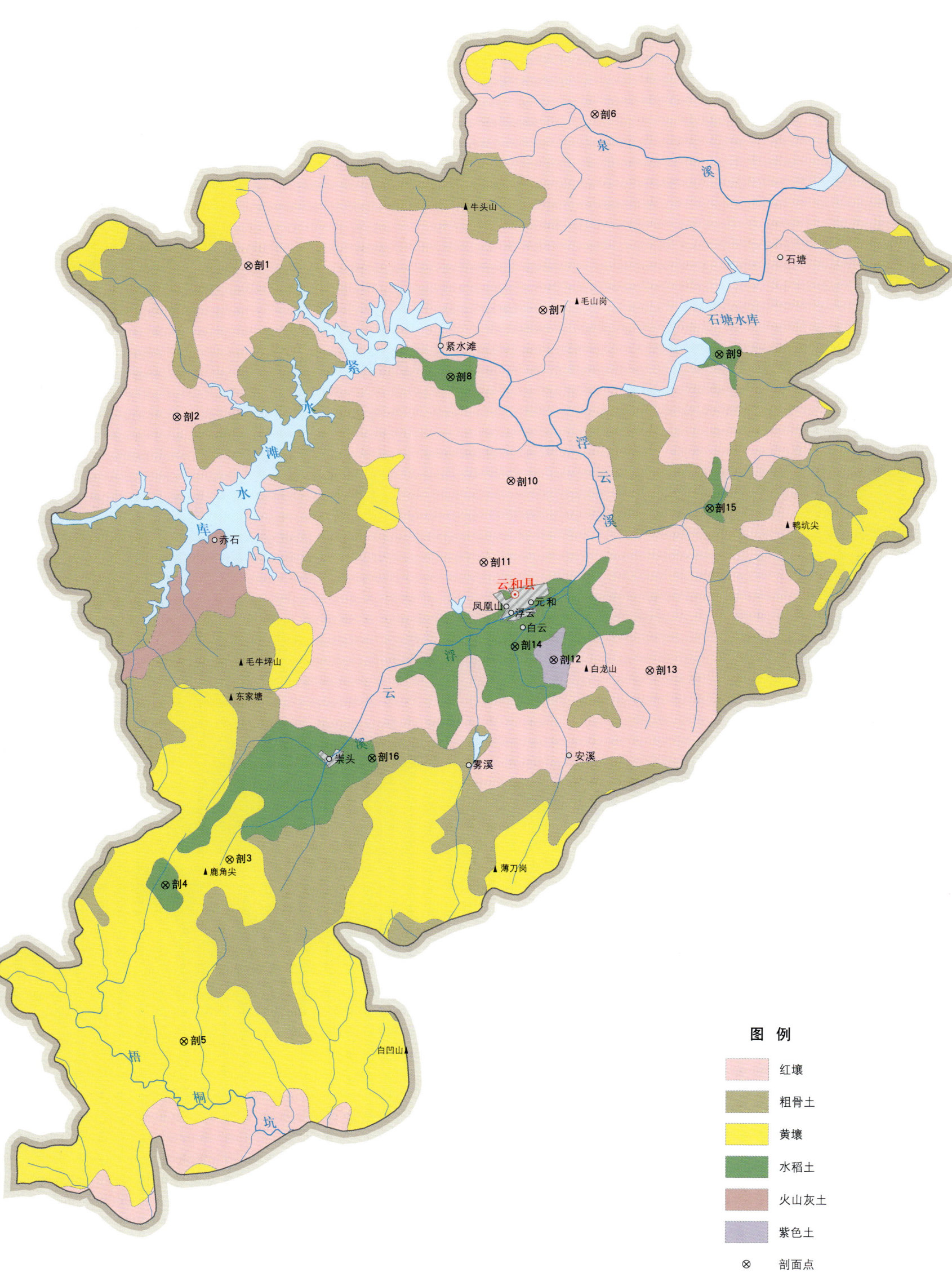

云和县土壤剖面理化性状表

剖面号 Soil profile	土纲 Soil order	土类 Soil great group	亚类 Soil subgroup	土属 Soil genus	土种 Soil species	土层码 Layer code	土层厚度 Depth/cm	颜色 Soil color	质地 Soil texture	pH	有机质 OM/(g/kg)	全氮 TN/(g/kg)	全磷 TP/(g/kg)	土壤母质 Parent material	剖面点坐标 Profile coordinate	匹配指数 Matching index/%
剖1	铁铝土	红壤	黄红壤	红砂土	砾石红砂土	A	0—22	紫色	重石质土	5.2	18.9	0.85	0.27	凝灰岩风化物	E 119°27′17.9″ N 28°14′06.0″	95
						(B)	22—100	紫色	重石质土	5.2	8.2	0.53	0.24			
剖2	铁铝土	红壤	黄红壤	粉红泥土	紫粉泥土	A	0—45	紫灰色	重石质土	5.4	15.5	0.54	0.09	凝灰岩风化物	E 119°25′29.3″ N 28°10′52.6″	75
剖3	铁铝土	黄壤	黄壤	山地黄泥土	山地香灰土	A	0—5	暗灰色	中壤土	5.8	93.0	3.67	0.68	凝灰岩风化物	E 119°26′34.9″ N 28°01′18.8″	95
						(B)	5—22	棕灰色	中壤土	5.8	119.5	4.11	0.70			
						C	22—59	棕灰色	重壤土	5.9	31.3	1.50	0.32			
剖4	人为土	水稻土	渗育水稻土	黄泥田	黄泥田	A	0—19	淡黄色	重壤土	5.5	31.1	1.70	0.60	山坡上黄红壤残积物或再积物	E 119°25′00.3″ N 28°00′46.7″	95
						P	19—24	灰黄色	重壤土	6.2	18.5	1.10	0.35			
						W	24—78	暗黄色	重壤土	6.2	13.7	0.60	0.25			
剖5	铁铝土	黄壤	黄壤	山地黄泥土	山地砾石黄泥土	Ao	0—2	灰黄色	重壤土	7.2	145.0	4.50	0.28	凝灰岩风化物	E 119°25′24.1″ N 27°57′24.7″	95
						A	2—24	灰黄色	重壤土	6.0	12.9	2.20	0.22			
						(B)	24—60	灰黄色	重壤土	6.0	12.9	0.75	0.07			
剖6	铁铝土	红壤	侵蚀型红壤	白岩砂土	白岩砂土	A	0—32	淡灰黄色	重石质土	5.6	25.4	1.59	0.23	粗晶花岗岩风化残积物、坡积物	E 119°35′49.3″ N 28°17′11.5″	75
剖7	铁铝土	红壤	红壤	红泥土	红泥土	A	0—16	淡灰黄色	轻黏土	5.6	27.5	0.65	0.12	安山质凝灰岩风化物	E 119°34′27.4″ N 28°13′00.9″	95
						(B₁)	16—40	暗棕红色	轻黏土	5.2	11.8	0.33	0.11			
						(B₂)	40—120	棕红色	轻黏土	6.1	6.6	0.34	0.10			
剖8	人为土	水稻土	渗育水稻土	红泥田	红泥田	A	0—16	淡灰色	重壤土	5.6	39.5	1.86	0.26	安山质凝灰岩风化物	E 119°32′10.5″ N 28°11′37.1″	95
						P	16—21	棕灰色	重壤土	5.7	33.3	1.65	0.23			
						W	21—68	棕灰色	重壤土	6.4	9.7	0.50	0.08			
						C	68—80	棕灰色	重壤土	6.1	8.6					
剖9	人为土	水稻土	渗育水稻土	白砂田	白砂田	A	0—13	暗灰色	重壤土	6.0	46.7	2.63	0.78	粗晶花岗岩风化残积物、坡积物	E 119°38′43.8″ N 28°11′58.7″	75
						P	13—17	暗灰色	中壤土	6.1	33.4	1.94	0.67			
						W	17—50	淡灰色	中壤土	6.2	18.7	1.16	0.41			
						C	50—60	灰灰色	重石质土	6.6	5.1					
剖10	铁铝土	红壤	黄红壤	黄泥土	黄泥砂土	A	0—21	淡灰黄色	中壤土	5.8	9.7	0.74	0.17	凝灰岩凝灰岩风化物	E 119°33′35.7″ N 28°09′21.2″	98
						(B)	21—58	红黄色	轻壤土	6.8	4.7	0.48	0.17			
剖11	铁铝土	红壤	红黏土	红黏土	红黏土	A	0—21	红红黄色	重壤土	6.4	8.8	0.39	0.62	安山质凝灰岩风化物	E 119°32′53.4″ N 28°07′37.3″	95
						(B)	21—160	淡红黄色	重壤土	6.0	2.3	0.06	2.98			
						C	160—									
剖12	初育土	紫色土	石灰性紫色土	红紫砂泥土	红紫砂泥土	A	0—21	紫紫色	重壤土	6.0	12.5	0.56	0.23	钙质紫色砂岩风化物	E 119°34′33.0″ N 28°05′29.2″	74
						(B)	21—80	紫紫色	重壤土	6.0	5.9	0.35	0.21			
剖13	铁铝土	红壤	黄红壤	砂黏质红壤	砂黏质红壤	A	0—15	黄棕色	重壤土	5.5	49.6	1.27	0.11	粗晶花岗岩、花岗斑岩风化物	E 119°36′52.9″ N 28°05′13.0″	95
						(B)	15—70	黄棕色	重壤土	6.0	9.4	0.42	0.04			
剖14	人为土	水稻土	渗育水稻土	黄泥田	砂性黄泥田	A	0—18	淡灰黄色	中壤土	6.2	34.7	1.70	0.56	晶屑凝灰岩、石英斑岩风化物	E 119°33′36.7″ N 28°05′47.4″	95
						P	18—24	棕棕色	重壤土	5.8	34.3	1.50	0.32			
						W	24—72	淡灰黄色	重壤土	5.4	12.3	0.85	0.36			
剖15	人为土	水稻土	潴育水稻土	洪积泥砂田	狭谷泥砂田	A	0—18	淡灰黄色	中壤土	6.2	38.5	2.07	0.33	近代洪积物	E 119°38′25.5″ N 28°05′40.7″	75
						P	18—22	淡灰黄色	中壤土	6.0	29.4	1.72	0.29			
						W	22—60	棕色	中壤土	6.5	10.4	0.60	0.12			
剖16	人为土	水稻土	渗育水稻土	红砂田	红砂田	A	0—18	灰灰色	中壤土	6.0	16.5	0.88	0.16	红砂砾岩风化物	E 119°30′05.2″ N 28°03′27.0″	75
						P	18—24	灰棕色	中壤土	6.2	8.8	0.47	0.11			
						W	24—80	黄棕色	中壤土	6.1	15.1	0.85	0.14			
						C	80—100	黄棕色	中壤土	6.2	7.2	0.39	0.10			

庆 元 县

主要土类说明

黄壤是庆元县主要土壤类型，占本县地域面积的 44%。黄壤主要发生于亚热带湿润气候条件下，多见于海拔 700—1200m 的山区，呈中度富铝化特征，土壤呈黄色，具 O–A–AB–B–C 剖面构型。土壤富含水合氧化物（针铁矿），有时含三水铝石。土壤有机质累积较高，可达 100g/kg，pH 为 4.5—5.5。多发展为林地，间亦耕种。

红壤是庆元县第二大土壤类型，占本县地域面积的 37%。红壤主要发生于亚热带常绿阔叶林地区，呈中度富铝化特征，土壤黏粒中的游离铁占全铁 50%—60%。红壤有深厚红色土层，底层可见深厚红、黄、白相间网纹的红色黏土。土壤中的黏土矿物以高岭石、赤铁矿为主，黏粒硅铝率为 1.8—2.4，风化淋溶系数 < 0.2，盐基饱和度 < 35%，pH 为 4.5—5.5。

粗骨土是庆元县第三大土壤类型，占本县地域面积的 13%。粗骨土属于 A–C 甚至（A）–C 剖面构型土壤。A 层发育不明显，与母质层性状相似，略显有机质累积。有时母质层富含砾石，甚少剖面分异与发育特征。粗骨土广泛分布在河谷阶地、丘陵、低山和中山等多种地貌单元和地形部位。

水稻土占庆元县地域面积的 5%。水稻土是在长期季节性淹灌、水下翻耕、季节性脱水、氧化还原交替影响下，使原来的成土母质或母土特性有重大的改变，形成的具有特殊剖面构型的土壤类型。由于干湿交替，形成糊状淹育层、较坚实板结的犁底层、渗育层、潴育层与潜育层多种发生层分异。这些不同发生层是在人为耕作、水浆管理作用下形成的。

本区域中心区气候特征

本区域中心区气候特征值
Regional climate characteristics in central area of the region

气候带：中亚热带湿润气候 Climate region: Subtropical humid climate	
年平均气温 /℃ Annual average temperature /℃	18.5
年平均最高气温 /℃ Annual average maximum temperature /℃	23.2
年平均最低气温 /℃ Annual average minimum temperature /℃	15.2
年降水量 /mm Annual precipitation /mm	1683
≥ 10℃的积温 /℃ Daily temperature accumulated in a year（≥ 10℃）/℃	6736
年日照时数 /h Annual sunshine /h	1706
年平均相对湿度 /% Annual average relative humidity /%	79
干燥度 Dryness	0.68

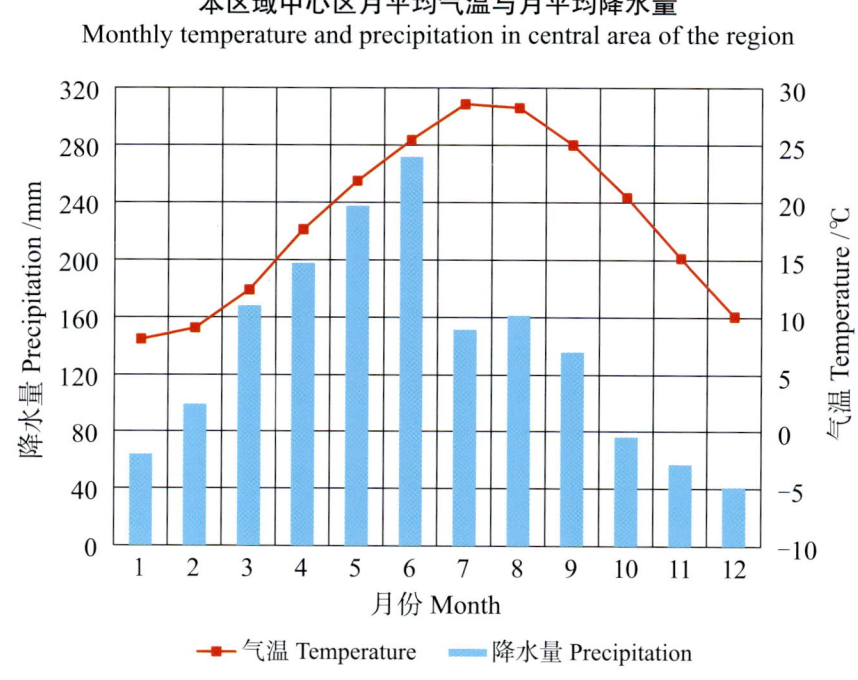

本区域中心区月平均气温与月平均降水量
Monthly temperature and precipitation in central area of the region

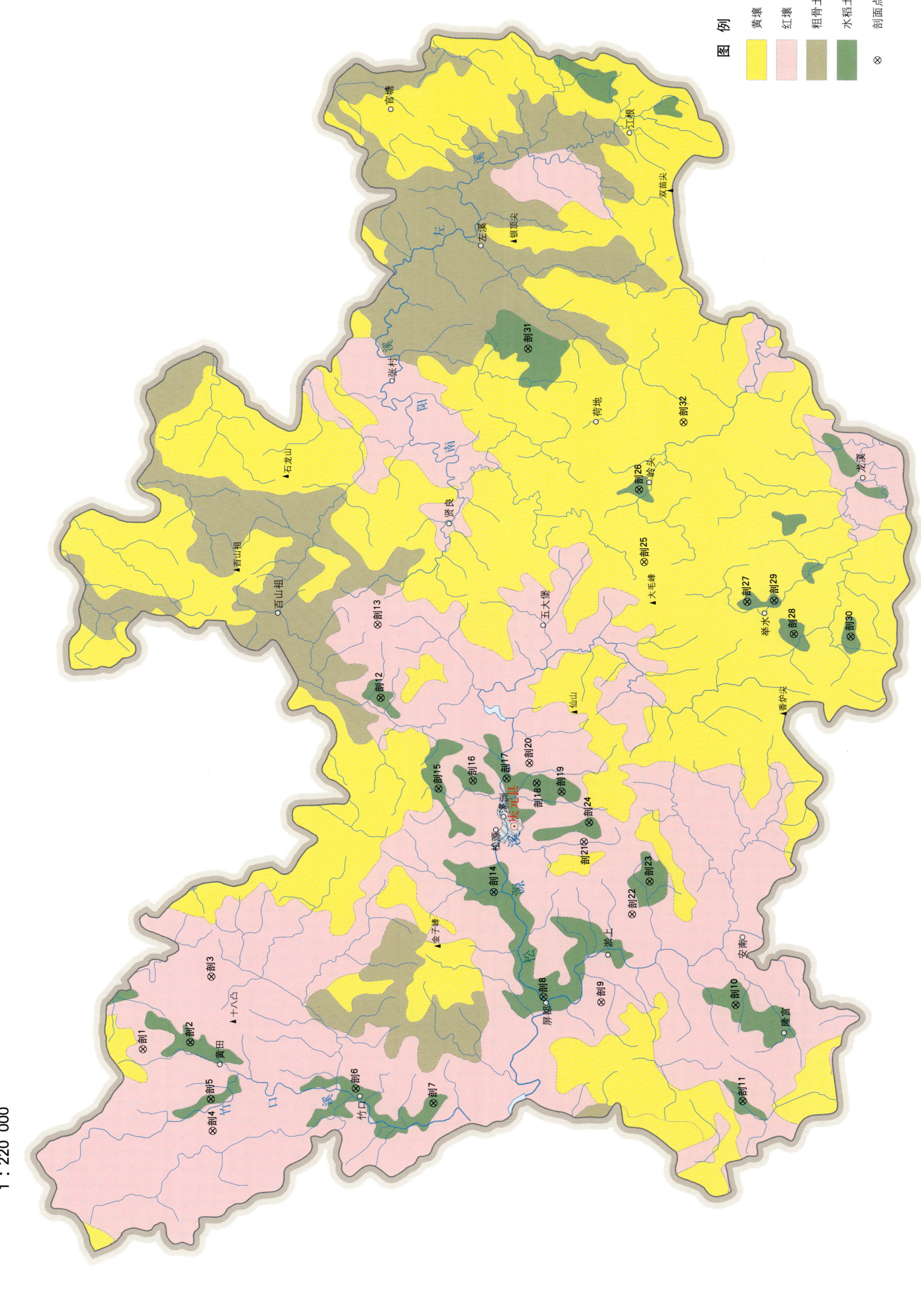

庆元县土壤剖面理化性状表

剖面号 Soil profile	土纲 Soil order	土类 Soil great group	亚类 Soil subgroup	土属 Soil genus	土种 Soil species	土层码 Layer code	土层厚度 Depth/cm	颜色 Soil color	质地 Soil texture	pH	有机质 OM/(g/kg)	全氮 TN/(g/kg)	全磷 TP/(g/kg)	有效磷 AP/(mg/kg)	速效钾 AK/(mg/kg)	阳离子交换量CEC/(cmol/kg)	土壤母质 Parent material	剖面点坐标 Profile coordinate	匹配指数 Matching index/%
剖1	铁铝土	红壤	黄红壤	黄泥土	黄泥砂土	A	0—16	暗灰棕色	中壤土	5.5	91.6	2.70	0.20	2.0	330		酸性火成岩风化物	E 118°56′22.6″ N 27°48′16.6″	97
						(B₁)	16—40	黄色	重壤土	6.2	17.5	0.81	0.14	1.0	174				
						(B₂)	40—100	淡黄棕色	轻黏土	6.2	10.6	0.56	0.14	2.0	67				
剖2	人为土	水稻土	渗育水稻土	山地黄泥田	山地红松泥田	A	0—17	灰黄色	重壤土	6.3	30.8	1.69	0.13	16.0	186		山地黄壤坡积物、再积物	E 118°56′33.9″ N 27°46′52.3″	75
						P	17—21	褐色	重壤土	6.3	25.9	1.28	0.10	13.0	165				
						W	21—44	暗黄黄色	重壤土	6.3	18.3	1.05	0.16	6.0	219				
						C	44—	橙色	重壤土	6.4				1.0	231				
剖3	铁铝土	红壤	黄红壤	亚黄筋泥	亚黄筋泥	A	0—24	灰红色	重壤土	5.4	14.6	1.73	0.18	14.0	156		粗晶、中晶花岗岩风化物	E 118°58′42.3″ N 27°46′12.9″	95
						(B₁)	24—68	红色	重壤土	6.0	8.4	0.89	0.07	<1.0	113				
						(B₂)	68—130	淡黄红色	轻黏土	6.2	7.8	0.88	0.07	<1.0	170				
剖4	铁铝土	红壤		红泥土	红泥砂土	A	0—12	棕色	重壤土	5.1	32.4	1.26	0.12	4.0	422		酸性为主的凝灰岩、侵入岩风化物	E 118°53′40.3″ N 27°46′15.5″	95
						(B₁)	12—30	淡棕红色	重壤土	5.4	13.8	0.63	0.11	2.0	326				
						(B₂)	30—100	红色	轻黏土	6.1	10.3	0.51	0.07	<1.0	299				
剖5	人为土	水稻土	渗育水稻土	山地黄泥田	山地紫红泥田	A	0—20	紫棕色	重壤土	6.3	25.4	1.61	0.13	61.0	239		山地黄壤坡积物、再积物	E 118°54′42.2″ N 27°46′17.7″	75
						P	20—25	紫红色	重壤土	6.3	27.0	1.55	0.03	43.0	152				
						C	25—	红色	重壤土	6.4	4.8	0.42	0.03	2.0	204				
剖6	人为土	水稻土		红松泥田	红松泥田	A	0—14	淡灰棕色	重壤土	6.0	29.1	1.56	0.24	2.0	96	8.0			95
						P	14—20	淡灰色	重壤土	6.2	24.5	1.33	0.16	1.0	182	8.1			
						W₁	20—66	淡灰色	重壤土	6.1	19.4	1.07	0.12	1.0	88	8.4			
						W₂	66—100	灰白黄色	重壤土	6.5				1.0	92	7.1			
剖7	人为土	水稻土	潴育水稻土	泥砂田	泥砂田	A	0—13	淡黄黄色	中壤土	5.8	38.7	1.90	0.07	7.0	176	8.7	近代冲积物、洪积物	E 118°54′52.7″ N 27°41′58.7″	75
						P	13—18	暗灰色	中壤土	5.8	37.0	1.88	0.06	4.0	145	9.7			
						W₁	18—30	暗灰色	中壤土	5.9	27.1	1.37	0.04	2.0	119	9.1			
						W₂	30—90	淡灰色	中壤土	5.8	19.1	0.91	0.03	1.0	215	12.8			
						E	90—100	灰白色	重壤土	6.0				2.0	80				
剖8	人为土	水稻土	潴育水稻土	老黄筋泥田	泥砂头老黄筋泥田	A	0—13	淡灰色	中壤土	5.9	24.5	1.22	0.12	17.0	132		近代冲积物、洪积物	E 118°57′50.6″ N 27°36′25.1″	95
						P	13—17	暗灰色	中壤土	6.1	18.6	1.02	0.08	13.0	116				
						W₁	17—28	灰白色	中壤土	6.1	8.9	0.47	0.02	5.0	62				
						W₂	28—46	灰黄色	中壤土	6.1	4.3	0.37	0.06	3.0	116				
						C	46—100	淡黄棕色	重壤土	6.6				1.0	169				
剖9	铁铝土	红壤	黄红壤	砂黏质红土	砂黏质红土	A	0—17	灰黄色	轻黏土	5.7	29.8	1.03	0.07	3.0	800	8.8	第四纪红色黏土	E 118°57′38.5″ N 27°34′43.5″	95
						(B₁)	17—40	淡黄棕色	轻黏土	6.2	14.9	0.66	0.07	2.0	978	8.3			
						(B₂)	40—100	淡黄棕色	轻黏土	6.3	7.1	0.41	0.04	1.0	547	5.8			
剖10	人为土	水稻土	潴育水稻土	泥砂田	红心红泥田	A	0—16	褐色	重壤土	6.3	26.9	1.45	0.16	8.0	110		近代洪积物、冲积物	E 118°57′28.0″ N 27°30′45.3″	75
						P	16—21	淡灰色	重壤土	6.1	24.1	1.54	0.18	3.0	142				
						W₁	21—45	淡黄棕色	重壤土	6.4	13.0	0.71	0.05	1.0	92				
						W₂	45—100	淡灰棕色	轻黏土	6.6				1.0	115				
剖11	人为土	水稻土	潴育水稻土	洪积泥砂田	砾石洪积泥砂田	A	0—20	黑色	重壤土	5.8	39.7	2.08	0.31	30.0	87		近代洪积物、冲积物	E 118°54′19.0″ N 27°30′36.5″	75
						P	20—27	暗黄色	重壤土	5.9	20.8	1.14	0.13	18.0	225				
						W	27—57	暗灰色	中壤土	6.1	9.2	0.59	0.07	5.0	236				
						C	57—												

续表 Continued

剖面号 Soil profile	土纲 Soil order	土类 Soil great group	亚类 Soil subgroup	土属 Soil genus	土种 Soil species	土层码 Layer code	土层厚度 Depth/cm	颜色 Soil color	质地 Soil texture	pH	有机质 OM/(g/kg)	全氮 TN/(g/kg)	全磷 TP/(g/kg)	有效磷 AP/(mg/kg)	速效钾 AK/(mg/kg)	阳离子交换量CEC/(cmol/kg)	土壤母质 Parent material	剖面点坐标 Profile coordinate	匹配指数 Matching index/%
剖12	人为土	水稻土	渗育水稻土	新黄筋泥田	新黄筋泥田	A	0—18	暗黄棕色	重壤土	6.2	29.0	1.61	0.13	21.0	72	4.2	第四纪红色黏土	E 119°07′48.8″ N 27°41′03.5″	75
						P	18—22	暗黄棕色	中壤土	6.0	24.4	1.33	0.11	14.0	119	4.2			
						W	22—28	灰黄棕色	中壤土	5.9	16.5	0.98	0.08	10.0	90	4.2			
						C	28—100	红黄色	重壤土	6.1				<1.0	225	5.8			
剖13	铁铝土	红壤	黄红壤	红砂土	酸性紫色土	A	0—16	暗棕灰色	中壤土	5.4	52.3	2.00	0.12	6.0	261		红(紫)色砂岩、砂页岩夹砂砾岩风化物	E 119°10′13.8″ N 27°41′06.2″	95
						(B)	16—56	紫棕色	重壤土	9.3	3.8	0.36	0.05	1.0	95				
						C	56—100	中石质土	6.3	4.5	0.27	0.04	<1.0	128					
剖14	人为土	水稻土	渗育水稻土	红泥田	红泥田	A	0—15	暗黄棕色	重壤土	5.7	21.5	1.17	0.15	7.0	133	5.1	酸性为主的凝灰岩、侵入岩风化物	E 119°01′19.4″ N 27°37′49.7″	95
						P	15—20	灰黄色	重壤土	5.6	47.1	1.05	0.13	5.0	51	4.8			
						W	20—40	红棕色	中壤土	5.7	12.4	0.78	0.10	3.0	70	5.1			
						C	40—100	淡红色	轻黏土	6.5	5.5	0.40	0.12	<1.0	51	5.1			
剖15	人为土	水稻土	潴育水稻土	泥砂田	砂砾质泥砂田	A	0—19	暗灰色	中壤土	6.3	35.5	1.81	0.26	58.0	189		近代洪冲积物	E 119°04′46.6″ N 27°39′24.2″	75
						P	19—25	灰黄色	中壤土	6.3	25.2	1.32	0.26	36.0	160				
						W	25—37	棕灰色	轻黏土	6.3	11.1	0.65	0.13	24.0	173				
						C	37—85	砂黄土	6.2	5.0	0.40	0.11	22.0	157					
剖16	人为土	水稻土	潴育水稻土	山地黄壤泥砂田	山地白心黄泥砂田	A	0—25	淡灰色	重壤土	6.3	51.7	2.03	0.12	36.0	63		山地黄壤坡积物、再积物	E 119°05′01.2″ N 27°38′22.8″	75
						P	25—29	暗黄棕色	重壤土	6.3	52.1	2.32	0.13	23.0	58				
						We	29—48	灰白色	重壤土	5.7	11.2	0.63	0.05	12.0	171				
						E	48—	白色											
剖17	人为土	水稻土	潴育水稻土	山地黄壤泥砂田	红泥砂田	A	0—18	暗棕色	中壤土	6.1	40.0	1.71	0.20	31.0	244	8.6	山地黄壤坡积物、再积物	E 119°05′04.8″ N 27°37′23.2″	75
						(B₁)	18—22	暗棕红色	中壤土	6.3	36.3	1.49	0.16	15.0	131	6.4			
						(B₂)	22—100	暗棕灰色	中壤土	6.4	25.6	1.09	0.09	3.0	178	5.5			
剖18	人为土	水稻土	潴育水稻土	泥砂田	砾心泥砂田	A	0—16	暗黄棕色	中壤土	6.1	26.3	1.36	0.23	38.0	80		近代洪积物、冲积物	E 119°04′54.6″ N 27°36′29.8″	75
						P	17—22	暗灰色	中壤土	6.1	21.3	1.01	0.15	25.0	65				
						W	22—54	淡灰色	中壤土	6.2	8.8	0.48	0.04	2.0	89				
						C	54—												
剖19	人为土	水稻土	潴育水稻土	泥砂田	白擦泥砂田	A	0—15	淡灰色	中壤土	6.3	22.3	1.65	0.33	17.0	67		近代洪积物、冲积物	E 119°05′34.5″ N 27°35′46.2″	75
						P	15—19	暗灰色	中壤土	6.3	25.2	1.44	0.18	13.0	55				
						We	19—37	灰白色	中壤土	5.9	17.7	1.16	0.12	5.0	49				
						E	37—100	白色	轻壤土	6.4	2.1	0.25	0.09	9.0	85				
剖20	铁铝土	红壤	红壤	红泥土	红泥土	A	0—16	暗红棕色	重壤土	6.1	40.0	1.58	0.14	2.0	116		酸性为主的凝灰岩、侵入岩	E 119°05′04.8″ N 27°36′42.4″	95
						(B₁)	16—37	暗棕红色	轻黏土	6.3	19.0	0.89	0.16	2.0	113				
						(B₂)	37—100	暗黄红色	轻黏土	6.3	8.3	0.54	0.05	<1.0	84				
剖21	铁铝土	红壤	红壤	红泥土	厚层黄泥土	A	0—16	红黄色	中壤土	6.1	24.8	1.94	0.14	2.0	257		酸性火成岩风化物	E 119°02′56.8″ N 27°35′08.7″	95
						(B₁)	16—46	淡红色	轻黏土	6.1	14.8	0.72	0.24	1.0	126				
						(B₂)	46—100	红黄色	轻黏土	6.2	10.2	0.58	0.22	2.0	116				
剖22	铁铝土	红壤	黄红壤	黄泥土	黄泥土	A	0—6	棕灰色	中壤土	5.8	49.9	2.18	0.20	8.0	269		酸性火成岩风化物	E 119°00′30.5″ N 27°33′45.8″	95
						P	6—28	黄灰色	中壤土	5.4	38.1	1.76	0.14	2.0	119				
						(B₂)	28—43	淡黄棕色	轻黏土	6.0	7.7	0.46	0.23	2.0	99				
剖23	铁铝土	红壤	黄红壤	烂滥田	烂滥田	A	0—18	暗灰色	轻黏土	5.7	52.5	2.61	0.16	<1.0	302		红壤坡积物、再积物	E 119°01′35.1″ N 27°33′13.6″	75
						G	18—100	暗黄色	重黏土	5.6	46.6	2.33	0.12	<1.0	162				
剖24	人为土	水稻土	潴育水稻土	山地黄壤泥砂田	山地红松泥砂田	A	0—20	暗黄黄色	重壤土	6.3	30.5	1.52	0.05	4.0	60		山地黄壤坡积物、再积物	E 119°03′34.9″ N 27°34′59.3″	75
						P	20—25	暗黄棕色	中壤土	6.3	28.1	1.45	0.09	3.0	47				
						W	25—65	暗黄黄色	中壤土	6.3	18.3	1.20	0.10	3.0	119				
						We	65—100	淡灰色	中壤土	6.3				11.0	185				

续表 Continued

剖面号 Soil profile	土纲 Soil order	土类 Soil great group	亚类 Soil subgroup	土属 Soil genus	土种 Soil species	土层码 Layer code	土层厚度 Depth/cm	颜色 Soil color	质地 Soil texture	pH	有机质 OM/(g/kg)	全氮 TN/(g/kg)	全磷 TP/(g/kg)	有效磷 AP/(mg/kg)	速效钾 AK/(mg/kg)	阳离子交换量 CEC/(cmol/kg)	土壤母质 Parent material	剖面点坐标 Profile coordinate	匹配指数 Matching index/%
剖25	铁铝土	黄壤	黄壤	山地黄泥砂土	山地黄泥砂土	Aoo	0–2										花岗岩或花岗斑岩类风化物	E 119°12′08.5″ N 27°33′12.7″	95
						A	2–19	暗黄棕色	重壤土	5.9	47.4	0.80	0.15	4.0	540				
						(B₁)	19–62	淡黄棕色	轻黏土	6.2	15.6	0.68	0.12	1.0	510				
						(B₂)	62–100	淡红黄色	轻黏土	6.2	14.2		0.09	1.0	408				
剖26	人为土	水稻土	潴育水稻土	山地黄泥砂田	山地紫粉泥砂田	A	0–17	灰棕色	中壤土	6.3	15.2	0.96	0.14	4.0	113		山地黄壤坡积物、再积物	E 119°14′32.0″ N 27°33′18.9″	75
						P	17–24	暗灰棕色	中壤土	6.1	15.6	0.85	0.12	3.0	119				
						W₁	24–37	紫棕色	中壤土	6.2	10.3	0.71	0.12	1.0	161				
						W₂	37–56	淡棕红色	重壤土	6.2	4.8	0.44	0.11	1.0	239				
剖27	人为土	水稻土	潴育水稻土	泥砂田	白心泥砂田	A	0–16	暗灰色	中壤土	6.2	27.1	1.55	0.16	32.0	87		近代洪积物、冲积物	E 119°10′46.4″ N 27°30′11.4″	75
						P	16–23	淡灰色	中壤土	6.2	15.3	0.87	0.12	8.0	53				
						W	23–48	淡灰色	中壤土	6.3	6.8	0.43	0.07	3.0	66				
						E	48–100	灰白色	中壤土	6.1				6.0	104				
剖28	人为土	水稻土	潴育水稻土	洪积泥砂田	洪积粗砂田	A	0–18	黑棕色	中壤土	6.3	51.2	2.32	0.32	54.0	182		近代洪积物、冲积物	E 119°09′40.9″ N 27°28′49.7″	75
						P	18–20	黑棕色	中壤土	6.4	48.7	1.48	0.25	37.0	164	7.3			
						W	20–36		轻石质土	6.4	25.3	1.03	0.18	35.0	231	6.5			
						Ce	36–		轻石质土	6.4				34.0	240	9.4			
剖29	人为土	水稻土	潴育水稻土	洪积泥砂田	白燐洪积泥砂田	A	0–13	暗灰棕色	中壤土	6.0	44.2	2.38	0.32	53.0			近代洪积物、冲积物	E 119°10′48.0″ N 27°29′23.5″	75
						P	13–25	暗灰黄色	中壤土	6.0	35.4	1.93	0.26	57.0	101				
						E	25–79	白色	中壤土	5.6	4.1	0.24	0.12	29.0	79				
						C	79–95	白色							113				
剖30	人为土	水稻土	潴育水稻土	洪积泥砂田	砾燐洪积泥砂田	A	0–14	暗棕灰色	中壤土	5.8	29.7	1.54	0.17	81.0	101		近代洪积物、冲积物	E 119°09′34.0″ N 27°27′09.3″	75
						P	14–19	暗灰黄色	轻壤土	5.4	25.8	1.39	0.11	51.0	79				
						W	19–25	棕灰色	轻石质土	6.0	13.4	0.82	0.82	15.0	113				
						C	25–100												
剖31	人为土	水稻土	潴育水稻土	老黄筋泥田	老黄筋泥田	A	0–15	灰棕色	重壤土	6.0	36.0	1.96	0.14	36.0	127	8.3	近代洪积物、冲积物	E 119°19′14.3″ N 27°36′31.0″	75
						P	15–19	暗灰黄色	重壤土	5.9	33.1	1.82	0.15	33.0	123	5.0			
						W	19–49	暗黄棕色	重壤土	6.1	14.3	0.93	0.09	<1.0		7.4			
						C	49–100	淡黄棕色	轻黏土	6.0				<1.0					
剖32	铁铝土	黄壤	黄壤	山地黄泥土	山地红泥土	Aoo	0–1										第四纪红色黏土	E 119°16′43.9″ N 27°31′58.3″	95
						A	1–8	暗黄棕色	中壤土	5.7	73.8	2.93	0.18	2.0	228				
						(B₁)	8–60	淡红色	重壤土	6.1	10.3	0.63	0.10	<1.0	110				
						(B₂)	60–100	红黄色	轻黏土	6.1				2.0	108				

景宁畲族自治县

主要土类说明

黄壤是景宁畲族自治县主要土壤类型，占本县地域面积的35%。本县黄壤分布在海拔750m以上的中山区，在湿润亚热带森林、灌丛下，土壤富铝化作用明显，但由于海拔较高，大气及土壤的湿度大，土体中铁的氢氧化物的水化，使土色发黄，表土有机质累积较丰富，常保存有较好的枯枝落叶层，发育成$AooAoA_1-(B)-C$或$AoA_1-(B)-C$剖面构型。本县黄壤可分为黄壤、侵蚀型黄壤、表潜黄壤三个亚类，其中黄壤亚类占本土类面积的70%以上。

粗骨土是景宁畲族自治县第二大土壤类型，占本县地域面积的31%。粗骨土属于A-C甚至（A）-C剖面构型土壤。A层发育不明显，与母质层性状相似，略显有机质累积。有时母质层富含砾石，甚少剖面分异与发育特征。广泛分布在河谷阶地、丘陵、低山和中山等多种地貌单元和地形部位。

红壤是景宁畲族自治县第三大土壤类型，占本县地域面积的27%。本县红壤分布于海拔750m以下的低山丘陵，与地处湿润亚热带生物气候条件相契合，脱硅富铝化为其独特的主导成土过程，具有A-（B）-C剖面构型。由于海拔较高、坡陡，红壤化作用强度不深，故典型红壤少，以红壤向黄壤过渡类型的黄红壤亚类为主。

水稻土是景宁畲族自治县第四大土壤类型，占本县地域面积的5%。本县水稻土主要是在红壤、黄壤及潮土类土壤的基础上，经长期的人为水田耕作以后发育形成的新的土壤类型。由于还原淋移和氧化淀积作用强弱的不同，土体具有耕作层、犁底层、渗育层、潴育层、潜育层和母质层等发生层，形成A-P-C、A-P-W-C、A-P-W-G-C或A-G等不同类型的剖面构型。本县水稻土可分为渗育型、潴育型、潜育型三个亚类，本县河谷盆地少，丘陵山地多，以山坡梯田渗育型水稻土占绝对优势。

小于本县地域面积3%的土壤类型有火山灰土和紫色土。

本区域中心区气候特征

本区域中心区气候特征值
Regional climate characteristics in central area of the region

气候带：中亚热带湿润气候 Climate region: Subtropical humid climate	
年平均气温 /℃ Annual average temperature /℃	18.2
年平均最高气温 /℃ Annual average maximum temperature /℃	22.6
年平均最低气温 /℃ Annual average minimum temperature /℃	14.9
年降水量 /mm Annual precipitation /mm	1706
≥10℃的积温 /℃ Daily temperature accumulated in a year (≥10℃) /℃	6607
年日照时数 /h Annual sunshine /h	1727
年平均相对湿度 /% Annual average relative humidity /%	79
干燥度 Dryness	0.67

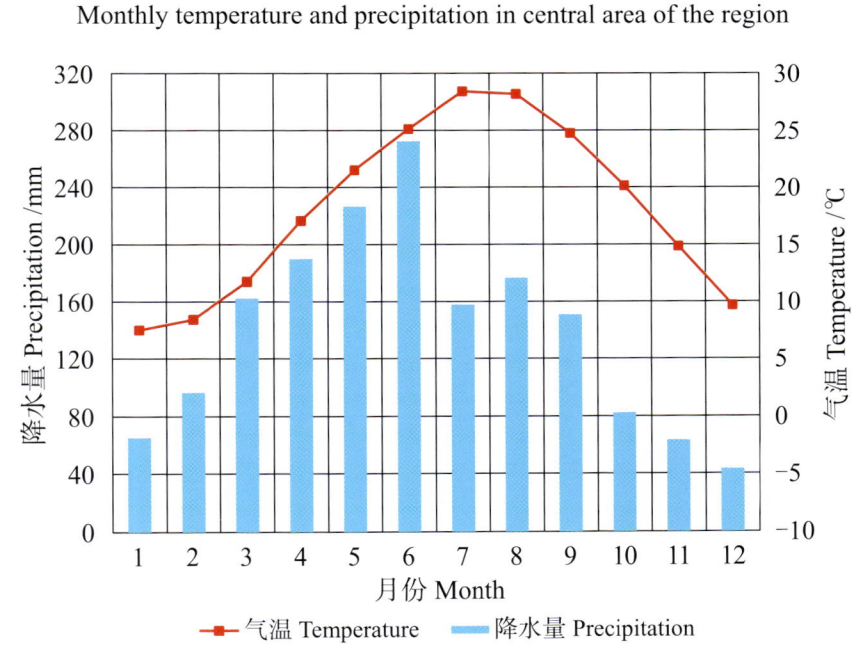

本区域中心区月平均气温与月平均降水量
Monthly temperature and precipitation in central area of the region

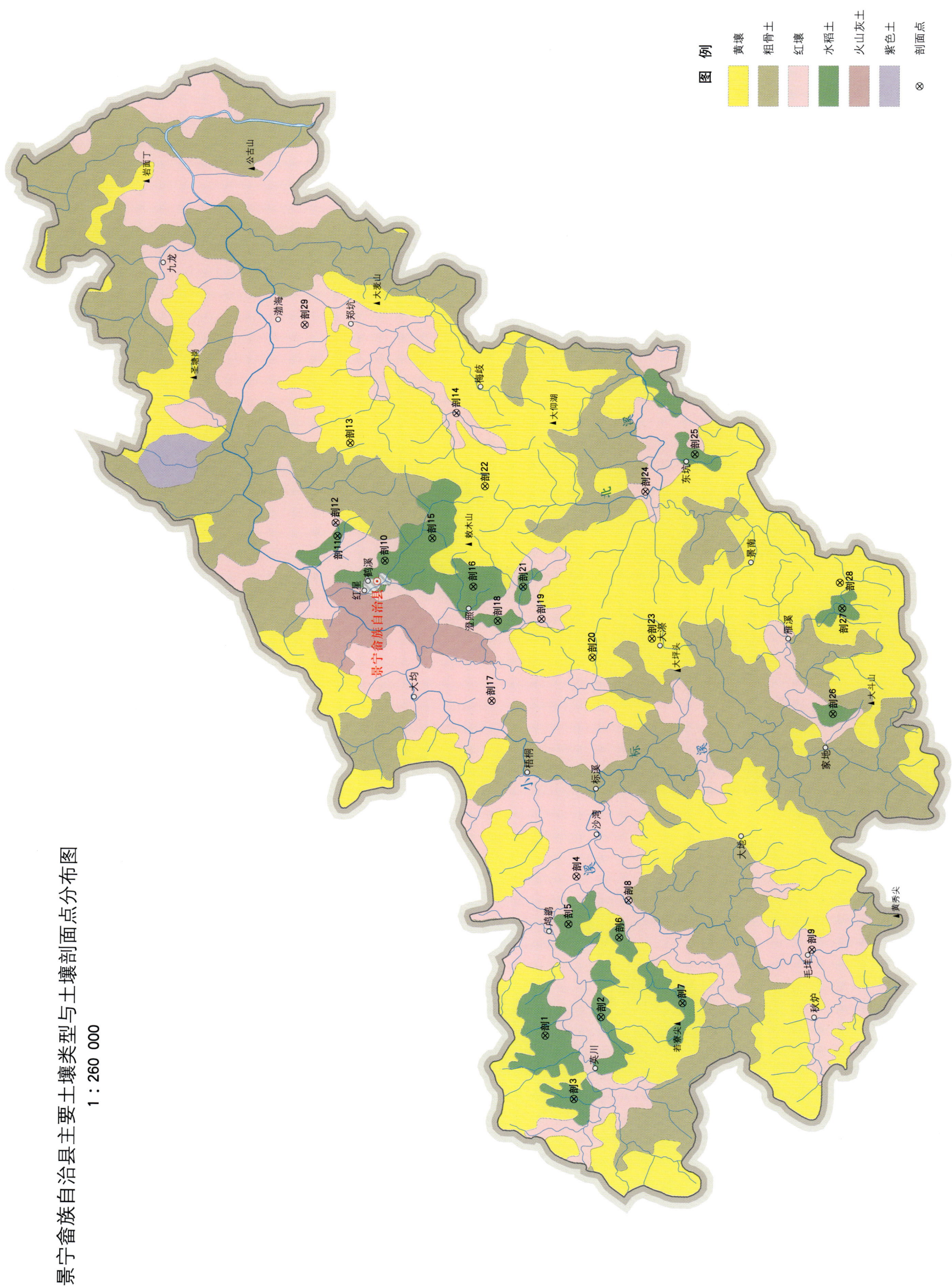

景宁畲族自治县主要土壤类型与土壤剖面点分布图
1∶260 000

景宁畲族自治县土壤剖面理化性状表

剖面号 Soil profile	土纲 Soil order	土类 Soil great group	亚类 Soil subgroup	土属 Soil genus	土种 Soil species	土层码 Layer code	土层厚度 Depth/cm	颜色 Soil color	质地 Soil texture	土壤结构 Soil structure	pH	有机质 OM/(g/kg)	全氮 TN/(g/kg)	全磷 TP/(g/kg)	阳离子交换量 CEC/(cmol/kg)	土壤母质 Parent material	剖面点坐标 Profile coordinate	匹配指数 Matching index/%
剖1	人为土	水稻土	渗育水稻土	山地黄泥田	山地黄泥田	A	0—15	淡灰色	重壤土	团粒状	5.5	40.3	2.37	0.38		凝灰岩风化物	E 119°20′02.7″ N 27°52′49.8″	95
						P	15—19	淡灰色	重壤土	团粒状	5.6	32.0	1.24	0.28				
						W	19—42	淡灰黄色	重壤土	小块状	5.7	22.8	1.27	0.40				
						C	42—90	灰黄棕色										
剖2	人为土	水稻土	潴育水稻土	洪积泥砂田	山谷泥砂田	A	0—18		重壤土		5.6	7.8	1.73	0.29		近代洪积物	E 119°20′43.6″ N 27°50′53.3″	75
						P	18—22		重壤土		5.8	3.1	0.68	0.23				
						W	22—60		中壤土		6.2	18.2	0.56	0.25				
						C	60—		中壤土		6.4							
剖3	人为土	水稻土	潴育水稻土	黄泥砂田	砾心黄泥砂田	A	0—17		中壤土		6.3	19.2	1.13	0.19		红壤坡积物或经短距离搬运的再积物	E 119°17′34.2″ N 27°51′51.6″	75
						P	17—23		中壤土		6.5	12.5	0.86	0.18				
						W	23—50		重石质土		6.6	8.0	0.33	0.07				
						C	50—		重石质土		6.3							
剖4	铁铝土	红壤		红泥土	红泥土	A	0—11	灰黄色	重壤土	粒状	4.9	55.8	2.19	0.17		英安质凝灰岩风化残积物	E 119°26′15.0″ N 27°51′40.0″	95
						(B₁)	11—55	淡黄橙色	轻黏土	大粒状	5.4	4.8	0.37	0.11				
						(B₂)	55—250	红橙色	重壤土	团块状	5.4							
						C	250—300	红橙色										
剖5	人为土	水稻土	潴育水稻土	黄泥砂田	黄泥砂田	A	0—17		重壤土		7.4	34.9	1.87	0.36		红壤坡积物或经短距离搬运的再积物	E 119°24′23.1″ N 27°51′58.4″	75
						P	17—22		中壤土		5.8	18.4	0.92	0.32				
						W	22—34		重壤土		6.3	5.9	0.22	0.30				
						W	34—90		重壤土		6.2	6.8	0.38	0.27				
						C	90—		中壤土		6.7							
剖6	人为土	水稻土	潴育水稻土	黄泥砂田	黄泥粗砂田	A	0—18		重壤土		5.8	31.9	1.81	0.27		红壤坡积物或经短距离搬运的再积物	E 119°23′49.8″ N 27°50′12.2″	75
						P	18—24		重壤土		6.0	29.1	1.49	0.26				
						W₁	24—55		中壤土		5.7	24.3	1.11	0.14				
						W₂	55—100		中壤土		6.0							
						C	100—											
剖7	人为土	水稻土	潴育水稻土	洪积泥砂田	合口泥砂田	A	0—16		中壤土		5.0	26.5	1.45	0.22	7.4	近代洪积物	E 119°21′13.6″ N 27°48′01.8″	95
						P	16—20		轻壤土		6.0	26.8	1.04	0.17	7.1			
						W	20—92		中壤土		6.1	13.1	0.78	0.18	8.0			
						C	92—		重石质土		6.3							
剖8	铁铝土	红壤	黄红壤	红砂土	红砂土	A	0—35	紫灰色	轻壤土	粒状	5.4	18.8	0.12	0.12	8.7	非石灰性红砂岩风化残积物、坡积物	E 119°25′17.2″ N 27°49′51.8″	95
						C	35—	暗红色	重石质土		6.4							
剖9	铁铝土	红壤	黄红壤	黄泥土	黄砾泥	A	0—20		重壤土		5.1	47.5	1.97	9.60	8.0	紫色凝灰岩风化物	E 119°23′14.9″ N 27°43′29.6″	95
						(B)	20—75		重壤土		5.5	3.6	0.28	0.70	5.5			
						C	75—				6.0							
剖10	人为土	水稻土	潴育水稻土	泥砂田	砾碣泥砂田	A	0—15		轻壤土		5.8	21.8	1.08	0.20		溪流冲积物为主,夹杂洪积物	E 119°38′44.2″ N 27°58′10.5″	95
						P	15—19		轻壤土		5.8	22.3	1.09	0.25	6.5			
						W	19—35		轻壤土		6.1	15.1	0.64	0.21				
						C	35—											
剖11	人为土	水稻土	潴育水稻土	泥砂田	泥砂田	A	0—17		中壤土		5.3	26.0	1.30	0.27		溪流冲积物为主,夹杂洪积物	E 119°39′44.2″ N 27°59′49.0″	75
						P	17—21		重壤土		5.4	21.8	0.86	3.10	10.6			
						W	21—85		中壤土		6.2	12.2	0.28	0.35	13.9			
						C	85—		中壤土		6.6							

续表 Continued

剖面号 Soil profile	土纲 Soil order	土类 Soil great group	亚类 Soil subgroup	土属 Soil genus	土种 Soil species	土层码 Layer code	土层厚度 Depth/cm	颜色 Soil color	质地 Soil texture	土壤结构 Soil structure	pH	有机质 OM/(g/kg)	全氮 TN/(g/kg)	全磷 TP/(g/kg)	阳离子交换量CEC/(cmol/kg)	土壤母质 Parent material	剖面点坐标 Profile coordinate	匹配指数 Matching index/%
剖12	铁铝土	红壤	黄红壤	黄泥土	黄泥砂土	A	0–18		轻壤土		5.1	31.5	1.18	0.08	4.0	紫色凝灰岩风化物	E 119°40′15.3″ N 27°59′52.1″	97
						(B)	18–130		重壤土		5.0	11.8	0.71	0.08	6.0			
						C	130–200											
剖13	铁铝土	黄壤	表潜黄壤	山地草甸黄泥土	山地草甸黄泥土	Ao	0–6	黑色	中壤土	粒状	5.1	231.0	9.90	0.90		凝灰岩、花岗岩风化原积物	E 119°43′21.8″ N 27°59′18.2″	75
						A₁	6–31	棕灰色	重壤土	大粒状	4.9	122.0	5.00	0.70				
						(B)	31–60	淡灰黄色	重壤土	小块状	5.2	13.0	0.70	0.30				
						FeMn	60–66	黄棕色										
						C	66–		重石质土									
剖14	铁铝土	红壤	黄红壤	砂黏质红土	砂黏质红土	A	0–19	淡灰黄色	重壤土	粒状	4.7	23.9	1.18	0.08		粗晶花岗岩风化残积物、坡积物	E 119°44′27.0″ N 27°55′35.0″	75
						(B)	19–160	淡橙橙色	重壤土	粒状	5.1	4.6	0.09	0.06				
						C	160–200	淡橙橙色										
剖15	人为土	水稻土	渗育水稻土	白砂田	白砂田	A	0–20	淡黄色	中壤土	团块状	5.4	18.6	0.57	0.23	4.0	粗晶花岗岩风化物	E 119°39′34.9″ N 27°56′30.4″	95
						P	20–24	棕灰色	中壤土	小团块状	5.4	19.7	1.21	0.20	4.1			
						W	24–50	棕灰色	中壤土	小块状	5.7	17.3	1.02	0.10	7.1			
						C	50–	淡黄棕色			6.0							
剖16	人为土	水稻土	渗育水稻土	山地黄泥田	山地砾石黄泥田	A	0–20	棕灰色	中壤土	团块状	5.3	23.6	1.41	0.37	9.6	凝灰岩风化物	E 119°37′39.4″ N 27°55′06.1″	95
						P	20–24	棕灰色	中壤土	小团块状	5.6	24.7	1.47	0.30	6.8			
						W	24–70	灰黄色	中壤土		4.6	17.4	0.93	0.22				
						C	70–100	黄黄棕色	重石质土		5.8							
剖17	铁铝土	红壤	黄红壤	黄泥土	黄泥土	A	0–20		重壤土		4.8	20.1	0.49	0.13		紫色凝灰岩风化物	E 119°36′10.9″ N 27°54′31.9″	95
						(B)	20–100		重壤土		5.0	2.7	0.05	0.08				
						C	100–		重石质土		5.8		0.03	0.11				
剖18	人为土	水稻土	潴育水稻土	溪滩砂田	溪滩砂田	A	0–17		砂壤土	碎块状	4.4	4.8	0.34	0.25		以溪流冲积物为主，夹杂洪积物	E 119°36′17.8″ N 27°54′16.0″	75
						P	17–22		砂壤土		4.5	8.2	0.70	0.18				
						C	22–100		砂壤土		5.7	5.5	0.40					
剖19	铁铝土	红壤	红壤	麻红泥	砂黏红泥	A	0–20	浊棕色	壤质黏土	块状	4.4	21.5	0.40			粗晶花岗岩、花岗闪岩风化残积物、坡积物	E 119°36′20.7″ N 27°52′44.8″	95
						AB	20–40	浊橙色	壤质黏土	块状	4.5	9.9	0.40					
						B₁	40–55	橙色	壤质黏土	大块状	5.6	9.3	0.30					
						B₂	55–100	橙色	壤质黏土	大块状	5.8	9.0	0.10					
						C	100–	橙色				1.4						
剖20	铁铝土	黄壤	侵蚀型黄壤	山地石砂土	山地石砂土	Aoo	0–2									岩石风化残物	E 119°34′48.4″ N 27°50′60.0″	93
						Ao	2–5			小块状	4.8	128.0	5.20	0.40				
						A₁	5–24		中壤土									
						C	24–											
剖21	人为土	水稻土	渗育水稻土	红泥田	红泥田	A	0–15	淡灰黄色	重壤土	块状	5.5	24.5	1.47	0.51	5.3	英安质凝灰岩风化残积物	E 119°37′36.8″ N 27°53′22.1″	95
						P	15–20	淡灰黄色	重壤土	块状	5.8	23.2	1.39	0.43	5.3			
						W	20–85	灰黄色	轻黏土	块状	6.0	15.6	0.99	0.43	6.5			
						C	85–100	红棕色	轻黏土		6.0	9.2	0.56					
剖22	铁铝土	黄壤	黄壤	山地黄泥砂土	山地乌黄泥砂土	A₁	0–5		中壤土		5.3	57.0	1.90	0.10	8.6	花岗岩风化物	E 119°41′34.1″ N 27°54′38.2″	95
						A₂	5–23		重壤土		5.5	7.0	0.30	0.10	7.5			
						(B)	23–70				5.7							
						C	70–											
剖23	铁铝土	黄壤	侵蚀型黄壤	山地石砂土	山地白砂土	Ao	0–5									岩石岩风化残积物	E 119°35′29.8″ N 27°48′54.6″	93
						A₁	5–30		中壤土		5.5	72.0	2.90	0.20				
						C	30–											

续表 Continued

剖面号 Soil profile	土纲 Soil order	土类 Soil great group	亚类 Soil subgroup	土属 Soil genus	土种 Soil species	土层码 Layer code	土层厚度 Depth/cm	颜色 Soil color	质地 Soil texture	土壤结构 Soil structure	pH	有机质 OM/(g/kg)	全氮 TN/(g/kg)	全磷 TP/(g/kg)	阳离子交换量CEC/(cmol/kg)	土壤母质 Parent material	剖面点坐标 Profile coordinate	匹配指数 Matching index/%
剖24	铁铝土	红壤	黄红壤	粉红泥土	紫粉泥土	A	0—17	紫灰色	中壤土	粒状	5.6	12.1	0.63	0.10		紫色凝灰岩风化物	E 119°41′13.9″ N 27°49′02.9″	95
						(B)	17—51	紫灰色	中壤土	粒状	5.7	9.2	0.49	0.11				
						C	51—	紫灰色	重石质土		5.6							
剖25	人为土	水稻土	渗育水稻土	红砂田	红砂田	A	0—18	紫灰色	重壤土	团块状	5.4	22.3	1.44	0.57	11.5	非石灰性红砂岩风化残积物、坡积物	E 119°42′38.9″ N 27°47′17.4″	95
						P	18—22	紫灰色	重壤土	大团块状	5.6	22.5	0.50	0.57	10.2			
						W	22—80	紫色	重壤土	小块状	6.5	9.6	1.35	0.39	14.4			
						C	80—	灰红色										
剖26	人为土	水稻土	潜育水稻土	烂湴田	烂黄泥田	A	0—23	灰白色	重壤土	团块状	5.7	37.2	1.99	0.22			E 119°32′26.7″ N 27°42′38.4″	75
						P	23—27	灰白色	重壤土	块状	5.8	34.3	1.67	0.19				
						G	27—100	青灰色	轻黏土	块状	5.7	24.8	0.80	0.26				
剖27	人为土	水稻土	潜育水稻土	烂灰田	烂灰田	A	0—25	淡灰黄色	重壤土	团块状	5.8	41.1	1.62	0.34		黄壤坡积物、残积物	E 119°36′32.8″ N 27°42′15.1″	75
						P	25—34	灰黄色	中壤土	块状	6.2	43.1	1.82	0.36				
						W	34—122	淡灰黄色	中壤土	小块状	5.8	37.3	1.38	0.30				
						C	122—	淡黄色										
剖28		黄壤		山地黄泥砂土	山地砾石黄泥砂土	A	0—12		重石质土		5.2	58.0	7.80	0.10		花岗岩风化物	E 119°37′33.0″ N 27°42′19.1″	95
						(B)	12—50		轻黏土		5.5	5.0	5.00	0.10				
						C	50—											
剖29	铁铝土	红壤	侵蚀型红壤	白岩砂土	白岩砂土	A	0—17	淡黄黄色	轻壤土	粒状	5.3	36.4	1.38			粗晶花岗岩风化残积物、坡积物	E 119°48′01.9″ N 28°00′48.8″	93
						C	17—25	淡黄棕色										
						D	25—											

龙 泉 市

主要土类说明

红壤是龙泉市主要土壤类型，占本市地域面积的42%。本市属地带性红壤区，红壤化特征较明显。由于在湿热的亚热带生物气候条件下，山体中的岩石矿物经历了强风化、强淋溶的脱硅富铝化过程，因此土壤颜色较红，酸性较强，质地较黏，盐基饱和度较低。本市红壤广泛分布于海拔750m以下的低山丘陵区。其成土母岩有凝灰岩、变质岩、花岗岩等。

粗骨土是龙泉市第二大土壤类型，占本市地域面积的27%。粗骨土属于A-C甚至（A）-C剖面构型土壤。A层发育不明显，与母质层性状相似，略显有机质累积。有时母质层富含砾石，甚少剖面分异与发育特征。粗骨土广泛分布在河谷阶地、丘陵、低山和中山等多种地貌单元和地形部位。

黄壤是龙泉市第三大土壤类型，占本市地域面积的26%。黄壤是在海拔较高、温凉多雨、云雾弥漫的生物气候条件下形成的，广泛分布于本市海拔800m以上的中山区，其成土母质主要由凝灰岩、花岗岩、流纹岩以及部分变质岩等风化而来。黄壤由于所处地形部位较高，温度相对较低，雨量较大，湿度较大，植被状况等因素发生了变化，因而土壤的性状特征均与红壤有别。黄壤的黏粒矿物以蛭石为主，伊利石、高岭石次之，红壤化程度远较红壤低，土色黄，风化较红壤弱，砂黏比、粉砂黏比均大于红壤，表土层深厚，有机质含量高，盐基饱和度较红壤低。根据成土条件、土壤性状特征的差异，本县黄壤可分为黄壤、侵蚀型黄壤和表潜黄壤三个亚类。

水稻土占本市地域面积的5%。水稻土是各种土壤母质和自然土壤经人为长期的水耕熟化之后发育起来的一种特殊性状的土壤。在长期的灌溉、耕作、施肥、轮作等过程中形成了特有的土壤剖面构型。本市水稻土分布广泛，纵横全域，在海拔140—1400m呈立体分布。根据水文状况的不同，将其分为渗育型、潴育型和潜育型三个亚类。

小于本市地域面积3%的土壤类型有紫色土和火山灰土。

本区域中心区气候特征

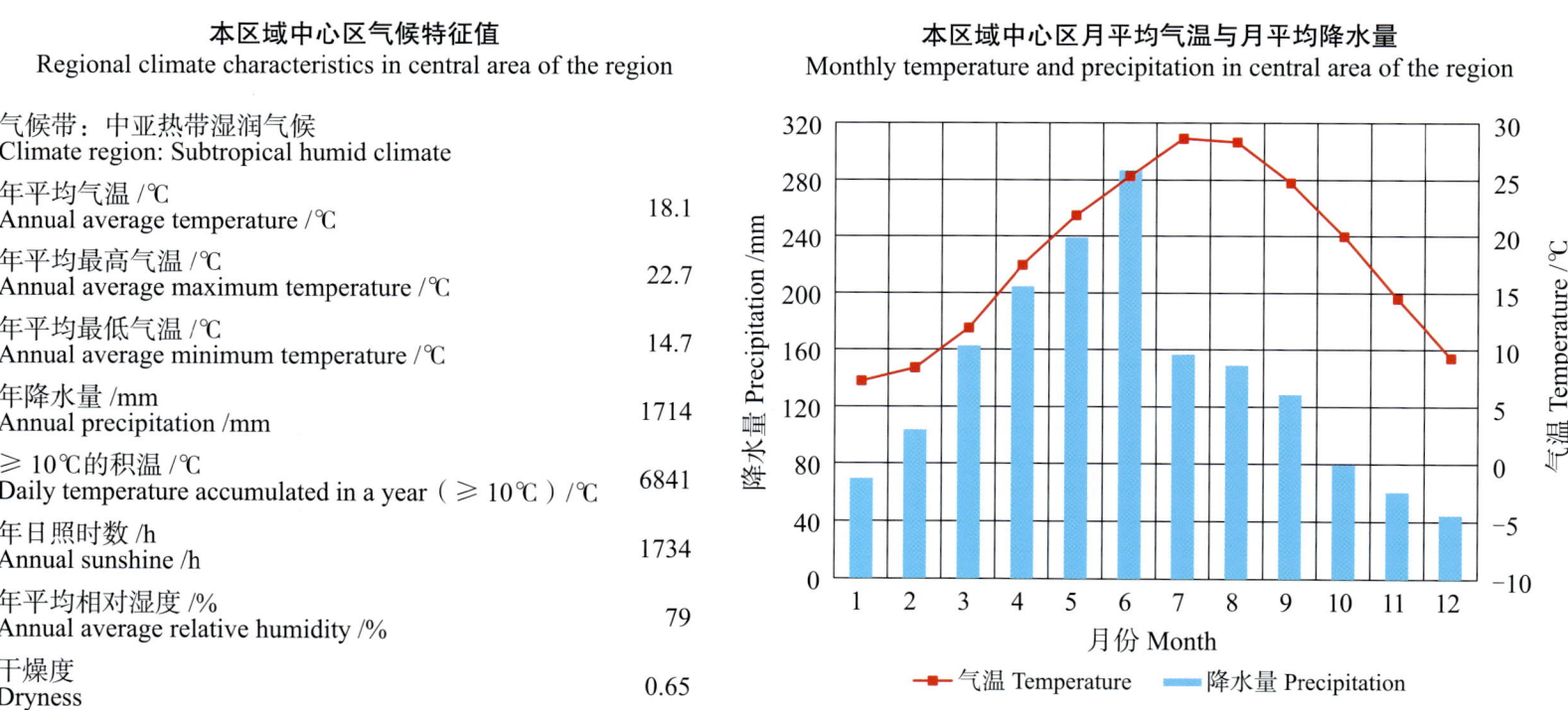

本区域中心区气候特征值
Regional climate characteristics in central area of the region

气候带：中亚热带湿润气候 Climate region: Subtropical humid climate	
年平均气温 /℃ Annual average temperature /℃	18.1
年平均最高气温 /℃ Annual average maximum temperature /℃	22.7
年平均最低气温 /℃ Annual average minimum temperature /℃	14.7
年降水量 /mm Annual precipitation /mm	1714
≥10℃的积温 /℃ Daily temperature accumulated in a year (≥10℃) /℃	6841
年日照时数 /h Annual sunshine /h	1734
年平均相对湿度 /% Annual average relative humidity /%	79
干燥度 Dryness	0.65

本区域中心区月平均气温与月平均降水量
Monthly temperature and precipitation in central area of the region

龙泉市主要土壤类型与土壤剖面点分布图
1∶310 000

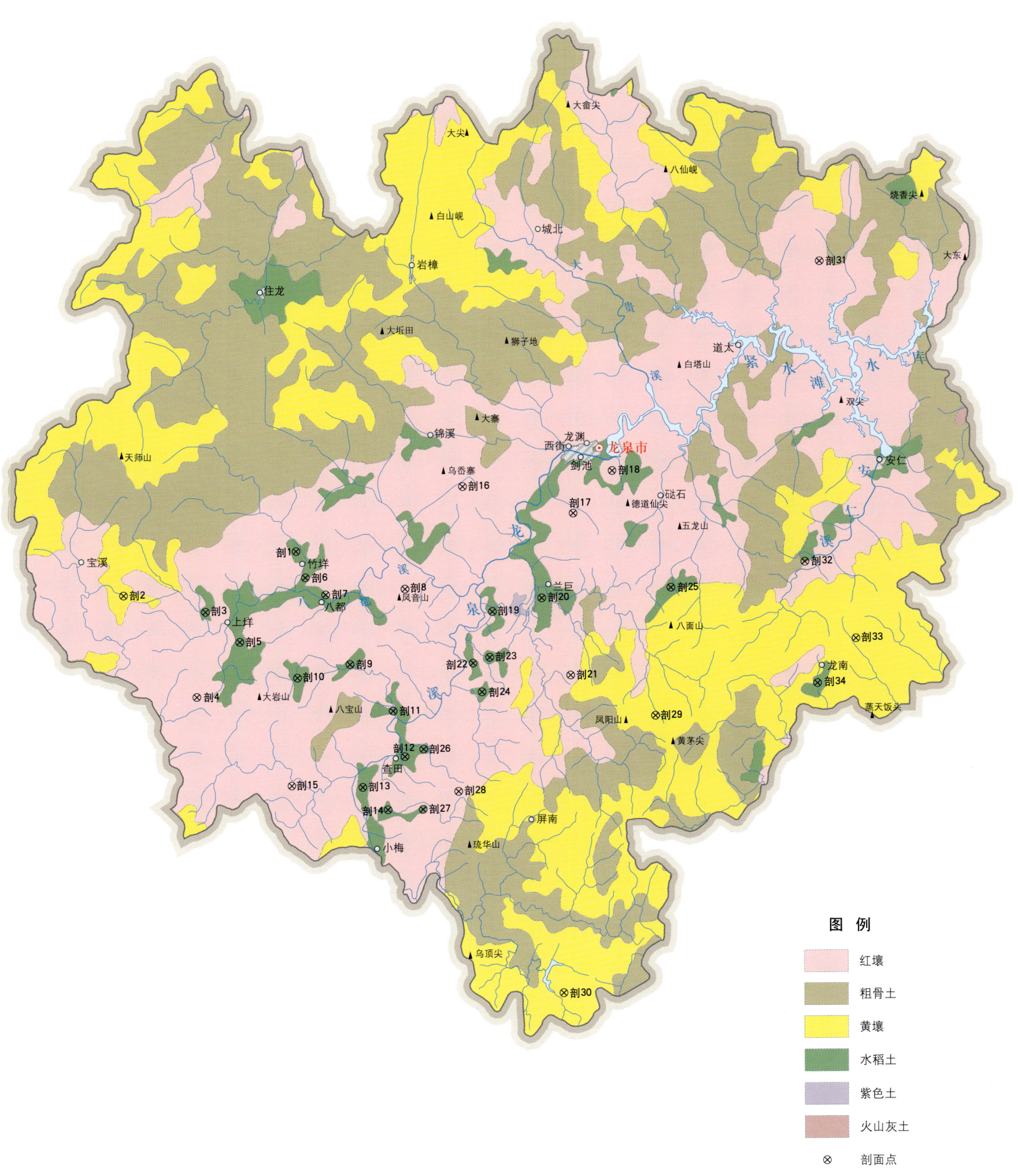

龙泉市土壤剖面理化性状表

剖面号 Soil profile	土纲 Soil order	土类 Soil great group	亚类 Soil subgroup	土属 Soil genus	土种 Soil species	土层码 Layer code	土层厚度 Depth/cm	颜色 Soil color	质地 Soil texture	土壤结构 Soil structure	pH	有机质 OM/(g/kg)	全氮 TN/(g/kg)	全磷 TP/(g/kg)	全钾 TK/(g/kg)	碱解氮 AN/(mg/kg)	有效磷 AP/(mg/kg)	速效钾 AK/(mg/kg)	阳离子交换量 CEC/(cmol/kg)	土壤母质 Parent material	剖面点坐标 Profile coordinate	匹配指数 Matching index/%
剖1	人为土	水稻土	渗育水稻土	山地黄泥土	山地黄泥田	A	0~18	暗灰色	轻黏土	小块状	5.9	62.6	3.06	0.53					8.1	黄壤原积物、再积物	E 118°54′52.9″ N 28°00′44.0″	95
						P	18~23	暗灰色	轻黏土	小块状	5.8	58.5	2.84	0.48					8.8			
						W	23~70	红黄色	轻黏土	块状	5.9	14.5	0.90	0.29					9.1			
						C	70~100	黄色	重壤土	块状	5.1								6.0			
剖2	铁铝土	黄壤	黄壤	山地黄泥砂土	山地黄泥砂土	(B₁)	0~12	淡灰色	轻黏土	小块状	5.4	60.8	0.32	0.38					6.1	花岗岩风化物	E 118°47′21.8″ N 27°59′08.6″	95
						(B₂)	12~45	灰黄色	轻黏土	团块状	5.4	18.3	0.87	0.23					7.5			
						(B₂)	45~75	黄色	轻黏土	块状	5.4	10.3	0.54	0.24					8.5			
						C	75~100															
剖3	人为土	水稻土	潴育水稻土	泥砂田	泥砂田	A	0~17	暗灰色	轻壤土	小团块状	5.6	31.6	1.79	1.43					9.1	红壤堆积物	E 118°50′54.2″ N 27°58′27.4″	95
						P	17~22	暗棕灰色	轻壤土	小块状	5.6	6.9	1.10	0.74					6.7			
						W	22~60	棕灰色	中壤土	小块状	5.6		1.63	0.60					7.1			
剖4	铁铝土	红壤	红壤	麻红泥	红松泥	A	0~25	油红棕色	壤质黏土	碎块状	4.5	34.7	1.65	0.39	6.4			6.4		片麻岩风化泥	E 118°50′27.9″ N 27°55′12.7″	95
						B₁	25~70	泥红棕色	壤质黏土	块状	4.6	10.6	0.56	0.28								
						B₂	70~120	橙色	壤质黏土	小块状	4.8	7.7	0.48	0.24								
						C	120~200	亮红色	砂黏土	粒状	5.4	1.3	0.03	0.37								
剖5	人为土	水稻土	渗育水稻土	浅麻砂泥田	红松泥田	Aa	0~17	油深棕色	壤质黏土	团块状	5.4	24.8	1.36	0.28						片麻岩风化发育的红松泥	E 118°52′22.0″ N 27°57′17.2″	95
						Apg	17~23	油深棕色	壤质黏土	块状	5.0	20.6	1.10	0.24								
						C	23~100	亮红棕色	壤质黏土	大块状	5.6	5.2	0.30	0.35								
剖6	人为土	水稻土	渗育水稻土	山地黄泥田	山地黄泥田	A	0~14	暗灰色	重壤土	小块状	5.4	59.8	2.56	0.30						黄壤原积物、再积物	E 118°55′16.1″ N 27°59′43.5″	75
						P	14~17	暗灰色	轻壤土	块状	5.5	52.3	2.93									
						W	17~33	黄色	砂黏土	块状	5.5	10.4	0.92									
						C	33~100	淡棕黄色														
剖7	人为土	水稻土	潜育水稻土	青潮黏土	八都烂泥田	Aa	0~16	淡灰黄色	壤质黏土	碎块状	5.5	41.8	2.22	0.36	27.3	142	7.0	54		冲积物或洪积物	E 118°56′02.8″ N 27°58′54.2″	95
						Ap	16~22	灰黄色	壤质黏土	块状	5.5	35.6	1.91	0.37	27.3	121	6.0	29				
						G	22~100	灰黄色	黏土	无结构糊状	5.6	17.0										
剖8	铁铝土	红壤	侵蚀型红壤	石砂土	石砂土	A	0~15	暗灰黄色	重壤土	粒状	6.4	54.6	2.01	0.13						岩石风化残积物	E 118°59′34.1″ N 27°59′12.9″	75
						C	15~30	灰黄色	中壤土	小团块状	5.7	39.6	1.63	0.18								
剖9	人为土	水稻土	渗育水稻土	白砂田	白砂田	A	0~15	淡黄色	中壤土	团块状	5.7	37.3	1.93	0.48						花岗岩风化物	E 118°57′07.4″ N 27°56′22.0″	75
						P	15~19	淡黄色	轻壤土	团块状	5.7	30.5	1.70	0.44								
						W₁	19~40	褐色	轻壤土	团块状	5.7	33.2	1.20	0.26								
						W₂	40~75	黄色														
						C	75~100	淡棕红色		小团块状												
剖10	人为土	水稻土	渗育水稻土	山地黄泥田	山地砂性黄泥田	A	0~17	暗灰色	中壤土	团块状	5.5	35.9	1.38	0.28					11.2	黄壤原积物、再积物	E 118°54′50.4″ N 27°55′53.1″	75
						P	17~22	淡黄色	重壤土	小块状	5.6	27.9	1.10	0.26					14.0			
						W	23~63	黄棕色	中壤土	小块状	5.6	17.4	0.69	0.17					6.5			
						C	63~100	红色	轻壤土	块状	6.6	3.4	0.20	0.22								
剖11	人为土	水稻土	渗育水稻土	山地黄泥田	山地黄泥田	A	0~21	黑色	中壤土	小团块状	5.9	90.2	4.12	0.76					9.7	花岗岩风化物	E 118°58′57.0″ N 27°54′32.7″	75
						P	21~26	暗灰色	中壤土	块状	6.0	82.0	4.08	0.67								
						C	26~64	黄棕色	轻壤土	块状	6.1	7.1	0.53	0.08								
剖12	人为土	水稻土	潴育水稻土	黄泥砂田	红松泥砂田	A	0~17	淡棕红色	重壤土	团块状	5.8	53.3	2.28	0.27						红壤堆积物	E 118°59′25.6″ N 27°52′47.2″	95
						P	17~22	棕色	重壤土	小块状	5.7	53.3	2.21	0.26					9.2			
						W	22~100	暗棕色	中壤土	块状	5.7	48.2	1.67	0.13					7.6			

续表 Continued

剖面号 Soil profile	土纲 Soil order	土类 Soil great group	亚类 Soil subgroup	土属 Soil genus	土种 Soil species	土层码 Layer code	土层厚度 Depth/ cm	颜色 Soil color	质地 Soil texture	土壤结构 Soil structure	pH	有机质 OM/ (g/kg)	全氮 TN/ (g/kg)	全磷 TP/ (g/kg)	全钾 TK/ (g/kg)	碱解氮 AN/ (mg/kg)	有效磷 AP/ (mg/kg)	速效钾 AK/ (mg/kg)	阳离子 交换量CEC/ (cmol/kg)	土壤母质 Parent material	剖面点坐标 Profile coordinate	匹配指数 Matching index/%
剖13	人为土	水稻土	潴育水稻土	培泥砂田	培泥砾砂田	A	0—18	暗灰色	重壤土	团块状	5.7	67.2	2.82	0.24					11.9	红壤堆积物	E 118°57′34.2″ N 27°51′38.6″	75
						P	18—23	暗灰色	重壤土	小块状	5.9	37.8	2.03	0.42					11.2			
						W₁	23—48	暗灰棕色	重壤土	棱块状	6.0	16.4	1.03	0.30					12.2			
						W₂	48—100	灰棕色	中壤土	棱块状	5.9	6.8	0.47	0.17					12.0			
剖14	人为土	水稻土	潴育水稻土	黄泥砂田	棕泥砂田	A	0—22	暗棕色	重壤土	团块状	5.4	33.5	1.72	0.23					21.5	红壤堆积物	E 118°58′39.1″ N 27°50′45.9″	75
						P	22—27	灰棕色	重壤土	小块状	5.8	29.5	1.57	0.15					40.6			
						W	27—100	暗灰棕色	轻壤土	棱块状	6.2	10.8	0.63	0.50					43.3			
剖15	铁铝土	红壤	黄红壤	红松泥土	砂质红松泥土	(B)	0—12	淡红色	中壤土	小团块状	5.6	20.6	0.77								E 118°54′30.4″ N 27°51′41.9″	75
						(B)	12—100	红橙色	重壤土	团块状	5.4	11.0	0.45									
剖16	铁铝土	红壤		红泥土	红泥砂土	A(B)	0—12	油橙色	壤质黏土	小块状	5.3	27.4	1.00	0.13						酸性岩浆岩、 凝灰岩 风化物	E 119°02′08.7″ N 28°03′05.4″	81
						(B₁)	12—30	橙色	壤质黏土	块状	5.4	13.5	0.45	0.28								
						(B₂)	30—100	橙色	壤质黏土	大块状	5.4	4.4	0.22	0.13								
						(B₂)	100—130	橙色	壤质黏土	大块状	5.5	2.7	0.16	0.04								
剖17	铁铝土	红壤		红泥土	红泥砂土	(B)	0—11	淡红色	轻黏土	团粒状	5.2	39.2	1.32	0.06					9.7		E 119°06′54.8″ N 28°02′00.1″	95
						(B)	11—100	淡红色	轻黏土	小团块状	5.3	8.5	0.43	0.02					≤1.0			
剖18	铁铝土	红壤		红泥土	红泥砂土	A	0—14	灰棕色	重黏土	团块状	5.2	39.0	1.35	0.11						酸性岩浆岩、 凝灰岩 风化物	E 119°08′38.1″ N 28°03′36.0″	95
						(B₁)	14—50	灰棕色	轻黏土	团块状	5.8	13.1	0.43	0.08								
						(B₂)	50—100	红灰色	轻黏土	块状	5.5	3.8	0.23	0.06								
剖19	人为土	水稻土	潴育水稻土	洪积泥砂田	山谷砾泥砂田	A	0—15	淡红棕色	轻壤土	小团块状	5.7	32.1	1.93	0.61						变质岩 风化物	E 119°06′19.3″ N 27°58′17.0″	75
						P	15—19	淡红棕色	中壤土	团块状	5.7	31.2	1.91	0.61								
						C	19—100															
剖20	人为土	水稻土	潴育水稻土	洪积泥砂田	山谷泥砂田	A	0—19	暗灰色	轻壤土	小团块状	5.6	22.2	1.08	0.16					6.0		E 119°05′29.1″ N 27°58′46.7″	75
						P	19—23	淡灰色	轻壤土	小块状	5.2	10.6	0.69	0.08					5.5			
						W	23—75	褐灰色	轻壤土	块状	5.4	4.7	0.37	0.03					5.7			
						C	75—100	灰白色	中壤土	块状	5.3	1.3							9.1			
剖21	铁铝土	红壤		红松泥	谷口泥砂田	A	0—25	油红棕色	壤质黏土	碎块状	5.1	34.7	1.65	0.39	6.4						E 119°06′40.0″ N 27°55′48.2″	81
						(B₁)	25—70	亮红棕色	壤质黏土	小块状	5.2	10.6	0.56									
						(B₂)	70—120	橙色	壤质黏土	粒状	5.3	7.7	0.48									
						C	120—	亮红棕色	砂壤土		5.4											
剖22	人为土	水稻土	潴育水稻土	烂滥田	烂滥田	A	0—20	暗灰色	轻壤土	小团块状	5.8	28.3	1.47	0.20							E 119°02′26.9″ N 27°56′19.6″	75
						P	20—26	淡灰色	轻壤土	小块状	5.8	9.8	0.77									
						W	26—72	暗灰黄色	轻壤土	块状	6.0	8.1	0.62									
						C	72—100															
剖23	人为土	水稻土	潴育水稻土	山地黄泥砂田	山地砾砂黄泥田	A	0—16	暗棕色	重壤土	团块状	5.7	37.5	1.55	0.10						红壤堆积物	E 119°05′10.4″ N 27°56′32.2″	75
						P	16—25	暗棕色	中壤土	小块状	5.5	34.9	1.47	0.06								
						W	25—100	暗灰黄色	轻壤土	块状	5.6	29.5	1.08	0.02								
剖24	人为土	水稻土	潴育水稻土	红泥田	砂壤红泥田	A	0—16	淡红色	中壤土	小团块状	5.0	42.3	2.69	0.18						红壤堆积物	E 119°02′48.9″ N 27°55′13.4″	75
						P	16—22	褐色	重壤土	小块状	5.2	44.9	2.03	0.14								
						W	22—50	棕灰色	重壤土	块状	5.8	10.4	0.65	0.06								
剖25	人为土	水稻土	渗育水稻土	红泥田	砂性红泥田	A	0—14	淡灰色	中壤土	小团块状	5.5	31.5	1.18	0.12					11.6	母土为 红泥土	E 119°11′04.3″ N 27°59′05.9″	75
						P	14—19	块状	中壤土	块状	5.5	26.8	1.18	0.06					9.8			
						W	19—48	灰黄色	中壤土	块状	6.3	14.7	0.48	0.05					8.9			
						C	48—70	淡黄棕色	中壤土	块状	6.5	9.1	0.30	0.04								

续表 Continued

剖面号 Soil profile	土纲 Soil order	土类 Soil great group	亚类 Soil subgroup	土属 Soil genus	土种 Soil species	土层码 Layer code	土层厚度 Depth/cm	颜色 Soil color	质地 Soil texture	土壤结构 Soil structure	pH	有机质 OM/(g/kg)	全氮 TN/(g/kg)	全磷 TP/(g/kg)	全钾 TK/(g/kg)	碱解氮 AN/(mg/kg)	有效磷 AP/(mg/kg)	速效钾 AK/(mg/kg)	阳离子交换量CEC/(cmol/kg)	土壤母质 Parent material	剖面点坐标 Profile coordinate	匹配指数 Matching index/%
剖26	人为土	水稻土	潴育水稻土	黄泥砂田	砾橘黄泥砂田	A	0—17	暗灰色	轻壤土	团块状	5.6	34.9	1.58	0.16						红壤堆积物	E 119°00′14.1″ N 27°53′03.9″	75
						P	17—24	暗灰色	轻壤土	小块状	5.6	16.8	0.57	0.05								
						CW	24—44	淡灰色	轻壤土	块状	5.6	7.1	0.42	0.06								
						C	44—100	暗灰色	轻壤土	块状	5.6	8.0	0.39	0.04								
剖27	人为土	水稻土	潴育水稻土	烂泥田	青泥砂田	A	0—20	暗灰色	中壤土	团块状	5.0	51.7	1.87	0.09						冲积物	E 119°00′09.7″ N 27°50′45.6″	75
						G	20—100	暗灰色	重壤土	块状	5.5	48.6	2.32	0.19								
剖28	铁铝土	红壤	红壤	红泥土	砂红泥	A	0—12	浊橙色	壤质黏土	小块状	5.4	27.4	1.00	0.13	14.0			14.0		酸性浆岩、凝灰岩风化物	E 119°01′42.9″ N 27°51′25.0″	95
						AB	12—30	橙色	壤质黏土	块状	5.4	13.5	0.45	0.28								
						B_1	30—100	橙色	壤质黏土	大块状	5.4	4.4	0.22	0.13								
						B_2	100—130	橙色	壤质黏土	大块状	5.5	2.7	0.16	0.04								
剖29	铁铝土	黄壤	黄壤	山黄泥土	山地黄泥土	A	0—20	暗黄黄色	重壤土	粒状	5.4	78.6	2.65	0.24					14.2	凝灰岩风化物	E 119°10′17.6″ N 27°54′12.0″	95
						(B)	20—65	灰黄色	轻黏土	小粒状	5.8	34.6	1.41	0.15					7.3			
						C	65—100															
剖30	铁铝土	黄壤	表潜黄壤	山地草甸黄泥土	山地草甸黄泥土	A	0—19	黑色	重壤土	小粒状	5.3	121.3	4.87	0.48						凝灰岩风化残积物	E 119°06′05.1″ N 27°43′39.4″	93
						(B_1)	19—72	淡黄棕色	轻壤土	小块状	5.8	25.7	1.58	0.23								
						(B_2)	72—100	灰黄色	轻壤土		5.7		1.14									
剖31	铁铝土	红壤	黄红壤	黄泥砂土	黄泥砂土	A	0—12	灰白色	中壤土	小团块状	5.8	19.2	0.70						8.7		E 119°17′47.5″ N 28°11′29.0″	98
						(B)	12—58	黄色	中壤土	小团块状	5.0	6.4	0.39						11.6			
						C	58—100	灰黄色	砂壤土	中团块状	5.2								9.2			
剖32	人为土	水稻土	潴育水稻土	黄泥砂田	青塥红松泥田	A	0—20	暗黄黄色	中壤土	团块状	5.6	59.4	2.61	0.28						红壤堆积物	E 119°16′54.0″ N 27°59′59.5″	75
						P	20—28	青黄色	中壤土	小块状	5.5	48.9	2.09	0.27								
						W	28—64	黄褐色	重壤土	块状	5.8	19.4	0.91	0.07								
剖33	铁铝土	黄壤	黄壤	山黄泥土	山地红松土	A	0—45	棕红色	轻壤土	小团块状										凝灰岩风化物	E 119°19′02.3″ N 27°57′00.7″	95
						(B_1)	45—60	棕红色	中壤土	小团块状												
						(B_2)	60—115	淡红色	中壤土	核状状												
剖34	人为土	水稻土	潴育水稻土	黄泥砂田	白塥黄泥砂田	A	0—16	淡灰色	中壤土	小团块状	5.8	43.9	1.84	0.34						红壤堆积物	E 119°17′19.7″ N 27°55′19.5″	75
						P	16—21	棕红色	中壤土	梭状状	5.9	30.7	1.54	0.26								
						W	21—38	白灰色	中壤土	块状	5.8	17.5	0.64									
						EW	38—100	白灰色	中壤土		5.9		0.45									

附 录

附录1 浙江省县级行政区及县级主要土壤类型与土壤剖面点分布图地域名对照表

地级行政区划	县级行政区划[1]	县级主要土壤类型与土壤剖面点分布图地域名[2]	地级行政区划	县级行政区划[1]	县级主要土壤类型与土壤剖面点分布图地域名[2]
杭州市	上城区		温州市	鹿城区	
	下城区			龙湾区	
	江干区			瓯海区	瓯海区
	拱墅区			洞头区	
	西湖区	西湖区		永嘉县	永嘉县
	滨江区			平阳县	
	萧山区	萧山市		苍南县	苍南县
	余杭区	余杭县		文成县	文成县
	富阳区	富阳县		泰顺县	泰顺县
	临安区	临安县		瑞安市	瑞安市
	桐庐县	桐庐县		乐清市	乐清市
	淳安县	淳安县		龙港市	
	建德市	建德市	嘉兴市	南湖区	南湖区
宁波市	海曙区			秀洲区	秀洲区
	江北区	江北区		嘉善县	嘉善县
	北仑区	北仑区		海盐县	海盐县
	镇海区	镇海区		海宁市	海宁市
	鄞州区	鄞县		平湖市	平湖市
	奉化区	奉化市		桐乡市	桐乡市
	象山县	象山县			
	宁海县	宁海县			
	余姚市	余姚市			
	慈溪市	慈溪市			

续表

地级行政区划	县级行政区划[1]	县级主要土壤类型与土壤剖面点分布图地域名[2]	地级行政区划	县级行政区划[1]	县级主要土壤类型与土壤剖面点分布图地域名[2]
湖州市	吴兴区	市辖区*	舟山市	定海区	定海区
	南浔区			普陀区	普陀区
	德清县	德清县		岱山县	岱山县
	长兴县	长兴县		嵊泗县	
	安吉县	安吉县	台州市	椒江区	椒江区
绍兴市	越城区			黄岩区	黄岩区
	柯桥区	绍兴县		路桥区	
	上虞区	上虞市		三门县	三门县
	新昌县	新昌县		天台县	天台县
	诸暨市	诸暨市		仙居县	仙居县
	嵊州市	嵊县		温岭市	温岭市
金华市	婺城区	婺城区		临海市	临海市
	金东区	金东区		玉环市	玉环市
	武义县	武义县	丽水市	莲都区	莲都区
	浦江县	浦江县		青田县	青田县
	磐安县	磐安县		缙云县	缙云县
	兰溪市	兰溪市		遂昌县	遂昌县
	义乌市	义乌市		松阳县	松阳县
	东阳市			云和县	云和县
	永康市	永康市		庆元县	庆元县
衢州市	柯城区			景宁畲族自治县	景宁畲族自治县
	衢江区	衢江区		龙泉市	龙泉市
	常山县	常山县			
	开化县	开化县			
	龙游县	龙游县			
	江山市	江山市			

注：1）为民政部于2019年3月发布的《2018年中华人民共和国行政区划代码》中的县级行政区名称。该名称也作为本数据集分县目录。分县排序按《2018年中华人民共和国行政区划代码》中的地级、县级行政区排列。

2）分县主要土壤类型与土壤剖面点分布图地域名是全国第二次土壤普查中分县采样调查、制图的县级行政区名称。分县主要土壤类型与土壤剖面点分布图采用的县级行政域是从国家测绘局获取的1∶25万DLG（公众版）数据（使用许可协议编号：非2011—1011）。附录1显示了全国第二次土壤普查时的县级行政区域名与《2018年中华人民共和国行政区划代码》中的县级行政区名称之间的关联。附录1中仅有《2018年中华人民共和国行政区划代码》中的县级行政区名称，而没有对应的分县主要土壤类型与土壤剖面点分布图地域名的分县，表示该县级行政区无土壤剖面数据，未纳入分县目录。

*在附录1中，凡分县主要土壤类型与土壤剖面点分布图地域名表示为"市辖区"的地域，均指在全国第二次土壤普查中，在城市中心区及近郊区完成的采样调查和制图。此时，县级行政区名称与分县主要土壤类型与土壤剖面点分布图地域名不是完全的对应关系。如湖州市市辖区主要土壤类型与土壤剖面点分布图代表土壤调查中湖州市城区及近郊区的土壤分布状况。此时将"市辖区"作为这一节的标题。

附录2 专题图基础地理要素图例

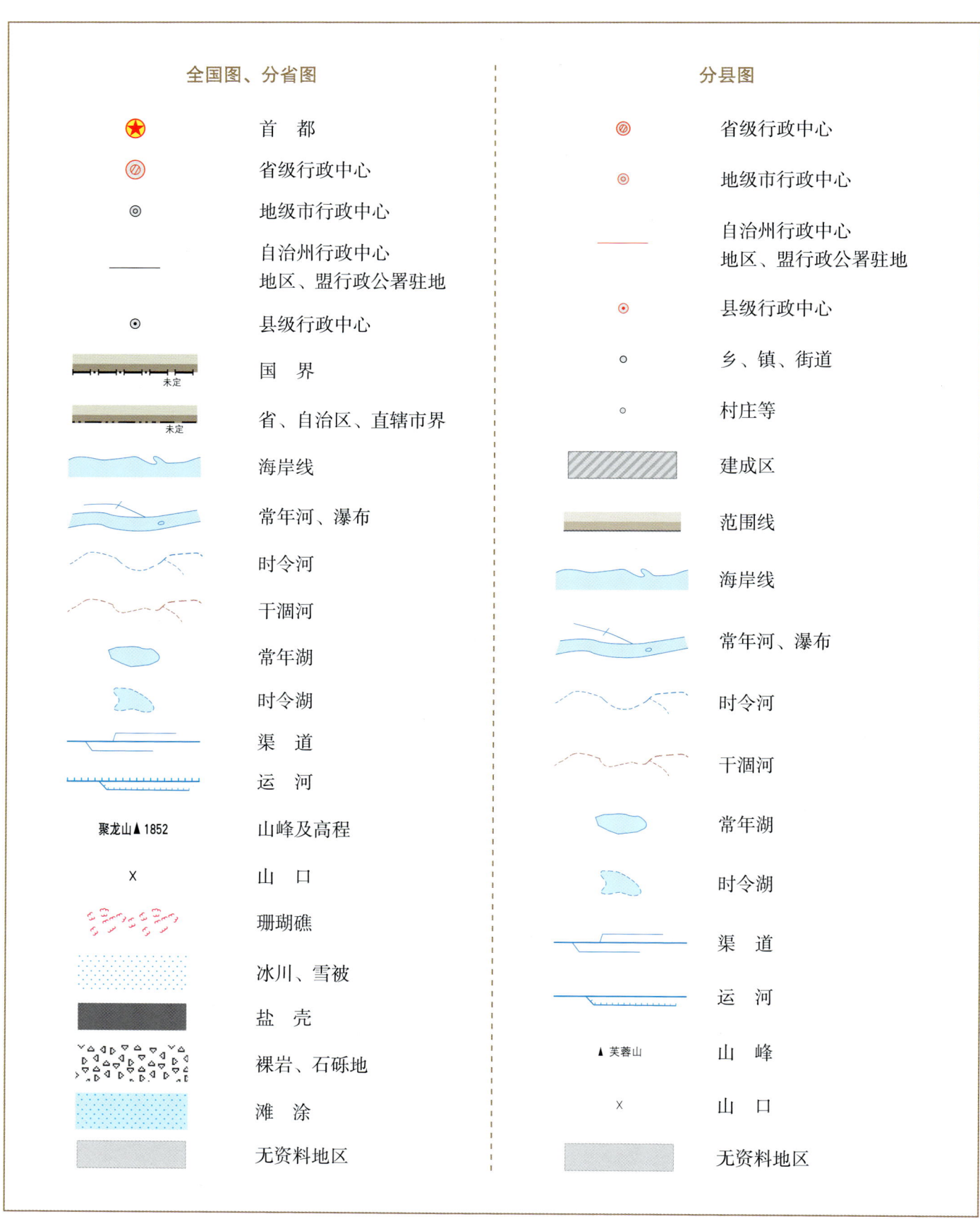

附录3 土壤图土类图例

图例	土类名	色码（RGB）	色码（CMYK）	图例	土类名	色码（RGB）	色码（CMYK）
	砖红壤	253, 139, 149	0, 56, 26, 0		棕钙土	250, 221, 212	2, 17, 13, 0
	赤红壤	253, 160, 170	0, 47, 17, 0		灰钙土	230, 214, 165	11, 15, 40, 1
	红　壤	252, 199, 209	1, 29, 6, 0		灰漠土	246, 237, 182	4, 6, 36, 0
	黄　壤	250, 238, 14	2, 5, 92, 0		灰棕漠土	232, 207, 118	8, 19, 62, 1
	黄棕壤	247, 231, 171	3, 9, 40, 0		棕漠土	238, 220, 86	5, 12, 76, 1
	黄褐土	249, 236, 121	2, 5, 64, 0		黄绵土	249, 223, 2	1, 13, 93, 0
	棕　壤	238, 218, 147	6, 14, 50, 1		红黏土	247, 149, 143	1, 52, 33, 0
	暗棕壤	226, 181, 98	9, 33, 68, 2		新积土	184, 199, 156	30, 11, 44, 2
	白浆土	223, 226, 205	15, 7, 22, 0		龟裂土	254, 252, 55	0, 7, 86, 0
	棕色针叶林土	206, 169, 142	18, 35, 40, 4		风沙土	242, 242, 180	6, 2, 39, 0
	灰化土	183, 169, 182	31, 31, 16, 4		石灰（岩）土	176, 175, 85	28, 21, 75, 9
	漂灰土*	220, 219, 162	15, 9, 44, 1		火山灰土	223, 167, 170	11, 41, 19, 2
	燥红土	250, 161, 9	0, 46, 95, 0		紫色土	199, 177, 221	28, 31, 0, 0
	褐　土	225, 201, 153	12, 21, 43, 1		磷质石灰土	240, 250, 156	7, 1, 51, 0
	灰褐土	228, 219, 186	12, 12, 30, 0		石质土	171, 181, 150	35, 18, 43, 5
	黑　土	142, 164, 151	46, 21, 38, 8		粗骨土	196, 187, 132	23, 21, 53, 4
	灰色森林土	162, 178, 175	40, 19, 27, 4		草甸土	128, 171, 117	51, 14, 63, 7

续表

图例	土类名	色码（RGB）	色码（CMYK）	图例	土类名	色码（RGB）	色码（CMYK）
	黑钙土	230，188，50	6，30，88，1		潮　土	169，219，118	34，1，68，0
	栗钙土	214，195，161	17，22，37，2		砂姜黑土	191，202，188	29，13，26，1
	栗褐土	240，213，157	5，18，43，1		林灌草甸土	171，191，44	31，12，93，5
	黑垆土	201，204，125	22，12，60，3		山地草甸土	132，184，161	52，9，42，3
	沼泽土	144，183，212	49，14，8，2		灌漠土	158，184，110	39，12，67，6
	泥炭土	150，140，173	46，41，10，6		草毡土	150，172，169	45，20，29，6
	草甸盐土	222，145，201	21，49，0，0		黑毡土	129，157，106	48，19，63，14
	滨海盐土	232，206，217	10，22，5，0		寒钙土	198，214，203	26，8，21，1
	酸性硫酸盐土	187，159，184	29，38，9，3		冷钙土	194，194，96	23，15，72，5
	漠境盐土	209，130，159	16，58，11，3		冷棕钙土	183，186，169	31，20，32，3
	寒原盐土	187，159，184	29，38，9，3		寒漠土	235，223，181	9，12，33，0
	碱　土	227，211，211	13，18，11，0		冷漠土	223，197，102	11，22，68，2
	水稻土	107，176，107	59，9，72，3		寒冻土	196，171，79	19，29，77，8
	灌淤土	136，146，47	38，24，90，21				

注：*漂灰土，《中国土壤分类与代码》（GB/T 17296—2009）中无此土类，在全国第二次土壤普查中完成的中国1∶100万土壤图和分县土壤图中含漂灰土，主要分布于西藏自治区南部，总面积约为112 km^2。

附录 4 中国主要土壤类型简表

土纲名[1]	土类名[2]	主要成土条件及特征[3]	分布区域	WRB 土组名[4]	MR[5]/%	百分比[6]/%
铁铝土纲 Ferrallisols	砖红壤 Latosols	热带雨林或季雨林下，强烈脱硅富铝化，游离铁占全铁的80%，土壤呈砖红色，具A–Bs–Bv–C剖面构型	海南、广东等	Acrisols	29	0.46
	赤红壤 Latosolic red soils	南亚热带季雨林下，脱硅富铝化程度次于砖红壤、强于红壤，铁的游离度介于二者之间，土壤呈赤红色，具A–Bs–C剖面构型	广东、云南、广西、福建等	Acrisols	40	2.23
	红壤 Red soils	中亚热带常绿阔叶林下，中度脱硅富铝化，具有深厚红色土层，具A–Bs–Bv 或 A–Bs–C剖面构型	南部的江西、福建、湖南等	Cambisols	35	6.79
	黄壤 Yellow soils	亚热带湿润气候条件下，多见于海拔700—1200m的山区，中度富铝化，土壤有机质累积较多，土壤呈黄色，具O–A–AB–B–C剖面构型	贵州、四川、云南、西藏、台湾等	Cambisols	45	2.65
淋溶土纲 Alfisols	黄棕壤 Yellow-brown soils	北亚热带暖湿落叶阔叶林下，弱度富铝化，母质多为砂页岩及花岗岩风化物，黏化特征明显，土壤呈黄棕色，具A–B–C或A–(B)–C剖面构型	长江中下游沿江低山丘陵区，以及云南、贵州、四川、陕西、西藏等	Cambisols	39	2.37
	黄褐土 Yellow-cinnamon soils	北亚热带地区，黄土状母质，无游离碳酸钙，黏化淀积明显，土壤呈灰黄棕色，具A–B–C或A–Bt–C剖面构型	河南、安徽面积最大，陕南、鄂北、江苏、川东北、江西等地也有分布	Luvisols	58	0.59
	棕壤 Brown soils	湿润暖温带地区，处于硅铝风化阶段，盐基已淋失，土体见黏粒淀积，土壤呈棕色，具O–A–Bt–C剖面构型	辽东至苏北低山丘陵，以及内蒙古、河南、西藏、云南、湖北等地的山地垂直带	Luvisols	51	2.73
	暗棕壤 Dark brown soils	湿润温带地区，针阔叶混交林下，弱酸性淋溶，有机质富集明显，土体B层呈棕色，具O–A–B–C剖面构型	黑龙江、吉林、内蒙古等	Cambisols	48	4.12

续表

土纲名[1]	土类名[2]	主要成土条件及特征[3]	分布区域	WRB 土组名[4]	MR[5]/%	百分比[6]/%
淋溶土纲 Alfisols	白浆土 Bleached baijiang soils	湿润温带平缓岗地森林草原下，上层土壤周期性滞水，还原铁、锰，漂洗形成灰黄色至灰白色白浆土层 E，具 Ah-E-Bt-C 剖面构型	黑龙江、吉林等	Luvisols	46	0.49
	棕色针叶林土 Brown coniferous forest soils	寒温带针叶林下，酸性淋溶，表层盐基饱和度降低，B层呈棕色，具 O-A-AB-B-C 剖面构型	内蒙古、黑龙江、四川、云南、吉林、新疆等	Cambisols	47	1.15
	灰化土 Podzolic soils	寒冷湿润针叶林下，表层有机质层深厚，强烈淋溶和 SiO_2 淀积形成灰化层 A_2，具 A_1-A_2-B-BC 剖面构型	西藏	Podzols	100	<0.01
半淋溶土纲 Semi-alfisols	燥红土 Torrid red soils	热带、亚热带干旱河谷与雨区稀树草原下形成的盐基饱和的红色土壤，具 A-B-C（D）剖面构型	海南、贵州、云南、四川等	Luvisols	100	0.08
	褐土 Cinnamon soils	暖温带半湿润，黏化与钙质淋移淀积，盐基饱和，B层呈棕褐色，具 A-B-Bk-C 剖面构型	河北、山西、北京等	Cambisols	48	2.88
	灰褐土 Gray-cinnamon soils	温带干旱、半干旱山地云冷杉下，腐殖质累积与钙积作用明显，弱黏淀特征，具 Ao-A-B-C 剖面构型	甘肃、内蒙古、新疆、西藏、青海、宁夏等地的山地垂直带	Cambisols	43	0.65
	黑土 Black soils	温带半湿润草甸草原下，具深厚的腐殖质层，无石灰性的黑色土壤，底层轻度淋溶，具 A-ABh-BhC-C 剖面构型	东北平原	Phaeozems	31	0.68
	灰色森林土 Gray forest soils	温带森林植被下，腐殖质层深厚，弱度淋溶，剖面下部见硅粉，具 O-A-AB 或（B）-BC-C 剖面构型	内蒙古、新疆、河北	Phaeozems	77	0.34
钙层土 Pedocals	黑钙土 Chernozems	温带半湿润草甸草原下，具深厚的腐殖质层、碳酸钙淋溶淀积层	内蒙古、新疆、吉林、黑龙江、青海、甘肃	Chernozems	50	1.51
	栗钙土 Castanozems	温带半干旱草原下，具有栗色腐殖质层和灰白色钙积层	内蒙古、新疆、河北、山西、吉林等	Kastanozems	61	4.18
	栗褐土 Castano-cinnamon soils	暖温带半干旱草原及灌木下，弱度黏化和弱度淋溶，通体有石灰反应	山西、内蒙古、河北	Cambisols	40	0.47
	黑垆土 Dark loessial soils	黄土高原上，由黄土母质发育，有机质含量低，腐殖质层深厚，无明显黏化层	甘肃面积最大，其次为陕北和宁南地区	Cambisols	59	0.21
干旱土 Aridisols	棕钙土 Brown caliche soils	温带干旱草原向荒漠过渡区，具浅棕色薄腐殖质层、灰白色薄钙积层，钙积层接近地表	内蒙古、甘肃、青海、新疆	Cambisols	36	2.81
	灰钙土 Sierozems	暖温带干旱草原下，母质多为黄土，低腐殖质、弱淋溶，具腐殖质层和钙积层	甘肃、宁夏、新疆、青海、内蒙古、陕西	Cambisols	63	0.50

续表

土纲名[1]	土类名[2]	主要成土条件及特征[3]	分布区域	WRB 土组名[4]	MR[5]/%	百分比[6]/%
漠土 Desert soils	灰漠土 Gray desert soils	温带干旱漠境边缘区	宁夏、内蒙古、甘肃、新疆等	Cambisols	44	0.72
	灰棕漠土 Gray-brown desert soils	温带干旱中心	新疆、内蒙古等	Cambisols	78	3.11
	棕漠土 Brown desert soils	暖温带极干旱漠境中心	新疆、甘肃等	Cambisols	65	2.69
初育土 Amorphic soils	黄绵土 Loessial soils	黄土高原上，由黄土母质直接翻耕形成，具 A-C 剖面构型	陕西、甘肃、山西、宁夏等	Cambisols	33	1.97
	红黏土 Red primitive soils	由第三纪红色黏土及部分第四纪老黄土发育	陕西、甘肃、河南、山西、辽宁等	Regosols	48	0.07
	新积土 Neo-alluvial soils	新近冲积、洪积、坡积、塌积或人工堆垫，具 A-C 或（A）-C 剖面构型	全国各地，以吉林、陕西面积最大，其次为黑龙江、宁夏、四川等	Fluvisols	51	0.57
	龟裂土 Takyr	干旱、漠境地区山前细土洪积微弱发育，表层为不规则龟裂结皮	新疆、甘肃、内蒙古、宁夏	Cambisols	72	0.06
	风沙土 Aeolian soils	半干旱、干旱及滨海地区，由风成沙性母质发育	新疆、内蒙古、甘肃、青海等	Arenosols	75	7.03
	石灰（岩）土 Limestone soils	由热带、亚热带石灰岩母质发育	贵州、广西、四川、湖南等	Cambisols	80	1.73
	火山灰土 Volcanic ash soils	由火山喷发碎屑、粉尘状堆积物发育，具 A-C 剖面构型	黑龙江、江苏、海南等	Andosols	53	0.04
	紫色土 Purplish soils	由热带、亚热带紫红色岩层侵蚀发育，土层浅薄，具 A-C 剖面构型	四川、云南、湖南、贵州、广西等	Cambisols	68	2.44
	磷质石灰土 Phospho-calcic soils	热带珊瑚岛礁上，由海鸟粪与珊瑚礁风化物形成	南海的西沙、南沙、东沙、中沙诸岛	Arenosols	81	<0.01
	石质土 Lithosols	石质山地岩石风化残积物，风化层厚度一般小于 10cm，具 A-R 剖面构型	西北和华北山地	Leptosols	100	1.87
	粗骨土 Skeletal soils	基岩风化残积物、坡积物，属于 A-C 或（A）-C 剖面构型	辽宁、内蒙古、山东、浙江等地的河谷阶地、丘陵、低山和中山	Regosols	93	1.76
水成土 Aqueous soils	沼泽土 Bog soils	所处地势低洼，长期地表积水，还原作用形成潜育层 G，泥炭层或腐泥层厚度小于 50cm，具 H-G 剖面构型	黑龙江、青海、内蒙古等地的沟谷、平原河湖滨低洼地区均有分布，主要分布于东北	Gleysols	53	1.53
	泥炭土 Peat soils	泥炭层 H 厚度大于 50cm，其下为潜育层 G，具 H-G 剖面构型	青海、四川、黑龙江、吉林等	Histosols	48	0.06

续表

土纲名[1]	土类名[2]	主要成土条件及特征[3]	分布区域	WRB 土组名[4]	MR[5]/%	百分比[6]/%
半水成土 Semi-aqueous soils	草甸土 Meadow soils	冷湿条件下受地下水浸润并在草甸植被下发育，有明显腐殖质累积，铁、锰氧化还原形成锈纹层 Cu，具 A-Cu 或 A-C-Cu 剖面构型	黑龙江、内蒙古、新疆、四川等	Cambisols	92	3.54
	潮土 Fluvo-aquic soils	河流冲积平原或低平阶地耕作土壤，地下水位高，底土氧化还原交替形成锈纹层 Cu，具 A_{11}-A_{12}-Cu 或 A_{11}-C-Cu 剖面构型	主要分布于黄淮海平原，内蒙古、辽宁、湖北等地的河谷平原，滨湖低地与山间谷地也有分布	Cambisols	85	3.71
	砂姜黑土 Lime concretion black soils	河湖沉积物经脱沼与长期耕作形成，底土见砂姜	主要分布于安徽、河南、山东、江苏等，河北、湖北、广西等地也有分布	Cambisols	79	0.54
	林灌草甸土 Shrubby meadow soils	漠境河谷平原沿河一带的胡杨林下发育，有交替氧化还原作用，具 Ao-AC-C 剖面构型	新疆、内蒙古、甘肃等	Cambisols	87	0.24
	山地草甸土 Mountain meadow soils	中海拔山顶平台草甸植被下发育的薄层土壤，草皮层 As 下见铁锰锈纹、胶膜，具 As-A-C-D 剖面构型	除青藏高原及西北高山区以外，各省、自治区、直辖市均有分布，以西部为多，西南部次之	Cambisols	60	0.04
盐碱土 Alkali-saline soils	草甸盐土 Meadow solonchaks	草甸土、潮土、沼泽土地区，盐分累积量大于 6g/kg，有盐化表土层 Az，具 Az-C 剖面构型	从长江口到松辽平原均有分布	Solonchaks	55	1.21
	滨海盐土 Coastal solonchaks	母质为滨海沉积物，盐分来自海水和高矿化潜水，通常含盐量为 10g/kg，具 Az-Cz 剖面构型	山东、浙江、福建等沿海地区	Solonchaks	47	0.31
	酸性硫酸盐土 Acid sulphate soils	热带、南亚热带滨海低平原的海潮可及处，红树林残体形成的硫化物经氧化形成硫酸，土壤呈强酸性	海南、广东、广西、福建、台湾等	Solonchaks	36	<0.01
	漠境盐土 Desert solonchaks	极端干旱的漠境条件，含盐量通常在 100g/kg 以上	新疆、青海、甘肃等	Solonchaks	50	0.31
	寒原盐土 Frigid plateau solonchaks	青藏高寒地区退缩内陆湖盆、河间洼地	西藏	Solonchaks	88	0.10
	碱土 Solonetzes	碱化度（交换性钠占阳离子交换量百分比）大于 20%	零星分布于东北、华北、西北的内陆地区	Solonetz	50	0.06
人为土 Anthrosols	水稻土 Paddy soils	长期季节性淹灌、排水，水下翻耕，氧化还原交替，形成多种发生层分异：淹育层 Aa、犁底层 Ap、渗育层 P、潴育层 W 与潜育层 G	全国各地，以四川、江西、湖南等地面积为大	Anthrosols	83	4.93
	灌淤土 Irrigated warped soils	引用高泥沙含量灌溉水淤灌，加厚土层大于 50cm	新疆、宁夏、甘肃、河北、青海、西藏等	Anthrosols	70	0.22

续表

土纲名[1]	土类名[2]	主要成土条件及特征[3]	分布区域	WRB 土组名[4]	MR[5]/%	百分比[6]/%
人为土 Anthrosols	灌漠土 Irrigated desert soils	干旱荒漠地区，坎儿井水长期耕灌	新疆、甘肃、宁夏、青海等地的荒漠绿洲地带	Anthrosols	68	0.12
高山土 Alpine soils	草毡土 Felty soils	高寒区平缓高原面上，强度生草腐殖质累积与弱度氧化还原形成草毡层	青海、西藏、四川、新疆等	Cambisols	69	5.46
	黑毡土 Dark felty soils	高寒区略较温湿的原面上，草毡层初步分解，色泽较暗，有机质含量较高	西藏、四川、新疆、甘肃等	Cambisols	61	2.73
	寒钙土 Frigid calcic soils	高寒半干旱区，弱度腐殖质累积，底层积钙	西藏、青海、新疆、甘肃等	Calcisols	70	7.88
	冷钙土 Cold calcic soils	高寒区冷凉半干旱原面下，具弱腐殖质累积与钙积特征	新疆、西藏、甘肃等	Cambisols	45	1.43
	冷棕钙土 Cold brown calcic soils	高寒区温凉的半干旱河谷处，土壤弱腐殖质累积，弱度淋溶与积钙	西藏	Cambisols	67	0.09
	寒漠土 Frigid desert soils	高寒干旱条件下成土	青藏高原西北部海拔4000m以上地区，涉及新疆、四川、西藏、青海等	Cryosols	87	0.29
	冷漠土 Cold desert soils	亚高山冷凉干旱条件下成土	西藏海拔4500m以下的湖盆、河谷及山地中下部	Cambisols	42	0.03
	寒冻土 Frigid frozen soils	高山冰川冰缘地带条件下，以物理风化为主	青藏高原冰缘地区，涉及新疆、西藏、甘肃等	Leptosols	100	3.23

注：1）中国土壤分类系统中土纲名及土纲英译名。
2）中国土壤分类系统中土类名及土类英译名。
3）本栏所用土层及后缀代码释义。
　自然土壤：A 表土层，As 草根层、草毡层，A_2 灰化层，B 母质特征消失的表下层，C 受成土作用少的母质层，D 未受成土作用影响的碎屑层，R 坚硬岩石层，E 漂白层、白浆层，H 泥炭状有机质层，Hi 纤维状泥炭层，He 半分解泥炭层，O 凋落物有机质层。
　旱地土壤：A_{11} 旱耕层，A_{12} 亚耕层，C_1 心土层，C_2 底土层。
　水田土壤：Aa 耕作层（淹育层），Ap 犁底层（淹育层），P 渗育层，W 潴育层，G 潜育层，Gw 脱潜层，M 腐泥层。
　土层后缀代码：d 漂灰特征，c 铁结核或硬结核，f 冰冻特征，h 有机质淀积，k 石灰聚积，n 碱化特征，q 硅聚积，t 黏粒淀积，v 网纹特征，x 脆盘，z 易溶盐聚积，su 硫化物聚积，b 埋藏或重叠，e 漂洗特征，g 潜育特征，i 弱分解有机质，m 胶结或固结，p 人工扰动，s 三氧化二物聚积，u 锈色斑纹，w 色泽或结构发育，y 石膏聚积，mo 铁锰胶膜。
4）世界土壤资源参比基础（world reference base for soil resources, WRB）工作组发布土组名，WRB 土组划分原则与中国分类系统中土纲接近。
5）WRB 土组对中国分类系统中各土类的最大可参比性（maximum referencibility, MR）。
6）该土类面积占各土类总面积的百分比。

附录5 浙江省主要土壤类型表

土纲名[1]	土类名[2]	WRB土组名[3]	MR[4]/%	百分比[5]/%
铁铝土纲 Ferrallisols	红壤 Red soils	Cambisols	35	42.5
	黄壤 Yellow soils	Cambisols	45	10.5
初育土 Amorphic soils	石灰（岩）土 Limestone soils	Cambisols	80	1.8
	火山灰土 Volcanic ash soils	Andosols	53	0.3
	紫色土 Purplish soils	Cambisols	68	3.9
	粗骨土 Skeletal soils	Regosols	93	11.5
	红黏土 Red primitive soils	Regosols	48	0.3
半水成土 Semi-aqueous soils	潮土 Fluvo-aquic soils	Cambisols	85	2.2
盐碱土 Alkali-saline soils	滨海盐土 Coastal solonchaks	Solonchaks	47	2.0
人为土 Anthrosols	水稻土 Paddy soils	Anthrosols	83	23.3

注：1）中国土壤分类系统中土纲名及土纲英译名。
2）中国土壤分类系统中土类名及土类英译名。
3）世界土壤资源参比基础（world reference base for soil resources, WRB）工作组发布土组名，WRB土组划分原则与中国分类系统中土纲接近。
4）WRB土组对中国分类系统中各土类的最大可参比性（maximum referencibility, MR）。
5）该土类面积占浙江省域面积的百分比，土类面积不足本省域面积0.05%的土类未列入本表。

附录6 分省土壤有机质含量图有机质含量分级图例

图例	分级序号	色码（CMYK）	色码（RGB）	图例	分级序号	色码（CMYK）	色码（RGB）
	1	2, 2, 17, 0	255, 255, 220		8	38, 0, 74, 0	157, 218, 104
	2	4, 1, 35, 0	248, 255, 190		9	42, 0, 80, 0	146, 210, 90
	3	8, 0, 47, 0	238, 255, 165		10	48, 1, 85, 0	132, 200, 80
	4	17, 0, 53, 0	220, 249, 150		11	52, 4, 89, 1	123, 190, 70
	5	23, 0, 60, 0	203, 242, 135		12	54, 11, 94, 3	115, 175, 55
	6	28, 0, 62, 0	185, 235, 130		13	61, 18, 98, 7	92, 158, 37
	7	34, 0, 68, 0	169, 225, 118		14	64, 24, 100, 15	70, 138, 20

附录7　浙江省典型剖面0—20cm土层土壤理化性状中位数与平均数

土壤理化性状[1]	浙江省[2]			长江中下游地区[3]			全国[4]		
	中位数	平均数	样本量*	中位数	平均数	样本量*	中位数	平均数	样本量*
有机质 /(g/kg)	25.5	28.3	1348	21.8	24.5	14080	18.6	25.4	53243
pH	6.0	6.0	1394	6.2	6.4	15420	6.8	6.8	54014
全氮 /(g/kg)	1.47	1.59	1312	1.24	1.43	12673	1.06	1.37	49409
全磷 /(g/kg)	0.38	0.48	1312	0.63	0.77	13785	0.60	0.78	50185
全钾 /(g/kg)	19.4	20.2	205	18.3	19.0	8703	18.0	17.5	29736
碱解氮 /(mg/kg)	124	130	133	100	106	3304	90	114	19316
有效磷 /(mg/kg)	5.9	9.2	214	4.5	7.6	6195	4.4	7.5	23100
速效钾 /(mg/kg)	72	98	253	80	94	6215	90	110	23841

注：1）土壤全氮、全磷、全钾、碱解氮、有效磷、速效钾含量均以N、P、K纯养分量计。
2）本卷收录的浙江省典型土壤剖面共计1502个。通过对剖面数据的土层厚度转换，附录7给出了这些典型剖面0—20cm土层土壤理化性状中位数与平均数。全国第二次土壤普查剖面采样为典型土类采样，而非网格化采样。0—20cm土层土壤理化性状中位数与平均数不代表本省土壤理化性状平均状况。但全国第二次土壤普查是我国最早的大样本量调查，附录7所示的0—20cm土层土壤理化性状中位数与平均数对了解浙江省20世纪80年代土壤肥力性状量化指标具有一定参考价值。
3）长江中下游地区包括上海、江苏、浙江、江西、安徽、湖北和湖南7个省、直辖市，本数据集收录该地区的剖面共计18326个。
4）本数据集全集收录的剖面共计63792个。
* 样本量单位为"个"。

附录8 浙江省主要土地利用类型0—30cm土层土壤有机质含量[1]

土地利用类型	浙江省		长江中下游地区[2]		全国	
	占省域面积百分比/%[3]	有机质/(g/kg)	占地域面积百分比/%	有机质/(g/kg)	占地域面积百分比/%	有机质/(g/kg)
耕地	12.52	22.18	24.22	18.65	13.52	18.65
园地	7.38	20.85	3.63	19.48	2.13	16.68
林地	59.12	23.71	47.41	22.81	30.04	26.96
草地	0.62	15.04	0.59	20.37	27.97	19.18
湿地	1.60	18.97	1.12	19.51	2.48	17.56

注：1）各土地利用类型0—30cm土层土壤有机质含量由本卷编制的浙江省土壤有机质含量图和自然资源部土地科学数据中心编制的2019年1∶100万比例尺全国土地利用缩编图通过叠加、计算生成。其中，耕地包括水田、水浇地和旱地；园地包括果园、茶园和其他园地；林地包括有林地、灌木林地和其他林地；草地包括天然牧草地、人工牧草地和其他草地；湿地包括沼泽地、沿海滩涂和内陆滩涂。
2）长江中下游地区包括上海、江苏、浙江、江西、安徽、湖北和湖南7个省、直辖市。
3）土地利用类型占省域面积百分比根据第三次全国国土调查发布的2019年土地利用现状分类面积汇总数据计算生成。

附录 9 浙江省耕地、园地、林地和草地中主要土壤类型占比[1]

浙江省									长江中下游地区[2]									全国								
耕地		园地		林地		草地		耕地		园地		林地		草地		耕地		园地		林地		草地	
土类名	占比/%	土类名	占比/%	土类名	占比/%	土类名	占比/%	土类名	占比/%	土类名	占比/%	土类名	占比/%	土类名	占比/%	土类名	占比/%	土类名	占比/%	土类名	占比/%	土类名	占比/%
水稻土	64.0	水稻土	39.6	红壤	55.3	滨海盐土	54.8	水稻土	45.9	红壤	38.4	红壤	47.6	滨海盐土	23.5	水稻土	14.9	水稻土	14.3	红壤	16.7	寒钙土	21.8
红壤	15.6	红壤	35.8	粗骨土	15.4	红壤	11.1	潮土	17.0	水稻土	29.0	黄棕壤	13.3	水稻土	23.3	潮土	14.3	红壤	13.1	暗棕壤	10.3	草毡土	14.4
紫色土	5.8	紫色土	8.6	黄壤	15.4	水稻土	6.7	红壤	12.7	紫色土	8.3	水稻土	10.6	红壤	11.3	草甸土	9.1	砖红壤	11.5	黄壤	7.0	栗钙土	9.7
潮土	4.8	粗骨土	6.8	水稻土	6.6	粗骨土	6.3	砂姜黑土	7.1	潮土	7.8	黄壤	9.6	黄棕壤	10.6	褐土	6.1	褐土	10.5	黄棕壤	6.3	棕钙土	7.4
粗骨土	3.2	潮土	4.0	风沙土	3.4	潮土	4.0	黄褐土	5.3	黄棕壤	5.4	石灰(岩)土	6.3	石灰(岩)土	9.5	紫色土	4.8	赤红壤	5.6	棕壤	5.8	寒冻土	5.3
滨海盐土	3.0	黄壤	1.6	石灰(岩)土	2.5	紫色土	2.5	黄棕壤	2.7	粗骨土	3.0	粗骨土	5.0	黄壤	7.0	红壤	4.7	紫色土	5.0	赤红壤	5.1	风沙土	4.8
火山灰土	0.9	石灰(岩)土	1.4	潮土	0.3			紫色土	2.6	石灰(岩)土	2.9	紫色土	3.9	潮土	4.3	黑土	3.4	粗骨土	4.6	褐土	4.6	灰棕漠	4.4
黄壤	0.7	滨海盐土	0.6	火山灰土	0.1			滨海盐土	2.0	黄壤	2.1	棕壤	1.4	山地草甸土	2.0	黑钙土	3.2	潮土	4.8	紫色土	4.5	黑毡土	4.0
合计	98.0	合计	98.3	合计	99.0	合计	85.4	合计	95.3	合计	96.9	合计	97.7	合计	91.5	合计	60.4	合计	74.5	合计	60.3	合计	71.7

注：1) 耕地、园地、林地和草地中主要土壤类型占比由本表编制的浙江省土壤图和自然资源部土地科学数据中心编制的 2019 年 1:100 万比例尺全国土地利用缩编图通过叠加、计算生成。耕地包括水田、水浇地和旱地。园地包括果园、茶园和其他园地。林地包括有林地、灌木林地和其他林地。草地包括天然牧草地、人工牧草地和其他草地。当某省、自治区、直辖市中某土地利用类型所含土壤类型较多时，本表仅列出占比较大的土壤类型。

2) 长江中下游地区包括上海、江苏、浙江、江西、安徽、湖北和湖南 7 个省、直辖市。

附录10 《中国土壤剖面数据集》参编单位

国家科技基础性工作专项重点项目"我国1∶5万土壤图籍编撰及高精度数字土壤构建"主持与参加单位	
中国农业科学院农业资源与农业区划研究所	湖南农业大学
中国科学院南京土壤研究所	西北农林科技大学
中国农业科学院农业环境与可持续发展研究所	沈阳大学
中国科学院地理科学与资源研究所	山东省国土测绘院
国家基础地理信息中心	辽宁省基础测绘院
全国农业技术推广服务中心	黑龙江省农业科学院土壤肥料与环境资源研究所
中国农业大学	海南省农业科学院
华中农业大学	上海市农业科学院生态环境保护研究所
中国地质大学（北京）	城信迪赛（北京）科技有限公司
参加数据集各分卷审核和修订工作的单位	
北京市农林科学院植物营养与资源研究所	广西农业科学院农业资源与环境研究所
河北省农林科学院农业资源环境研究所	重庆市农业技术推广总站
山西省农业科学院农业环境与资源研究所	贵州省农业科学院土壤肥料研究所
辽宁省农业科学院植物营养与环境资源研究所	云南省农业科学院农业环境资源研究所
吉林省农业科学院农业资源与环境研究所	甘肃省农业科学院土壤肥料与节水农业研究所
江苏省农业科学院农业资源与环境研究所	青海省农林科学院土壤肥料研究所
福建省农业科学院	宁夏农林科学院农业资源与环境研究所
江西省土壤肥料技术推广站	新疆农业科学院土壤肥料与农业节水研究所
山东省农业科学院农业资源与环境研究所	西藏自治区农牧科学院
湖南省土壤肥料研究所	

续表

参加分县大比例尺纸质土壤图与土种志收集的单位	
北京市耕地建设保护中心	福建省农田建设与土壤肥料技术总站
天津市农田建设管理处	山东省土壤肥料总站
河北省土壤肥料总站	河南省土壤肥料站
山西省土壤肥料工作站	湖北省耕地质量与肥料工作总站（湖北省土壤肥料调查测试中心）
内蒙古自治区土壤肥料和节水农业工作站	湖南省土壤肥料工作站
辽宁省土壤肥料总站	广东省农业科学院农业资源与环境研究所
吉林省土壤肥料总站	河池市土壤肥料工作站
黑龙江八一农垦大学	成都土壤肥料测试中心
上海市农业技术推广服务中心	云南省土壤肥料工作站
江苏省农业科学院	陕西省耕地质量与农业环境保护工作站
扬州市土壤肥料站	甘肃省耕地质量建设保护总站
安徽省土壤肥料总站	

注：表中各参编单位仅出现一次，参与多项工作的单位不重复列出。

参考文献

[1] 张维理，徐爱国，张认连，等．土壤分类研究回顾与中国土壤分类系统的修编［J］．中国农业科学，2014，47（16）：3214-3230.

[2] MCBRATNEY A B，MENDONÇA SANTOS M L，MINASNY B．On digital soil mapping［J］．Geoderma，2003（117）：3-52.

[3] USDA．Natural Resources Conservation Service［EB/OL］．Soils National Soil Information System（NASIS）［2021-12-01］．http://www.nrcs.usda.gov/wps/portal/nrcs/detail/soils/survey/cid=nrcs142p2_053552.

[4] CSIRO Land and Water．Australian Soil Resource Information System（ASRIS）［EB/OL］．［2021-12-01］．http://www.asris.csiro.au/asris.

[5] European Soil Data Centre［EB/OL］．［2021-12-01］．http://eusoils.jrc.ec.europa.eu/.

[6] 全国土壤普查办公室．全国第二次土壤普查暂行技术规程［M］．北京：农业出版社，1979.

[7] 张维理，张认连，徐爱国，等．中国1∶5万比例尺数字土壤的构建［J］．中国农业科学，2014，47（16）：3195-3213.

[8] 张维理．海量空间数据提取、整合与制图表达方法概要［J］．中国农业科学，2014，47（16）：3231-3249.

[9] 张维理．智能化海量空间信息分析与地图制图软件包IMAT设计及构建［J］．中国农业科学，2014，47（16）：3250-3263.

[10]《第一次全国地理国情普查地图集》编纂委员会．第一次全国地理国情普查地图集［M］．北京：中国地图出版社，2019.

[11] 中国地图出版社．中国地图集［M］．2版．北京：中国地图出版社，2012.

[12] 全国土壤质量标准化技术委员会．土壤制图 1∶25 000　1∶50 000　1∶100 000 中国土壤图用色和图例规范：GB/T 36501—2018［S］．北京：中国标准出版社，2018.

[13] 张维理，KOLBE H，张认连．土壤有机碳作用及转化机制研究进展［J］．中国农业科学，2020，53（2）：317-331.

[14] 周北燕，石家星．中华人民共和国地形图［M］．北京：中国地图出版社，2009.

[15]《中华人民共和国气候图集》编委会．中华人民共和国气候图集［M］．北京：气象出版社，2002.

[16] 中国标准化与信息分类编码研究所，全国农业技术推广服务中心．中国土壤分类与代码：GB/T 17296—1998［S］．

[17] 中国标准研究中心．中国土壤分类与代码：GB/T 17296—2000［S］．

[18] 全国信息分类编码标准化技术委员会．中国土壤分类与代码：GB/T 17296—2009［S］．北京：中国标准出版社，2009.

[19] ISSS，ISRIC，FAO．World Reference Base for Soil Resources．Wageningen/Rome，1998.

[20] SHI X Z，YU D S，XU S X，et al．Cross-reference for relating Genetic Soil Classification of China with WRB at different scales［J］．Geoderma，2010（155）：344-350.

[21] 全国土壤普查办公室．中国土种志　第一卷［M］．北京：中国农业出版社，1993.

[22] 全国土壤普查办公室．中国土种志　第二卷［M］．北京：中国农业出版社，1994.

[23] 全国土壤普查办公室．中国土种志　第三卷［M］．北京：中国农业出版社，1994.

［24］全国土壤普查办公室. 中国土种志　第四卷［M］. 北京：中国农业出版社，1995.
［25］全国土壤普查办公室. 中国土种志　第五卷［M］. 北京：中国农业出版社，1995.
［26］全国土壤普查办公室. 中国土种志　第六卷［M］. 北京：中国农业出版社，1996.
［27］全国土壤普查办公室. 中国土壤［M］. 北京：中国农业出版社，1998.